INHALTSSEITEN

Die erste Seite eines Teilkapitels führt über eine Problemstellung meist zu einer Aktivität. In den Grundlagentexten werden die erarbeiteteten Begriffe, Gesetze und Zusammenhänge in verständlicher Form zusammengefasst. In Ausnahmefällen werden die Grundlagen auch schon vor den Aktivitäten behandelt.

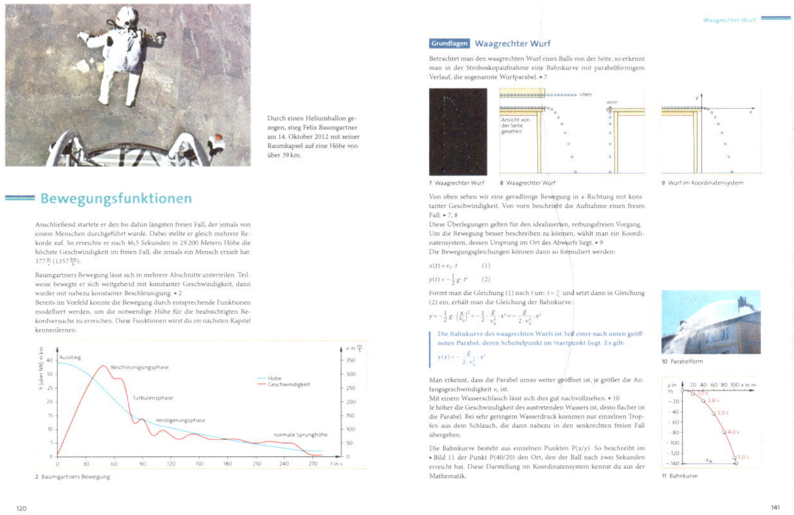

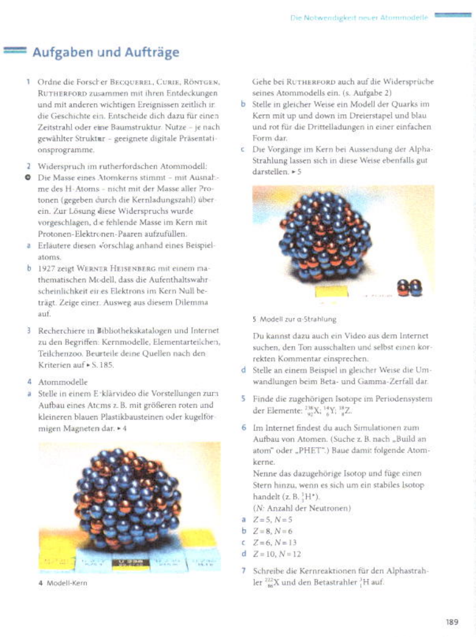

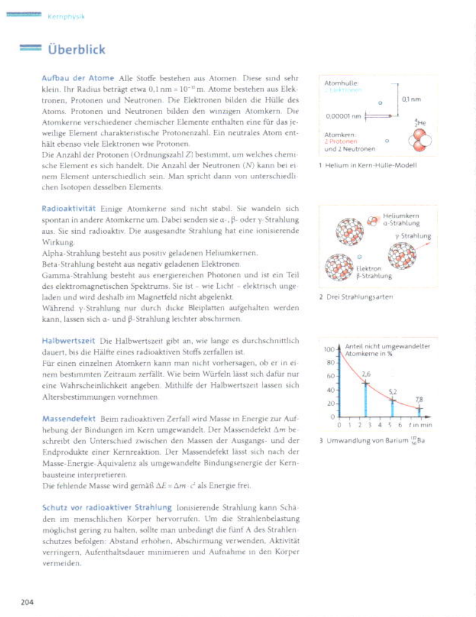

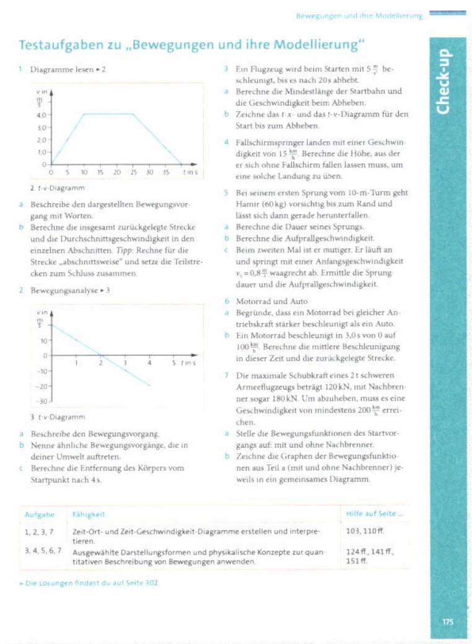

AUFGABEN UND AUFTRÄGE

Eine Vielzahl von Aufgaben mit unterschiedlichen Anforderungsniveaus helfen, die Inhalte und Kompetenzen zu sichern. Ein vielfältiges Materialangebot bietet Möglichkeiten zur Differenzierung.

ÜBERBLICK

Das Wichtigste auf einen Blick.
Die wesentlichen Inhalte des Kapitels werden systematisch und übersichtlich dargestellt.

TESTAUFGABEN

Aufgaben, deren Lösungen sich im Anhang des Buches befinden, bieten den Schülerinnen und Schülern die Möglichkeit, selbstständig ihr Wissen und ihre Kompetenzen zu überprüfen.

FOKUS PHYSIK 10

GYMNASIUM BAYERN

Cornelsen

FOKUS
PHYSIK

Autorinnen und Autoren: Dr. Bardo Diehl, Kahl; Dr. Angela Fösel, Erlangen; Dr. Andreas Rogl, Regensburg; Peter Sander, Gröbenzell; Claus Schmalhofer; Bobingen

Berater: Dr. Michael Sinzinger, Ihrlerstein

Redaktion: Henry Dölitzsch

Illustration: Rainer Götze

Umschlaggestaltung und Layoutkonzept: EYES-OPEN, Berlin

Layout und technische Umsetzung: Andrea Päch (MeGA14), Berlin

www.cornelsen.de

1. Auflage, 2. Druck 2022

Alle Drucke dieser Auflage sind inhaltlich unverändert und können im Unterricht nebeneinander verwendet werden.

Druck: Mohn Media Mohndruck, Gütersloh

ISBN 978-3-06-010876-3 (Schülerbuch)
ISBN 978-3-06-010592-2 (E-Book)

PEFC
PEFC/04-31-1033

PEFC zertifiziert
Dieses Produkt stammt aus nachhaltig bewirtschafteten Wäldern und kontrollierten Quellen.

www.pefc.de

Inhalt

BEWEGUNGEN 97

KERNPHYSIK 177

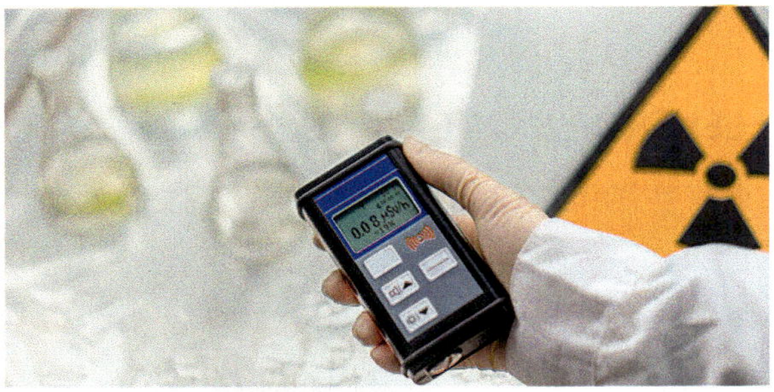

VERWENDETE SYMBOLE

Partnerarbeit
Gruppenarbeit
Zusatzaufgabe
Zusatzinformation
Experiment
Schutzbrille tragen

Kennzeichnung von Gefahrstoffen
Behälter in denen sich Stoffe befinden, von denen eine Gefahr ausgeht, sind mit Gefahrenpiktogrammen gekennzeichnet. Diese sind in der GHS-Verordnung festgelegt und gelten weltweit. Gefährliche Stoffe müssen in getrennten Behältern gesammelt werden.

	GHS01	Gefahr Explosionsgefährlich
	GHS02	Gefahr Leicht/Hochentzündlich
	GHS03	Gefahr Brandfördernd
	GHS04	Achtung Komprimierte Gase
	GHS05	Gefahr Ätzend
	GHS06	Gefahr Giftig/Sehr giftig
	GHS07	Achtung Gesundheitsgefährdend
	GHS08	Gefahr Gesundheitsschädlich
	GHS09	Achtung Umweltgefährdend

Warnung vor Laserstrahlung

- Laser dürfen nur unter Aufsicht der Lehrerin oder des Lehrers betrieben werden.
- Niemals den Laserstrahl in die eigenen Augen oder die anderer Personen richten.
- Niemals absichtlich in den direkten Strahl blicken.
- Falls Laserstrahlung ins Auge trifft, sind die Augen sofort bewusst zu schließen und der Kopf ist sofort aus dem Strahl zu bewegen.

Gefährdung durch ionisierende Strahlung / Umgang mit radioaktiven Präparaten

- Radioaktive Stoffe dürfen nur bestimmungsgemäß verwendet werden.
- Radioaktive Stoffe sind vor ihrer Verwendung auf Schäden oder Mängel zu untersuchen (Sichtprüfung). Besteht der Verdacht auf Beschädigung oder Undichtheit der Umhüllung eines radioaktiven Strahlers, darf dieser Strahler nicht mehr verwendet werden und ist entsprechend zu kennzeichnen.
- Radioaktive Präparate dürfen erst unmittelbar vor der Verwendung dem Aufbewahrungsort entnommen werden und sind nach Gebrauch unverzüglich zurückzubringen.
- Bei Experimenten mit ionisierender Strahlung muss das Gefahrenschild „Radioaktivität" aufgestellt werden.
- Präparate sollten im Fachunterrichtsraum abgeschirmt werden.
- Experimente an Lebewesen sind verboten.
- Schwangere oder stillende Lehrerinnen bzw. Schülerinnen dürfen nicht mit offenen radioaktiven Stoffen umgehen.
- Bei besonderen Vorkommnissen sind unverzüglich der Strahlenschutzbeauftrage, der Strahlenschutzverantwortliche und die zuständige Behörde zu verständigen.

Sicherheit im Fachraum

Im Physikraum gibt es Anschlüsse für Wasser, Strom und Gas sowie zahlreiche Einrichtungen, die deiner Sicherheit dienen sollen.
Den *Not-Aus-Schalter* findest du neben der Tür und am Lehrerpult. Mit einem Druck auf den Schalter werden alle Strom- und Gaszuleitungen direkt unterbrochen. Sollte es brennen, sind ein *Feuerlöscher, Löschsand* und eine *Löschdecke* vorhanden. Solltest du dich beim Experimentieren verletzen, gibt es einen Erste-Hilfe-Kasten. In dringenden Fällen wählen du oder die Lehrkraft die allgemeine Notrufnummer 112.

Regeln für den sicheren Umgang mit Elektrizität

1 Experimentiere niemals mit Elektrizitätsquellen, die eine Spannung von 25 Volt oder mehr besitzen. Beachte: Die Spannung an einer Steckdose beträgt 230 Volt und ist daher lebensgefährlich.
2 Berühre niemals die Pole einer Steckdose, blanke Kabel oder Leitungen mit einer schadhaften Isolierung mit bloßen Händen.
3 Ziehe Netzkabel immer am Stecker und nicht am Kabel aus der Steckdose.
4 Hantiere nicht mit feuchten Händen an elektrischen Geräten.
5 Nutze keine an der Steckdose angeschlossenen Geräte, wenn du in der Badewanne bist oder auf nassem Boden stehst.
6 Ziehe vor dem Öffnen und jeder feuchten Reinigung eines elektrischen Geräts immer den Stecker aus der Steckdose.
7 Reparaturen dürfen nur Fachleute durchführen.

Regeln beim Experimentieren mit Elektrizität

1 Beachte stets die Experimentieranweisungen.
2 Sorge für einen freien Arbeitsplatz und bemühe dich um einen übersichtlichen Aufbau.
3 Verwende als Elektrizitätsquellen nur Batterien oder zugelassene Netzgeräte.
4 Vermeide Kurzschlüsse. Bei einem Kurzschluss werden alle Bauelemente im Stromkreis überbrückt.
5 Schließe den Stromkreis erst, wenn die Schaltung durch deinen Lehrer oder deine Lehrerin kontrolliert wurde. Öffne den Stromkreis vor jedem Umbau.

Regeln bei optischen Experimenten

1 Blicke auf keinen Fall durch eine Linse in Richtung Sonne.
2 Arbeite nie mit leicht brennbarem Material.
3 Beachte die Sicherheitshinweise zum Umgang mit Lasern. ► S. 6

Allgemeine Regeln beim Experimentieren

Vor dem Experimentieren

1 Lies die Versuchsanleitung genau durch und befolge die Anweisungen deines Lehrers oder deiner Lehrerin.
2 Beachte wichtige Sicherheitsmaßnahmen wie das Aufsetzen einer Schutzbrille, das Zusammenbinden langer Haare oder das Verwenden von Schutzhandschuhen.
3 Stelle die notwendigen Materialien übersichtlich auf deinen Tisch.
4 Überprüfe die Funktionsfähigkeit von Geräten, die benötigt werden.
5 Führe Experimente nur mit Batterien oder Netzgeräten durch! Du darfst nie die Experimentierkabel direkt in die Steckdose stecken – sonst besteht Lebensgefahr! Stelle am Trafo keine höheren „Voltzahlen" ein als angegeben!
6 Lass den Versuchsaufbau von eurem Lehrer bzw. eurer Lehrerin kontrollieren!

Während des Experimentierens

1 Experimentiere konzentriert und verantwortungsvoll, damit du dich und deine Mitschülerinnen und Mitschüler nicht gefährdest.
2 Öffne Stromkreise vor jedem Umbau!
3 Melde sofort deinem Lehrer oder deiner Lehrerin, wenn dir etwas unklar ist oder etwas Unerwartetes geschieht.

Nach dem Experimentieren

1 Sorge dafür, dass alle Anschlüsse abgeschaltet beziehungsweise geschlossen sind.
2 Entsorge defekte oder zerstörte Geräte niemals selbst. Informiere deinen Lehrer oder deine Lehrerin und warte die Anweisungen ab.
3 Räume alle Geräte an ihren Platz zurück. Reinige den Arbeitstisch und wasche dir die Hände.

Elektro-magnetismus

Elektrifizierung, Miniaturisierung, Digitalisierung

Mit diesen Schlagworten lässt sich der Weg von der ersten Glühlampe zu der, von Mikroprozessoren gesteuerten, Prothese beschreiben. Kabellose elektrische Geräte begleiten uns inzwischen im Alltag und verändern damit unsere Lebensgewohnheiten.

Das Aufladen von Akkus, ob in einem Smartphone oder in einem Elektroauto, kann ebenfalls über eine geeignete Basisstation ohne Stecker und Kabel erfolgen.

Nur nach langem Training wird die Choreografie, der sich gleichmäßig bewegenden Turnerinnen das Publikum begeistern.
Wie auf ein geheimes Kommando hin richten sich auch die kleinen Kompassnadeln in der Nähe eines Magneten aus.

Das Magnetfeld

Magnete und Gegenstände, die z. B. Eisen oder Nickel enthalten, ziehen sich an. Die magnetische Wirkung zwischen zwei Körpern tritt auch dann auf, wenn sie sich nicht direkt berühren. Mit zunehmender Entfernung vom Magnet nimmt sie zwar ab, kann aber durch Papier, Glas oder Plastik nicht beeinflusst werden. Experimente zeigen, dass diese Wirkung auch unter der Vakuumglocke auftritt. Sie ist somit nicht an die Moleküle der Luft oder ein bestimmtes Medium gebunden.
Technisch wird diese berührungslose und reibungsfreie Kraftübertragung bei Magnetkupplungen genutzt. So kann z. B. bei einer Vakuumpumpe die Antriebswelle von außen an die beweglichen Teile der Pumpe im Inneren gekoppelt werden. ▸ 2
Eine Wirkung auf Distanz ist auch bei der Gravitation oder den Kräften zwischen elektrisch geladenen Körpern zu beobachten. Seit Beginn des 20. Jahrhunderts wird eine solche Fernwirkung mit dem physikalischen Modellbegriff „Feld" beschrieben. Als „Feld" wird allgemein ein Zustand des Raums bezeichnet, bei dem auf geeignete Objekte Kräfte ausgeübt werden. Der Raum wird als „von einem Feld durchdrungen" interpretiert. Zur Beschreibung des Felds werden in diesem Modell die vom Feld und den feldverursachenden Objekten ausgehenden Kräfte betrachtet. Magnetnadeln folgen unter dem Einfluss des magnetischen Feldes einer bestimmten Ordnung. Von einem Pol ausgehend folgen sie – wie auf einer Linie gereiht – einander zum anderen Pol. An den Polen eines Magneten ist die Kraftwirkung am größten. ▸ 3
Der Eisen-Nickel-Kern der Erde und die in ihm fließenden elektrischen Ströme erzeugen das irdische Magnetfeld. Es ähnelt in seiner Form dem eines Stabmagneten. Die Ausrichtung der Magnetnadeln längs einer gedachten Linie wird oft auch bei der Darstellung des Erdmagnetfelds verwendet. ▸ 4

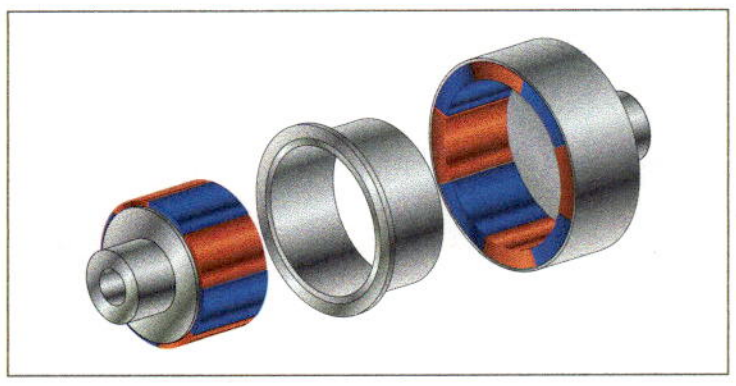

2 Magnetkupplung

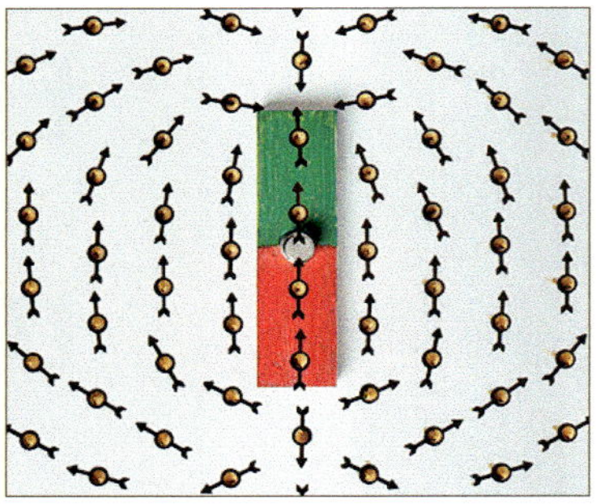

3 Magnetnadeln im magnetischen Feld

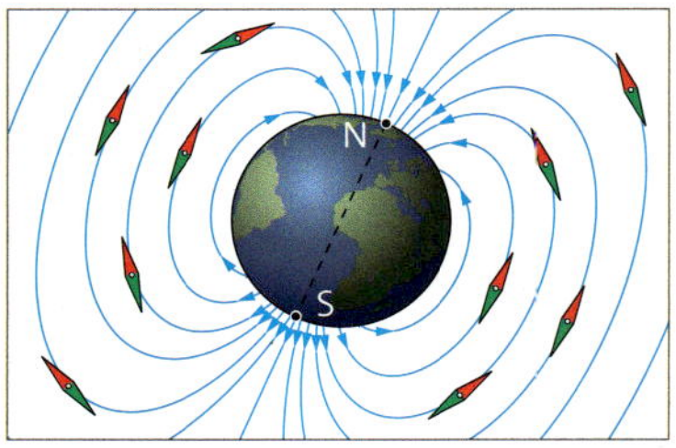

4 Darstellung des Erdmagnetfelds im Modell

Aktivitäten

1 Anziehung und Abschirmung

In der Physiksammlung befinden sich verschieden geformte Dauermagnete sowie Abschirmmaterialien.

a Untersucht mithilfe von Kompassnadeln die magnetische Wirkung der Magnete in Abhängigkeit von Position und Abstand. ▸ 5

b Überprüft bei einem der stärkeren Magneten eine mögliche Abschirmung der magnetischen Wirkung durch verschiedene Materialien. Benutzt dazu auch unterschiedliche Metallplatten z. B. aus Eisen oder Kupfer als Abschirmungen.

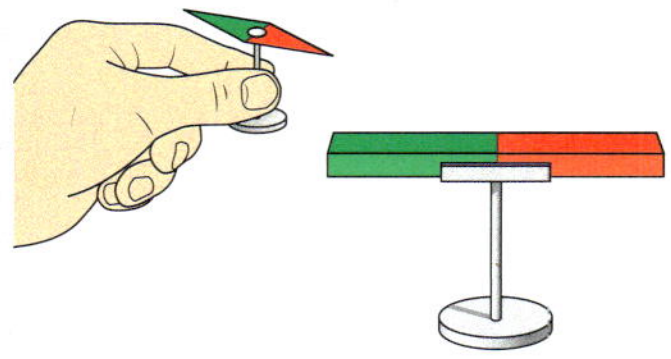

5 Untersuchung des Magnetfelds

2 Verstärkung

Elektromagnete können in ihrer Wirkung verstärkt werden, wenn geeignete Materialien in die Spule eingebracht werden. Erstellt mithilfe eines geeigneten Experiments eine Rangliste der Materialien mit der größten Verstärkung.

3 Linienbildung

a Legt einen starken Magneten auf ein Blatt Papier und zeichnet die Ausrichtung einer Kompassnadel an verschiedenen Stellen ein. Versucht damit geschlossene Linien von einem Pol zum anderen zu zeichnen.

b Ein Elektromagnet wird unter eine Glasplatte gelegt. Auf die Platte werden vorsichtig Eisenfeilspäne gestreut. Fotografiert das entstehende Bild nach Einschalten des Magneten. ▸ 6

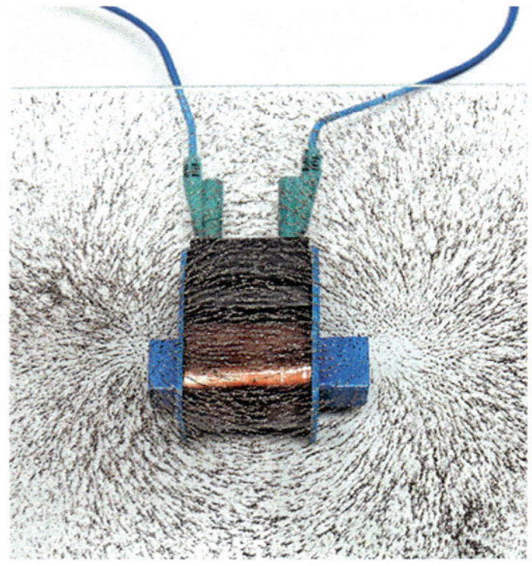

6 Elektromagnet

4 Simulation

a Untersucht mithilfe geeigneter Simulationssoftware die Felder von Dauer- und Elektromagneten. Vergleicht eure Beobachtungen mit den Ergebnissen aus ▸ Aktivität 3.
Tipp: Verwendet als Suchbegriff „Simulation Magnet“. ▸ 7

b Einige Simulationen erlauben auch einen Blick in das Innere einer Spule. Ergänzt in eurer Darstellung aus Aktivität 3a das Feld im Innenraum eines Elektromagneten.

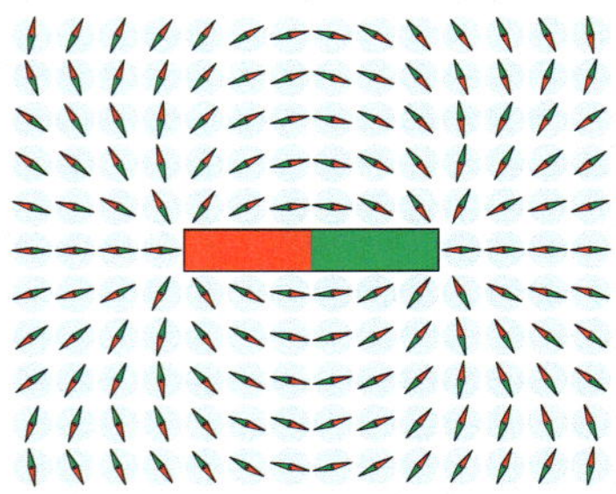

7 Simulationen

5 Messung

Smartphone-Apps (z. B. phyphox) erlauben das Ausmessen von Magnetfeldern. Die Stärke der Felder wird in der Einheit Tesla angegeben und ist für uns nur als Vergleichsgröße relevant. ▸ 8

a Abhängig von seiner Position zeigt die App – auch ohne Magnet – den Wert des Erdmagnetfelds in den drei Raumrichtungen an. Notiert die Werte und beachtet, dass ihr diesen Messwert für die Umgebungsfelder bei den weiteren Experimenten berücksichtigen müsst.

b Messt und vergleicht die Stärke der unterschiedlichen Magnete aus ▸ Aktivität 1. Orientiert das Smartphone dabei so, dass der Maximalwert angezeigt wird. *Tipp:* Je nach Bauart des Handys ist der Sensor an unterschiedlicher Stelle verbaut.

c Wertet die Abschirm- und Verstärkungsexperimente nun auch quantitativ aus. (▸ Aktivität 1 und 2)

8 PHYPHOX

Grundlagen Das Magnetfeld

Ein Magnet erzeugt ein Magnetfeld, das den ganzen Raum um ihn herum ausfüllt. Befindet sich ein anderer Magnet oder magnetisierbarer Körper in einem solchen Magnetfeld, so werden wechselseitig magnetische Kräfte aufeinander ausgeübt. Zur Beschreibung dieser magnetischen Kraftwirkung wird der Modellbegriff des *magnetischen Feldes* verwendet.

Ein Magnetfeld beschreibt den Zustand des Raums, in dem Magnete und magnetisierbare Objekte wechselseitig Kräfte aufeinander ausüben.

Kleine Kompassnadeln als Probemagnete dienen mit ihrer Ausrichtung zur Veranschaulichung der Kraftwirkung im Feld. ► 3, S. 10
In der Modellvorstellung sollen die kleinen Probemagnete das Feld selbst nicht beeinflussen, sich aber im Feld orientieren. Die gedachte Verbindungslinie der Ausrichtungen mehrerer Kompassnadeln ergibt dann eine Feldlinie. ► 1

Stärke und Richtung der Kraftwirkung in einem Feld werden durch Feldlinien symbolisiert.

Je größer die Kraftwirkung ist, desto dichter werden die Feldlinien gezeichnet. Im Magnetfeld wird ihre Richtung durch den Nordpol eines Probemagneten festgelegt. Im Modell zeigen die Pfeile von Nord nach Süd. Da die Kraftwirkung an den Polen eines Magneten am größten ist, werden dort die Feldlinien dichter gezeichnet. ► 2
Das ist aber nur eine mögliche Visualisierung der Stärke des Felds, vergleichbar mit den Höhenlinien oder der Farbcodierung in einer Karte. ► 3
So wie in jedem Punkt eines Magnetfelds eine Kompassnadel aufgestellt werden kann, die eindeutig die Kraftwirkung und deren Richtung zeigt, verläuft durch jeden Punkt des Raumes genau eine Feldlinie mit eindeutiger Orientierung.

Feld im Spuleninneren Beim Vergleich der Felder eines Stabmagneten und einer stromdurchflossenen Spule zeigen sich im Außenraum große Ähnlichkeiten. Experimente und Simulationen erlauben nun auch einen Blick ins Innere der Spule. Dort verlaufen alle Feldlinien parallel vom Südpol wieder weiter zum Nordpol und werden dicht gedrängt dargestellt. Die Feldlinien des Magnetfelds sind also geschlossene Linien. ► 4

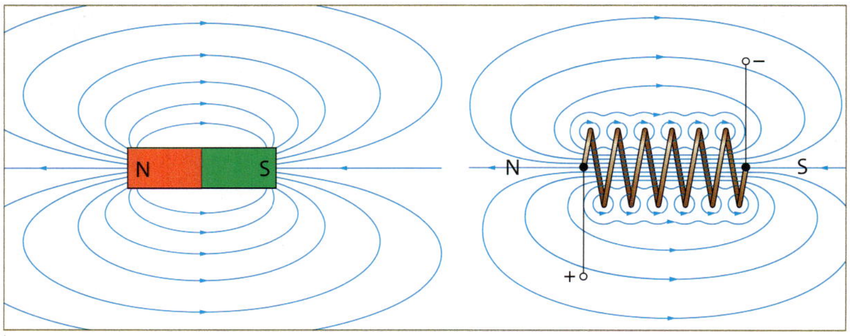

4 Vergleich der Magnetfelder eines Stabmagneten und einer Spule

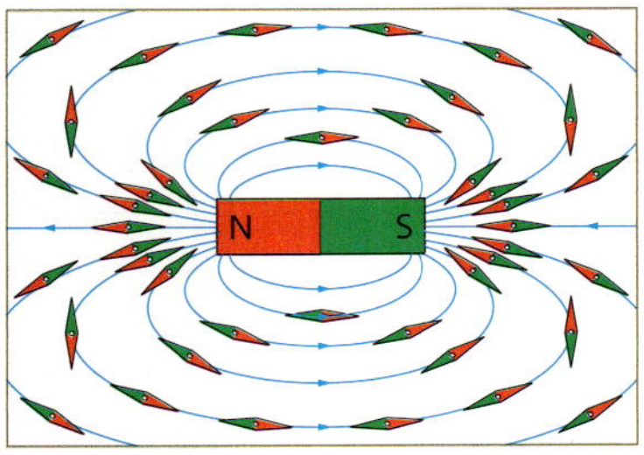

1 Kompassnadeln und Magnetfeld

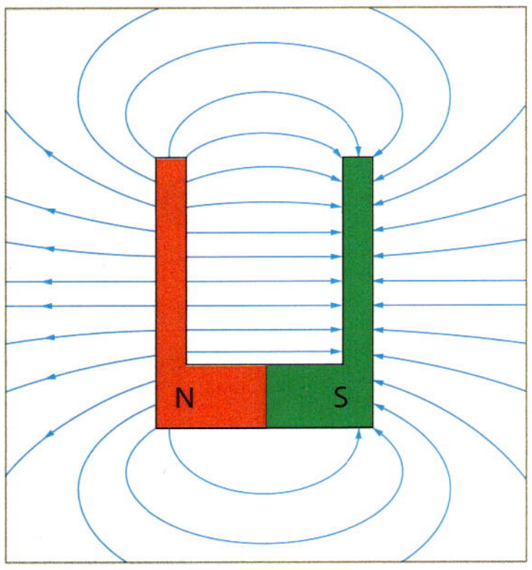

2 Magnetfeld eines Hufeisenmagneten

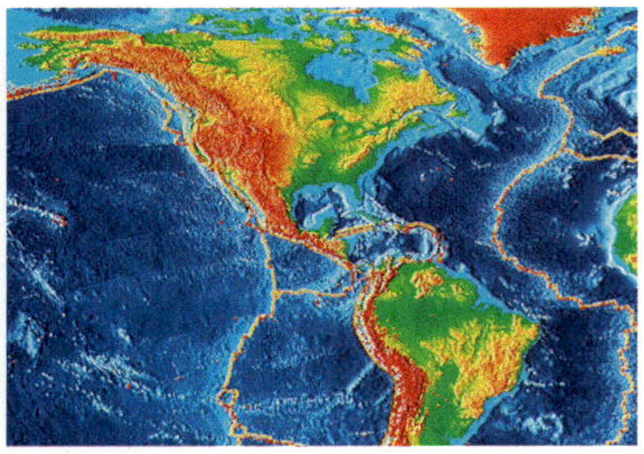
3 Farbcodierung einer Karte

HINWEIS
Die Drahtschleifen der Spule haben rechts einen Südpol und links einen Nordpol. Die Feldrichtung im Inneren der Spule verläuft somit vom äußeren Südpol über eine Abfolge von inneren N-S-Polen zum äußeren Nordpol.

Aus der Forschung: Das Erdmagnetfeld

Das Magnetfeld unserer Erde wird größtenteils durch Vorgänge im flüssigen Erdinneren hervorgerufen. Im Erdkern aus Eisen und Nickel fließen fortwährend Ströme und erzeugen ein Magnetfeld. Seine Struktur gleicht der eines Stabmagneten, der in etwa auf der Rotationsachse liegt. Aufgrund der historischen Definition der Pole legt die Nordrichtung einer Kompassnadel den geografischen Nordpol fest. Das Erdmagnetfeld hat damit dort seinen magnetischen Südpol. ▸ 5
Allerdings ändert sich seine Lage ständig. Zu Beginn der 1920er Jahre lag der magnetische Südpol bei etwa 86° N und 160° W in der Arktis und verändert seine genaue Lage jährlich um rund 40 km. ▸ 6
Als Grund dafür vermutet man Vorgänge tief im Erdinneren.
Lokale Variationen entstehen aufgrund der unterschiedlichen Gesteinsstruktur der Erdkruste.
Mit sensiblen Messgeräten können die Bodenbeschaffenheit und das Vorkommen von Rohstoffen wie Erz oder Erdöl untersucht werden. Selbst in der Archäologie werden kleinste Magnetfeldstörungen in Bodenproben und Fundstücken zur Bestimmung von Alter und Herkunft benutzt.

1 Recherchiere im Internet zu Bodenarchäologie und der Verwendung von Magnetfeldmessungen. Präsentiere deine Ergebnisse.
2 Recherchiere über den Begriff und die Einflüsse des „Sonnenwinds“ auf das Erdmagnetfeld. Erstelle ein digitales Schaubild.

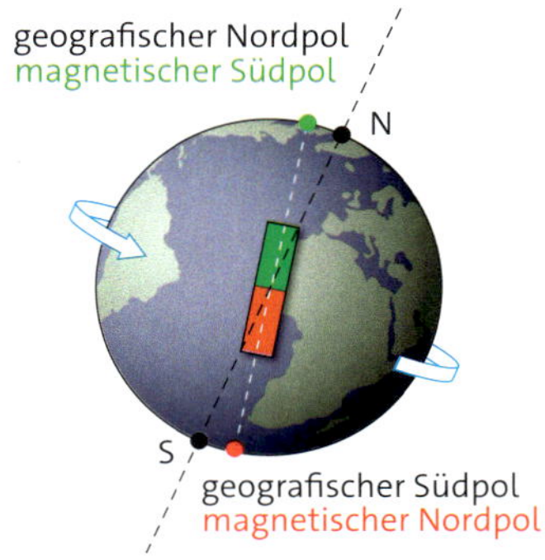

5 Magnetpole der Erde

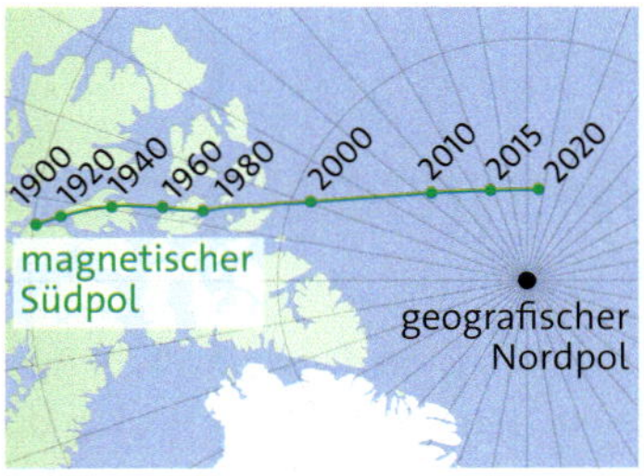

6 Wanderung des magnetischen Pols

Aufgaben und Aufträge

1 Durch unachtsames Experimentieren bleiben an einem Dauermagneten Eisenfeilspäne hängen. Schlage eine Lösungsmöglichkeit vor, um den Dauermagneten wieder freizubekommen.

2 Manche Heizkörper aus Metall werden im Erdmagnetfeld zu Dauermagneten. Halte eine Kompassnadel einmal an den oberen und einmal an den unteren Teil eines solchen Heizkörpers. Vergleiche die Orientierung der Nadel und erkläre ihr Verhalten.

3 Recherchiere über den Magnetsinn im Tierreich. Erstelle eine digitale Präsentation.

4 Felicitas ergänzt ein Feldlinienbild um weitere Linien ▸ 7
Erläutere mit dem Feldmodell, dass ihre Darstellung falsch ist.

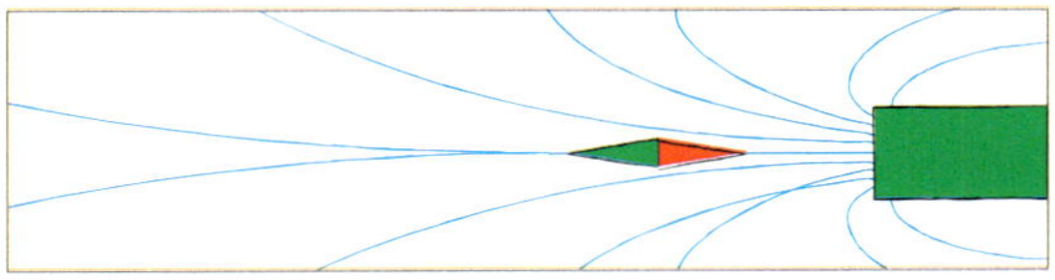

7 Skizze zum Magnetfeld

5 Sven hat eine Darstellung in einem Physikbuch gefunden: Ein Nagel steckt in einem Korken und schwimmt in einem Wasserbecken. ▸ 8
Im Text dazu steht: *„Er schwimmt entlang einer Feldlinie.“* Entscheide und begründe, ob diese Aussage richtig ist.

8 Nagel und Magnet

Zugvögel orientieren sich sowohl an Landmarken als auch am Erdmagnetfeld.
Spüren die Vögel dann auch die Magnetfelder der Hochspannungsleitungen und irritiert sie das vielleicht bei der Orientierung?

Magnetfelder um stromdurchflossene Leiter

1820 beschrieb der dänische Physiker HANS CHRISTIAN ØRSTED in einem Artikel seine Experimente über die magnetische Wirkung des elektrischen Stroms. ► 2, 3

„Die beiden Enden der Elektrizitätsquelle sollen über einen Metalldraht miteinander verbunden werden. Ein geradliniger Teil dieses Drahtes soll horizontal über einer beweglich aufgehängten Magnetnadel, parallel zu dieser, angebracht werden. Die Magnetnadel wird sich bewegen, und zwar wird sie unter dem Teil des Leiterdrahtes in Richtung Westen ausschlagen. Wenn die Entfernung des Verbindungsdrahtes von der Magnetnadel ¾ Zoll nicht übersteigt, beträgt die Ablenkung der Nadel 45°. Wenn die Entfernung vergrößert wird, wird der Winkel kleiner, entsprechend zur Vergrößerung des Abstandes. Der Verbindungsdraht kann in seiner Lage nach Osten oder Westen verändert werden, solange er nur parallel zur Nadel bleibt, ohne dass sich in der Wirkung eine andere Veränderung als eine hinsichtlich der Größe ergäbe. Daher kann der Effekt keineswegs der Anziehungskraft des Drahtes zugeschrieben werden. Denn derselbe Pol der Magnetnadel, der sich zum Verbindungsdraht hinbewegt, wenn er an seiner östlichen Seite positioniert wird, müsste von ihm zurückweichen, sobald er einen Platz auf der westlichen Seite einnimmt, wenn diese Ausschläge auf Anziehungs- oder Abstoßungskräfte zurückzuführen wären.
Die Beschaffenheit des Leiters verändert die Wirkung nicht. Wir haben dazu Drähte aus verschiedenen Metallen verwendet.
Die Wirkungen des Leiters auf die Magnetnadel durchdringen Glas, Metalle, Holz, Wasser, Harz, Ton und Stein. Die Wirkungen also, die hier vorliegen, sind von der Elektrizität höchst verschieden.
Wenn der Leiterdraht in einer horizontalen Ebene unter der Magnetnadel angebracht wird, sind alle Wirkungen dieselben wie in der Ebene über der Nadel, nur in der umgekehrten Richtung."

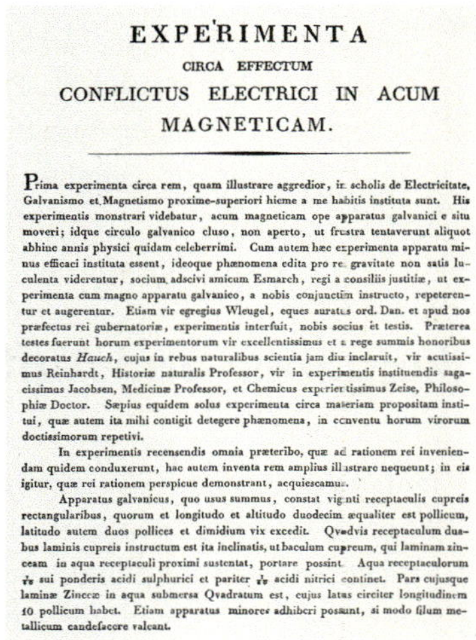

EXPERIMENTA
CIRCA EFFECTUM
CONFLICTUS ELECTRICI IN ACUM
MAGNETICAM.

Prima experimenta circa rem, quam illustrare aggredior, in scholis de Electricitate, Galvanismo et Magnetismo proxime-superiori hieme a me habitis instituta sunt. His experimentis monstrari videbatur, acum magneticam ope apparatus galvanici e situ moveri; idque circulo galvanico cluso, non aperto, ut frustra tentaverunt aliquot abhinc annis physici quidam celeberrimi. Cum autem hæc experimenta apparatu minus efficaci instituta essent, ideoque phænomena edita pro rei gravitate non satis luculenta viderentur, socium adscivi amicum Esmarch, regi a consiliis justitiæ, ut experimenta cum magno apparatu galvanico, a nobis conjunctim instructo, repeterentur et augerentur. Etiam vir egregius Wleugel, eques auratus ord. Dan. et apud nos præfectus rei gubernatoriæ, experimentis interfuit, nobis socius et testis. Præterea testes fuerunt horum experimentorum vir excellentissimus et a rege summis honoribus decoratus *Hauch*, cujus in rebus naturalibus scientia jam diu inclaruit, vir acutissimus Reinhardt, Historiæ naturalis Professor, vir in experimentis instituendis sagacissimus Jacobsen, Medicinæ Professor, et Chemicus experientissimus Zeise, Philosophiæ Doctor. Sæpius equidem solus experimenta circa materiam propositam institui, quæ autem ita mihi contigit detegere phænomena, in conventu horum virorum doctissimorum repetivi.

In experimentis recensendis omnia præteribo, quæ ad rationem rei inveniendam quidem conduxerunt, hac autem inventa rem amplius illustrare nequeunt; in eis igitur, quæ rei rationem perspicue demonstrant, acquiescamus.

Apparatus galvanicus, quo usus summus, constat viginti receptaculis cupreis rectangularibus, quorum et longitudo et altitudo duodecim æqualiter est pollicum, latitudo autem duos pollices et dimidium vix excedit. Quodvis receptaculum duabus laminis cupreis instructum est ita inclinatis, ut baculum cupreum, qui laminam zinceam in aqua receptaculi proximi sustentat, portare possint. Aqua receptaculorum $\frac{1}{60}$ sui ponderis acidi sulphurici et pariter $\frac{1}{60}$ acidi nitrici continet. Pars cujusque laminæ Zinceæ in aqua submersa Qvadratum est, cujus latus circiter longitudinem 10 pollicum habet. Etiam apparatus minores adhiberi possunt, si modo filum metallicum candefacere valeant.

2 ØRSTEDS Veröffentlichung

3 ØRSTED demonstriert seine Versuche.

Aktivitäten

1 Textanalyse

a Skizziere den Aufbau des ØRSTED-Experiments.

b Fasse die Aussagen ØRSTEDS zu seinem Experiment kurz zusammen.

c Gib an, in welche Himmelsrichtung der Leiterdraht ursprünglich ausgerichtet gewesen sein muss, damit bei Stromfluss eine ablenkende Wirkung beobachtet werden konnte.

d ØRSTED zeigt, dass die Ablenkung nicht auf einen magnetischen Effekt des Leitermaterials zurückzuführen ist. Zitiere und erläutere seine Begründung.

2 Ausmessen des Magnetfeldes

Diese Experimente gelingen am besten, wenn mithilfe einer Smartphone-App (z. B. phyphox) der Gesamtbetrag der Stärke des Magnetfelds gemessen wird. ▸ 4

a Bestimmt zunächst wieder die Orientierung des Smartphones, bei der der größte Betrag der Magnetfeldstärke angezeigt wird.

b Bewegt das Smartphone in dieser Orientierung auf einem Kreis um einen stromdurchflossenen Leiter. Protokolliert eure Messwerte und vergleicht mit der Beobachtung aus dem Originaltext. ▸ S. 14

c ØRSTED variiert die Versuchsbedingungen in unterschiedlicher Weise. Formuliert ausgehend vom Originaltext Hypothesen über Faktoren, die die Stärke des Magnetfelds bestimmen.

d Überprüft eure Hypothese am Beispiel der Entfernung vom Leiter.

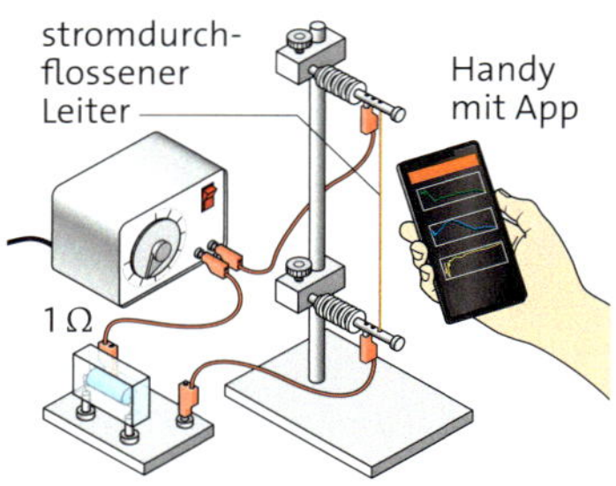

4 Versuchsanordnung

3 Leiterschleife und Spule

Wird der Leiter zu einer oder mehreren Schleifen gewickelt, erhält man eine kleine Spule.

a Auch hier sollen die Versuchsbedingungen wie beim ØRSTED-Experiment variiert werden. Überprüft den Verlauf und die Stärke des Magnetfelds bei den möglichen Variationen.

b Zusätzlich kann die Anzahl der Wicklungen – die Windungszahl – verändert werden. Stellt eine begründete Hypothese darüber auf, wie sich die Erhöhung der Windungszahl auf die Stärke des Magnetfelds auswirken wird. Überprüft die Hypothese im Experiment.

4 Vergleich mit einer Simulation

Vergleicht eure Beobachtungen (▸ Aktivität 3) mit den Ergebnissen einer geeigneten Simulation. Findet Erklärungen für die Unterschiede. ▸ 5

Hinweis: In vielen Simulationen wird die Bewegungsrichtung der Elektronen angezeigt. Für die auf ▸ S. 16 formulierten Regeln wird der Stromfluss jedoch vom Plus- zum Minuspol der Elektrizitätsquelle definiert.

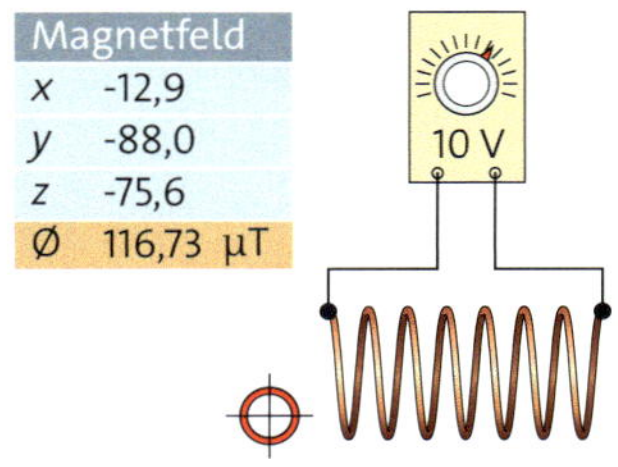

5 Simulationen

5 Eisenstangen und Spule

Zwei kurze Stativstangen aus Eisen liegen in einer Spule. Nun wird der Strom durch die Spule eingeschaltet. Erläutere in einer Argumentationskette (▸ S. 43 ff.) das weitere Geschehen. ▸ 6

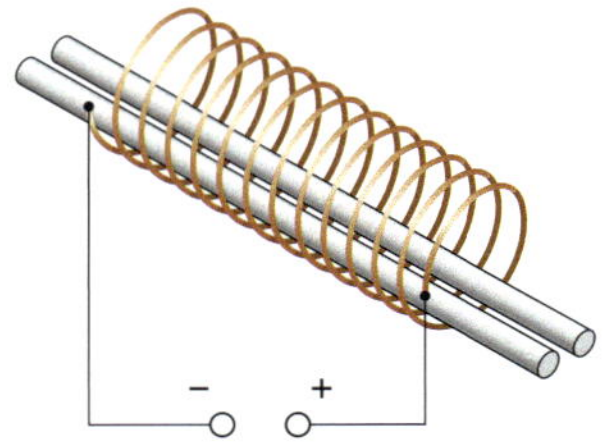

6 Spule und Eisenstangen

Grundlagen Magnetfeld eines stromdurchflossenen Leiters

Ørsted entdeckte, dass der elektrische Stromfluss durch einen Draht um diesen herum ein magnetisches Feld erzeugt. ▸ 1
Magnetnadeln in der Nähe des stromdurchflossenen Drahts richten sich dabei quer zur Stromrichtung aus. Genauer betrachtet gilt:
- Die Kompassnadeln richten sich kreisförmig in einer Ebene senkrecht zum Leiter aus.
- Wir die Stromrichtung umgepolt, drehen sich die Nadeln in die entgegengesetzte Richtung.
- Die Beschaffenheit des Drahts (Material) hat keinen Einfluss auf das Magnetfeld.

Mithilfe der „Rechte-Faust-Regel" lässt sich die Richtung des Magnetfelds einfach bestimmen. ▸ 2
- Der Daumen der rechten Hand zeigt dabei in Richtung des Stromflusses (von + nach –).
- Die Spitzen der Faustfinger geben dann die Orientierung des Magnetfelds an. (Richtung des Nordpols der Kompassnadel)

Durch Aufwickeln des Leiters entsteht eine Spule. Dabei addieren sich auch die magnetischen Wirkungen der einzelnen Leiterstücke zum Gesamtfeld der Spule. Die „Rechte-Faust-Regel" hilft auch hier, das Magnetfeld der stromdurchflossenen Spule zu beschreiben. Für eine abstrakte und einfache Darstellung der Richtungen von Stromfluss oder Feldlinien werden die beiden Symbole ⊙ und ⊗ verwendet. ▸ 3

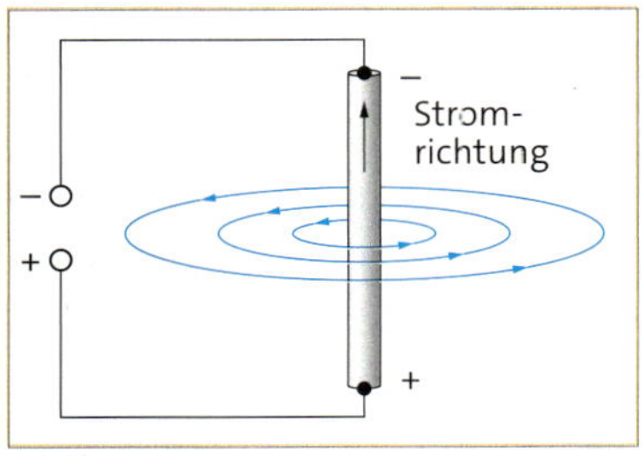

1 Magnetfeld um einen stromdurchflossenen Draht

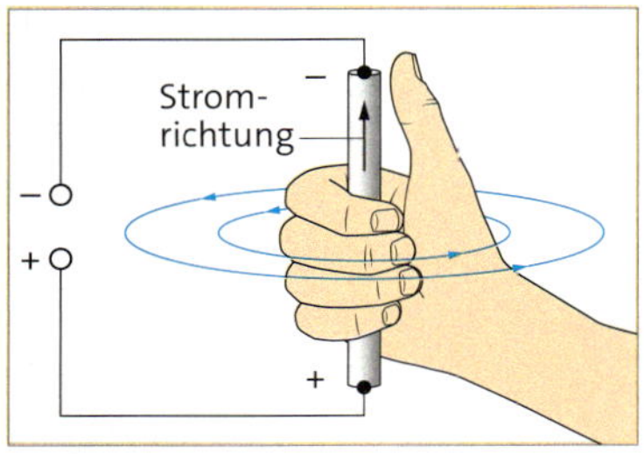

2 Rechte-Faust-Regel

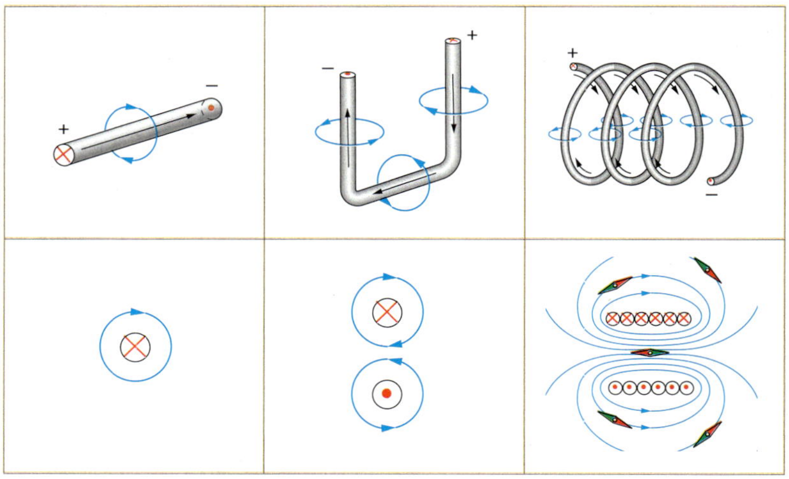

Tabelle Stromfluss und Magnetfeld bei Leiter, Leiterschleife und Spule

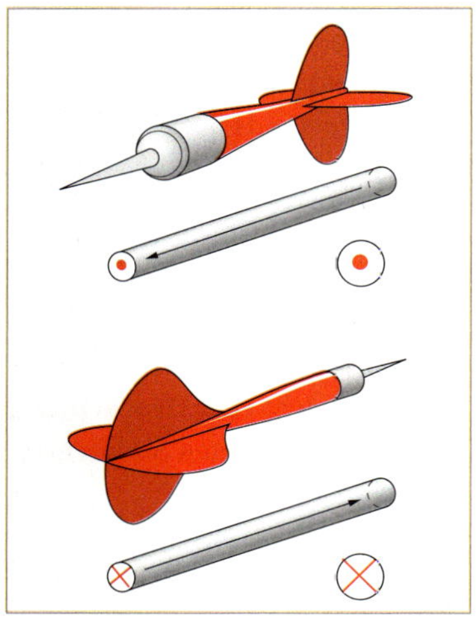

3 Symbolik für Feldpfeile

Und noch eine, sehr vereinfachte Regel für die Polarität des Magnetfelds einer stromdurchflossenen Spule: Betrachtet man das Ende der Spule und fließt der Strom im Uhrzeigersinn, so entsteht ein Südpol an der Spule.
Fließt der Strom gegen Uhrzeigersinn, entsteht ein Nordpol. ▸ 4
Die Pfeile an den jeweiligen Enden der Buchstaben passen zur jeweiligen Stromrichtung.

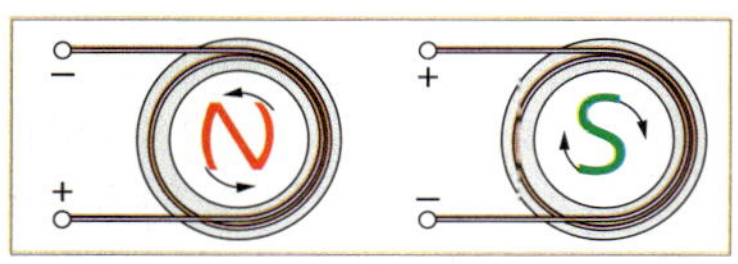

4 Spule – Stromrichtung und Magnetfeld

Musteraufgabe

Eine drehbare Spule befindet sich im Magnetfeld eines Hufeisenmagneten. Bestimme die Richtung, in die sich die Spule beim Einschalten des Spulenstroms drehen wird. Begründe deine Antwort. ▸ 5

Lösung

Der Stromfluss verläuft vom Plus- zum Minuspol der Elektrizitätsquelle, die Stromrichtung in der Spule ist also am zugewandten vorderen Ende gegen den Uhrzeigersinn. Der hier ausgebildete Nordpol wird vom Südpol des Hufeisenmagneten angezogen (und vom Nordpol abgestoßen). Die Spule wird sich daher nach rechts, d. h. die Vorderseite zum Südpol, hindrehen.

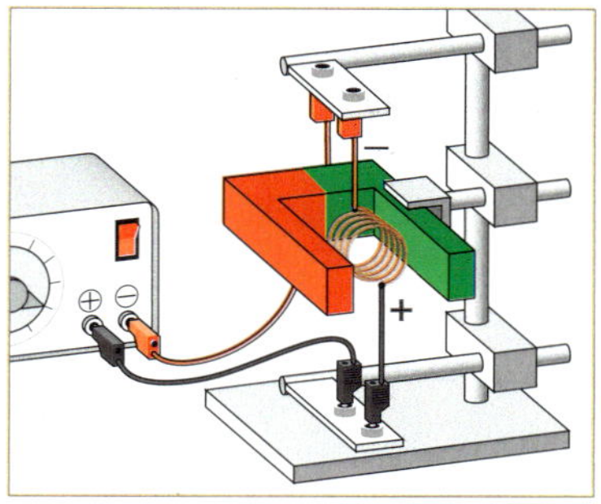

5 Drehbare Spule im Magnetfeld

Aufgaben und Aufträge

1 Eine Aufgabe für ein 3er-Team ▸ 6

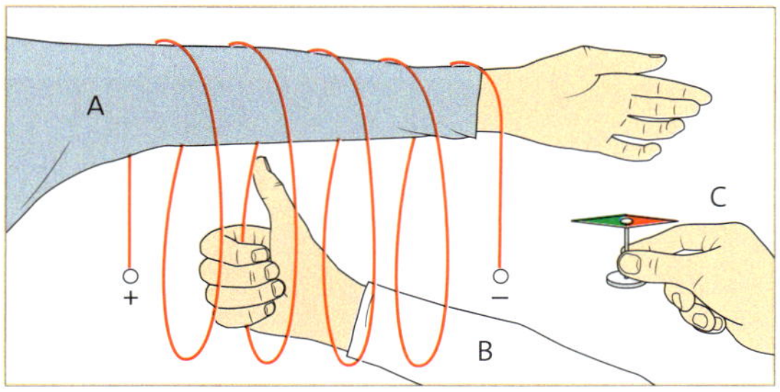

6 Versuchsanordnung

a Schüler A wickelt ein längeres Kabel zu einer Luftspule mit mehreren Windungen, Schüler B fährt mit dem Daumen der rechten Hand in Stromrichtung längs des Kabels entlang und zeigt die Richtung des Magnetfelds bei Stromfluss. Schüler C kontrolliert mit der Kompassnadel.
Skizziert oder fotografiert die Situation.

b Schüler B hält nun die Kompassnadel vor die Spule und C bestimmt die Stromrichtung. Formuliert eine Begründung für eure Antworten.

2 Vor einer Spule hängt ein Magnet. ▸ 7

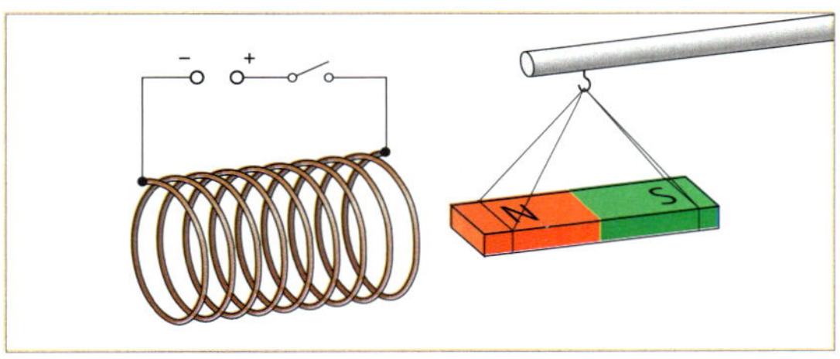

7 Spule und Magnet

Gerd erzählt von einer einfachen Regel, mit der er vorhersagen kann, wohin der Magnet beim Einschalten des Stroms in der Spule schwingen wird.

a Schreibe auf, was Gerd sagen wird und begründe seine Aussage.

b Marla entgegnet: „Ich mache es ganz einfach. Wenn ich meinen Daumen in die Richtung des Spulenstroms halte, zeigen meine Finger zum Südpol der Spule. Und damit weiß ich, dass der Magnet abgestoßen wird." Überprüfe ihre Aussage.

3 Eine Simulation liefert die abgebildete Darstellung. ▸ 8

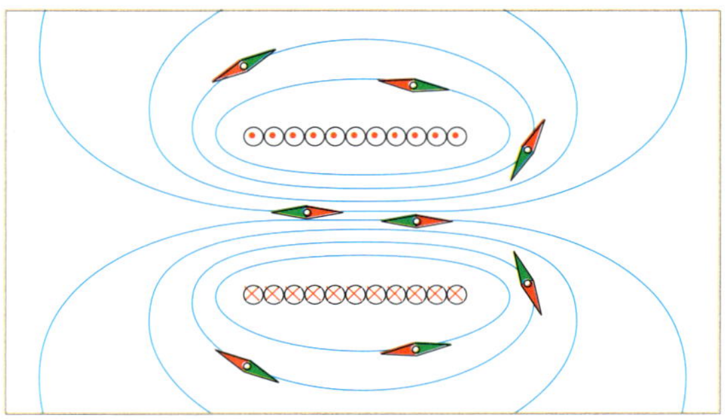
8 Magnetfeld

Vergleiche sie mit deiner Simulation oder dem ▸ Bild 5, S. 15. Erläutere Gemeinsamkeiten und Unterschiede im Inhalt und der Darstellung.

4 Droht eine Polumkehrung? Recherchiere über diesen Begriff und die Veränderungen des Erdmagnetfelds in erdgeschichtlicher Zeit. Präsentiere deine Ergebnisse in digitaler Form.

Polarlichter – diese spektakuläre Himmelserscheinung beeindruckte bereits die Wikinger. Ihre Entstehung verdanken diese Erscheinungen dem Zusammenstoß schneller geladener Teilchen von der Sonne mit Teilchen der oberen Erdatmosphäre.

Die Lorentzkraft

Gegen Ende des 19. Jahrhunderts untersuchten Physiker wie THOMSON, LENARD, HERTZ und andere die Natur der Elektronen. In ihren Experimenten schickten sie einen beschleunigten Strahl von Elektronen auch durch magnetische Felder. Dabei stellten sie eine Ablenkung, der sich im Magnetfeld bewegenden Teilchen, fest. Durch den niederländischen Physiker HENDRIK A. LORENTZ konnte dieses Phänomen dann auch theoretisch erklärt werden: Sobald sich geladene Teilchen in einem Magnetfeld geeignet bewegen, unterliegen sie der nach ihm benannten Lorentzkraft. Dabei spielt es keine Rolle, ob die Bewegung der Ladungsträger als Stromfluss in einem festen Leiter oder als frei fliegende Teilchen erfolgt.

Unsere Sonne schleudert fortwährend Protonen und Elektronen ins All. Als Sonnenwind gelangen die geladenen Teilchen zur Erde. Sie werden durch das irdische Magnetfeld abgelenkt. Außerdem verändern sie damit auch die Struktur des schützenden Erdmagnetfelds. ▸ 2
In den oberen Schichten der Atmosphäre (bis hinunter auf 70 km Höhe) stoßen die geladenen Teilchen von der Sonne mit Molekülen in der Atmosphäre zusammen und regen diese zum Leuchten an.

Eine ähnliche Beobachtung kann man in einem Experiment mit einem Fadenstrahlrohr machen: Wie schon bei den Experimenten von THOMSON werden hier Elektronen beschleunigt und in einem Magnetfeld abgelenkt. Treffen sie auf Moleküle der stark verdünnten Gasfüllung, regen sie diese – wie beim Polarlicht – zum Leuchten an. ▸ 3
In großen Teilchenbeschleunigern wie beim CERN, zwingt die Lorentzkraft die mit nahezu Lichtgeschwindigkeit kreisenden Elementarteilchen auf ihre Bahnen. Sie stoßen dann in großen Detektoren zusammen, wechselwirken miteinander und geben damit Aufschluss über die innere Struktur der Materie. ▸ 4

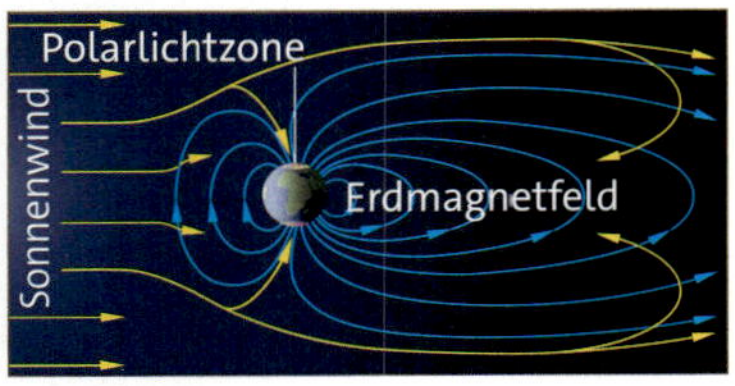

2 Sonnenwind und Erdmagnetfeld

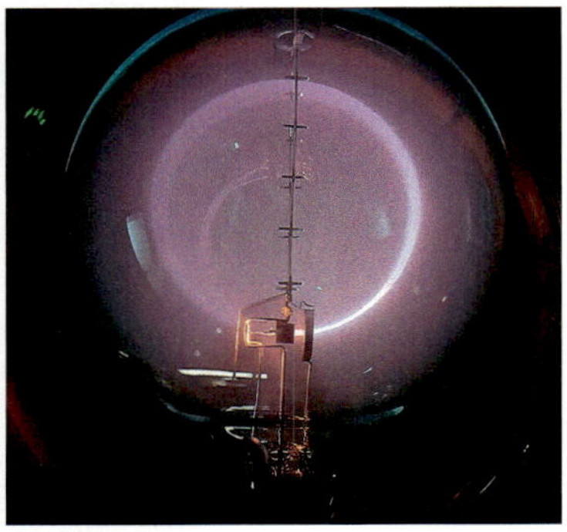

3 Fadenstrahlrohr

4 Teilchenbeschleuniger

Aktivitäten

In den Aktivitäten 1–3 werden die Wechselwirkungen zwischen einem Magnetfeld und bewegten elektrischen Ladungen untersucht. Fasst eure Ergebnisse unter den folgenden Aufgabenstellungen zusammen:

- Stellt in einer Zeichnung jeweils die optimale Position von Leiter (Stromfluss) und Magnetfeld (Polung) für die maximale Kraftwirkung auf den stromdurchflossenen Leiter bzw. die elektrischen Ladungen dar.
- Stellt qualitativ den Einfluss der variablen Experimentierparameter auf Stärke und Richtung der Kraftwirkung (Lorentzkraft) dar.

1 Leiterschleifen und Magnet

Achtung! Verwendet nur Batterien und schließt sie nur für wenige Sekunden kurz. Die hohen Stromstärken beim Kurzschluss können einen Akku durch Überhitzung zerstören.

a Formt mit einem langen Kabel eine Leiterschleife und haltet es in das Feld eines starken Hufeisenmagneten. Schließt eine 1,5-Volt-Batterie mit dem Kabel kurz und beobachtet die Reaktion der Leiterschleife. ▸ 5

b Probiert verschiedene Stellungen von Schleife und Magnet aus. Findet die Position, bei der sich die größte Wirkung zeigt.

c Wickelt mehrere Windungen auf und wiederholt jeweils den Kurzschluss.

d Fasst eure Ergebnisse in einem Protokoll zusammen.

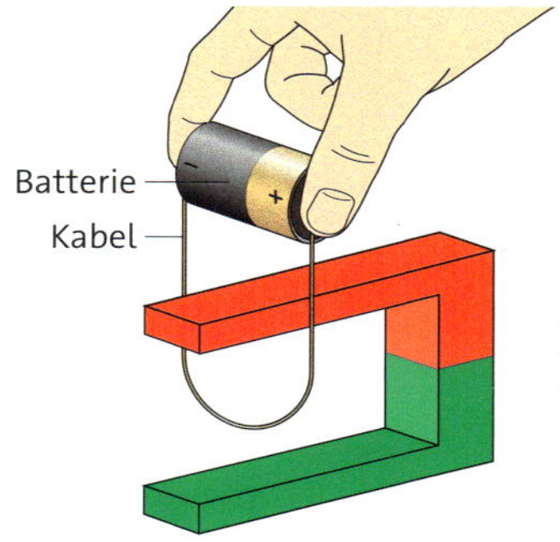

5 Leiterschleife und Magnet

2 Leiterschaukel im Magnetfeld

Achtung! Verwendet eine geeignete Elektrizitätsquelle (Akku, regelbares Netzgerät) damit zu große Stromstärken vermieden werden.

Mit den Experimentiergeräten aus der Physiksammlung wird der Grundversuch „Leiterschaukel im Magnetfeld" aufgebaut. ▸ 6

a Probiert verschiedene Stellungen von Schaukel und Magnet aus. Findet auch hier die Position, bei der sich die größte Wirkung zeigt.

b Beginnt mit einer Akkuzelle bzw. geringer Spannung und erhöht schrittweise die Spannung. Wiederholt jeweils den Versuch.

c Fasst eure Ergebnisse in einem Protokoll zusammen.

d Aufgrund der Wechselwirkung zwischen den Körpern müsste sich auch der Magnet bewegen. In der Regel ist dieser aber zu schwer, um eine sichtbare Bewegung zu zeigen.
Plant und skizziert ein Experiment, das auch die Bewegung beider Körper (Leiterschaukel und Magnet) im Magnetfeld zeigt.

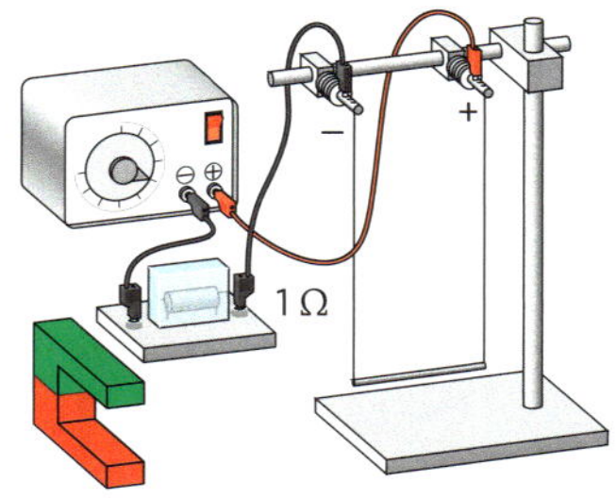

6 Leiterschaukel und Magnet

3 Erkunden mithilfe einer Simulation

Variiere in einer Simulation die Parameter des Experiments und protokolliere mithilfe von Screenshots die Ergebnisse in einer digitalen Präsentation. ▸ 7

Hinweis: Beachte, dass in vielen Simulationen nicht immer die Stromrichtung sondern die Bewegungsrichtung der Elektronen im Leiter dargestellt wird.

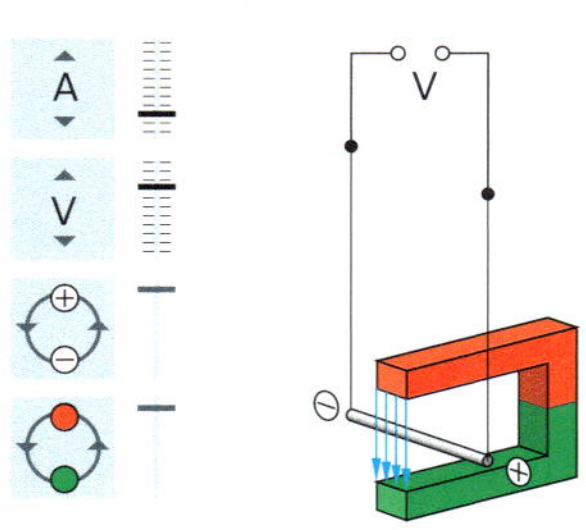

7 Simulation

Grundlagen Lorentzkraft und 3-Finger-Regel

Eine Leiterschaukel in einem Magnetfeld setzt sich bei Stromfluss scheinbar selbstständig in Bewegung. ▸ 1

Solange der Stromkreis geschlossen ist, also Strom durch die Leiterschaukel fließt, bleibt die Schaukel ausgelenkt. Erst beim Öffnen des Stromkreises schwingt sie zurück.

Ursache dieser Bewegung ist also der Stromfluss. Je größer die Stromstärke im Leiter, desto stärker ist die auslenkende Kraft.

Vermittelt wird die Lorentzkraft durch das Magnetfeld. Je stärker dieses ist, desto stärker ist die Auslenkung.

Als Wirkung resultiert daraus die magnetische oder Lorentzkraft auf den stromdurchflossenen Leiter.

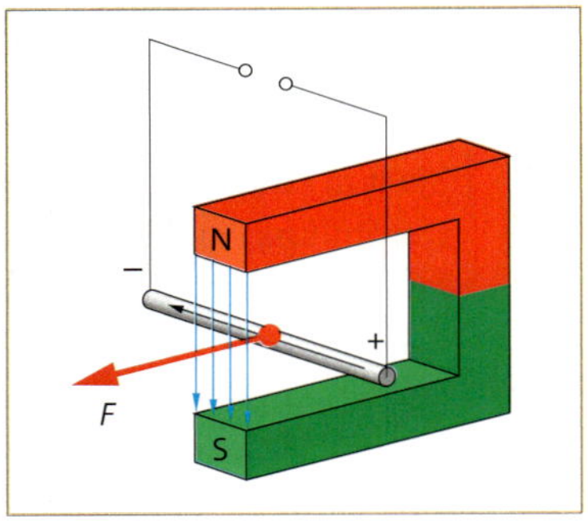

1 Lorentzkraft

Am stärksten ist die Lorentzkraft, wenn Leiter und Magnetfeldrichtung senkrecht zueinanderstehen. Die Richtung der Lorentzkraft bildet dann mit Strom- und Feldlinienrichtung jeweils einen rechten Winkel.

Veranschaulichen kann man sich das gut mit der *3-Finger-Regel der rechten Hand* – auch UVW-Regel genannt. ▸ 2

Finger	Physikalische Größe	Richtung	U-V-W
Daumen	Stromfluss	von + nach –	**U**rsache
Zeigefinger	Magnetfeld	von N nach S	**V**ermittlung
Mittelfinger	Lorentzkraft		**W**irkung

Tabelle 3-Finger-Regel

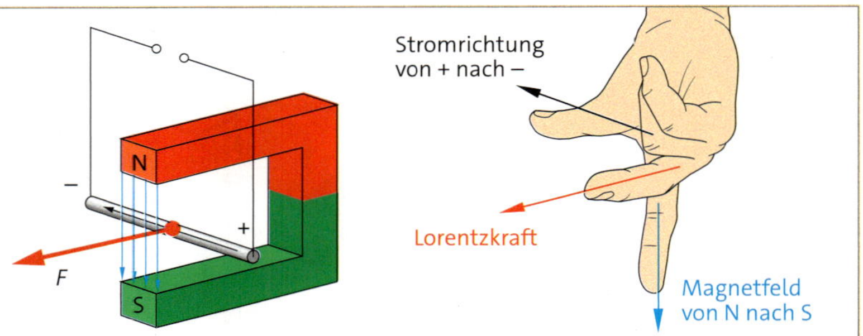

2 3-Finger-Regel der rechten Hand

Das Auftreten der Lorentzkraft hängt nicht von der Art des Leiters ab. Allein der Stromfluss – also die Bewegung der Ladungsträger sowie ihre Richtung – ist entscheidend. Wie Experimente (▸ Bild 3, S. 18) oder Polarlichter zeigen, werden die Elektronen im Fadenstrahlrohr, die Ionen, Protonen und Elektronen des Sonnenwinds im Magnetfeld allein durch die Lorentzkraft in ihrer Bewegungsrichtung abgelenkt.

Auf fließende Elektronen wirkt in einem Magnetfeld die Lorentzkraft. Die Lorentzkraft hängt von der Richtung des Magnetfelds und der Elektronenstromrichtung ab. Die Richtung der Lorentzkraft kann mithilfe der 3-Finger-Regel der rechten Hand bestimmt werden.

HINWEIS

Zur Veranschaulichung der Richtungen können für negativ geladene Teilchen (Elektronen) auch die entsprechenden Finger der linken Hand verwendet werden. Dabei zeigt der Daumen in Bewegungsrichtung der Elektronen (von – nach +).

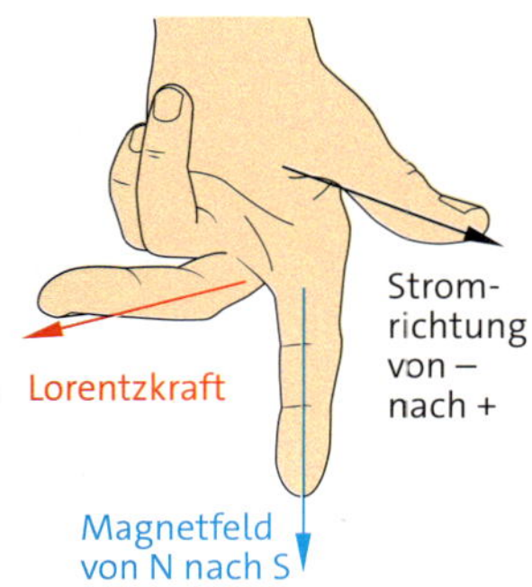

Aus der Technik: Ablenkung von Elektronenstrahlen und Ionen

Das Raster-Elektronen-Mikroskop (REM) Um kleinste Details erkennen zu können, werden Elektronen im Hochvakuum in einem gebündelten Strahl auf die Oberfläche des Objekts gelenkt. Dort lösen sie weitere Elektronen aus, werden reflektiert und erzeugen dabei auch Röntgenstrahlung. Alle diese Reaktionen werden registriert und die Gesamtinformation wird punktweise zu einem gerasterten Oberflächenbild des Objekts zusammengefügt. ▸ 4

Strahlführung und bündelnde Ablenkung der Elektronen werden durch „magnetische“ Linsen erreicht. Deren besondere Magnetfelder lenken jeweils die weiter außen fliegenden Elektronen zur Mitte hin ab, wo sie im Brennpunkt über die Probenoberfläche geführt werden. ▸ 5

Fusionsreaktoren In geeigneten Magnetfeldern können geladene Teilchen auf einem kleinen Raumgebiet – wie in einer Flasche – eingeschlossen werden. Im ▸ Bild 6 wird ein positiv geladenes Teilchen schräg nach rechts in das Magnetfeld geschossen. Seine Bewegung auf der geschraubten Bahn hat einen Geschwindigkeitsanteil senkrecht zur Magnetfeldrichtung und einen zum Flaschenende hin. Betrag und Richtung der Lorentzkraft ändern sich je nach Bahnpunkt aufgrund des stärker werdenden Magnetfelds – symbolisiert durch die dichter gezeichneten Feldlinien. Das Teilchen schraubt sich auf seiner Bahn in enger werdenden Kreisen nach rechts. Da am rechten äußeren Bahnpunkt die Lorentzkraft entgegen der ursprünglichen Aufwärtsbewegung nun nach links wirkt, schraubt sich das Teilchen unter Beibehaltung der Drehrichtung wieder links zurück. Mit einer entsprechenden Magnetfeldanordnung am linken Ende wird das Teilchen in der magnetischen Flasche eingeschlossen.

Dieses Prinzip dient in Fusionsreaktoren zum Einschluss des über 100 Millionen Grad heißen Plasmas.

Massenspektrograph Hier werden unbekannte Substanzen nach ihrer atomaren Zusammensetzung unterschieden. Die Materialprobe wird zuerst durch Erhitzen ionisiert, die Ionen werden dann mit einheitlicher Geschwindigkeit und Richtung in ein gleichmäßiges Magnetfeld geführt, das senkrecht zu ihrer Flugbahn verläuft. ▸ 7

Die Ionen beschreiben im Magnetfeld eine kreisförmige Bahn. Bei gleicher Ladung ist der Bahnradius umso größer, je größer die Masse des Ions ist. Ein Detektor registriert den Auftreffort der verschiedenen Atomsorten am Ende ihrer Bahn.

1 Die Objekte werden bei Untersuchungen mit dem REM oft mit einer dünnen Goldschicht überzogen. Recherchiere den Grund dafür und argumentiere in Form einer Argumentationskette. ▸ S. 43 ff.

2 Übernimm eine Feldlinienanordnung wie in ▸ Bild 6 in dein Heft und zeichne an zwei anderen Bahnpositionen die Orientierung des Magnetfelds und der Lorentzkraft auf die positiven Teilchen ein.

4 Kopf einer Fliege

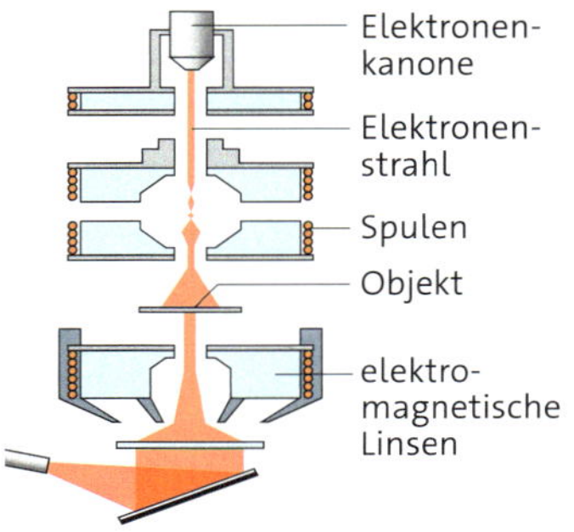

5 Magnetische Linsen im REM

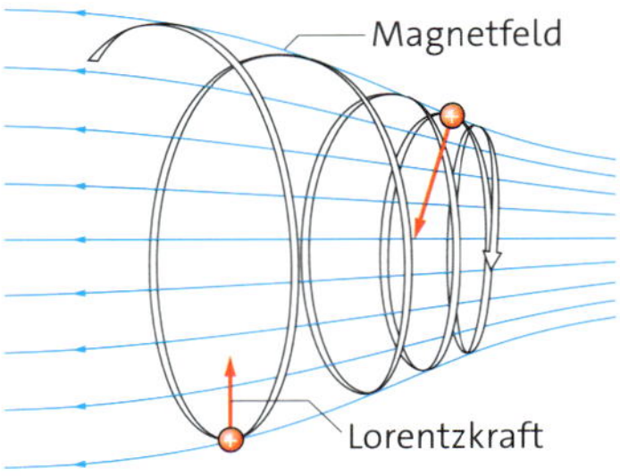

6 Prinzip der magnetischen Flasche

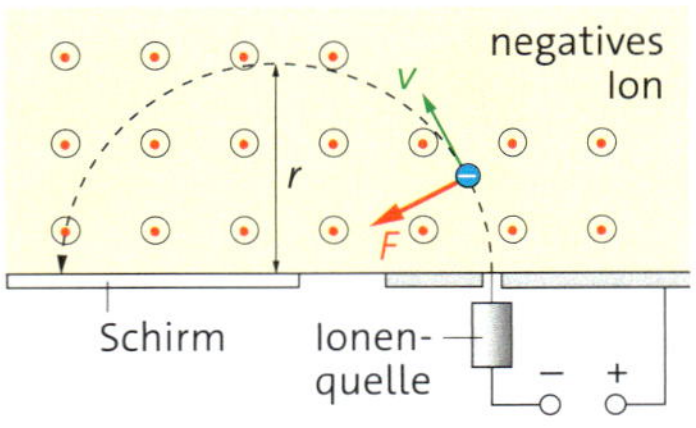

7 Massenspektrograph

Aus der Technik: Die Lorentzkraft als Antrieb

Neben den Anwendungen in der Welt der kleinsten Teilchen, kann die Lorentzkraft aber auch Raumsonden im All bewegen.
Im Ionenstrahl-Triebwerk werden Elektronen in ein Magnetfeld geschossen. Dort befindet sich Xenon – ein Edelgas. Wird ein Xenon-Atom getroffen, wird es ionisiert. D. h., es verliert ein Elektron und wird zum positiv geladenen Ion. Im Magnetfeld zwingt die Lorentzkraft den Großteil der Elektronen in einen Bereich am Ende der Triebwerkskammer. Sie ziehen von dort die positiv geladenen Xenon-Ionen an, die dadurch beschleunigt die Treibwerksdüse verlassen. Eine äußere Elektrode sorgt für den Ladungsausgleich bei den austretenden Ionen, da sich sonst das Triebwerk und damit die Raumsonde langfristig negativ aufladen würde. ▸1
Der resultierende Schub ist nicht größer als der Druck, den ein Blatt Papier auf eine ausgestreckte Handfläche ausübt – winzig im Vergleich zu den klassischen Raketentriebwerken – aber dennoch wirkungsvoll. ▸2

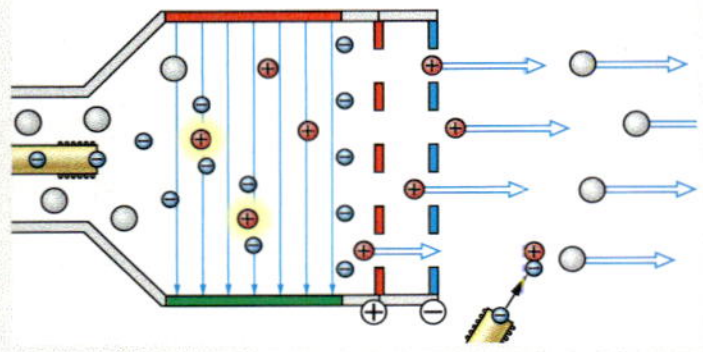

1 Ionentriebwerk

2 Ionentriebwerk der Dawn-Raumsonde

1 MHD-Antrieb
Im Film „Jagd auf Roter Oktober" aus dem Jahr 1990 wurde ein fiktiver Schiffsantrieb vorgestellt: Im Salzwasser beschleunigt ein geeignet gepoltes magnetisches Feld die Ionen und treibt damit ein Schiff an.
Gib eine Salzlösung in eine Schale. Befestige zwei Elektroden an einem Magneten und lege alles in die Lösung. Schließe die Elektroden an eine Gleichspannung an. ▸3
Tropfe nun etwas Tinte zwischen die Elektroden.

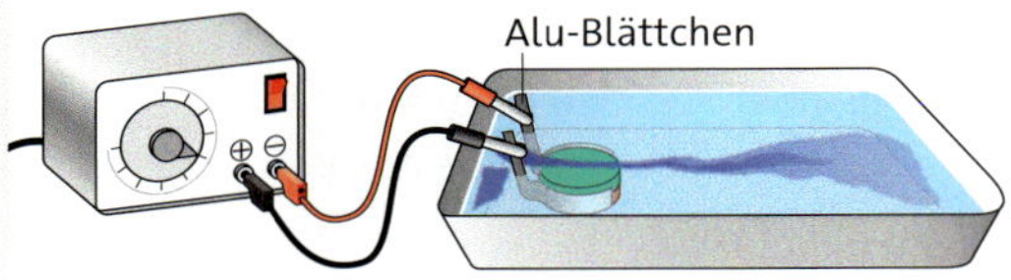

3 Modellexperiment MHD-Antrieb

a Beginne mit geringer Spannung und notiere deine Beobachtungen.
b Erhöhe schrittweise die Spannung und protokolliere.

Aufgaben und Aufträge

1 Entscheide und begründe, ob in den dargestellten Situationen eine Lorentzkraft auftritt. ▸4
Bestimme die Richtungen der auftretenden Kräfte mithilfe der UVW-Regel.

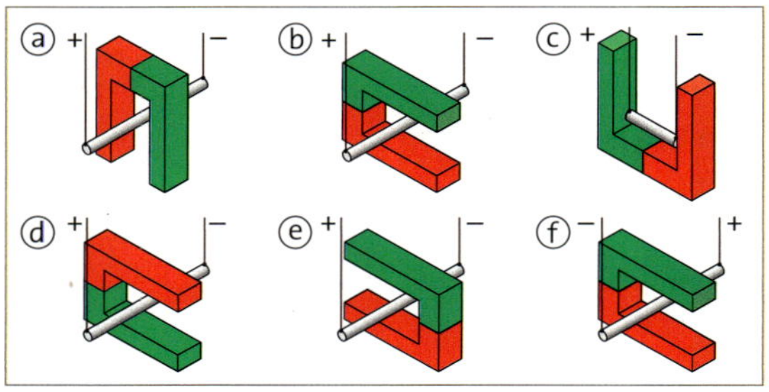

4 Stromdurchflossene Leiter im Magnetfeld

2 Hier sind Richtung des Magnetfeldes und Bewegungsrichtung der geladenen Teilchen bekannt. Entscheide und begründe, ob und in welche Richtung eine Lorentzkraft auftritt. ▸5

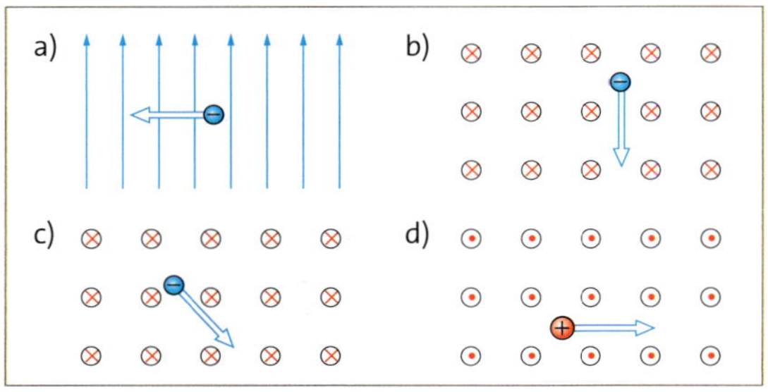

5 Magnetfeld und Ladungsträger

3 Erkläre mithilfe der Lorentzkraft die Bewegung der Leiterschleife aus der Musteraufgabe S. 17. ▸ 6

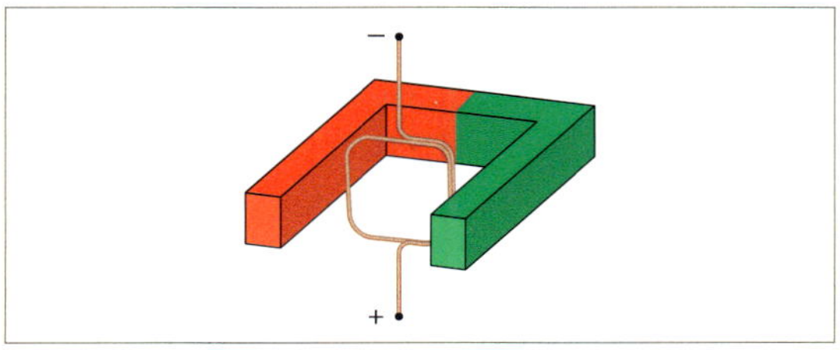

6 Leiterschleife im Magnetfeld

4 Zwei parallel aufgehängte Leiterstücke werden in gleicher Richtung vom Strom I durchflossen. ▸ 7

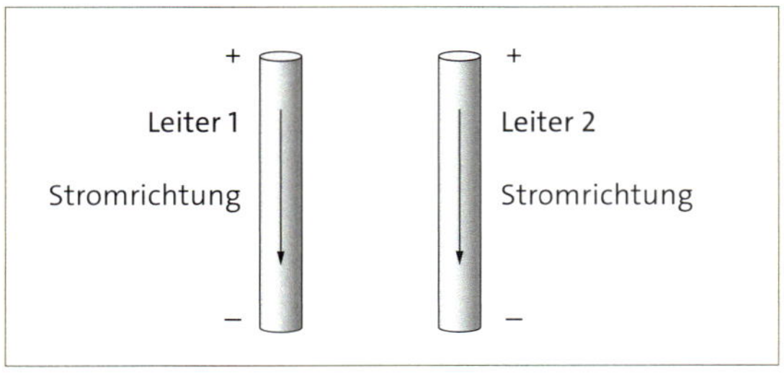

7 Zwei stromdurchflossene Leiter

a Übernimm die Zeichnung in dein Heft und zeichne für den Leiter 1 das Magnetfeld ein.
Einer der konzentrischen Kreise dieses Magnetfeldes soll den Leiter 2 im Punkt P berühren.

b Bestimme die Richtung der Lorentzkraft, die der Stromfluss im Leiter 2 durch das Magnetfeld von Leiter 1 erfährt und zeichne den entsprechenden Kraftpfeil in P ein.

c Die magnetische Kraftwirkung auf zwei parallele Leiter mit gleicher Richtung des Stromflusses wurde bis 2019 zur Definition der Einheit der elektrischen Stromstärke (Ampere) verwendet. Erläutere die Abbildung. Recherchiere die benötigten Informationen. ▸ 8

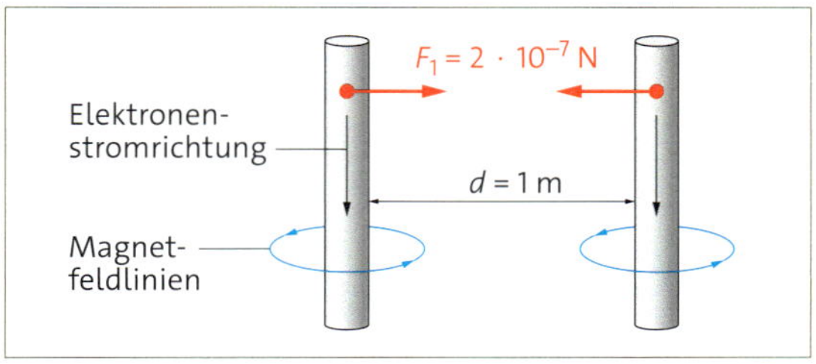

8 Definition der elektrischen Stromstärke

d Erstelle eine entsprechende Zeichnung für den Fall, dass die beiden Leiter antiparallel d.h. in entgegengesetzter Richtung vom Strom durchflossen werden.

5 ⊕ Zum Nachweis von Elementarteilchen verwendeten Forschungsinstitute in der Vergangenheit oft eine Nebelkammer.
Auf ihrer Bahn hinterlassen die Teilchen dort eine Spur, die fotografisch festgehalten werden kann. Die Kammer wird dabei von einem starken Magnetfeld durchsetzt. Im ▸ Bild 9 zeigt es senkrecht aus dem Blatt heraus. Die Teilchen fliegen von links nach rechts.

a Ermittle und begründe die Vorzeichen der elektrischen Ladung der Teilchen 1 bis 4.

b Für die Teilchenbahn gilt dabei, dass bei gleicher Teilchenmasse der Radius der Bahn proportional zur Geschwindigkeit der Teilchen ist. Ermittele die Geschwindigkeitsverhältnisse der vier Teilchen zueinander.

c Erläutere woran man erkennen kann, dass Teilchen 4 aber auch eine deutlich größere Masse als die anderen Teilchen haben könnte.

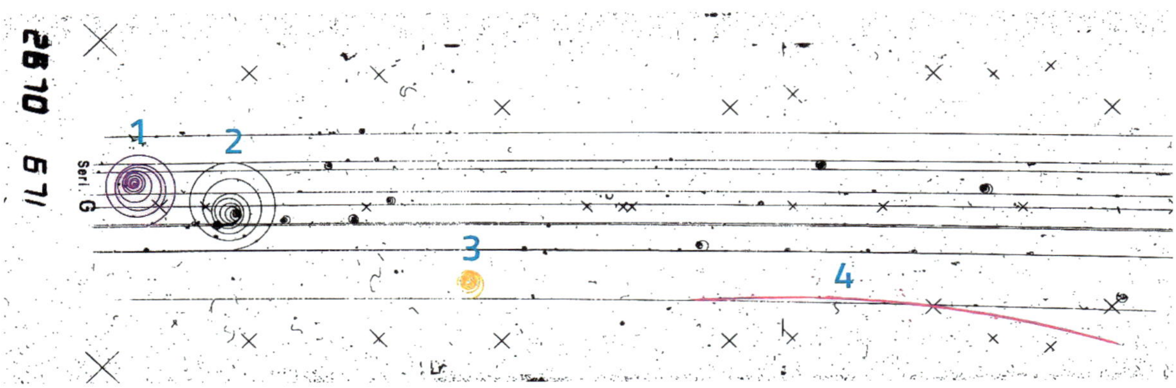

9 Spuren der Elementarteilchen

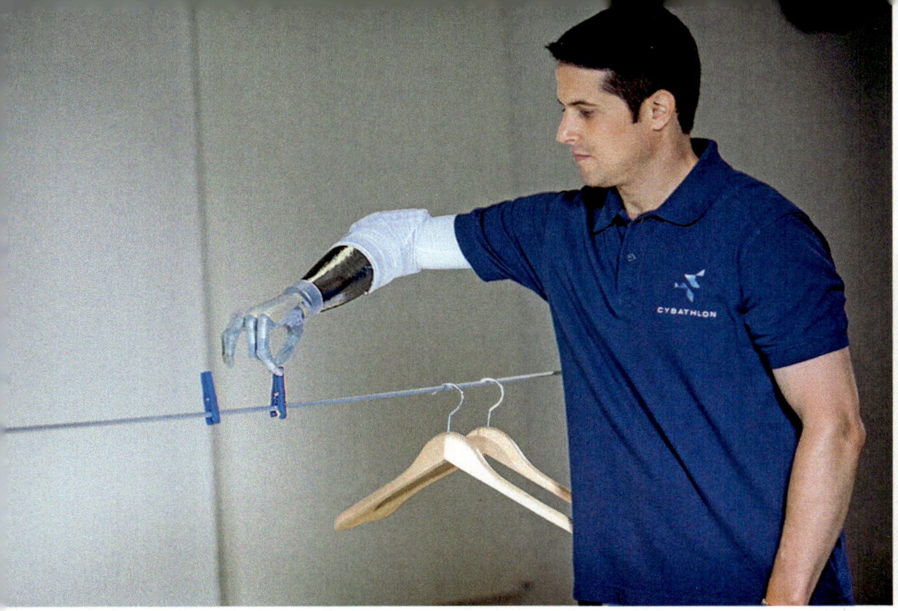

Beim Cybathlon-Wettbewerb der ETH Zürich bewältigen Menschen mit Handicap scheinbar einfache Alltagsaufgaben mithilfe von elektromotorischen Prothesen. Das ist nur durch den Einsatz spezieller Kleinstmotoren möglich, die durch Nervenimpulse gesteuert werden können.

Der Elektromotor

Die Palette der modernen Elektromotoren reicht von den kleinen Gleichstrommotoren in den Fingergliedern einer Handprothese über die „Wiedergeburt“ der Elektroautos bis hin zu den Lastkränen im Containerhafen oder einem ICE-Antrieb.

Der Vorläufer des Motors war das von dem britischen Physiker PETER BARLOW 1822 gebaute Rad. Ein sternförmiges Aluminiumrad ist zwischen den Polen eines Hufeisenmagneten gelagert. Seine Zacken tauchen in eine Schale mit Quecksilber. Das Rad beginnt sich zu drehen, wenn die Drehachse des Rads und die Quecksilberschale mit den Polen einer Elektrizitätsquelle verbunden werden. ▸ 2

Es war aber noch ein weiter Weg vom Verständnis dieser Bewegung zu den ersten praxistauglichen Elektromotoren heutiger Bauart. Die Entwicklung von Motoren und Generatoren initiierte Ende des 19. Jahrhunderts die zweite industrielle Revolution durch die Elektrifizierung der Arbeitsprozesse. Über 100 Jahre später sind Elektromotoren aus unserer technischen Welt nicht mehr wegzudenken. ▸ 3–6

Wir verwenden sie am Morgen in der elektrischen Zahnbürste, fahren mit Zügen und Bahnen in die Schule. Dort benutzen wir die Vertreter der nächsten technischen Generation – immer kleinere Schrittmotoren, wie sie z. B. in Druckern verwendet werden.

2 Barlow-Rad

3 Verschiedene Elektromotoren

4 Elektromotor im Elektroauto

5 Pumpen mit Elektromotoren

6 Drehgestell einer Eisenbahn

Aktivitäten

Schülerexperiment: Bau eines einfachen Elektromotors

Bauteile

Wie bei einem großen Motor benötigt ihr auch für diesen Versuch die entsprechenden Bauteile. ▸ 9
Elektrizitätsquelle: Verwendet nur Batterien vom Typ Monozelle, keine Akkus. Bei einem möglichen Kurzschluss können die hohen Stromstärken einen Akku durch Überhitzung zerstören. ▸ 7
Magnetfeld: starke Dauermagnete
Leiterschleifen: lackierter oder isolierter Draht
Achse: lackierter oder isolierter Draht; kann auch auf einem Stäbchen montiert werden
etwas Schleifpapier, Halterungen aus Metall (Lochblechwinkel, Büroklammern …), Klebeband, Kleinmaterial aus dem Haushalt

7 Sicherheitshinweis

Funktion

Skizziert den Aufbau des Motors (▸ Bild 8) in euren Heften.

a Erläutert mithilfe der Polung der Batterie die Entstehung des Magnetfelds in der Spule.

b Bestimmt damit die Drehrichtung des Motors in der Abbildung.

c Alternativ lässt sich die Drehung der Leiterschleife auch mithilfe der Lorentzkraft erklären. Bestimmt anhand der Abbildung die Lorentzkraft auf die Leiterstücke in der stromdurchflossenen Drahtspule.

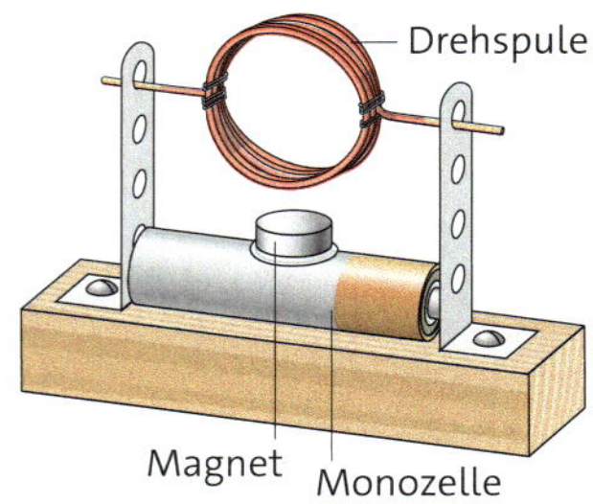

8 Selbstbaumotor

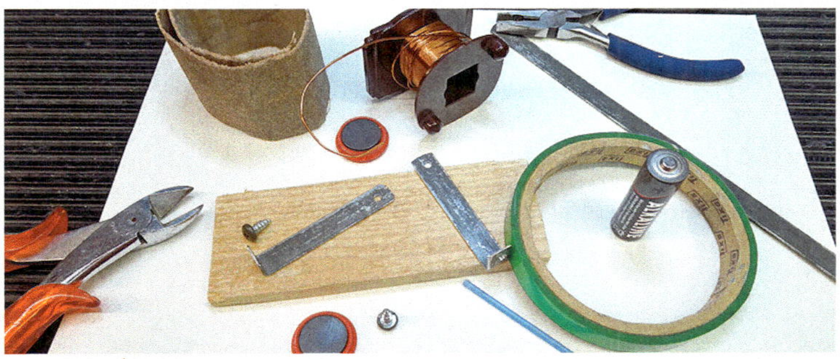

9 Bauteile und Werkzeug

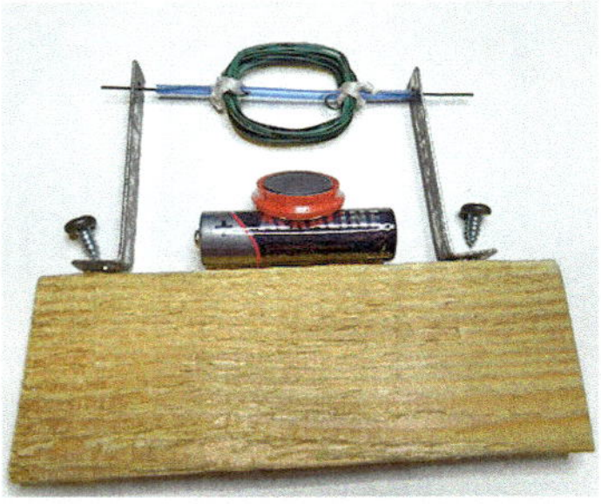

10 Aufbau

Aufbau

Baut den Motor in einzelnen Schritten zusammen. ▸ 10
Beginnt mit der Batteriehalterung und dem Magneten. Wickelt dann den Draht zur drehbar gelagerten Rotor-Spule. Verwendet zum Aufwickeln einen abgerundeten Gegenstand. Hängt die Spule über dem Magneten ein. Achtet dabei auf:

- eine stabile Halterung der Batterie und Aufhängung der Achse.
- die Platzierung des Magneten auf der Batterie. Fixiert ihn mit Klebstoff oder Klebeband.
- eine gute Drehbarkeit der Rotor-Spule.
- ein gutes Austarieren der Rotor-Spule. Das bedeutet, dass sich die Spule beim Loslassen nicht mehr in eine neue Lage bewegt.

Schließt die Batterie an die Achshalterung an.

Probleme

Natürlich wird sich die Spule ohne leitenden Kontakt mit der Batterie nicht bewegen.
Vielleicht sind auch die Magnetfelder zu schwach?
Oder der Motor wird sich nur ein wenig drehen …
Vergegenwärtigt euch mithilfe der Skizze nochmals das Zustandekommen der Drehung und formuliert das konkrete Problem. Löst die Probleme im Team. Hilfe gibt es hier: ▸ 3a, b

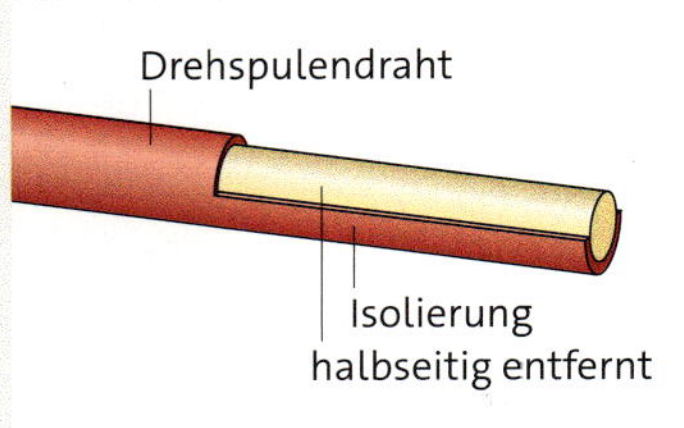

1 Lösungshilfe

… und ihre Lösungen

- Der Motor dreht sich also nur ein Stück. Eine mögliche Lösung des Problems besteht darin, den Draht an der Kontaktstelle zur Aufhängung in spezieller Weise zu isolieren. ▸ 3c
  Begründet inwieweit diese Lösung weiterhilft. Diskutiert ihre Vor- und Nachteile.
- Eine alternative Lösung besteht darin, den Stromfluss nicht mehr über die Drehpunkte der Achsaufhängung zu führen. Stattdessen werden die Drahtenden der Spule bei der Rotation nur kurzzeitig an geeigneter Stelle mit zwei Drahtbügeln in Kontakt gebracht. ▸ 2
  Erläutert auch hier die Funktionsweise dieser Konstruktion, geht dabei besonders auf die Stellung der Kontakte und der Spule ein.

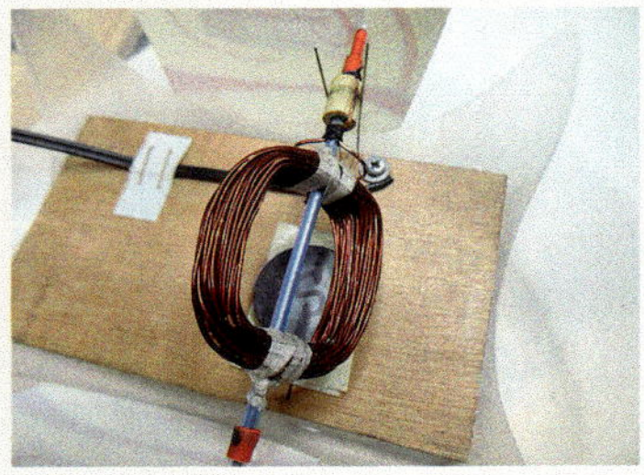

2 Alternative Lösung

a b c

3 Tipps und Hinweise

Hinweis

Falls du keinen QR-Code-Reader hast: ▸ S. 305

Experimente mit dem Motor

a Kann sich der Motor noch schneller oder gar rückwärts drehen? Experimentiert mit der optimalen Stellung der Kontakte und damit der Spule im Magnetfeld. Vertauscht die Polung des Magneten oder der Batterie. Beschreibt und erläutert euer Vorgehen unter Verwendung der exakten Fachsprache.

b Befestigt einen Faden an der Drehachse und testet euren Motor als Aufzugsmotor aus. Hängt dazu Milligramm-Massenstücke an den Faden und stoppt die Zeit für eine festgelegte Hubstrecke.

c Ergänzt die Schaltung um geeignete Messgeräte zur Bestimmung der aufgenommenen elektrischen Leistung.

d Schätzt den Wirkungsgrad eures Motors ab. ▸ 4

4 Tipp: Wirkungsgrad

Reale Motoren

Vergleicht euren Selbstbaumotor mit realen Elektromotoren. Beschreibt den Aufbau und die Funktionsweise der einzelnen Bauteile. Recherchiert die Begriffe Stator, Rotor, Anker und Kommutator.

Grundlagen Motorprinzip

In einem einfachen Motormodell ist eine Leiterschleife drehbar im Feld eines Dauermagneten gelagert. Fließt durch die Leiterschleife ein elektrischer Strom, erzeugt sie ein eigenes Magnetfeld. ▸ 5

Durch die anziehende bzw. abstoßende Wechselwirkung der beiden Magnete dreht sich die Schleife.

In einer alternativen Betrachtungsweise ruft der Stromfluss durch die Leiterschleife im Magnetfeld des Dauermagneten eine Lorentzkraft hervor.

Nur wenn ein stromdurchflossenes Drahtstück senkrecht zum magnetischen Feld steht, wird es mit maximaler Lorentzkraft gedreht. ▸ 6a, b

In den Teilstücken der Leiterschleife, die parallel zu den Feldlinien des Magnetfelds stehen, tritt keine Kraft auf.

Spätestens nach einer halben Drehung wirken die Kräfte auf die Leiterschleife nun der Rotation entgegen. Der Motor bleibt in der *Totpunktstellung* stehen. ▸6c

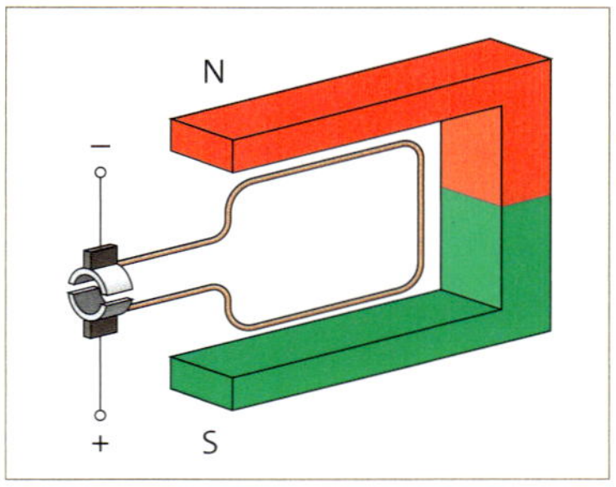

5 Leiterschleife im Magnetfeld

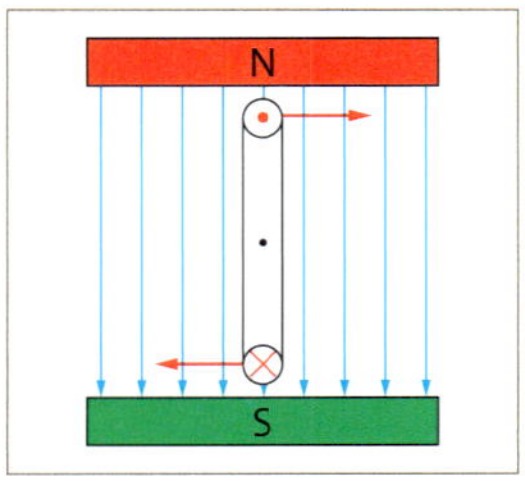

6a Lorentzkraft auf die Leiterschleife

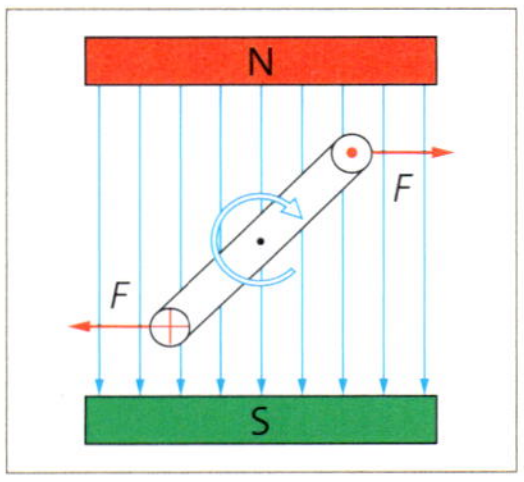

6b Drehbewegung durch die Lorentzkraft

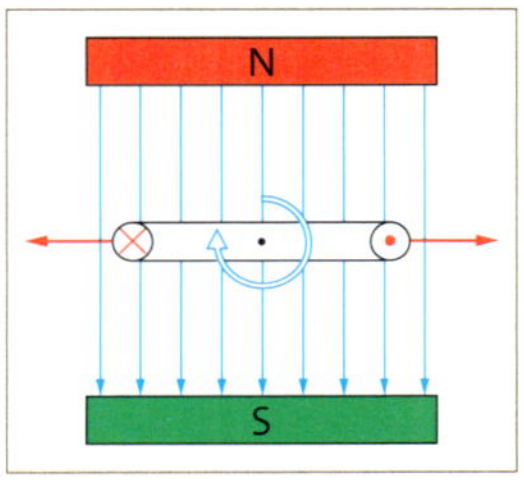

6c Totpunktstellung

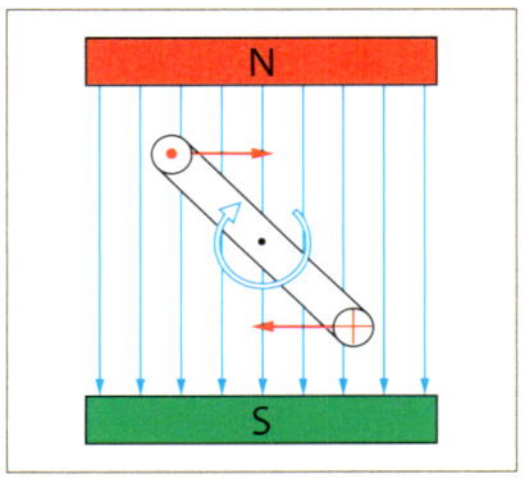

6d Weiterbewegung nach Umpolung

Für eine Weiterbewegung muss in dieser Stellung (Totpunkt) die Stromzufuhr unterbrochen und danach umgepolt werden. Dafür sorgt der Kommutator (Polwender). Durch die Trägheit des Ankers wird die Drehbewegung noch ein Stück fortgesetzt. Dabei gelangen die beiden Schleifkontakte (Bürsten) jeweils auf den anderen Halbring. Die Stromrichtung im Anker ändert sich. ▸ 7

Die Umkehrung der Stromrichtung bewirkt eine Richtungsänderung der Lorentzkraft. Dadurch dreht sich die Leiterschleife im ursprünglichen Drehsinn bis zum nächsten Totpunkt weiter. Mit der nächsten Umpolung wird dann die Rotation vollendet. ▸ 6d

Mit der Erhöhung der Anzahl der Wicklungen der Leiterschleifen (Windungszahl) vergrößert sich die Lorentzkraft. Gleichzeitig vergrößert sich aber auch der ohmsche Widerstand des Rotors.

Um an möglichst vielen Stellungen des Rotors eine maximale Lorentzkraft hervorzurufen, werden bei realen Motoren mehrere Anker versetzt und nacheinander verbaut. Der Strom fließt dabei über die jeweiligen Bürsten, nur durch die Schleifen, die in optimaler Stellung zu den Feldlinien des Stators stehen. Das sorgt außerdem für einen ruhigeren Lauf.

Je nach Anwendung und Bauweise werden zur Erzeugung des Magnetfeldes Permanent- oder Elektromagnete, zum Betrieb Gleich- oder Wechselspannung verwendet.

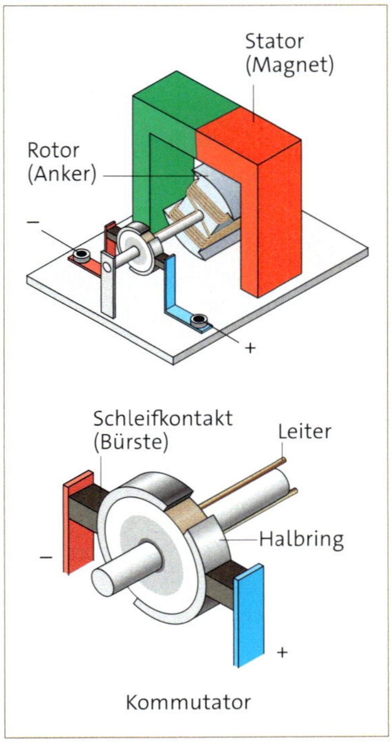

7 Aufbau eines Gleichstrommotors

Methode Erklärvideos

Zur Erklärung physikalischer Sachverhalte können neben Referaten und Präsentationen auch Erklärvideos eingesetzt werden.
Begriffe wie z. B. das Erdmagnetfeld, die Bedeutung des Ørsted-Experiments oder der Lorentzkraft für das Auftreten von Polarlichtern werden meist mit Vorträgen oder Experimenten einmalig erläutert. Um sich einzelne Schritte eines Vortrags wiederholt vor Augen zu führen, können bei Präsentationen die einzelnen Folien nochmals aufgerufen werden. Der Vortrag dazu ist aber nicht mehr abrufbar. Das Video eines Vorgangs mit kurzen prägnanten Textpassagen ist hier geeigneter. Auch müssen von zeitlich aufwändigen Experimenten nur die wichtigsten Momente wiedergegeben werden. Damit hat das Video eine deutlich höhere Informationsdichte.
Entscheidend für die Planung und die Erstellung eines Erklärvideos ist die Beachtung der Zielgruppe, an die es sich richtet. ▸ 1

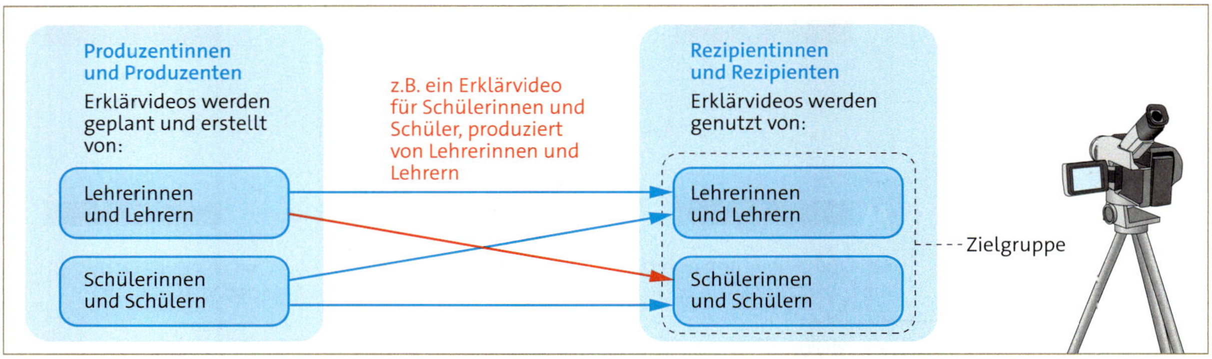

1 Adressatengerecht publizieren

Für Schülerinnen und Schüler ist die Produktion eines Erklärvideos eine gute Möglichkeit herauszufinden, ob sie die Fähigkeit besitzen, verständlich, fachlich korrekt und adressatengerecht Inhalte zu vermitteln. So lernt man beim Erklären.
Bei einem Präsentationsvideo ist man selbst in Aktion zu sehen, daher sind hier auch Mimik und Gestik wichtig. Bei einem Erklärvideo hört man in der Regel nur die Stimme und sieht die Hände.

Da Erklärvideos in der Regel mit 5 bis 7 Minuten kurz sein sollen, ist eine genaue Planung notwendig. In einem Drehbuch, Storyboard genannt, werden zuerst die einzelnen Szenen in Abfolge und Inhalt skizziert (▸ Tabelle 1). Neben der zeitlichen Planung (Spalte 1) wird hier notiert, welche experimentellen Aufbauten im Bild zu sehen, aber auch, welche Modelle und Analogien in Form von Bildern und Grafiken erstellt und eingeblendet werden (Spalte 2). Ob diese als Ganzes präsentiert oder sukzessive entwickelt werden, lässt sich etwa unter „Anmerkungen" im Drehbuch festhalten (Spalte 4). Der kurze Sprechtext mit Pausen wird vorab passend zum Videobild festgelegt (Spalte 3). Dieser muss immer sachbezogen bleiben, d. h. Füllwörter und Ausschweifungen zu anderen Themen müssen vermieden werden.

Zeit	Bild	Text	Anmerkungen
0:00	Startbild	ohne	Video 1 abspielen
0:20	leer	Text 1	Ende Video 1

Tabelle 1 Beispiel Storyboard

Das Erklärvideo macht auch die Relevanz des Begriffs oder Experiments deutlich. Das unterscheidet ein Erklärvideo auch klar von einem reinen „How-to-Video“ einer Bedienungsanleitung.
So können bereits bei der Planung die Kriterien der späteren Bewertung beachtet werden. Wie bei Wettbewerben (z. B. „jugend präsentiert“) gefordert, gliedert sich die Beurteilung in die drei Bereiche:

Adressatenorientierung	Erreicht das Gesagte die Zuhörenden auf ihrem Niveau?
Sachkenntnis	Ist das Thema fachlich korrekt und angemessen im Niveau dargestellt?
Darstellungsvermögen	Werden Mimik, Gestik und Stimme gewinnend eingesetzt?

Tabelle 2

Genau wie in einer Präsentation (▸ S. 291) muss ein Video eine Einleitung mit der Hinführung zum Thema des Hauptteils und einen Schluss mit einer Zusammenfassung aufweisen. Und das alles in 5 Minuten! ▸ 3–5

3 Einleitung

0:45	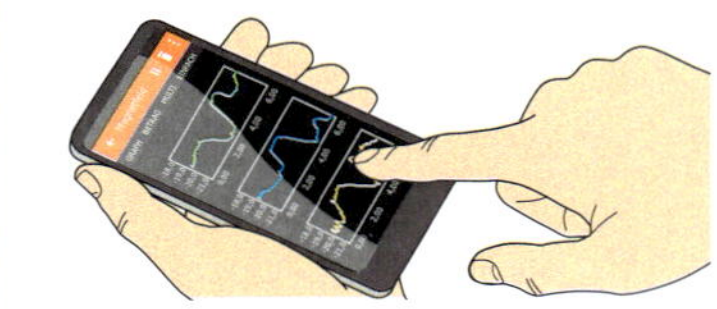	Zur Magnetfeldmessung verwenden wir die Phyphox-App.	App starten und Teslameter auswählen, zeigt Erdmagnetfeld an
3:50		Jetzt ergeben sich ... (Zahlenwert).	letzte Messung
5:45	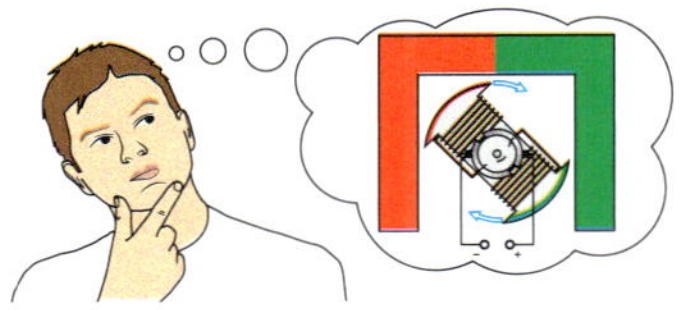	Welches Fazit ziehen wir daraus für den Bau unseres Motors?	...

4 Ausschnitt aus dem Storyboard

Rechtliches Beim Erstellen und Verbreiten von Medien (Videos, Fotos, Texte und Musik) muss unbedingt das *Urheberrecht* beachtet werden. Eine Missachtung kann hohe Schadensersatzforderungen zur Folge haben. Es ist erforderlich, sich sorgfältig über die Rechtsgrundlage zu informieren und sich gegebenenfalls beraten zu lassen. Kurzgefasst sagt das „Urheberrecht“: Hat jemand – der Urheber – einen Song geschrieben, ein Bild gemalt oder einen Text geschrieben, dann darf nur er darüber entscheiden, wer seine Werke wie nutzen, weitergeben oder verändern darf und ob er dafür bezahlen muss. Neben dem Urheberrecht müssen aber auch *Persönlichkeits-* (Modellrelease) und *Markenrechte* sowie das *Property Release* (Eigentumsrechte am abgebildeten Objekt) beachtet werden.

Erklärfilme Klassen 5–10

Konzeption

Autor:	Max Schreiber
Beratung:	Dr. Frieda Ratschlag
Redaktion:	Johann Mustermann

Technische Umsetzung

Kamera, Schnitt, Ton, Postproduktion:	Filmstudio X
Sprecher:	John Leiser
Fotos:	Dr. K. Lick

5 Schlussbild

Aus der Geschichte: Die Elektrifizierung Süddeutschlands

Text 1: Welch zwiespältige Folgen die Einführung der elektrischen Energie nach sich ziehen konnte, verdeutlicht ein Beispiel aus dem südlichen Schwarzwald ... Hier wurden um die Jahrhundertwende Seidenbänder als Nebenerwerb in Heimarbeit gewebt. Tageslicht bestimmte den Arbeits- und Lebensrhythmus. Der Antrieb des Webstuhles bedeutete schwere körperliche Arbeit, weshalb in der Regel nur der Familienvater weben konnte. Das Leben ... war kärglich. Hoffnung schien eine neue Technologie zu bringen: Im Jahre 1904 konnte durch genossenschaftliche Selbsthilfe und staatliche Unterstützung elektrischer Strom vom Kraftwerk Rheinfelden zu den Hauswebern geliefert werden. Ein kleiner Elektromotor trieb nun den Webstuhl an; damit entfiel die schwere körperliche Arbeit, Frauen und Kinder wurden verstärkt zur Seidenbandweberei herangezogen.
Technischer Fortschritt führte hier ... zu einer deutlichen Steigerung der Produktivität, eine gleichzeitige Senkung der Stücklöhne brachte aber trotz Mehr- und Kinderarbeit kaum eine Verbesserung für die Familien...

Quelle: T. Herzig, Energieverbund: elektrischer Strom für Stadt und Land, Landesmuseum für Technik und Arbeit in Mannheim; 1995

Text 2: Da sind die elektrisch betriebenen Kartoffeln- und Obstschäler, die Entkernungsapparate, Würstestopfer, Speckpresser, Fleischhacker, Fleischröster, Bratapparate, Kaffee- und Gewürzmühlen, die Brotschneideapparate, Eiszerkleinerer, Korkzieher, Korkpresser und hundert andere Apparate und Maschinen, die einer verhältnismäßig kleiner Zahl Personen mit mäßiger Anstrengung ermöglichen, für Hunderte von Tischgästen die Speisen zu bereiten. Dasselbe ist mit den Spül- und Reinigungseinrichtungen der Fall.

Quelle: A. Bebel; Die Frau und der Sozialismus

Ende des 19. Jahrhunderts begann das elektrische Zeitalter. Zu Beginn konnte nur Gleichstrom über kurze Strecken von kleinen Kohlenkraftwerken zu den Kunden geleitet werden. Dieser diente anfangs zur Beleuchtung in öffentlichen Gebäuden, auf Straßen und in wenigen vermögenden Privathaushalten, Hotels oder Gewerbebetrieben. Die elektrische Beleuchtung – zuerst noch als Luxus eingestuft – hatte aber den Vorteil einer sichereren Anwendung gegenüber den Gasleuchten.
Da die Beleuchtung nur in den Abendstunden zur Auslastung der Elektrizitätswerke führte, suchten die Kraftwerksbetreiber bald nach anderen Einsatzmöglichkeiten. So lösten z. B. elektrische Straßenbahnen die Pferdebahnen im Stadtbild ab.
Mit der Einführung des Wechselstroms und dem Ausbau einer – zumindest in den Städten – flächendeckenden Versorgung, ging in den 1920er Jahren der technische Fortschritt mit einem gesellschaftlichen Umbruch einher. In den Fabriken konnte dank der Beleuchtung nun auch abends und nachts gearbeitet werden. In der Landwirtschaft lösten Maschinen mit elektrischem Antrieb ungelernte Hilfsarbeiter ab. Kleine Elektromotoren ersetzten in den Fabrikhallen die großen Dampfmaschinen.
Einerseits bot sich damit die Möglichkeit, schwere körperliche Arbeiten durch elektrisch betriebene Maschinen zu ersetzen. Andererseits führte das Bestreben nach Auslastung der Arbeitszeit zu vermehrter Kinder- und Frauenarbeit. (▸ Text 1 oben)
Auch im Privaten prophezeite August Bebel bereits im Jahre 1879, als Thomas Edison die erste Glühbirne vorstellte, in seinem Werk „Die Frau und der Sozialismus“ die Abschaffung der Privatküchen zugunsten von Großkantinen. (▸ Text 2 oben)

1 Stelle die, in den Texten genannten, Vorteile und Nachteile der Elektrifizierung in einer Gegenüberstellung dar.

2 Erläutere anhand eines Vor- und Nachteils die technische Entwicklung, die zur heutigen Situation führte.

3 Seit ihrer Einführung vor über 20 Jahren verändern Smartphone und PC unsere Welt. Aber auch die Elektromotoren entwickelten sich weiter. Führe mit deinen Eltern und Großeltern Expertengespräche, wie sich ihre Welt vor 25 und 50 Jahren durch den Einsatz von Elektromotoren verändert hat. Stelle dann einen Arbeits- oder Freizeitvorgang in seiner zeitlichen Entwicklung dar.

Aufgaben und Aufträge

1 Im ▸ Bild 1 erkennst du einen Gleichstrommotor.

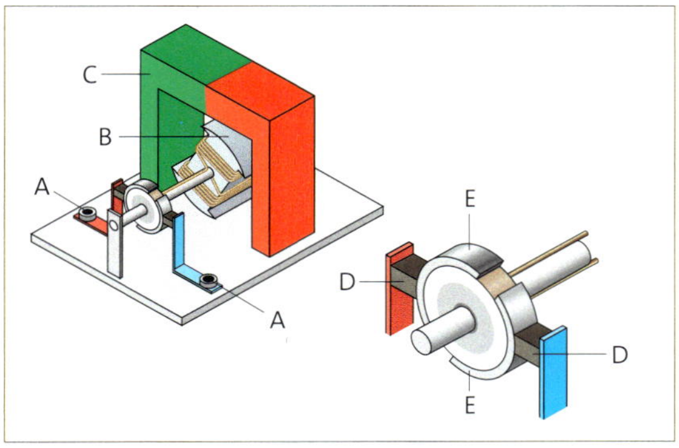

1 Motormodell

a Benenne die Bauteile

b Beschreibe die Aufgaben der Bauteile. Benutze die folgenden Wortgruppen: drehbarer Elektromagnet; versorgen die Spule mit Strom; Dauermagnet mit konstantem Magnetfeld; unterbrechen die Stromzufuhr; polen das Magnetfeld um.

2 Bei dem abgebildeten Motormodell ist auf einer Seite der stromführende Draht nur halbseitig abisoliert. ▸ 2

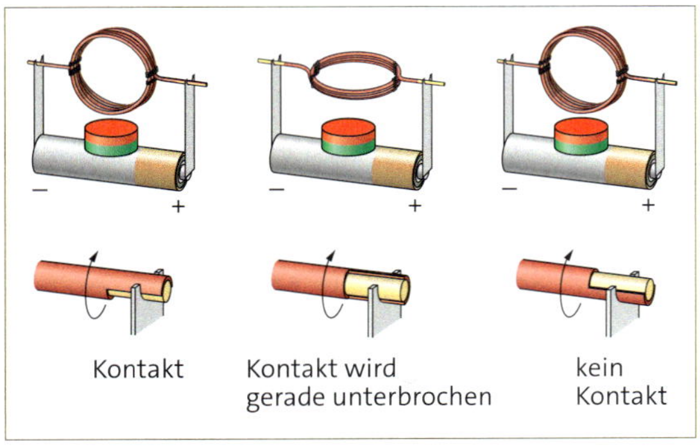

2 Rotierende Leiterschleife

Übertrage die drei Skizzen der rotierenden Leiterschleife in dein Heft.

a Zeichne jeweils die Polung des Magnetfelds in der stromführenden Schleife so ein, dass die abgebildete Rotation entsteht.

b Erläutere deine Vorgehensweise.

3 Im Internet findet man weitere Bastelanleitungen, eine sehr einfache Bauform ist hier abgebildet. ▸ 3

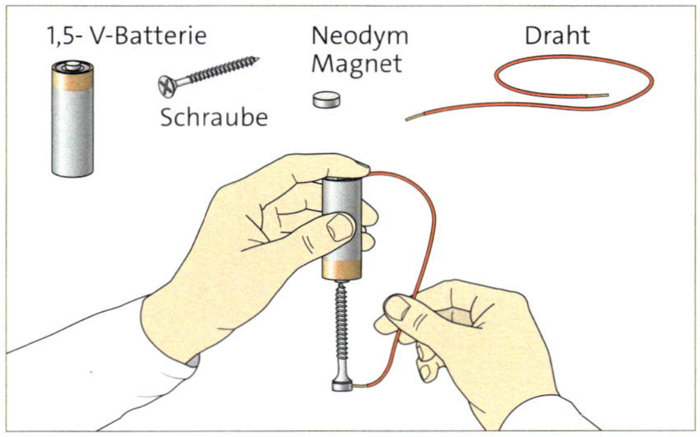

3 Ein einfacher Motor

a Erläutere die Funktionsweise der einzelnen Bauteile mit den richtigen Fachbegriffen.

b Baue den Motor mithilfe einer Batterie, einer Schraube, eines Drahts und eines starken Neodym-Magneten auf.

c Klebt man an den Magneten eine kleine Papierfahne, kann man in einem Handyvideo (Zeitlupe) die Drehfrequenz ermitteln. Überlegt und probiert aus, wie man die Drehfrequenz des Motors erhöhen kann.

4 Julian und Alina diskutieren über die Optimierung ihres selbstgebauten Motors. Sie notieren sich dazu ein paar Stichworte:
- mehr Wicklungen mit dünnerem Draht (Julian: „Die Schleife wird leichter.“)
- dickerer Draht (Alina: „Der ohmsche Widerstand wird geringer.“)
- mehr Magnete
- Spule und Magnet näher aneinander bringen.

Erläutere ihre Vorschläge und bewerte sie auf ihre Durchführbarkeit indem du sie selbst ausprobierst.

5 Für verschiedene Einsatzgebiete gibt es unterschiedliche Bauweisen von Motoren.

a Recherchiere nach Aufbau, Funktionsweise und Einsatzgebiet eines der folgenden Motortypen.
- Innenpolmotor
- Synchronmotor
- Linearmotor
- Schrittmotor

b Präsentiere deine Ergebnisse in geeigneter Form. Vergleiche dabei den gewählten Motor auch mit deinem selbstgebauten Modell.

Induktives Laden – das Smartphone einfach auf eine Ladestation legen und schon wird es geladen, ohne dass ein Stecker eingesteckt werden muss. Das wird zunehmend Standard.

Induktion

Auch andere Elektrogeräte wie z. B. Smartwatches oder die ganz banale Elektrozahnbürste verwenden diese Technik.

Dieses drahtlose Laden hilft auch im Gesundheitswesen: So können Herzschrittmacher inzwischen drahtlos geladen werden, früher brachte ein Batteriewechsel eine Operation mit sich. Diese Technik wird in der Medizin auch bei anderen Implantaten z. B. bei der tiefen Hirnstimulation zur Behandlung von Parkinson verwendet. ▸ 2, 3

In Zukunft wird das kabellose Laden aber auch für die Elektromobilität eine Rolle spielen. Heute schon werden in Schweden die Akkus von Elektrobussen im Versuchsbetrieb während der Fahrt auf speziellen Ladestraßen drahtlos geladen. ▸ 4

Das Prinzip des induktiven Ladens ist bei allen Anwendungen gleich. Im Gerät befindet sich eine Spule, die die Energie empfängt. Gesendet wird die Energie in Form eines veränderlichen Magnetfelds. So befindet sich im Elektrobus eine Spule, die sich über dem veränderlichen Magnetfeld der Straße bewegt.

Um diese Anwendungen zu untersuchen kann man folgendes Modellexperiment durchführen: Den Empfänger der Energie bildet eine simple Drahtschleife, die mit einem empfindlichen Spannungsmessgerät verbunden ist. Den Sender der Energie stellt ein Dauermagnet dar, der bewegt wird. Dadurch wird ein veränderliches Magnetfeld erzeugt. ▸ 5

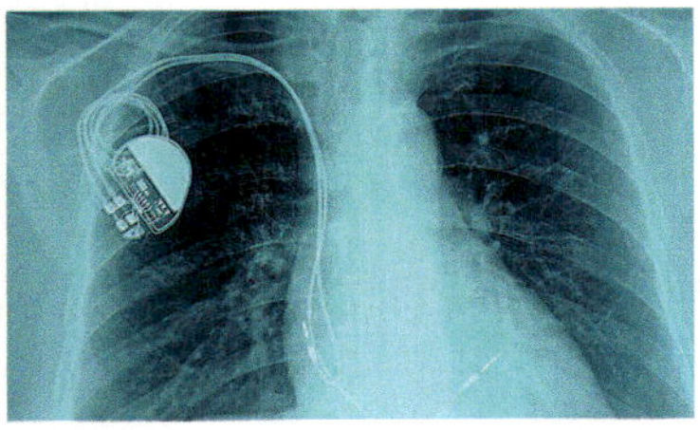

2 Herzschrittmacher

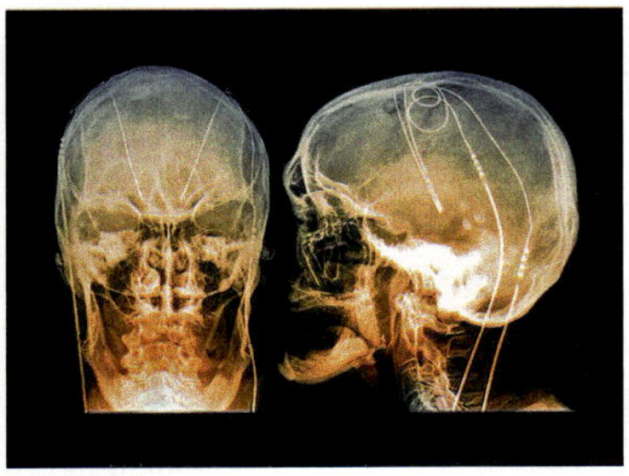

3 Implantat bei Parkinsonpatienten

4 Ladespur auf einer Autobahn

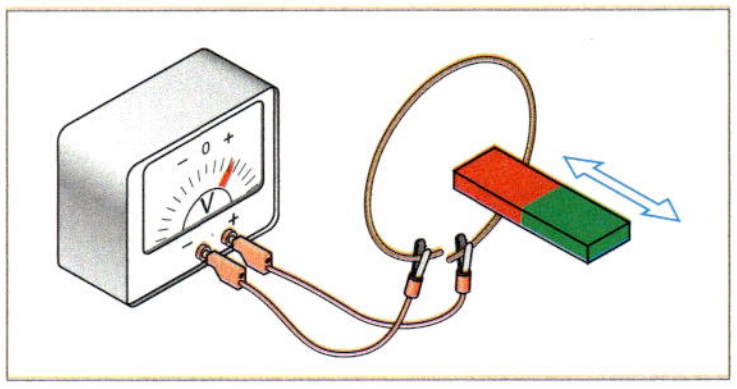

5 Modellexperiment

Grundlagen Induktion in einer Drahtspule

Im Modellexperiment (▸ S. 32; Bild 5) kann man folgendes beobachten: Entfernt man den Magneten von der Leiterschleife oder nähert ihn der Leiterschleife, dann ändert sich das Magnetfeld, das die Leiterschleife durchdringt. Solange sich das Magnetfeld in der Leiterschleife verändert, zeigt das Messgerät an, dass zwischen den Enden der Drahtschleife eine Spannung entsteht. ▸ 6, 7

Diese Spannung nennt man Induktionsspannung.

Eine Spannung entsteht auch, wenn sich der Magnet in Ruhe befindet und man die Leiterschleife verändert, z. B. wenn man sie zusammenzieht. ▸ 8

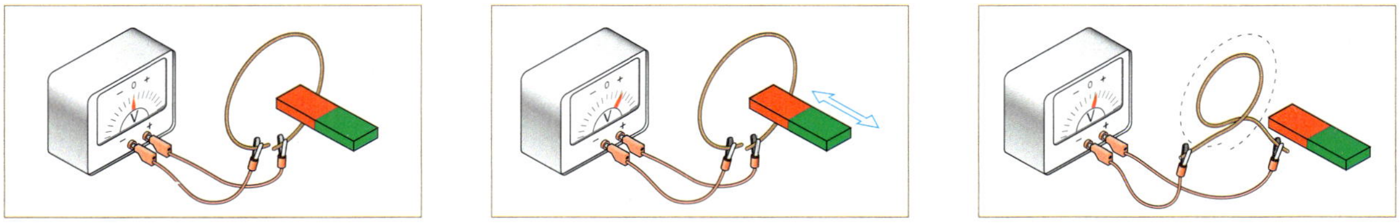

6 Keine Veränderung ⇒ keine Induktionsspannung

7 Der Magnet wird bewegt, das Magnetfeld, das die Leiterschleife durchdringt, verändert sich ⇒ Induktionsspannung

8 Die Schleife wird verkleinert, das Magnetfeld, das die Leiterschleife durchdringt, verändert sich ⇒ Induktionsspannung

Aktivitäten

1 Ein fallender Magnet

Im Experiment fällt ein Magnet in einem Rohr nacheinander durch zwei Spulen. Die Spulen sind leitend miteinander verbunden. ▸ 9

Der zeitliche Verlauf der gemessenen Spannung ist in ▸ Bild 10 dargestellt. Die Ziffern verweisen auf die Skizzen, die angeben, an welchen Stellen sich der Magnet jeweils befunden hat. ▸ 10

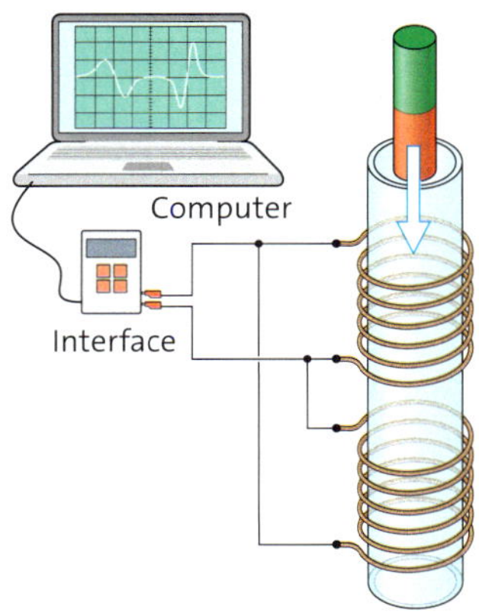

9 Experimentieranordnung

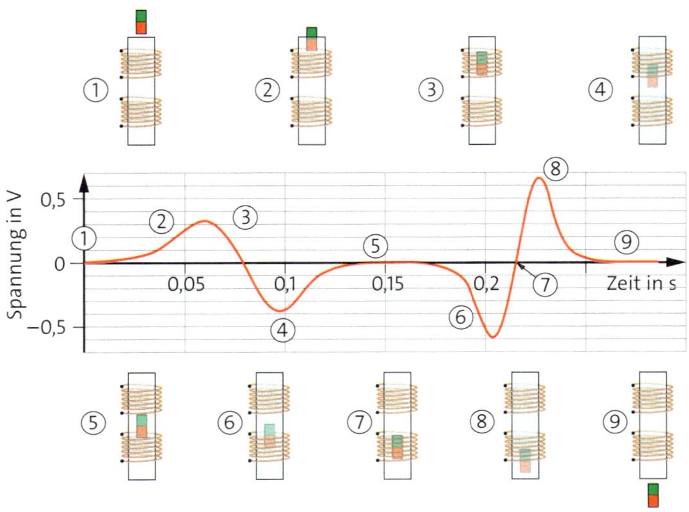

10 Zeitlicher Verlauf und Induktionsspannung

Aktivitäten

a Untersuche den Verlauf der beobachteten Induktionsspannung. Benenne die Eigenschaften der Induktionsspannung, die mit den Aussagen aus dem Grundlagentext (▸ S. 33) erklärt werden können und die, die nicht erklärt werden können. Erfasse deine Antworten in einer Tabelle mit den Spalten „Kann erklärt werden“ und „Muss noch untersucht werden“.

b Notiere die Größen, die im Versuch Einfluss auf die Induktionsspannung haben könnten.

2 Schülerexperiment: Größe der Induktionsspannung

Um die Abhängigkeit der Induktionsspannung von den, in Aktivität 1b genannten Größen, experimentell zu untersuchen, ist es zweckmäßig Gruppen zu bilden. Jede Gruppe untersucht den Einfluss einer Größe auf die Induktionsspannung. ▸ 1

a Stellt zuerst eine Hypothese darüber auf, wie die jeweilige Größe die Induktionsspannung beeinflusst. Schreibt eure Vermutung (Hypothese) als „Wenn …, dann …“-Satz auf.

b Plant ein Experiment, mit dem ihr diese Hypothese überprüfen könnt. Haltet dabei vor dem Experiment die Größen schriftlich fest, die ihr verändern müsst. Notiert auch die Größen, die ihr konstant halten müsst, sowie die Messgröße, die erfasst werden muss. Dokumentiert das Experiment in einem strukturierten Protokoll. Formuliert eure Ergebnisse in Je-desto-Aussagen. Vergleicht die Ergebnisse des Experiments mit eurer Hypothese.
Sollte es mehr als eine Gruppe geben, die diese Größe untersucht, tauscht euch zunächst aus, bevor ihr im Plenum eurer Ergebnisse vorstellt.

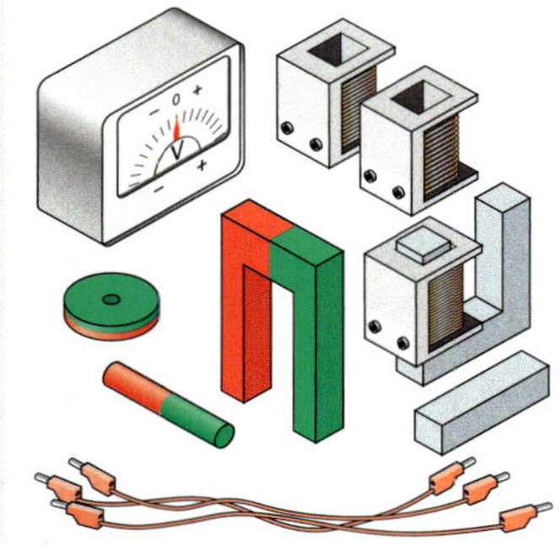

1 Untersuchung der Induktionsspannung

3 Stärke des Magneten und Induktionsspannung

Alex und Nikita haben bereits ein Experiment durchgeführt und dokumentiert. ▸ 2
Untersuche die Planung des Experiments und nenne die Fehler, die gemacht wurden. Gib einen Verbesserungsvorschlag an.

Hypothese: Wenn der Magnet stärker ist, dann ist der Betrag der Induktionsspannung größer.

Vorüberlegungen: Größe, die beobachtet wird: Der Betrag der Induktionsspannung. Größe, die verändert wird: Stärke des Magneten.

Versuchsdurchführung: Alex hat den starken Magneten vor der ersten Spule und Nikita den schwachen Magneten vor der zweiten Spule hin und her bewegt. ▸ 2

Beobachtung: Alex hat als Maximalwert der Induktionsspannung 12 V erreicht. Nikita hat als Maximalwert der Induktionsspannung 10 V erreicht.

Schlussfolgerung: Unsere Hypothese konnte zweifelsfrei bestätigt werden.

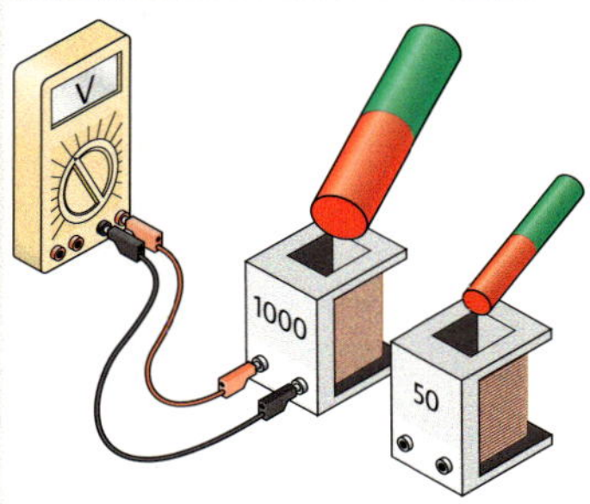

2 Untersuchung der Induktionsspannung

Grundlagen Induktionsspannungen

Die experimentellen Ergebnisse lassen sich zum *Induktionsgesetz* zusammenfassen.

Ändert sich das Magnetfeld, das eine Leiterschleife durchdringt, entsteht zwischen den Enden der Drahtschleife eine Spannung – die Induktionsspannung.
Der Betrag der Induktionsspannung hängt davon ab, wie groß die Änderungsrate des die Spule durchdringenden Magnetfelds ist.
Die Bauform der Spule (Windungsanzahl und Querschnittsfläche) beeinflusst ebenfalls den Betrag der Induktionsspannung.

Dabei gilt:
- Ob das Magnetfeld durch einen Permanentmagnet oder eine zweite Spule (Elektromagnet) erzeugt wird, spielt keine Rolle.
- Die Änderung des die Spule durchdringende Magnetfeld kann hervorgerufen werden …
  - durch eine Veränderung der Stärke des Magnetfelds.
  - durch die Veränderung der Größe der Fläche, die durchdrungen wird.
  - durch eine Veränderung der Orientierung der Spule im Magnetfeld z. B. eine Drehung. ▸ 3
- Eine geringe Änderung der Magnetfeldstärke in kurzer Zeit kann die gleiche Induktionsspannung hervorrufen, wie eine große Veränderung der Magnetfeldstärke in einer längeren Zeitspanne.

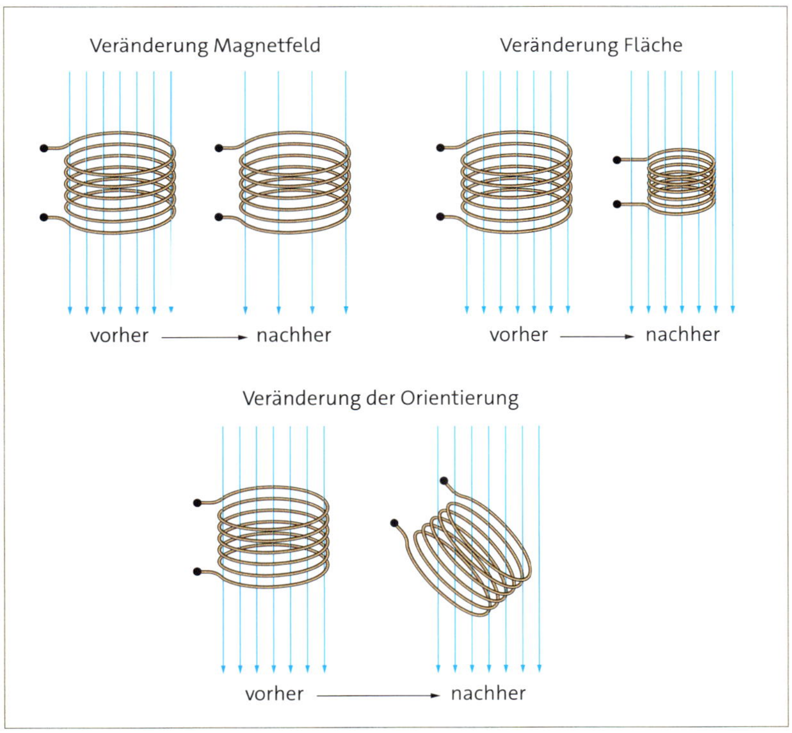

3 Unterschiedliche Ursachen der Magnetfeldänderung

HINWEIS

Die **Änderungsrate** beschreibt, wie stark sich eine Größe mit der Zeit verändert. So kann man z. B. die Geschwindigkeit v als Änderungsrate des Ortes:

$$v = \frac{\text{Betrag der Ortsänderung}}{\text{benötigte Zeit}}$$

oder die Beschleunigung a als Änderungsrate der Geschwindigkeit:

$$a = \frac{\text{Betrag der Geschwindigkeitsänderung}}{\text{benötigte Zeit}}$$

darstellen.

Da hier das Magnetfeld mit der Zeit verändert wird, kann man die Änderungsrate mit

$$\frac{\text{Betrag der Magnetfeldstärkeänderung}}{\text{benötigte Zeit}}$$

darstellen.

Die Änderungsrate kann also sowohl über die Dauer eines Vorgangs (Δt) als auch über die Größe der Magnetfeldänderung beinflusst werden.
Eine geringe Magnetfeldänderung in kurzer Zeit kann die gleiche Änderungsrate bewirken, wie eine große Magnetfeldänderung in langer Zeit.

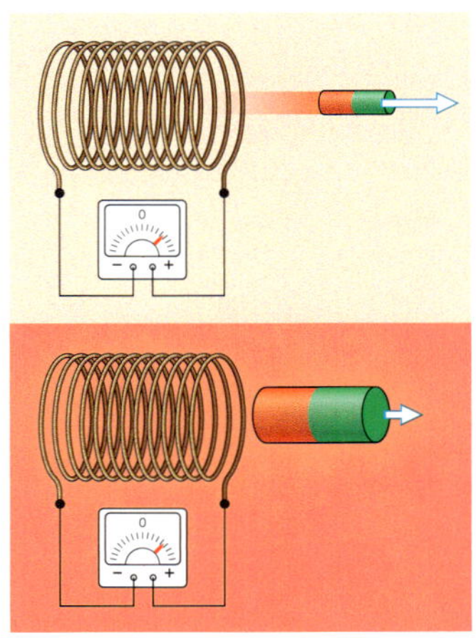

- Die Bauform der Spule hat einen Einfluss auf die Größe der Induktionsspannung.
  - Da in jeder Drahtwindung eine Spannung induziert wird, vergrößert sich mit der Anzahl der Windungen auch die Induktionsspannung zwischen den Enden der Spule. ▸ 1
  - Eine Spule mit einer großen Querschnittsfläche kann man sich aus zwei Spulen mit halber Fläche zusammengesetzt vorstellen. Beide Spulen sind in Reihe geschaltet. Da in jeder der kleinen Spulen eine Spannung induziert wird, wird in der doppelt so großen Spule auch die doppelte Spannung induziert. ▸ 2
- Die Induktionsspannung hat bei einer Zunahme des Magnetfelds, das die Spule durchdringt, ein anderes Vorzeichen als bei der Abnahme des Magnetfelds. Eine Umkehr der Magnetfeldrichtung kehrt ebenfalls das Vorzeichen der Induktionsspannung um. ▸ 3, 4

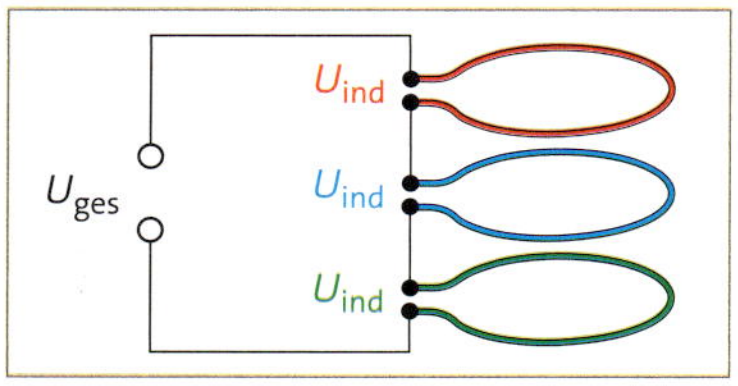

1 Windungszahl der Spule

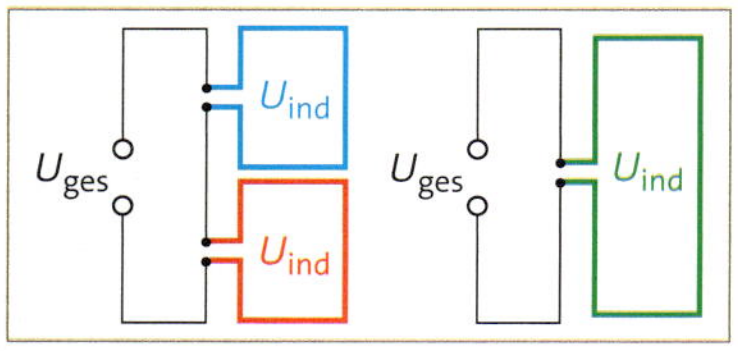

2 Querschnitssfläche der Spule

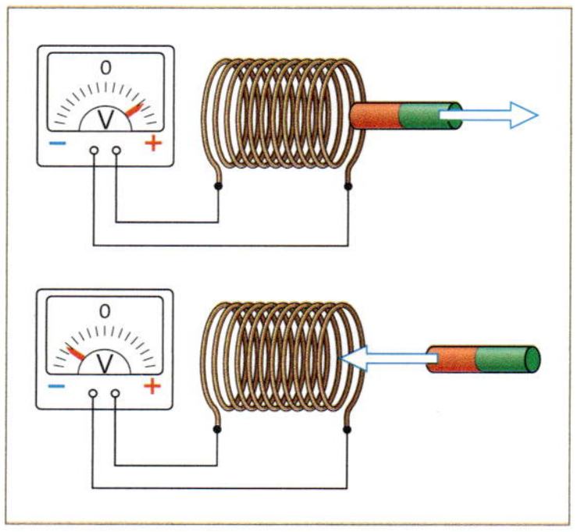

3 Zu- und Abnahme des Magnetfelds

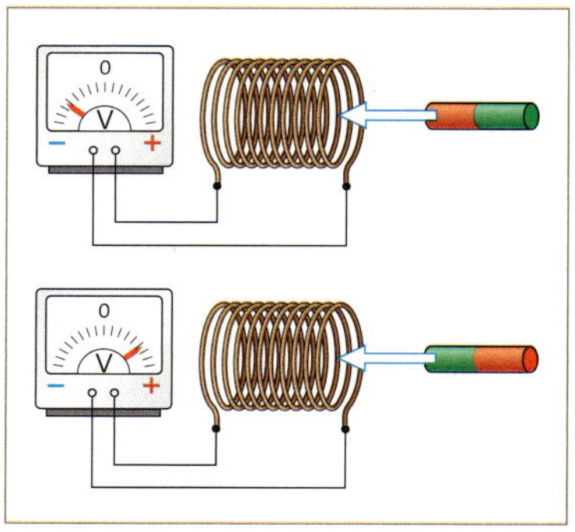

4 Umpolung des Magnetfelds

Aus der Technik: RFID-Chips

Am Ausgang von Kleidungsgeschäften, Elektrofachmärkten, Discountern, Büchereien ... hat man Schleusen aufgestellt. Diese lösen Alarm aus, sobald ein Dieb sie mit einem gekennzeichneten Artikel passiert. ▸ 5
An der Ware oder in den angebrachten Etiketten stecken dabei RFID-Chips (**R**adio **F**requency **ID**entification). Diese können mit den Schleusen kommunizieren. Die Chips können nur deshalb so klein sein, da sie keine eigene Batterie enthalten. Die benötigte Energie bekommt der Chip von der Sicherheitsschleuse: Das von der Schleuse ausgesandte, veränderliche Magnetfeld erzeugt in der Spule des RFID-Chips eine Spannung. ▸ 6

5 Schleuse

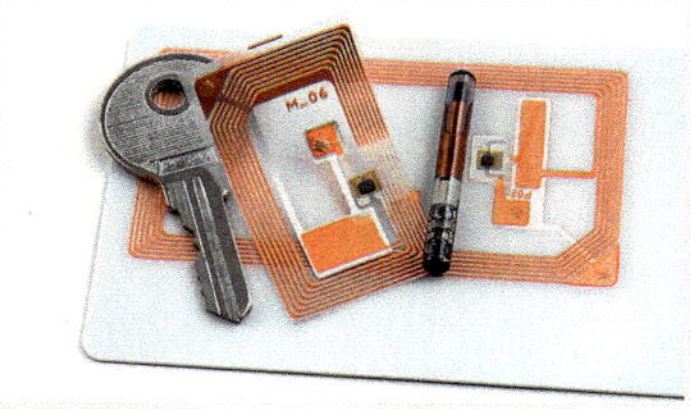

6 RFID-Chips

7 RFID-Chip im Reisepass

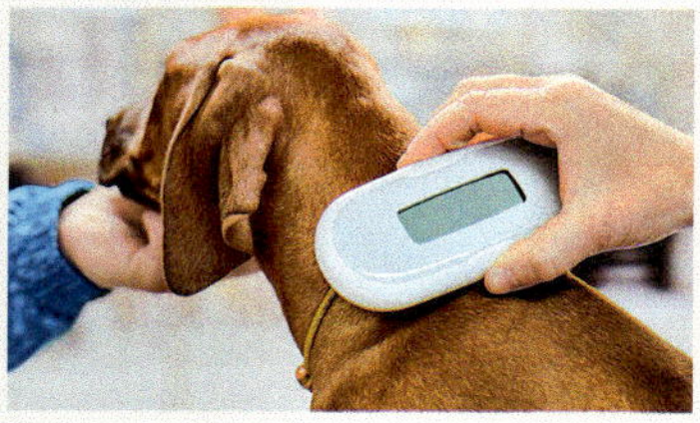

8 Lesegerät

Je nach Anforderung kann der Chip nur wenige Daten (z. B. 1 Bit für Bezahlt/nicht bezahlt) oder gar mehrere Kilobyte an Daten (z. B. Artikelnummern, Preis, Herstellungsdatum, Hersteller ...) speichern.
Die Chips selbst kosten Centbeträge, so dass sie überall eingesetzt werden können.
RFID-Chips werden auch verwendet, um sich auszuweisen (z. B. im Personalausweis, bei der Essensbestellung in der Mensa, am Skilift, an elektronischen Türen ...), um Waren wie Medikamente fälschungssicher zu kennzeichnen und sogar, um Haustiere mit einem implantierten Chip zu markieren. Damit können sie, wenn sie verloren gehen, im Tierheim identifiziert werden. ► 7, 8
Für gechipte Haustiere gibt es inzwischen sogar intelligente Futterboxen, die die Tiere am Chip erkennen und so jedem Tier die Box mit dem passenden Futter öffnen.

1 Finde fünf Beispiele für Anwendungen von RFID-Chips aus deinem Alltag oder dem Alltag deiner Familienmitglieder. Recherchiere für jede Anwendung, ob es sich wirklich um RFID-Technik handelt. Ein erster Hinweis für RFID-Technik ist, dass ein Gegenstand in die Nähe eines Lesegeräts gebracht werden muss und das Lesegerät nichts optisches (wie z. B. einen Barcode/QR-Code) ablesen muss.

Aufgaben und Aufträge

1 Gib an, ob in den folgenden Situationen eine Induktionsspannung entsteht. Beschreibe in den Fällen, in denen eine Spannung induziert wird, das Zustandekommen einer Änderung des die Spule durchdringenden Magnetfelds. ► 9

2 Der einfache Versuch zur Induktion einer Spannung mit Leiterschleife und Magnet stellt ein Modellexperiment für das drahtlose Laden eines Handys dar.
Recherchiere das Funktionsprinzip des induktiven Ladens eines Handys. Vergleiche das Modellexperiment und das induktive Laden (► S. 32 Bild 5).
Übernimm dazu die folgende Tabelle in dein Heft und ergänze sie.

	Versuch Leiterschleife und Magnet	Induktives Laden
Magnetfeld entsteht durch ...	?	?
Die Veränderung des Magnetfelds wird hervorgerufen durch ...	?	?
Spannung wird induziert in ...	?	?

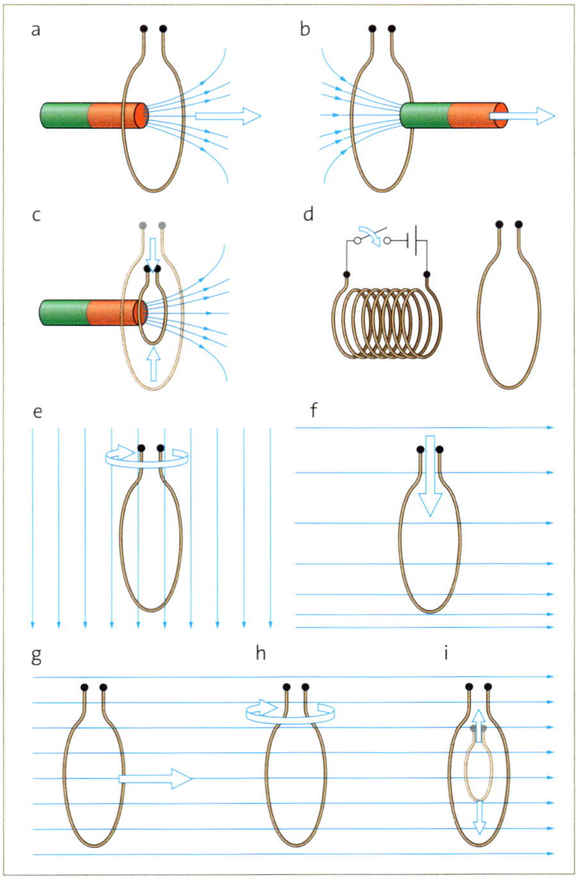

9 Wann wird eine Spannung induziert?

In Wasserkraftwerken wird mithilfe von Generatoren die Höhenenergie, die in den Wassermassen gespeichert ist, in elektrische Energie umgewandelt.

Der Generator

Weltweit wurden und werden große Staudämme errichtet. Dies führt immer wieder zu Spannungen zwischen den Menschen, die die elektrische Energie nutzen wollen und den Menschen, die von den negativen Folgen, wie z. B. einer Umsiedlung, betroffen sind oder die Sorge haben, dass ihnen das Wasser, das zur Bewässerung notwendig ist, einfach „abgedreht" werden könnte.
Über diese Fragen drohen sogar Kriege loszubrechen: So flutet Äthiopien seit 2020 den Renaissance Staudamm, der die Stromproduktion Äthiopiens – in dem 110 Mio. Menschen ohne Strom leben – verdoppelt. Ägypten und Sudan benötigen das Wasser des Nils aber, um ihre Bevölkerung zu ernähren. 97 % des Wassers, das für die Menschen und die Landwirtschaft in Ägypten benötigt wird, liefert der Nil. Solange der Staudamm gefüllt wird, fehlt dem Nil Wasser. ▸ 2
Ein Beispiel für immense Umsiedlungsmaßnahmen stellt der drei Schluchten Damm in China dar. Aufgrund des Wasseranstiegs verloren zwei Millionen Menschen ihre Heimat. Da ein Staudamm weniger Fischsorten beherbergt als ein fließender Fluss und durch den Staudamm fruchtbares Land verloren geht, finden die verbleibenden Menschen am Staudamm schlechtere Lebensbedingungen. In China wurden deswegen 2007 erneut vier Millionen Menschen umgesiedelt. ▸ 3

Die Abwägung der einzelnen Interessen wird in den Zeiten des Klimawandels noch schwieriger, da Wasserkraft elektrische Energie erzeugt, ohne dabei CO_2 durch Verbrennungsprodukte auszuscheiden.
In abgeschwächter Form kannst du diese Konflikte auch direkt vor Ort erleben, wenn z. B. über die Errichtung von Windrädern diskutiert wird.
Um dabei mitreden zu können sollte neben den Auswirkungen der Technik auch die Technik selbst verstanden werden. Das Herzstück der Umwandlung von Bewegungsenergie in elektrische Energie ist: der Generator.

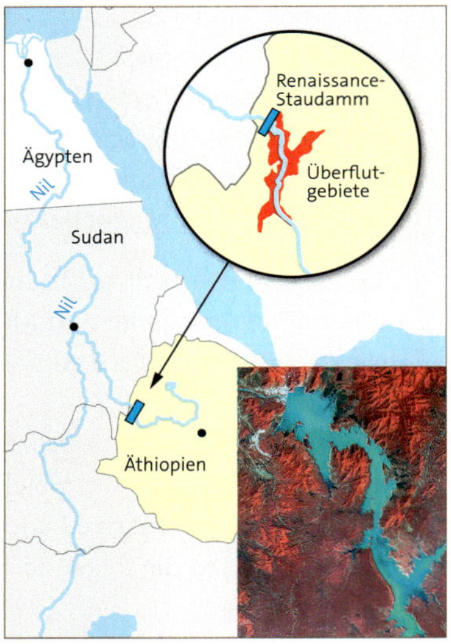

2 Überflutungsgebiete des Renaissance-Staudamms

3 Durch Umsiedlung entstehen neue Millionenstädte in China.

Aktivitäten

1 Ein erster Blick auf die Funktionsweise

a Zwischen den Polen eines Hufeisenmagneten wird gleichmäßig und langsam eine Leiterschleife (Spule) gedreht. Das bedeutet, dass die Spule innerhalb der gleichen Zeit um den gleichen Winkel gedreht wird. Die Spannung wird an den Schleifkontakten gemessen. Erkläre mithilfe des Induktionsgesetzes, dass eine Spannung induziert wird. ► 4

b In einem Zuordnungspuzzle sollen die Stellungen der Drahtschleife im Magnetfeld, dem Spannungsverlauf einer Generatorspannung zugeordnet werden. ► 5
Toni und Charlie diskutieren gerade Charlies Lösung.
Charlie: „Das muss so sein, weil sich im ersten Bild das Magnetfeld, das durch die Leiterschleife durchgeht, am wenigsten stark ändert." Toni: „Nein, das muss genau anders rum sein, weil im ersten Bild ja am meisten Magnetfeldlinien durch die Spule durchgehen und im letzten Bild am wenigsten". Charlie: „Es kommt doch gar nicht auf die Linien an, die gibt's ja gar nicht in echt." Toni: „Und woher willst du wissen, wie sich was ändert? Da steht keine Zeit dabei."
Überlege dir eine Antwort auf Tonis Frage nach der Zeit und kläre den Streit unter Verwendung des Induktionsgesetzes.

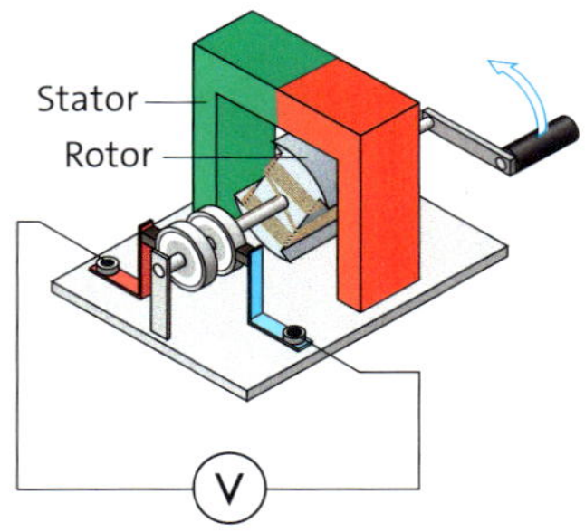

4 Aufbau des Generators

Aufgabe: Die Skizze zeigt die Stellung einer Drahtschleife (durchgezogen) und die Stellung, die sie vor kurzer Zeit (blass dargestellt) hatte. Die Spule wird gleichmäßig um eine Drehachse (dunkler Punkt) gedreht. Ordne die Bilder dem Spannungsverlauf eines Generators zu.

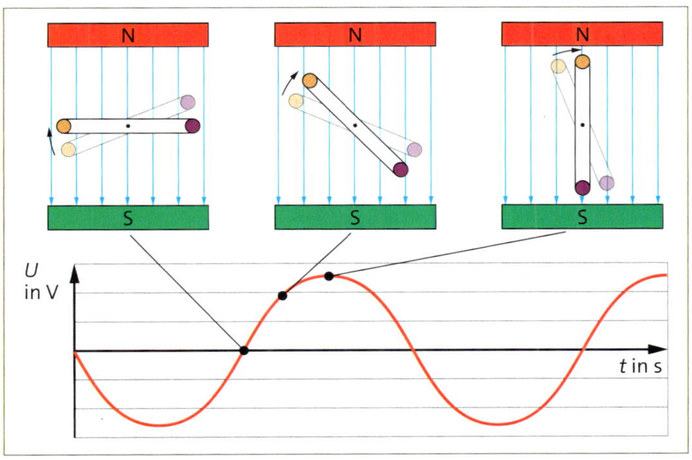

5 Zuordnungspuzzle

c Erläutere mithilfe deiner Kenntnisse über die Induktion, dass sich die Polarität der induzierten Spannung ändern muss.

d Vergleiche den Aufbau des Generators mit dem des einfachen Elektromotors (► S. 27). Nenne Gemeinsamkeiten und Unterschiede. Gib die Energieformen an, die jeweils beim Generator und beim Elektromotor ineinander umgewandelt werden.

Aktivitäten

2 Der genaue Verlauf der Induktionsspannung

Das ▸ Bild 1 zeigt zwei vereinfachte Skizzen eines Generators. Es sind nur noch der Magnet, das Magnetfeld und die Leiterschleife dargestellt. Im unteren Bild ist die Leiterschleife nur noch schematisch angedeutet.

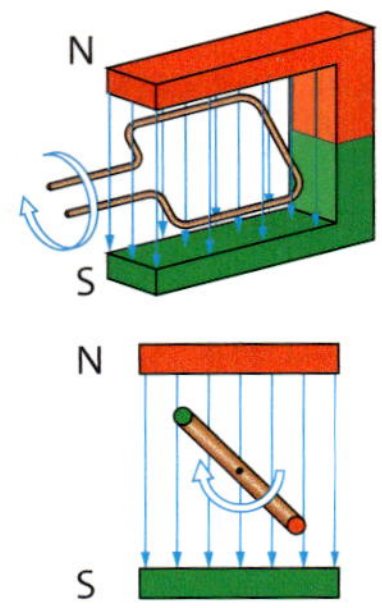

1 Generator im Modell

a Vergleiche die beiden Bilder mit ▸ Bild 3, S. 41 und ordne die dargestellten Bauteile einander zu. Nenne die Dinge, die im ▸ Bild 1 weggelassen wurden. Im unteren Teil von ▸ Bild 1 wurden ein roter, ein grüner und ein schwarzer Punkt eingezeichnet. Nenne die Teile, die diese Punkte symbolisieren sollen.

b Im ▸ Bild 2 wird die Drahtschleife nach rechts (im Uhrzeigersinn) gedreht. Die Bilder zeigen die Leiterschleife zu den Zeitpunkten ①–③.

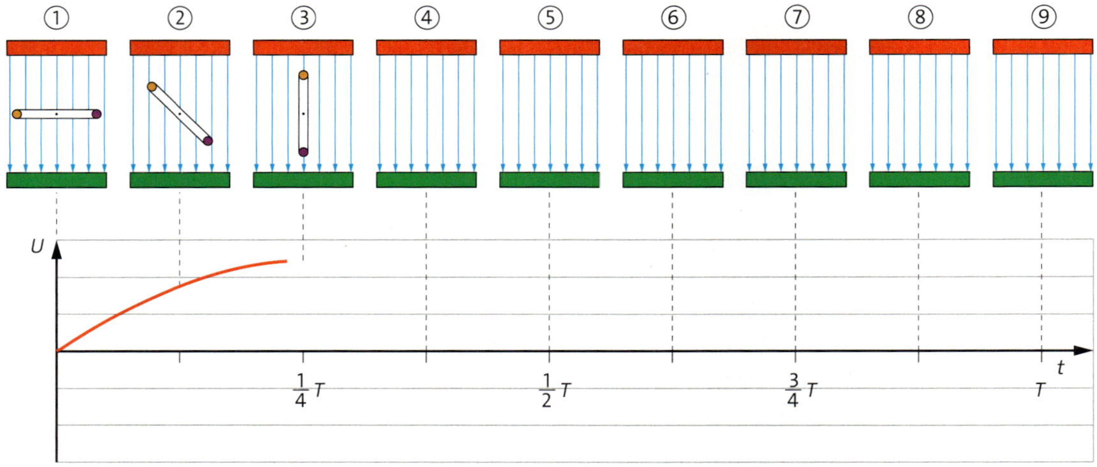

2 Induktion einer Wechselspannung

Übertrage die Bilder und das *t*-*U*-Diagramm in dein Heft. Ergänze jeweils die Stellung der Spule zu den weiteren Zeitpunkten.
Hinweis: Die Spule nimmt zum Zeitpunkt $t = T$ die gleiche Stellung wie zum Zeitpunkt $t = 0$ ein.

c Zum Zeitpunkt ① ist die Induktionsspannung am geringsten. Erkläre das mit dem Induktionsgesetz. Verwende folgende Satzbausteine: [Leiterschleife weiterdreht] [ändert sich das Magnetfeld] [Leiterschleife durchdringt] [vergleicht man] [vorher durchdringenden Magnetfeld] [Änderungsrate gering] [geringe Induktionsspannung]

d Begründe mithilfe des Induktionsgesetzes, dass zum Zeitpunkt ③ der Betrag der Induktionsspannung einen maximalen Wert hat. Du kannst dazu die Satzbausteine aus Teilaufgabe c modifizieren.
Trage zum Zeitpunkt ③ die Induktionsspannung in das Koordinatensystem ein. Gehe davon aus, dass die Spannung positiv ist.

e In Position ⑦ muss die Induktionsspannung den gleichen Betrag wie in Position ③ aufweisen. Begründe, dass das Vorzeichen der In-

Aktivitäten

duktionsspannung nun aber negativ ist. Trage die Induktionsspannung in das Koordinatensystem ein.

f Begründe, dass der Betrag der Induktionsspannung zum Zeitpunkt ⑥ geringer ist, als zum Zeitpunkt ③.

g Ergänze die Induktionsspannung zu den noch fehlenden Zeitpunkten mithilfe der vorherigen Überlegungen und verbinde die Punkte mit einer Kurve, die keine Ecken aufweist.

Grundlagen Der Generator

Aufbau und Funktion Ein Generator besteht aus einem Stator und einem Rotor. Der Stator kann ein Dauer- oder Elektromagnet sein und besitzt zwischen seinen Polen ein Magnetfeld. Der Rotor, ist eine Spule (Leiterschleife), die vom Magnetfeld des Stators durchdrungen wird. Der Rotor ist drehbar gelagert und wird von einer Energiequelle (z. B. Windrad oder Turbine) in Rotation versetzt. Durch die Rotation ändert sich das Magnetfeld, das die Spule durchdringt. Es wird eine Spannung induziert. Im Generator wird mechanische Energie in elektrische Energie umgewandelt. ▸ 3

Der Verlauf der Induktionsspannung beim Generator Die Größe der Induktionsspannung hängt von der Änderungsrate des Magnetfelds, das die Leiterschleifen durchdringt, ab. Diese wird wiederum durch die Änderung der Stellung der Leiterschleife relativ zum Magnetfeld bestimmt. ▸ 4
Um die Änderungsrate qualitativ abschätzen zu können, betrachtet man Grafiken, die die Stellung der Leiterschliefe relativ zum Magnetfeld zeigen. Um die zeitliche Änderung zu veranschaulichen, vergleicht man Grafiken, die zeigen, wie die Leiterschleife kurz vorher oder kurz danach relativ zum Magnetfeld stand bzw. steht. ▸ 4, 5

Rotiert die Leiterschleife gleichmäßig, vergleicht man Grafiken, in denen der gleiche Drehwinkel dargestellt ist. Man erkennt: Steht die Leiterschleife am Ende senkrecht zu Magnetfeld, ist die Änderungsrate gering. Steht die Leiterschleife am Ende parallel zum Magnetfeld, ist die Änderungsrate groß. Hat sich die Leiterschleife um 180° gedreht, ist die Änderungsrate gleich groß. Das Magnetfeld durchdringt die Leiterschleife aber in entgegengesetzte Richtung. ▸ 6, 7
Die Induktionsspannung ist dann entgegengesetzt gepolt.

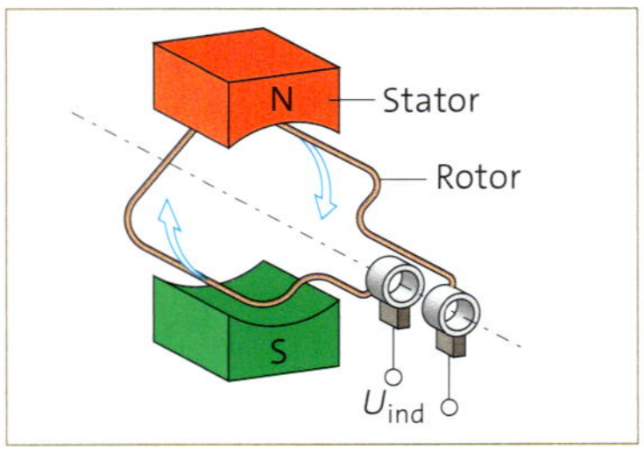

3 Aufbau Generator

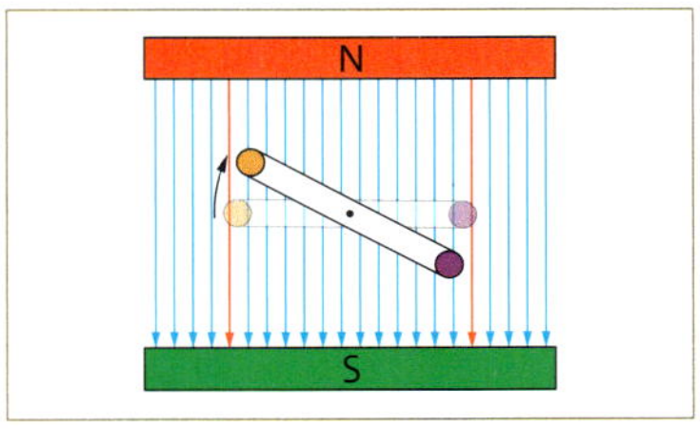

4 Kleine Änderungsrate

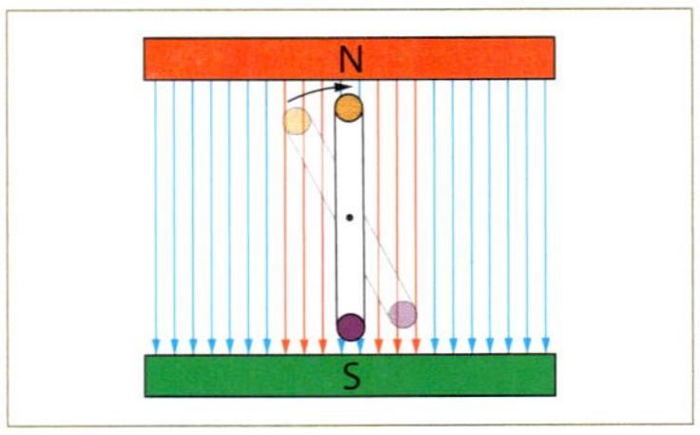

5 Große Änderungsrate

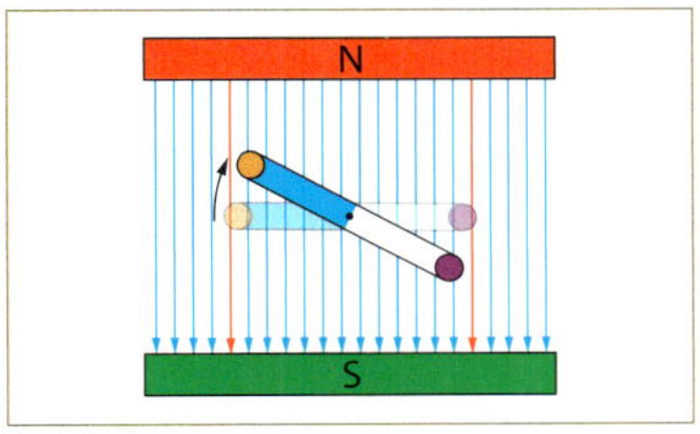

6 Im blau markierten Bereich sind Magnetfeld und Drehrichtung entgegengesetzt gerichtet.

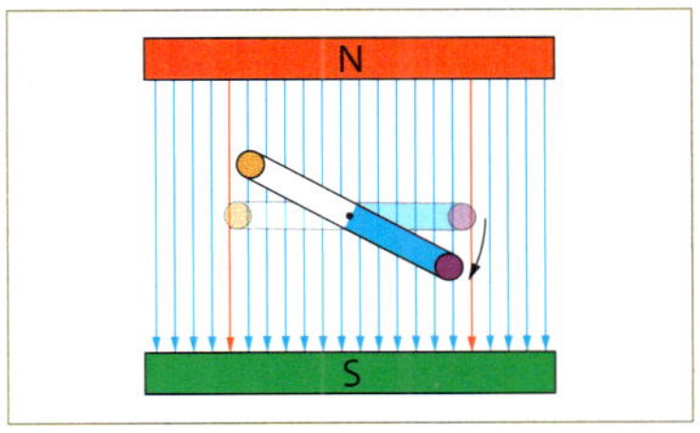

7 Im blau markierten Bereich zeigen Magnetfeld und Drehrichtung in die gleiche Richtung.

Im Generator entsteht eine wellenförmige Spannung (Wechselspannung). Diese Form der Spannung wird als sinusförmig bezeichnet. ▸ 1

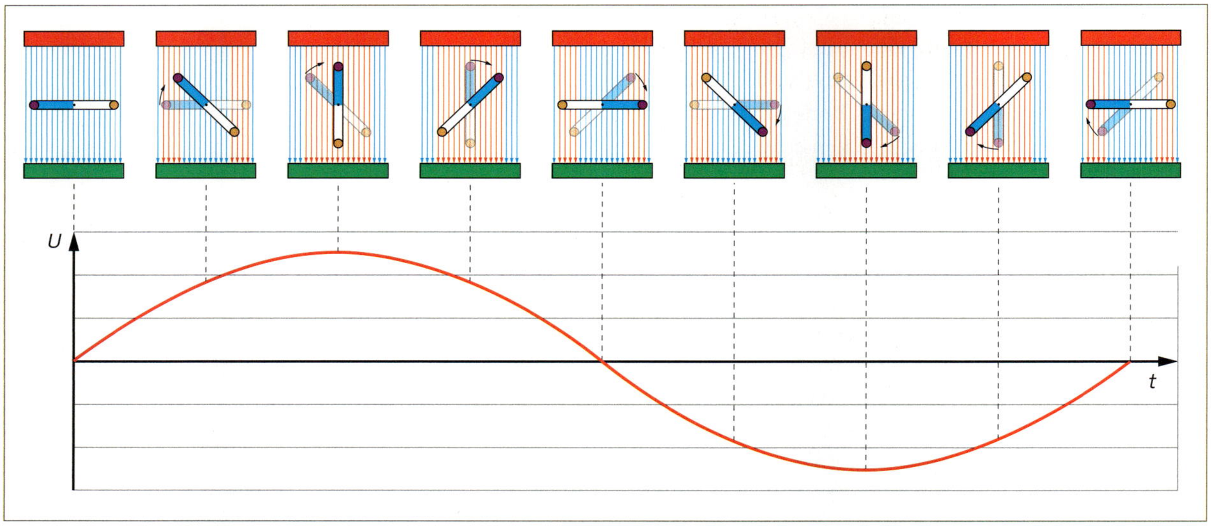

1 Der Verlauf der Induktionsspannung in Abhängigkeit von der Spulenstellung. (Das rot gezeichnete Magnetfeld erlaubt die Abschätzung der Änderungsrate)

Je schneller sich der Generator dreht, umso schneller wechselt die Polung der Spannung. Zusätzlich erzeugt die größere Änderungsrate eine Wechselspannung mit größerem Betrag. ▸ 2–3

Im Stromnetz wiederholt sich der Spannungsverlauf 50-Mal in der Sekunde. Man spricht von einer Netzfrequenz von 50 Hertz (Hz). ▸ 4

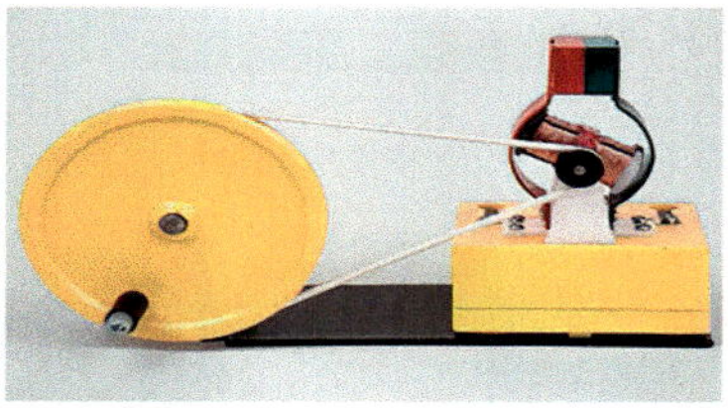

2 Versuchsgenerator, dessen Spannung gemessen wurde.

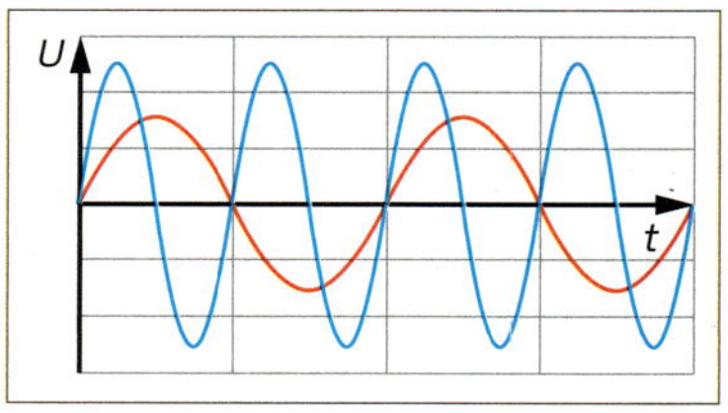

3 Die Spannung zeigt einen wellenförmigen Verlauf (rote Kurve) Spannungsverlauf bei doppelter Drehgeschwindigkeit (blaue Kurve)

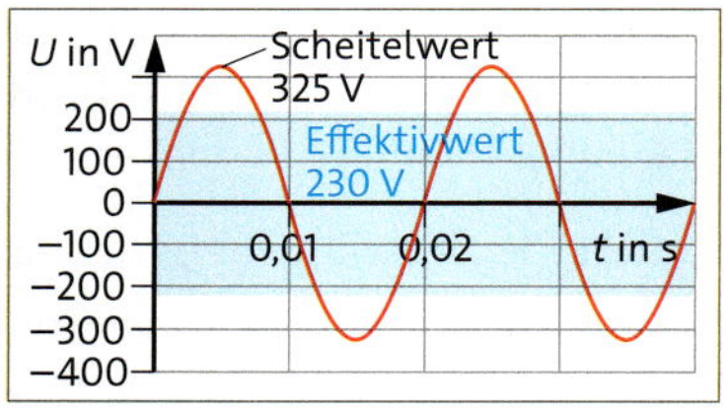

4 Der Verlauf der Netzspannung.

Zusatzinformation: Die Wechselspannung ist genauso lange positiv wie negativ. Im Durchschnitt ist sie „0".

In einer Lampe fließt aber ständig ein elektrischer Strom hin und her und erzeugt dort Licht und Wärme: Die Wirkung des Wechselstroms ist mit der eines Gleichstroms vergleichbar. Messgeräte für Wechselspannungen und -ströme zeigen den Wert an, bei dem ein Gleichstrom dieselbe Wirkung wie der Wechselstrom hat. Diese Werte heißen *Effektivwerte* von Spannung und Stromstärke.

Die *Scheitelwerte* von Strom und Spannung sind um den Faktor $\sqrt{2}$, also ungefähr 1,4-mal, größer als die Effektivwerte. So wechselt die Netzspannung in Deutschland zwischen 325 V und −325 V hin und her. ▸ 4

Methode Argumentationsketten

Was ist eine Argumentationskette?

Um eine strukturierte physikalische Erklärung einer Beobachtung zu entwickeln und zu visualisieren, nutzt man Argumentationsketten. Um Inhalte zu visualisieren, hast du vielleicht schon Mindmaps oder Cluster genutzt.

Wie ist eine Argumentationskette aufgebaut?

Die Argumentationskette besteht aus Gliedern, die jeweils aus drei Schritten aufgebaut sind. ▸ 5

- die beobachtete Ursache
- die beobachtete Wirkung
- dazwischen befindet sich eine Erklärung (z. B. mithilfe einer physikalischen Modellvorstellung, einer physikalischen Gesetzmäßigkeit oder einer Eigenschaft des betrachteten Systems)

Ursache

↓ Erklärung mithilfe einer physikalischen Modellvorstellung

Wirkung

5 Glied einer Argumentationskette

Eingliedrige Argumentationskette

Für einfache Beobachtungen besteht die Argumentationskette nur aus einem Glied. ▸ 6

Beispiel: Als **Ursache** wird beobachtet: „Der Ball wird losgelassen." Als **Wirkung** wird beobachtet: „Der Ball fällt zu Boden." Die physikalische Gesetzmäßigkeit, die hier die Beobachtungen erklärt, ist das newtonsche Gesetz $F = m \cdot a$. Dieses sagt, dass eine Kraft eine Beschleunigung bewirkt. Die Kraft ist in diesem Fall die Gewichtskraft. Zusammengefasst lautet die **Erklärung**: Die Gewichtskraft beschleunigt den Ball.

Im Unterschied zur Ursache und Wirkung, die beide beobachtet werden können und in der Realität stattfinden, ist die Erklärung ein Konstrukt, das sich nur in unseren Gedanken abspielt.

Wird eine andere Wirkung beobachtet, muss dementsprechend natürlich auch die Erklärung angepasst werden. ▸ 7

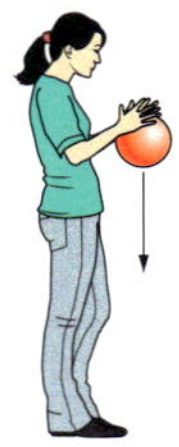

Der Ball wird losgelassen.

↓ Die Gewichtskraft beschleunigt den Ball.

Der Ball fällt zu Boden.

6 Eingliedrige Argumentationskette

Der Ball wird losgelassen.

↓ Im leeren Raum wirkt keine Kraft auf den Ball. Er wird nicht beschleunigt.

Der Ball schwebt im Raumschiff.

7 Eingliedrige Argumentationskette

Mehrgliedrige Argumentationskette

Eine Ursache kann eine Wirkung haben, die wiederum die Ursache einer weiteren Wirkung ist. Somit ergeben sich mehrgliedrige Argumentationsketten. ▸ 8

Beobachtete Ursache

↓ Erklärung mithilfe einer physikalischen Modellvorstellung.

Wirkung

Ursache

↓ Erklärung mithilfe einer physikalischen Modellvorstellung.

Beobachtete Wirkung

Beobachtete Ursache

↓ Erklärung mithilfe einer physikalischen Modellvorstellung.

Wirkung = Ursache

↓ Erklärung mithilfe einer physikalischen Modellvorstellung.

Beobachtete Wirkung

8 Mehrgliedrige und zusammengefasste mehrgliedrige Argumentationskette

Die Zwischenschritte bei diesen mehrgliedrigen Argumentationsketten sind somit gleichzeitig Wirkung und Ursache. Dabei ist es meist so, dass man sich vor allem für die erste Ursache und die letzte Wirkung interessiert und meist auch nur diese beobachten kann. Es ist aber nicht ausgeschlossen, dass man die Zwischenschritte auch beobachten kann.

Beispiel: Ein Ball wird losgelassen und fällt in eine Schachtel. Daraufhin leuchtet eine Lampe auf. Beobachtet werden nur die Ursache: „Der Ball wird losgelassen." und die **Wirkung** „Die Lampe leuchtet." ▸ 1
Erklären lässt sich dies, indem man einen Zwischenschritt einfügt: In der Schachtel befindet sich ein Schalter. Das könnte man prinzipiell beobachten, indem man in die Schachtel hineinsieht. In der Argumentationskette befinden sich zwischen den Ursachen und Wirkungen die **Erklärungen**. ▸ 2

1 Beobachtete Ursache und Wirkung

Der Ball wird losgelassen.		Der Ball wird losgelassen.
↓ Die Gewichtskraft beschleunigt den Ball.		↓ Die Gewichtskraft beschleunigt den Ball.
Der Ball fällt am Boden auf einen Schalter.	Der Ball fällt am Boden auf einen Schalter.	Der Ball fällt am Boden auf einen Schalter.
	↓ Weil der Stromkreis geschlossen ist, fließt Strom durch die Lampe.	↓ Weil der Stromkreis geschlossen ist, fließt Strom durch die Lampe.
	Die Lampe leuchtet.	Die Lampe leuchtet.

2 Mehrgliedrige Argumentationskette

Leistungsfähigkeit der Methode

Argumentationsketten unterstützen bei der physikalischen Erklärung einer Beobachtung. Sie helfen dabei, Zusammenhänge klar zu erkennen und zu beschreiben.
Dadurch, dass zwischen Ursache und Wirkung schlüssige Erklärungen eingefügt werden müssen, wird man von dieser Methode „gezwungen" entweder passende Zwischenschritte einzufügen oder neue Modelle zu entwickeln. Und zwar immer dann, wenn die bisherigen Erklärungen nicht ausreichend sind. ▸ 3

Beispiel: Im o.g. Beispiel genügt es nicht, zwischen die Beobachtungen „Der Ball wird losgelassen" und „Die Lampe leuchtet." nur eine Erklärung wie z.B. „Die Gewichtskraft beschleunigt den Ball." einzufügen. Denn dann entsteht kein in sich schlüssiger Ablauf.
Man ist gezwungen, einen Zwischenschritt einzufügen oder müsste – falls dies nicht genügt – ein neues physikalisches Modell entwickeln, das erklärt, warum die Beschleunigung eines Balls eine leuchtende Lampe hervorruft. ▸ 4

Der Ball wird losgelassen.

↓ Die Gewichtskraft bescheunigt den Ball.

? ? ?

Die Lampe leuchtet.

3 Lücke in der Argumentationskette

Der Ball wird losgelassen.

↓ Unbekanntes Modell

Die Lampe leuchtet.

4 Ein neues Modell könnte die Lücke schließen.

Kennt man die kausalen Zusammenhänge, kann man auch erkennen, wie sich Phänomene beeinflussen lassen. Das hilft bei der Entwicklung technischer Anwendungen.

Tipp: Die Methode der Visualisierung als Argumentationskette kann als eine Art Schreibplan dienen.

Musteraufgabe

Fertige zu folgendem Versuch eine Argumentationskette an. ▸ 5
Ein Wägelchen, auf dem sich ein Magnet befindet, fährt auf eine Spule zu. Die Enden der Spule sind über ein Stromstärkemessgerät leitend verbunden. Das Wägelchen wird in der Nähe der Spule – scheinbar ohne Einwirkung von außen – langsamer. Während das Wägelchen der Spule näher kommt, zeigt das Stromstärkemessgerät einen Ausschlag, der zunächst anwächst und dann abnimmt.

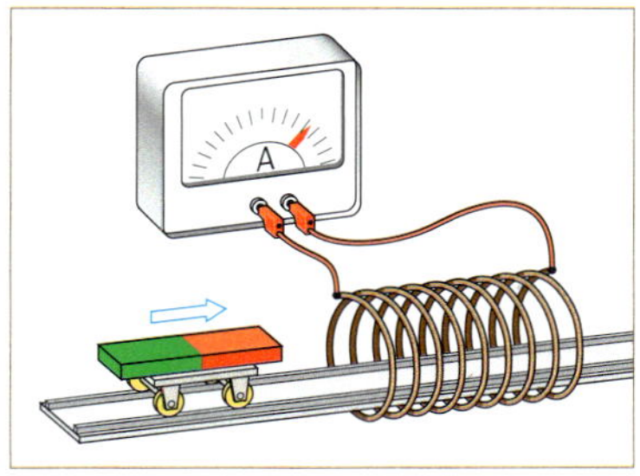

5 Experimentieranordnung

Lösung

(*Hinweis:* Die Schritte zeigen eine mögliche Herangehensweise.)

1. Schritt: Identifiziere die beobachtete Ursache und die beobachtete Wirkung.

Wagen mit Magnet fährt auf Spule zu. → Wagen wird gebremst.

2. Schritt: Notiere dir Dinge, die dir an dem Aufbau auffallen und von denen du glaubst, dass sie eine Rolle bei diesem physikalischen Vorgang spielen.

Spule und Magnet im Versuchsaufbau
Wagen wird gebremst
Messgerät zeigt Zeigerausschlag
Ist die Spule auch ein Magnet?
Induktionsphänomene?

3. Schritt: Notiere ausgehend von der beobachteten Ursache weitere Wirkungen bzw. Wirkungs-/Ursachenpaare. Sollten dir für einige Paare bereits die Erklärungen einfallen, notiere sie gleich. Lass Platz für fehlende Erklärungen.

Wagen mit Magnet fährt auf Spule zu. → Magnetfeld, das die Spule durchdringt, ändert sich. → (Induktionsgesetz) → Induktionsspannung in der Spule

4. Schritt: Notiere ausgehend von der beobachteten Wirkung, die Ursache und weitere Ursache-/Wirkungspaare. Sollten dir für einige Paare bereits die Erklärungen einfallen, notiere sie gleich.

Wagen wird gebremst ← (gleichnamige Pole stoßen sich ab.) ← Spule wird zum Magneten – Südpol links

5. Schritt: Prüfe, ob die Kette bereits eine schlüssige Abfolge von Ursachen und Wirkungen darstellt. Falls nicht, versuche die Lücken zu schließen.

Wagen mit Magnet fährt auf Spule zu.	→	Magnetfeld, das die Spule durchdringt, ändert sich.	→ Induktionsgesetz	Induktionsspannung in der Spule	Hier fehlt etwas!	Spule wird zum Magneten – Südpol links	→ gleichnamige Pole stoßen sich ab.	Wagen wird gebremst
				→	Stromfluss durch die Spule	→		

6. Schritt: Füge zwischen den Ursachen und Wirkungen Erklärungen ein. Es kann sein, dass in diesem Schritt die Notwendigkeit auftaucht, neue Erklärungen zu entwickeln.

Wagen mit Magnet fährt auf Spule zu.	→ inhomogenes Magnetfeld	Magnetfeld, das die Spule durchdringt, ändert sich.	→ Induktionsgesetz	Induktionsspannung in der Spule	→ Spulenenden leitend verbunden	Stromfluss durch die Spule	→ magnetische Wirkung des Stroms	Spule wird zum Magneten – Südpol links	→ gleichnamige Pole stoßen sich ab.	Wagen wird gebremst

Achtung! Damit der Südpol links an der Spule entsteht, muss der Strom in die richtige Richtung fließen. Die Induktionsspannung muss also „richtig" gepolt sein.
Im Induktionsgesetz fehlt also noch die Information über die Polung! Das Gesetz muss modifiziert werden oder man braucht noch eine Regel für die Polung.

Grundlagen Richtung des Induktionsstroms

Wenn ein Wägelchen mit einem Magneten auf eine Spule zufährt, deren Enden leitend verbunden sind, wird eine Spannung induziert. Das lässt sich mit dem Induktionsgesetz erklären. ▸ 1
Über die Polarität der Induktionsspannung wurde aber bis jetzt noch keine Aussage gemacht. Diese lässt sich erschließen, wenn man den Versuch genauer betrachtet.
Da die Enden der Spule leitend verbunden sind, fließt durch die Spule ein Strom, den man Induktionsstrom nennt. Dieser erzeugt ein Magnetfeld, dass den Magneten auf dem Wägelchen abstößt und das Wägelchen somit abbremst.
Der Induktionsstrom wirkt damit seiner Ursache entgegen.

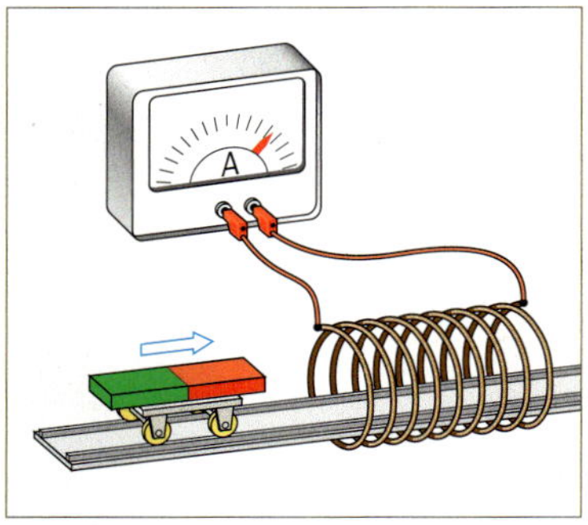

1 Experiment

Dieses Verhalten des Induktionsstroms ist universell. Bereits 1833 wurde vom deutsch-baltischen Physiker EMIL LENZ entdeckt, dass Induktionsströme nicht zufällig gerichtet sind. Zu seinen Ehren wird diese Gesetzmäßigkeit auch Regel von LENZ genannt. ▸ 2

2 EMIL LENZ

Auch mithilfe theoretischer Überlegungen kann diese Regel abgeleitet werden: Da man die Richtung des Induktionsstroms aus dem Induktionsgesetz nicht folgern kann, kann man überlegen, was passieren würde, wenn der Induktionsstrom so gerichtet wäre, dass er den Wagen beschleunigen würde.

Argumentationskette

Induktionsspannung in der Spule

↓ Enden der Spulen leitend verbunden

Induktionsstrom fließt

↓ magnetische Wirkung des Stroms

Spule erzeugt ein Magnetfeld mit Nordpol links

↓ gleichnamige Pole ziehen sich an.

Wagen wird beschleunigt

↓ Stabmagnet hat ein inhomogenes Magnetfeld

Magnetfeld, das die Spule durchdringt, ändert sich

↓ Prozess beginnt von vorn

Man erkennt, dass der Wagen immer schneller werden müsste, da Induktionsspannung und Induktionsstrom immer mehr zunehmen würden. Sowohl mechanische als auch elektrische Energie würden zunehmen. Dies widerspricht der Energieerhaltung, da der Betrag der Energie zunehmen würde. Der Induktionsstrom muss folglich so gepolt sein, dass die Bewegung des Wagens verlangsamt wird.

Das „Langsamerwerden" des Wägelchens scheint auf dem ersten Blick zwar auch der Energieerhaltung zu widersprechen, da die kinetische Energie abnimmt. Dies kann jedoch damit erklärt werden, dass aufgrund des elektrischen Widerstands der Spule unerwünschte Energieumwandlungen auftreten, und dass das entstehende Magnetfeld Energie speichert. Die Energie wird somit nur umgewandelt, ihr Gesamtbetrag bleibt aber gleich.

Aufgrund der Energieerhaltung ist der Stromfluss, den eine Induktionsspannung hervorruft, stets so gerichtet, dass er der Induktionsursache entgegenwirkt.

Aus der Technik: Wirbelströme

Nicht nur in Spulen und Leiterschleifen können Induktionsspannungen auftreten, sondern auch in massiven Metallgegenständen (z. B. Bleche oder Metallblöcke). Bringt man z. B. eine leitfähige Platte in ein sich veränderndes Magnetfeld, so wird in der Platte eine Spannung induziert. Diese ruft einen Stromfluss hervor, der nach seiner Form *Wirbelstrom* genannt wird. ▸ 1

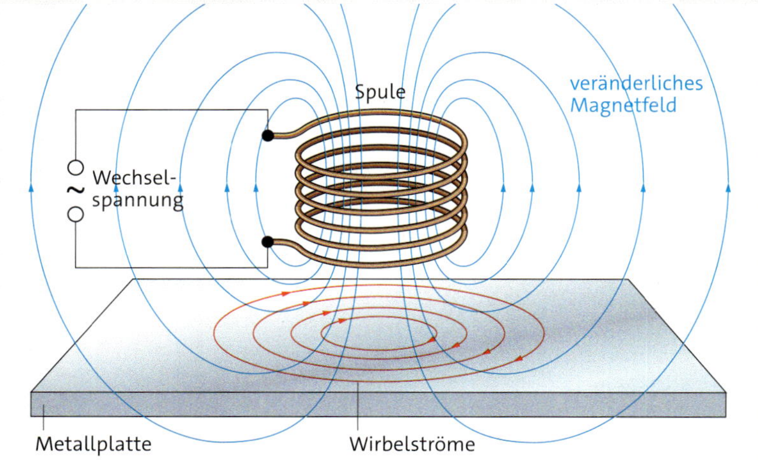

1 Wirbelströme

Diese Wirbelströme können erwünscht sein (Wirbelstrombremse, induktives Erhitzen) oder aber auch zu unerwünschten Energieumwandlungen führen (Transformator).

Wirbelstrombremse (eine geführte Aufgabe)
Um die Gondel bei einem Fallturm zuverlässig und verschleißfrei abzubremsen, werden Wirbelstrombremsen verwendet. Dabei bewegen sich – zusammen mit der Gondel – Permanentmagnete an einer Metallplatte (dem Gerüst des Fallturms) vorbei. Dabei wird die Gondel abgebremst. ▸ 2
Ziel der folgenden Aufgaben ist es, einen Text zu verfassen, der diese Bremswirkung erklärt.

2 Fallturm

Das ▸ Bild 3 zeigt die Metallplatte und einen sich nach unten bewegenden (an der Gondel befestigten) Magneten. Um einfacher argumentieren zu können, stellt man sich die Platte in Ringe zerlegt vor.

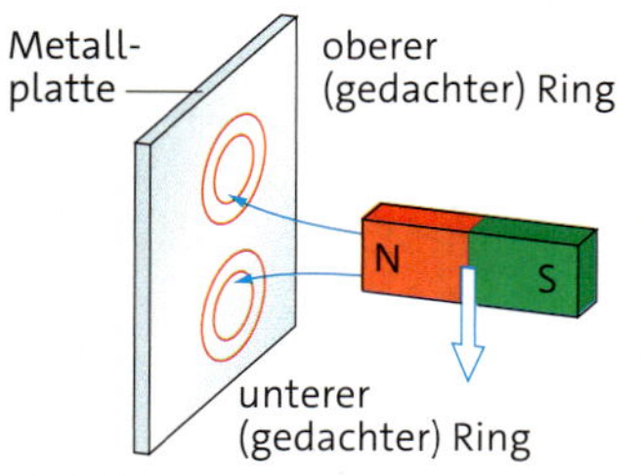

3 Magnet und Metallplatte

1 Erstellen einer Argumentationskette für den oberen Ring
Wir betrachten zunächst nur die Situation des oberen Rings. Die Argumentationskette beginnt mit der …

Ursache: Der Magnet entfernt sich nach unten vom Ring.

und endet mit der …

Wirkung: Der Magnet wird abgebremst.

a Ordne die folgenden Glieder zu einer schlüssigen Argumentationskette.
[Ungleichnamige Pole ziehen sich an.] [Die Magnetfeldstärke die den Ring durchdringt, nimmt ab] [Es fließt ein Induktionsstrom, der seiner Ursache (Abnahme der Magnetfeldstärke) entgegenwirkt.] [Im Ring entsteht eine Induktionsspannung.] [Der Ring ist ein elektrischer Leiter.] [Induktionsgesetz] [Der Magnet wird abgebremst.] [inhomogenes Magnetfeld] [magnetische Wirkung des Stroms] [Es entsteht ein Magnetfeld, dessen Südpol in Richtung des Permanentmagneten zeigt.]

b Ein wichtiger Teil in dieser Argumentationskette ist:

Es fließt ein Induktionsstrom, der seiner Ursache (Abnahme der Magnetfeldstärke) entgegenwirkt.

↓ magnetische Wirkung des Stroms

Es entsteht ein Magnetfeld, dessen Südpol in Richtung des Permanentmagneten zeigt

Wähle aus den folgenden drei Bildern das richtige Bild aus, dass diese Situation zeigt. ▸4–6

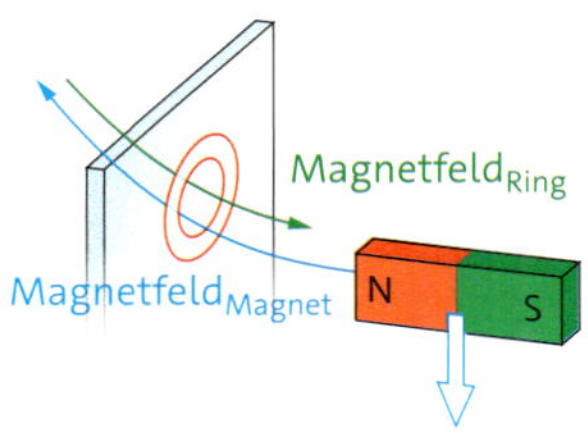

4 Magnetfeld des Rings zeigt antiparallel zum externen Feld.

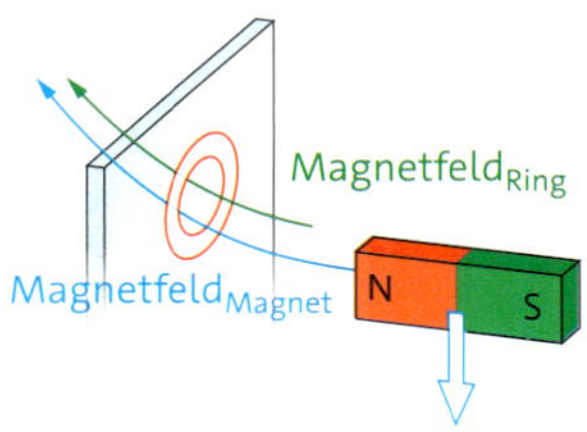

5 Magnetfeld des Rings zeigt parallel zum externen Feld.

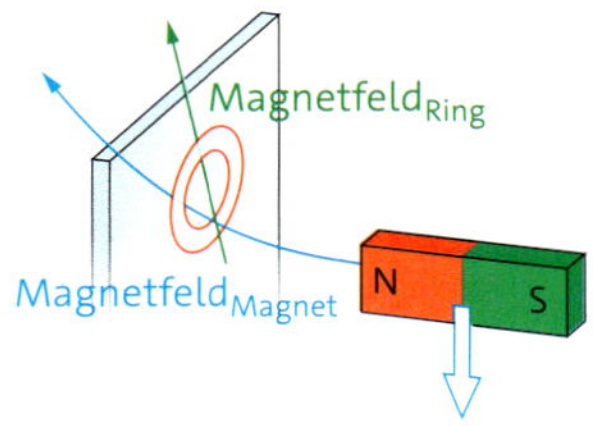

6 Magnetfeld des Rings zeigt senkrecht zum externen Feld.

2 Erstelle selbst eine Argumentationskette für den unteren Ring. Finde dazu die Unterschiede in der Ausgangssituation heraus und ändere die vorherige Argumentationskette entsprechend ab.

3 Verwende beide Argumentationsketten, um einen zusammenhängenden Text zu erstellen. Arbeite dazu der Reihe nach die erste Argumentationskette durch und übersetze sie Glied für Glied in Sätze.
Bei der zweiten Argumentationskette kann es genügen, nur die Unterschiede zu beschreiben.

4 Verständnisfrage
Mithilfe der Wirbelstrombremse kann die Gondel verlangsamt werden, aber nicht im Stillstand festgehalten werden.
Erkläre das in einem knappen Text.
Betrachte dazu deine Argumentationskette und versuche herauszufinden, welches Glied (und welche Folgerungen daraus) du verändern musst, wenn die Gondel steht.

Aus der Technik: Induktives Erhitzen.

Wenn ihr zuhause eine neue Küche habt, besitzt ihr wahrscheinlich einen Induktionsherd. Dort sind im Kochfeld Spulen verbaut, die oberhalb der Herdplatte ein Magnetfeld mit wechselnder Magnetfeldstärke erzeugen. ▸ 1, 2

Wird ein Topf in diesen Bereich gestellt, funktioniert der Topfboden als geschlossene Leiterschleife. Es wird eine Spannung induziert. Da die Leiterschleife geschlossen ist, fließt ein elektrischer Wirbelstrom. Weil jeder elektrische Leiter einen elektrischen Widerstand aufweist, treten beim Stromfluss Umwandlungen in innere Energie auf, die den Topfboden erhitzen. Im Vergleich zum herkömmlichen Herd wird Energie gespart, da der Topf hier direkt erhitzt wird. Es muss nicht erst die Herdplatte erwärmt werden, die dann durch Wärmeleitung den Topf erwärmt.

Auch außerhalb der Küche findet induktives Erhitzen Anwendungen:
- Da durch induktives Erhitzen schnell und kontrolliert erhitzt werden kann, werden induktiv erhitzte Metallwerkzeuge benutzt um z. B. Kosmetik-, Medizin- und Lebensmitteltuben zu verschweißen. ▸ 3
- Metallbauteile z. B. Achsen von Fahrzeugen werden durch induktives Erhitzen zum Glühen gebracht, um sie dann zu härten. ▸ 5
- Metallbleche können, nachdem sie gebogen wurden, durch induktives Erhitzen verschweißt werden, um Rohre herzustellen.
- Neben Metallen können auch Plasmen z. B. aus Argon, Stickstoff oder Sauerstoff auf 10 000 °C erhitzt werden. Mit dem heißen Plasma wird weitergearbeitet, z. B. um Metall-Keramik-Verbindungen herzustellen.
- Induktiv erhitztes Plasma dürfte auch den Temperaturrekord für den „heißesten Induktionsofen“ auf der Erde darstellen. In Kernfusionsreaktoren wird das Plasma durch induktives Erwärmen auf ca. 20–30 Mio. °C erhitzt. ▸ 6

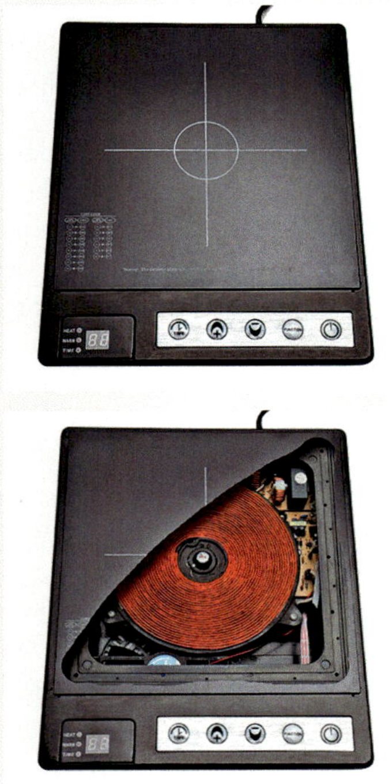

1 Induktionskochfeld

2 Besonderheit des Induktionskochfelds

3 Verschweißte Tuben

4 Induktiver Schmelzofen

5 Induktives Erwärmen von Metallen

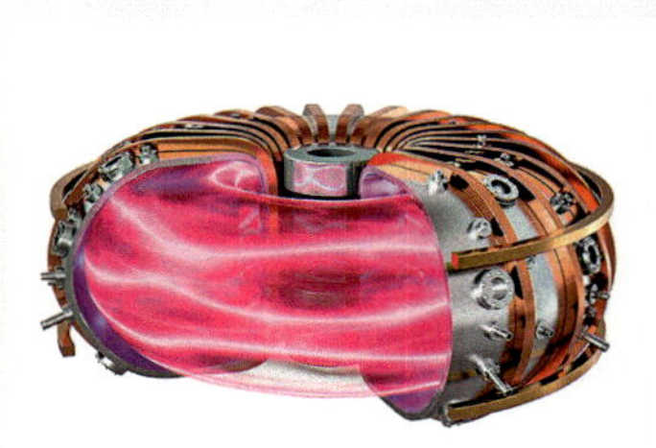

6 Fusionsreaktor (Modell)

Aufgaben und Aufträge

1 In der Anordnung von ▸ Bild 7 wird der Magnet gedreht. Beschreibe die Beobachtungen am Messgerät. Begründe mithilfe des Induktionsgesetzes.

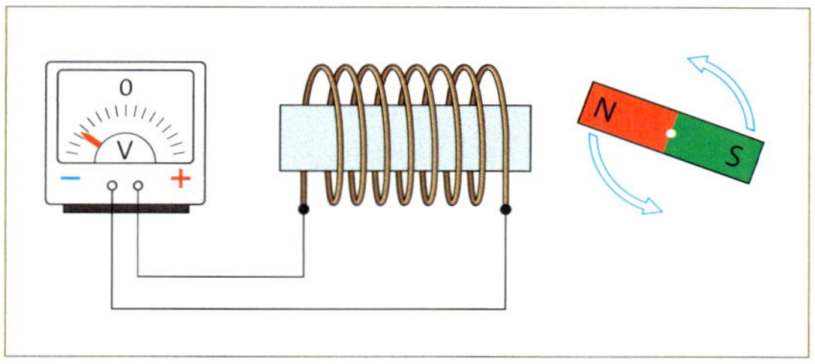

7 Magnet und Spule

2 Ordne die Bilder A bis D den passenden Stellen des Spannungsverlaufs im Diagramm zu. Begründe jede Zuordnung mithilfe des Induktionsgesetzes. ▸ 8

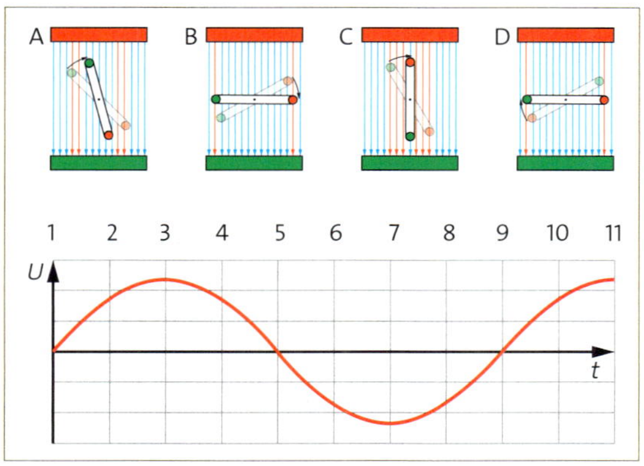

8 Generator und Wechselspannung

3 Bei einem Generator ändert sich die Spannung so, wie es ▸ Bild 9 zeigt. Beschreibe und erkläre das Besondere an dieser Spannung.

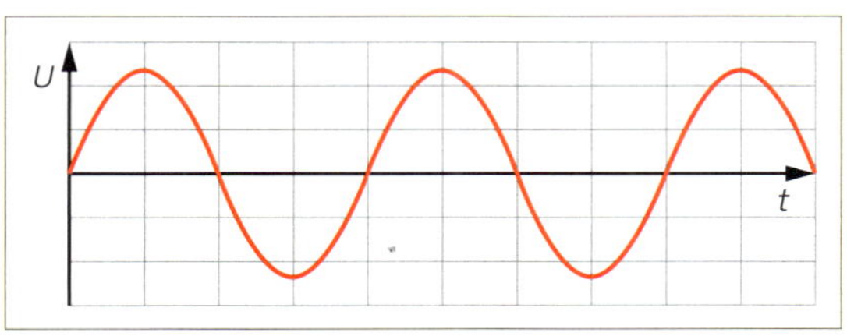

9 Zeitlicher Verlauf der Spannung

4 Sarah fragt: „Was wechselt eigentlich bei einer Wechselspannung?“ Formuliere eine physikalisch korrekte Antwort.

5 Mit einem Generator soll eine möglichst große Spannung erzeugt werden. Beschreibe den Aufbau eines solchen Generators und begründe deine Entscheidungen mit dem Induktionsgesetz.
Beschreibe an einem Beispiel die technischen Hindernisse, die verhindern, dass sich die Spannung beliebig steigern lässt.

6 Im Generator wird mechanische Energie in elektrische umgewandelt. In technischen Anwendungen kann die „Quelle“, die die mechanische Energie für den Generator liefert, sehr unterschiedlich sein. Finde drei Beispiele für Generatoren, die jeweils eine andere, ursprüngliche Energieform nutzen.

7 Die Abbildung zeigt den ersten von Antoine-Hippolyte Pixii im Jahr 1832 gebauten Generator. ▸ S. 52 Bild 1 In dem Artikel beschreibt Ampere Versuche, die er mit zwei dieser Generatoren durchgeführt hat. ▸ 10

XV. *Ueber einen von Hrn. Hyppolyte Pixii mit einem Apparat von seiner Erfindung angestellten Versuch, die Erzeugung elektrischer Ströme durch Rotation eines Magneten betreffend;*

von Hrn. Ampère.
(annal. de chim. ez phys. T. LI p. 76.)

Durch Hrn. Hachette kennt die Academie die Versuche, welche mit einem von Hrn. Pixii erbauten Apparat angestellt sind, um elektrische Ströme zu erzeugen durch Drehung eines Hufeisenmagneten in der Nähe eines Hufeisens von weichem Eisen, um welches ein mit Seide besponnener Leitdraht spiralförmig gewunden ist. Nachdem man mit einem Magnet, der 30 Pfund trug, und einem Draht, der 500 Windungen machte, starke elektrische Funken erhalten hatte, hat man mittelst eines anderen Magneten, der, mehr als 100 Kilogramm trug, und mit einem 1000 Meter langen Draht, der 4000 Windungen machte, bekommen: 1) starke elektrische Funken, 2) ziemlich starke elektrische Schläge, 3) wenn man die Hände in gesäuertes Wasser tauchte, in das die Enden des Galvanometer-Drahts hinabgingen, Erstarrung und unwillkürliche Bewegungen in den Fingern, 4) ein starkes Auseinanderweichen der am Volta'schen Condensator befestigten Goldplättchen, und 5) eine ziemlich rasche Zersetzung des Wassers, das zur Erhöhung seiner Leitfähigkeit mit etwas Schwefelsäure versetzt war.

10 Artikel von Ampere

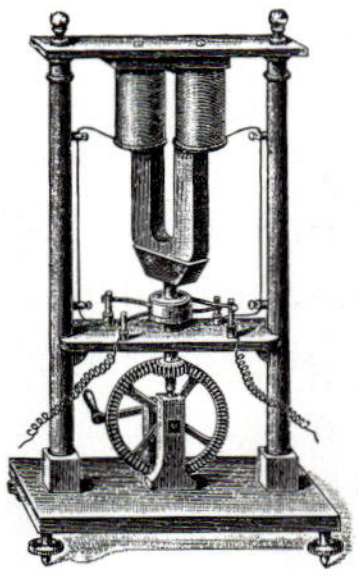

1 PIXII-Generator

Erkläre mithilfe des Induktionsgesetzes, dass beim zweiten – im Text erwähnten – Generator eine größere Spannung entstand.

8 Erkläre die folgende Beobachtung mithilfe einer Argumentationskette. ▸ 2

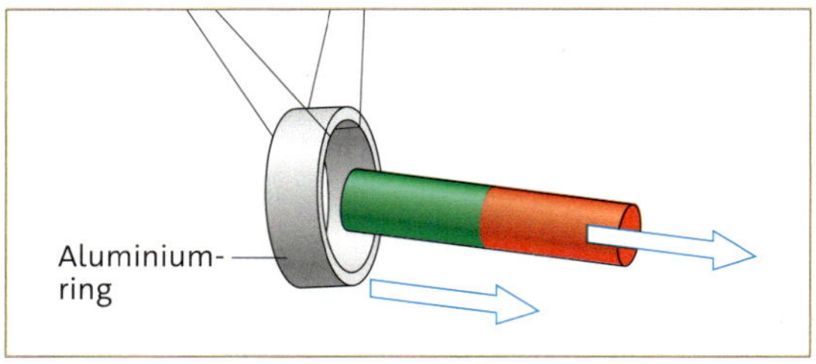

2 Ringversuch

Ein Magnet wird aus einem Ringpendel herausgezogen – und der Ring folgt ihm.

9 Beim Härten von Stahl wird das Werkstück erhitzt und danach schlagartig abgekühlt. Dadurch entstehen Verspannungen, die den Stahl härter und spröder werden lassen. Durch induktives Erhitzen kann ein Werkstück präzise und nur an den gewünschten Stellen erhitzt und gehärtet werden, während der Rest des Werkstücks biegsam bleibt. ▸ 3

3 Induktives Härten

a Ordne folgende Bausteine einer Argumentationskette in die richtige Reihenfolge.
[Induktionsgesetz] [Das Werkstück wird erhitzt]
[Im Werkstück wird eine Spannung induziert]
[Das Werkstück wird in ein sich veränderndes Magnetfeld gebracht] [Das Werkstück ist leitfähig]
[Es fließt ein Induktionsstrom] [Das Werkstück besitzt einen ohmschen Widerstand]

b Schreibe mithilfe der Argumentationskette einen Erklärtext über das induktive Härten.

10 Auf einer Internetseite wird die Funktionsweise eines Induktionsherds wie folgt erklärt.
Übertrage den Text in eine Argumentationskette. Die Argumentationskette wird an einigen Stellen noch Lücken aufweisen. Schließe diese Lücken.
„Wie der Name schon sagt, nutzt man bei dem neuen Herdtyp das physikalische Phänomen der Induktion: Unter der Glaskeramik befindet sich eine Induktionsspule, die von einem sehr hochfrequenten Strom durchflossen wird. Dieser Wechselstrom verursacht ein sich schnell änderndes Magnetfeld, das auch den metallischen Boden des Topfes durchsetzt. Das magnetische Wechselfeld verursacht – nach Faraday – im Topfboden eine elektrische Spannung und diese wiederum einen Induktionsstrom (Wirbelstrom). Dieser Strom erwärmt den Boden sehr schnell und schließlich kommt es auch zur Erwärmung des Kochgutes (natürlich kommt es jetzt auch zur Erwärmung der Keramikplatte durch den Topfboden)."
(*Quelle:* www.leifiphysik.de/elektrizitaetslehre/elektromagnetische-induktion/ausblick/induktionsherd; 01.06.2021)

11 Eine zerstörungsfreie Prüfung von leitfähigem Material ist die Wirbelstromprüfung. Diese erlaubt es, z. B. in Industrieanlagen Rohre auch durch die Isolierung hindurch zu untersuchen. Ein Text erklärt sie so: „Eine Spule wird in die Nähe der Prüfoberfläche gebracht und an die Spule eine Wechselspannung angelegt. Dadurch wird ein wechselndes Magnetfeld erzeugt, dass in der Materialoberfläche Wirbelströme erzeugt.
Die Wirbelströme erzeugen ein Magnetfeld, das mit einer Empfängerspule gemessen wird. Dadurch können unterschiedliche Materialien erkannt werden und Risse in der Oberfläche entdeckt werden." ▸ 4, 5

4 Zerstörungsfreie Materialprüfung

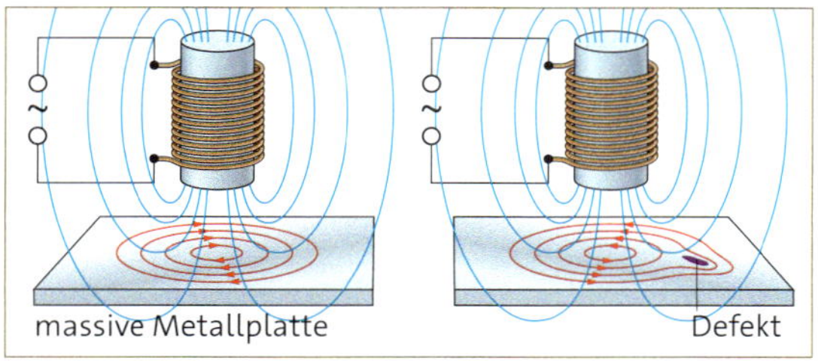

5 Prinzip der Materialprüfung

a Erstelle mithilfe des Textes eine Argumentationskette. Dazu müssen die Lücken, die der Text in der Argumentation lässt, geschlossen werden.

b Markiere in der Argumentationskette die Stellen, die die physikalische Grundlage der Anwendung „unterschiedliche Materialien erkennen" und „Risse entdecken" ist.

12 Wird eine rotierende Aluminiumscheibe teilweise von einem gleichförmigen Magnetfeld durchdrungen, wird die Rotation abgebremst. ► 6

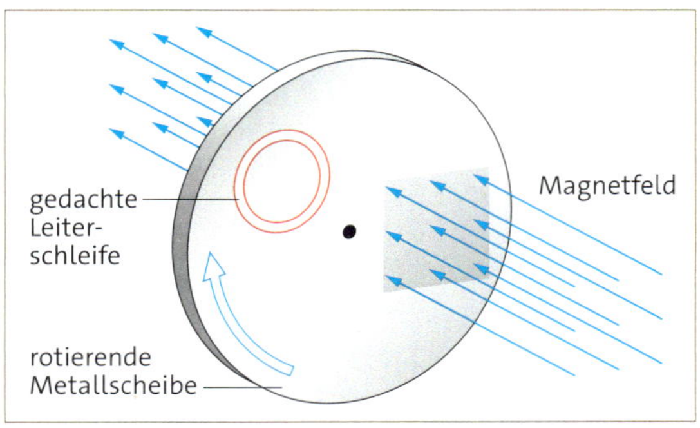

6 Metallscheibe im Magnetfeld

a Erkläre die Abbremsung mit einer Argumentationskette. *Tipp:* Argumentiere mit einer gedachten Leiterschleife.

b Erkläre, dass die Aluminiumscheibe nicht gebremst wird, wenn sie vollständig von einem gleichförmigen Magnetfeld durchdrungen wird.

13 ⊕ Auch außerhalb der Physik basieren Wirkungen auf Ursachen. Eine Argumentationskette kann dabei helfen, Zusammenhänge zu erkennen, zu beeinflussen und zu verändern. Vielleicht gelingt es dabei, nicht immer so strikte Gesetze zu finden, aber meist findet man Begründungen.

a Eine Schule hat das Problem, dass am Ende der Pause immer Müll in der Aula liegt. Schreibe – ohne weiter zu lesen – eine Möglichkeit auf, dieses Problem zu beheben.

b Betrachte zum „Müllproblem" folgende Argumentationskette und schreibe danach einige Ansätze auf, um das Problem zu reduzieren. Reflektiere, ob dir die Argumentationskette geholfen hat, Lösungsansätze zu finden.

Schüler essen in der Pause.

↓ Weil das Essen verpackt ist.

Schüler haben die Verpackung in der Hand.

↓ Weil diese in der Hand stört.

Schüler legen die Verpackung ab.

↓ Weil der Mülleimer nur an einem Ende der Aula steht.

Müll liegt am Ende der Pause am Boden.

c Erstelle für ein ähnliches Problem aus deinem Umfeld z. B. „Am Donnerstag habe ich immer so viel Hausaufgaben zu erledigen und hocke bis 22.00 Uhr am Schreibtisch." oder einem gesellschaftlichen Problem z. B. „Man darf erst mit 18 Jahren wählen." eine Argumentationskette und finde damit Lösungsansätze. Präsentiere deine Argumentationskette und die Lösungsansätze auf einem Poster.

14 ⊕ Bei der Wechselspannung und bei Wechselströmen ist der Scheitelwert etwa 1,4-mal so groß wie der Effektivwert. In Stromkreisen wurden folgende Effektivwerte für die Wechselspannung bzw. für die elektrischen Stromstärken gemessen:

a 1,5 V; 4,0 V; 14 V und 160 V.

b 2,7 A; 50 mA; 70 mA und 0,20 A

Berechne die jeweiligen Scheitelwerte.

Zum Laden verbindest du dein Handy mit der Steckdose. Obwohl die Netzspannung 230 V beträgt, kannst du die Kontakte, die in die Ladebuchse deines Handys gesteckt werden, gefahrlos berühren. Dies ist so, weil das Netzteil die 230 V Netzspannung in harmlose 5 V umwandelt. ▸ 2

Transformator

Vor 150 Jahren war es nachts noch wirklich dunkel. Zur Beleuchtung wurden Kerzen oder Gaslampen verwendet. Elektrisches Licht spielte noch keine Rolle, denn die einzige Möglichkeit, elektrische Energie für längere Zeiträume zur Verfügung zu stellen, bestand in großen, unhandlichen Batterien.
Erst nach der Entdeckung der Induktion konnten Generatoren zur Stromerzeugung konstruiert und gebaut werden. Die Entwicklung von Transformatoren machte es schließlich möglich, die Energie, des in den Generatoren erzeugten Wechselstroms, über weite Strecken zu transportieren. Die Elektrifizierung konnte beginnen. ▸ 3

Damit die Energie, die du in den Handyakku lädst vom Kraftwerk bis zur dir gelangen konnte, wurde diese Spannung bereits mehrfach umgewandelt. An den Überlandleitungen, die die Kraftwerke mit deinem Wohnort verbinden liegen sogar 400 000 V an. Wie dieses Umwandeln funktioniert, erfährst du in diesem Abschnitt. ▸ 4

2 Geöffnetes Netzteil

3 Hochspannungstransformator

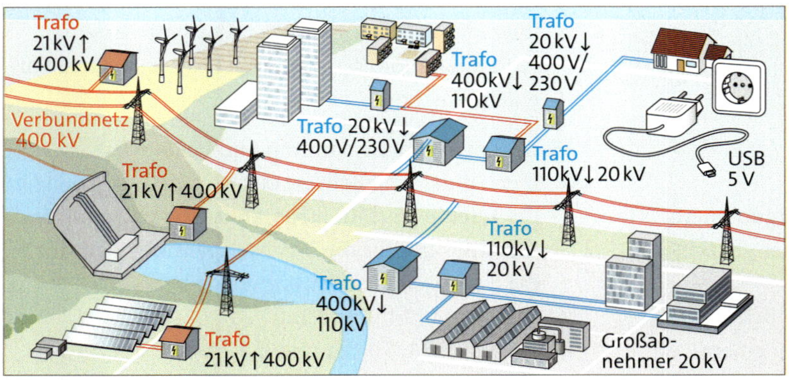

4 Energieversorgungsnetz

Aktivitäten

1 Prinzipielle Funktionsweise eines Steckernetzteils.

In einem Steckernetzteil ist ein Transformator verbaut. Dieser besteht aus zwei Spulen und einem Eisenkern. ▸ 5

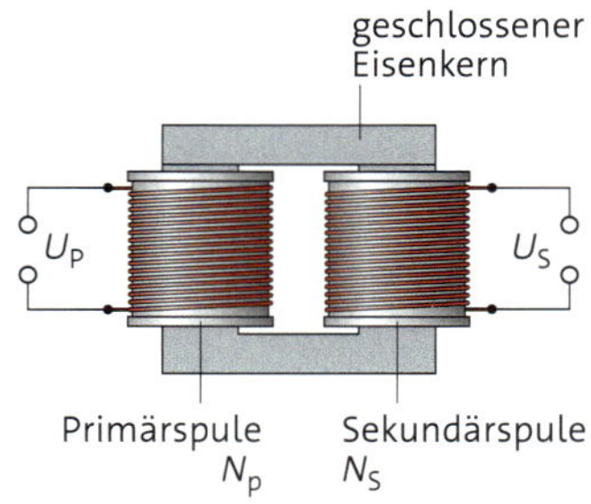

5 Transformator

a Folgendes sind die Bausteine einer Argumentationskette, die die Funktionsweise eines Transformators erklärt. Ordne sie richtig an. [Die Elementarmagnete im Eisenkern richten sich aus, in der Sekundärspule herrscht ein sich andauernd veränderndes Magnetfeld] [Es fließt eine Wechselstrom durch die Primärspule] [magnetische Wirkung des Stroms] [Induktionsgesetz] [Es entsteht ein Magnetfeld, dessen Stärke sich andauernd verändert] [Auf Magnete wirkt im Magnetfeld eine Kraft] [Spule ist ein elektrischer Leiter] [In der Sekundärspule wird eine Spannung induziert, die am Ladekabel anliegt] [An der Primärspule liegt eine Wechselspannung an]

b Da in unterschiedlichen Ländern unterschiedliche Netzspannungen herrschen, Handys aber immer 5 V Ladespannung benötigen, muss dies mit dem Transformator beinflussbar sein. Prinzipiell lassen sich im Transformator nur die Windungszahl der Primärspule N_p und die Windungszahl der Sekundärspule N_s verändern. Es wurden drei Versuche durchgeführt, in denen immer die Spannung U_s an der Sekundärspule gemessen wurde.

An die Primärspule wurde eine Spannung $U_P = 100\,V$ angelegt Die Windungszahl der Primärspule wurde konstant ($N_p = 500$) gehalten und die Windungszahl der Sekundärspule N_s verändert.

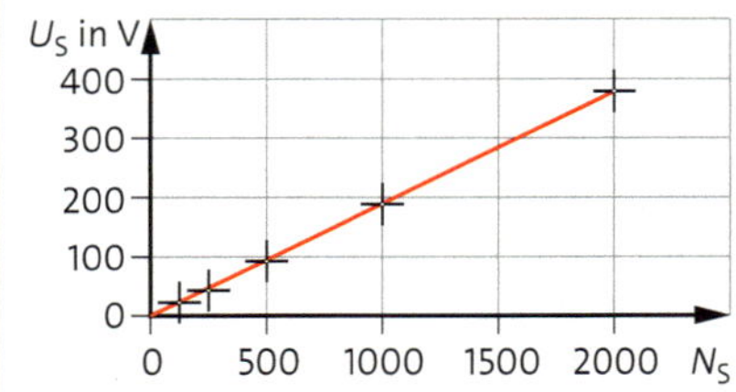

An die Primärspule wurde eine Spannung $U_P = 100\,V$ angelegt Die Windungszahl der Sekundärspule wurde konstant ($N_s = 500$) gehalten und die Windungszahl der Primärspule N_p verändert.

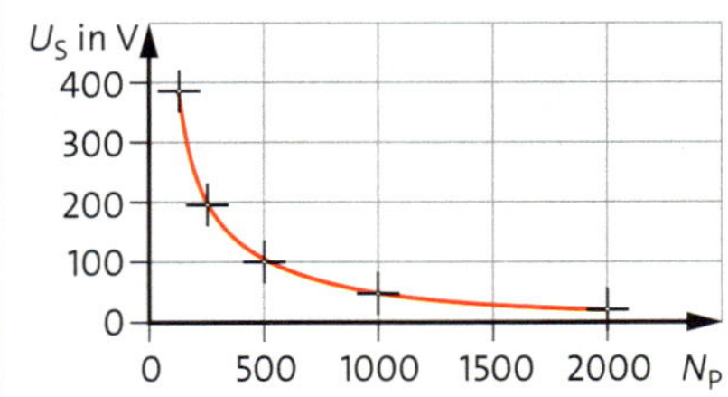

Die Windungszahl der Primärspule betrug $N_P = 500$ und die Windungszahl der Sekundärspule betrug $N_s = 1000$. Die Primärspannung wurde verändert.

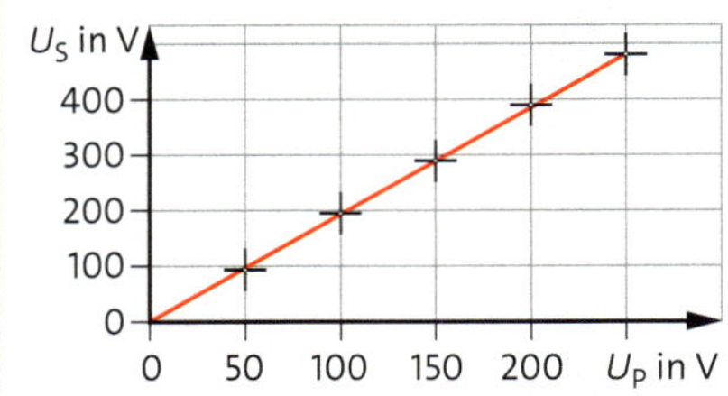

Formuliere zu jedem Versuch eine Proportionalität zwischen den Messgrößen und füge diese Proportionalitäten jeweils zu einer Formel zusammen, die den Zusammenhang zwischen U_p und U_s in Abhängigkeit von N_s und N_p beschreibt.

Grundlagen Der Transformator

Ein Transformator besteht aus zwei Spulen mit einem gemeinsamen Eisenkern. Wird an die Primärspule eine Wechselspannung angelegt, so tritt auch an der Sekundärspule eine Wechselspannung auf. Durch die Bauart der Spulen, wird festgelegt, wie sich die Spannung dabei von der Primärspannung zur Sekundärspannung verändert. ▸ 1
So kann z. B. die Netzspannung 230 V in 5 V umgewandelt werden, die zum Landen eines Handys benutzt werden.

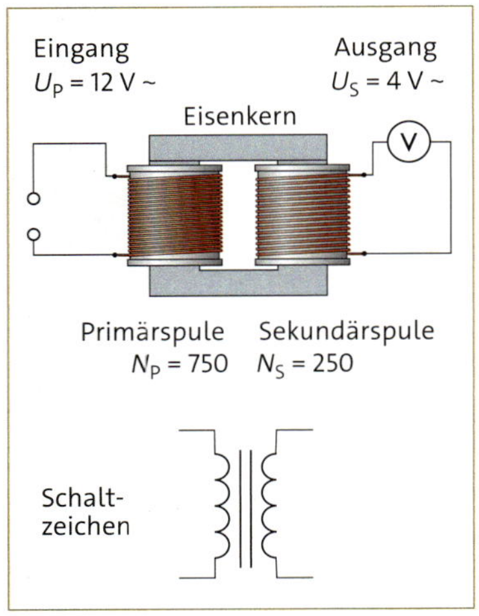

1 Transformator

Funktionsweise Zur Vereinfachung nimmt man an, dass bei einem Transformator keine unerwünschten Energieumwandlungen auftreten. Die elektrische Energie wird also vollständig von der Primär- in die Sekundärspule übertragen. Diese Modellvorstellung nennt man *idealer Transformator.*
Wird an die Primärspule eines Transformators eine Wechselspannung U_P angelegt, fließt in ihr ein Wechselstrom I_P. Er erzeugt in der Primärspule ein sich ständig veränderndes magnetisches Feld, das vom Eisenkern verstärkt und durch die Sekundärspule hindurchgeführt wird. Das sich ständig ändernde magnetische Feld induziert in der Sekundärspule eine Spannung U_s.

Beim Transformator erzeugt die Primärspule ein sich ständig veränderndes Magnetfeld. Die Magnetfeldänderung induziert in der Sekundärspule eine Wechselspannung.

Unbelasteter Transformator Bei diesem Transformator ist an der Sekundärspule kein elektrisches Bauteil angeschlossen. In jeder Spulenwindung der Sekundärspule wird die gleiche Spannung induziert.
Besitzt die Sekundärspule genauso viele Windungen wie die Primärspule, ist die Sekundärspannung genauso groß wie die Primärspannung. Hat die Sekundärspule doppelt so viele Windungen, so ist die Sekundärspannung doppelt so groß wie die Primärspannung. ▸ 2–4

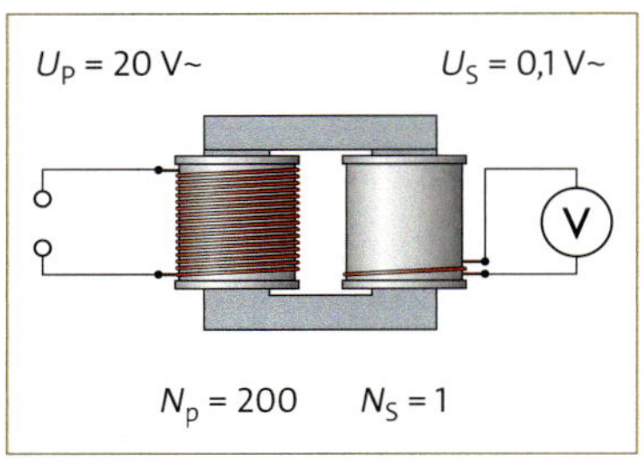

2 Eine Windung

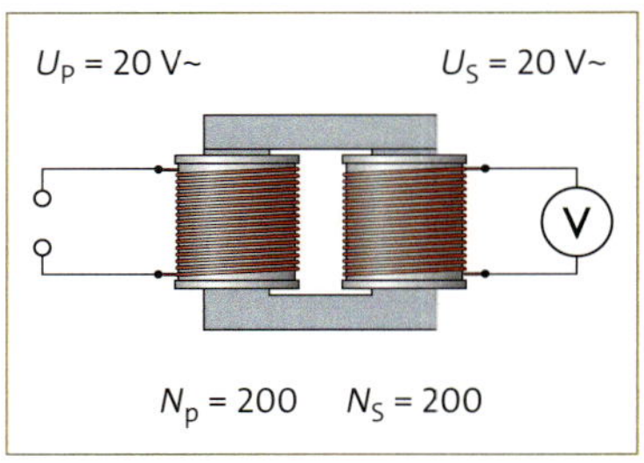

3 Gleiche Windungszahl

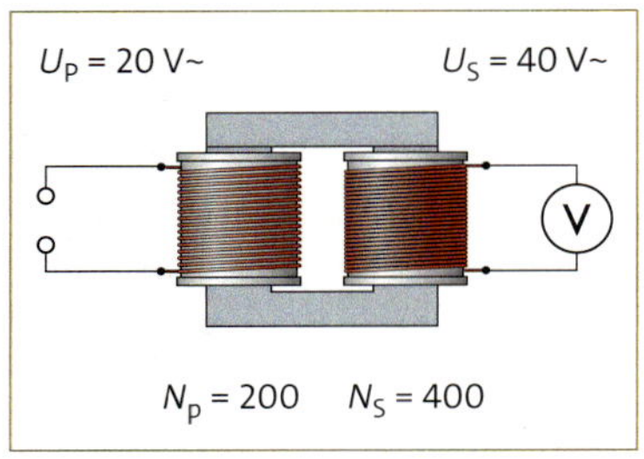

4 Verdopplung der Windungszahl

Beim unbelasteten idealen Transformator liegt an der Spule mit größerer Windungszahl auch die größere Spannung an. Die Spannungen *U* an den Spulen stehen im gleichen Verhältnis wie ihre Windungszahlen *N*.

Es gilt: $\frac{U_s}{U_P} = \frac{N_s}{N_P}$.

Belasteter Transformator Wird an die Anschlüsse der Sekundärspule ein elektrisches Gerät angeschlossen, fließt im Sekundärstromkreis ein Strom I_s. Man spricht dann von einem belasteten Transformator. Die Größe der Sekundärstromstärke hängt (bei gleichbleibender Sekundärspannung) vom Widerstand des elektrischen Verbrauchers ab. Wenn ein Kurzschluss zwischen den Anschlüssen verursacht wird, ist die Stromstärke maximal. Mithilfe der Energieerhaltung folgt für den idealen belasteten Transformator:

Die Stromstärken I verhalten sich beim idealen belasteten Transformator umgekehrt wie die Windungszahlen N.
Es gilt: $\frac{I_s}{I_P} = \frac{N_P}{N_S}$.

Energetische Betrachtung Die Formeln für die Verhältnisse der Stromstärken und Spannungen am Transformator zeigen: Wird im Transformator die Primärspannung in eine höhere Sekundärspannung umgewandelt, fließt im Vergleich zur Primärstromstärke eine niedrigere Sekundärstromstärke. Analog gilt: niedrigere Sekundärspannung – höhere Sekundärstromstärke. Man spricht von einer gegenläufigen Übersetzung von Spannung und Stromstärke.

Das lässt sich mithilfe des Satzes von der Erhaltung der Energie begründen.
Da im idealen Transformator keine unerwünschten Energieumwandlungen auftreten, gilt:

$E_P = E_S$ bzw. $P_P \cdot t = P_S \cdot t \quad | :t$
$P_P = P_S$
$U_P \cdot I_P = U_S \cdot I_S \quad | :I_P \quad | :U_S$
$\frac{U_P}{U_S} = \frac{I_S}{I_P}$

Auch in dieser Gleichung findet man die gegenläufige Übersetzung von Spannung und Stromstärke.

Musteraufgabe

Um in modernen Handys die Schnellladefunktion (innerhalb von 30 Minuten auf 50 % laden) nutzen zu können, werden Netzgeräte benötigt, die eine Leistung von 15 W abgeben können.
An der USB-C-Buchse der Netzgeräte wird dabei das Handy mit einer Spannung von 5,0 V versorgt.

a In einem Ladegerät beträgt die Windungszahl der Sekundärspule 8. Berechne die Windungszahl der Primärspule.

b Berechne die Stromstärke im Primärkreis, wenn das Handy geladen wird.

c Erläutere, dass Handyhersteller Netzteile verkaufen, die eine Leistung von 18 W aufnehmen, wenn doch nur 15 W für die Schnelladefunktion des Handys benötigt werden. Beschreibe eine Beobachtung, an der du das nachweisen kannst.

Lösung

a *gegeben:* $U_P = 230\,V$
$N_S = 8$
$U_S = 5{,}0\,V$

gesucht: N_P

Lösung:

$\frac{U_S}{U_P} = \frac{N_S}{N_P}$ | Kehrwert bilden

$\frac{U_P}{U_S} = \frac{N_P}{N_S}$ | $\cdot N_S$

$\frac{U_P}{U_S} \cdot N_S = \frac{N_P}{N_S} \cdot N_S$

$\frac{U_P}{U_S} \cdot N_S = N_P$

$N_P = N_S \cdot \frac{U_P}{U_S}$

$N_P = 8 \cdot \frac{230\,V}{5\,V}$

$N_P = 368$

b *gegeben:* $P_S = 15\,W$
$U_S = 5{,}0\,V$
$N_P = 368$
$N_S = 8$

gesucht: I_P

Lösung:

Berechnung von I_S

$P_S = U_S \cdot I_S$ | $: U_S$

$I_S = \frac{P_S}{U_S} = \frac{15\,W}{5{,}0\,V} = 3{,}0\,A$

Berechnung von I_P

$\frac{I_S}{I_P} = \frac{N_P}{N_S}$ | Kehrwert bilden

$\frac{I_P}{I_S} = \frac{N_S}{N_P}$ | $\cdot I_S$

$I_P = \frac{N_S}{N_P} \cdot I_S$

$I_P = \frac{8}{368} \cdot 3{,}0\,A = 65\,mA$

c Im realen Transformator treten unerwünschte Energieumwandlungen auf: $E_{el} \rightarrow E_i$.
Deshalb muss primärseitig mehr Leistung (Energie/Zeit) in den Transformator hineingesteckt werden, als sekundärseitig genutzt werden kann.
Beobachtung: Das Ladegerät erwärmt sich.

Aus der Geschichte: Die Auswirkung technischer Anwendungen auf die gesellschaftliche Entwicklung

Die Elektrifizierung zeigt in besonderem Maße die Wechselwirkungen von technischem Fortschritt und sozialem Wandel auf. Gegen Ende des 19. Jahrhunderts waren die Folgen der technischen Entwicklung (Erfindung von Generator, Transformator, Glühlampe oder Elektromotor) für die Industrialisierung und die soziale Frage gravierend.
Der folgende Text beschreibt die Folgen der Elektrifizierung für einen kleinen Ort in der Nordeifel.
Aber sicher gibt es Parallelen für ganz Deutschland und vielleicht auch für die Entwicklungen in der Gegenwart.

„Die Elektrifizierung in der Eifel

Heimbach in der Eifel

Vor 100 Jahren ist die Nordeifel eine arme Region und nicht gerade die fortschrittlichste im deutschen Kaiserreich. Man lebt vom Vieh und vom Ackerbau, die Arbeit ist hart. In den Häusern mit den kleinen Fenstern ist es dunkel, das Herdfeuer ist neben der blakenden Petroleumlampe die einzige Licht- und Wärmequelle.

1 Wasserkraftwerk Heimbach

Ausgerechnet hier soll ein Wasserkraftwerk entstehen und Strom produzieren, der hochgespannt und damit über Land geleitet werden kann. Nicht, weil sich einer der Ratsherren in Aachen in den Kopf gesetzt hätte, der Eifel den Fortschritt zu verordnen, sondern weil die Flüsse Urft und Rur mal zu viel, mal zu wenig Wasser haben, Trockenheit und Überschwemmungen zum Problem für die anliegenden Fabriken geworden sind und ein Stausee dieses lösen soll.
Misstrauisch verfolgen viele Bauern den Bau der Talsperre und die damit einhergehenden Veränderungen. Das Dorf Wollseifen verliert seine Weideflächen und soll als Ersatz eine kostenlose Stromleitung bekommen. „Und was haben die Leute gemacht?" regt sich Franz-Joseph Sistig heute noch auf. „Die haben das abgelehnt mit der Begründung: Mit dem Teufelszeug wollen wir nichts zu tun haben." Doch die neue Zeit ist nicht aufzuhalten. Die Begleitumstände und Konsequenzen der unerwarteten Elektrifizierung der Nordeifel werden bis heute in den Dörfern erinnert:
Ein Weiler verschwindet auf dem Grund der Talsperre, italienische Bauarbeiter kommen in die Dörfer und bringen das soziale Gefüge durcheinander, Tagelöhner werden plötzlich Elektriker, im Kuhstall brennt Licht und der Müller verliert seine Monopolstellung, als die Bauern auf die Idee kommen, sich selbst elektrisch betriebene Getreidemühlen anzuschaffen.

Das Wasserkraftwerk Heimbach in der Nordeifel war bei seiner Einweihung 1905 das modernste und größte Europas – und schon zehn Jahre später zu klein, um die Strommengen zu produzieren, die die Region inzwischen verbrauchte."
Quelle: https://programm.ard.de/TV/wdrfernsehen/wie-der-strom-in-die-eifel-kam/eid_281119648297900; 01.06.2021

2 Generatorenhalle

1 Liste die Folgen der Elektrifizierung auf, die in dem Text genannt werden.

2 Mit dem „Gesetz betreffend die Invaliditäts- und Altersversicherung" von 1889 wurde die Rentenversicherung von Otto von Bismarck eingeführt. Kurz davor wurde die Kranken- und Unfallversicherung eingeführt. Vor der Einführung dieser Versicherungen waren die Folge von Krankheit, Invalidität und Alter – wenn sie nicht von der Familie aufgefangen werden konnten – bitterste Armut.
Nenne die Folgen der Elektrifizierung, die von diesen Versicherungen abgedeckt wurden.

3 Aus dem Geschichtsunterricht kennst du das Auftreten der sozialen Frage im Zusammenhang mit der Industrialisierung. Erläutere, ob die soziale Frage von der Elektrifizierung verstärkt wurde.

4 Finde für jede der im Text genannten Folgen der Elektrifizierung eine Technik aus der Gegenwart, die ähnliche Folgen hat. Nenne jeweils die konkrete Kritik, die in diesem Zusammenhang aktuell geäußert wird oder Lösungsvorschläge, die diskutiert werden.
Recherchiere dazu in Tageszeitungen/Magazinen oder seriösen Nachrichtenseiten im Internet.

Hinweis

„Die soziale Frage bezeichnet die sozialen Missstände, die mit der modernen europäischen Bevölkerungsexplosion und der Industriellen Revolution einhergingen, das heißt die sozialen Begleit- und Folgeprobleme des Übergangs von der Agrar- zur sich urbanisierenden Industriegesellschaft."
(*Quelle:* https://de.wikipedia.org/wiki/Soziale_Frage; 09.07.21)

Aufgaben und Aufträge

1 Fertige eine Argumentationskette an, die die Funktionsweise eines Transformators beschreibt. Beginne dabei mit der Ursache „An die Primärspule wird eine Wechselspannung angelegt." und ende mit der Wirkung „In der Sekundärspule wird eine Wechselspannung gemessen."

2 Sascha schließt einen Transformator (Primärwindungszahl $N_P = 100$, Sekundärwindungszahl $N_S = 500$) an eine AA Batterie (1,5 V) an, um damit eine Lampe mit der Aufschrift 9 V; 0,05 A zu betreiben. Die Lampe leuchtet nicht. Erläutere den Fehler, den er gemacht hat.

3 In den USA beträgt die Netzspannung 110 V. Will man dort europäische Elektrogeräte betreiben, muss man am Aufdruck der Geräte überprüfen, ob diese auch mit 110 V Netzspannung funktionieren. Sollte das nicht der Fall sein, muss man einen Spannungswandler verwenden. Diese gibt es z. B. in der Ausführung mit Ringkerntransformatoren.

a Überprüfe zuhause drei Elektrogeräte, die du auf eine Reise mitnehmen würdest, ob sie auch mit 110 V betrieben werden können. Oft befindet sich am Netzteil ein Aufdruck der Auskunft darüber gibt.

b Recherchiere die Preise eines Spannungswandlers. Achte darauf, dass der Spannungswandler für die elektrische Leistung ausgelegt ist, die deine Elektrogeräte benötigen.

c Gib mögliche Windungszahlen für die Primär- und Sekundärspule des Spannungswandlers an. Vielleicht findest du bei deiner Recherche zu den Spannungswandlern auch technische Datenblätter, die diese Windungszahlen angeben.

4 Der Transformator für eine Klingel wird mit 230 V betrieben und hat eine Sekundärspannung von 5 V. ▸ 1

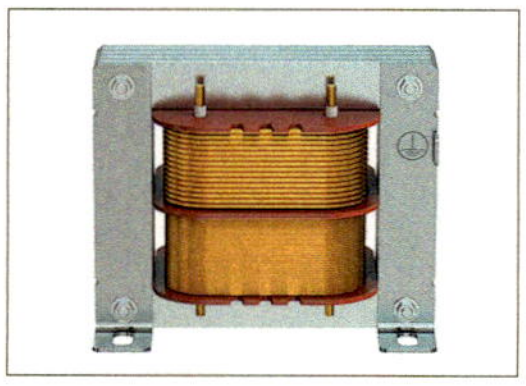

1 Realer und gezeichneter Klingeltrafo

Finde die Primär- und die Sekundärspule. Begründe deine Antwort.

5 Die Sekundärspule hat 48-mal so viele Windungen wie die Primärspule.
Berechne die Spannung zwischen den Anschlüssen der Sekundärspule. ▸ 2

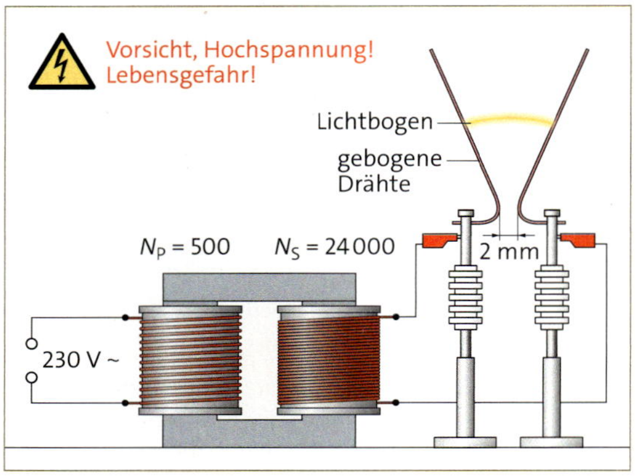

2 Hochspannungstrafo

6 Beim Elektroschweißen bringt man eine Metallelektrode, die an einen Trafo angeschlossen ist, zum Glühen. Ein Versuch zeigt im Prinzip, wie das gelingt. ▸ 3

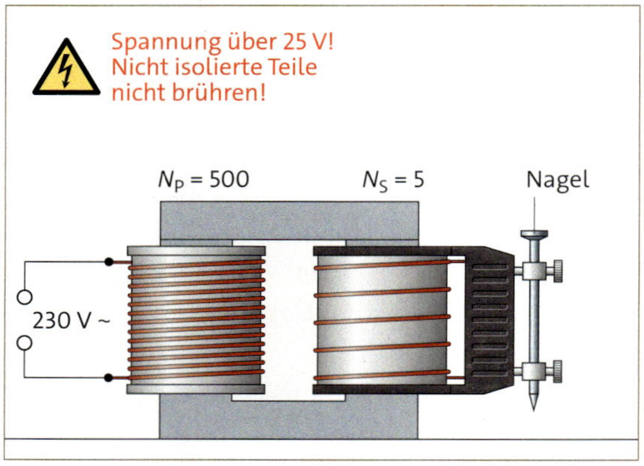

3 Hochstromtrafo

Der Nagel beginnt nach kurzer Zeit zu glühen und schmilzt durch.

a Erkläre diese Beobachtung.

b Vergleiche einen Hochspannungs- mit einem Hochstromtransformator. Gehe dabei hauptsächlich auf die Unterschiede ein.

7 Mit einem Transformator können Spannungen verändert werden.
a Beschreibe den Aufbau eines Transformators.
b Die Primärspannung soll mit einem Transformator vervierfacht werden. Erläutere, in welchem Verhältnis die Windungszahlen der Spulen stehen müssen.
c Ein Netzgerät soll die Spannung von 230 V auf eine Betriebsspannung von 12 V transformieren. Es steht eine Primärspule mit 4600 Windungen zur Verfügung. Berechne die Windungszahl der Sekundärspule.

8 In der ▸ Tabelle sind Daten von Transformatoren gegeben. Übertrage die Tabelle in dein Heft und ergänze die fehlenden Größen.

9 Die Primärspule eines Transformators besitzt 600 Windungen und seine Sekundärspule 12 000 Windungen.
a Begründe, dass es sich hier um einen Hochspannungstransformator handelt.
b Die Primärspule ist an die Netzspannung angeschlossen. Berechne die Sekundärspannung U_S.

10 In einer kleinen Trafostation soll die Spannung von 20 000 V (20 kV) auf 230 V transformiert werden.
a Wähle eine mögliche Spulenkombination aus und begründe deine Entscheidung.
b Begründe, dass man nicht die 20 kV an der Steckdose verwendet, sondern die Spannung erst heruntertransformiert.

11 Beim Elektroschweißen wird eine hohe Stromstärke benötigt. ▸ 4
Dazu wird die Netzspannung (230 V) mit einem Transformator ($N_P = 250$; $N_S = 2$) reduziert.

4 Elektroschweißen

a Berechne die Spannung an der Sekundärspule.
b Berechne die maximal mögliche Stromstärke durch das Schweißgerät, wenn in der Primärspule ein Strom von 2 A fließt.

12 Ein Trafo soll die Wechselspannung von 230 V auf 19 V senken. Dafür stehen Spulen mit 125, 250, 500, 750, 1500 und 3000 Windungen zur Verfügung. Wähle geeignete Spulenkombinationen aus und begründe deine Entscheidung.

13 Im Physikunterricht sieht die Klasse zum ersten Mal einen Transformator. Die Lehrkraft will sie beeindrucken und „zaubert" aus 5 V Wechselspannung 250 V.
a Die Primärspule hat 100 Windungen. Bestimme ohne ausführliche Rechnung die Windungszahl der Sekundärspule.
b Die schlaue Patricia wundert sich: „Bei einer 50-mal so großen Spannung müsste nach dem ohmschen Gesetz durch einen Widerstand auch 50-mal so viel Strom fließen!" Der Lehrer: „Ja, und?" Patricia denkt kurz nach und sagt dann: „Damit wäre doch der Energieerhaltungssatz verletzt." Löse den Widerspruch auf.

Windungszahl		Primärspannung U_P in V	Sekundärspannung U_S in V
Primärspule N_P	Sekundärspule N_S		
100	100	12,0	?
100	25	12,0	?
100	500	12,0	?
100	?	12,0	1,5
1200	?	230	9,0

Tabelle

Überblick

Magnetfeld Ein Magnetfeld beschreibt den Zustand des Raums, in dem Magnete und magnetisierbare Objekte wechselseitig Kräfte aufeinander ausüben. Stärke und Richtung der Kraftwirkung in einem Feld werden durch Feldlinien symbolisiert. ▸ 1, 2
Feldlinien sind eine Modellvorstellung.

Magnetfeld stromdurchflossener Leiter In der Nähe eines stromführenden Drahts kann man magnetische Kräfte messen. Die Magnetfeldlinien verlaufen in Kreisen um den Draht herum. Ihre Richtung erhält man mit der „Rechte-Faust-Regel“: Der Daumen der rechten Hand zeigt dabei in Richtung des Stromflusses (von + nach –). Die Spitzen der Faustfinger geben dann die Orientierung des Magnetfelds an. ▸ 3, 4

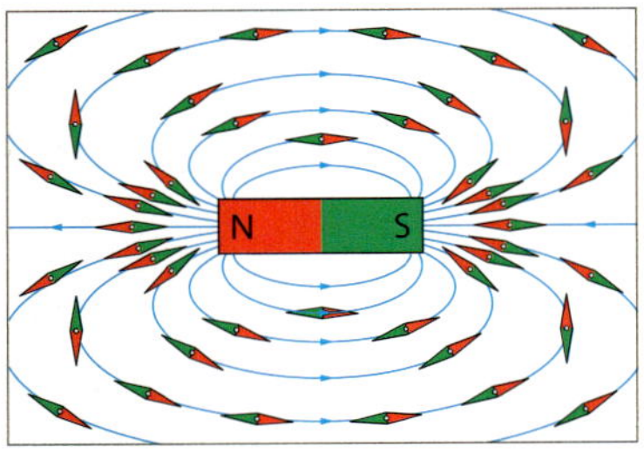

1 Magnetfeld eines Stabmagneten

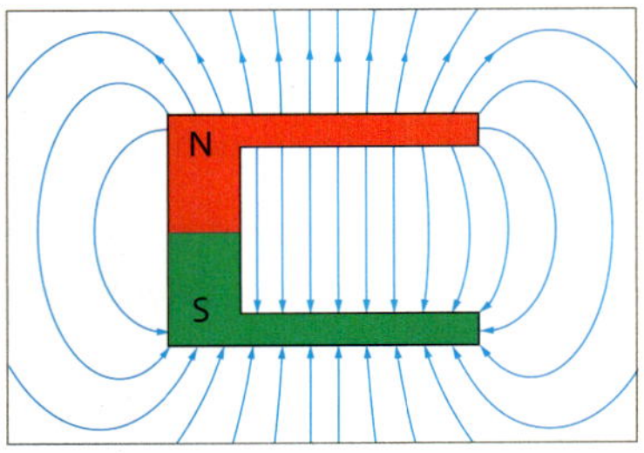

2 Magnetfeld eines Hufeisenmagneten

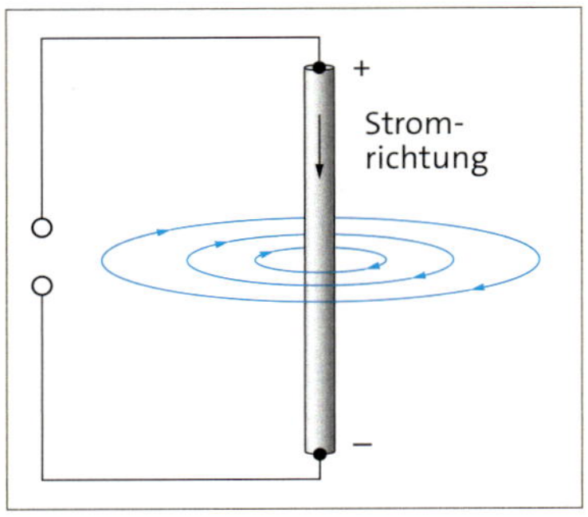

3 Magnetfeld eines geraden Leiters

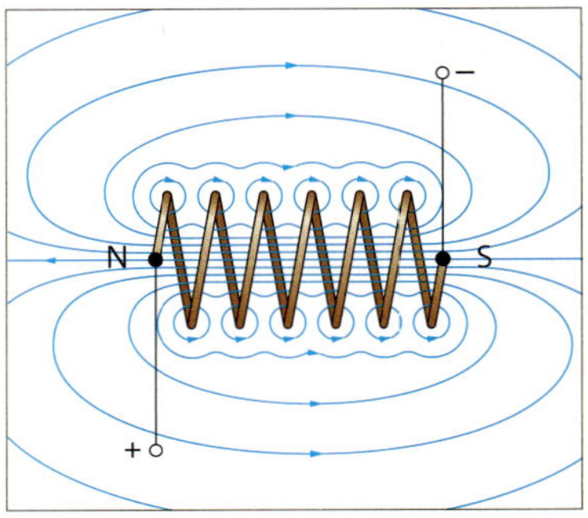

4 Magnetfeld einer Spule

Lorentzkraft Auf fließende Elektronen wirkt in einem Magnetfeld die Lorentzkraft. Die Lorentzkraft hängt von der Richtung des Magnetfelds und der Elektronenstromrichtung ab. Die Richtung der Lorentzkraft kann mithilfe der 3-Finger-Regel der rechten Hand bestimmt werden.
Man hält den Daumen der rechten Hand in Richtung des Stromflusses (von + nach –) und den Zeigefinger in Richtung des Magnetfelds (von N nach S). Der senkrecht dazu gerichtete Mittelfinger weist dann in Richtung der Lorentzkraft. ▸ 5, 6

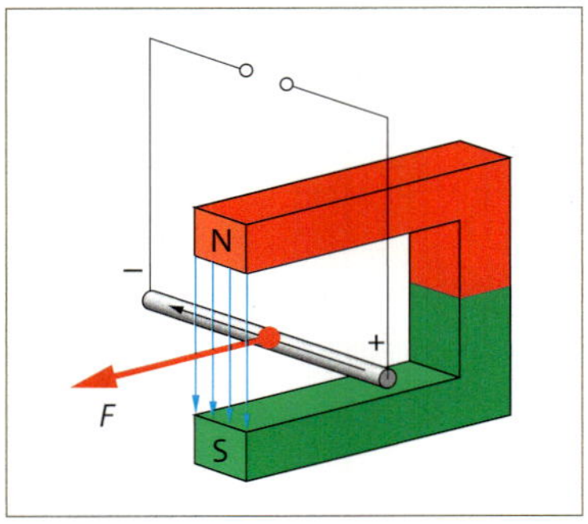

5 Kraft auf einen stromdurchflossenen Leiter

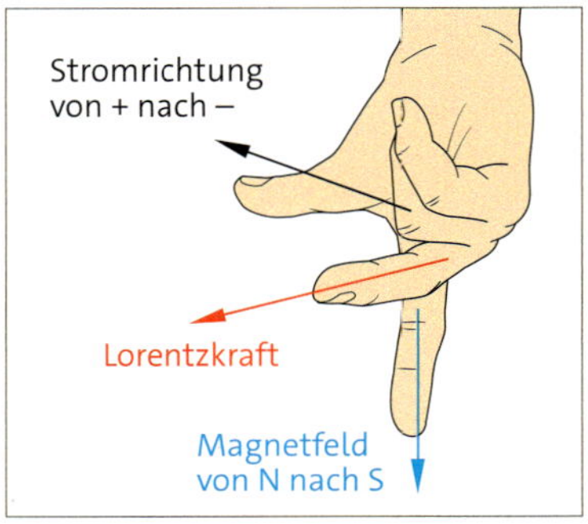

6 3-Finger-Regel der rechten Hand

Elektromotor In Motoren, die mit Gleichstrom betrieben werden, dreht sich eine stromführende Spule (Rotor) durch magnetische Kräfte, die durch das Feld eines feststehenden Magneten (Stator) hervorgerufen werden. Die Drahtenden der Rotorspule sind mit dem Polwender (Kommutator) verbunden. Er sorgt dafür, dass die Stromrichtung in den Drahtwicklungen der rotierenden Spule stets im richtigen Moment umgekehrt wird, sodass die Drehrichtung immer gleichbleibt. ▸ 7

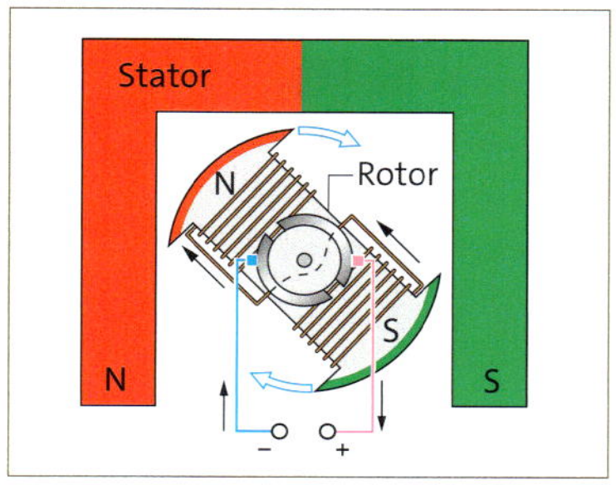

7 Aufbau Gleichstrommotor

Induktion Ändert sich das Magnetfeld, das eine Leiterschleife durchdringt, entsteht zwischen den Enden der Drahtschleife eine Spannung – die Induktionsspannung. ▸ 8, 9
Der Betrag der Induktionsspannung hängt davon ab, wie groß die Änderungsrate des die Spule durchdringenden Magnetfelds ist.
Die Bauform der Spule (Windungsanzahl und Querschnittsfläche) beeinflusst ebenfalls den Betrag der Induktionsspannung.

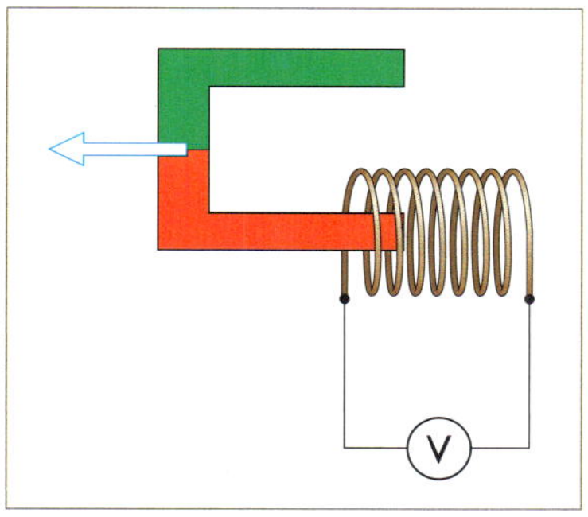

8 Magnetfeldänderung durch Bewegung

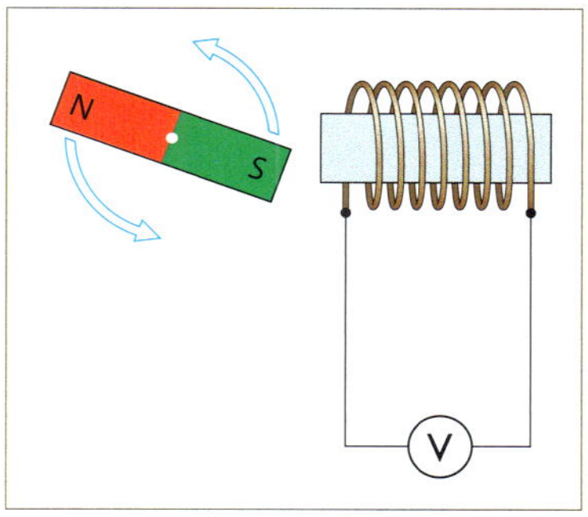

9 Magnetfeldänderung durch Rotation

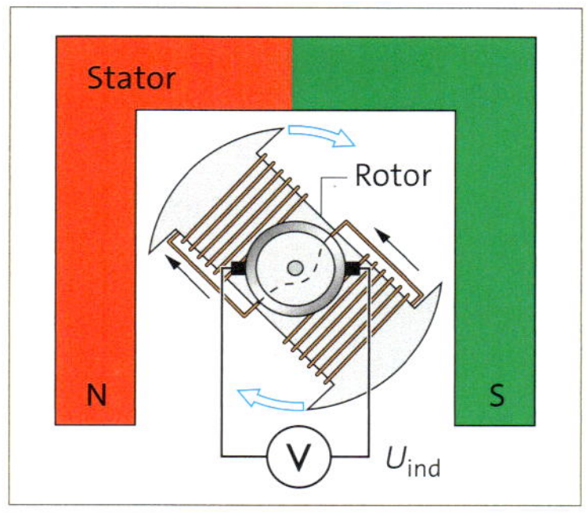

10 Aufbau Generator

Generator Eine Spule und ein Magnet werden so gegeneinander bewegt, dass durch Induktion eine Wechselspannung entsteht. In einem angeschlossenen Stromkreis entsteht dadurch ein Wechselstrom. ▸ 10

Transformator Ein Transformator besteht aus zwei Spulen (Primär- und Sekundärspule) mit einem gemeinsamen Eisenkern. Wird an die Anschlüsse der Primärspule eine Wechselspannung angelegt, tritt an den Anschüssen der Sekundärspule ebenfalls eine Wechselspannung auf. ▸ 11

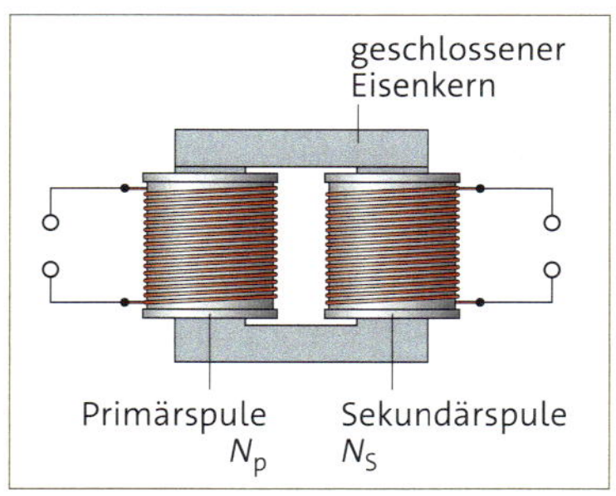

11 Aufbau Transformator

Beim Transformator ruft der Wechselstrom in der Primärspule ein magnetisches Feld hervor, das sich ständig ändert und vom Eisenkern auf die Sekundärspule übertragen wird. Die Feldänderungen induzieren in der Sekundärspule eine Wechselspannung.

Beim *unbelasteten Transformator* ist an der Sekundärspule kein elektrisches Bauteil angeschlossen.
Beim unbelasteten idealen Transformator liegt an der Spule mit größerer Windungszahl auch die größere Spannung an. Die Spannungen U an den Spulen stehen im gleichen Verhältnis wie ihre Windungszahlen N.

Es gilt: $\frac{U_S}{U_P} = \frac{N_S}{N_P}$.

Wird an die Anschlüsse der Sekundärspule ein elektrisches Gerät angeschlossen, fließt im Sekundärstromkreis ein Strom I_s. Man spricht dann von einem *belasteten Transformator*. ▸ 1

Die Stromstärken I verhalten sich beim idealen belasteten Transformator umgekehrt wie die Windungszahlen N.

Es gilt: $\frac{I_S}{I_P} = \frac{N_P}{N_S}$.

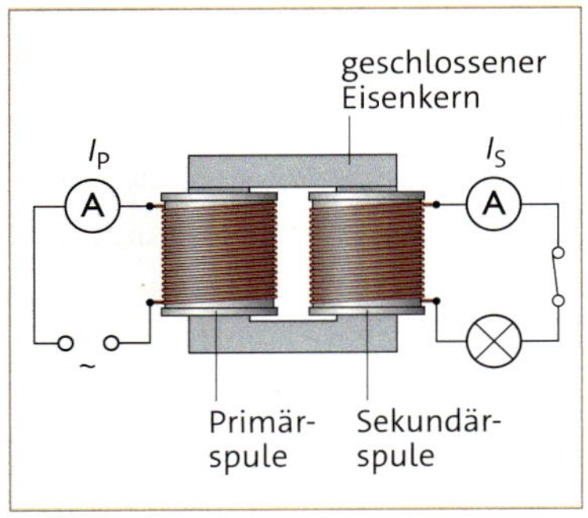

1 Belasteter Transformator

Richtung des Induktionsstroms Aufgrund der Energieerhaltung ist der Stromfluss, den eine Induktionsspannung hervorruft, stets so gerichtet, dass er der Induktionsursache entgegenwirkt. (Regel von LENZ)

Wirbelströme Ändert sich das Magnetfeld in einem massiven Körper aus Metall, so entstehen in ihm Wirbelströme.

Die Wirbelströme sind so gerichtet, dass sie der Ursache ihrer Entstehung entgegenwirken. Sie erzeugen ein Magnetfeld, das dem äußeren Magnetfeld entgegengerichtet ist. Damit lassen sich z. B. Wirbelstrombremsen konstruieren.

Argumentationsketten Um die strukturierte physikalische Erklärung einer Beobachtung zu entwickeln und zu visualisieren, nutzt man Argumentationsketten.

Die Argumentationskette besteht aus Gliedern, die jeweils aus drei Schritten aufgebaut sind. ▸ 2, 3

- die beobachtete Ursache
- die beobachtete Wirkung
- dazwischen befindet sich eine Erklärung (z. B. mithilfe einer physikalischen Modellvorstellung, einer physikalischen Gesetzmäßigkeit oder einer Eigenschaft des betrachteten Systems)

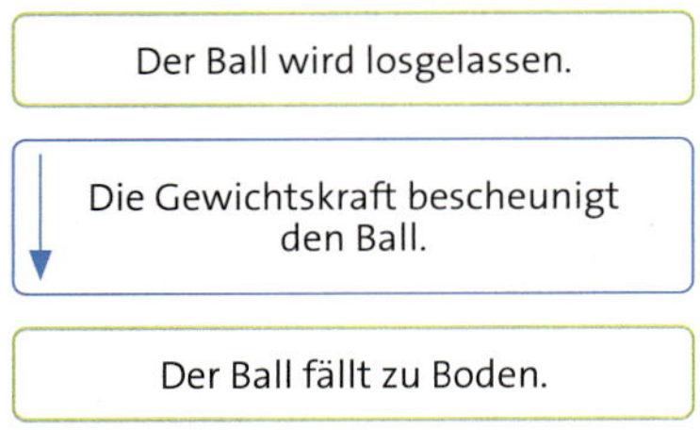

2 Glied einer Argumentationskette

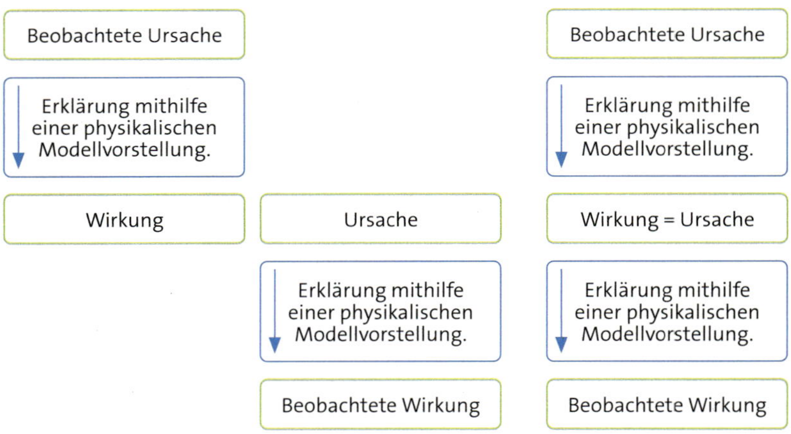

3 Mehrgliedrige und zusammengefasste mehrgliedrige Argumentationskette

Argumentationsketten unterstützen bei der physikalischen Erklärung einer Beobachtung. Sie helfen dabei, Zusammenhänge klar zu erkennen und zu beschreiben. Eine Visualisierung als Argumentationskette kann auch als Schreibplan dienen.

Testaufgaben zu „Elektromagnetismus“

1 In Elektromotoren werden stromdurchflossene Spulen mithilfe von Magnetfeldern gedreht. Die Leiterschleife befindet sich zwischen den Polen eines Magneten und ist um die gestrichelt gezeichnete Achse drehbar. ▸ 4

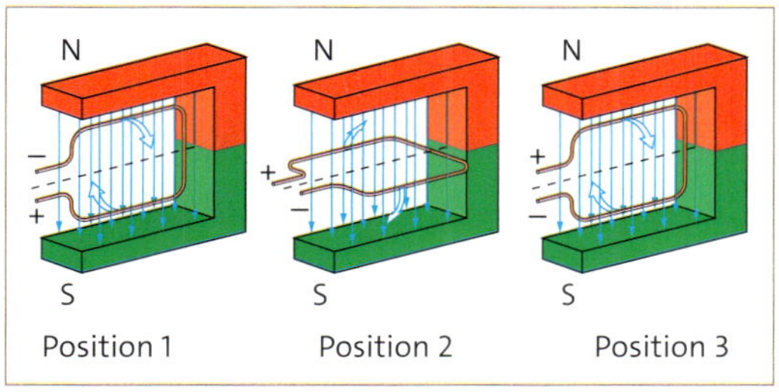

4 Prinzip des Elektromotors

a Die Spule wird in der Position 1 an eine Batterie angeschlossen und beginnt sich zu drehen. Erkläre das Zustandekommen dieser Drehbewegung. Gehe dabei auch auf die auftretenden Kräfte ein. Ermittle die Richtungen der Kräfte auf die einzelnen geraden Drahtabschnitte.

b Die Spule hat sich um 90° im Uhrzeigersinn gedreht (Position 2). Entscheide, ob sie in dieser Stellung weiter angetrieben wird. Ermittle die Kräfte auf die einzelnen Drahtabschnitte.

c Die Spule dreht sich noch ein wenig im Uhrzeigersinn weiter, gelangt aber nicht bis zur Position 3. Erkläre, dass die Spule gebremst wird. Untersuche dazu die Kräfte, die auf die Drahtabschnitte in der Position 3 wirken würden.

d Beschreibe eine Möglichkeit, die dafür sorgt, dass sich die Spule bis zur Position 3 weiterdreht und eine Möglichkeit, damit die Spule dauerhaft rotiert.

2 Entscheide und begründe, in welchen Drahtwindungen eine Spannung induziert wird. ▸ 5

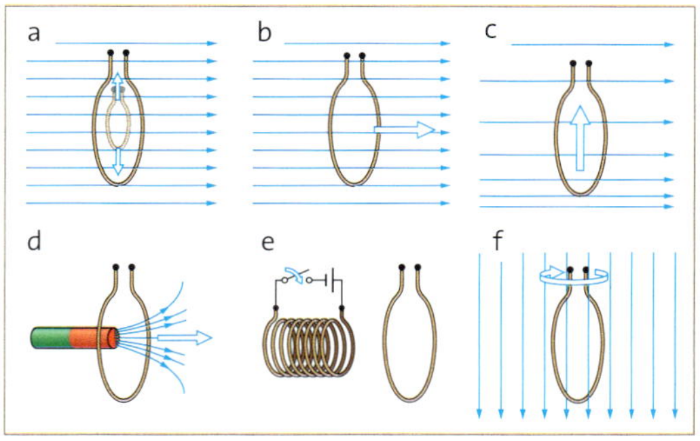

5 Induktionsvorgänge

3 Mit einem speziellen Trafo ist eine 4,5-V-Lampe an die Steckdose angeschlossen. Die Spule, die mit Netzspannung betrieben wird, hat 500 Windungen.

a Skizziere den Aufbau des Trafos in deinem Heft. Beschreibe seine Funktionsweise.

b Berechne die Windungszahl der Sekundärspule.

4 Der Magnet wird im Kreis über der Aluminiumscheibe herumgeführt. Obwohl die Aluminiumscheibe unmagnetisch ist, fängt sie an, sich zu bewegen. ▸ 6

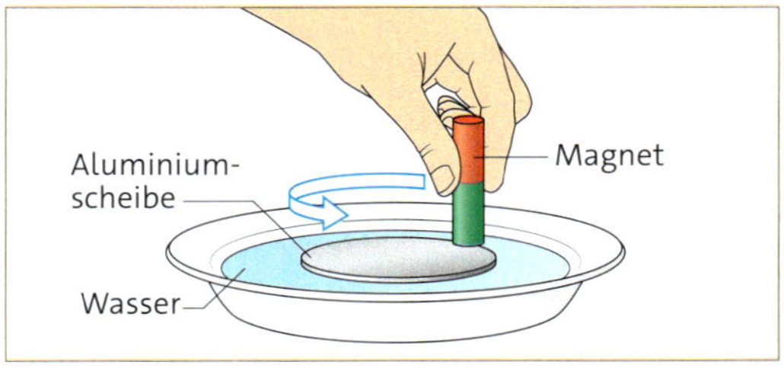

6 Experiment

Erkläre diese Beobachtung mithilfe einer Argumentationskette.
Überlege dir dabei auch, dass es zweckmäßig ist, den Teller mit Wasser zu füllen.

Aufgabe	Fähigkeit	Hilfe auf Seite ...
1	Die Funktionsweise eines einfachen Elektromotors erklären.	27
2	Grundlegende Induktionsphänomene erklären.	35 f.
3	Aufbau und Funktionsprinzip eines Transformators erklären; Berechnungen zum idealen Transformator durchführen.	56 ff.
4	Fachsprachlich korrekte Argumentationsketten entwickeln.	43 ff.

▸ **Die Lösungen findest du auf Seite 300.**

Impuls

Ein Auto prallt auf ein anderes und ein Autoscooter rempelt einen anderen an. Das hört sich dann nicht nur anders an …

Vor allem ist die Stärke des Stoßes unterschiedlich. Sie hängt davon ab, wie schnell das Auto fährt und wie schwer der Wagen ist.

Genauso unterscheiden sich die Auswirkungen: Der Hartgummiring ringsum schützt die Scooter vor Blechschäden und führt dazu, dass die Wagen ruckartig voneinander abprallen. Im Straßenverkehr dagegen verkeilen sich die Wagen meist ineinander und die Knautschzone verformt sich.

In einer virtuellen Brille erkennt der Spieler, wie er die weiße Kugel anstoßen muss, damit sie die gelbe Kugel exakt ins Loch schießt. Der Blick durch die Brille erweitert die Realität. Die computergenerierte Bahn wird angezeigt, bevor der Spieler auf dem realen Billardtisch den Stoß ausführt.

Impulserhaltung

Forscher des MIT (Massachusetts Institute of Technology), haben einen Prototyp dieser Brille entwickelt. Der Camcorder auf der Brille erfasst die Positionen der Kugeln. Ein Computer im Rucksack des Spielers berechnet den optimalen Stoß und projiziert Stoßrichtung und Bahn in das Sichtfeld der Brille.

Kurz und kräftig stößt der Spieler mit dem Spielstab die weiße Billardkugel an. Sie gleitet mit konstanter Geschwindigkeit geradlinig auf die andere Kugel zu. Mit der Wucht der weißen Kugel wird die zweite Kugel weggeschossen, rollt direkt ins Loch oder trifft auf andere Kugeln. ▸ 2, 3

2 Billardspieler

3 Stöße beim Billard

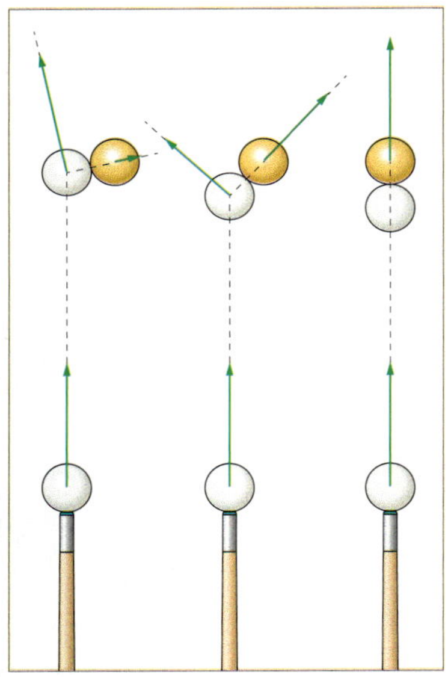

4 Stöße beim Billard

Wird die zweite Kugel nicht zentral getroffen, rollt sie schräg weg.

Je zentraler diese Kugel getroffen wird, desto mehr übernimmt sie die Bewegung der ersten Kugel: Ihre Geschwindigkeit weicht dann in Betrag und Richtung weniger von der Geschwindigkeit ab, mit der die weiße Kugel an sie stößt. Die weiße Kugel rollt dafür nach dem Stoß umso langsamer. Aber immer ist zu beobachten, dass beide Kugeln nach dem Stoß nahezu im rechten Winkel zueinander wegrollen. ▸ 4

Man kann sich vorstellen: Die Bewegung vor dem Stoß wird nach dem Stoß auf beide Kugeln aufgeteilt. Aber was passiert, wenn die zweite Kugel zentral getroffen wird?

Aktivitäten

1 Simulation Billardspiel

Beim Billardspiel rollt die getroffene Kugel entlang einer Geraden weg, die beim Stoß durch den Berührungspunkt und die Schwerpunkte (Mittelpunkte) der beiden Kugeln verläuft. Die stoßende, weiße Kugel rollt senkrecht zu dieser Linie weg. Das gilt unabhängig von der Richtung, aus der die weiße kommt. ▸ 5

a Überprüfe diese Aussagen, indem du Billard spielst. Dazu kannst du im Internet nach kostenlosen Online-Billardspielen suchen.

b Gib die Richtung der Kraft an, mit der die stoßende Kugel auf die andere einwirkt. Begründe das physikalisch.

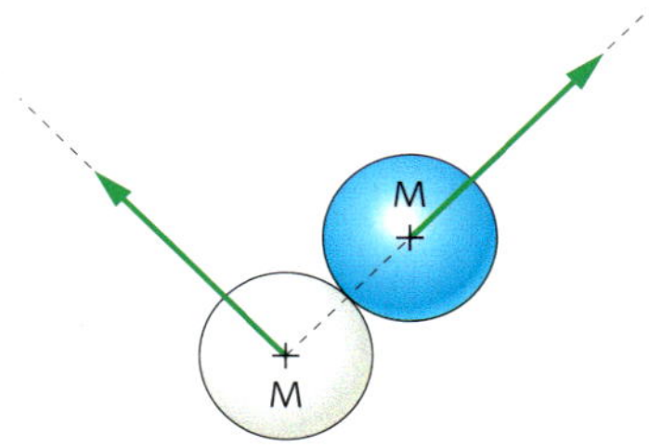

5 Die weiße trifft die blaue Kugel.

2 Billard mit Münzen

Brian spielt mit zwei gleichen Münzen Billard. Dazu markiert er auf dem Blatt die Ausgangspositionen beider Münzen und die Stelle, an der die erste Münze die zweite beim Stoß berührt. ▸ 6
Er wiederholt den Versuch unter vergleichbaren Bedingungen. Dabei variiert er nur die Stärke des Stoßes. Nach jedem Stoß markiert er jeweils mit einer neuen Farbe die Stellen, an denen die Münzen liegen bleiben. Die Bahnen zeichnet er mithilfe von Ausgleichsgeraden ein. ▸ 7

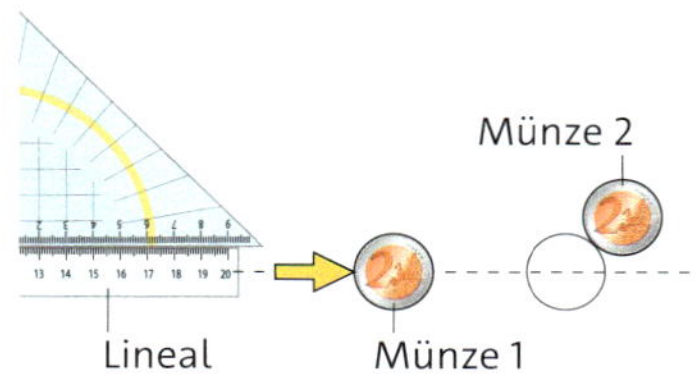

6 Nicht zentraler Stoß

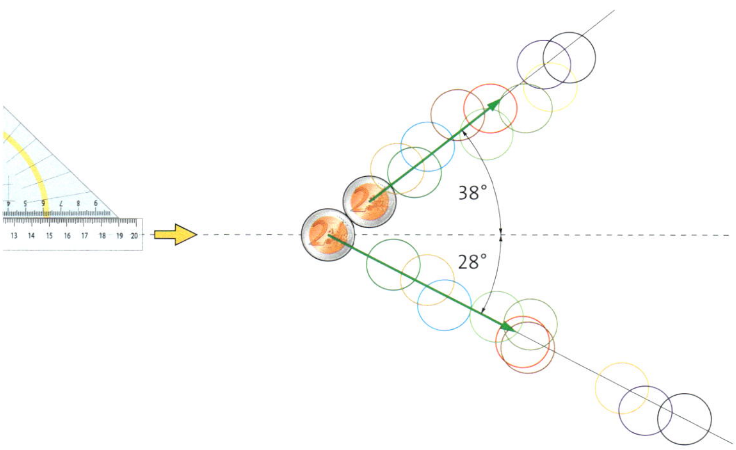

7 Ergebnisse der Versuchsreihe

a Erläutert anhand von Bild ▸ 7 folgende Aussage: „Die Richtung der Bewegung der beiden Münzen nach dem Stoß hängt unter gleichen Bedingungen nicht davon ab, wie stark der Stoß ausgeführt wird."

b Brian behauptet: „Im Idealfall gilt: Je weiter eine Münze rutscht, desto größer war ihre Anfangsgeschwindigkeit unmittelbar nach dem Stoß." Überprüft qualitativ diese Aussage mit einer Münze.

c In Brians Experiment ist im Durchschnitt die Geschwindigkeit in eine Richtung 1,25-Mal größer als die andere. Übernehmt maßstabsgerecht die Geschwindigkeitspfeile ins Heft und konstruiert durch Pfeiladdition den resultierenden Geschwindigkeitspfeil. Vergleicht seine Richtung mit der Richtung der Geschwindigkeit vor dem Stoß.

Aktivitäten

3 Zentrale Stöße von Münzen

Stöße hängen nicht nur von den Geschwindigkeiten, sondern auch von den Massen der am Stoß beteiligten Körper ab. Überprüft diese Aussage anhand möglichst zentraler Stöße von 2-Euro- und 5-Cent-Münzen. ▸ 1

Hinweis: Eine Münze wird zentral getroffen, wenn sich die Münzen nicht seitlich wegbewegen.

a Entwickelt, skizziert und beschreibt einen Versuchsaufbau, mit dem ihr eine ruhende Münze zentral mit einer anderen Münze treffen könnt.

b Führt mehrfach folgende zentrale Stöße durch:
- Eine Münze trifft eine gleich schwere Münze.
- Die leichte Münze trifft auf eine schwere.
- Eine schwere Münze trifft auf die leichte.

c Vergleicht die Stöße und beschreibt die charakteristischen Unterschiede in Abhängigkeit von den Massen.

1 Körper mit unterschiedlicher Masse

Grundlagen Stöße

Nicht nur beim Billard, sondern auch beim Eisstockschießen, Bowling, Boccia und ähnlichen Spielen will man mit einer Kugel einen anderen Körper wegschießen oder wegstoßen.
Der Schlag beim Golf, Eishockey oder Tennis, der Schuss beim Fußball und der Abschlag beim Volleyball sind ebenfalls Stöße. Auch Verkehrsunfälle sind Stöße. Die Autos bewegen sich trotz starker Sachschäden meist noch ein Stück weiter.

Stößen ist gemeinsam, dass zwei oder mehrere Körper kurzzeitig eine Kraft aufeinander ausüben und in deren Folge ihren Bewegungszustand ändern.

Prinzipiell lässt sich jeder Stoß mit dem 2. newtonschen Gesetz erfassen: Ein Körper wirkt auf einen zweiten ein und bewirkt eine Geschwindigkeitsänderung in Betrag und Richtung:
$F \cdot \Delta t = m \cdot \Delta v$ und $\vec{F} \parallel \overrightarrow{\Delta v}$.
Um mit dieser Gleichung die Auswirkung berechnen zu können, muss die Kraft $\vec{F}$ und die Einwirkungsdauer Δt bekannt sein. Da aber die Einwirkungen oft extrem kurz sind, lassen sich beide Größen selten messen. Dagegen lassen sich die Bewegungszustände vor und nach dem Stoß in der Regel einfacher bestimmen.

Wird ein Zustand „vorher“ mit dem Zustand „nachher“ verglichen, nennt man dies bilanzieren. Die Energie ist eine Bilanzierungsgröße. Aber aus der kinetischen Energie lässt sich nur der Betrag der Geschwindigkeit ermitteln – nicht aber ihre Richtung.
Der Billardspieler möchte aber, dass seine virtuelle Brille ihm die optimale Richtung der weißen Kugel bereits vor dem Stoß anzeigt.

HINWEIS

In der Mechanik sind alle Körper ausgedehnt. Das führt bei schrägen Stößen – bedingt durch Reibung – zu Drehbewegungen. Bei den dargestellten Sachverhalten bleiben diese Effekte unberücksichtigt.

Grundlagen Impuls und Impulserhaltung

Impuls Um mit der Richtung der Bewegungszustände bilanzieren zu können, wurde in der Physik eine weitere Größe – der Impuls $\vec{p}$ – eingeführt. Auch für den Impuls gilt ein Erhaltungssatz.
Da die Änderung des Bewegungszustandes sowohl von der Geschwindigkeit $\vec{v}$ als auch von der Masse m der Stoßpartner abhängt, wird der Impuls $\vec{p}$ über das Produkt beider Größen definiert.

> **Der Bewegungszustand eines Körpers wird durch den Impuls $\vec{p}$ beschrieben. Für seinen Betrag gilt: $p = m \cdot v$.**
> **Der Impuls $\vec{p}$ weist immer in Richtung der Geschwindigkeit $\vec{v}$.**
> **Die Einheit des Impulses ist $1\,\frac{\text{kg} \cdot \text{m}}{\text{s}}$.**

Der Betrag und die Richtung des Impulses werden durch einen Impulspfeil grafisch dargestellt. ▸ 2
Beispiel: Eine 500 g schwere Kugel rollt mit $3{,}0\,\frac{\text{m}}{\text{s}}$ nach links.
$p = m \cdot v = 0{,}5\,\text{kg} \cdot 3{,}0\,\frac{\text{m}}{\text{s}} = 1{,}5\,\frac{\text{kg} \cdot \text{m}}{\text{s}}$

	Impuls	kinetische Energie
abhängig von	$p \sim m$	$p \sim m$
	$p \sim v$	$p \sim v^2$
Richtung	ja	nein
Erhaltungssatz	Gesamtimpuls	Gesamtenergie; mit Umwandlung in andere Formen
Addition	in Pfeilen	in Beträgen

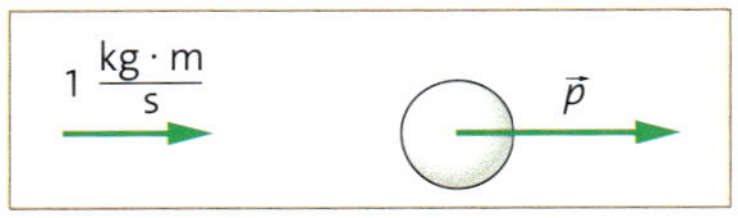

2 Darstellung von Impulsen

Impulserhaltung Erhaltungssätze beziehen sich immer auf abgeschlossene Systeme, d. h. auf Systeme, die nicht von außen beeinflusst werden.
Prallt eine Billardkugel auf eine andere, ändert sich ihr eigener Impuls: Sie gibt einen Teil ihres Impulses an die andere Kugel ab. Was die eine Kugel abgibt, erhält die andere. In der Bilanz des abgeschlossenen Systems kommt weder ein Impuls hinzu noch geht er verloren. Die Impulse werden durch den Stoß nur umverteilt oder aufgeteilt.
Mit anderen Worten: Fasst man alle Impulse vor dem Stoß und alle Impulse nach dem Stoß zusammen, bleibt die Bilanz gleich.

Da der Impuls eine Größe mit Richtung ist, kann man nicht einfach mit den Beträgen der Impulse bilanzieren. Vielmehr werden die Impulse durch Pfeiladdition zusammengefügt. Den resultierenden Pfeil nennt man den Gesamtimpuls des Systems. ▸ 3, 4

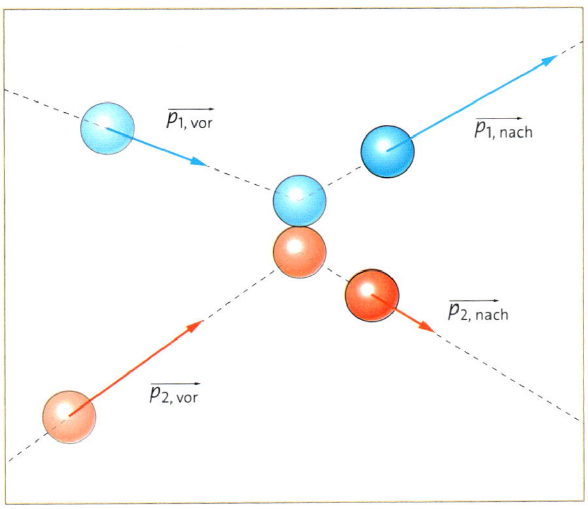

3 Zwei Kugeln prallen aneinander.

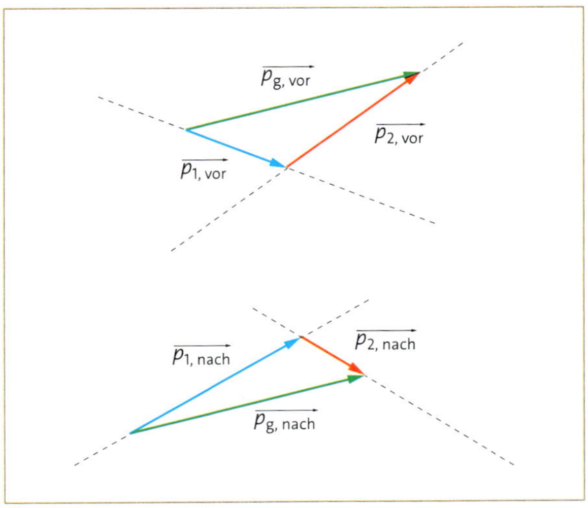

4 Bilanz der Impulse

Impulserhaltungssatz In einem abgeschlossenen System ergibt die Pfeiladdition aller Impulse vor dem Stoß den gleichen resultierenden Impulspfeil wie die Summe der Impulspfeile nach dem Stoß.

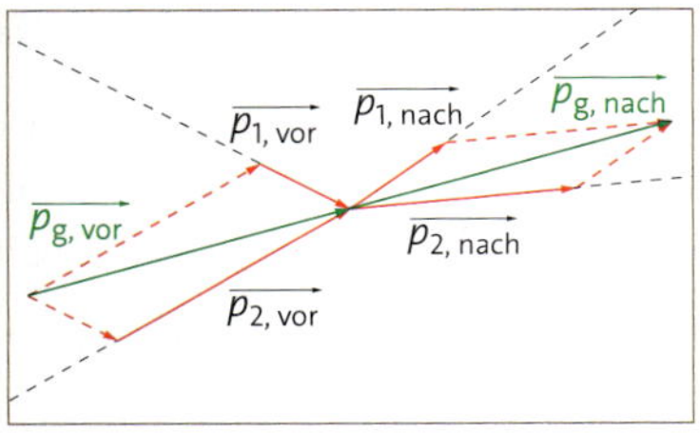

1 Impulserhaltung

Der Gesamtimpuls eines Systems bleibt erhalten, solange es nicht von außen beeinflusst wird. In Pfeilsymbolik schreibt man:

$$\overrightarrow{p_{\text{g,vor}}} = \overrightarrow{p_{\text{g,nach}}}$$

$$\overrightarrow{p_{\text{1,vor}}} + \overrightarrow{p_{\text{2,vor}}} = \overrightarrow{p_{\text{1,nach}}} + \overrightarrow{p_{\text{2,nach}}}.$$

Anmerkungen:

1 *Der Trägheitssatz ist im Impulserhaltungssatz eingebettet.*
Das 1. newtonsche Gesetz besagt: Solange von außen keine Kraft auf einen Körper ausgeübt wird oder alle Kräfte sich im Gleichgewicht befinden, bleibt der Körper in Ruhe oder bewegt sich mit konstanter Geschwindigkeit weiter. Mit der Geschwindigkeit ist auch der Impuls zeitlich in Betrag und Richtung konstant. Dies entspricht dem Impulserhaltungssatz für einen einzelnen Körper: Der Gesamtimpuls ist der Impuls des Körpers. Das System ist abgeschlossen und dieser Impuls ändert sich nicht.

2 *Unterscheide Geschwindigkeit und Impuls.*
Die Geschwindigkeit ist keine Erhaltungsgröße. Wird eine leichte Münze von einer schweren angestoßen, kann die Geschwindigkeit der leichten nach dem Stoß größer als die Geschwindigkeiten vor dem Stoß sein. Der Impulserhaltungssatz gilt dagegen in jedem Fall.

3 In der *Bilanzierung* mit dem Impulserhaltungssatz ist die Kenntnis des unmittelbaren Stoßgeschehens nicht relevant.
Die Kraft der Einwirkung und die Einwirkungsdauer spielen bei der Bilanzrechnung keine Rolle.

4 Manchmal scheint der Impulserhaltungssatz nicht erfüllt zu sein: Bevor der Läufer startet, ist sein Impuls null, danach von null verschieden.
In der Bilanz des Impulses muss hier die Erde als Stoßpartner berücksichtigt werden. Das System besteht aus Erde und Läufer. Ohne die Erde könnte er sich nicht abstoßen. Wenn der Sprinter sich aus den Startblöcken abdrückt oder unterwegs schneller wird, versetzt er der Erde einen Stoß. ▸ 2
Die Impulse des Läufers und der Erde sind während des Laufs gleich groß aber entgegengesetzt gerichtet.
Der Gesamtimpuls im System Läufer-Erde bleibt null, wie er vor dem Start schon war. Der Impulserhaltungssatz ist damit erfüllt.

2 Impulse nach dem Start

$$\overrightarrow{p_{\text{g,vor}}} = \overrightarrow{p_{\text{g,nach}}}$$

$$0 = \overrightarrow{p_{\text{Läufer,nach}}} + \overrightarrow{p_{\text{Erde,nach}}}$$

$$\overrightarrow{p_{\text{Erde,nach}}} = -\overrightarrow{p_{\text{Läufer,nach}}}$$

Wird die Erde weggestoßen? Grundsätzlich ja. Da aber die Masse der Erde sehr groß ist, ist die Geschwindigkeitsänderung der Erde extrem klein. Der Stoß des Sportlers hat keine spürbare Auswirkung auf die Erde.

Aufgaben und Aufträge

Musteraufgabe

In einer Stroboskopaufnahme wurde der Zusammenstoß von zwei Kugeln festgehalten. Die zeitliche Abfolge der Positionen beträgt $\frac{1}{15}$ s. Die Massen der Kugeln betragen 8,0 g und 9,6 g. Die roten bzw. weißen Abschnitte auf der Skala der Profilschiene sind 10 cm lang. Die Geschwindigkeitspfeile und die Impulspfeile sowohl vor als auch nach dem Stoß sind bereits eingezeichnet. ▸ 3

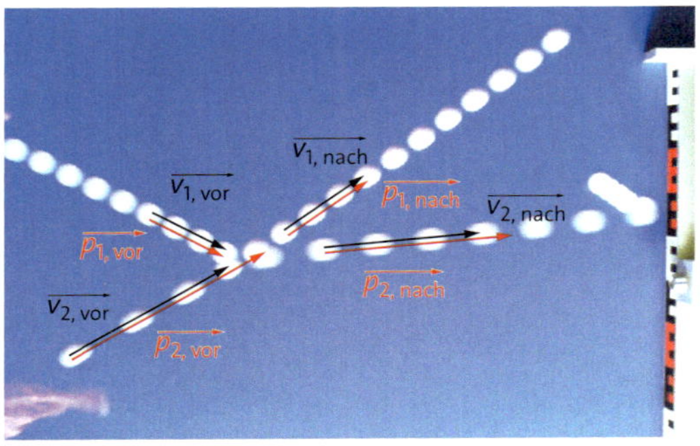

3 Stoß zweier Kugeln

a Ermittle aus der Stroboskopaufnahme die Geschwindigkeiten. ▸ 3

b Gib die Kugel an, die schwerer ist und begründe deine Entscheidung.

c Berechne die Impulse und überprüfe, ob die Pfeile korrekt eingezeichnet wurden.

d Mit Parallelogrammen lassen sich die Gesamtimpulse vor und nach dem Stoß konstruieren. ▸ 4

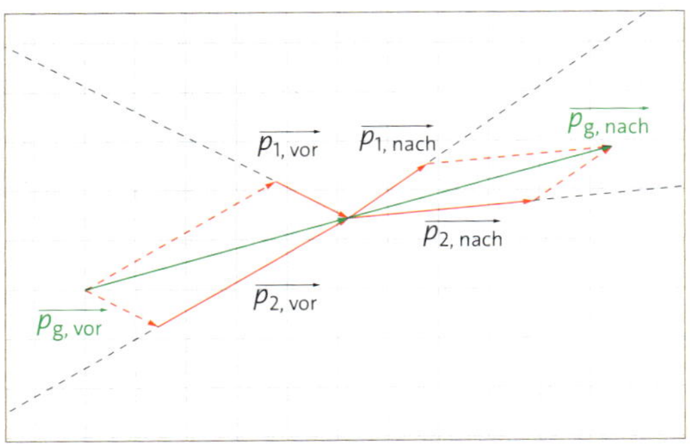

4 Pfeiladdition der Impulse

Vergleiche die beiden resultierenden Pfeile und deute das Ergebnis physikalisch.

e Untersuche den Stoß mit Blick auf den Energieerhaltungssatz. Interpretiere das Ergebnis.

f In ▸ Bild 5 sind die Geschwindigkeitspfeile dargestellt. Erläutere die Konstruktion der schwarzen Pfeile und deute das Resultat.

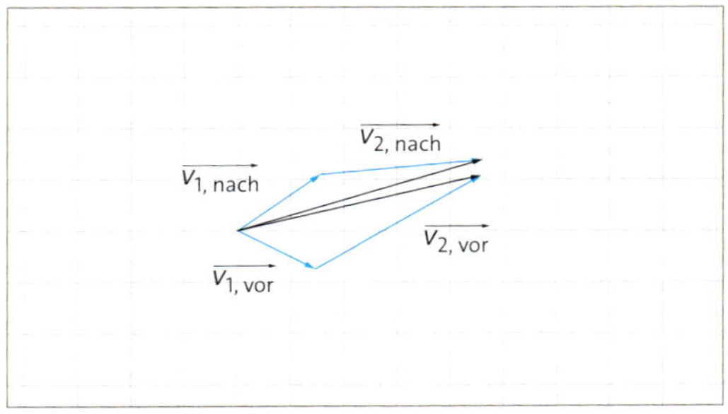

5 Geschwindigkeitspfeile

Lösung

a Mithilfe des Maßstabs werden die zurückgelegten Strecken Δx über z. B. vier Spurpunkte ausgemessen und durch die dafür benötigte Zeit $\Delta t = \frac{3}{15}$ s dividiert, um die Geschwindigkeiten $v = \Delta x : \Delta t$ zu erhalten.

$$v_{1,vor} = \Delta x : \Delta t = 0{,}078\,\text{m} : \frac{3}{15}\,\text{s} = 0{,}39\,\frac{\text{m}}{\text{s}}$$

	Δx in m	v in $\frac{\text{m}}{\text{s}}$
$v_{1,vor}$	0,078	0,39
$v_{2,vor}$	0,20	1,0
$v_{1,nach}$	0,10	0,50
$v_{2,nach}$	0,17	0,84

Tabelle 1 Geschwindigkeiten

b Geschwindigkeit und Impuls unterscheiden sich durch einen Faktor – die Masse m – in der Gleichung für den Impuls $p = m \cdot v$. Geometrisch führt dieser Faktor zu einer Streckung des Impulspfeils: Eine größere Masse führt zu einem längeren Impulspfeil als eine kleinere Masse. Vergleicht man die Impulspfeile mit den zugehörigen Geschwindigkeitspfeilen, erkennt man, dass die unteren Impulspfeile stärker gestreckt sind als die Impulspfeile der oberen Kugel. Folglich ist die untere Kugel schwerer.

c Der Impuls berechnet sich mit der Gleichung:
$p = m \cdot v$. $m_1 = 0{,}0080\,\text{kg}$; $m_2 = 0{,}0096\,\text{kg}$

$p_{1,\text{vor}} = m_1 \cdot v_{1,\text{vor}} = 0{,}0080\,\text{kg} \cdot 0{,}39\,\frac{\text{m}}{\text{s}} = 0{,}0031\,\frac{\text{kg} \cdot \text{m}}{\text{s}}$

Impuls	**in $\frac{\text{kg} \cdot \text{m}}{\text{s}}$**
$p_{1,\text{vor}}$	0,0031
$p_{2,\text{vor}}$	0,010
$p_{1,\text{nach}}$	0,0040
$p_{2,\text{nach}}$	0,0080

Tabelle 2 Impulse

d Der resultierende Impuls bei der Pfeiladdition der Impulse vor dem Stoß ist genauso lang und weist in die gleiche Richtung wie der Gesamtimpuls nach dem Stoß. Dies zeigt, dass der Gesamtimpuls erhalten bleibt. Die Impulspfeile sind maßstabsgerecht eingezeichnet.

e Gesamtenergie vor und nach dem Stoß:

$$E_{\text{vor}} = \frac{1}{2} m_1 \cdot (v_{1,\text{vor}})^2 + \frac{1}{2} m_2 \cdot (v_{2,\text{vor}})^2$$

$$E_{\text{vor}} = \frac{1}{2} (0{,}008\,\text{kg}) \cdot \left(0{,}40\,\frac{\text{m}}{\text{s}}\right)^2 + \frac{1}{2} (0{,}0096\,\text{kg}) \cdot \left(1{,}0\,\frac{\text{m}}{\text{s}}\right)^2$$

$$E_{\text{vor}} = 0{,}0054\,\text{J}$$

$$E_{\text{nach}} = \frac{1}{2} m_1 \cdot (v_{1,\text{nach}})^2 + \frac{1}{2} m_2 \cdot (v_{2,\text{nach}})^2$$

$$E_{\text{nach}} = \frac{1}{2} (0{,}008\,\text{kg}) \cdot \left(0{,}50\,\frac{\text{m}}{\text{s}}\right)^2 + \frac{1}{2} (0{,}0096\,\text{kg}) \cdot \left(0{,}85\,\frac{\text{m}}{\text{s}}\right)^2$$

$$E_{\text{nach}} = 0{,}0045\,\text{J}$$

Relativer Anteil: $\frac{E_{\text{nach}}}{E_{\text{vor}}} = 0{,}83$

17 % der kinetischen Energie werden durch Reibung beim Stoß in andere Energieformen umgewandelt.

f Durch Pfeiladdition wurden aus den Geschwindigkeiten vor und aus denjenigen nach dem Stoß die schwarzen Pfeile konstruiert. Die Fußpunkte der beiden resultierenden Pfeile wurden zusammengelegt. Damit ist ein Vergleich unmittelbar möglich: Die Pfeilsumme der Geschwindigkeiten vor und nach dem Stoß sind weder in Richtung noch in Betrag gleich. Die Geschwindigkeiten beim Stoß unterliegen keinem Erhaltungssatz.

1 Berechne den Impuls eines Fußgängers ($m = 65\,\text{kg}$; $v = 5\,\frac{\text{km}}{\text{h}}$) und den eines Geschosses ($m = 12\,\text{g}$; $v = 750\,\frac{\text{m}}{\text{s}}$). Erläutere den Unterschied.

2 Zwei Kugeln stoßen aneinander. ▸ 1
Ermittle geometrisch in deinem Heft den Impuls $\overrightarrow{p_{1,\text{nach}}}$. Zeichne den Verlauf der Bahnen beider Kugeln.

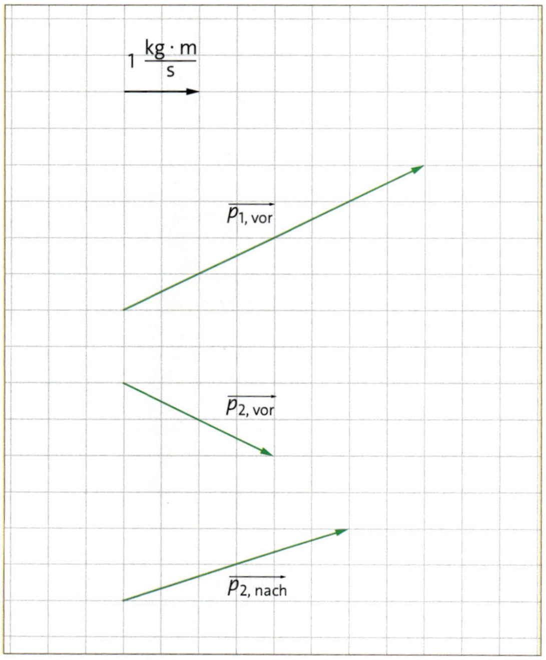

1 Impulspfeile

3 Aufgrund der Erhaltungssätze transportieren „Geschosse" Impuls und Energie vom Abschuss zum Zielpunkt. Berechne Impuls und kinetische Energie der verschiedenen Gegenstände. ▸ Tabelle 3

	m	***v***
Golfball	45 g	260 $\frac{\text{km}}{\text{h}}$
Fußball	0,43 kg	125 $\frac{\text{km}}{\text{h}}$
Pfeil beim Bogenschießen	25 g	50 $\frac{\text{m}}{\text{s}}$
Luftgewehrkugel	0,60 g	140 $\frac{\text{m}}{\text{s}}$

Tabelle 3 Verschiedene Geschosse

4 Soweit möglich, ermittle die fehlenden Inhalte in der Tabelle und gib die Geschwindigkeiten und Impulse an, die gleich sind. ▸ Tabelle 4

	Bewegungsrichtung	m	v in $\frac{m}{s}$	p in $\frac{kg \cdot m}{s}$
a	↗	27,5 g	1,60	?
b	↗	?	0,11	0,044
c	↓	0,275 kg	?	0,044
d	?	2,75 kg	0,160	0,440
e	↓	275 g	0,160	?

Tabelle 4 Masse, Geschwindigkeit, Impuls

5 Berechne die Geschwindigkeit, mit der ein Fußball fliegen muss, damit sein Impuls genauso groß ist wie der eines Tennisballs mit $v_T = 130 \frac{km}{h}$. Recherchiere die nötigen Daten.

6 Das Schießen mit Kleinkaliberpistolen ist eine olympische Disziplin. Dabei werden 1,8 bis 2,6 g schwere Kugeln mit Geschwindigkeiten zwischen 200 und 500 $\frac{m}{s}$ abgeschossen. Ermittle den Bereich, in dem die Energien und Impulse der Kugeln liegen.

7 Unterschiedliche Körper bewegen sich mit gleichem Impuls. Vergleiche ihre Geschwindigkeiten, wenn ihre Massen verschieden sind. Leite den Zusammenhang zwischen Masse und Geschwindigkeit bei gleichem Impuls her.

8 Auf einem Bahnübergang wird ein Pkw von einem heranfahrenden Zug getroffen. Der Unfall hat auch bei kleinen Geschwindigkeiten des Zugs verheerende Folgen. Erläutere und begründe diese Aussage.

9 Zwei Kugeln, von links kommend, stoßen aneinander. Der Verlauf ihrer Bahnen ist aufgezeichnet. ► 2
Vor dem Stoß hat Kugel 1 einen Impuls von $0{,}30 \frac{kg \cdot m}{s}$ und Kugel 2 einen Impuls von $0{,}22 \frac{kg \cdot m}{s}$.

a Übernimm die Zeichnung maßstabsgetreu in dein Heft oder in ein Geometrieprogramm.

b Zeichne die Impulspfeile vor dem Stoß auf die Bahnen ein. Gib den Maßstab an.

c Konstruiere mithilfe eines Parallelogramms den resultierenden Impuls $\overrightarrow{p_{gesamt}}$ vor dem Stoß.

d Konstruiere mit diesem Gesamtimpuls ein geeignetes Parallelogramm nach dem Stoß und zeichne die Impulse ein, die die Kugeln nach dem Stoß haben. Ermittle den Betrag dieser Impulse.

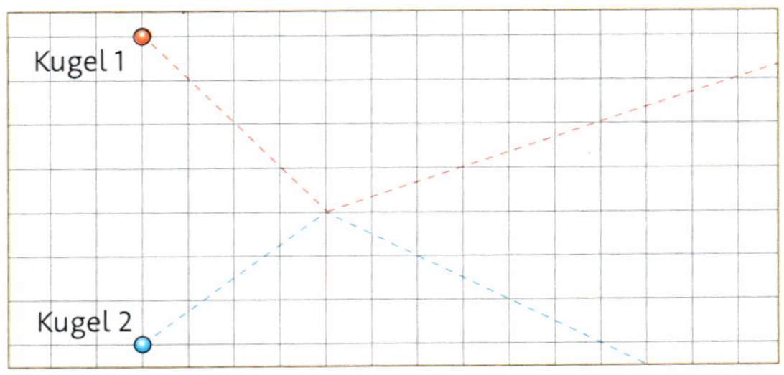

2 Bahnen zweier Kugeln

10 Mia hat sich Stöße von 2 Billardkugeln überlegt. Die Geschwindigkeitspfeile vor dem Stoß hat sie blau und nach dem Stoß rot im korrekten Maßstab eingezeichnet. ► 3

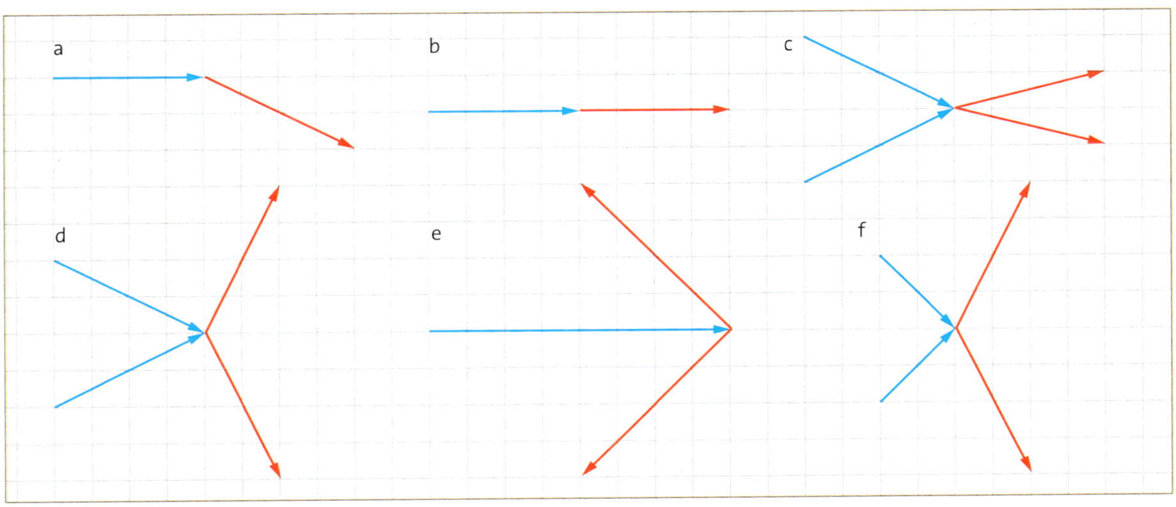

3 Stöße der Billardkugeln – Geschwindigkeitspfeile

Übertrage sie in dein Heft und untersuche, ob der Impulserhaltungssatz oder der Energieerhaltungssatz verletzt wird. Gib jeweils an, ob die Stöße real möglich sind.

11 Wenn ein fahrendes Auto nicht mehr angetrieben wird, wird es langsamer. Tatjana sagt: „Das Auto verliert Bewegungsenergie und Impuls". Nimm Stellung zu dieser Aussage und erkläre das Phänomen unter Verwendung der Fachsprache.

12 Betrachte folgende Bewegungszustände:
- ein Flugzeug vor und nach dem Start
- ein Segelboot vor und nach dem Hissen der Segel
- ein Auto vor und nach dem Abbremsen
- ein Radfahrer vor und nach der Kurve

Mache qualitative Aussagen zu den Impulsen in beiden Zuständen. Erläutere dabei auch den Impulserhaltungssatz und gib den jeweiligen Stoßpartner an.

13 Rekonstruktion der Bahn. ▸ 1

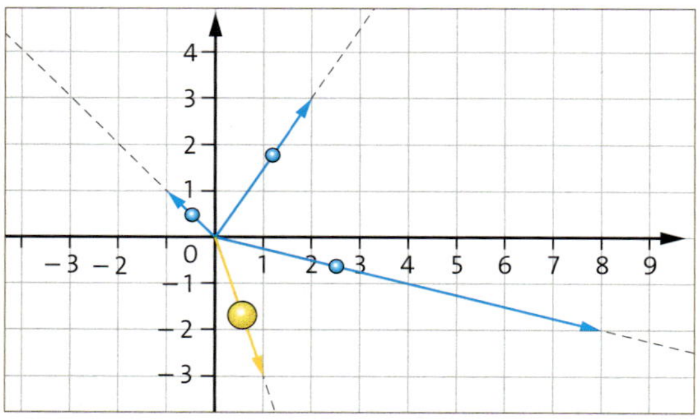

1 Rekonstruktion der Bahn

Drei gleich schwere, blaue Kugeln liegen im Nullpunkt des Koordinatensystems dicht aneinander. Sie werden von einer doppelt so schweren, gelben Kugel getroffen. Die Pfeile ihrer Geschwindigkeiten unmittelbar nach dem Stoß sind im Stoßpunkt eingezeichnet. Übernimm die Abbildung maßstabsgerecht in dein Heft und rekonstruiere die Richtung, aus der die gelbe Kugel herangerollt ist.

14 Bei frei zugänglichen Luftgewehren darf die Geschossenergie 7,5 J nicht übersteigen. Ein Hersteller bietet Munition mit verschiedenen Massen an: 0,2 g, 0,4 g und 0,6 g. Vergleiche die Geschwindigkeiten und Impulse, wenn die maximale Energie ausgenutzt wird.

15 An einer senkrechten Kreuzung übersieht der Fahrer eines 65 $\frac{\text{km}}{\text{h}}$ schnellen Geländewagens (2,3 t) den von rechts mit 45 $\frac{\text{km}}{\text{h}}$ kommenden Kleinwagen (900 kg). Beim Zusammenprall verkeilen sich beide Wagen ineinander, so dass sie gemeinsam wie ein einziger Körper nach dem Zusammenstoß weiter rutschen.

a Berechne die Impulse beider Wagen vor dem Stoß und ermittle den Gesamtimpuls.

b Berechne die Geschwindigkeit, mit der sich unmittelbar nach dem Stoß beide Wagen gemeinsam weiterbewegen. Gib den Winkel an, um den der Kleinwagen dabei von seiner ursprünglichen Richtung abgelenkt wird. Erörtere mögliche Auswirkungen der Richtungsänderung auf den Fahrer des Kleinwagens.

c Berechne die kinetischen Energien beider Autos vor dem Stoß und die kinetische Energie mit der sich beide Autos zusammen weiterbewegen. Gib den Prozentsatz der Energie an, der beim Zusammenstoß in innere Energie umgewandelt wird.

16 ⊕ Eine rote und eine blaue, jeweils 5,0 g schwere Kugel stoßen aneinander. In einer zeitlichen Abfolge von 0,20 s wurden die Spurpunkte ihrer Bewegungen aufgezeichnet. Beide Kugeln bewegen sich von rechts nach links. ▸ 2

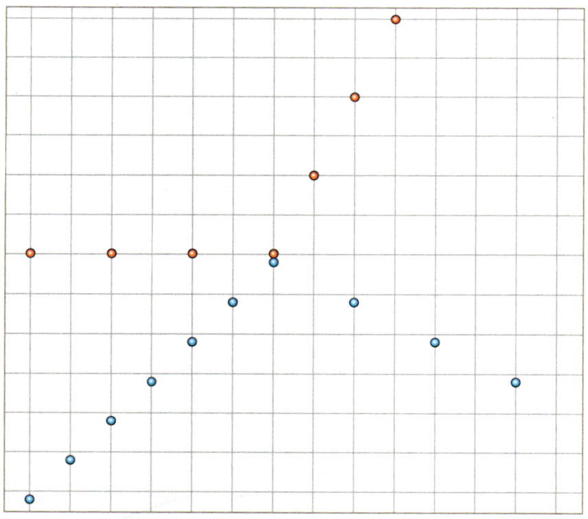

2 Spurpunkte bei einem Stoß

a Übernimm die Zeichnung in dein Heft. Ermittle alle Geschwindigkeiten.

b Berechne die Impulse und konstruiere in einem Pfeildiagramm den resultierenden Impuls vor und nach dem Stoß.

c Berechne die kinetischen Energien vor und nach dem Stoß und deute das Ergebnis.

d In der Zeichnung könnten auch beide Kugeln von links oder die ein von links und die andere von rechts kommen. Untersuche, ob diese Varianten physikalisch möglich sind.
Tipp: Vergleiche jeweils die kinetischen Energien und die Gesamtimpulse vor und nach dem Stoß.

17 Zwischen zwei Spielzeugautos ist eine Feder gespannt, die die Autos auseinanderdrückt. Die Autos werden durch einen Faden zusammengehalten. Dann wird er durchgebrannt. ▸ 3

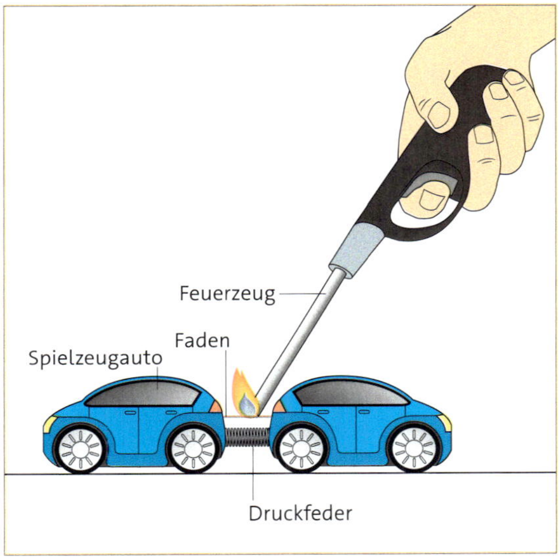

3 Spielzeugauto und Feder

Beide Autos setzen sich in Bewegung. Max schließt messerscharf: „Vorher hatten die Wagen weder Impuls noch kinetische Energie, jetzt haben sie beides. Das widerspricht den Erhaltungssätzen." Erläutere Max diesen Sachverhalt.

18 Die Stroboskopaufnahme zeigt die Bewegung von zwei gleich schweren Kugeln ($m = 8{,}0\,\text{g}$). Die jeweiligen Positionen wurden im zeitlichen Abstand von $\frac{1}{15}\,\text{s}$ festgehalten. Die roten bzw. weißen Abschnitte auf der Skala haben eine Länge von 10 cm. Die Impulspfeile sind bereits eingezeichnet. ▸ 4

a Beschreibe den Versuchsaufbau, die Durchführung und Beobachtung des Experiments.

b Ermittle die Beträge der Geschwindigkeiten auf den drei Bahnen.

c Berechne die Impulse. Überprüfe, ob die Impulspfeile korrekt eingezeichnet sind.

d Gib den Betrag des Gesamtimpulses beider Kugeln vor und nach dem Stoß an.

e Der Stoß beider Kugeln führt zu einer Einwirkung auf die Erde. Erkläre dies physikalisch sowohl mit dem Impulserhaltungssatz als auch mithilfe von Kräften.

f Berechne den Impuls, den die Erde durch diesen Stoß erhält.

g Durch einen Stoß ändert sich die Geschwindigkeit. Berechne die Geschwindigkeitsänderung der Erde aufgrund des Stoßes beider Kugeln. Die Masse der Erde beträgt $6 \cdot 10^{24}\,\text{kg}$. Deute das rechnerische Ergebnis.

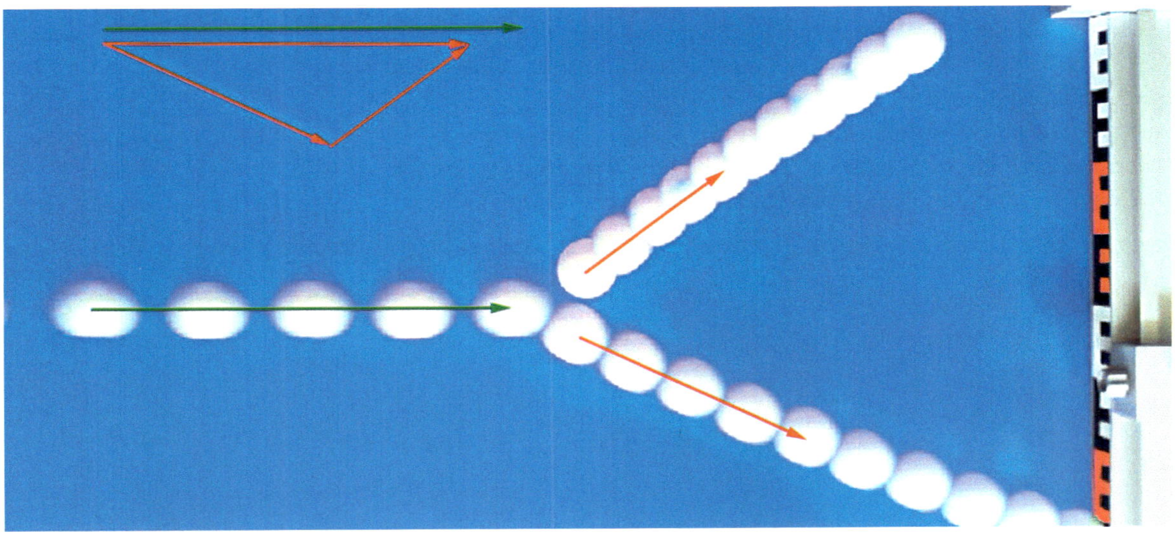

4 Stoß zweier Kugeln

Das Newtonpendel ist ein beliebtes, dekoratives Spielzeug. Es scheint, als würde es ohne Ende Klick-Klack machen, wenn die Stahlkugel an den gegenüberliegenden Seiten abwechselnd auf die ruhenden prallt.

Zentrale Stöße

Erstmals wurde das Kugelstoßpendel 1673 vom französischen Physiker Edme Mariotte beschrieben. Damit schuf er eine Grundlage für die von Newton 1687 formulierten Gesetze.
Mehrere identische Stahlkugeln hängen in einer Reihe an gleichlangen Fäden und berühren sich leicht. Lenkt man eine äußere Kugel aus und lässt sie zurückfallen, wird am gegenüberliegenden Ende genau eine Kugel abgestoßen. Die ursprünglich ausgelenkte Kugel bleibt abrupt stehen. Auch alle anderen Kugeln bleiben in Ruhe. ▸ 2
Wenn die abgestoßene Kugel dann zurück pendelt und wieder aufprallt, wird die ursprüngliche Kugel auf der anderen Seite wieder abgestoßen. So pendelt es hin und her.
Lenkt man auf einer Seite zwei Kugeln gleichzeitig aus, könnte man erwarten, dass die äußere Kugel auf der anderen Seite mit doppelter Geschwindigkeit ausschlägt. Aber das geschieht nie. Es werden immer zwei Kugeln gleichzeitig abgestoßen. ▸ 3
Auch der theoretisch mögliche Fall, dass vier Kugeln gleichzeitig sich mit halber Geschwindigkeit wegbewegen, tritt nicht auf, obwohl die Summe der Impulse vor und nach dem Stoß jeweils gleich wäre.

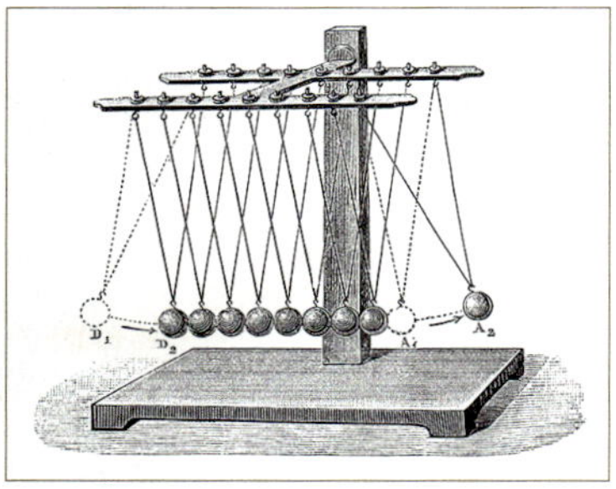

2 Illustration aus „Physique Populaire“, 1891

3 Stoß mit zwei Kugeln

Aktivitäten

1 Videoanalyse eines Zusammenpralls

Auf der Fahrbahn eines Schülerversuchs wird der Stoß zweier Wagen untersucht. Die Masse jedes Wagens beträgt 118 g. Ein Wagen wird mit einem gelben der andere mit einem grünen Klebestreifen markiert. An den Stirnseiten der Wagen ist je ein Magnet so befestigt, dass sich die Nordpole gegenüberstehen. Beide Wagen werden kurz, aber nicht zu stark mit den Händen angestoßen.
Der frontale Zusammenstoß wird mithilfe einer Videoanalyse-App untersucht. ▸ 4.
In der linken Bildhälfte macht die App die Bahnen der beiden Wagen durch verblassende Spurpunkte sichtbar. Zeitgleich werden rechts im Diagramm ihre Geschwindigkeiten aufgezeichnet.

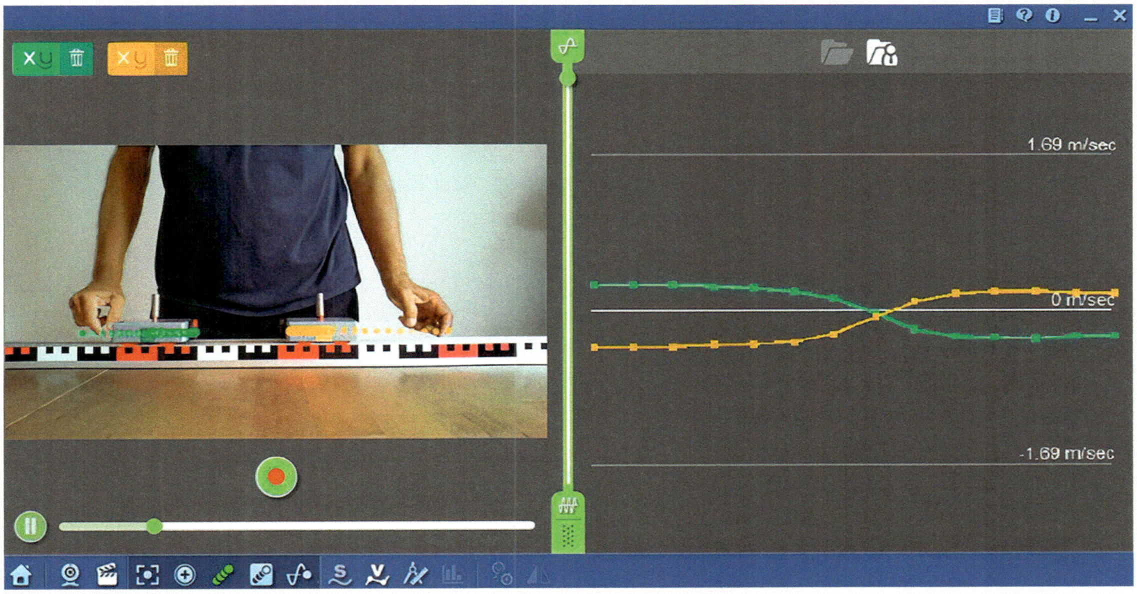

4 Videoanalyse des Zusammenpralls

a Beschreibt den Versuchsaufbau und die Durchführung des Experiments sowie die Beobachtungen. Begründet eure Aussagen anhand des linken Bilds und des rechten Diagramms. Beachtet dabei auch die Vorzeichen der Geschwindigkeiten.

b Unmittelbar vor dem Stoß bewegen sich beide Wagen mit den Geschwindigkeiten $v_{\text{gelb}} = -0{,}40\,\frac{\text{m}}{\text{s}}$ und $v_{\text{grün}} = 0{,}29\,\frac{\text{m}}{\text{s}}$.
Berechnet den Gesamtimpuls und die Summe der kinetischen Energien vor dem Stoß.

c Laura meint: „Das Diagramm sieht ja so aus, als würde der gelbe Wagen die Bewegung des grünen Wagens übernehmen und nach dem Zusammenprall fortsetzen. Beide scheinen ihre Impulse auszutauschen." Khalid ergänzt: „Die Summe der kinetischen Energie bleibt auch nahezu erhalten."
Nehmt zu beiden Aussagen Stellung.

Hinweis

Das Vorzeichen der Geschwindigkeit und des Impulses gibt die Richtungen an:
gleiche Vorzeichen ≙ gleiche Richtung;
verschiedene Vorzeichen ≙ entgegengesetzte Richtungen.

Aktivitäten

d Stellt Hypothesen über die Impulse und kinetischen Energien für den Fall auf, dass der gelbe Wagen ruht und der grüne auffährt. Überprüft eure Hypothese anschließend experimentell.

e Untersucht experimentell, ob man auch dann noch sinnvoll von einem Austausch der Impulse sprechen kann, wenn sich die Wagen in ihren Massen unterscheiden.

2 Videoanalyse einer weiteren Stoßart

Eine andere Art des Stoßes wird mit der Videoanalyse-App untersucht. Der Stoß wird wieder mit zwei gleich schweren Wagen durchgeführt. Die Wagen werden an den Seiten mit unterschiedlichen Farben markiert. Aber anstelle der Magnete befinden sich nun Streifen von Klettband an den Stirnseiten.
In der linken Bildhälfte ist die Bewegung anhand von Spurpunkten erkennbar, rechts seht ihr das zugehörige Diagramm. ▸ 1

a Beschreibt anhand von ▸ Bild 1 den Versuchsaufbau und die Durchführung des Experiments sowie die Beobachtungen.

b Stellt Hypothesen zu folgenden Versuchsvarianten auf:
- Beide Wagen rollen mit gleicher Geschwindigkeit gegeneinander.
- Beide Wagen fahren mit unterschiedlichen Geschwindigkeiten gegeneinander.
- Der schnellere Wagen fährt auf den langsameren von hinten auf.

c Überprüft anschließend eure Hypothesen experimentell.

d Toni behauptet: „Bei diesen Versuchsvarianten ist nach dem Stoß immer ein erheblicher Teil der kinetischen Energie verschwunden." Beurteilt Tonis Behauptung und erläutert das Phänomen physikalisch.

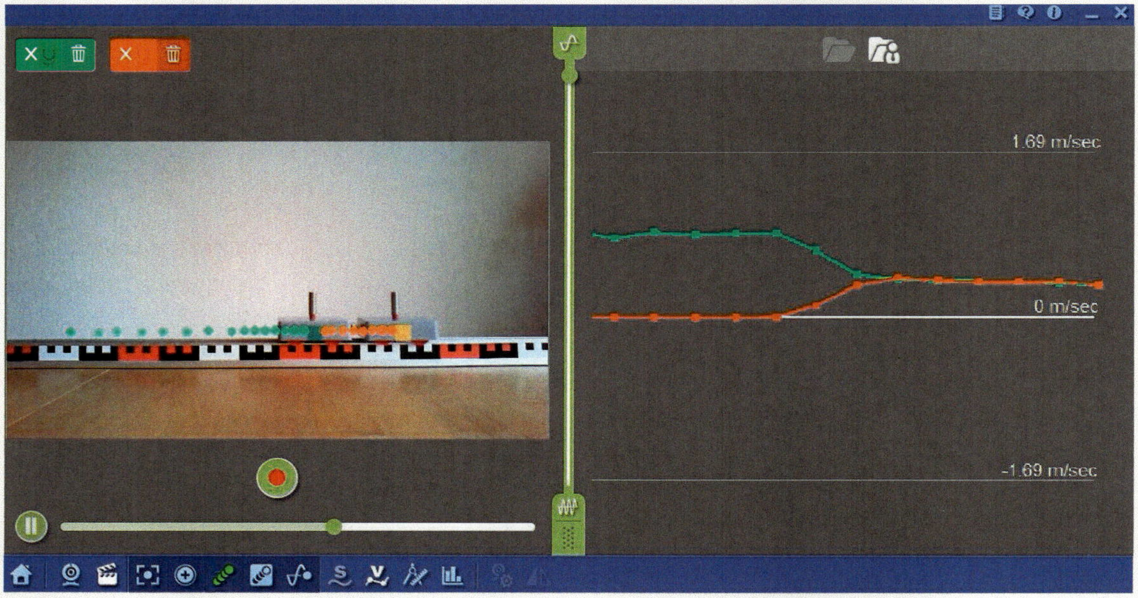

1 Videoanalyse des Stoßes

Grundlagen Zentrale Stöße

Bei den hier untersuchten zentralen Stößen bewegen sich die Körper immer entlang einer Geraden; entweder in Richtung der positiven Achse oder ihr entgegengesetzt.
Deshalb haben die Geschwindigkeiten und die Impulse positive oder negative Vorzeichen. ▸ 2

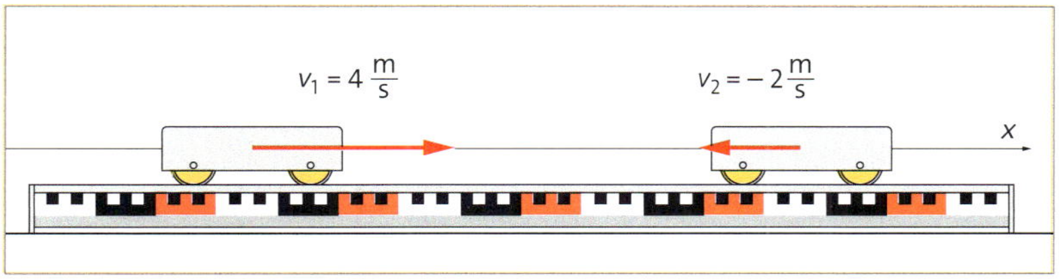

2 Das Vorzeichen gibt die Richtung an.

Durch eine Bilanzierung lässt sich aus den bekannten Größen vor dem Stoß das Verhalten nach dem Stoß vorhersagen. Auch umgekehrt kann z. B. bei einem Unfall die Situation vor dem Stoß rekonstruiert werden.

Vollkommen elastischer Stoß Am Kugelstoßpendel finden fast ideale Stöße statt. ▸ 3
Auch hier gilt der Impulserhaltungssatz: Die Summen der Impulse vor und nach dem Stoß müssen gleich sein.

(1) $\overrightarrow{p_{1,\text{vor}}} + \overrightarrow{p_{2,\text{vor}}} = \overrightarrow{p_{1,\text{nach}}} + \overrightarrow{p_{2,\text{nach}}}$

Die Beobachtungen am Kugelstoßpendel lassen sich aber allein mit dem Impulserhaltungssatz nicht vollständig erklären.
Sieht man im Idealfall beim Pendel von der Reibung ab, erreichen die beiden äußeren Kugeln abwechselnd immer wieder die gleiche Höhe. Beim Aufprall im Tiefpunkt ist somit auch die kinetische Energie immer gleich. Die Summe der kinetischen Energien bleibt während des Stoßes erhalten. Im Idealfall eines vollkommen elastischen Stoßes wird auch die folgende Bedingung erfüllt:

(2) $E_{\text{kin1,vor}} + E_{\text{kin2,vor}} = E_{\text{kin1,nach}} + E_{\text{kin2,nach}}$

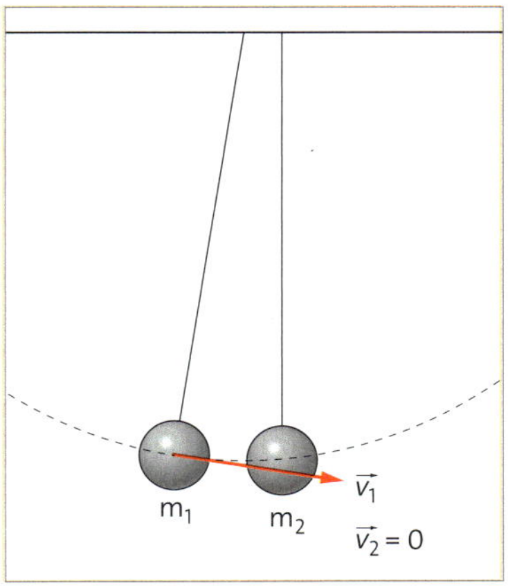

3 Stöße am Kugelpendel

Ein vollkommen elastischer Stoß liegt vor, wenn sowohl der Gesamtimpuls als auch die Summe der kinetischen Energien beim Stoß erhalten bleiben. Es gilt das Gleichungssystem:

(1) $m_1 \cdot v_{1,\text{vor}} + m_2 \cdot v_{2,\text{vor}} = m_1 \cdot v_{1,\text{nach}} + m_2 \cdot v_{2,\text{nach}}$

(2) $\frac{1}{2}\,m_1 \cdot (v_{1,\text{vor}})^2 + \frac{1}{2}\,m_2 \cdot (v_{2,\text{vor}})^2 = \frac{1}{2}\,m_1 \cdot (v_{1,\text{nach}})^2 + \frac{1}{2}\,m_2 \cdot (v_{2,\text{nach}})^2$

Unelastischer Stoß Bei Verkehrsunfällen verkeilen sich häufig die Autos und bewegen sich gemeinsam ein Stück weiter. ▸ 4
Die Geschwindigkeiten beider Wagen sind nach dem Stoß gleich:

$v_{1,\text{nach}} = v_{2,\text{nach}} = v_{\text{nach}}$

Damit vereinfacht sich die Gleichung des Impulserhaltungssatzes.

4 Auffahrunfall

Beim unelastischen Stoß bleibt der Gesamtimpuls erhalten und die Körper bewegen sich gemeinsam mit gleicher Geschwindigkeit weiter. Beide Bedingungen ergeben die Gleichung:

(3) $m_1 \cdot v_{1,\text{vor}} + m_2 \cdot v_{2,\text{vor}} = (m_1 + m_2) \cdot v_{\text{nach}}$

Anmerkungen:

1 Bei realen Stößen ist immer zu überprüfen, ob und welches Idealmodell sich zur Erklärung eignet: Prallt ein Flummi von der Wand ab und bleibt er nahezu so schnell wie zuvor, lässt sich das Phänomen durch das Modell des elastischen Stoßes beschreiben. Ein Schneeball bleibt dagegen an der Wand haften. Das wird durch das Modell des unelastischen Stoßes erfasst. Sind Bälle mehr oder weniger prall mit Luft gefüllt, befindet sich ihr Verhalten irgendwo dazwischen. Reale Stöße liegen oft zwischen den beiden Idealmodellen. ▸ 1

2 Der Energieerhaltungssatz gilt auch für unelastische Stöße. Aber ein Großteil der kinetischen Energie wird durch Verformung und Zerstörung dauerhaft in innere Energie umgewandelt. Der Anteil kann je nach Art des Stoßes sehr verschieden sein. Nur nach einem unelastischen Stoß bewegen sich die Körper gemeinsam, gleich schnell und in gleicher Richtung – ihre Geschwindigkeiten sind gleich. Bei anderen Stößen prallen die Körper voneinander ab.

3 Beachte folgenden Unterschied: Im allgemeingültigen Energieerhaltungssatz werden alle Energieformen berücksichtigt. Er gilt immer in abgeschlossenen Systemen. Er gilt für alle Arten von Stößen. Für den idealen elastischen Stoß wird dagegen als Bedingung gefordert, dass die kinetische Energie erhalten bleibt und sie nicht in andere Energieformen umgewandelt wird. In realen mechanischen Stößen ist dies nie der Fall. Wir hätten sonst mit dem Stoßpendel ein Perpetuum Mobile, das sich für alle Zeiten selbst antreibt.

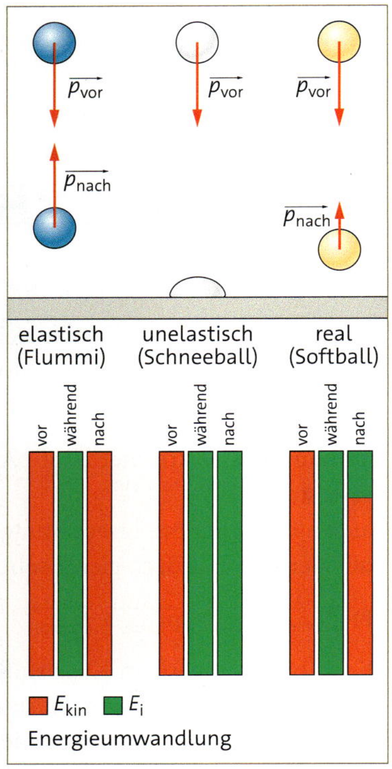

1 Modell und Realität

Aufgaben und Aufträge

Musteraufgaben

1 Auf einer Luftkissenbahn stoßen ein Wagen mit einer Geschwindigkeit von $2{,}00\,\frac{m}{s}$ und ein gleich schwerer Wagen mit einer Geschwindigkeit von $3{,}00\,\frac{m}{s}$ nahezu vollkommen elastisch gegeneinander. ▸ 2

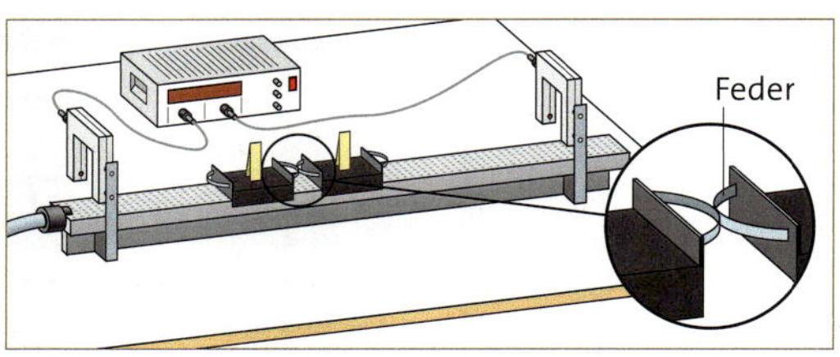

2 Luftkissenbahn

Leite die Geschwindigkeiten beider Wagen nach dem Stoß her und deute das Ergebnis.

Lösung

Gegeben: $m_1 = m_2$

$v_{1,\text{vor}} = 2{,}00\,\frac{m}{s}$

$v_{2,\text{vor}} = -3{,}00\,\frac{m}{s}$

Gesucht: $v_{1,\text{nach}}$ und $v_{2,\text{nach}}$

Es liegt ein elastischer Stoß vor, d. h., Impuls und kinetische Energie bleiben erhalten. Es gilt das Gleichungssystem:

(1) $m_1 \cdot v_{1,\text{vor}} + m_2 \cdot v_{2,\text{vor}} = m_1 \cdot v_{1,\text{nach}} + m_2 \cdot v_{2,\text{nach}}$

(2) $\frac{1}{2}\,m_1 \cdot (v_{1,\text{vor}})^2 + \frac{1}{2}\,m_2 \cdot (v_{2,\text{vor}})^2 = \frac{1}{2}\,m_1 \cdot (v_{1,\text{nach}})^2$
$+ \frac{1}{2}\,m_2 \cdot (v_{2,\text{nach}})^2$

Da beide Massen gleich groß sind, lassen sich beide Gleichungen durch $m_1 = m_2 = m$ dividieren.

(1) $v_{1,\text{vor}} + v_{2,\text{vor}} = v_{1,\text{nach}} + v_{2,\text{nach}}$

$2\,\frac{\text{m}}{\text{s}} - 3\,\frac{\text{m}}{\text{s}} = v_{1,\text{nach}} + v_{2,\text{nach}}$

$-1\,\frac{\text{m}}{\text{s}} = v_{1,\text{nach}} + v_{2,\text{nach}}$

(2) $(v_{1,\text{vor}})^2 + (v_{2,\text{vor}})^2 = (v_{1,\text{nach}})^2 + (v_{2,\text{nach}})^2$

$\left(2\,\frac{\text{m}}{\text{s}}\right)^2 + \left(-3\,\frac{\text{m}}{\text{s}}\right)^2 = (v_{1,\text{nach}})^2 + (v_{2,\text{nach}})^2$

$13\,\frac{\text{m}^2}{\text{s}^2} = (v_{1,\text{nach}})^2 + (v_{2,\text{nach}})^2$

Gleichung (1) nach $v_{1,\text{nach}}$ auflösen:

$v_{1,\text{nach}} = -1\,\frac{\text{m}}{\text{s}} - v_{2,\text{nach}}$

und in (2) einsetzen:

$13\,\frac{\text{m}^2}{\text{s}^2} = \left(-1\,\frac{\text{m}}{\text{s}} - v_{2,\text{nach}}\right)^2 + (v_{2,\text{nach}})^2$

Auflösen der binomischen Formel:

$13\,\frac{\text{m}^2}{\text{s}^2} = \left(1\,\frac{\text{m}^2}{\text{s}^2} - 2 \cdot \left(-1\,\frac{\text{m}}{\text{s}}\right) \cdot v_{2,\text{nach}} + (v_{2,\text{nach}})^2\right)$
$+ (v_{2,\text{nach}})^2$

und vereinfachen:

$13\,\frac{\text{m}^2}{\text{s}^2} = 1\,\frac{\text{m}^2}{\text{s}^2} + 2\,\frac{\text{m}}{\text{s}} \cdot v_{2,\text{nach}} + 2\,(v_{2,\text{nach}})^2$

$0 = (v_{2,\text{nach}})^2 + 1\,\frac{\text{m}}{\text{s}} \cdot v_{2,\text{nach}} - 6\,\frac{\text{m}^2}{\text{s}^2}$

Es ergeben sich 2 Lösungen der quadratischen Gleichung:

Eine Lösung ergibt die ursprünglichen Werte:

$v_{2,\text{nach}} = -3{,}00\,\frac{\text{m}}{\text{s}}$ und $v_{1,\text{nach}} = 2{,}00\,\frac{\text{m}}{\text{s}}$.

Diese Lösung ist die Anfangsbedingung. Sie beschreibt aber auch den Endzustand, wenn die Wagen gar nicht zusammenstoßen, weil sich beide Wagen nicht aufeinander zu, sondern voneinander wegbewegen.

Die zweite Lösung beschreibt den Zustand nach dem Stoß:

$v_{2,\text{nach}} = 2{,}00\,\frac{\text{m}}{\text{s}}$ und $v_{1,\text{nach}} = -3{,}00\,\frac{\text{m}}{\text{s}}$.

Beide Wagen tauschen beim elastischen Stoß ihre Impulse aus und jeder setzt die Bewegung des anderen fort.

2 ⊕ Ein Körper stößt mit einer beliebigen Geschwindigkeit v auf einen ruhenden, gleich schweren Körper. Ist der Stoß zentral und vollkommen elastisch, dann bewegt sich der ruhende mit dieser Geschwindigkeit v weg, während der stoßende zum Stillstand kommt. Leite diese Aussage aus physikalischen Gesetzen her.

Lösung

Gegeben: $m_1 = m_2 = m$

$v_{1,\text{vor}} = v;\ v_{2,\text{vor}} = 0$

Gültige Gesetze:

① Bei jedem Stoß gilt der Impulserhaltungssatz: Die Summen der Impulse vor und nach dem Stoß sind gleich.

$p_{1,\text{vor}} + p_{2,\text{vor}} = p_{1,\text{nach}} + p_{2,\text{nach}}$

$m \cdot v + 0 = m \cdot v_{1,\text{nach}} + m \cdot v_{2,\text{nach}} \qquad |:m$

(1) $v = v_{1,\text{nach}} + v_{2,\text{nach}}$

② Bei idealen elastischen Stößen bleibt die Summe der kinetischen Energien erhalten.

$E_{\text{kin1,vor}} + E_{\text{kin2,vor}} = E_{\text{kin1,nach}} + E_{\text{kin2,nach}}$

$\frac{1}{2}\,m \cdot (v)^2 + 0 = \frac{1}{2}\,m \cdot (v_{1,\text{nach}})^2 + \frac{1}{2}\,m \cdot (v_{2,\text{nach}})^2 \qquad |:m$

und vereinfachen:

(2) $v^2 = (v_{1,\text{nach}})^2 + (v_{2,\text{nach}})^2$

Aus (1) folgt für v^2:

$v^2 = (v_{1,\text{nach}} + v_{2,\text{nach}})^2$

Auflösen der binomischen Formel:

$v^2 = (v_{1,\text{nach}})^2 + 2(v_{1,\text{nach}})(v_{2,\text{nach}}) + (v_{2,\text{nach}})^2$

Zusammen mit Gleichung (2) folgt:

$(v_{1,\text{nach}})^2 + (v_{2,\text{nach}})^2 = (v_{1,\text{nach}})^2 + 2(v_{1,\text{nach}})(v_{2,\text{nach}}) +$
$(v_{2,\text{nach}})^2$

$0 = 2(v_{1,\text{nach}})(v_{2,\text{nach}})$

Das bedeutet, dass eine der beiden Geschwindigkeiten nach dem Stoß null sein muss. Aus der Gleichung (1) folgt dann: Die andere Geschwindigkeit muss nach Betrag und Richtung der Anfangsgeschwindigkeit entsprechen.
Da der stoßende Körper sich nicht weiterbewegen kann, wenn der angestoßene nicht Platz macht, ist es physikalisch nur möglich, dass der stoßende Körper zum Stillstand kommt und der gestoßene sich mit der Geschwindigkeit des stoßenden Körpers – in Betrag und Richtung – wegbewegt.

Anmerkung: Das logische Schlussfolgern aus zentralen physikalischen Sätzen nennt man Deduktion. Sie ist eine wichtige Methode der Physik.

1 Zwei 1,3 t schwere Autos stoßen unelastisch mit jeweils 50 $\frac{km}{h}$ frontal gegeneinander.

a Berechne die Impulse und kinetischen Energien der einzelnen Fahrzeuge vor dem Zusammenprall. Gib auch den Gesamtimpuls und die gesamte kinetische Energie an.

b Mit dem Aufprall bleiben beide Wagen stehen. Begründe diese Beobachtung physikalisch. Erkläre den Verbleib der Energie.

2 Beim Ankoppeln rollt ein beladener Güterwagen ($m = 35$ t) mit 5 $\frac{km}{h}$ gegen einen stehenden, leeren Waggon ($m = 14$ t).

a Berechne die Geschwindigkeit, mit der sich beide Wagen gemeinsam weiterbewegen.

b Vergleiche die kinetischen Energien vor und nach dem Ankoppeln und berechne den prozentualen Anteil der kinetischen Energie, der beim Stoß absorbiert wird.

c Nenne die technische Vorrichtung an den Waggons, die diese Energie schadlos umwandelt.

3 Zwei Jugendliche stehen auf Skateboards und werfen einen Ball gegenseitig hin und her. Anfangs sind sie in Ruhe.
Beschreibe den Verlauf der Bewegung der beiden Skateboarder und erkläre ihn mit einem geeigneten Modell von Stößen.

4 Die ▸ Tabelle enthält Messwerte von vier zentralen Stößen.

a Gib die Gleichung an, die alle Stöße erfüllen, und berechne die fehlenden Größen.

b Berechne die gesamte kinetische Energie vor und nach dem Stoß.
Entscheide, ob ein vollkommen elastischer oder ein unelastischer Stoß vorliegt.

	1. Stoß	**2. Stoß**	**3. Stoß**	**4. Stoß**
m_1 in kg	2,5	0,2	?	2,4
m_2 in kg	3,5	0,1	0,25	3,0
$v_{1,vor}$ in $\frac{m}{s}$	3,0	3,0	1,0	3,0
$v_{2,vor}$ in $\frac{m}{s}$	0	?	−0,4	1,2
$v_{1,nach}$ in $\frac{m}{s}$	−0,5	−0,5	−1,0	?
$v_{2,nach}$ in $\frac{m}{s}$	?	4,0	0	2,0

Tabelle Messwerte aus zentralen Stößen

5 Der Screenshot einer Videoanalyse zeigt einen Stoß auf einer Schiene mit dem t-v-Diagramm. ▸ 1

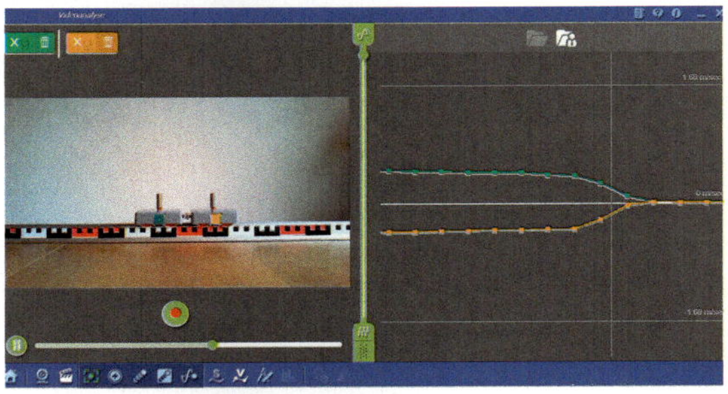

1 Screenshot eines Stoßes

a Beschreibe anhand des Diagramms die Bewegung der Wagen vor und nach dem Stoß.

b Gib ein passendes Modell für den Stoß an und erläutere, ob die Bedingungen für einen solchen Stoß erfüllt sind.

6 Ein vollkommen elastisches Kugelstoßpendel besteht aus 5 gleich schweren Kugeln. Eine Kugel wird ausgelenkt und dann losgelassen. Begründe physikalisch, dass folgende denkbaren Möglichkeiten nicht realisierbar sind.

a Alle 5 Kugeln bewegen sich gemeinsam mit 1/5 der Geschwindigkeit der ersten Kugel weiter.

b Alle Kugeln bewegen sich mit der Geschwindigkeit $\overrightarrow{v_{nach}} = \frac{1}{\sqrt{5}} \cdot \overrightarrow{v_{1,vor}}$ in die gleiche Richtung.

c Die erste Kugel prallt mit gleichem Geschwindigkeitsbetrag zurück, die übrigen Kugeln bleiben in Ruhe.

7 Ein leichter Tischtennisball liegt mitten auf einem schweren Fußball. Beide werden gleichzeitig fallen gelassen. Der Tischtennisball springt nach dem Aufprall erheblich über die Fallhöhe hinaus. Überprüfe die Aussage experimentell und erkläre das Phänomen mithilfe des Impulserhaltungssatzes.
Tipp: Gib dem Fußball etwas Vorsprung.

8 Ein 100 g schwerer Ball trifft mit $v_{vor} = 2{,}0\,\frac{m}{s}$ senkrecht auf die Erde und prallt gleich schnell zurück.

a Berechne den Impuls und die kinetische Energie des Balls vor und nach dem Aufprall.

b Bestimme mit dem Impuls- und dem Energieerhaltungssatz die kinetische Energie und den Impuls, den die Erde durch den Aufprall erhält.

c Inka protestiert: „Da ergeben sich ja Widersprüche für die Geschwindigkeit der Erde nach dem Aufprall. Aus dem Energieerhaltungssatz folgt, dass $v = 0$ ist. Demnach ändert sich die Bewegung der Erde nicht. Aber im Impuls kann die Geschwindigkeit nicht null sein.“ Schreibe Ilka einen Brief und nimm physikalisch begründet Stellung.

9 Vom Skateboard zu springen kann gefährlich sein. Kim (62 kg) steht auf einem Skateboard (2,5 kg). Beide sind in Ruhe. Sie springt mit einer Geschwindigkeit von 0,65 $\frac{m}{s}$ in Rollrichtung vom Board und landet nach 0,50 s auf dem Boden.

a Ermittle sämtliche Impulse vor und nach dem Absprung und die Geschwindigkeit des Skateboards nach dem Sprung in $\frac{km}{h}$.

b Berechne die Strecke, die Kim und das Board in 0,50 s zurücklegen. Beschreibe eine mögliche Gefahrensituation.

c Nimm an, Kim könnte die gesamte Energie optimal in einen Weitsprung vom festen Boden einsetzen. Vergleiche die Sprungweiten nach 0,50 s. Erläutere die Unterschiede beider Sprünge anhand des Impulserhaltungssatzes.

10 ⊕ Zwei gleich schwere Körper stoßen gleich schnell gegeneinander. Leite aus der Theorie zentraler Stöße her, wie sich die Körper nach dem Stoß bewegen …

a wenn der Stoß unelastisch erfolgt.

b wenn ein vollkommen elastischer Stoß vorliegt. Beschreibe jeweils ein Experiment, mit der die Schlussfolgerung bestätigt werden kann.

11 ⊕ Gleichungen lassen sich grundsätzlich von beiden Seiten lesen und physikalisch deuten. Lässt man die Filmaufnahme eines Feuerwerks rückwärtslaufen, wird aus der Explosion ein unelastischer Zusammenstoß mehrerer Körper. ▸ 3
Deute die Gleichung zum unelastischen Stoß sowohl von links als auch von rechts gelesen. Erläutere dabei die Impuls- und Energieflussdiagramme. ▸ 2

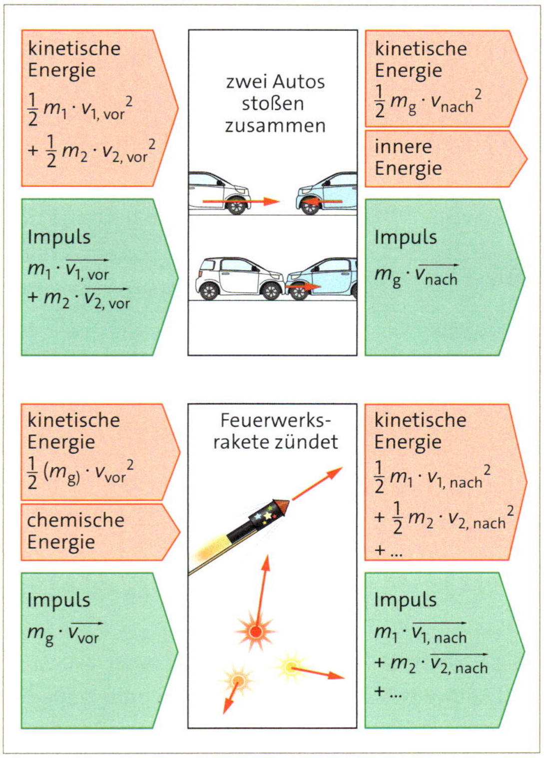

2 Impuls- und Energieflussdiagramme

12 ⊕ Als Kugelstoßpendel berühren sich zwei Kugeln der Massen 50 g und 100 g. Die leichtere Kugel wird bis zu einer Höhe von 20 cm ausgelenkt.

a Berechne die Höhenenergie der ausgelenkten Kugel, die Geschwindigkeit und den Impuls, mit der sie an die schwerere anstößt.

b Leite die Geschwindigkeiten her, mit der sich beide Kugeln unmittelbar nach dem vollkommen elastischen Stoß bewegen.

c Berechne die Höhen, die beide Kugeln erreichen.

d Überprüfe deine Ergebnisse qualitativ in einem Experiment mit einer schweren und einer leichten Kugel.
Beschreibe auch den Fall, dass die schwerere Kugel an die leichtere anstößt.

3 Feuerwerk rückwärts

Lea und Jacob sitzen gemeinsam im Boot auf einem See – aber ohne Ruder. Wie sollen sie ans Ufer gelangen? Wird Jacob es schaffen, auf den Steg zu springen?

Impulsänderung und Wechselwirkung

Stell dir vor, du befindest dich in einem Boot mitten auf einem See und hast keinerlei Möglichkeit zu rudern oder zu paddeln – auch nicht mit den Händen. Zudem ist es windstill und im See gibt es keine Strömung. Was kannst du tun, um mit dem Boot ans Ufer zu gelangen?
Jacob ist recht nah am Steg. Er hat eine Idee. Mit dem Tau will er vom Boot aus auf den Steg springen und dann das Boot an Land ziehen. Solche Distanzen schafft er immer locker. Aber vom Boot gelingt sein Sprung nicht. Er fällt ins Wasser. ► 1
Der Sprung misslingt. Das Boot beschleunigt nach hinten während Jacob nach vorn springt. Jacob beachtet ein physikalisches Grundprinzip nicht: Durch den Sprung ändert er seinen Impuls, indem er sich vom Boot abstößt. Damit ändert sich gleichzeitig der Impuls des Bootes.
Es gibt keine isolierte Einwirkung eines Körpers auf einen anderen. Bei jeder Einwirkung tritt immer eine Wechselwirkung zwischen beiden Körpern auf. ► 2–4
Wenn Jacob abspringt, stößt er gleichzeitig das Boot weg.
Die Energie, die er zum Sprung aufwendet, wird als kinetische Energie zwischen ihm und dem Boot aufgeteilt, und er kann nicht so weit springen, wie er es auf festem Boden gewohnt ist.

2–4 Beim Sprung dreht der Bug nach links ab.

1 Wechselwirkung

Zwei Schülerinnen oder Schüler stehen sich auf Skateboards gegenüber und ziehen an einem Seil. ▸ 5

a Versucht folgende Aufträge umzusetzen:
- Jede Person versucht die andere ganz auf ihre Seite zu ziehen.
- Eine hält nur das Seil fest und lässt sich ziehen.
- Eine zieht kräftig, die andere vermeidet jegliche Kraft.
- Jede Person zieht mit einem Kraftmesser am Seil.

b Beschreibt eure Beobachtungen. Deutet eure Beobachtungen physikalisch.

5 Beide Skater ziehen am Seil.

2 Impulsänderung

Zwei Kugeln stoßen aneinander. Die Impulse beider Kugeln vor und nach dem Stoß wurden eingezeichnet. ▸ 6

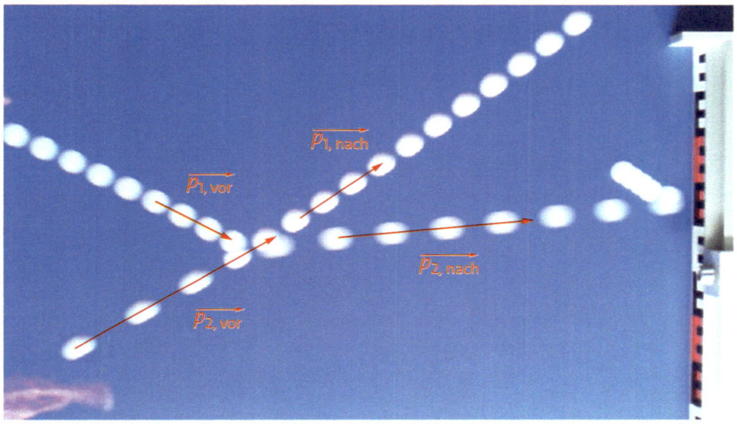

6 Impulsänderung durch Stoß

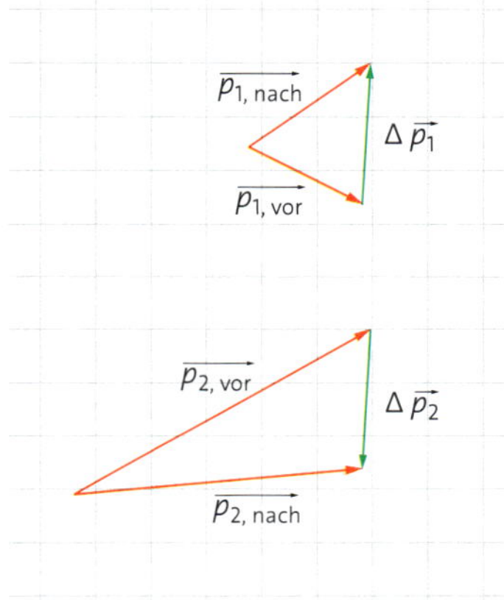

7 Impulsänderungen

a Jan hat die Impulsänderungen $\overrightarrow{\Delta p}$ der beiden Kugeln konstruiert, die durch den Stoß bewirkt wird. ▸ 7
Gebt an, wie sich die Beträge und Richtungen der Impulsänderungen der Kugeln zueinander verhalten.

b Tina nimmt Jans Zeichnung zum Anlass für eine verallgemeinerte Aussage: „Wäre bei einem Zusammenstoß zweier beliebiger Körper die Impulsänderung des einen Körpers nicht genauso groß wie die Impulsänderung des anderen, dann würde der Impulserhaltungssatz verletzt sein.“
Nehmt physikalisch begründet zu Tinas Behauptung Stellung.

c Jede Impulsänderung benötigt eine Ursache. Johanna hat darum ein physikalisches Gesetz (1) schrittweise in eine neue Gleichung (5) umgeformt. ▸ Kasten
Überprüft ihre Umformung auf Fehler und korrigiert sie in euren Heften.
Benennt das Gesetz und formuliert die physikalischen Aussagen der Gleichungen (1) und (5) in Worten.
Beachtet auch die Richtungen der Größen.

(1) $\Delta t \cdot F = m \cdot \Delta v$
(2) $\Delta t \cdot F = m \cdot (v_2 - v_1)$
(3) $\Delta t \cdot F = m \cdot v_2 - v_1$
(4) $\Delta t \cdot F = p_2 - p_1$
(5) $\Delta t \cdot F = \Delta p$

Aktivitäten

3 Impulsänderung und Kräfte

Im Stoß wirken beide Körper gleichzeitig aufeinander ein. Dies nennt man Wechselwirkung. Beide Körper bewirken die Impulsänderung des jeweils anderen Körpers. Aus den Impulsänderungen kann man mithilfe der Gleichung $\Delta t \cdot F = \Delta p$ auf die Kräfte schließen. Vergleicht Beträge und Richtung der Kräfte, mit der beide Körper im ▸ Bild 6; S. 87 aufeinander einwirken.

Grundlagen Wechselwirkungen

Kein Skater kann einen zweiten Skater mit Kraft zu sich heranziehen, ohne dass der zweite mit gleich großer Kraft den ersten ebenfalls zu sich zieht – ob er es will oder nicht.
Eine Einwirkung ist nie einseitig, sie ist stets eine Wechselwirkung. ▸ 1

Das *Wechselwirkungsgesetz,* auch 3. newtonsches Gesetz genannt, gehört zu den Grundlagen der Mechanik.

Wechselwirkungsgesetz: Übt ein Körper K_1 auf einen Körper K_2 eine Kraft $\overrightarrow{F_{12}}$ aus, so übt K_2 gleichzeitig eine gleich große, aber entgegengesetzt gerichtete Kraft $\overrightarrow{F_{21}}$ auf K_1 aus.
Es gilt: $\overrightarrow{F_{12}} = -\overrightarrow{F_{21}}$

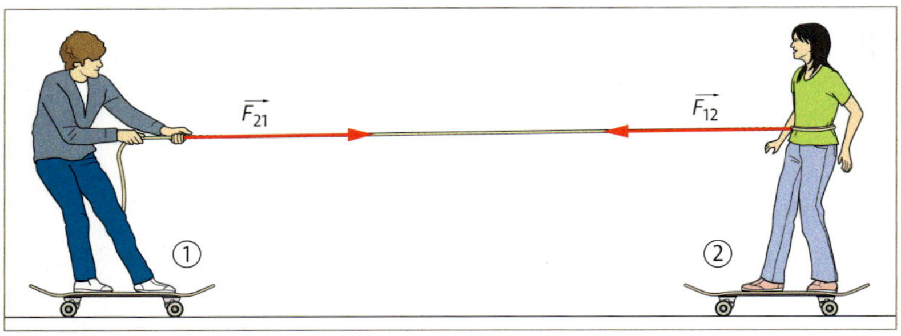

1 Wechselwirkungsgesetz

Das Wechselwirkungsgesetz folgt aus dem Impulserhaltungssatz.
Wenn von außen nichts einwirkt, gilt für zwei Körper der Impulserhaltungssatz. Der Gesamtimpuls vor dem Stoß und der nach dem Stoß sind in Richtung und Betrag gleich. ▸ 2

(1) $\overrightarrow{p_{1,\text{vor}}} + \overrightarrow{p_{2,\text{vor}}} = \overrightarrow{p_{1,\text{nach}}} + \overrightarrow{p_{2,\text{nach}}}$

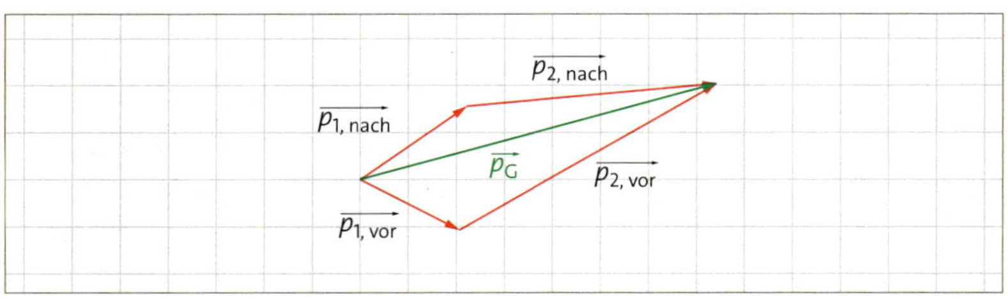

2 Der Gesamtimpuls bleibt erhalten.

Der Impuls nach dem Stoß ergibt sich aus dem Impuls vor dem Stoß durch Pfeiladdition mit der jeweiligen Impulsänderung: ▸ 3

(2) $\overrightarrow{p_{1,\text{nach}}} = \overrightarrow{p_{1,\text{vor}}} + \overrightarrow{\Delta p_1}$ und

(3) $\overrightarrow{p_{2,\text{nach}}} = \overrightarrow{p_{2,\text{vor}}} + \overrightarrow{\Delta p_2}$

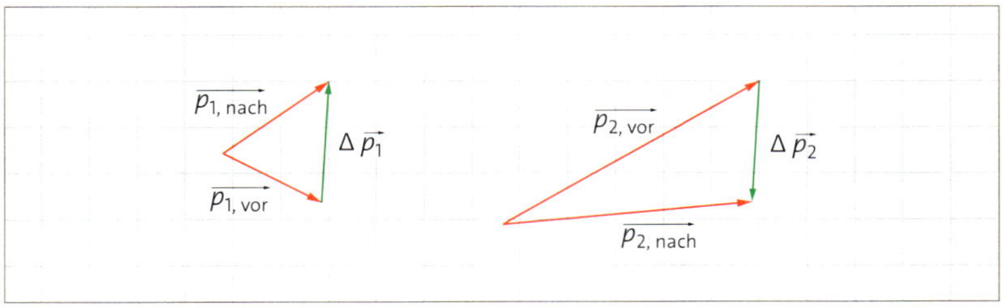

3 Die Änderungen der Impulse sind gleich groß aber entgegengesetzt gerichtet.

Setzt man die Gleichungen (2) und (3) in Gleichung (1) ein, folgt daraus:

(4) $\overrightarrow{\Delta p_2} = -\overrightarrow{\Delta p_1}$

Der Impuls, den ein Körper aufnimmt, muss vom anderen abgegeben werden, damit der Gesamtimpuls erhalten bleibt. Das bedeutet auch: Wirken zwei Körper aufeinander ein, sind ihre Impulsänderungen immer gleich groß, aber entgegengesetzt gerichtet.

Deshalb ist es auch unmöglich, dass sich der Impuls eines Körpers ändert, der des anderen Körpers aber unverändert bleibt.

Die Impulsänderung $\Delta\vec{p}$ kann mithilfe des 2. newtonschen Gesetzes

$\Delta t \cdot \vec{F} = m \cdot \Delta\vec{v} = \Delta\vec{p}$

auf die Einwirkung mit einer Kraft $\vec{F}$ auf den Körper zurückgeführt werden. Da die Einwirkungsdauer Δt für beide Körper gleich ist, ergibt sich durch eine weitere Umformung der Gleichung (4):

(5) $\vec{F_2} = -\vec{F_1}$

Oft schreibt man im Wechselwirkungsgesetz statt $\vec{F_2}$ auch $\vec{F_{12}}$, um deutlich zu machen, dass K_1 auf K_2 einwirkt. Gleichzeitig übt der Körper K_2 eine gleich große aber entgegengesetzt gerichtete Kraft $\vec{F_{21}}$ auf den Körper K_1 aus. Jede Einwirkung ist stets eine Wechselwirkung.

Beispiele für Wechselwirkungskräfte:

- Ein Sprung vom Boot ist nur möglich, weil zur Impulsänderung des Springers das Boot eine gleich große Impulsänderung erfährt. Der Springer S übt eine Kraft $\vec{F_{SB}}$ auf das Boot B aus und das Boot fährt zurück. In Wechselwirkung wirkt das Boot mit gleich großer Kraft $\vec{F_{BS}}$ auf den Springer ein, so dass der Springer vom Boot katapultiert wird. ▸ 4
- Jeder Körper wird von der Erde mit der Gewichtskraft $F_G = m \cdot g$ nach unten gezogen. Umgekehrt zieht jeder Körper die Erde mit gleich großer Kraft nach oben, auch wenn die Bewegung der Erde wegen ihrer großen Masse nicht bemerkbar ist.
- Wenn ein schweres, schnelles und motorstarkes Auto mit einem leichten Wagen zusammenstößt, dann übt das schwere keine größere Kraft aus. Beide Autos wirken mit gleich großer, aber entgegengesetzt gerichteter Kraft auf das andere Auto ein.
- Stemmt sich jemand mit einer bestimmten Kraft gegen eine Mauer, so drückt die Mauer mit gleich großer Kraft dagegen.

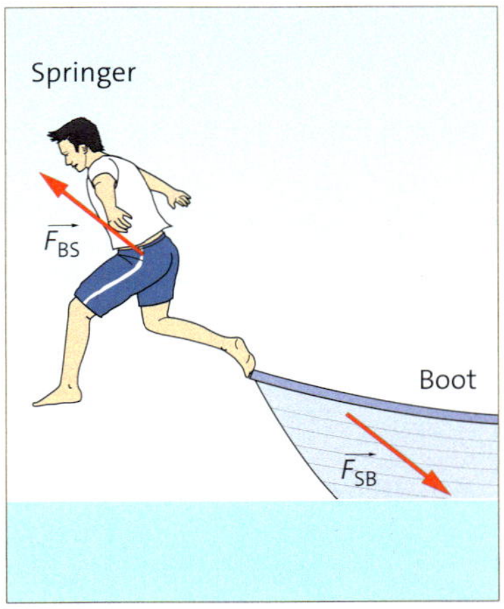

4 Wechselwirkung zwischen Boot und Springer

HINWEIS

In der Physik wird nicht zwischen „aktiver" Person und „passiver" Wand unterschieden. Beide üben eine Kraft auf den anderen aus.

Grundlagen Kräftepaare

Gleich große aber entgegengesetzt gerichtete Kräfte treten sowohl beim Kräftegleichgewicht als auch bei den Wechselwirkungen auf. Da sie aber ganz verschiedene physikalische Aspekte beschreiben, dürfen sie nicht verwechselt werden.

	Wechselwirkung	**Gleichgewicht**
Beispiel	Zwei Personen (Skater) ziehen sich gegenseitig heran. 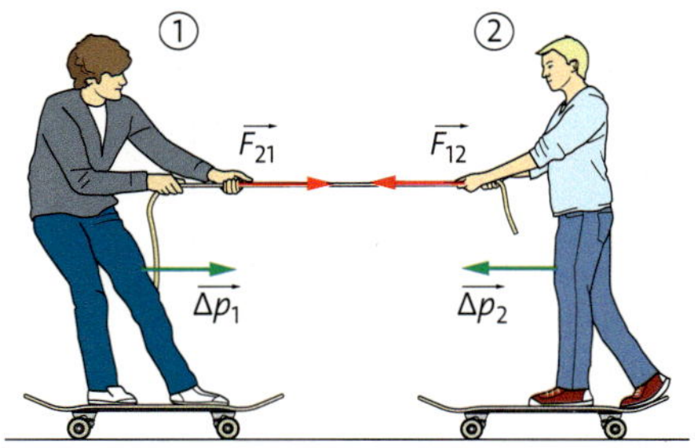	Zwei Personen ziehen gleich stark aber in entgegengesetzter Richtung an einer dritten Person. 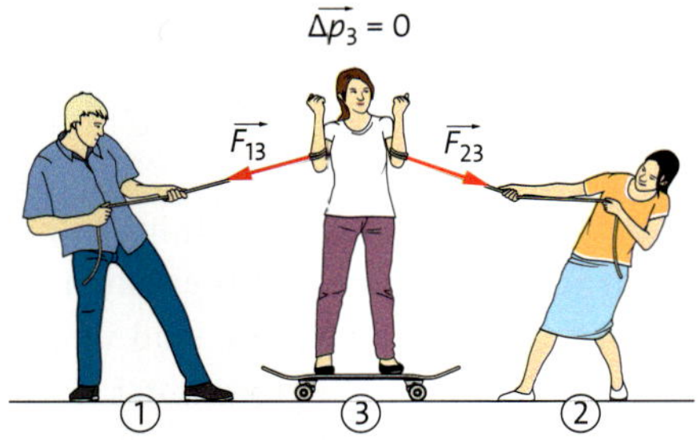
Einwirkung	Beide Körper wirken jeweils auf den anderen ein.	Von außen wird auf einen Körper eingewirkt.
Gültigkeit	Das Wechselwirkungsgesetz gilt immer. Es gibt keine Ausnahmen.	Das Kräftegleichgewicht ist ein Spezialfall. Die Einwirkungen müssen sich nicht im Gleichgewicht befinden.
Eigenschaften der Kräfte	Sie treten immer paarweise auf, sind stets gleich groß und entgegengesetzt gerichtet.	Sie sind nur dann im Gleichgewicht, wenn sie gleich groß und entgegengesetzt gerichtet sind.
Angriffspunkt der Kräfte	an verschiedenen Körpern	an einem Körper
Kräfteaddition	nicht sinnvoll	Resultat ist null $\vec{F_{13}} + \vec{F_{23}} = \vec{0}$ Die Kräfte kompensieren sich in der Wirkung.
Auswirkung	Änderung der Bewegungszustände beider Körper: $\vec{\Delta p_1} = -\vec{\Delta p_2}$	Keine Änderung des Bewegungszustands: $\vec{\Delta p_3} = \vec{0}$
Beispiel: ❷ Drei Personen stehen in Wechselwirkung mit einer 4. Person. Die Kräfte ihrer Einwirkungen sind im Gleichgewicht, die resultierende Kraft ist null. Der Bewegungszustand der vierten Person wird nicht geändert.	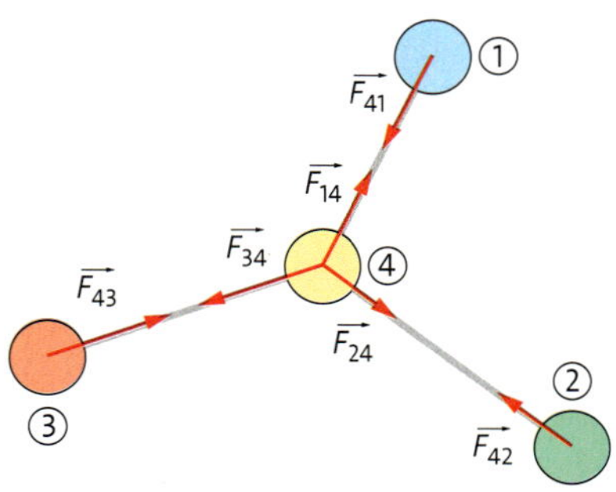	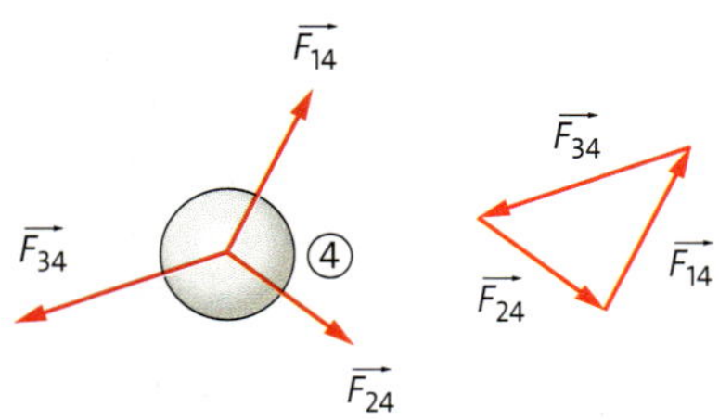

Aufgaben und Aufträge

Musteraufgabe

Ein 36 g schweres Geschoss verlässt mit 400 $\frac{m}{s}$ den Lauf eines 3,8 kg schweren Jagdgewehrs. Der Jäger benötigt 0,10 s, um den Rückstoß abzufangen. ▸ 1

a Beschreibe physikalisch die Auswirkung des Geschosses auf den Jäger. Benenne dabei die Wechselwirkungspartner.

b Berechne die Rückstoßgeschwindigkeit des Gewehrs.

c Berechne die Kraft, mit der der Jäger den Rückstoß abfängt.

Lösung

a Es müssen zwei Systeme betrachtet werden.

- Zunächst sind Geschoss und Gewehr die Wechselwirkungspartner. Der Gesamtimpuls ist vor und nach dem Schuss null. Nach dem Austritt des Geschosses haben Geschoss und Gewehr den gleich großen, aber entgegengesetzt gerichteten Impuls.
- Dann wird in der Wechselwirkung zwischen Gewehr und Jäger der Impuls auf den Jäger übertragen.
  Dabei bewirkt der Jäger innerhalb von 0,10 s mit Kraft eine Impulsänderung des Gewehrs, so dass der Impuls anschließend null wird.

b Impuls des Geschosses

$$p_{\text{Geschoss}} = m \cdot v = 0{,}036\,\text{kg} \cdot 400\,\frac{\text{m}}{\text{s}} = 14{,}4\,\frac{\text{kg}\cdot\text{m}}{\text{s}}$$

Impuls des Gewehrs

$$p_{\text{Gewehr}} = -p_{\text{Geschoss}} = -14{,}4\,\frac{\text{kg}\cdot\text{m}}{\text{s}}$$

Geschwindigkeit des Gewehrs

$$v = \frac{p_{\text{Gewehr}}}{m} = \frac{-14{,}4\,\frac{\text{kg}\cdot\text{m}}{\text{s}}}{3{,}8\,\text{kg}} = -3{,}79\,\frac{\text{m}}{\text{s}}$$

Das Gewehr bewegt sich ungebremst mit 3,8 $\frac{m}{s}$ entgegengesetzt zur Schussrichtung.

c Kraft des Jägers

$$F = \frac{\Delta p}{\Delta t} = \frac{14{,}4\,\frac{\text{kg}\cdot\text{m}}{\text{s}}}{0{,}10\,\text{s}} = 144\,\text{N}$$

Der Jäger fängt mit einer Kraft von 0,14 kN den Rückstoß auf.

1 Jäger und Jagdgewehr

1 NEWTONS Apfelbaum

a Ein Apfel hängt an einem Ast in NEWTONS Garten. Beschreibe die Gleichgewichtskräfte und die Auswirkung. Fertige dazu eine Skizze mit Pfeilen und Beschriftungen in deinem Heft an.

b Der Apfel fällt und inspiriert NEWTON zu seinen Fallgesetzen. Beschreibe und skizziere die Wechselwirkungen und physikalischen Auswirkungen auf die Impulse.

2 Ein Ballon schwebt mit konstanter Geschwindigkeit. ▸ 2

2 Kräfte bei einer Ballonfahrt

Gib die Kräfte an, die zueinander Wechselwirkungskräfte sind, und die, die sich im Gleichgewicht zueinander befinden:
die Auftriebskraft des Ballons $\overrightarrow{F_A}$
die Gewichtskraft des Ballons $\overrightarrow{F_G}$
die Kraft des Ballons auf die Luft $\overrightarrow{F_L}$
die Kraft des Ballons auf die Erde $\overrightarrow{F_E}$

3 Eine Pferdekutsche will sich in Bewegung setzen. Emil ist irritiert: „Das Pferd zieht mit einer Kraft die Kutsche vorwärts. Mit gleich großer Kraft zieht dann die Kutsche nach hinten. Also kann sich doch das gesamte Gefährt nicht von der Stelle bewegen."
Erläutere Emils Denkfehler und erkläre physikalisch, dass die Kutsche anfahren kann.

4 Beim Rudern nutzt man den Impulserhaltungssatz. ▸ 1

a Erkläre die Vorwärtsbewegung des Ruderboots mithilfe des Impulserhaltungssatzes.

b Aus physikalischer Sicht gibt es prinzipiell zwei Möglichkeiten, um die Geschwindigkeit des Boots zu erhöhen. Beschreibe diese. ▸ 1

1 Vorwärtsbewegung des Ruderboots

5 Untersuche physikalisch folgende drei Bewegungsänderungen des Fußballs beim Elfmeterschießen:
- Der Schuss wird vom Spieler ausgeführt.
- Der Ball trifft die Latte des Tors.
- Der Ball rollt auf dem Rasen aus.

a Gib jeweils den Körper an, der auf den Ball eine Kraft ausübt. Beschreibe die Richtung der Kraft.

b Beschriebe jede Situation unter dem Aspekt des Impulserhaltungssatzes und des Energieerhaltungssatzes. Benenne jeweils ein geeignetes Modell des Stoßes.

c Beschreibe jeweils die Wechselwirkungskraft und ihre Auswirkung.

6 Ben behauptet, er habe einen Tormann gesehen, der mit dem Ball ins Netz geflogen sei. Ein 410 g schwerer Fußball wird mit 90 km/h aufs Tor geschossen. Der 82 kg schwere Torwart fängt während des Sprungs in 0,1 s den Ball.

a Berechne den Impuls des Balls.

b Berechne die Geschwindigkeit des Torwarts, mit der er in Richtung Tor fliegt. Nimm Stellung zu Bens Behauptung.

c ⊕ Berechne die mittlere Kraft, mit der der Tormann den Ball fängt.

7 Zwei 500 g schwere Stahlkugeln stoßen aneinander. Die Stoßdauer beträgt 0,02 s. ▸ 2

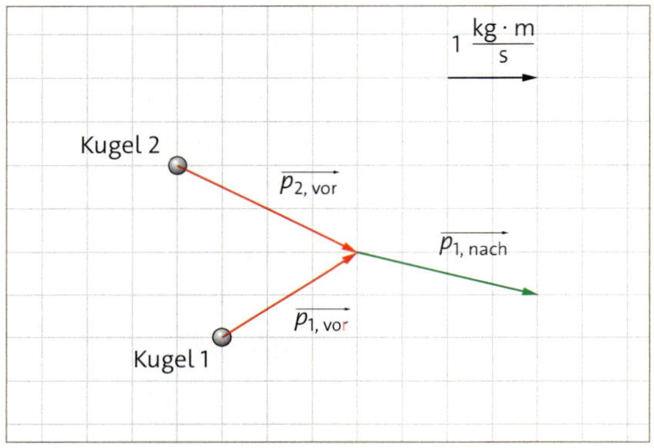

2 Elastischer Stoß von zwei Stahlkugeln

a Übernimm die Abbildung in dein Heft. Entnimm dem Diagramm die Beträge der eingezeichneten Impulse.

b Konstruiere die Impulsänderung $\Delta\vec{p}$ der 1. Kugel.

c Konstruiere den Impulspfeil der 2. Kugel nach dem Stoß und berechne den Betrag der Geschwindigkeit $v_{2,\text{nach}}$.

d ⊕ Berechne die Kraft, mit der sie abgelenkt wird. Gib an, in welche Richtung die Kraft weist.

8 Ein Hubschrauber startet.

a Vergleiche die Impulse vor dem Start mit jenen, wenn der Hubschrauber mit konstanter Geschwindigkeit senkrecht nach oben abhebt. Erstelle eine Bilanz der Impulse. Gib die Richtungen der Impulse an. Benenne den für den Impulserhaltungssatz notwendigen Stoßpartner.

b Beschreibe die Kräfte beim Flug, die die beteiligten Körper aufeinander ausüben.

3 Raketenstart

9 Raketen werden im Weltall ausschließlich nach dem Rückstoßprinzip angetrieben. ▸ 3

a Erstellt eine Präsentation zum Thema „Raketenstart". Geht dabei auf die Kräfte, Impulsänderungen und die Masse der Verbrennungsgase ein.

b Eine Wasserrakete oder ein aufgeblasener Luftballon sind Modelle für das Raketenprinzip. Demonstriert und erläutert in einem Experiment mit einem Modell das Wechselwirkungsprinzip.

10 Einige Jugendliche beobachten eine Sportlerin beim Kugelstoßen und treffen folgende Aussagen:
Svenja: Die Sportlerin übt eine große Kraft auf die Kugel aus.
Leon: Dazu steckt viel Kraft in ihren Armmuskeln.
Ronja: Beim Stoßen spürt sie die Kraft, mit der die Kugel gegen die Hand drückt.
Moritz: Die Kugel erhält die Kraft von der Sportlerin und fliegt damit weit in die Richtung, in die gestoßen wird.
Lea: Diese Kraft wandelt sich auf dem Boden um. Auf dem Boden bleibt eine Delle.

a Auch wenn man umgangssprachlich oft so spricht, wird der Begriff Kraft nicht von allen Mädchen und Jungen physikalisch korrekt benutzt. Nenne die Jugendlichen, die den Begriff physikalisch sinnvoll nutzen.

b Begründe, dass der Fachbegriff Kraft bei den anderen physikalisch nicht korrekt verwendet wird.

c Physikalisch machen diese Jugendlichen (Teilaufgabe b) Aussagen nicht zu Kraft sondern zu Energie oder Impuls.
Formuliere diese Aussagen mit der passenden Größe neu.

11 In der Geschichte von Jim Knopf und Lukas dem Lokomotivführer wird beschrieben, wie die Dampflokomotive Emma mit einem einfachen Trick vorwärtsfährt: Ein starker Magnet wird über eine Angel vom Lokführerhaus aus auf Abstand vor die Lok gehalten. Auf diese Weise zieht der Magnet permanent die Lok hinter sich her. ▸ 4
Erläutere physikalisch, dass das prinzipiell nicht funktionieren kann.

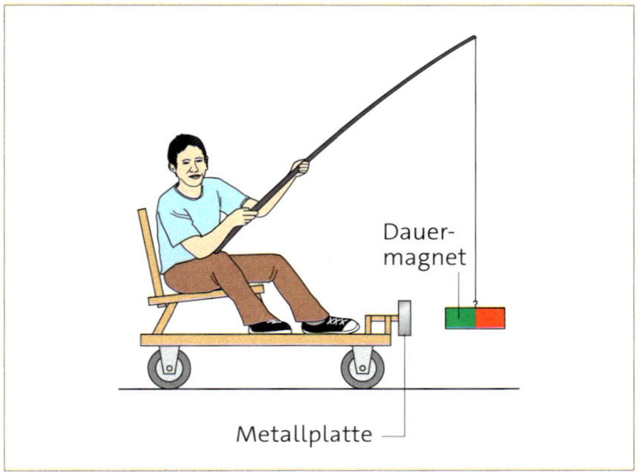

4 Modellexperiment

12 Tiere bewegen sich auf unterschiedliche Arten fort. Recherchiere, wie sich Quallen, Schlangen und Vögel fortbewegen.
Beschreibe das physikalische Prinzip dieser Fortbewegungen.

13 Ein Schlauch liegt geschlängelt im Garten. Er ist mit Wasser gefüllt.
Wird der Wasserhahn geöffnet, schlägt der Schlauch am freien Ende hin und her und zieht sich dabei zurück. Dies beruht auf zwei verschiedenen Prinzipien:

a Verlassen Wassermengen mit großer Geschwindigkeit den Schlauch, macht sich das Rückstoßprinzip bemerkbar. Beschreibe den Effekt auf den Schlauch und erkläre ihn mit dem Wechselwirkungsgesetz.

b Der Schlauch ist an einer Stelle gebogen.
- Zeichne in einer Skizze die Impulse des Wassers vor und nach dem Knick im Schlauch. Ermittle zeichnerisch die Impulsänderung.
- Gib die Richtung der Kraft an, mit der die Richtungsänderung des Wassers verursacht wird. Erläutere und begründe, in welche Richtung sich der Schlauch an der Knickstelle bewegt.

Überblick

Stöße Zwei oder mehrere Körper üben kurzzeitig eine Kraft aufeinander aus. Als Folge ändern sie ihren Bewegungszustand.
Prinzipiell lässt sich jeder Stoß mit dem 2. newtonschen Gesetz erfassen: Ein Körper wirkt auf einen zweiten ein und bewirkt eine Geschwindigkeitsänderung in Betrag und Richtung. ▸ 1

$F \cdot \Delta t = m \cdot \Delta v$ und $\vec{F} \parallel \overrightarrow{\Delta v}$.

Impuls Der Bewegungszustand eines Körpers wird durch den Impuls $\vec{p}$ beschrieben. Für seinen Betrag gilt: $p = m \cdot v$.
Der Impuls $\vec{p}$ weist immer in Richtung der Geschwindigkeit $\vec{v}$.
Die Einheit des Impulses ist $1\,\frac{\text{kg} \cdot \text{m}}{\text{s}}$.

Der Betrag und die Richtung des Impulses werden durch einen Impulspfeil grafisch dargestellt.

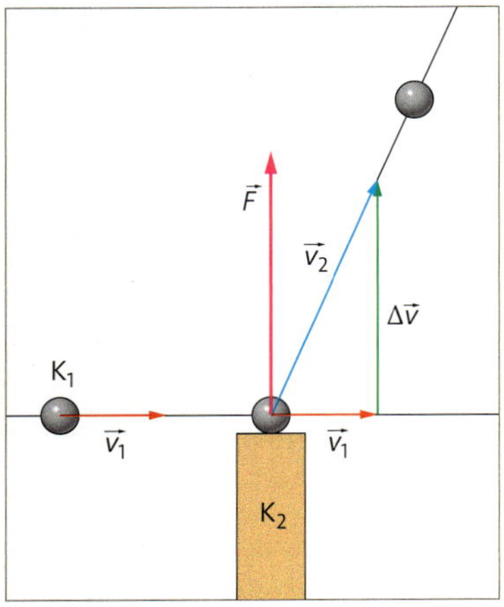

1 Stöße

Impulserhaltungssatz In einem abgeschlossenen System ergibt die Pfeiladdition aller Impulse vor dem Stoß den gleichen resultierenden Impulspfeil wie die Summe der Impulspfeile nach dem Stoß. ▸ 2
Der Gesamtimpuls eines Systems bleibt erhalten, solange es nicht von außen beeinflusst wird.
In Pfeilsymbolik schreibt man:

$$\overrightarrow{p_{\text{g,vor}}} = \overrightarrow{p_{\text{g,nach}}}$$

$$\overrightarrow{p_{\text{1,vor}}} + \overrightarrow{p_{\text{2,vor}}} = \overrightarrow{p_{\text{1,nach}}} + \overrightarrow{p_{\text{2,nach}}}$$

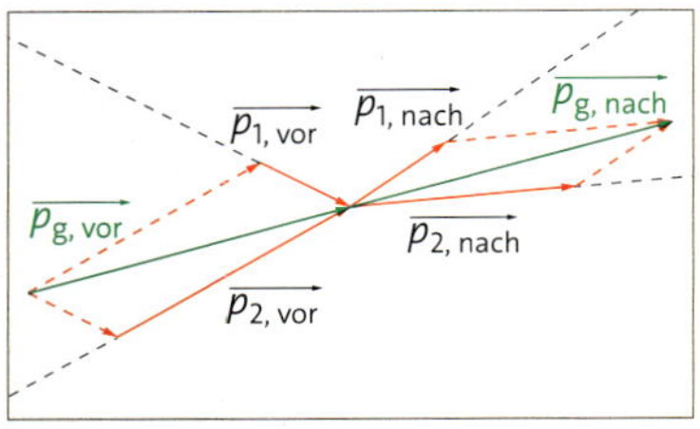

2 Impulserhaltung

Elastischer Stoß Ein vollkommen elastischer Stoß liegt vor, wenn sowohl der Gesamtimpuls als auch die Summe der kinetischen Energien beim Stoß erhalten bleiben. Es gilt:

(1) $\overrightarrow{p_{\text{1,vor}}} + \overrightarrow{p_{\text{2,vor}}} = \overrightarrow{p_{\text{1,nach}}} + \overrightarrow{p_{\text{2,nach}}}$

bzw. $m_1 \cdot \overrightarrow{v_{\text{1,vor}}} + m_2 \cdot \overrightarrow{v_{\text{2,vor}}} = m_1 \cdot \overrightarrow{v_{\text{1,nach}}} + m_2 \cdot \overrightarrow{v_{\text{2,nach}}}$

(2) $E_{\text{kin1,vor}} + E_{\text{kin2,vor}} = E_{\text{kin1,nach}} + E_{\text{kin2,nach}}$

bzw. $\frac{1}{2}\,m_1 \cdot (v_{\text{1,vor}})^2 + \frac{1}{2}\,m_2 \cdot (v_{\text{2,vor}})^2 = \frac{1}{2}\,m_1 \cdot (v_{\text{1,nach}})^2 + \frac{1}{2}\,m_2 \cdot (v_{\text{2,nach}})^2$

Unelastischer Stoß Beim unelastischen Stoß bleibt der Gesamtimpuls erhalten und die Körper bewegen sich gemeinsam mit gleicher Geschwindigkeit weiter. Beide Bedingungen ergeben die Gleichung:

(3) $m_1 \cdot \overrightarrow{v_{\text{1,vor}}} + m_2 \cdot \overrightarrow{v_{\text{2,vor}}} = (m_1 + m_2) \cdot \overrightarrow{v_{\text{nach}}}$

Wechselwirkungsgesetz Übt ein Körper K_1 auf einen Körper K_2 eine Kraft $\overrightarrow{F_{12}}$ aus, so übt K_2 gleichzeitig eine gleich große, aber entgegengesetzt gerichtete Kraft $\overrightarrow{F_{21}}$ auf K_1 aus.

Es gilt: $\overrightarrow{F_{12}} = -\overrightarrow{F_{21}}$.

Check-up

Testaufgaben zu „Impuls"

1 An einem Kugelpendel werden 2 Kugeln nach links und gleichzeitig 3 Kugeln nach rechts ausgelenkt und im selben Moment losgelassen.

a Stelle eine Hypothese über die Bewegung der Kugeln nach dem Stoß auf.

b Begründe mithilfe des Energie- und Impulserhaltungssatzes, dass sich die Kugeln tatsächlich so verhalten können.

2 Auf einer Fahrbahn stehen zwei Wagen mit Magneten an ihren Stirnseiten. Die gleichnamigen Pole der Magnete sind einander zugewandt. Beide Wagen sind aneinandergebunden. Wird der Faden durchgebrannt, stoßen sich beide Wagen ab.

Vor dem Durchbrennen der Schnur sind kinetische Energie und Impuls null. Danach hat jeder Wagen einen Impuls und eine kinetische Energie.

a Erkläre dies physikalisch.

b Dieses Experiment kann auch als Modell aufgefasst werden. Nenne ein Beispiel aus dem Alltag, bei dem dieser Effekt auftritt.

3 Ein Vollgummiball wird senkrecht an eine Wand geworfen. Im Idealfall prallt er vollkommen elastisch von der Wand zurück.

a Begründe mithilfe des Energiebegriffs folgende Aussage: „Der Ball fliegt mit dem gleichen Betrag der Geschwindigkeit zurück, wie er aufgeprallt ist."

b Begründe mithilfe des Impulserhaltungssatzes: „Nach dem Stoß ist der Impuls der Wand doppelt so groß wie der Impuls des Balls vor dem Stoß."

c Trotzdem bewegt sich die Wand nicht. Erkläre diese Tatsache.

4 Ein Pkw ($m_{\text{Pkw}} = 1{,}1\,\text{t}$) steht an einer roten Ampel. Wegen Unaufmerksamkeit stößt ein Lieferwagen ($m_{\text{Lkw}} = 2{,}5\,\text{t}$) mit $54\,\frac{\text{km}}{\text{h}}$ ungebremst auf den Pkw. Beide Wagen verkeilen sich ineinander.

a Berechne die Geschwindigkeit, mit der sich beide Wagen unmittelbar nach dem Stoß noch weiterbewegen.

b Der Zusammenstoß wirkt sich auf beide Fahrer 0,14 s lang aus. Berechne jeweils die Kraft, mit der sich die Geschwindigkeitsänderung auf die 80 kg schweren Fahrer auswirkt. Gib auch die Richtung der Kraft an. Beurteile, ob der Zusammenstoß für einen Fahrer besonders gefährlich ist.

c Ermittle die Auswirkung des Unfalls, wenn der Pkw mit gleichem Tempo auf den Lieferwagen auffährt.

5 Ein Metall- und ein Gummigeschoss werden auf einen Holzklotz gefeuert. Form, Masse und Geschwindigkeiten der Geschosse sind gleich. Manche realen Stöße lassen sich durch das Modell eines vollkommen elastischen Stoßes beschreiben, andere durch einen unelastischen Stoß.

a Nenne das Modell, das für das jeweilige Geschoss besser zur Beschreibung geeignet ist. Begründe die Entscheidung.

b Modelle ermöglichen physikalisch begründete Vorhersagen. Erkläre, dass das Gummigeschoss den Klotz weiter weg schießt, das Metallgeschoss ihn aber viel mehr beschädigt.

c Erläutere an diesem Beispiel, dass Energie und Impuls unterschiedliche physikalische Aspekte beschreiben.

Aufgabe	Fähigkeit	Hilfe auf Seite ...
1, 2, 3	Quantitative Betrachtungen einfacher Stoßvorgänge mithilfe des Impuls- und Energieerhaltungssatzes durchführen.	81 ff.
4, 5	Einen Zusammenhang zwischen der Impulserhaltung und dem Wechselwirkungsgesetz herstellen.	88 ff.

▸ Die Lösungen findest du auf Seite 301.

Bewegungen und ihre Modellierung

Für viele Bereiche des Alltags ist die prognostizierte Beschreibung von Bewegungen nicht nur interessant, sondern überlebenswichtig. Man denke nur an die notwendige Länge von Start- und Landebahnen bei Flughäfen, die Dauer von Grünphasen an Fußgängerübergängen oder an die gleichzeitige Beschreibung von mehreren Bewegungen, damit es nicht zu einer Kollision kommt. Modellhaft lassen sich kritische Situationen im Straßenverkehr berechnen. Damit lassen sich wiederum das eigene Verhalten und technische Hilfen reflektieren und bewerten. Aber auch im Freizeitbereich werden Bewegungen immer genauer beschrieben und analysiert.

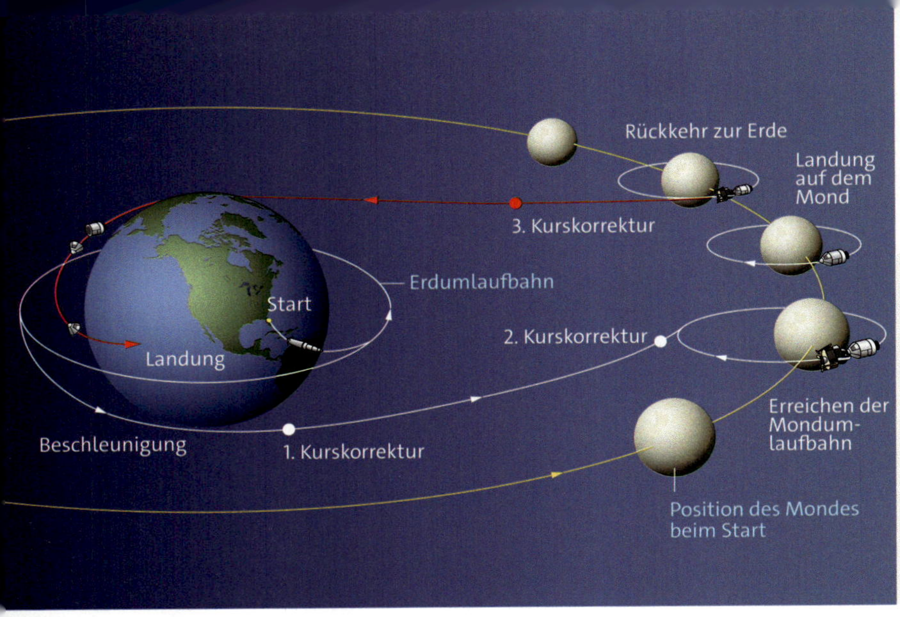

Auf ihrem Weg zum Mond hatte die Apollo-11-Mission eine höchst komplizierte Reiseroute zurückzulegen.
Mission Control in Houston war dabei zu jedem Zeitpunkt über den genauen Ort und die Geschwindigkeit der Crew informiert.

Darstellung von Bewegungen in Diagrammen

Vor über 50 Jahren setzte Neil Armstrong als erster Mensch seinen Fuß auf den Mond und sprach dabei die berühmten Worte: *„That's one small step for a man, one giant leap for mankind."* ▸ 2

Bei den Planungen im Vorfeld wurde jedem Zeitpunkt des Landevorgangs genau ein Ort zugeordnet, an dem sich das Landemodul aufhalten soll. Diese Zuordnungen von Ort, Geschwindigkeit und Beschleunigung zu einem bestimmten Zeitpunkt nennt man *Kinematik*.
So lassen sich Bewegungen über ihre jeweiligen Wertetabellen auch grafisch darstellen. ▸ 3, 4
Diese genauen Zuordnungen sind für Bewegungen aller Art im Straßen-, Schienen- und Flugverkehr von besonderem Interesse und sind auch die Grundlage für autonomes Fahren.

2 Landemodul von Apollo 11

TABLE B-I. EARTH-FIXED LAUNCH SITE POSITIONS, VELOCITIES, AND ACCELERATIONS - ASCENT PHASE (CONT.)

TIME SEC	XE M	YE M	ZE M	DXE M/S	DYE M/S	DZE M/S	DDXE M/S SQ	DDYE M/S SQ	DDZE M/S SQ
S-IC CENTER ENGINE CUTOFF (ENGINE SOLENOID)									
135.160	43224	234	46594	755.7	10.5	1427.4	7.10	0.29	31.62
136.0	43860	243	47802	759.8	10.7	1451.5	3.61	0.28	25.17
137.0	44622	254	49267	763.5	11.0	1476.8	3.62	0.23	25.51
138.0	45387	265	50756	767.1	11.2	1502.5	3.63	0.19	25.84
139.0	46155	276	52271	770.7	11.4	1528.5	3.64	0.20	26.18
140.0	46928	288	53813	774.4	11.6	1554.8	3.66	0.15	26.54
141.0	47704	299	55381	778.0	11.7	1581.5	3.69	0.16	26.91
142.0	48484	311	56976	781.7	11.9	1608.6	3.71	0.18	27.26
143.0	49269	323	58599	785.5	12.1	1636.0	3.74	0.15	27.60
144.0	50055	335	60249	789.2	12.3	1663.9	3.77	0.21	27.95
145.0	50846	348	61927	793.0	12.5	1692.0	3.81	0.23	28.34
146.0	51641	360	63633	796.8	12.7	1720.6	3.84	0.25	28.68
147.0	52440	373	65368	800.7	13.0	1749.4	3.87	0.27	29.04
148.0	53242	386	67132	804.5	13.3	1778.7	3.91	0.28	29.43
149.0	54049	400	68925	808.5	13.6	1808.3	3.95	0.30	29.82
150.0	54859	413	70749	812.5	13.9	1838.3	4.00	0.31	30.22
151.0	55674	427	72602	816.5	14.2	1868.7	4.04	0.32	30.62
152.0	56492	442	74486	820.5	14.5	1899.6	4.09	0.33	31.03
153.0	57315	456	76402	824.6	14.8	1930.6	4.14	0.34	31.43
154.0	58141	471	78348	828.8	15.2	1962.2	4.19	0.34	31.84
155.0	58972	487	80327	833.0	15.5	1994.3	4.24	0.34	32.33
156.0	59808	502	82337	837.3	15.9	2026.8	4.31	0.32	32.77
157.0	60647	518	84381	841.6	16.2	2059.8	4.39	0.33	33.21
158.0	61491	535	86458	846.1	16.5	2093.3	4.47	0.37	33.71
159.0	62339	551	88568	850.6	16.9	2127.3	4.56	0.41	34.21
160.0	63192	569	90713	855.2	17.3	2161.7	4.67	0.37	34.69
161.0	64054	586	92903	859.9	17.7	2196.7	4.79	0.38	35.17
S-IC OUTBOARD ENGINE CUTOFF (ENGINE SOLENOID)									
161.630	64588	597	94272	862.9	17.9	2218.6	4.86	0.31	35.47
162.0	64915	604	95111	863.0	18.0	2226.5	-8.94	0.15	1.05
S-IC/S-II SEPARATION COMMAND									
162.310	65191	609	95804	863.2	18.1	2227.2	-8.94	0.14	1.05

3 Daten der Apollo-Mission

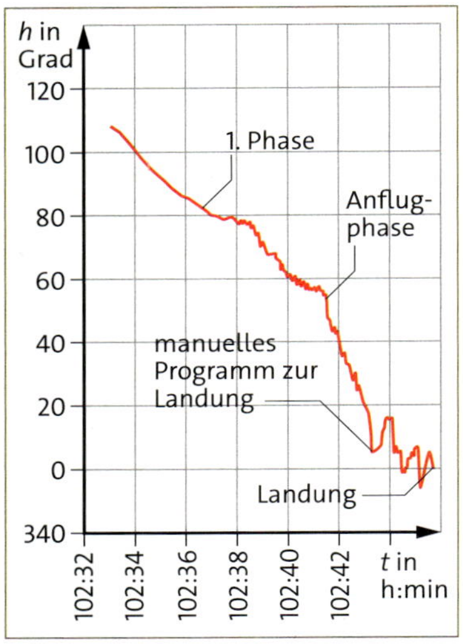

4 Bewegungsdiagramm Apollo 11

Aktivitäten

1 *t-x*-Diagramme

In den Bildern ▸ 5–10 sind verschiedene t-x-Diagramme gegeben. Sucht euch einen geeigneten Ort, um diese Diagramme „nachzugehen“. Es ist notwendig, dass ihr über verschiedene Wegmarken eine Skalierung einführt und auch den Ort des Ursprungs markiert.

a Bevor ihr losgeht: Interpretiert den jeweiligen Graphen und beschreibt das Diagramm mit eigenen Worten.

b Verwendet zum Gehen die Stoppuhr eures Smartphones. Notiert euch dann wesentliche Beobachtungen, die die Besonderheiten im t-x-Diagramm charakterisieren.

c Falls ihr noch Zeit habt: Kontrolliert eure Bewegung mithilfe einer Videoanalyse und gleicht das Ergebnis mit dem vorgegebenen Diagramm ab. Alternativ könnt ihr eure Bewegung mit einem Ultraschallsensor aufzeichnen lassen.

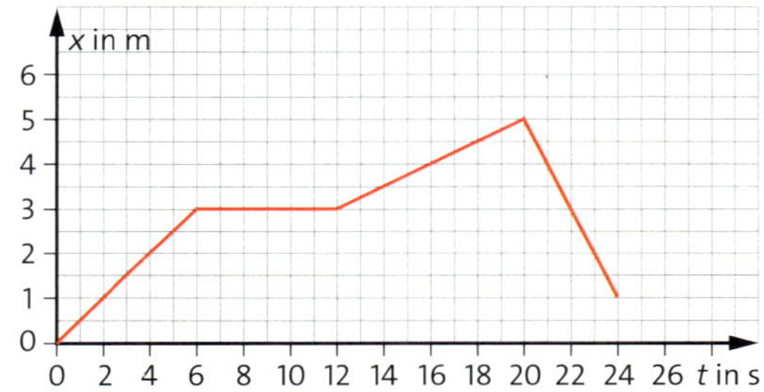

5 Diagramm 1

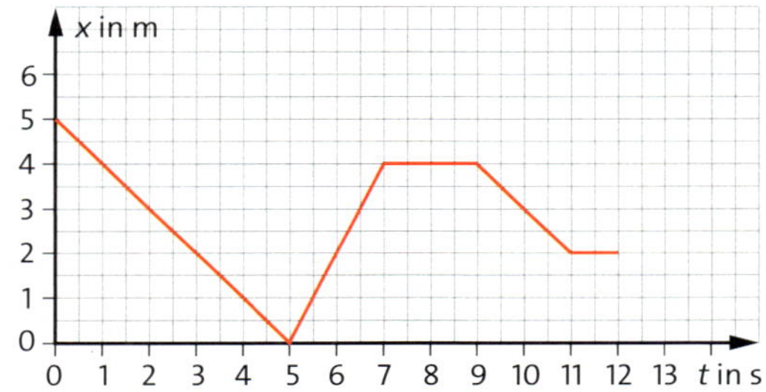

6 Diagramm 2

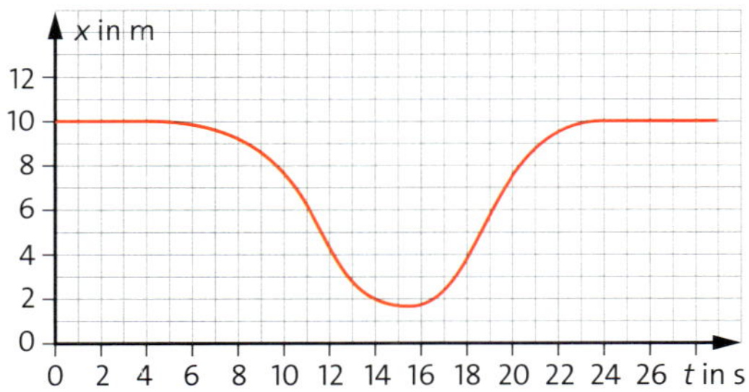

7 Diagramm 3

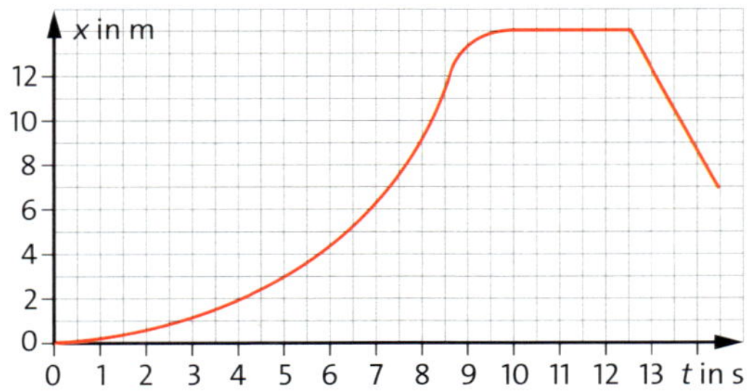

8 Diagramm 4

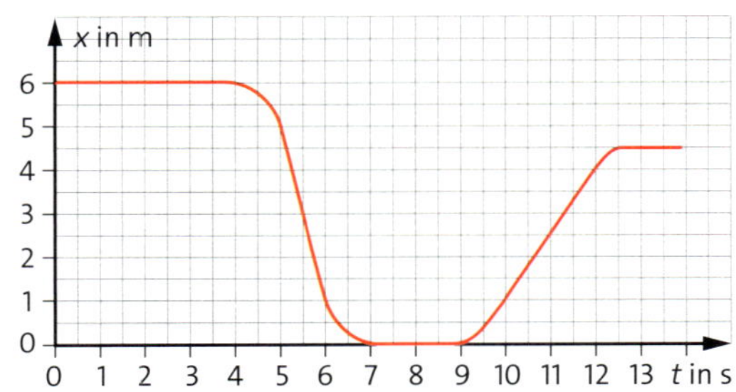

9 Diagramm 5

10 Diagramm 6

2 *t*-*v*-Diagramme

Die Bilder ▸ 1–4 zeigen verschiedene t-v-Diagramme.

a Versucht die Diagramme so gut wie möglich nachzugehen. Überlegt euch im Vorfeld Strategien und notiert diese im Heft.

b Skizziert zu den gegebenen t-v-Diagrammen qualitativ die zugehörigen t-x-Diagramme.

c Beschreibt und erläutert, was euch sowohl beim Gehen als auch beim Skizzieren der t-x-Diagramme auffällt. Stellt dazu entsprechende Hypothesen auf und versucht, sie zu begründen.

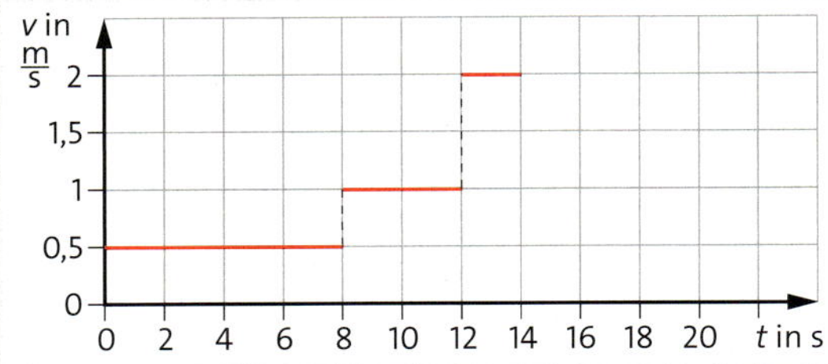

1 Diagramm 1

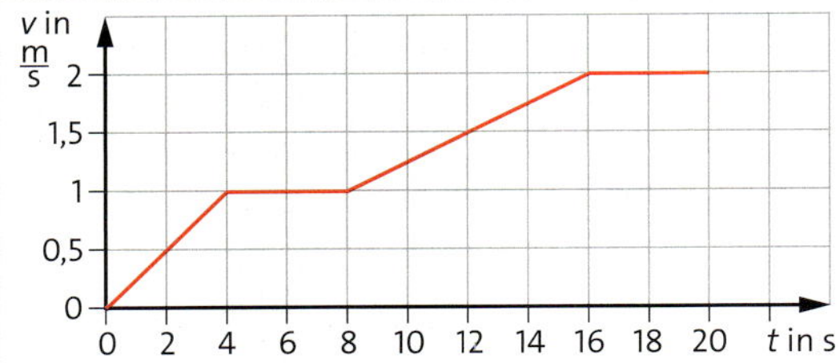

2 Diagramm 2

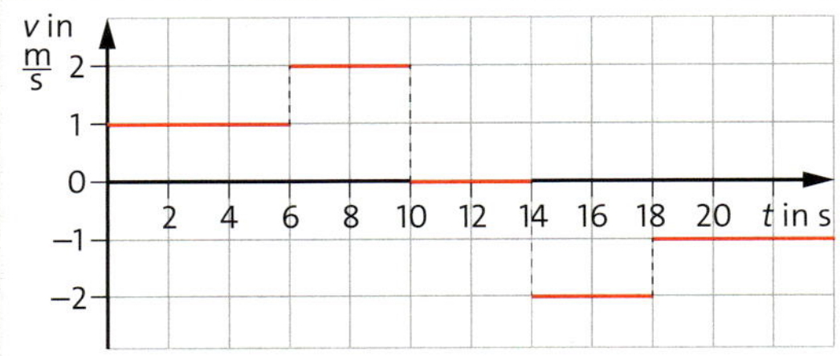

3 Diagramm 3

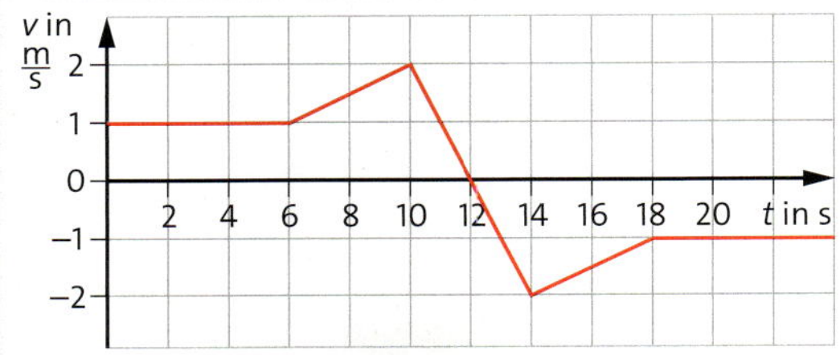

4 Diagramm 4

3 Digitales Daumenkino

Am Ende des 19. Jahrhunderts erhielt Eadweard Muybridge die Aufgabe, herauszubekommen, ob es bei der Bewegung von Pferden einen Zeitpunkt gibt, bei dem sich alle vier Hufe in der Luft befinden. Ihm gelang dies ohne Filmtechnik. ▸ 6

Du kannst mithilfe einer App (z. B. Stop-Motion-App) und deinem Smartphone auch ein digitales Daumenkino erstellen.

Erstelle zu folgendem t-v-Diagramm ein digitales Daumenkino. ▸ 7

Verwende dazu eine Spielzeugfigur deiner Wahl. Überprüfe das Ergebnis dann mithilfe einer Videoanalyse.

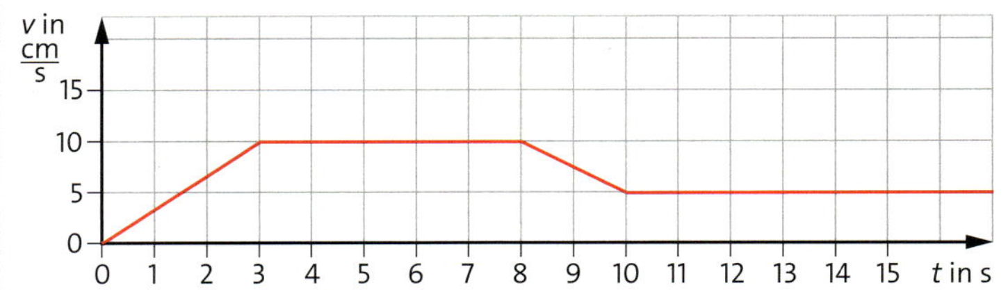

7 *t*-*v*-Diagramm

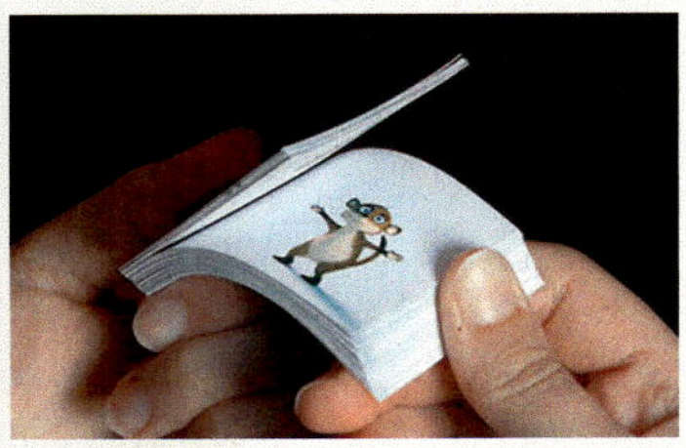

5 Klassisches Daumenkino

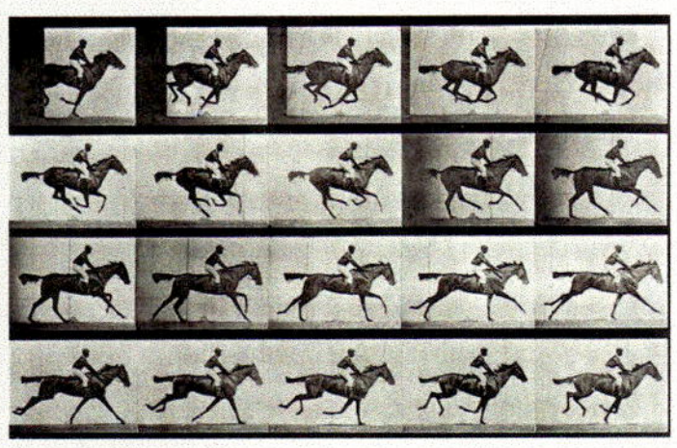

6 Jockey on a galloping horse

Aktivitäten

4 Geschwindigkeit auf der Passstraße Grödner Joch

⊕ Der zeitliche Abstand zwischen den Bildern ▸ 9–14 beträgt jeweils 5 s.

a Übertrage den Kartenausschnitt ▸ 8 in dein Heft und zeichne die Positionen des blauen und des weißen Fahrzeugs so ein, wie du sie auf den Fotos sehen kannst.

b Stelle die Bewegung der beiden Fahrzeuge in einem gemeinsamen *t*-*x*-Diagramm dar, indem du die einzelnen Messpunkte sinnvoll miteinander verbindest. Der Ursprung soll der Ort des blauen Fahrzeugs im ersten Bild sein. Der zurückgelegte Weg *x* soll – dem Straßenverlauf folgend – bergauf gemessen werden.

c Erstelle Vorschläge für eine bessere und genauere Darstellung der Bewegung in einem *t*-*x*-Diagramm.

d Skizziere das zugehörige *t*-*v*-Diagramm.

e Vergleiche exemplarisch die Größenordnung der Geschwindigkeit mit den Werten, die du über den Kartenausschnitt und den Maßstab erhältst. Nenne Gründe für mögliche Abweichungen.

f Du hast gelernt, dass die Geschwindigkeit mit einem Pfeil dargestellt werden kann. Nenne die Eigenschaft der Geschwindigkeit, die bei der Darstellung im Diagramm verloren geht.

g Erläutere die Auswirkungen, die eine Änderung des festgelegten Ursprungs auf das *t*-*x*-Diagramm hat.

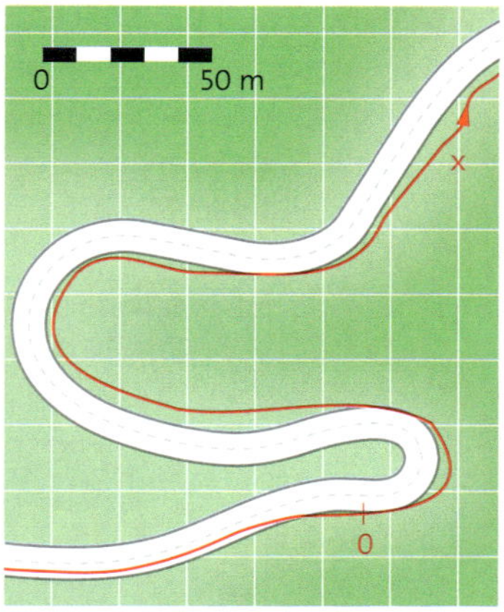

8 Kartenausschnitt

9 Bild A ($t_0 = 0$ s)

10 Bild B ($t_1 = 5$ s)

11 Bild C ($t_2 = 10$ s)

12 Bild D ($t_3 = 15$ s)

13 Bild E ($t_4 = 20$ s)

14 Bild F ($t_5 = 25$ s)

Aktivitäten

5 Diagramm-Puzzle

Mithilfe von Apps können durch das Smartphone Bewegungen aufgenommen und ausgewertet werden. Im Folgenden siehst du verschiedene Ansichten von drei Bewegungen:

- kurze Wanderung
- Fahrt mit dem Rennrad
- Fahrt mit Inlinern

Ordne die entsprechenden Diagramme den jeweiligen Bewegungen zu und werte sie hinsichtlich ihrer Informationen aus. ▸ 1–9

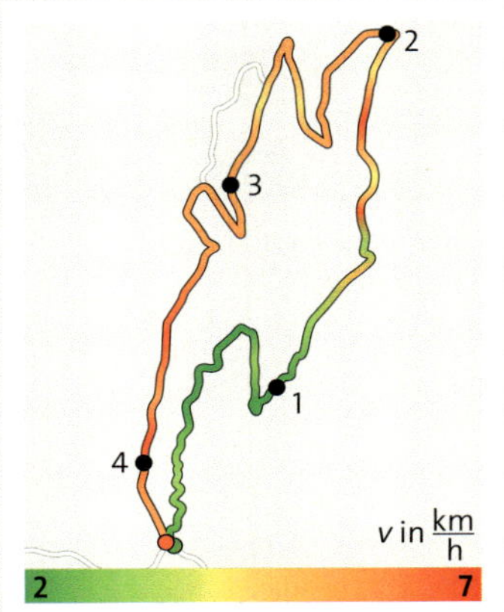

1 Bild A

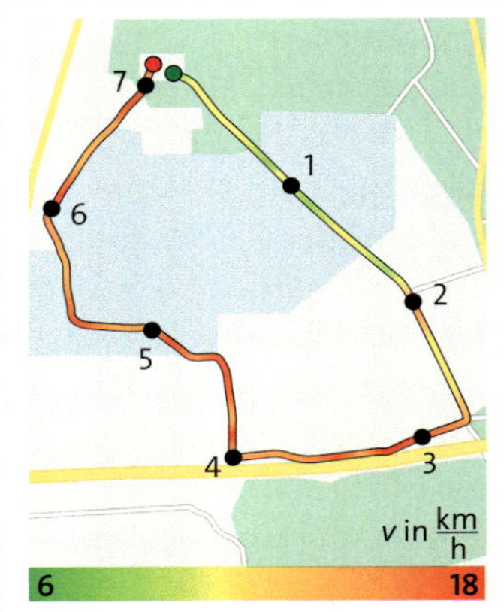

2 Bild B

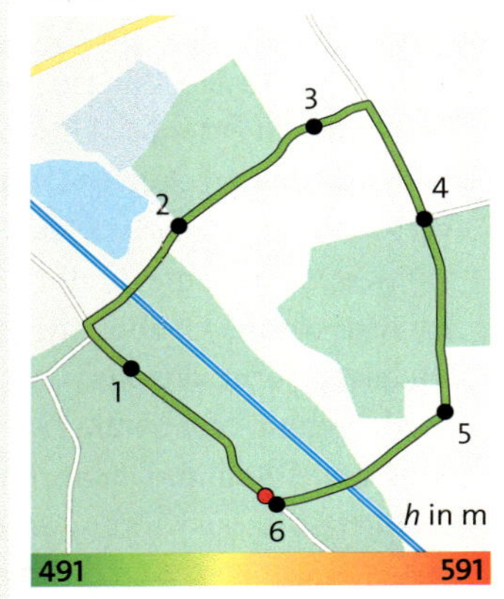

3 Bild C

↔	Distanz:	7,18 km
⏱	Dauer:	00:32:04 min
⏱Ø	durchschn. Pace:	04:28 $\frac{min}{km}$
Ø	v_D:	13,4 $\frac{km}{h}$
max	v_{max}:	18,3 $\frac{km}{h}$
↕	Höhe:	26 m

4 Bild D

31,1 $\frac{km}{h}$ schnellster Split — 6,0 m max Höhenmeter

km	Ø $\frac{km}{h}$	↕ m
2	28,3	0
4	31,1	0
6	28,5	6
6,1	9,3	0

5 Bild E

↔	Distanz:	4,20 km
⏱	Dauer:	00:56:50 min
⏱Ø	durchschn. Pace:	13:32 $\frac{min}{km}$
Ø	v_D:	4,4 $\frac{km}{h}$
max	v_{max}:	9,1 $\frac{km}{h}$
↕	Höhe:	363 m

6 Bild F

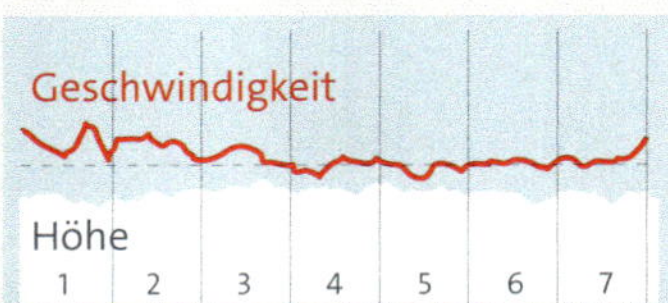

km	⏱ min	↑ m	↓ m
1,0	05:18	0	0
2,0	05:13	0	0
3,0	04:36	7	0
4,0	03:59	0	5
5,0	03:46	0	2

7 Bild G

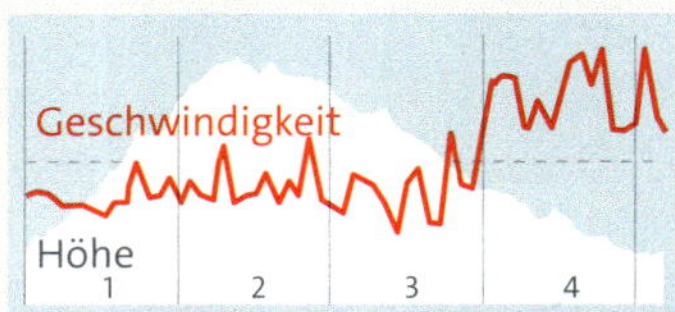

km	⏱ min	↑ m	↓ m
1,0	20:16	222	16
2,0	13:32	91	61
3,0	10:46	10	159
4,0	10:11	31	125
4,2	10:23	7	1

8 Bild H

28,7 $\frac{km}{h}$ Ø Geschwindigkeit — 6,0 m max Höhenmeter

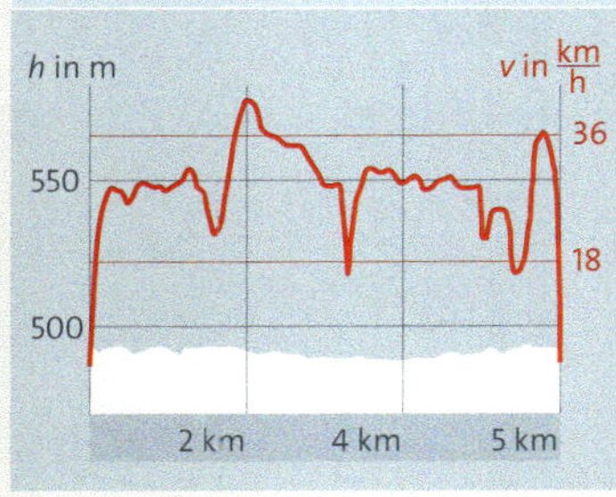

9 Bild I

Grundlagen Bewegungsdiagramme

Bei Abfahrtsrennen – wie z. B. auf der Streif in Kitzbühel – werden mehrere Zwischenzeiten genommen. Dies liefert wertvolle Rückschlüsse über die Fahrt in den einzelnen Passagen des Rennens. Der zurückgelegte Weg x wird dabei durch den Streckenverlauf der Abfahrt festgelegt. ▸ 10
So könnte bei zwei Abfahrtsläufern der Rennverlauf aussehen:

zurückgelegte Strecke	350 m	800 m	1350 m
benötigte Zeit von Franz	15,93 s	32,04 s	50,43 s
benötigte Zeit von Toni	15,78 s	31,98 s	51,15 s

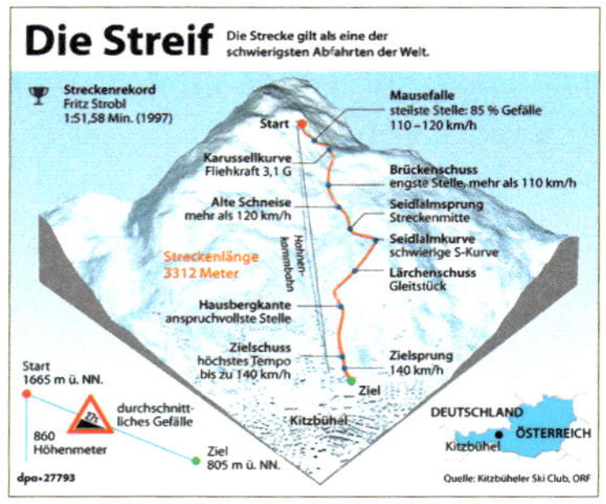

10 Die Streif – Kitzbühel

Der Vergleich der Zeiten für die zurückgelegte Strecke zeigt, wie gut z. B. der erste Abschnitt mit anspruchsvollen Kurven gefahren wurde, wie gut das Material im zweiten Abschnitt war oder wie gut die Sprünge im dritten Abschnitt absolviert worden sind. ▸ 11
Für eine genauere Analyse bräuchte man allerdings nicht nur die zurückgelegte Strecke, sondern den genauen Ort, an dem sich der Skifahrer zu einem bestimmten Zeitpunkt befunden hat. Im dreidimensionalen Raum wären das dann auch drei Koordinaten (x|y|z). Gleichzeitig wären deutlich mehr „Messpunkte" notwendig. Im Formel-1-Rennsport wird dies z. B. mithilfe von Sensoren und passender Software gewährleistet.

11 Abfahrtsläufer

Im Modellexperiment wurde hier der freie Fall – eine geradlinige Bewegung – eines Fallkegels mithilfe der Videoanalyse untersucht. ▸ 12
Dabei wird das aufgenommene Video durch die Software automatisch in Einzelbilder – einzelne Orte mit der dazugehörigen Zeit – zerlegt. Man erhält also viele Zeit-Ort-Wertepaare, die dann in ein Zeit-Ort-Diagramm überführt werden. Auf diese Weise erhält man „auf einen Blick" viele Informationen über diese Bewegung. ▸ 13

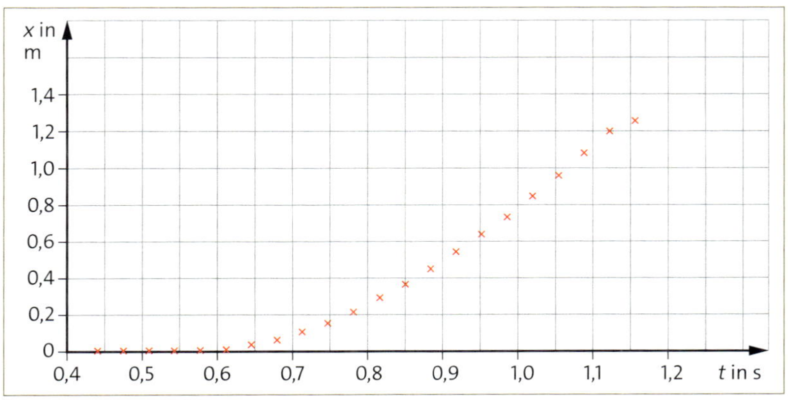

13 t-x-Diagramm

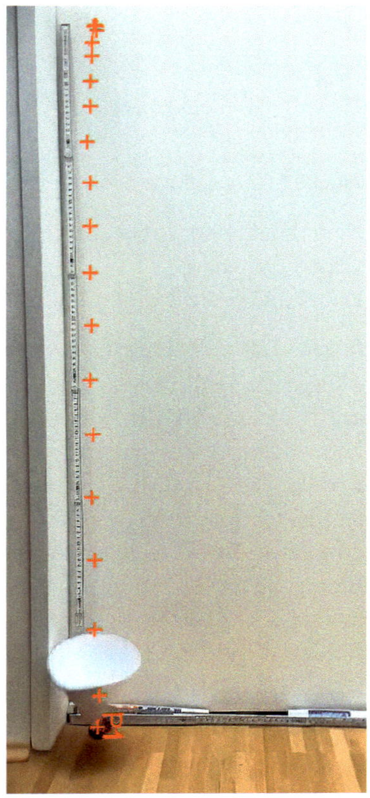
12 Videoanalyse

Eine Bewegung kann durch Zeit-Ort-Wertepaare (t|x) beschrieben werden. Dabei stellt der Ort x den zurückgelegten Weg vom Ursprung dar. Die Wertepaare können als Graph dargestellt werden. Man nennt diesen Graphen Zeit-Ort-Diagramm oder kurz t-x-Diagramm.

Methode Messdaten für Bewegungsdiagramme gewinnen

Leon läuft die 100 m auf Zeit. Sein Freund Tom hat die Aufgabe, den Lauf zu dokumentieren. ▸ 1
In der Physik geht es also darum, die *Messgrößen* Zeit t und Ort x mithilfe geeigneter Werkzeuge zu erfassen, entsprechende Werte zu notieren (z. B. in einer Tabelle) und sie anschließend grafisch (z. B. in einem Zeit-Ort-Diagramm) darzustellen.

1 100-m-Sprint

Tom muss darauf achten, dass er *genügend viele Wertepaare* bekommt, so dass er den Graphen anschließend zeichnen und auch interpretieren kann. Unabhängig vom verwendeten Werkzeug zur Erfassung der Messgrößen kann Tom die Wertepaare bekommen, indem er …
- *zu fest vorgegebenen Zeiten* (in regelmäßigen zeitlichen Abständen) den Ort erfasst (▸ Tabelle 1).
- *feste Ortspositionen* entlang der Strecke vorgibt und bei Passieren des Läufers die Zeit erfasst (▸ Tabelle 2).

Die erste Variante wird vorrangig in den Naturwissenschaften genutzt, die zweite häufig im Sport (z. B. Rundenzeiten beim Joggen) angewandt.

t in s	0,0	1,0	2,0	3,0	4,0	...
x in m	?	?	?	?	?	?

Tabelle 1 Vorgegebene Zeiten – gemessene Orte

t in s	?	?	?	?	?	?
x in m	0	10	20	30	40	...

Tabelle 2 Vorgegebene Orte – gemessene Zeiten

Zum konkreten Erfassen der Messgrößen benötigt man das richtige „Handwerkszeug".
Dabei sind verschiedene Optionen möglich.

A Manuell – Messdaten „von Hand" gewinnen

Messgeräte sind hier eine Uhr mit Sekundenanzeige oder eine Stoppuhr und viele Maßbänder oder Messlatten. Die Maßbänder/Messlatten legt Tom entlang der geplanten Laufstrecke aus.
Sprintet Leon, so stehen Tom und 9 weitere Mitschülerinnen und Mitschüler an der 100-m-Bahn. Sie stoppen die Zeiten, die Leon für die ersten 10 m, 20 m, 30 m, … 100 m benötigt. Alle Wertepaare werden notiert. Die Bewegung ist vollständig dokumentiert. Die Zeit-Ort-Wertepaare können in eine Tabelle eingetragen oder in einem Zeit-Ort-Diagramm dargestellt werden. ▸ Tabelle 3, Bild 2

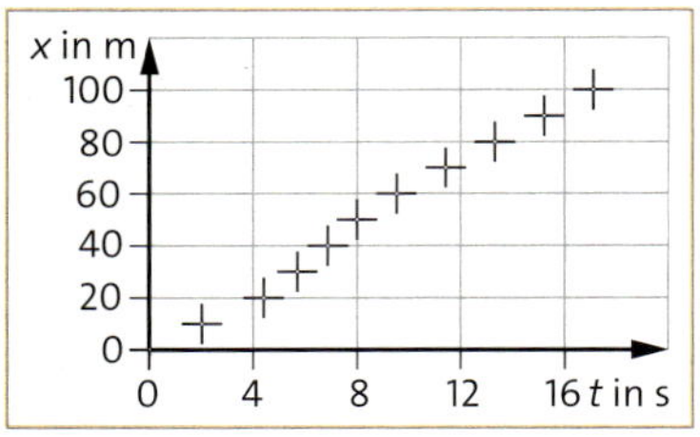

2 t-x-Diagramm

t in s	0,00	2,67	4,39	5,69	6,87	8,02	9,53	11,43	13,33	15,33	17,41
x in m	0,00	10,0	20,0	30,0	40,0	50,0	60,0	70,0	80,0	90,0	100

Tabelle 3 Messwerte

Bestimmung der Geschwindigkeit aus der Tabelle mit Wertepaaren (x|t)

Mit den Messwerten aus ▸ Tabelle 3 kann die mittlere Geschwindigkeit $\overline{v}$ in den 10 Zeitintervallen errechnet werden: $\overline{v} = \frac{\Delta x}{\Delta t}$.

Beispiel

t in s	2,67	4,39	11,43	13,33
x in m	10,0	20,0	70,0	80,0
$\overline{v}$	$\overline{v} = \frac{(20{,}0\,m - 10{,}0\,m)}{(4{,}39\,s - 2{,}67\,s)} = 5{,}81\,\frac{m}{s}$		$\overline{v} = \frac{(80{,}0\,m - 70{,}0\,m)}{(13{,}33\,s - 11{,}43\,s)} = 5{,}26\,\frac{m}{s}$	

Tabelle 4 Berechnung der mittleren Geschwindigkeit

HINWEIS

Für sehr kleine Zeitintervalle entspricht die mittlere nahezu der momentanen Geschwindigkeit. Ändert sich die Geschwindigkeit innerhalb eines größeren Zeitintervalls, so macht der Wert für die mittlere Geschwindigkeit tatsächlich nur „im Mittel“ eine Aussage bezogen auf das Intervall. Für die Darstellung im Diagramm benötigt man aber Zeitpunkte und momentane Geschwindigkeiten.

Die tatsächliche momentane Geschwindigkeit wird am wahrscheinlichsten durch den Wert der mittleren Geschwindigkeit in der Mitte des zugehörigen Zeitintervalls repräsentiert. Dadurch gibt es dann eine momentane Geschwindigkeit, die der Mitte des jeweiligen Zeitintervalls zugeordnet wird. ▸ Tabellen 5 und 6

t in s	0,00	2,67	4,39	5,69	6,87	8,02	9,53	11,43	13,33	15,33	17,41
x in m	0,00	10,0	20,0	30,0	40,0	50,0	60,0	70,0	80,0	90,0	100
	Berechnung der möglichen Zeitintervalle										
Δt in s	2,67		1,30		1,15		1,90		2,00		
Δt in s		1,72		1,18		1,51		1,90		2,08	
	Berechnung der mittleren Geschwindigkeiten										
$\overline{v}$ in $\frac{m}{s}$	3,75		7,69		8,70		5,26		5,00		
$\overline{v}$ in $\frac{m}{s}$		5,81		8,47		6,62		5,26		4,81	

Tabelle 5 Mögliche Zeitintervalle und mittlere Geschwindigkeiten

Mitte des Zeitintervalls in s	1,34	3,53	5,04	6,28	7,45	8,78	10,48	12,38	14,33	16,37
$\overline{v}$ in $\frac{m}{s}$	3,75	5,81	7,69	8,47	8,70	6,62	5,26	5,26	5,00	4,81

Tabelle 6 Zuordnung der Mitten der Zeitintervalle und mittleren Geschwindigkeiten

Tom kann nun anhand der ▸ Tabelle 6 den Zusammenhang zwischen Zeit t und Geschwindigkeit v, also den zeitlichen Verlauf der Geschwindigkeit, in einem Diagramm darstellen. ▸ 3

Hier wurden nur Messwerte eines einzigen Laufs aufgenommen. Deshalb treten, wie bei jeder Messung, zwangsläufig Ungenauigkeiten auf. Darum sollte der Lauf mehrmals wiederholt und dokumentiert werden.

Die Vorgehensweise bei dieser „manuellen“ Art, die Messdaten zu gewinnen und weiterzuverarbeiten, ist allerdings sehr mühselig.

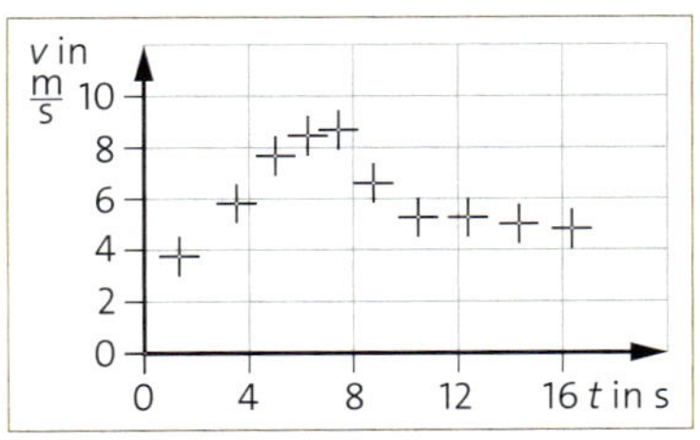

3 *t*-*v*-Diagramm

B Digital –Video und Videoanalysesoftware

Tom kann auch die Bewegung mit einer Videokamera aufnehmen und mithilfe einer Videoanalysesoftware Informationen über Ort und Zeit bekommen. Auch die Weiterverarbeitung mithilfe der Software ist deutlich komfortabler als von Hand, besonders, wenn es sich um viele Messwerte handelt.
Bezüglich des Aufnahmegeräts genügt ein Smartphone, allerdings muss darauf geachtet werden, dass parallel zur Bewegungsebene und unter kleinem Winkel (mit genügend Abstand) gefilmt wird.

1 Videoanalyse 1

2 Videoanalyse 2

3 Videoanalyse 3

In den ▸ Bildern 1 und 2 ist ein Ausschnitt aus dem Video eines Sprints von Sergej zu sehen. Das Video wurde mit einer Bildrate von 30 Bildern pro Sekunde aufgenommen, d. h., zwischen zwei Bildern liegt eine zeitliche Differenz von $\Delta t = \frac{1}{30}\,\text{s} = 0{,}033\,\text{s} = 33\,\text{ms}$. Das erste Bild wurde also zum Zeitpunkt $t_1 = 0\,\text{s}$ aufgenommen, das zweite zum Zeitpunkt $t_2 = 0{,}033\,\text{s}$ usw.

Für eine vollständige Beschreibung der Bewegung muss noch der Ort zum jeweiligen Zeitpunkt bekannt sein. Dafür bekommt der Läufer vor der Aufnahme eine Markierung (gelber Punkt), die während der Aufnahme fest mit einer Stelle seines Körpers verbunden und gut sichtbar ist.
Eine Videoanalysesoftware kann das Video einlesen und registriert dabei bereits die Information über die physikalische Größe „Zeit". Die Software kann Information darüber bereitstellen, wie viele Pixel die Markierung (gelber Punkt) im Bild und damit der Läufer von Bild zu Bild zurückgelegt hat. Für eine Ortsangabe in Metern muss eine Umrechnung von Pixeln in Meter vorgenommen werden. So kann z. B. anhand eines Startbilds die Software kalibriert werden. ▸ Bild 3 zeigt ein Beispiel für eine Kalibrierung: 270 Pixel in vertikaler Richtung entsprechen 1,80 m.
Tipp: Man muss nicht unbedingt den Läufer vermessen. Alternativ kann auch ein Gegenstand bekannter Länge (Maßstab) im Bild platziert und mit dem Video aufgenommen werden.

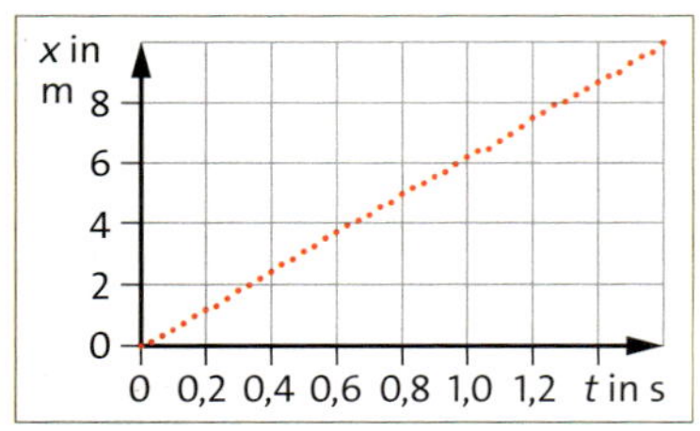

4 *t-x*-Diagramm

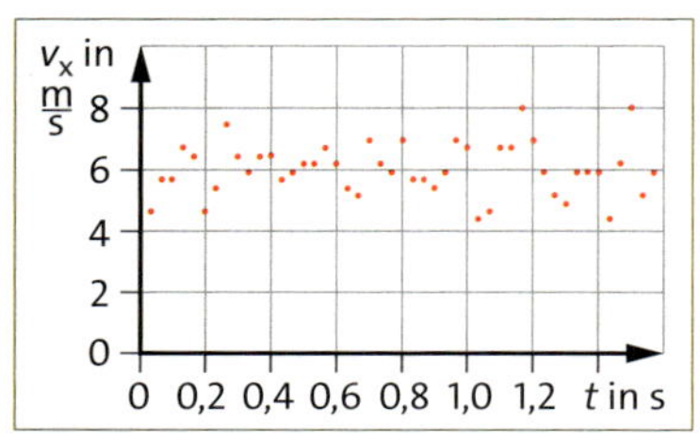

5 *t-v*-Diagramm

Die Videoanalyse liefert als Ergebnis:
- Den zeitlichen Verlauf der Bewegung der Markierung (des Läufers). Diese wird als „Spur" direkt im Video eingezeichnet. Die Spur liefert eine erste Aussage über die Bewegung. Z. B.: Es handelt sich um eine Bewegung in horizontaler Richtung.
- Eine Tabelle mit Einträgen für Zeit t, Ort (in horizontaler Richtung) x und Ort in vertikaler Richtung y.
- ein t-x-Diagramm mit Messpunkten $(t|x)$. ▸ 4
- ein errechnetes t-v-Diagramm. ▸ 5

C Messdaten weiterverarbeiten – weitere physikalische Größen und Funktionswerte aus den gemessenen Größen berechnen

Es gibt unterschiedliche Möglichkeiten, Messdaten zu gewinnen. Unabhängig davon, welche gewählt wurde, können Messdaten anschließend weiterverarbeitet werden. Dabei ist eine Weiterverarbeitung in der Praxis meist einfacher, wenn die Messdaten in digitaler Form vorliegen.

1 *Es lassen sich weitere physikalische Größen aus den gemessenen berechnen.*
Z. B.: Ausgehend von der gemessenen Höhe h zum Zeitpunkt t kann die Höhenenergie eines Körpers zu diesem Zeitpunkt berechnet werden.
Beispiel: Es lässt sich die Höhenenergie eines Sportlers beim Sprung vom 3-m-Brett 2 s nach dem Absprung berechnen, wenn der Ort (die Höhe) zum Zeitpunkt $t = 2\,\text{s}$ messtechnisch erfasst wurde. ▸ 6

6 Sprung vom 3-m-Brett

2 *Es können komplexe Formeln bzw. Funktionen aufgestellt werden.*
Z. B.: Aus den Messgrößen für Zeit t und Weg x (Höhe h) lassen sich die Energien E_{pot} und E_{kin} zu bestimmten Zeiten berechnen. Die Formel $E_{ges}(t) = E_{kin}(t) + E_{pot}(t)$ beschreibt die Gesamtenergie eines Körpers oder Systems in Abhängigkeit von der Zeit.
Beispiel: Beim Sprung vom 3-m-Brett kann man die Summe aus kinetischer und potenzieller Energie des Springers in Abhängigkeit von der Zeit betrachten und grafisch darstellen.

3 *Die Messung dient dazu, Theorien oder Vermutungen zu bestätigen oder sie zu widerlegen.*
Z. B.: Messdaten können in ein Diagramm eingetragen werden, in dem bereits ein Graph vorhanden ist, der eine Theorie oder Vermutung beschreibt. Es gilt also, Abweichungen der Messwerte gegenüber der theoretischen Kurve auszumachen und zu interpretieren.
Beispiel: Es wird die Hypothese aufgestellt: „Wenn ein Abschlag vom Tor ohne Drall erfolgt, dann gleicht die Bahnkurve der eines schrägen Wurfs." Abschusswinkel und Anfangsgeschwindigkeit geben die theoretische Kurve vor.
Die Messdaten werden in das gleiche Diagramm eingetragen. Die Vermutung wird bestätigt oder widerlegt.

4 *Es lässt sich eine Gesetzmäßigkeit oder Vermutung aufstellen, die die zugrundeliegende Messung mathematisch beschreibt.*
Z. B.: Messdaten werden in einem Diagramm mithilfe einer Ausgleichskurve mathematisch exakt und physikalisch richtig dargestellt und angepasst.
Der Verlauf der Ausgleichskurve ist Grundlage für die Formulierung der Gesetzmäßigkeit oder der Vermutung.
Beispiel: Im Diagramm werden die Messwerte für den freien Fall einer Kugel dargestellt. Die Ausgleichkurve kann durch eine quadratische Funktion der Form $y(t) = a \cdot t^2$ mit $a = 9{,}81\,\frac{\text{m}}{\text{s}^2}$ beschrieben werden. Diese Gleichung beschreibt die Gesetzmäßigkeiten, die beim freien Fall vorliegen.

Beispiel 1

Tennisbälle müssen im Turniersport einer Norm genügen, die durch das „Sprungverhalten" charakterisiert wird: Der Tennisball wird aus einer Höhe von 2,54 m (100 Inch) losgelassen. Erreicht der Tennisball („type slow" oder „type medium") nach dem Auftreffen auf hartem Boden eine Höhe von 1,35 m bis 1,47 m (54 % bis 58 % der Fallhöhe), so erfüllt er die ITF-Norm (ITF: International Tennis Federation).

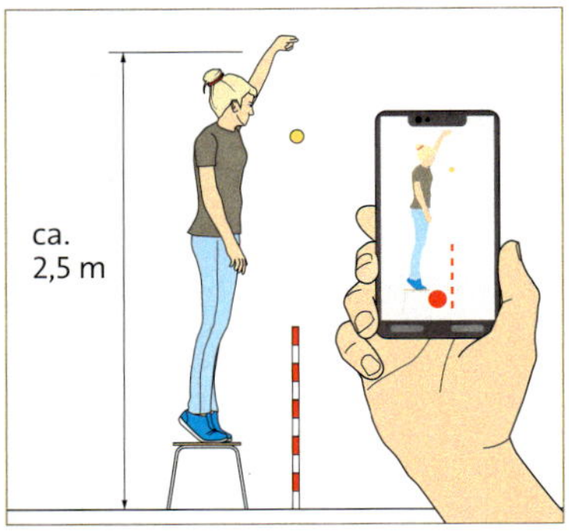

1 Experiment

Physikalisch betrachtet geht es hier um die Durchführung, Auswertung und Analyse eines freien Falls. Aufbau und Durchführung des Modellexperiments sind in ▸ Bild 1 dargestellt.
Die Messdaten für Zeit t und Höhe h wurden mithilfe einer Videoanalyse gewonnen. Aus den Daten wurde ein Zeit-Weg-Diagramm gewonnen. ▸ 2

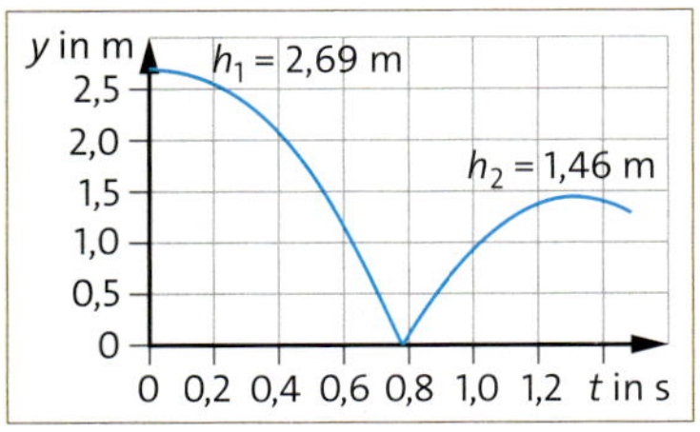

2 t-y-Diagramm

Die Auswertung des Diagramms zeigt, dass der Ball aus einer Höhe von 2,69 m fallen gelassen wurde. Nach dem Auftreffen auf einem harten Boden erreicht er eine Höhe von 1,46 m, das sind 54 % der Fallhöhe. Die gewonnenen Messdaten lassen im Rahmen der Modellierung (2,69 m Fallhöhe statt 2,54 m) den Schluss zu, dass der Tennisball der Norm genügt.
Um tatsächlich eine Beschreibung der Bewegung zu jedem Zeitpunkt t zu haben und nicht nur zu den Zeitpunkten, die durch die Erfassung der Messung vorliegen, wurde mithilfe der Software eine Ausgleichskurve durch die Messwerte gelegt.
Mit einer Videoanalysesoftware ist es möglich, zu jedem Zeitpunkt Werte für $E_h(t) = m \cdot g \cdot h(t)$ zu ermitteln und entsprechend den Graphen für $E_h(t)$ zu zeichnen. ▸ 3
Aus den Werten von Höhe und Zeit berechnet die Software die Geschwindigkeit in vertikaler Richtung in Abhängigkeit von der Zeit. Daraus werden Werte für die Funktion $E_{kin}(t) = \frac{1}{2} m \cdot v(t)^2$ berechnet und der Graph im Diagramm dargestellt. ▸ 3
Aus zeitabhängiger potenzieller und kinetischer Energie lassen sich die Werte für die Gesamtenergie $E_{ges}(t) = E_h(t) + E_{kin}(t)$ berechnen. ▸ 3

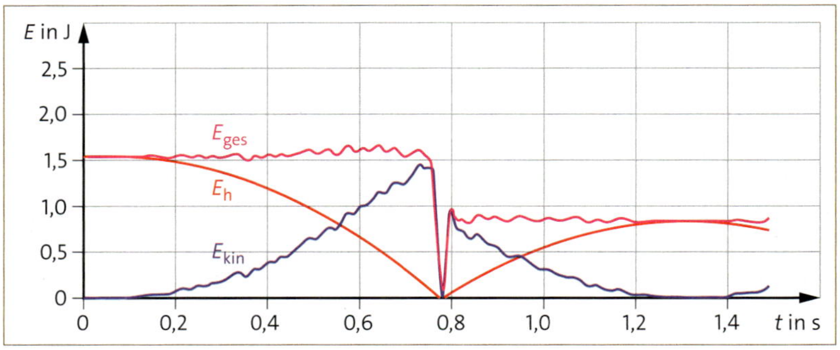

3 t-E-Diagramm

Die Höhenenergie nimmt mit sinkender Höhe ab, gleichzeitig nimmt die kinetische Energie zu. Nach Auftreffen auf dem Boden nimmt die Höhenenergie wieder zu, die kinetische Energie hingegen ab.
Die Gesamtenergie ist während des Falls konstant. Ihr Wert ändert sich sprunghaft mit dem Auftreffen auf den Boden.

Beispiel 2

Beschleunigungssensoren, wie sie z. B. in einem Smartphone verbaut sind, messen die Beschleunigung in Abhängigkeit von der Zeit. Meist handelt es sich sogar um 3-achsige Sensoren, so dass die Beschleunigung in den drei Raumrichtungen ermittelt werden kann.

Zur Messung der Beschleunigung in einem Flugzeug (Airbus A320-300) wurde ein Smartphone zunächst in den Flugmodus geschaltet. Der Beschleunigungssensor ist auch im Flugmodus aktiv. Befestigt wurde der Sensor an der Armlehne eines Sitzes. Die gewonnenen Messdaten (schwarz) sind im Diagramm (▸ Bild 4) dargestellt.

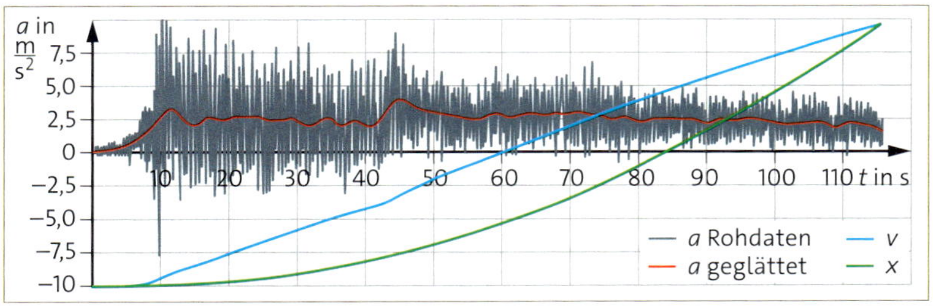

4 Daten des Beschleunigungssensors

HINWEIS

Im Diagramm (▸ 4) fehlen die Achsen für *v* und *x*. Siehe dazu ▸ Bilder 5 und 6

Im Folgenden wird exemplarisch die Startphase betrachtet.

Die Messung der Beschleunigung wurde während des Halts vor dem Durchstarten des Flugzeugs auf der Startbahn begonnen. Innerhalb der ersten 10 s findet eine starke Zunahme der Beschleunigung statt.

In der grafischen Darstellung ist von $t = 40$ s bis $t = 45$ s eine deutliche Zunahme der Beschleunigung auszumachen.

Im Zeitraum von $t = 40$ s bis $t = 45$ s nahm die Schräglage des Flugzeuges zu. Zum Zeitpunkt $t = 45$ s hob es komplett ab.

Eine Software erlaubt die Ermittlung der Geschwindigkeit aus den Werten für die Beschleunigung: Nach 40 s hat das Flugzeug eine Geschwindigkeit von etwa $80\,\frac{\text{m}}{\text{s}} = 290\,\frac{\text{km}}{\text{h}}$ erreicht. ▸ 5

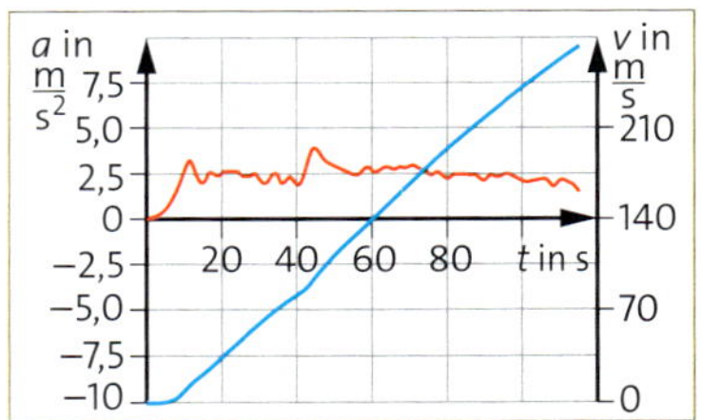

5 Beschleunigung und Geschwindigkeit

„Von Hand" ist die Ermittlung der Geschwindigkeit aus der Ausgleichskurve durch die Messpunkte im Zeit-Beschleunigung-Diagramm (rot) ebenfalls möglich, wenn auch sehr mühsam:

Nach einer Sekunde ist $v(1\,\text{s}) = \overline{a_1} \cdot 1\,\text{s} + v_0$.

v_0 ist die Geschwindigkeit zu Beginn des Zeitintervalls zwischen 0 und 1 s. $\overline{a_1}$ ist die mittlere Beschleunigung in diesem Intervall. Sie kann z. B. aus dem Graphen im Zeit-Beschleunigung-Diagramm ermittelt werden.

Nach 2 Sekunden ist $v(2\,\text{s}) = \overline{a_2} \cdot 1\,\text{s} + v(1\,\text{s})$.

Die Anfangsgeschwindigkeit ist nun die am Beginn des neuen Zeitintervalls zwischen 1 s und 2 s. $\overline{a_2}$ ist die mittlere Beschleunigung in diesem Intervall.

Je kleiner die Zeitintervalle (hier: 1 s) gewählt werden, umso genauer sind die Werte für die Geschwindigkeit.

Über das Bilden von Produkten lässt sich aus einem Zeit-Geschwindigkeit-Diagramm dann auch ein Zeit-Weg-Diagramm erstellen. ▸ 6

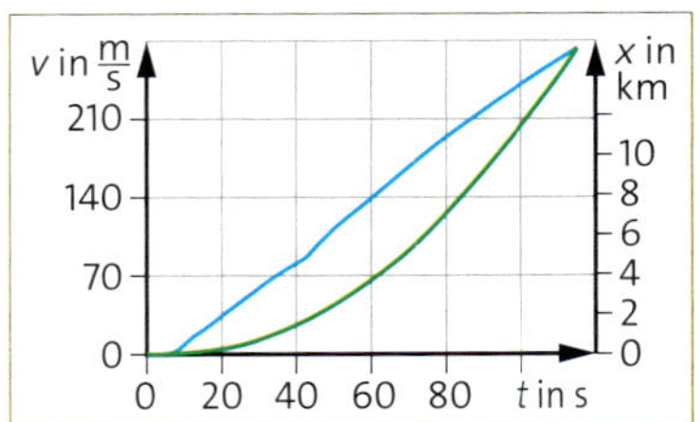

6 Geschwindigkeit und Weg

Grundlagen Bewegungen darstellen und beschreiben

Im folgenden Beispiel wird die geradlinige Bewegung eines Radfahrers auf einer geneigten Straße dokumentiert, in Diagrammen dargestellt und beschrieben. Die Fahrt gliedert sich in verschiedene Abschnitte, die jeweils charakteristisch für einen bestimmten Bewegungstyp sind. ▸ 1–4
Auf den ▸ Seiten 104 ff. werden verschiedene Möglichkeiten zur Aufnahme von Bewegungen, deren Analyse und zur Erstellung von Diagrammen vorgestellt.
Es wird auch gezeigt, wie man aus dem t-x-Diagramm das t-v-Diagramm (Zeit-Geschwindigkeit) entwickeln kann. Ebenso ist es aber möglich, aus dem t-v-Diagramm das t-x-Diagramm zu entwickeln.

1 Ausgangssituation

2 Richtung und Vorzeichen der Geschwindigkeit

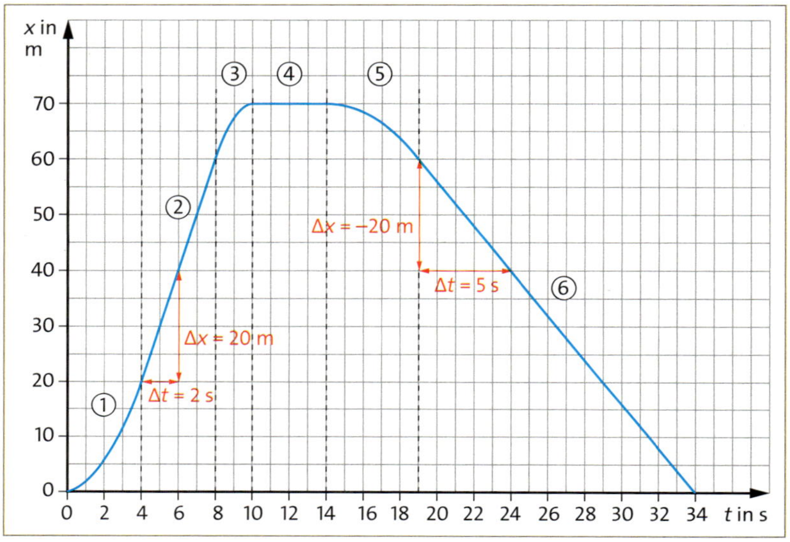

3 t-x-Diagramm

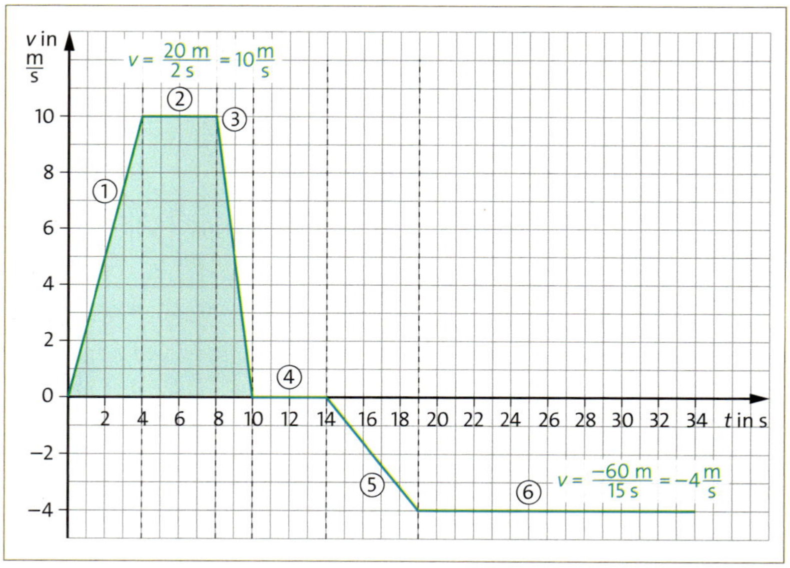

4 t-v-Diagramm

Abschnitt/Beschreibung	***t*-*x*-Diagramm**	***t*-*v*-Diagramm**	**Zusammenhänge**
Abschnitt 1 (0 s – 4 s) Der Fahrradfahrer fährt aus dem Stand den Berg hinunter. Er beschleunigt. In gleichen Zeitabschnitten legt der Fahrradfahrer immer größere Streckenabschnitte zurück. Die Geschwindigkeit nimmt konstant zu. 	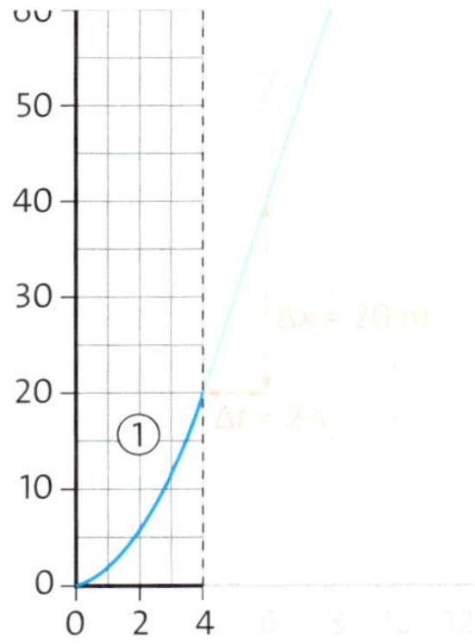 Der Graph hat die Form einer Parabel.	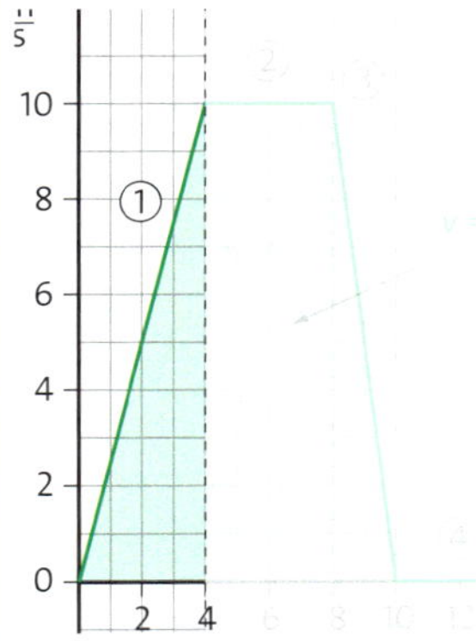 Der Graph ist eine Gerade mit positiver Steigung.	Die Beschleunigung entspricht der Steigung der Geraden im *t*-*v*-Diagramm: $a = \frac{\Delta v}{\Delta t}$ Im Beispiel ist die Beschleunigung positiv.
Abschnitt 2 (4 s – 8 s) Das Fahrrad fährt mit konstanter Geschwindigkeit. In gleichen Zeitabschnitten legt es gleiche Streckenabschnitte zurück. 	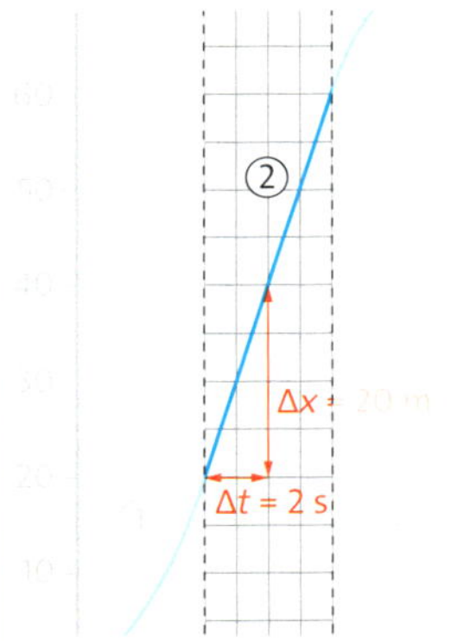 Der Graph ist eine Gerade mit positiver Steigung.	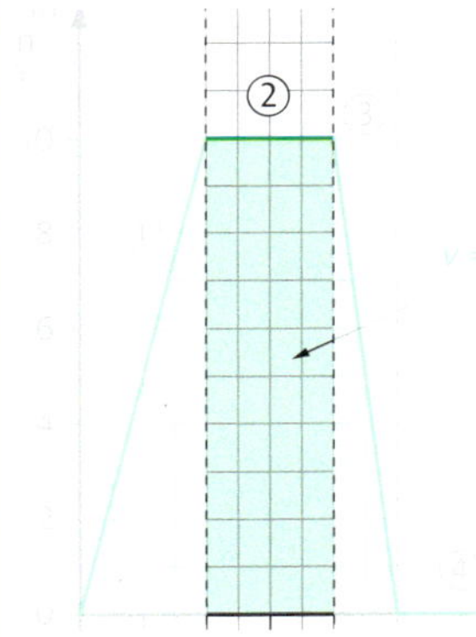 Die Geschwindigkeit ist konstant. Der Graph verläuft parallel zur *t*-Achse.	Der Anstieg der Geraden im *t*-*x*-Diagramm entspricht der Geschwindigkeit: $v = \frac{\Delta x}{\Delta t}$
Abschnitt 3 (8 s – 10 s) Der Fahrradfahrer bremst bis zum Stillstand. Er legt in gleichen Zeitabschnitten immer kürzere Wege zurück. 	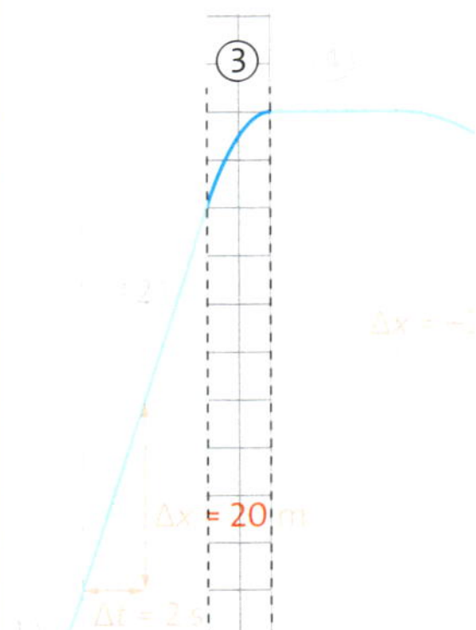 Der Graph hat die Form eines nach unten geöffneten Parabelabschnitts.	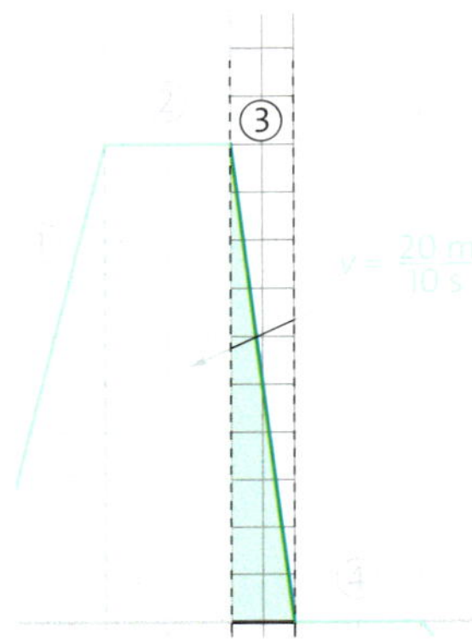 Die Geschwindigkeit nimmt konstant ab. Der Graph ist Teil einer Geraden mit negativer Steigung.	Die Beschleunigung entspricht der Steigung der Geraden im *t*-*v*-Diagramm: $a = \frac{\Delta v}{\Delta t}$ Im Beispiel ist die Beschleunigung negativ.

Abschnitt/Beschreibung	***t-x*-Diagramm**	***t-v*-Diagramm**	**Zusammenhänge**
Abschnitt 4 (10 s – 14 s) Der Fahrradfahrer steht und dreht sein Fahrrad um. Der Ort in *x*-Richtung verändert sich damit nicht.	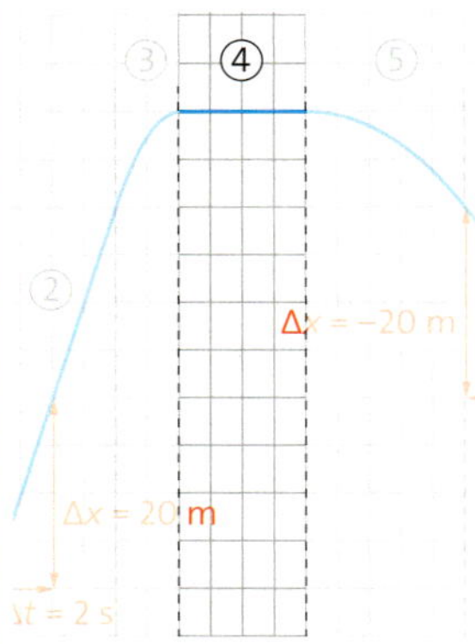 Der Graph ist eine Parallele zur *t*-Achse.	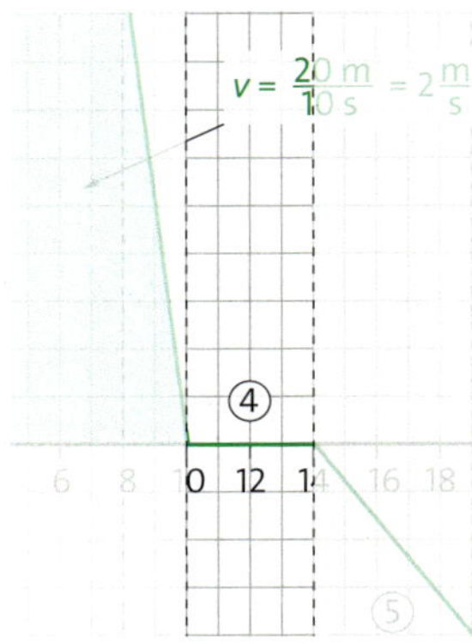 Der Graph liegt auf der *t*-Achse, da die Geschwindigkeit null ist.	
Abschnitt 5 (14 s – 19 s) Der Radfahrer fährt den Berg hinauf. Er beschleunigt sein Fahrrad. Die Streckenabschnitte werden in gleichen Zeitintervallen wieder größer, aber nicht in dem Maße, wie es bei der Fahrt bergab der Fall war. Der Betrag der Beschleunigung ist damit kleiner. Da der Fahrer wieder zurückfährt, erreicht er nach und nach wieder die *x*-Werte, die er vorher durchfahren ist. 	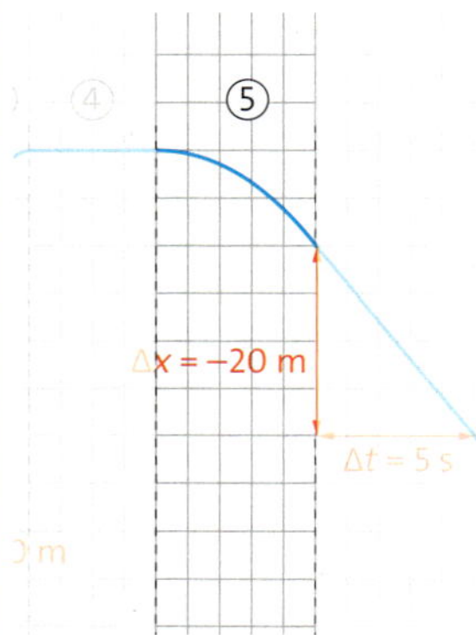 Der Graph hat die Form eines nach unten geöffneten Parabelabschnitts.	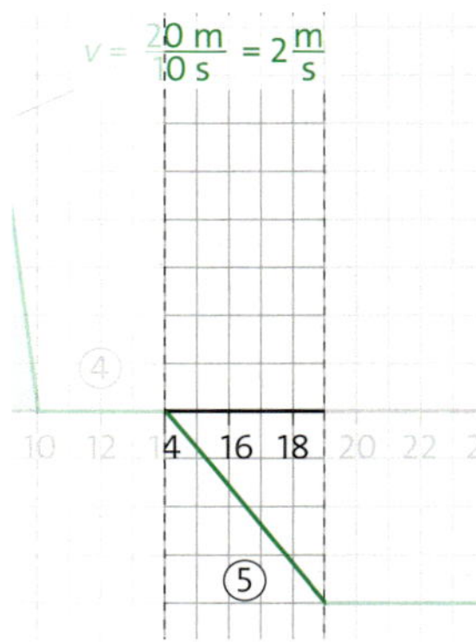 Der Graph ist ein fallendes Geradenstück, das sich im negativen Bereich der *v*-Achse befindet.	Da $\Delta x = x_{\text{Ende}} - x_{\text{Anfang}}$ für diesen Teil der Bewegung negativ ist, ist auch $v = \frac{\Delta x}{\Delta t}$ negativ. Der Betrag der Geschwindigkeit wird zwar immer größer, bleibt aber durch die Richtungsänderung negativ.
Abschnitt 6 (19 s – 34 s) Der Fahrradfahrer fährt mit konstanter Geschwindigkeit. 	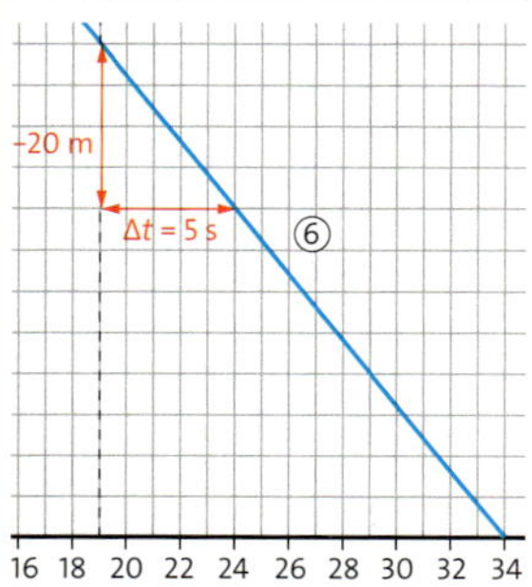 Der Graph ist ein fallendes Geradenstück.	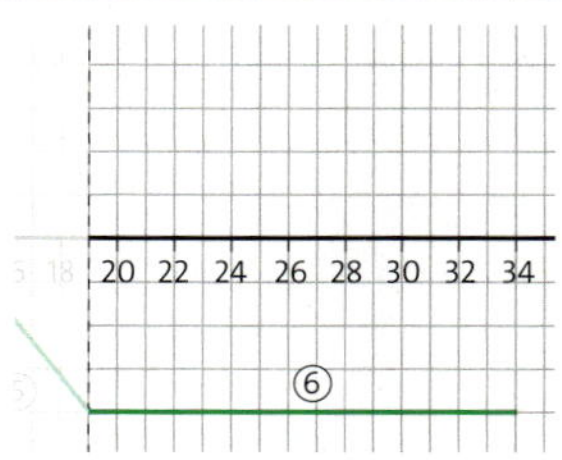 Der Graph ist eine Parallele zur *t*-Achse mit dem zugehörigen negativen Wert der Geschwindigkeit.	Der Anstieg der Geraden im *t-x*-Diagramm entspricht der Geschwindigkeit: $v = \frac{\Delta x}{\Delta t}$

Die grundlegenden Informationen über die geradlinige Bewegung eines Körpers lassen sich in t-x- und t-v-Diagrammen darstellen.

Bewegungen mit konstanter Geschwindigkeit Bei konstanter Geschwindigkeit verläuft der Graph im t-v-Diagramm parallel zur t-Achse, während er im t-x-Diagramm linear ansteigt (Bewegung in positive x-Richtung). Er fällt linear ab, wenn die Bewegung in die negative x-Richtung erfolgt. Der Graph im t-v-Diagramm liegt dann im negativen Bereich der Geschwindigkeitswerte. ▸ 10–13

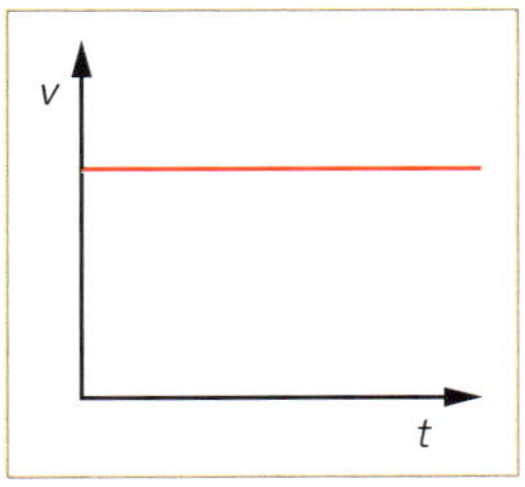

10 t-v-Diagramm positive x-Richtung

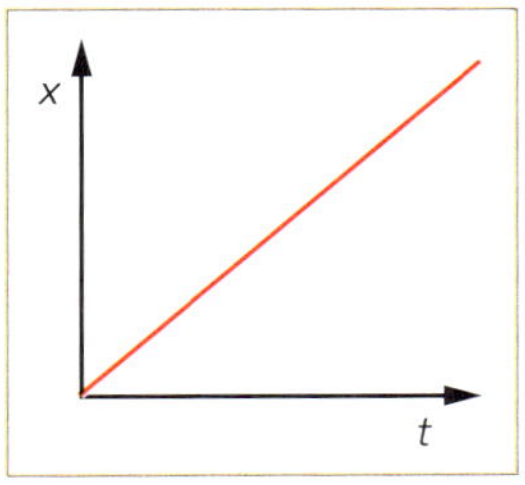

11 t-x-Diagramm positive x-Richtung

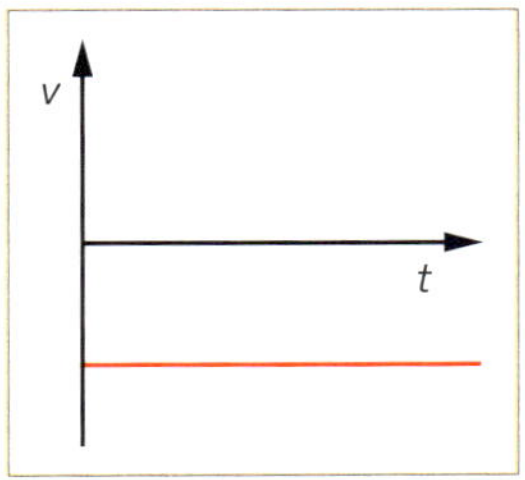

12 t-v-Diagramm negative x-Richtung

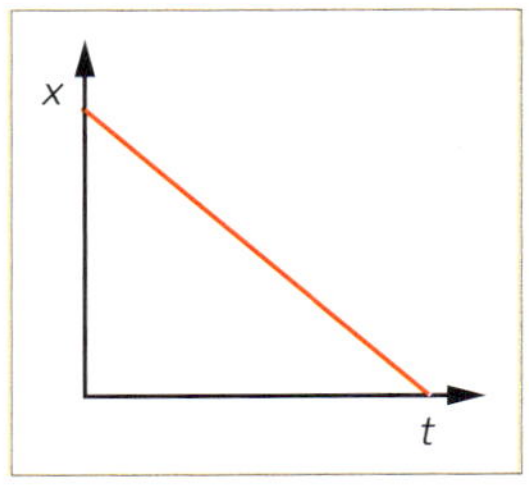

13 t-x-Diagramm negative x-Richtung

Beschleunigte Bewegungen Ein parabelförmiger Verlauf im t-x-Diagramm zeigt eine gleichmäßig beschleunigte Bewegung an. Ist die Beschleunigung konstant, so verläuft der Graph im t-v-Diagramm linear. ▸ 14, 15

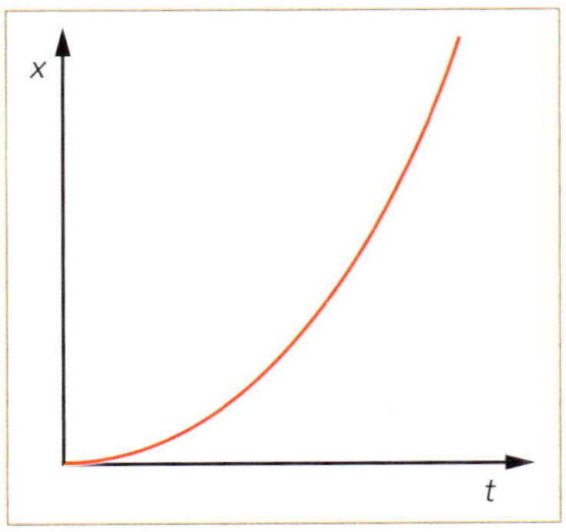

14 t-x-Diagramm

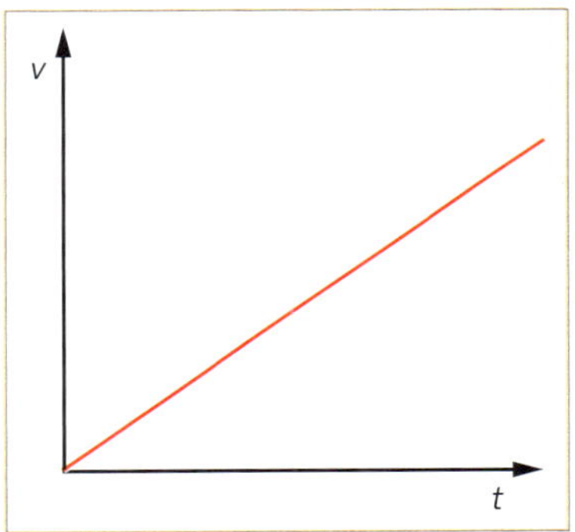

15 t-v-Diagramm

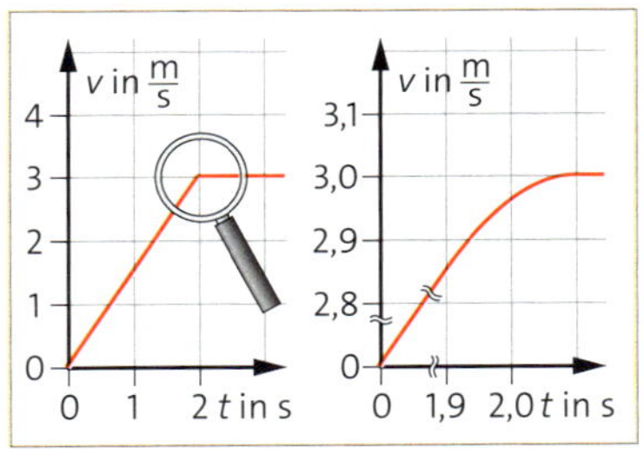

16 Idealisierte Graphen

Graphen sollten weder im t-x- noch im t-v-Diagramm Ecken haben. Dies würde beispielsweise bei einer Ecke im t-x-Diagramm zu einer sprunghaften Änderung der Geschwindigkeit führen. Dies ist in der Natur nicht möglich. Deswegen können derartige Graphen nur modellhaften Charakter haben und würden bei genauerer Betrachtung an dieser Stelle eine Rundung aufzeigen. ▸ 16

Die Geschwindigkeit zu einem Zeitpunkt entspricht der Steigung des Graphen im t-x-Diagramm zu diesem Zeitpunkt. Bei nichtlinearen Graphen ermittelt man dazu die Steigung der Tangente an dem entsprechenden Punkt des Graphen. Je steiler der Graph im t-x-Diagramm ist, desto größer ist der Betrag der Geschwindigkeit. Bei fallendem Graphen ist die Geschwindigkeit negativ.

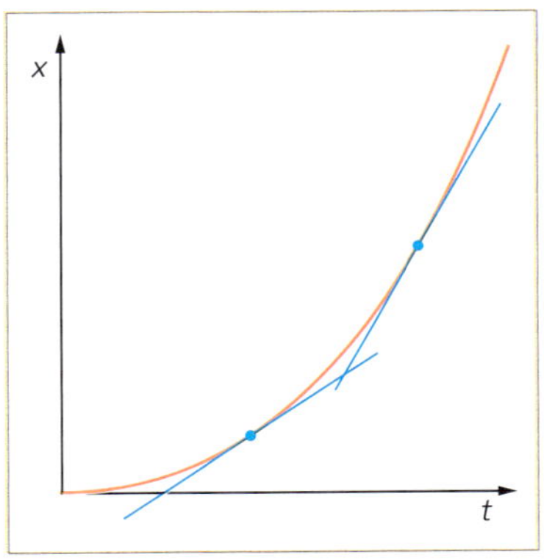

17 Anstieg der Tangente

Diagramme ableiten Aus dem t-v-Diagramm lässt sich auch das zugehörige t-x-Diagramm ableiten. Wegen $v = \frac{\Delta x}{\Delta t} \Rightarrow \Delta x = v \cdot \Delta t$ kann man bei Bewegungen mit konstanter Geschwindigkeit den zurückgelegten Weg Δx auch gleich als die Fläche des Rechtecks $(v \cdot \Delta t)$ unter dem Graphen im t-v-Diagramm erkennen. ▸ 1

Auch bei Bewegungen mit konstanter Beschleunigung ist die Flächenbetrachtung zur Ermittlung von Δx plausibel. Man betrachtet die Durchschnittsgeschwindigkeit v_D im jeweiligen Zeitintervall:

$$v_D = \frac{1}{2}\,(v_{Anfang} + v_{Ende})$$

In unserem Beispiel ist $v_D = 1{,}5\,\frac{m}{s}$ für die ersten zwei Sekunden. Der zurückgelegte Weg in den ersten beiden Sekunden entspricht damit

$$\Delta x = v_D \cdot \Delta t = 1{,}5\,\frac{m}{s} \cdot 2\,s = 3\,m.$$

Dieser Wert entspricht der Dreiecksfläche im t-v-Diagramm. ▸ 1

Der zurückgelegte Weg Δx entspricht der Fläche unter dem Graphen im zugehörigen t-v-Diagramm für das entsprechende Zeitintervall Δt.
Liegt der Graph im t-v-Diagramm unterhalb der t-Achse, so bewegt sich der Körper entgegen der positiven x-Achse.
Die zugehörige Flächenbilanz zeigt dann, dass Δx negativ betrachtet werden muss.
Sind die beiden Flächen oberhalb und unterhalb der t-Achse gleich groß, so ist der Körper wieder am Ausgangspunkt angelangt.

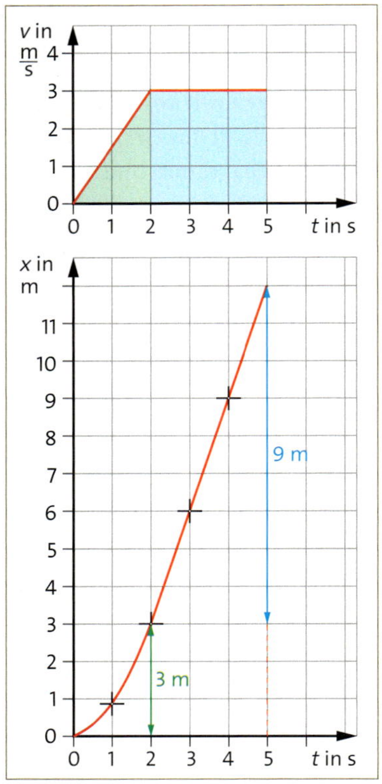

1 Graphen und Flächeninhalte

Aufgaben und Aufträge

1 In einem t-x-Diagramm ist die Bewegung eines Körpers dargestellt. ▸ 2

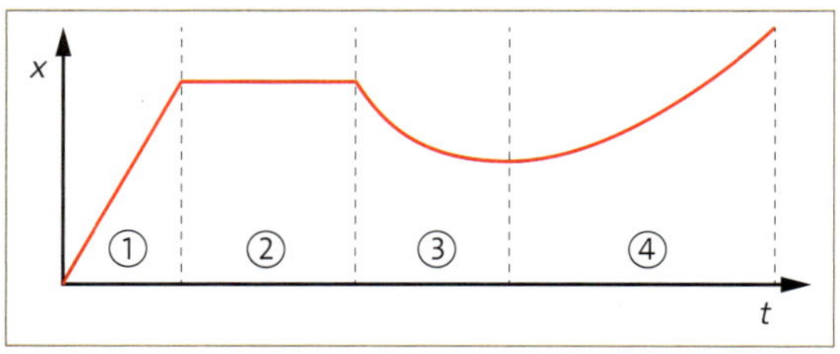

2 t-x-Diagramm

Ordne die folgenden Aussagen den jeweiligen Zeiträumen zu:

A Der Körper steht still.
B Die Geschwindigkeit ist maximal.
C Der Körper bewegt sich rückwärts.
D Der Körper wird immer schneller.
E Die Geschwindigkeit des Körpers ist konstant und von null verschieden.

2 Bild 3 zeigt die Positionen bei den Bewegungen von zwei Körpern im zeitlichen Abstand von 0,5 s. Die Körper bewegen sich von links nach rechts.

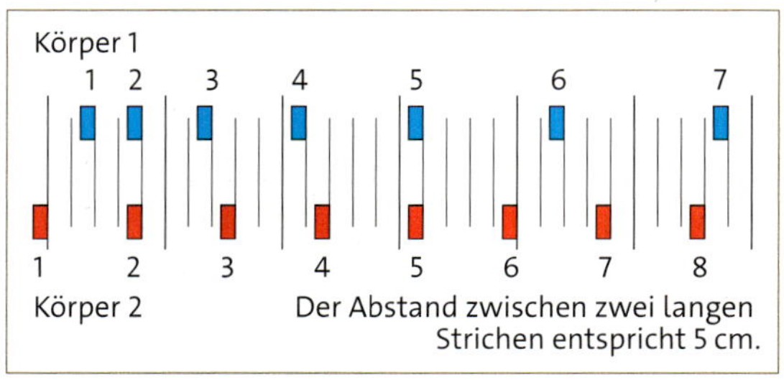

3 Positionen im Abstand von 0,5 s

a Beschreibe jeweils die Bewegung, die die Körper ausführen.
b Stelle beide Bewegungen in einem t-x-Diagramm dar.
c Untersuche, ob die Körper irgendwann die gleiche Geschwindigkeit besitzen.

3 Ein Körper bewegt sich mit der Geschwindigkeit von $21{,}6\,\frac{\text{km}}{\text{h}}$. Die Bewegung soll mithilfe eines Diagramms dargestellt werden.

4 Achsen beschriften und skalieren

a Übertrage es in dein Heft und skaliere die Achsen entsprechend. ▸ 4

b Ein zweiter Körper bewegt sich ebenfalls mit dieser Geschwindigkeit, fährt allerdings erst 4 s später los. Trage den zugehörigen Graphen in dieses *t*-*x*-Diagramm ein.

4 In Diagramm (▸ Bild 5) ist die Geschwindigkeit eines Rennwagens in Abhängigkeit vom Ort dargestellt. Wähle aus den dargestellten Rennstrecken diejenige aus, die am besten zu dem Diagramm passt und begründe die Wahl.

5 Die ▸ Tabelle 7 beschreibt die Fahrt mit einem Free-Fall-Tower (▸ S. 270). Dabei beschreibt die *x*-Koordinate hier die Höhe des Fallturms. Es ist daher sinnvoll, dass man *x*-Koordinate durch *h* ersetzt und ein *t*-*h*-Diagramm zeichnet.

a Zeichne das zugehörige *t*-*h*-Diagramm.

b Beschreibe die Bereiche, in denen die Geschwindigkeit am größten ist und bestimme die Geschwindigkeit näherungsweise.

6 Usain Bolt stellte verschiedene Weltrekorde auf. Bei den Olympischen Spielen 2008 in Peking stellte er damals mit 9,69 s einen neuen Weltrekord über 100 m auf und gewann die Goldmedaille. Bereits 20 m vor der Ziellinie hob er feiernd die Arme und wurde langsamer. Daher fragten sich Menschen in aller Welt, welche Zeit er hätte erreichen können, wenn er ohne langsamer zu werden, bis ins Ziel gelaufen wäre. Nachfolgend sind die Zwischenzeiten seines Weltrekordlaufs von 2008 angegeben. ▸ Tabelle 8

a Zeichne auf Millimeterpapier ein *t*-*x*-Diagramm und ordne dem Lauf verschiedene Phasen wie z. B. Beschleunigung oder konstante Geschwindigkeit zu.

b Nimm begründet zu der Aussage der Experten Stellung, dass Usain Bolt 9,55 s hätte schaffen können, wenn er nicht langsamer geworden wäre.

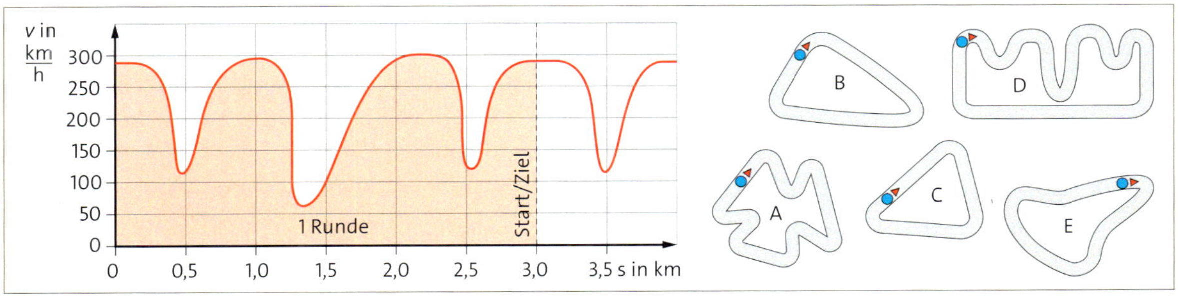

5 Diagramm und Rennstrecke

t in s	0,0	2,0	4,0	6,0	8,0	10,0	12,0	14,0	16,0	18,0	20,0	22,0
h in m	0	6	19	32	45	57	60	59	38	30	6	0

Tabelle 7 Fahrt mit dem Free-Fall-Tower

Weg in m	0	10	20	30	40	50	60	70	80	90	100
Zeit in s	0	1,85	2,87	3,78	4,65	5,50	6,32	7,14	7,95	8,79	9,69

Tabelle 8 Zwischenzeiten beim 100-m-Lauf

7 Dieses t-x-Diagramm beschreibt die Bewegung eines Radfahrers. ▸ 1

a Zeichne das zugehörige t-v-Diagramm.

b Begründe anhand des t-v-Diagramms, dass der Graph keine Ecken haben darf.

c Bestimme die Durchschnittsgeschwindigkeit sowie die Maximalgeschwindigkeit des Fahrradfahrers.

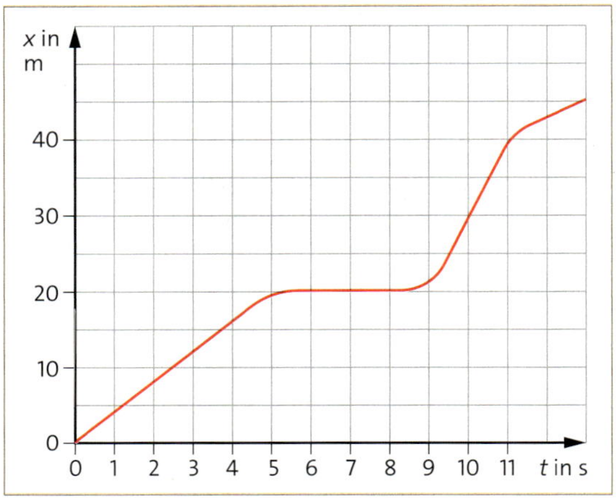

1 t-x-Diagramm

8 Das t-x-Diagramm in ▸ Bild 2 zeigt vereinfacht die Fahrt eines Lkw an einem Tag.

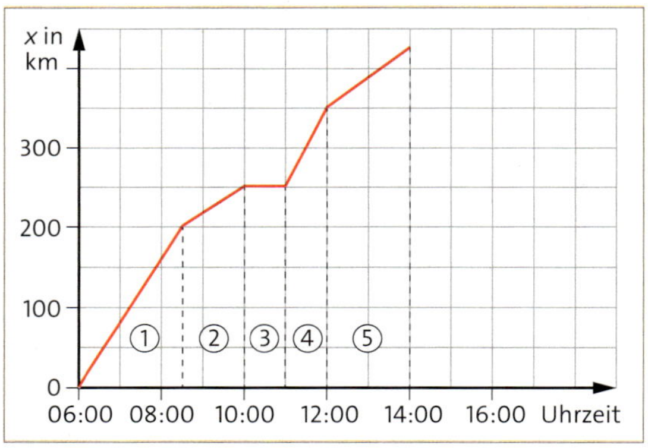

2 Lkw-Fahrt

a Erläutere die Aussage, dass das t-x-Diagramm die Fahrt nur vereinfacht darstellen kann.

b Ein Lkw darf auf der Autobahn höchstens eine Geschwindigkeit von $80\,\frac{\text{km}}{\text{h}}$ fahren. Der Lkw-Fahrer bekommt nach zwei Wochen einen Bescheid darüber, dass er zu schnell gefahren sein soll. Der Fahrer überlegt, ob er Widerspruch einlegen soll. Hilf ihm bei seiner Entscheidung.

c Berechne die Durchschnittsgeschwindigkeit des Lkws.

9 Im folgenden Diagramm ist die Bewegung von zwei Eichhörnchen (rot und grün) dargestellt. Dabei befindet sich der Nullpunkt am Boden des Stammes. Das Futterhäuschen, auf dem sich ein Eichhörnchen (grün) gerade bedient, befindet sich 1,5 m über dem Boden. ▸ 3, 4

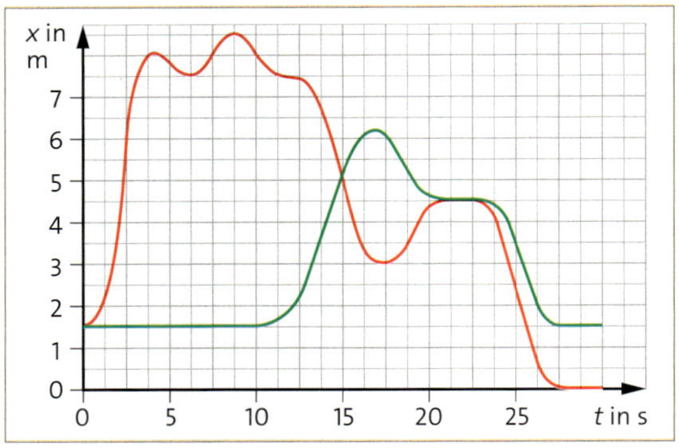

3 t-x-Diagramm

4 Zwei Eichhörnchen

a Beschreibe die Bewegung der beiden Eichhörnchen physikalisch so genau wie möglich.

b Erläutere die Informationen, die durch das Diagramm nicht dargestellt werden können.

10 Mithilfe einer flachen biegsamen Schiene lassen sich an Magnettafeln verschiedene Bahnen darstellen. Nun kann man ein kleines Spielzeugauto die Schiene hinunterfahren lassen. Bau zuerst eine Bahn, die der in ▸ Bild 5 ähnelt.

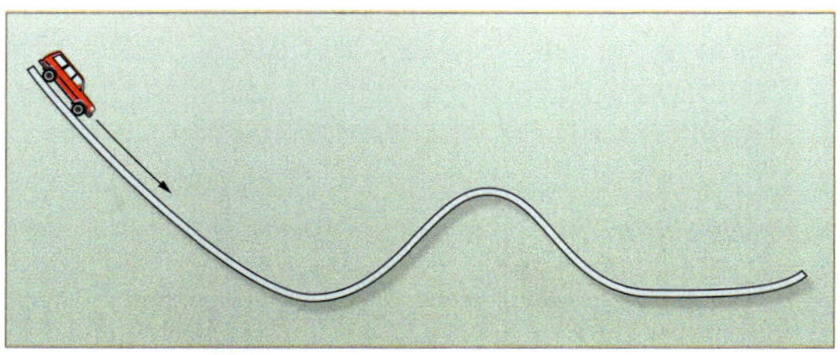

5 Modellbahn

a Skizziert jeweils ein t-x- und t-v-Diagramm, das zu der Fahrt des Spielzeugautos passt.
b Überprüft nun mithilfe einer Videoanalyse die Diagramme.
c Unterteilt die Abschnitte der Bahn in die Bereiche, in denen die Beschleunigung positiv, null oder negativ ist.
d Erstellt selbst t-x- bzw. t-v-Diagramme und stellt dann den zugehörigen Schienenverlauf nach. Überprüft euren Aufbau und die zugehörige Fahrt mithilfe einer Videoanalyse.

11 ⊕ Die folgenden Bilder zeigen die Abfahrt im oberen Bereich vom Kitzbüheler Horn (mit der Helmkamera gefilmt). Die Aufnahmen wurden im Abstand vom 5 s erstellt. ▸6–11

6 Bild A

7 Bild B

8 Bild C

9 Bild D

10 Bild E

11 Bild F

a Übertrage den Kartenausschnitt in dein Heft und zeichne jeweils den Standort des Fahrradfahrers ein. Recherchiere für den notwendigen Maßstab. ▸ 12

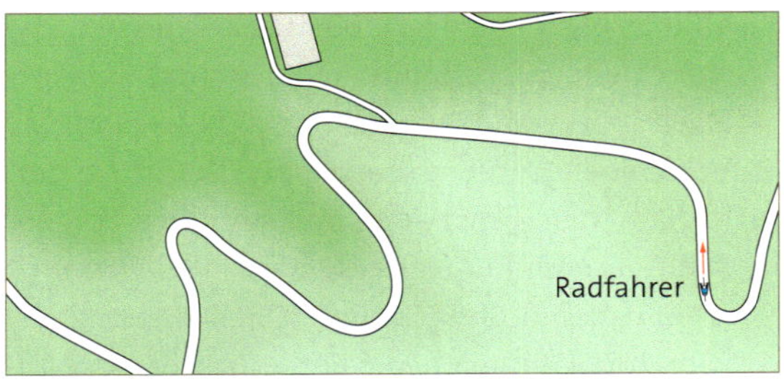

12 Kartenausschnitt

b Stelle die Bewegung in einem t-x-Diagramm dar, indem du die einzelnen Messpunkte sinnvoll miteinander verbindest. Stelle eine begründete Vermutung darüber auf, wie die Bewegung im weiteren Kartenausschnitt im Diagramm aussehen wird.
c Skizziere ausgehend vom t-x-Diagramm das zugehörige t-v-Diagramm.
d Mithilfe einer App kann man die Fahrt auch aufnehmen, auswerten und ein Video erstellen. Das ▸ Bild 13 zeigt einen Ausschnitt aus diesem Video sowie den Startpunkt der oberen Bilderreihe. Gehe auf die Zusammenhänge von Strecke und Geschwindigkeit ein. Vergleiche auch die im Diagramm angegebene Höchstgeschwindigkeit für den in der Bildfolge dargestellten Abschnitt und gib mögliche Gründe für Abweichungen an.

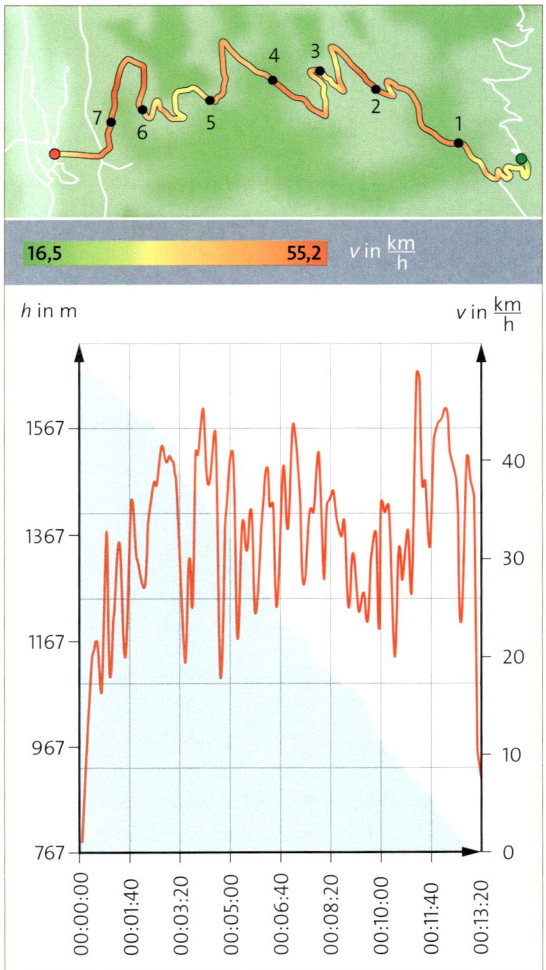

13 Digitale Auswertung

12 Das t-h-Diagramm beschreibt die Fahrt auf den Olympiaturm. ▸ 1

a Beschreibe die charakteristischen Abschnitte der Fahrt und grenze sie zeitlich ein.

b Bestimme anhand des Diagramms, die konstante Geschwindigkeit, mit der der Aufzug nach oben fährt.

c Ein Beschleunigungssensor im Smartphone zeichnet während der Fahrt die Beschleunigung auf. ▸ 2 Ermittle mithilfe des Diagramms die jeweilige Beschleunigung sowie die zugehörige Zeitdauer.

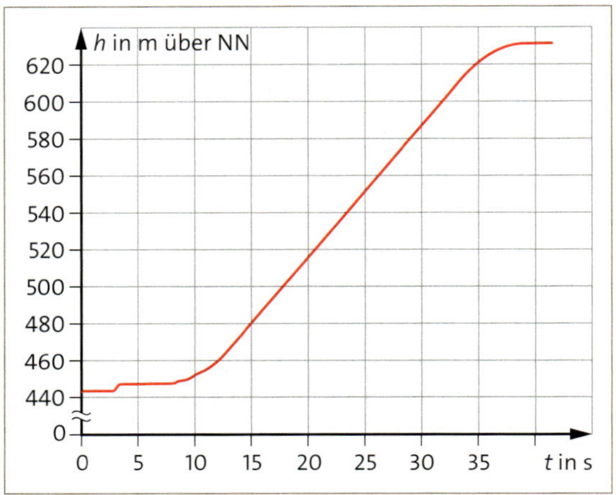

1 t-h-Diagramm

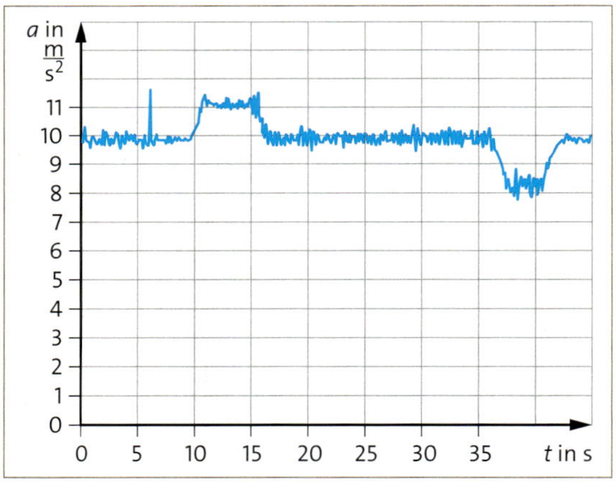

2 t-a-Diagramm

13 Auf einer abgesperrten Strecke wurde die Leistungsfähigkeit eines PS-starken Fahrzeugs getestet. Dabei wurde in 4,0 s von 0 auf 100 $\frac{km}{h}$ beschleunigt, 9,0 s mit dieser konstanten Geschwindigkeit gefahren und schließlich in 2,5 s auf 0 abgebremst. Zeichne das zugehörige t-v-Diagramm und schätze daraus den dabei zurückgelegten Weg ab.

14 Der Durchschnittsverbrauch von Autos sowie das Emissionsverhalten werden über vorgegebene, definierte Fahrzyklen ermittelt. In den Bildern sind zwei Fahrzyklen dargestellt. ▸ 3, 4

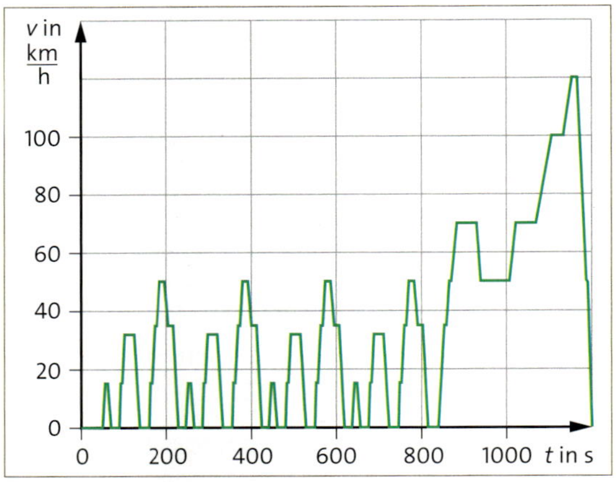

3 Geschwindigkeitsprofil im neuen europäischen Fahrzyklus (NEFZ)

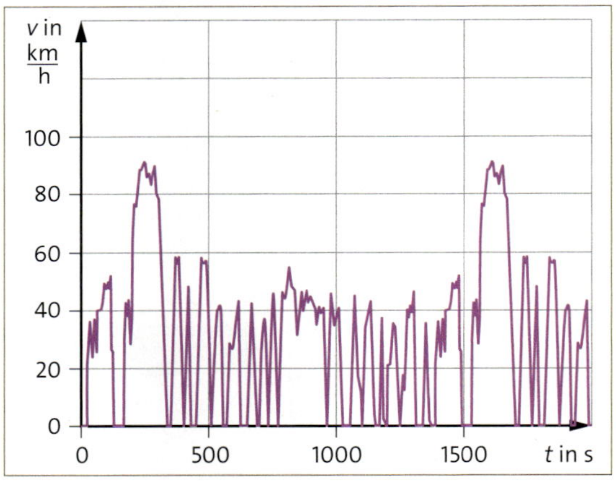

4 Geschwindigkeitsprofil im amerikanischen FTP75-Zyklus

a Beschreibe jeweils die zugehörige Bewegung und stelle wesentliche Unterschiede fest.

b Beurteile die Zyklen auf ihre Realitätsnähe.

c ⊕ Der Abgasskandal kostete ein deutsches Automobilunternehmen bislang 30 Milliarden Euro. Recherchiere unter Einbindung der abgebildeten Diagramme die Hintergründe dieses Skandals. Verschiedene Interessengruppen fordern andere, realistischere Fahrzyklen und strengere Vorgaben. Die Automobilindustrie wehrt sich teilweise vehement dagegen. Bewerte unter Einbeziehung physikalischer Argumente die Forderung der Interessengruppen.

15 Mithilfe der Videoanalyse wurde der Aufstieg einer Feuerwerksrakete analysiert. Beim Auswerten sind ein paar Dinge nicht optimal umgesetzt worden. ▸ 5, 6

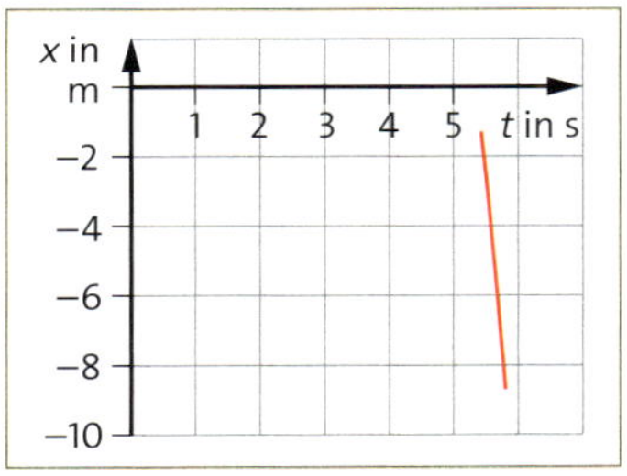

5 Bewegung der Feuerwerksrakte

6 Videoanalyse

a Erläutere anhand des t-x-Diagramms, die Änderungen, die du vornehmen würdest und verbessere dann das Diagramm in deinem Heft.

b Erstelle – ausgehend von deinem optimierten Diagramm – das zugehörige t-v-Diagramm.

16 Auf vielen Volksfesten findet man Falltürme. Die Fahrt mit einem derartigen Turm wurde im Diagramm festgehalten. ▸ 7

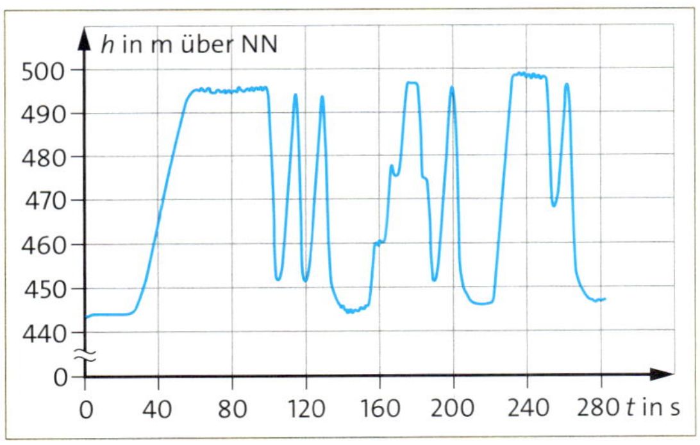

7 t-h-Diagramm

a Beschreibe den Verlauf der Fahrt in den ersten 120 s. Teile dabei die Fahrt in charakteristische Abschnitte ein.

b Bestimme die Fallgeschwindigkeit für den ersten „Fall“.

c Bei 160 s und 165 s scheint die Fahrt durch die kurzen Ausreißer „gestört“ zu sein. Erläutere die Bedeutung dieser Stellen für die Fahrt. Schätze ein, wie sich die Fahrgäste hier fühlen.

d Bei Falltürmen hört man Fahrgäste häufig laut schreien. Stelle Vermutungen auf, an welchen Stellen dies der Fall ist und stelle einen Zusammenhang zu physikalischen Größen her.

17 Die grüne Welle ▸ 8

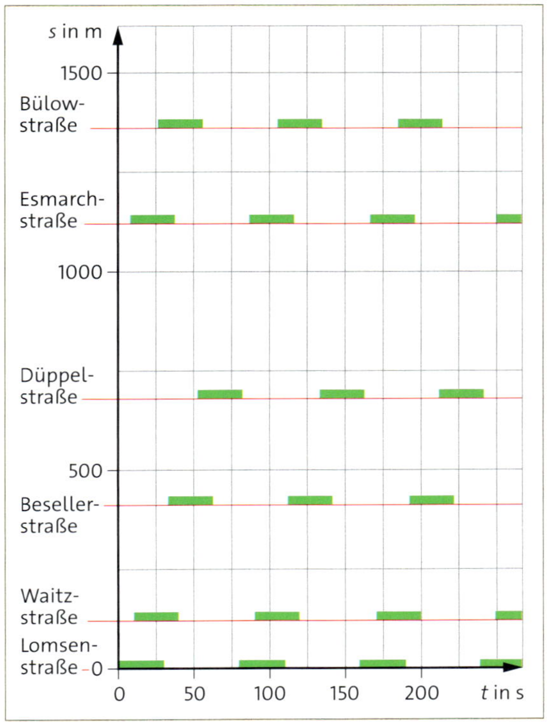

8 Grüne Welle

a Ein Autofahrer fährt mit konstanter Geschwindigkeit und kommt bei jeder Ampel genau dann an, wenn sie auf Grün schaltet. Zeichne den entsprechenden Graphen in ein t-x-Diagramm ein. Bestimme die Geschwindigkeit, mit der ein Pkw fahren muss.

b Das Fahrzeug passiert die erste Ampel, als diese gerade auf Grün springt. Es soll die letzte Ampel gerade noch bei Grün erreichen. Ermittle die erforderliche konstante Geschwindigkeit.

c Ein Autofahrer kommt an der ersten Ampel an, kurz bevor sie auf Gelb schaltet. Ermittle die Höchstgeschwindigkeit, die die grüne Welle in diesem Fall ermöglicht.

d In der Feldstraße soll eine Fußgängerampel installiert werden, und zwar 400 m hinter der Bülowstraße. Ermittle, wie sie geschaltet werden muss, damit sie sich in die grüne Welle einordnet.

e Zeichne in dein Diagramm den günstigsten Graphen für einen Radfahrer ein, dessen Geschwindigkeit bei 18 $\frac{\text{km}}{\text{h}}$ liegt. Ermittle die Zeit, die er benötigt, um die gesamte Strecke zurückzulegen. Nenne die Ampeln, an denen er halten muss.

Durch einen Heliumballon gezogen, stieg Felix Baumgartner am 14. Oktober 2012 mit seiner Raumkapsel auf eine Höhe von über 39 km.

Bewegungsfunktionen

Anschließend startete er den bis dahin längsten freien Fall, der jemals von einem Menschen durchgeführt wurde. Dabei stellte er gleich mehrere Rekorde auf. So erreichte er nach 46,5 Sekunden in 29 200 Metern Höhe die höchste Geschwindigkeit im freien Fall, die jemals ein Mensch erzielt hat: $377\,\frac{\text{m}}{\text{s}}$ ($1357\,\frac{\text{km}}{\text{h}}$).

Baumgartners Bewegung lässt sich in mehrere Abschnitte unterteilen. Teilweise bewegte er sich weitgehend mit konstanter Geschwindigkeit, dann wieder mit nahezu konstanter Beschleunigung. ▸ 2
Bereits im Vorfeld konnte die Bewegung durch entsprechende Funktionen modelliert werden, um die notwendige Höhe für die beabsichtigten Rekordversuche zu erreichen. Diese Funktionen wirst du im nächsten Kapitel kennenlernen.

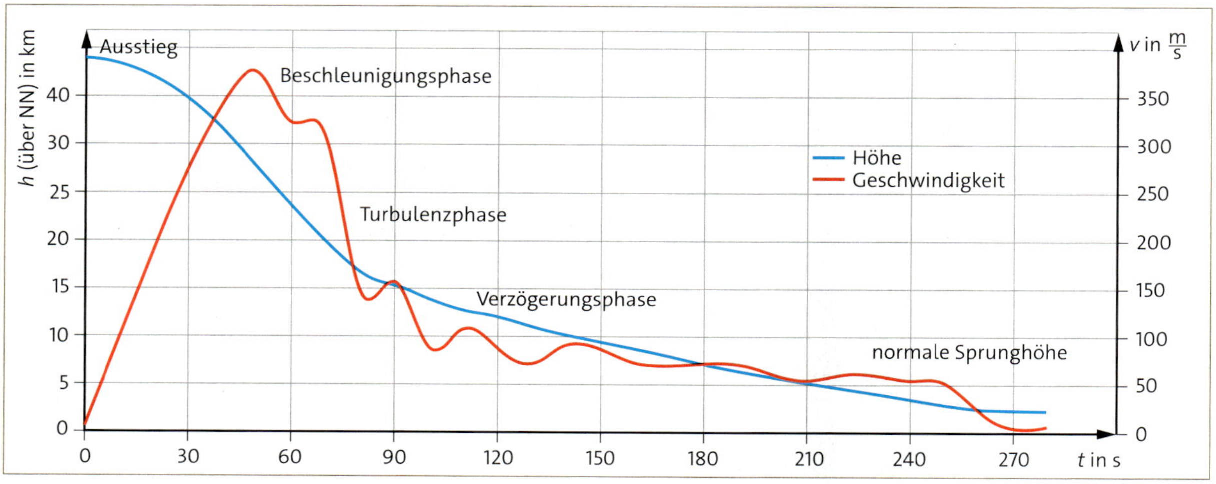

2 Baumgartners Bewegung

Aktivitäten

1 Analyse von Bewegungen mit konstanter Geschwindigkeit

Untersucht verschiedene Bewegungen mit konstanter Geschwindigkeit. Dies kann z. B. ein elektrisch betriebenes Wägelchen aus der Physiksammlung oder auch ein ferngesteuertes Auto sein. Auch Bewegungen aus dem Alltag, wie z. B. ein Radfahrer mit konstanter Geschwindigkeit, können untersucht werden. ▸ 3

Zur Auswahl stehen folgende Methoden:

- elektronische Stoppuhr und Maßband
- Stroboskopaufnahmen mit bekannter zeitlicher Abfolge der Einzelbilder (Diese lässt sich mit dem Versuchsaufbau in ▸ Bild 4, 5 auch experimentell ermitteln.)
- Videoanalyse

a Erstellt zu den jeweiligen Bewegungen die zugehörigen *t*-*x*- und *t*-*v*-Diagramme.

b Bestimmt davon ausgehend zugehörige Funktionsgleichungen, d. h. Gleichungen, die sowohl den Ort als auch die Geschwindigkeit in Abhängigkeit von der Zeit angeben. Dazu müssen auf der rechten Seite der Gleichung diejenigen Größen stehen, die den Graphen eindeutig charakterisieren. Als Vorlage könnt ihr die aus der Mathematik bekannte Funktionsgleichung für lineare Funktionen verwenden. Überlegt euch, welche physikalischen Größen den jeweiligen Größen in der mathematischen Gleichung entsprechen.
Formuliert dann die Bewegungsfunktionen für Bewegungen mit konstanter Geschwindigkeit in der Form:

$x(t) = \dots$

$v(t) = \dots$

c Untersucht, wie sich die Veränderung des Nullpunkts des Koordinatensystems auf die Bewegungsfunktion auswirkt.

3 Bewegung mit konstanter Geschwindigkeit

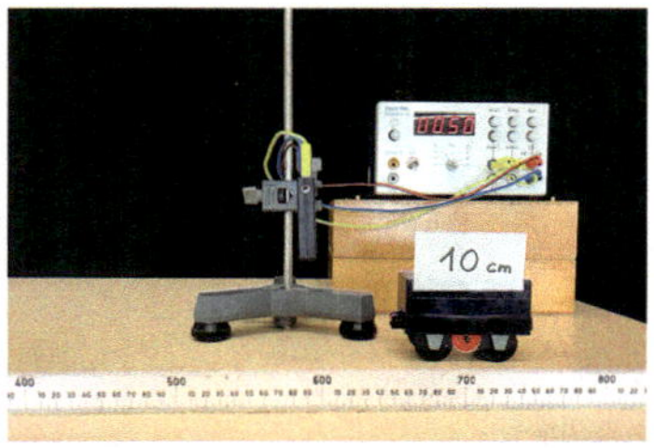

4 Experimentieranordnung

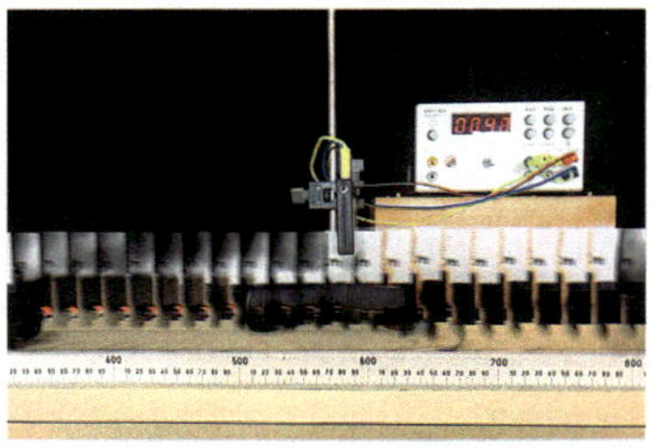

5 Stroboskopaufnahme

2 Analyse von Bewegungen mit konstanter Beschleunigung

Mithilfe unterschiedlicher Versuchsanordnungen sollen Bewegungen mit konstanter Beschleunigung analysiert und durch entsprechende Bewegungsfunktionen dargestellt werden. Die Vorgehensweise ist bei allen Experimenten ähnlich. Sie soll dann schließlich in die Bewegungsgleichungen der Form $x(t) = \dots$ und $v(t) = \dots$ münden. ▸ 6

Ziel formulieren: Zusammenhang zwischen Weg bzw. Geschwindigkeit und Zeit mit einer Funktionsgleichung darstellen.

→ **Hypothese formulieren:** z. Bsp.: je größer die Masse eines Körpers, desto größer ist beim freien Fall seine Geschwindigkeit.

→ **Experiment durchführen:** Die Durchführung des Experiments liefert entsprechende Wertepaare $(t|x)$ und $(t|v)$, eine Wertetabelle und damit einen funktionalen Zusammenhang.

→ **Grafische Aufarbeitung:** Über *t*-*x*- bzw. *t*-*v*-Diagramme erkennt man den Funktionstyp (linear, quadratisch, ...). Geogebra oder Tabellenkalkulationsprogramme unterstützen.

→ **Funktionsgleichungen erstellen:** Proportionalitätsfaktoren erhält und überprüft man über Wertepaare.

6 Funktionsgleichungen aufstellen

Aktivitäten

Exemplarisch wird die beschleunigte Bewegung mithilfe einer Luftkissenfahrbahn oder einer Fahrbahn, auf der der bewegte Körper möglichst wenig Reibung erfährt, einer Lichtschranke und einer Stoppuhr untersucht. ▸ 1
Ein Gleiter wird über einen Faden durch ein Massenstück konstant beschleunigt. Es wird die Zeit für einen bestimmten Abschnitt Δx mit Lichtschranken und einer elektronischen Stoppuhr gemessen.

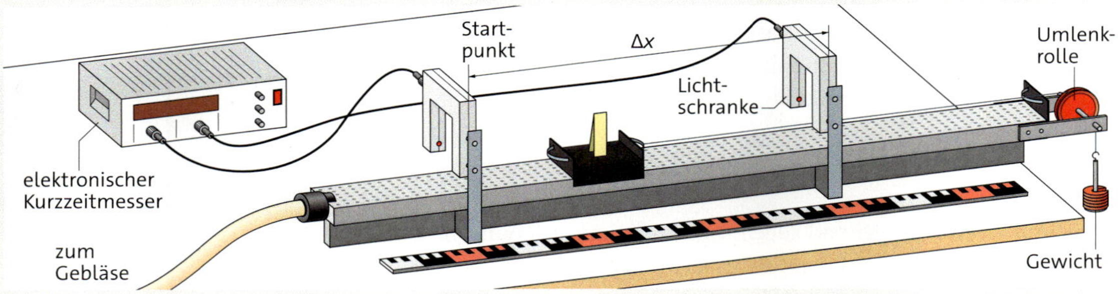

1 Luftkissenbahn

a Definiert den Nullpunkt der x-Achse und bestimmt für verschiedene Streckenlängen die zugehörigen Zeiten.

Δx **in m**	0,0	0,1	0,2	0,3	0,4	0,5	0,6	0,7	0,8
t **in s**	0,0	?	?	?	?	?	?	?	?

Tabelle 1 Messwertetabelle (Beispiel)

b Zeichnet das zugehörige t-x-Diagramm und versucht eine passende Funktionsgleichung zu ermitteln.
Tipp: Die folgenden Überlegungen sollen euch dabei helfen.
- Die Form des Graphen deutet auf einen bestimmten funktionalen Zusammenhang hin.
- Aus den Messwerten lässt sich eine Proportionalität zwischen zwei Größen ermitteln. Recherchiert Möglichkeiten zur Überprüfung der genannten Proportionalitäten. Untersucht eure Messwerte und entscheidet euch für eine Proportionalität.
  ① $x \sim t$
  ② $x \sim t^2$
  ③ $x \sim \sqrt{t}$
- Aus der Proportionalität von zwei Größen lässt sich eine Gleichung erstellen. Beispiel: $a \sim b \Rightarrow a = k \cdot b$, wobei k eine Konstante ist, die man mithilfe von Messwerten ermitteln kann.
- Digitale Hilfsmittel (z. B. Geogebra) können euch bei der Ermittlung der zugehörigen Konstante für die Funktionsgleichung helfen (z. B. über entsprechende Schieberegler). ▸ 2
- Die Beschleunigung für die Bewegung erhaltet ihr über $F = m \cdot a$, wobei m die gesamte beschleunigte Masse (Gleiter und Massenstück) ist.

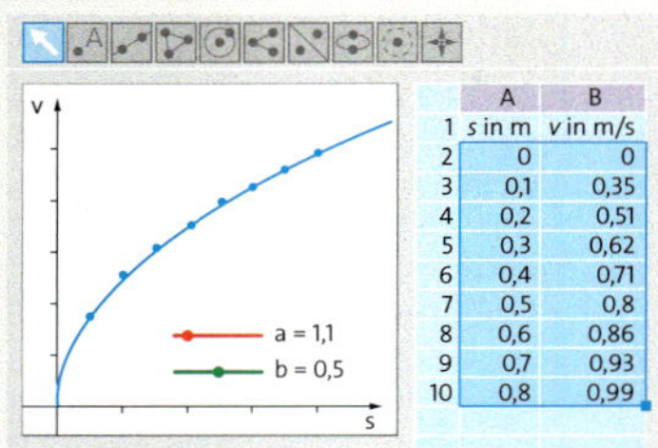

2 Digitale Hilfsmittel

Aktivitäten

Im Folgenden werden für drei Fälle von beschleunigten Bewegungen unterschiedliche Analysemöglichkeiten vorgestellt:

<table>
<tr>
<td>Fahrbahn mit möglichst wenig Reibung
Tipp: Führe zur Überprüfung die Versuche mehrmals durch.</td>
<td>Schiefe Ebene
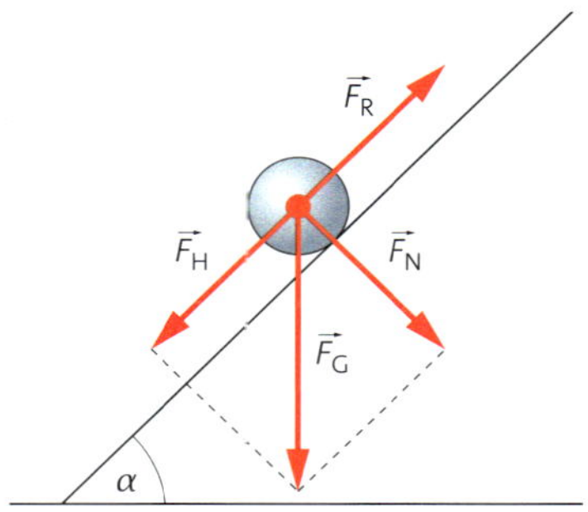

Tipp: Die beschleunigende Kraft ist die Hangabtriebskraft, die aus der Zerlegung der Gewichtskraft herrührt. Über die Masse der Kugel und den Neigungswinkel α kannst du die Größe der Hangabtriebskraft ermitteln.</td>
<td>Freier Fall
Mögliche Hypothese:
Die Beschleunigung hängt von der Masse des Körpers ab.
Bestimme aus den t-h- bzw. t-v-Diagrammen die zugehörigen Funktionsgleichungen.</td>
</tr>
<tr>
<td>Analyse mit zugehöriger Auswertsoftware
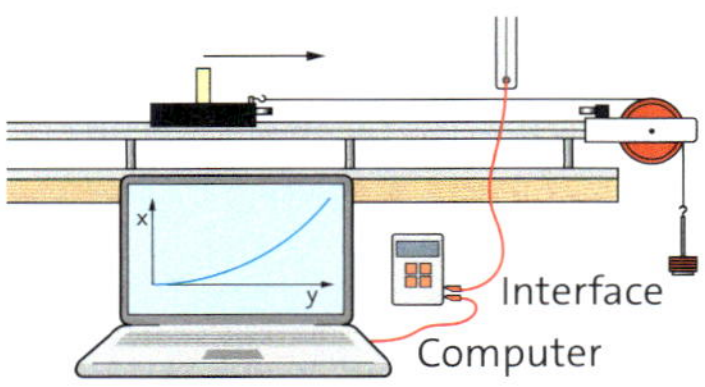
</td>
<td>Analyse mit Lichtschranke und Stoppuhr
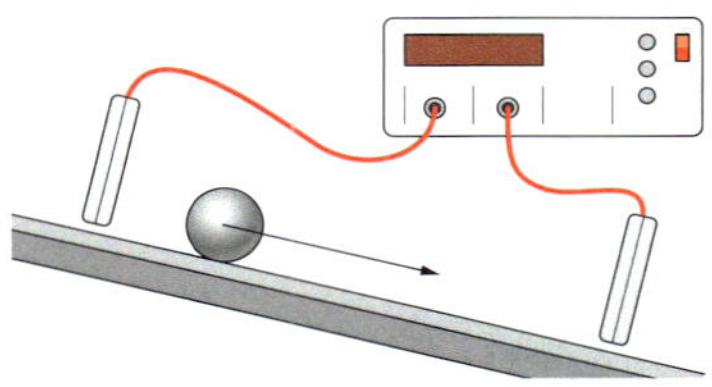</td>
<td>Analyse mithilfe von Phyphox
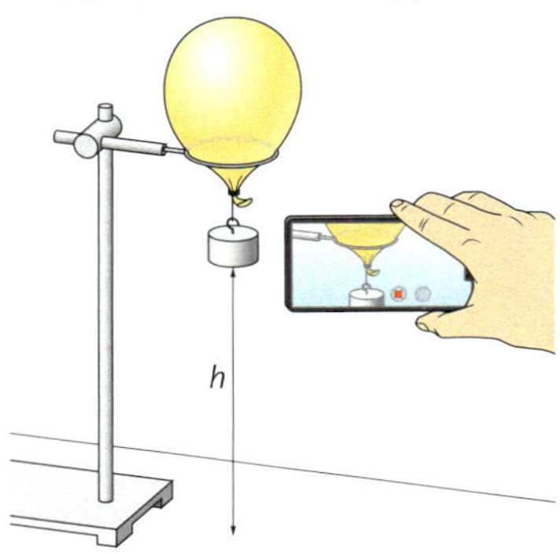
</td>
</tr>
<tr>
<td>Videoanalyse</td>
<td>Videoanalyse</td>
<td>Videoanalyse</td>
</tr>
<tr>
<td>Stroboskopaufnahmen
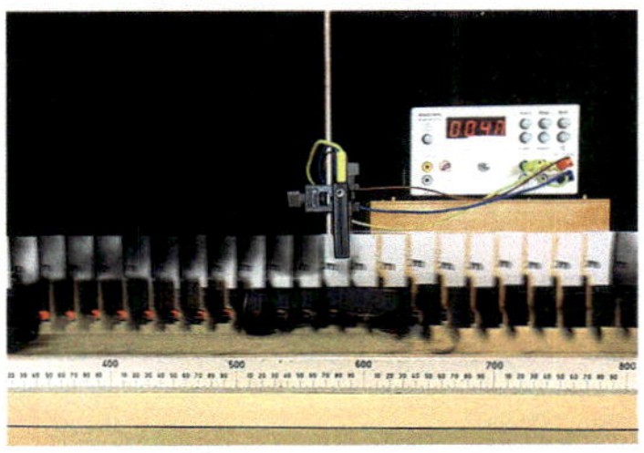</td>
<td>Stroboskopaufnahmen
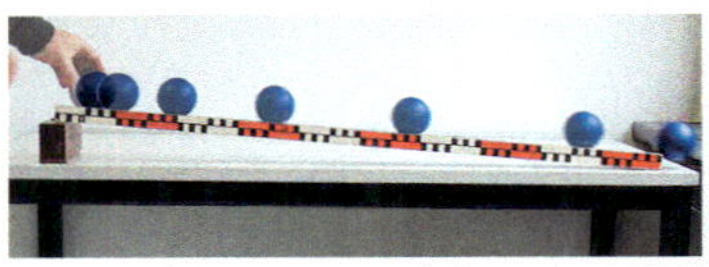
neue Abb.</td>
<td>Stroboskopaufnahmen
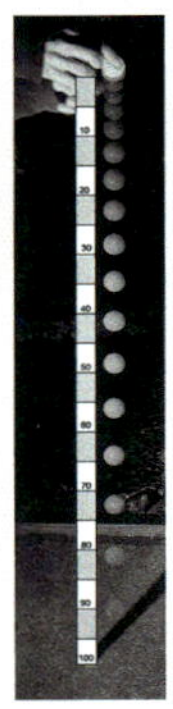</td>
</tr>
</table>

Grundlagen Bewegungsgleichungen

Bei einer Luftkissenbahn wird ein Gleiter der Masse $m_G = 100\,g$ durch ein Massenstück mit der Masse $m_M = 1{,}0\,g$ beschleunigt. Damit beträgt die gesamte Masse $m = 101\,g$ und die beschleunigende Kraft $F = m_M \cdot g$.
Messwerte und t-x-Diagramm:

Weg *x* in m	0	0,10	0,20	0,30	0,40	0,50	0,60	0,70	0,80
Zeit *t* in s	0	1,49	2,05	2,50	2,88	3,21	3,50	3,78	4,05

Tabelle 2 Messwerte

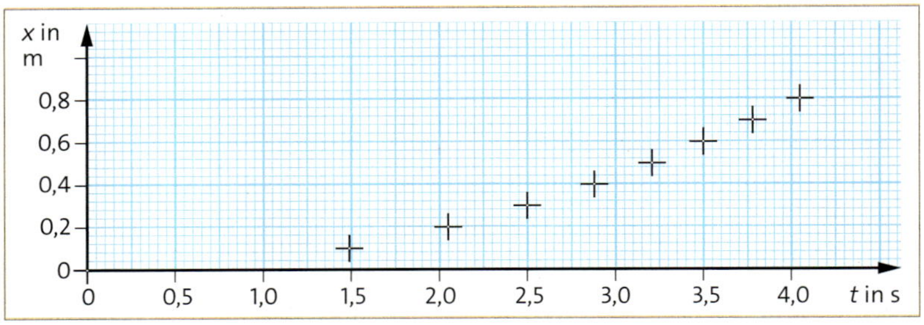

1 t-x-Diagramm

HINWEIS

Um eine Proportionalität zwischen den Größen x und t^2 zu überprüfen, kann man auch das t^2-x-Diagramm zeichnen. Der Graph sollte dann eine Gerade sein.

Die Lage der Messwerte in diesem Diagramm führt zu der Vermutung, dass es sich um eine quadratische Funktion handeln könnte. Dies folgt auch aus der Überprüfung der Proportionalität der Größen x und t^2.

Weg *x* in m	0	0,1	0,2	0,3	0,4	0,5	0,6	0,7	0,8
Zeit *t* in s	0	1,49	2,05	2,50	2,88	3,21	3,50	3,78	4,05
$\frac{x}{t^2}$ in $\frac{m}{s^2}$		0,045	0,048	0,048	0,048	0,049	0,049	0,049	0,049

Tabelle 3 Überprüfung der Proportionalität

Mithilfe eines digitalen Werkzeugs (z. B. Geogebra) lässt sich nun eine Funktionsgleichung bestimmen, die einen Graphen erzeugt, auf dem die Messpunkte liegen. Aus $x \sim t^2$ folgt: $x = k \cdot t^2$. Anhand der Messwertreihe erkennt man, dass $k \approx 0{,}05$ ist. Dies bestätigt auch die Verwendung eines Schiebereglers für die Funktionenschar $x = k \cdot t^2$. ▸ 2

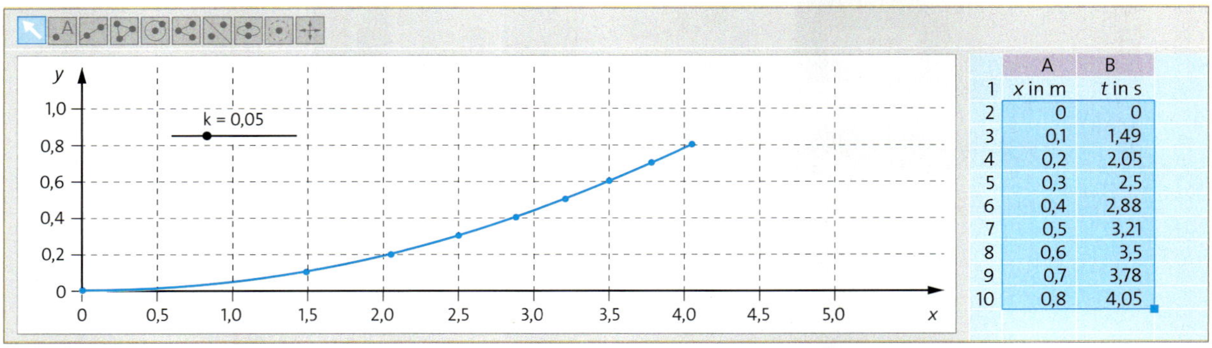

2 Bestimmen der Funktionsgleichung

Die Einheit des Proportionalitätsfaktors deutet auf das Vielfache einer Beschleunigung hin. ▸ Tabelle 3

Die Beschleunigung für diesen Vorgang beträgt:

$$a = \frac{F}{m} = \frac{0{,}001\,\text{kg} \cdot 9{,}81\,\frac{\text{m}}{\text{s}^2}}{0{,}101\,\text{kg}} = 0{,}097\,\frac{\text{m}}{\text{s}^2}.$$

Der Proportionalitätsfaktor k ist damit nur etwa halb so groß wie die Beschleunigung:

$$k = \frac{1}{2} \cdot a.$$

Das lässt sich verallgemeinern. Für eine beschleunigte Bewegung ohne Anfangsgeschwindigkeit gilt:

$$x(t) = \frac{1}{2}\,a \cdot t^2.$$

Die t-v-Diagramme von beschleunigten Bewegungen sind Abschnitte von Geraden. Dabei entspricht die Steigung der Geraden der Beschleunigung

$$a = \frac{\Delta v}{\Delta t}.$$

Daher gilt für beschleunigte Bewegung ohne Anfangsgeschwindigkeit:
$v(t) = a \cdot t$.

Um die Bewegungsgleichungen zu verallgemeinern, müssen sie erweitert werden. Das gilt für Bewegungen, bei denen der Körper bereits zu Beginn der Beobachtungen eine Anfangsgeschwindigkeit v_0 hat bzw. zum Beobachtungszeitpunkt $t = 0$ s bereits eine Wegstrecke x_0 vom Ursprung entfernt ist. ▸ 3

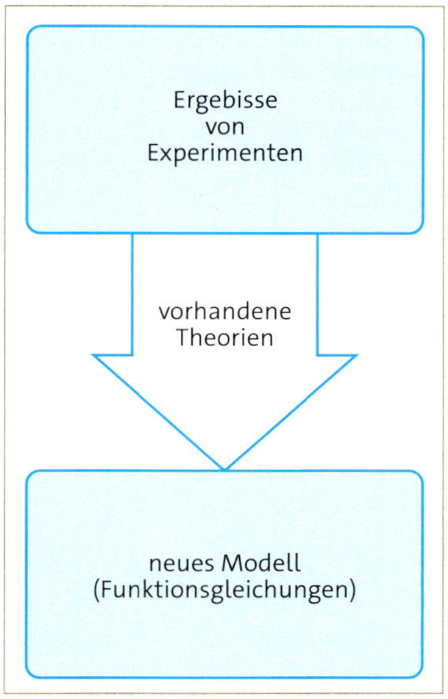

3 Experimentelle Ergebnisse und neue Modelle

Information über den Körper am Beginn der Beobachtung ($t = 0$ s)	Bewegungsgleichung	Bewegungsdiagramm
Der Körper befindet sich am Ursprung und bewegt sich mit konstanter Geschwindigkeit v_0.	$x(t) = v_0 \cdot t$	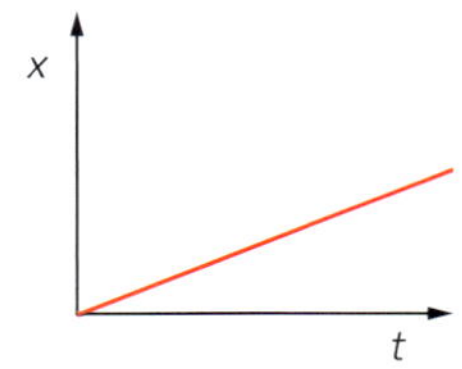
Der Körper befindet sich die Strecke x_0 vom Ursprung entfernt und bewegt sich mit konstanter Geschwindigkeit v_0.	$x(t) = v_0 \cdot t + x_0$	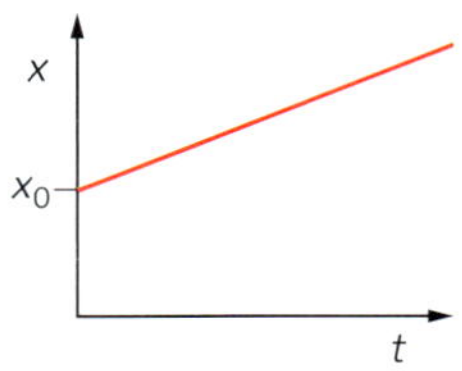
Der Körper bewegt sich mit konstanter Geschwindigkeit v_0.	$v(t) = v_0$	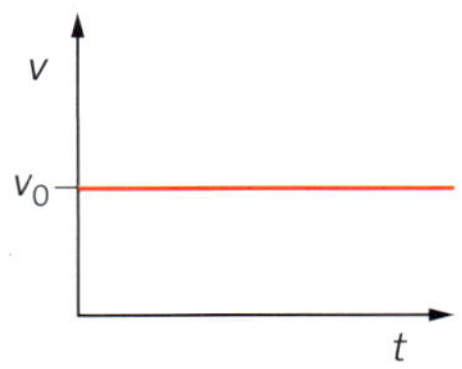

Tabelle 4 Bewegungen mit konstanter Geschwindigkeit

Information über den Körper am Beginn der Beobachtung ($t = 0\,s$)	**Bewegungsgleichung**	**Bewegungsdiagramm**
Der Körper befindet sich am Ursprung, hat keine Anfangsgeschwindigkeit v_0 und beschleunigt konstant.	$x(t) = \frac{1}{2} a \cdot t^2$	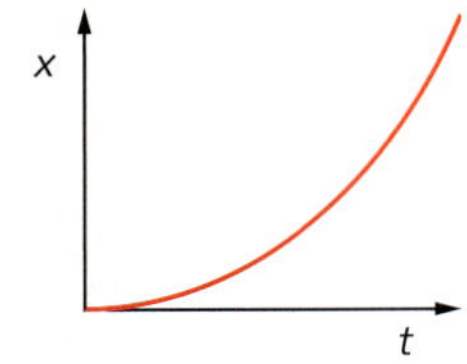
Der Körper befindet sich am Ursprung, hat eine Anfangsgeschwindigkeit v_0 und beschleunigt konstant.	$x(t) = \frac{1}{2} a \cdot t^2 + v_0 \cdot t$	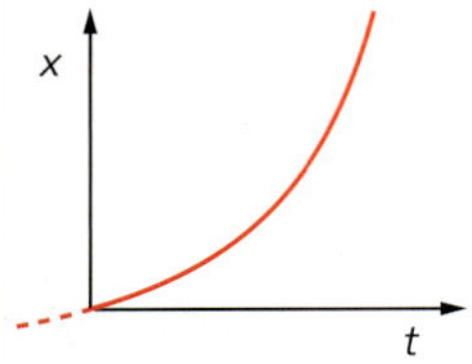
Der Körper befindet sich x_0 vom Ursprung entfernt, hat eine Anfangsgeschwindigkeit v_0 und beschleunigt konstant.	$x(t) = \frac{1}{2} a \cdot t^2 + v_0 \cdot t + x_0$	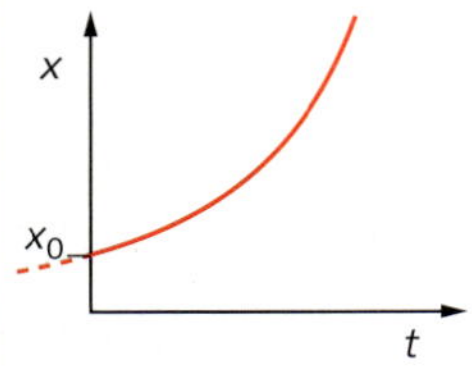
Der Körper befindet sich am Ursprung und hat keine Anfangsgeschwindigkeit v_0.	$v(t) = a \cdot t$	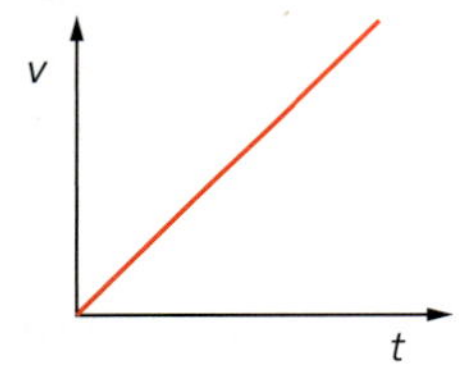
Der Körper befindet sich am Ursprung und hat eine Anfangsgeschwindigkeit v_0. Dabei ist unerheblich, ob sich der Körper x_0 vom Ursprung entfernt befindet.	$v(t) = a \cdot t + v_0$	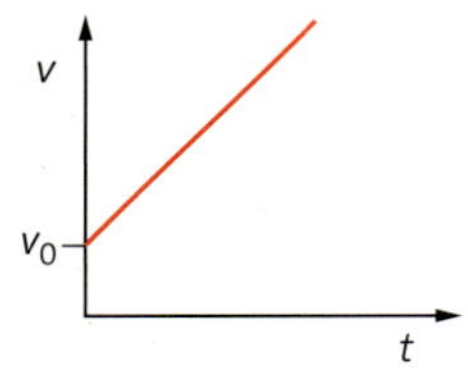

Tabelle 5 Bewegungen mit konstanter Beschleunigung

Fällt ein zuvor ruhender Gegenstand allein unter dem Einfluss der Gewichtskraft, spricht man von einem freien Fall.

Der **freie Fall** ist ein Sonderfall einer beschleunigten Bewegung.
Bei Vernachlässigung des Luftwiderstands beträgt die Beschleunigung auf der Erdoberfläche $a = 9{,}81\,\frac{m}{s^2}$.
Diese Beschleunigung wird häufig mit dem Fallbeschleunigung g dargestellt. Damit gilt: $g = 9{,}81\,\frac{m}{s^2}$.
Statt der Strecke x wird häufig die Höhe h verwendet.
Die Bewegungsgleichungen lauten deshalb:

$$h(t) = \frac{1}{2} g \cdot t^2$$

$$v(t) = g \cdot t$$

Die Darstellung der Bewegungsgleichung hängt von der Wahl des Ursprungs und der Orientierung (Richtung) der h-Achse ab.
So würden für die Darstellungen 2 und 3 und $g = 9{,}81\,\frac{\text{m}}{\text{s}^2}$ die Bewegungsgleichungen wie folgt lauten:

1. Darstellung	**2. Darstellung**	**3. Darstellung**
Orientierung der h-Achse 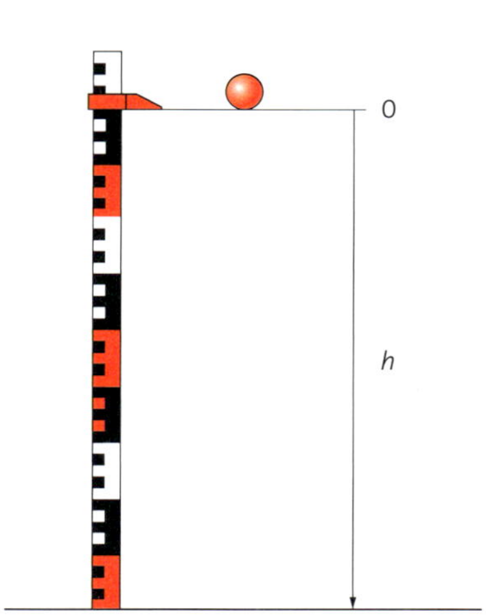	Orientierung der h-Achse 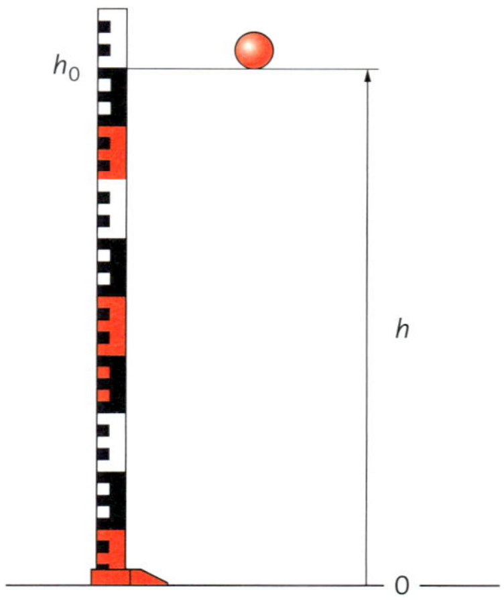	Orientierung der h-Achse 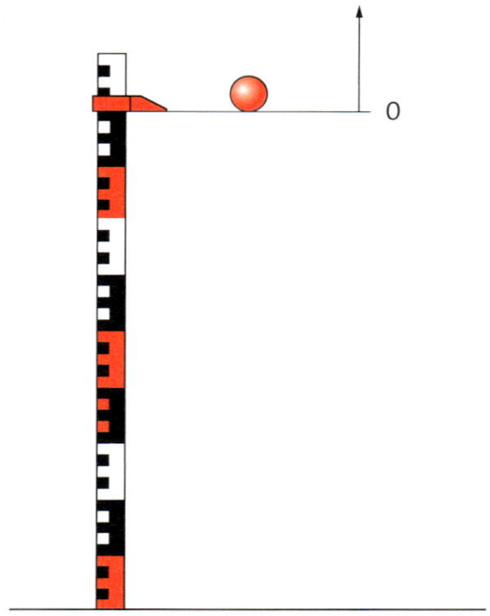
t-h-Diagramm 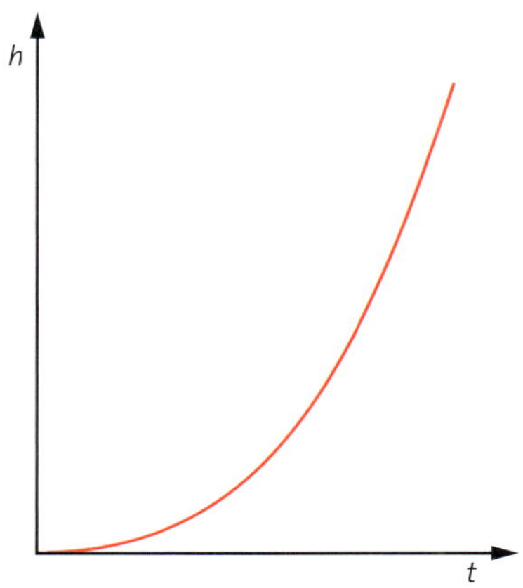	t-h-Diagramm 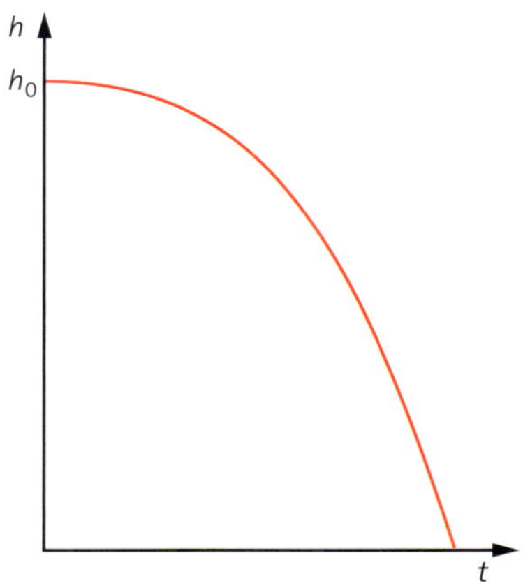	t-h-Diagramm 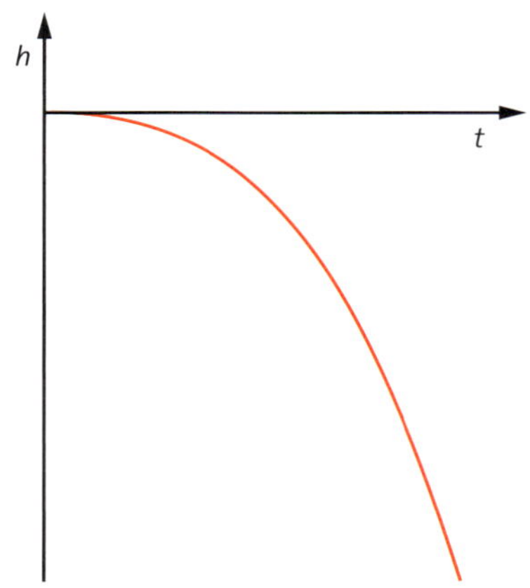
Bewegungsgleichungen $h(t) = \frac{1}{2}g \cdot t^2$ $v(t) = g \cdot t$	Bewegungsgleichungen $h(t) = -\frac{1}{2}g \cdot t^2 + h_0$ $v(t) = -g \cdot t$	Bewegungsgleichungen $h(t) = -\frac{1}{2}g \cdot t^2$ $v(t) = -g \cdot t$

Tabelle 6 Bewegungen beim freien Fall

Anmerkung
In diesen Darstellungen wird g immer mit positivem Vorzeichen verwendet. Für die Geschwindigkeit erhält man im 2. und 3. Fall ein negatives Vorzeichen. Der Körper bewegt sich dann entgegen der festgelegten Richtung der h-Achse.

Aus der Geschichte: Die Apollo-11-Mission

Dieser Tag ging in die Geschichte der Menschheit ein: Am 21. Juli 1969 um 02:56:20 UTC (03:56:20 MEZ – in den USA war es noch der 20. Juli) betrat der Astronaut Neil Armstrong als erster Mensch den Mond.
Die drei Astronauten Neil Armstrong, Edwin „Buzz" Aldrin und Michael Collins starteten am 16. Juli 1969 mit einer Saturn-V-Rakete von Cape Canaveral (Florida) und erreichten am 19. Juli eine Mondumlaufbahn. Collins blieb im Kommandomodul des Raumschiffs *Columbia* zurück.
Armstrong und Aldrin setzten am nächsten Tag mit der Mondlandefähre *Eagle* im Gebiet des *Mare Tranquilitatis* auf. Am 20. Juli 1969 um 20:17:58 Uhr UTC vermeldete Armstrong: „Houston, Tranquility Base here. The Eagle has landed."
Wenige Stunden später betrat Armstrong den Mond, kurz danach folgte Aldrin. Nach einem knapp 22-stündigen Aufenthalt startete die Landefähre wieder und kehrte zum Mutterschiff zurück. Nach ihrer Rückkehr zur Erde landete die *Columbia* am 24. Juli wie geplant im Pazifik. Die drei Astronauten wurden wohlbehalten von einem, in der Nähe positionierten, Bergungsschiff aufgenommen.
Die Landung der Mondlandefähre Eagle folgte einem zuvor sorgfältig ausgetüftelten Vorgehen. Dafür wurden mehrere Computerprogramme entwickelt, die den „Adler" in mehreren Phasen auf der Mondoberfläche zur Landung bringen sollten. Ziel war es, die Mondlandefähre sanft und zugleich mit möglichst wenig Treibstoffverbrauch zu landen („legs down while minimizing fuel usage"). Ein zu hoher Treibstoffverbrauch hätte bedeutet, dass für einen anschließenden Start der Landefähre zu wenig Treibstoff vorhanden gewesen wäre. Den Astronauten wäre dann die Rückkehr zur Erde verwehrt geblieben. Fast wäre es auch so weit gekommen, denn der Eagle konnte nicht exakt am zuvor geplanten Punkt (Geröllfeld mit vielen großen Steinen) landen. Er musste von Hand 500 m über das eigentliche Ziel hinaus weiter gesteuert werden.
Der 1971 von der US-Raumfahrtsbehörde verfasste *„Apollo-Descent-Guidence"* beschreibt ausführlich die Technologie, die mit dem Apollo-Sinkflug einhergeht. So skizziert die NASA in ihrem Bericht unter anderem die Phasen „Braking Phase", „Approach Phase" und „Terminal Descent Phase". ► Bild 1 zeigt schematisch den Sinkflug.

1 Die Astronauten haben auf ihrer Mission einige wissenschaftliche Experimente durchgeführt und entsprechende Aufbauten positioniert, die von der Erde aus gesteuert werden. Recherchiere und stelle ein Experiment auf einem Poster, Plakat oder in einer digitalen Präsentation vor.

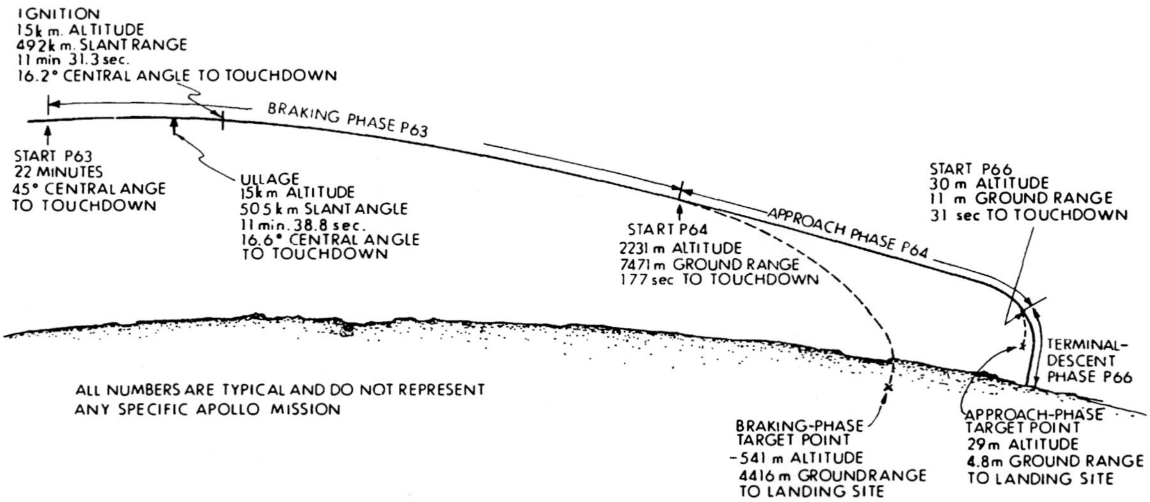

1 Apollo-Sinkflug

2 Der Sinkflug

a Insgesamt dauerte der Apollo-Sinkflug 11 Minuten und 31,3 Sekunden. Entnimm ▸ Bild 1 die Dauer von Braking Phase, Approach Phase und Terminal Descent Phase.

b Recherchiere die Bezeichnung „Ullage". Das entsprechende Ereignis fand etwa 7,5 s nach Ignition statt und war die Voraussetzung für die Powered Descent Initition PDI (Beginn des gebremsten Sinkflugs).

c In der Terminal Descent Phase wurde nur (durch das Programm selbst) noch die Geschwindigkeit kontrolliert. Beurteile diese Vorgehensweise mit Hinblick auf die Zielvorgabe „legs down".

d „Contact light" wurde nach 11 Minuten 31,1 Sekunden vermeldet (20:17:40 UTC). Andere Beschreibungen des Sinkflugs geben den Touchdown mit einem „probe contact" nach 11 Minuten 54 Sekunden an. Diskutiere die Begrifflichkeiten im Hinblick auf die unterschiedlichen Zeitangaben.

3 Flugbahn des Landemoduls

a Im ▸ Bild 2 sind die Phasen Braking, Approach und Landing mit den „Ereignissen" PDI, High gate und Low gate verknüpft. High gate und Low gate sind Begriffe aus dem Flugwesen. Informiere dich über ihre Bedeutung und bringe sie im Einklang mit der Verwendung beim Landeanflug der Eagle.

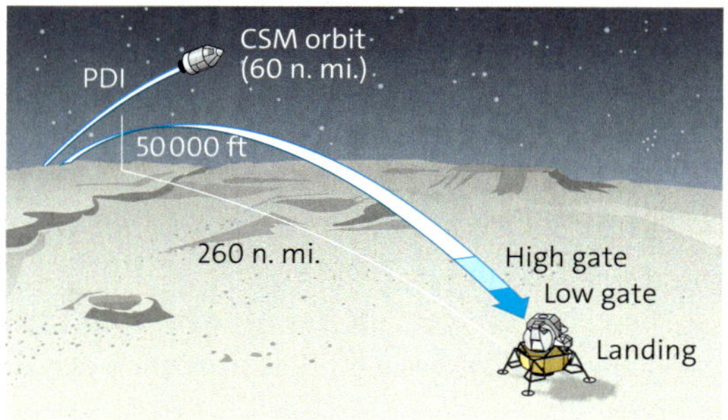

2 Flugbahn Landemodul

b Das Command und Service Module CSM ist der Teil des Apollo-Raumschiffs, das während der Mondlandungen im lunaren Orbit verblieb. Diskutiere die Angabe „60 n. mi." im ▸ Bild 2.

c Das Ereignis PDI findet in einer Höhe (Abstand zur Mondoberfläche) von etwa 50 000 ft statt. Berechne diese Angabe in der Einheit Meter.

4 Beschreibe den kompletten Sinkflug (einschließlich der Terminal Descent Phase) in einem Zeit-Höhe-Diagramm. Die Skizze aus dem Report ▸ Bild 1 und die ▸ Tabelle können als Grundlage dienen. *Hinweis:* Trage in das Diagramm nur die Punkte ein (Beginn und Ende der Phasen sowie wesentliche Ereignisse), über die dir tatsächlich Informationen vorliegen. Verwende für die Angabe der Höhe die Einheit Meter (m) oder Fuß (ft).

Event	TFI, min:sec (a)	Inertial velocity, fps	Altitude rate, fps	Altitude, ft	ΔV, fps
Ullage	−0:07				
Powered descent initiation	0:00	5560	−4	48 814	0
Throttle to maximum thrust	0:26	5529	−3	48 725	31
Rotate to windows-up position	2:56	4000	−50	44 934	1572
LR altitude update	4:18	3065	−89	39 201	2536
Throttle recovery	6:24	1456	−106	24 639	4239
LR velocity update	6:42	1315	−127	22 644	4399
High gate	8:26	506	−145	7515	5375
Low gate	10:06	[b]55(68)	−16	512	6176
Touchdown (probe contact)	11:54	[b]−15(0)	−3	12	6775

Tabelle

Musteraufgaben

1 Ein Pkw fährt von einem Parkplatz auf die Autobahn mit einer durchschnittlichen Beschleunigung von $a = 2{,}0\,\frac{\text{m}}{\text{s}^2}$ bis zur Richtgeschwindigkeit von $130\,\frac{\text{km}}{\text{h}}$. ▸ 1
Nach einer weiteren Minute erkennt er ein Hindernis auf der Straße. Er leitet nach einer Schrecksekunde eine Vollbremsung mit $a = -9{,}5\,\frac{\text{m}}{\text{s}^2}$ ein.

a Berechne die Zeit, die das Auto bis zum Erreichen der Richtgeschwindigkeit braucht. Berechne auch den dabei zurückgelegten Weg.

b Stelle die Bewegungsgleichungen für die Fahrt mit der Richtgeschwindigkeit auf. Wähle dabei …
- den Startpunkt beim Eintreten der Richtgeschwindigkeit als Nullpunkt der x-Achse
- den Parkplatz als Nullpunkt der x-Achse

c Berechne den Weg, den das Fahrzeug nach Erkennen des Hindernisses bis zum Stillstand noch zurücklegt.

d Stelle den Sachverhalt vom Erkennen des Hindernisses bis zum Stehen des Fahrzeuges in Form eines t-x und t-v-Diagrammes dar.

e Formuliere aufgrund der berechneten Werte jeweils zwei Empfehlungen für das Verhalten des Fahrers sowie die Technik für ein sicheres Fahren.

1 Beschleunigungsspur

Lösung

Tipp: Es empfiehlt sich immer, dass man sich die Aufgabestellung veranschaulicht. Nullpunkt, Richtung der x-Achse und wesentliche Inhalte der Aufgabe sollten dargestellt werden. ▸ 2

2 Skizze zur Aufgabenstellung

a *Gegeben:* $a_1 = 2{,}0\,\frac{\text{m}}{\text{s}^2}$; $a_2 = -9{,}5\,\frac{\text{m}}{\text{s}^2}$;
$v = 130\,\frac{\text{km}}{\text{h}} = 36{,}1\,\frac{\text{m}}{\text{s}}$

Gesucht: t in s; x in m

Lösung:

$$v(t) = a \cdot t \quad | :a$$

$$t = \frac{v}{a} = \frac{36{,}1\,\frac{\text{m}}{\text{s}}}{2{,}0\,\frac{\text{m}}{\text{s}^2}} = 18\,\text{s}$$

$$x(t) = \frac{1}{2}\,a \cdot t^2$$

$$x(18\,\text{s}) = \frac{1}{2} \cdot 2{,}0\,\frac{\text{m}}{\text{s}^2} \cdot (18\,\text{s})^2 = 324\,\text{m} = 0{,}32\,\text{km}$$

b Nullpunkt: Eintreten der Richtgeschwindigkeit

$x(t) = \frac{130}{3{,}6}\,\frac{\text{m}}{\text{s}} \cdot t$ und $v(t) = \frac{130}{3{,}6}\,\frac{\text{m}}{\text{s}}$

Nullpunkt: Parkplatz

$x(t) = \frac{130}{3{,}6}\,\frac{\text{m}}{\text{s}} \cdot t + 324\,\text{m}$ und $v(t) = \frac{130}{3{,}6}\,\frac{\text{m}}{\text{s}}$

c Das Fahrzeug bewegt sich in der „Schrecksekunde" eine Sekunde lang mit der konstanten Geschwindigkeit von $130\,\frac{\text{km}}{\text{h}}$ weiter. Damit legt es in dieser Zeit die Strecke

$x(1\,\text{s}) = \frac{130}{3{,}6}\,\frac{\text{m}}{\text{s}} \cdot 1{,}0\,\text{s} = 36\,\text{m}$ zurück.

Beim 2. Teil der Bewegung handelt es sich um eine beschleunigte Bewegung (mit negativem a). Für die Verwendung der Bewegungsgleichung $x(t) = \frac{1}{2}\,a \cdot t^2 + v_0 \cdot t$

wird die Zeitdauer des Bremsvorgangs benötigt. Diese erhält man über

$v(t) = a \cdot t + v_0 \qquad | -v_0 \quad | :a$

$$t = \frac{v(t) - v_0}{a} = \frac{0\,\frac{\text{m}}{\text{s}} - 36{,}1\,\frac{\text{m}}{\text{s}}}{-9{,}5\,\frac{\text{m}}{\text{s}^2}} = 3{,}8\,\text{s}$$

$$x(t) = \frac{1}{2}\,a \cdot t^2 + v_0 \cdot t$$

$$x(3{,}8\,\text{s}) = \frac{1}{2} \cdot \left(-9{,}5\,\frac{\text{m}}{\text{s}^2}\right) \cdot (3{,}8\,\text{s})^2 + 36{,}1\,\frac{\text{m}}{\text{s}} \cdot 3{,}8\,\text{s} = 69\,\text{m}$$

Der Anhalteweg setzt sich aus dem in der Schrecksekunde zurückgelegten Weg und dem Bremsweg zusammen.
Damit beträgt der Anhalteweg $36\,\text{m} + 69\,\text{m} = 105\,\text{m}$

Hinweis

Durch das Eliminieren der Zeit t lässt sich aus den beiden oben verwendeten Bewegungsgleichungen eine weitere Gleichung entwickeln:
$v^2 - v_0^2 = 2a \cdot x$
Auf diese Weise kann man den Bremsweg sofort – ohne Berechnung der zugehörigen Zeit – bestimmen.

d

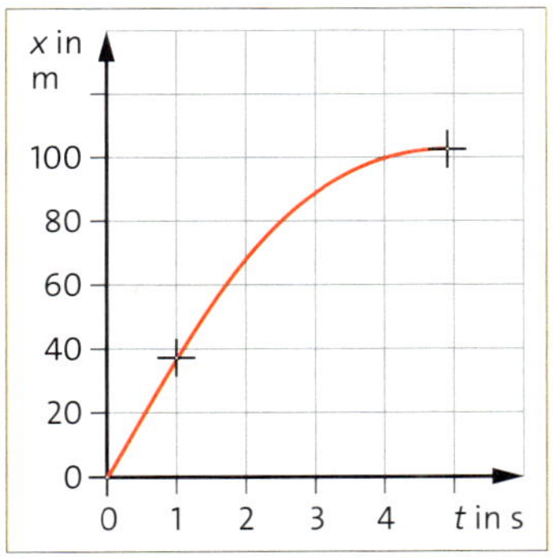

3 *t-x*-Diagramm

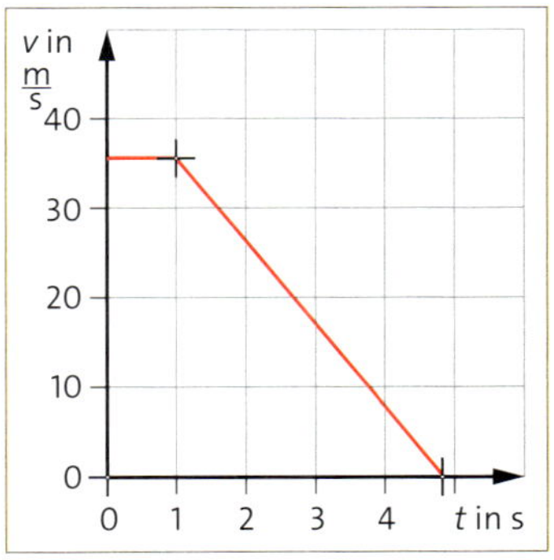

4 *t-v*-Diagramm

e *Fahrer:* Damit die Reaktionszeit möglichst kurz ist: keine Müdigkeit oder Ablenkung durch intensive Gespräche mit dem Beifahrer oder die verbotene Benutzung des Smartphones.
Damit der Bremsweg möglichst kurz ist: Notbremsungen bei einem Fahrsicherheitstraining üben.

Technik: Bremsen und Reifen im vorschriftsgemäßen Zustand; beim Kauf eines Fahrzeugs auf entsprechend vorhandene Assistenzsysteme (leiten notfalls selbständige eine Notbremsung ein) achten.

2 Felix Baumgartner beabsichtigte bei seinem Sprung im Jahr 2012 verschiedene Rekorde zu brechen. Schneller als Schall zu sein, war einer der beabsichtigten Rekordversuche.

a Die Geschwindigkeit des Schalls hängt von der Luftfeuchtigkeit und Temperatur ab. Verwende eine Schallgeschwindigkeit von $1200\,\frac{\text{km}}{\text{h}}$ und berechne die Zeit, die Felix Baumgartner im freien Fall fallen müsste, um diese Geschwindigkeit zu erreichen. Bestimme auch die dabei zurückgelegte Strecke.
Nimm dazu an, dass der Wert der Fallbeschleunigung konstant ist.

b Überprüfe seine, auf ▸ S. 120 dargestellten Rekorde und gib Gründe für mögliche Abweichungen an.

c Mit zunehmender Falltiefe spielt der Luftwiderstand eine immer größere Rolle. Im ▸ Bild 1 sind die beiden Kräfte, die Gewichtskraft und die Luftwiderstandskraft eingezeichnet. Die Luftwiderstandkraft F_L hängt von der Relativgeschwindigkeit, der Form des Körpers, der Querschnittsfläche und der Dichte der Luft ab.
Erläutere an diesem Beispiel die Grenzen des Modells beim freien Fall. Beschreibe die Änderungen in den Bewegungsfunktion, wenn man den Luftwiderstand berücksichtigen würde. Erkläre auch die Notwendigkeit des Aufstiegs von Felix Baumgartner in eine Höhe von über 39 km.

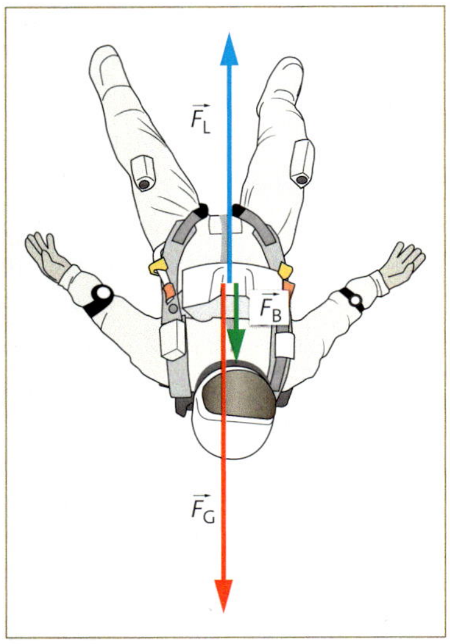

1 Kräfte

Lösung

a *Gegeben:* $v = 1200\,\frac{\text{km}}{\text{h}} = 333{,}3\,\frac{\text{m}}{\text{s}}$

$g = 9{,}81\,\frac{\text{m}}{\text{s}^2}$

Gesucht: t in s

x in m

Lösung:

$$v(t) = g \cdot t \qquad |:g$$

$$t = \frac{v(t)}{g} = \frac{333{,}3\,\frac{\text{m}}{\text{s}}}{9{,}81\,\frac{\text{m}}{\text{s}^2}} = 34{,}0\,\text{s}$$

$$x(t) = \frac{1}{2}\,g \cdot t^2$$

$$x(34\,\text{s}) = \frac{1}{2} \cdot 9{,}81\,\frac{\text{m}}{\text{s}^2} \cdot (34{,}0\,\text{s})^2 = 5670\,\text{m} = 5{,}67\,\text{km}$$

b $v(46{,}5\,\text{s}) = 9{,}81\,\frac{\text{m}}{\text{s}^2} \cdot 46{,}5\,\text{s} = 456\,\frac{\text{m}}{\text{s}} = 1642\,\frac{\text{km}}{\text{h}}$

$x(46{,}5\,\text{s}) = \frac{1}{2} \cdot 9{,}81\,\frac{\text{m}}{\text{s}^2} \cdot (46{,}5\,\text{s})^2 = 10\,606\,\text{m} = 10{,}6\,\text{km}$

Damit hätte er in $(39{,}0\,\text{km} - 10{,}6\,\text{km}) = 28{,}4\,\text{km}$ Höhe seine höchste Geschwindigkeit erreicht.
Gründe für die Abweichung: Zum einen ändert sich die Fallbeschleunigung minimal (etwas geringer) und die Dichte der Luft nimmt auch immer weiter zu, was eine Vergrößerung der Luftwiderstandskraft bedeutet. Damit nimmt die beschleunigende Kraft ab (siehe c). Den größten Anteil an der Abweichung dürfte aber die einsetzende Rotation von Felix Baumgartner haben. Hier wird ein Teil der Bewegungsenergie in Rotationsenergie überführt.

c Die Beschleunigung beträgt nicht mehr $a = 9{,}81\,\frac{\text{m}}{\text{s}^2}$. Man muss nun die Beschleunigung über die resultierende Kraft F_B bestimmen.

Es gilt: $F_\text{B} = F_\text{G} - F_\text{L}$.

Damit gilt für die Beschleunigung: $a = \frac{F_\text{B}}{m} = \frac{F_\text{G} - F_\text{L}}{m}$

Deshalb ist die Beschleunigung nicht mehr konstant, da sie von der Geschwindigkeit abhängt, die sich bis zum Erreichen der Endgeschwindigkeit ändert. (Im geringeren Umfang hängt sie auch von der sich ändernden Luftdichte ab und von der Querschnittsfläche, die auch nicht konstant bleibt.) Zur Lösung braucht es dann weiterführendere mathematische Inhalte.
Die Endgeschwindigkeit wird erreicht, wenn $F_\text{B} = F_\text{G} - F_\text{L} = 0$ gilt. Dann haben F_G und F_L den gleichen Betrag.
Nur in derart großen Höhen ist die Luftdichte vernachlässigbar klein. Damit ist die Luftwiderstandskraft F_L nahezu null.

Aufgaben und Aufträge

1 Ein Pkw fährt auf der Autobahn mit der Richtgeschwindigkeit $130\,\frac{\text{km}}{\text{h}}$. Durch einen ausscherenden Lkw muss der Pkw auf $80\,\frac{\text{km}}{\text{h}}$ gleichmäßig abbremsen. Der Bremsweg beträgt 120 m.

a Berechne die zugehörige Bremsdauer.

b Der Fahrer ist durch eine auf seinem Smartphone ankommende Nachricht für drei Sekunden abgelenkt. Beurteile anhand einer Rechnung, ob es der Fahrer durch eine Notbremsung ($a = -9{,}0\,\frac{\text{m}}{\text{s}^2}$) noch schaffen würde, einen Auffahrunfall zu vermeiden.

2 Bewegungsdiagramm

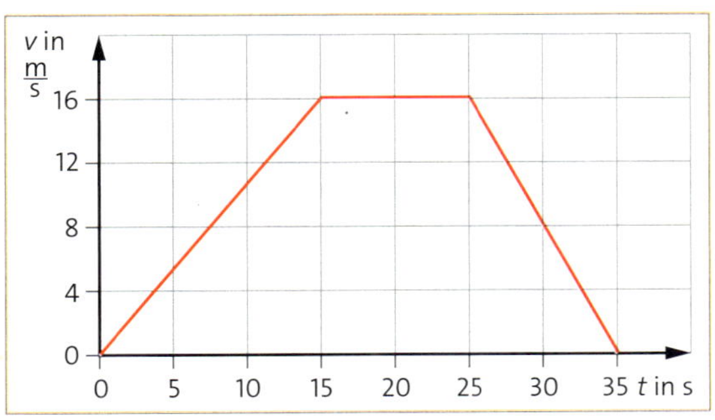

2 *t*-*v*-Diagramm

a Beschreibe anhand des Diagramms in ▸ Bild 2 den zugehörigen Bewegungsablauf und gehe auf die idealisierte Darstellung ein.

b Stelle für die jeweiligen Zeitabschnitte die zugehörige Bewegungsfunktion auf.

c Zeichne nach Berechnung geeigneter Werte das *t*-*x*-Diagramm. Beginne mit $x(0\,\text{s}) = 0\,\text{m}$.

3 Beurteile die drei Aussagen in untenstehendem Cartoon. ▸ 3 Charakterisiere die drei Orte A, B und C hinsichtlich Beschleunigung, Geschwindigkeit und Kraft. Beschreibe auch die jeweiligen energetischen Zustände in diesen Punkten.

3 Ballwurf

4 Mit einem Beschleunigungssensor wurde der Start eines A380 (Startmasse 560 t) und eines A321 aufgenommen. ▸ 1, 2

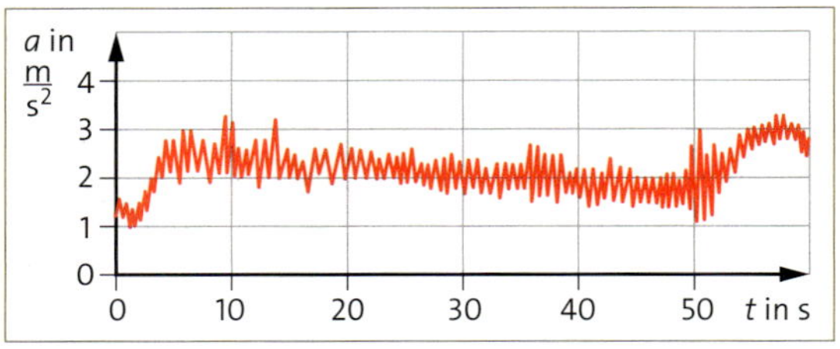

1 Start A380

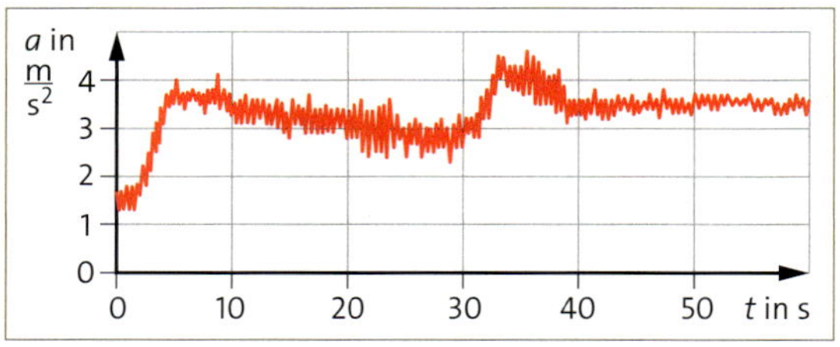

2 Start A321

a Schätze anhand des *t*-*a*-Diagramms die Geschwindigkeit, mit der der Airbus A380 abhebt, ab. Die Startphase endet bei ca. 50 Sekunden.

b Berechne die zugehörige Beschleunigungsstrecke.

c Vergleiche die Werte mit einem startenden A321. Hier endet die Beschleunigungsphase auf der Startbahn nach etwa 30 s.

d Die Startbahn auf einem Flugzeugträger ist maximal 200 m lang. Zum Abheben braucht der Jet (z. B. F16 Hornet mit der Masse 9 t) eine Geschwindigkeit von 260 $\frac{km}{h}$. ▸ 3

3 Start auf dem Flugzeugträger

Berechne die durchschnittliche Beschleunigung und Beschleunigungsdauer.

e Recherchiere die Schubkraft der drei vorgestellten Flugzeuge und untersuche, ob die Beschleunigungswerte mit den dargestellten bzw. berechneten Werten im Einklang sind.

5 Mit einem Beschleunigungssensor und Höhenmesser wurde eine Aufzugfahrt im bis dahin höchsten Gebäude der Erde gemacht. ▸ 4–8

4 Burj Khalifa

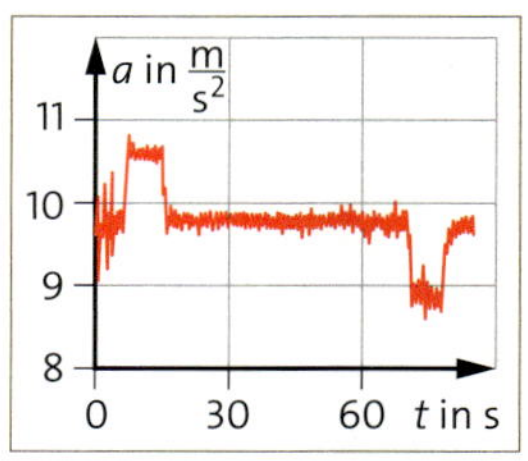

5 *t*-*a*-Diagramm

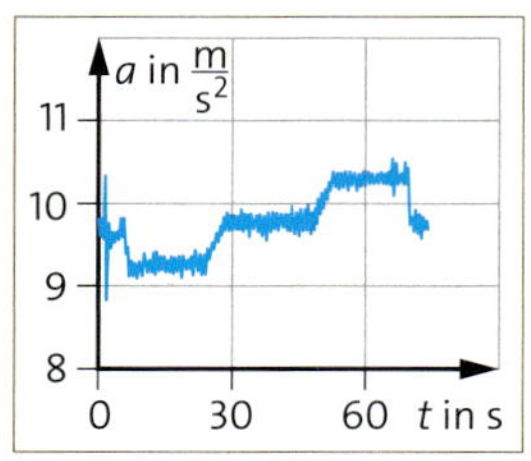

6 *t*-*a*-Diagramm

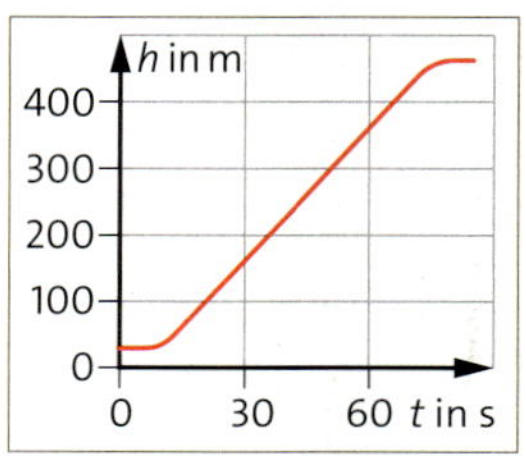

7 *t*-*h*-Diagramm

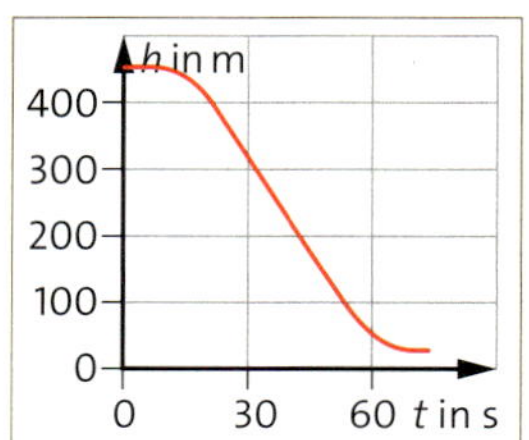

8 *t*-*h*-Diagramm

a Beschreibe die Bewegung, indem du die Fahrt in drei charakteristische Zeitintervalle einteilst.

b Erstelle für die Fahrt nach oben mithilfe der Diagramme die zugehörige Bewegungsfunktion für die jeweiligen Intervalle. Lege den Startpunkt mit $x(0\,\text{s}) = 0\,\text{m}$ fest.

c Bestimme im längsten Zeitintervall die Geschwindigkeit, mit der sich der Aufzug bewegt und zwar mithilfe …
- des Diagramms und der Bewegungsfunktion.
- von Überlegungen anhand des Graphen.

d Die Zeitdauer der Beschleunigungen unterscheidet sich bei den Fahrten nach oben und nach unten. Stelle eine Hypothese über die Ursachen auf. *Tipp:* Es hat mit dem Empfinden des Menschen zu tun.

6 Der Skydiver Luke Aikins sprang am 30. Juli 2016 aus 7600 m Höhe aus einem Flugzeug. Nach dem freien Fall landete er 50 km nordwestlich von Los Angeles in der Wüste in einem großem Netz.

a Berechne die Geschwindigkeit, die ein Mensch bei idealisierten Bedingungen – ohne Luftwiderstand – aus 7,6 km Höhe erreichen würde. Vergleiche dein Ergebnis mit der maximalen Geschwindigkeit, die ein Mensch tatsächlich (mit Luftwiderstand) erreicht. Recherchiere den benötigten Wert.

b Luke Aikins bewegte sich die letzten 2000 m mit der Geschwindigkeit von $200\,\frac{\text{km}}{\text{h}}$. Berechne die Zeitdauer für diesen Flugabschnitt.

c Ein Seitenwind von $20\,\frac{\text{km}}{\text{h}}$ beeinflusste den Flug. Berechne mithilfe von Teilaufgabe b die horizontale Abweichung des Skydivers für die letzten 2000 m.

d Bewerte Sponsoring und Sinnhaftigkeit derartiger Unternehmungen.

7 Der fliegende Frosch: Todesmutig stürzt sich der nur zwei Zentimeter große Frosch von einem 30 m hohen Urwaldbaum in die Tiefe. ▸ 9

9 Wallace-Flugfrosch

a Zunächst wird der Luftwiderstand vernachlässigt. Berechne die Zeit und die Geschwindigkeit, mit der der Frosch den Boden erreicht.

b Nun soll der Luftwiderstand des Froschs berücksichtigt werden: Stelle einen Ansatz für die resultierende beschleunigende Kraft F_B auf. Zeichne dazu in einer Skizze den Frosch mit den jeweils angreifenden Kräften.

c ⊕ Bestimme die Höchstgeschwindigkeit des Froschs beim freien Fall mit Luftwiderstand ($F_L = \frac{1}{2} c_W \cdot A \cdot \rho \cdot v^2$). *Tipp:* Betrachte die angreifenden Kräfte und überlege dir, was im Falle einer Bewegung mit konstanter Geschwindigkeit gelten muss.
Werte: $c_W = 1{,}1$; $A = 18\,\text{cm}^2$; $\rho = 1{,}29\,\frac{\text{kg}}{\text{m}^3}$; $m = 20\,\text{g}$

8 Die folgenden beiden Diagramme (t-h- und t-v-Diagramm) geben die manuelle Auswertung einer Videoanalyse von einem fallengelassenen Flummi wieder, der am Boden aufkommend nach oben zurückspringt. ▸ 10, 11

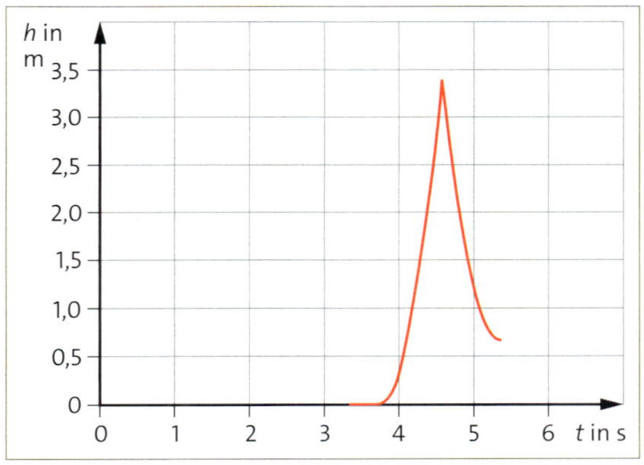

10 t-h-Diagramm

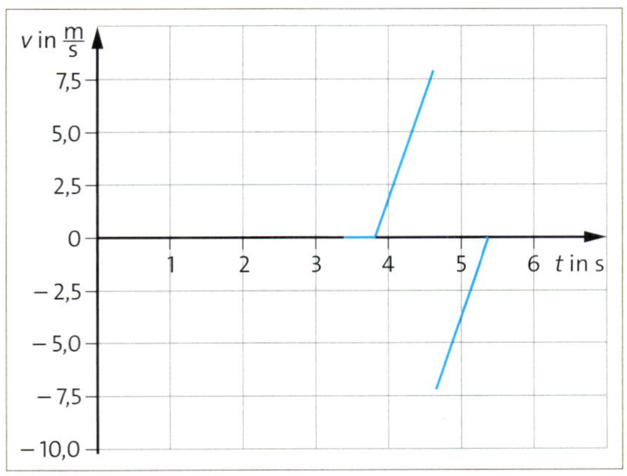

11 t-v-Diagramm

a Erläutere anhand dieses Beispiels die Bedeutung der Festlegung des Nullpunkts und der Richtung des Koordinatensystems.
b Gib eine weitere Möglichkeit für eine Bewegung an, die diesen Diagrammen zugrunde liegen könnte.
c Bestimme anhand des *t*-*v*-Diagramms die Beschleunigung bei dieser Bewegung.

9 Knobeleien mit Äpfeln
a Zwei Äpfel beginnen gleichzeitig vom Baum zu fallen: der eine aus 3,4 m Höhe, der andere von 1,3 m darüber. Berechne die Zeitspanne zwischen dem ersten und zweiten Aufprall.
b Zwei Äpfel beginnen gleichzeitig vom Baum zu fallen. Der eine hing 2,8 m hoch und schlägt 0,12 s vor dem anderen auf. Berechne die Höhe, aus der der zweite Apfel fiel.
c Zwei Äpfel beginnen gleichzeitig vom Baum zu fallen. Der eine hing 1,9 m höher und prallt 0,21 s später auf. Berechne die Höhen der Äpfel.

10 In den Diagrammen wird die Bewegung eines senkrecht nach oben geworfenen Körpers bis zum Erreichen der Abwurfstelle beschrieben. ▸ 1, 2

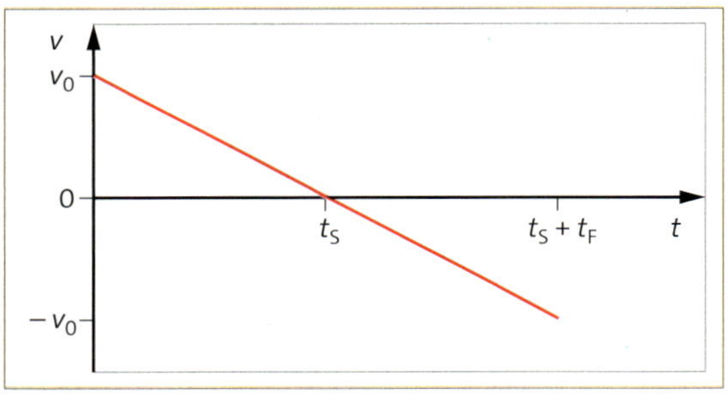

1 *t*-*v*-Diagramm

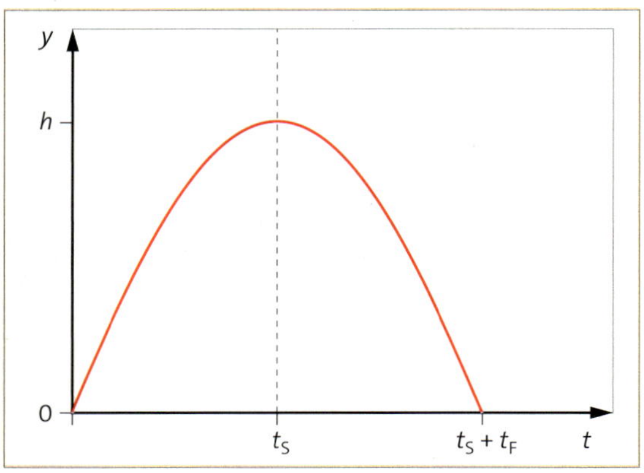

2 *t*-*h*-Diagramm

a Beschreibe die Bewegung anhand der Diagramme und gehe auf Besonderheiten dieser Bewegung ein. Bearbeite anhand dieser Erkenntnisse die Teilaufgaben b–d.
b Meterhohe Fontänen zieren häufig Schlossparks. Bestimme anhand nachvollziehbarer Abschätzungen die Höhe dieser Fontäne und berechne die dafür notwendige Geschwindigkeit des Wassers beim Austritt aus der an der Wasseroberfläche liegenden Düse. ▸ 3

3 Fontäne

c Den höchsten Sturz (ohne Fallschirm), den jemals ein Mensch überlebt hat, soll der Fall der Stewardess Vesna Vulović aus 10 500 m Höhe sein. Eine Bombe von Extremisten hatte das Flugzeug in dieser Höhe zerrissen.
Berechne mithilfe der Formeln für den freien Fall die Geschwindigkeit mit der die Flugbegleiterin am Boden ankam und die zugehörige Zeitdauer. Erläutere, dass diese Werte mit der Realität nicht übereinstimmen.
Stelle physikalisch fundierte Hypothesen auf, wie Vesna Vulović diesen Sturz überlebt haben könnte und überprüfe sie durch Recherchen.
d ⊕ Ein Schüler schiebt einen anderen Schüler, der auf einem Skateboard steht, nach rechts. Währenddessen wirft der auf dem Board stehende Schüler einen Basketball senkrecht nach oben. ▸ 4

4 Ballwurf

Beschreibe die Bewegung von Skateboard und Basketball und finde entsprechende Zusammenhänge.

11 ⊕ In einem Seminar wurde eine druckluftbetriebene Ballkanone entwickelt, die Bälle mit Geschwindigkeiten von bis zu 200 $\frac{km}{h}$ abschießen kann. ▸ 5–7

5 Ballkanone

a Zeichne für die genannte Anfangsgeschwindigkeit das zugehörige idealisierte Zeit-Höhe- sowie Zeit-Geschwindigkeit-Diagramm, das die Luftreibung vernachlässigt. Erläutere, den Einfluss, den der Luftwiderstand auf die Bewegung des Balls hat.

b Gib die Höhe an, die der Ball bei dieser idealisierten Bewegung erreicht.

c In einem Versuch wurde die Startsequenz der Ballkanone mit einer Feuerwerksrakete verglichen. Zwischen den einzelnen Punkten in der Videoanalyse liegt eine Zeitspanne von $\frac{1}{30}$ s.
Zeige, dass die Geschwindigkeit der Feuerwerksrakete etwa bei 18 $\frac{m}{s}$ liegt, während der durch die Ballkanone abgeschossene Ball eine Geschwindigkeit von ca. 45 $\frac{m}{s}$ hat. Beurteile auch die Genauigkeit dieser Angaben.

6 Startsequenz Ballkanone

7 Startsequenz Feuerwerksrakete

Eichhörnchen sind nicht nur äußerst gewandte Kletterkünstler. Sie springen auch zielsicher von Baum zu Baum. Intuitiv schätzen sie die jeweiligen Entfernungen ab: Wie weit ist der Baum entfernt? Um wie viel liegt die Spitze tiefer als der eigene Absprungort?

Waagrechter Wurf

Auch Menschen – wie z. B. die Klippenspringer – müssen bestimmte Größen abschätzen, damit der Sprung nicht zur Lebensgefahr wird: Wie lange dauert der Flug, damit sie zur richtigen Zeit von den 30 m hohen Klippen springen, um die richtige Höhe der einlaufenden Welle zu erreichen? ▸ 2 Bei Stunts werden entsprechende Überlegungen akribisch durchgerechnet.

Im Film „Goldeneye" raste James Bond mit einem Motorrad einem führerlosen Flugzeug hinterher. Beide flogen über eine waagrechte Klippe. Bond erreichte schließlich das Flugzeug, stieg im Flug ein und entkam – wie immer – seinen Verfolgern. Viele Stunts werden zwar am Computer nachbearbeitet. Dieser wurde aber – nachträglich – tatsächlich von einem Stuntteam nachgestellt. Und tatsächlich: Zwei Stuntmen schafften es, dass sie mithilfe von Wingsuits in das Flugzeug einsteigen konnten. ▸ 3, 4

Im folgenden Kapitel wollen wir klären, welche Rolle z. B. die Anfangsgeschwindigkeit für den Verlauf des sogenannten waagrechten Wurfs spielt. Komplexere Untersuchungen wie die Rolle des Auftriebs oder des Luftwiderstands bleiben dann vielleicht einer Seminararbeit überlassen. Interessiert?

2 Klippenspringer

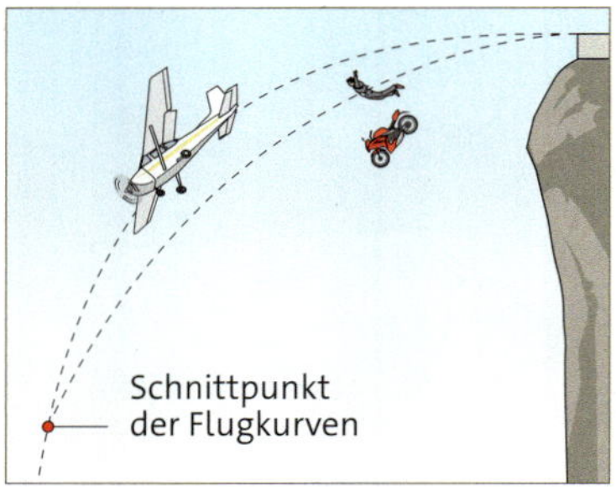

3 Stunt im Bond-Film

4 Wingsuit

Aktivitäten

1 Schülerexperiment: Waagrechter Wurf

Untersucht den waagrechten Wurf mit dem Smartphone und einer entsprechenden App für Stroboskopaufnahmen.

a Ein Mitschüler oder eine Mitschülerin wirft einen farbigen Softball möglichst waagrecht ab. Achtet darauf, dass ihr einen guten Kontrast zwischen Wand bzw. Tafel und dem Ball habt.
Filmt dann mit der App die Bewegung und wertet die erhaltene Stroboskopaufnahme aus. Werft den Ball mit unterschiedlichen Geschwindigkeiten ab. ▸ 5

b Betrachtet nun die einzelnen Abstände der Bilder auf der Stroboskopaufnahme in x-Richtung und in y-Richtung.
Formuliert Hypothesen zur Beschreibung der jeweiligen Bewegungen. ▸ 6
- Bewegung in x-Richtung sowie die zugehörige Bewegungsgleichung $x(t)$.
- Bewegung in y-Richtung sowie die zugehörige Bewegungsgleichung $y(t)$.

c Überprüft eure Hypothesen, indem ihr mit der App Aufnahmen von eindimensionalen Bewegungen macht, die nur in die jeweilige Richtung verlaufen. Beschreibt kurz diese Bewegungen in x- und y-Richtung.
Mithilfe der Bewegungsgleichung $y(t)$ könnt ihr nun den jeweiligen Ort des Balls mit den Stroboskop-Aufnahmen zum waagrecht geworfenen Ball vergleichen. (Ihr benötigt dazu den zeitlichen Abstand zwischen den Einzelbildern, siehe dazu ▸ S. 121.) Stellt die Unterschiede dar und findet Gründe für die Abweichung zum theoretisch berechneten Wert.

d Verändert den Versuchsaufbau so, dass die Anfangsgeschwindigkeit v_0 konstant gehalten werden kann.
Stellt Hypothesen zur Abhängigkeit der genannten Größen in der Form von Proportionalitäten auf (▸ Beispiele). Überprüft diese Hypothesen experimentell.
Größen: $y(t)$, $x(t)$, Anfangsgeschwindigkeit v_0 und Masse m
Beispiele: $x(t) \sim v_0$ oder $y(t) \sim m^2$

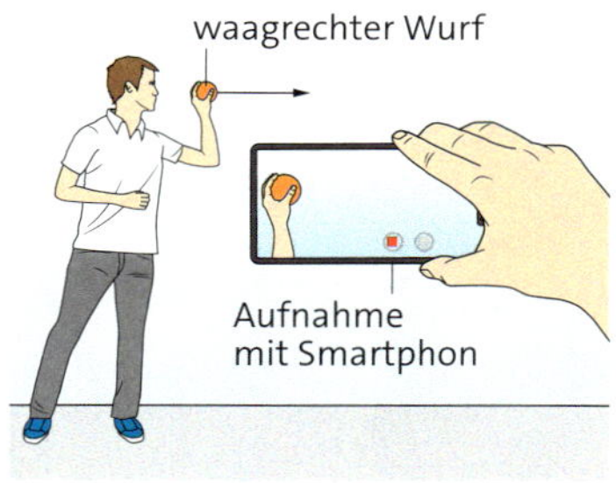

5 Versuchsanordnung

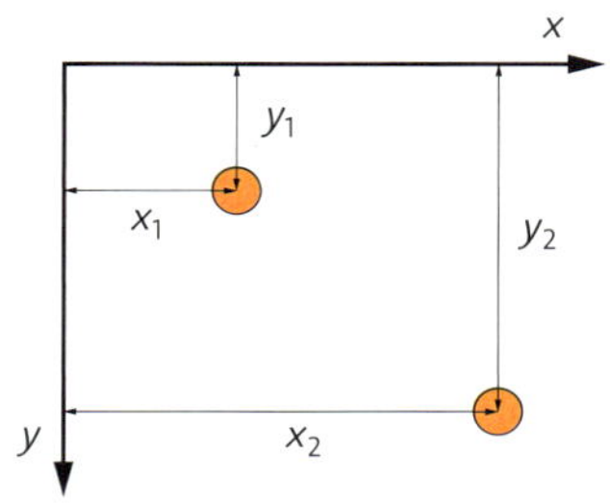

6 Zweidimensionale Bewegung

2 Eine Sprungschanze für Modellautos

A Mit einer Sprungschanze für Modellautos (alternativ eignen sich auch ein biegbares Plastik-Rohr und Metallkugeln) lassen sich Zusammenhänge zwischen verschiedenen physikalischen Größen untersuchen. Damit können Hypothesen über Größenabhängigkeiten überprüft werden.

a Formuliere verschiedene Hypothesen in der „Je-desto-Form" sowie in Form von Proportionalitäten. (▸ Aktivität 1d)

b Untersuche dazu die Abhängigkeit der Größen Falltiefe (y), Sprungweite (x), Anfangsgeschwindigkeit (v_0) und Masse (m). Überlege dir dazu, wie die Anfangsgeschwindigkeit v_0 mit der Anlaufhöhe (h) zusammenhängt.

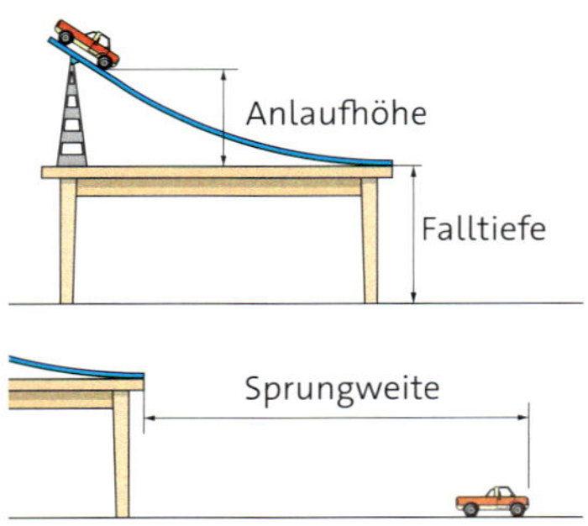

7 Sprungschanze

B Beim folgenden Versuchsaufbau wird ein Ring, der auf gleicher Höhe wie die Tischkante hängt, durch das herunterfahrende Auto ausgelöst, sobald es über die Kante des Tischs fliegt. ▸ 1
Die ▸ Bilder 2 und 3 sind Ausschnitte aus einem dazugehörigen Video.

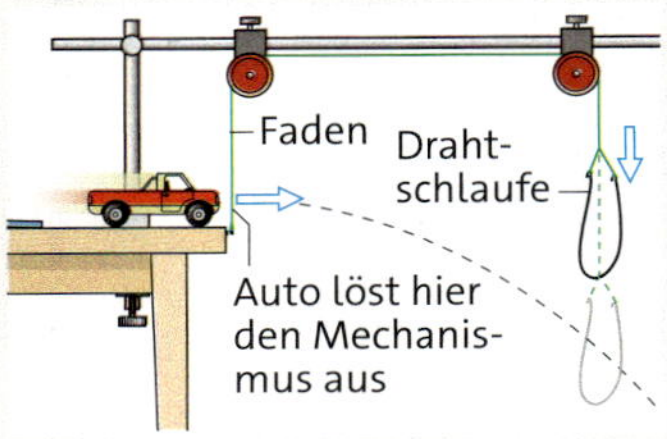

1 Versuchsaufbau mit Ring

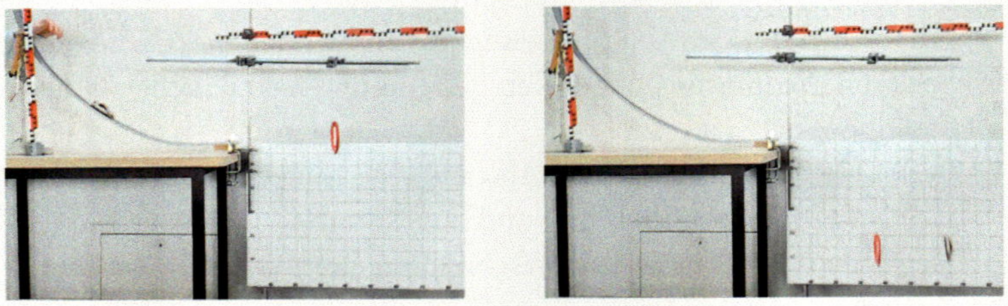

2 und 3 Ablauf des Experiments

Führt den Versuch selbst durch. Dreht dazu ein Video und wertet es aus. Stellt dazu die Bewegung des Rings der Bewegung des Autos gegenüber. Bisweilen funktioniert der Versuch nicht wie gewünscht. Überlegt euch mögliche Fehlerquellen.

3 Schussapparat

Mit einem Schussapparat aus der Physik-Sammlung lässt sich eine Kugel waagrecht abschießen, während eine zweite Kugel gleichzeitig senkrecht nach unten fällt. ▸ 4
Tipp: Falls dieses Experiment nicht zur Verfügung steht, könnt ihr auch einen Versuch mit einem Lineal und zwei Münzen durchführen. Das Prinzip ist das gleiche. ▸ 5

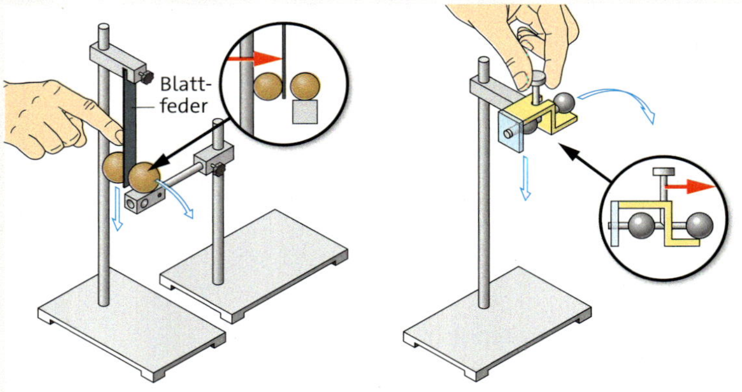

4 Schussapparat – unterschiedliche Ausführungen

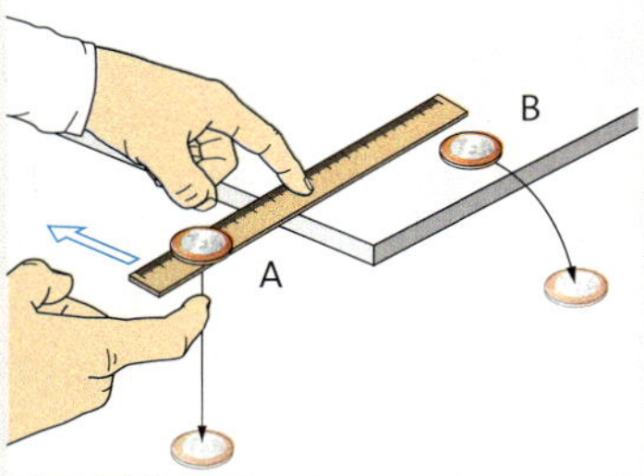

5 Lineal und Münzen

a Nehmt die Bewegungen der beiden Kugeln oder Münzen mit einer Videokamera auf und analysiert sie. Beschreibt sie in Worten und mit den zugehörigen Bewegungsgleichungen. Stellt Gemeinsamkeiten bei beiden Bewegungen fest.

b Eigentlich sollten die beiden Kugeln im Video-Ausschnitt auf gleicher Höhe sein und zur gleichen Zeit auf dem Boden auftreffen. ▸ 6 Diskutiert Fehlerquellen, die dazu geführt haben könnten.

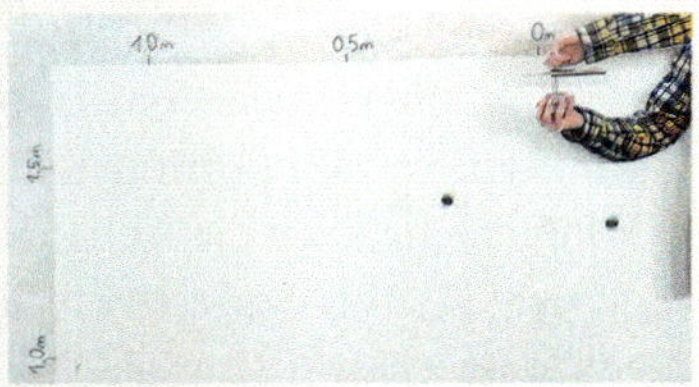

6 Mögliche Fehlerquellen?

Grundlagen Waagrechter Wurf

Betrachtet man den waagrechten Wurf eines Balls von der Seite, so erkennt man in der Stroboskopaufnahme eine Bahnkurve mit parabelförmigem Verlauf, die sogenannte Wurfparabel. ▸ 7

7 Waagrechter Wurf

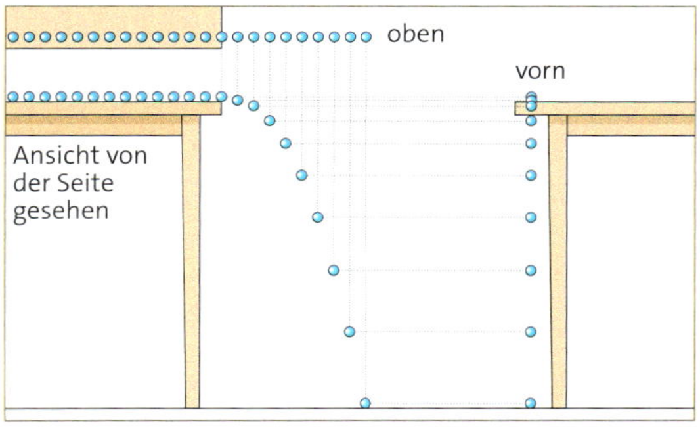

8 Waagrechter Wurf

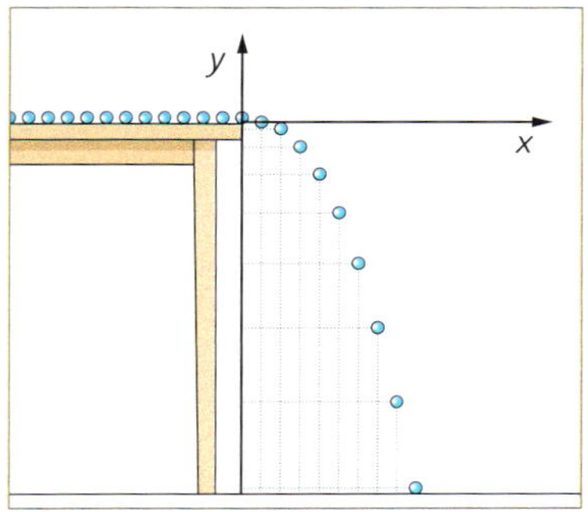

9 Wurf im Koordinatensystem

Von oben sehen wir eine geradlinige Bewegung in x-Richtung mit konstanter Geschwindigkeit. Von vorn beschreibt die Aufnahme einen freien Fall. ▸ 7, 8

Diese Überlegungen gelten für den idealisierten, reibungsfreien Vorgang.

Um die Bewegung besser beschreiben zu können, wählt man ein Koordinatensystem, dessen Ursprung im Ort des Abwurfs liegt. ▸ 9

Die Bewegungsgleichungen können dann so formuliert werden:

$$x(t) = v_0 \cdot t \qquad (1)$$

$$y(t) = -\frac{1}{2} g \cdot t^2 \qquad (2)$$

Formt man die Gleichung (1) nach t um: $t = \frac{x}{v_0}$ und setzt dann in Gleichung (2) ein, erhält man die Gleichung der Bahnkurve:

$$y = -\frac{1}{2} g \cdot \left(\frac{x}{v_0}\right)^2 = -\frac{1}{2} \cdot \frac{g}{v_0^2} \cdot x^2 = -\frac{g}{2 \cdot v_0^2} \cdot x^2$$

Die Bahnkurve des waagrechten Wurfs ist Teil einer nach unten geöffneten Parabel, deren Scheitelpunkt im Startpunkt liegt. Es gilt:

$$y(x) = -\frac{g}{2 \cdot v_0^2} \cdot x^2$$

10 Parabelform

Man erkennt, dass die Parabel umso weiter geöffnet ist, je größer die Anfangsgeschwindigkeit v_0 ist.

Mit einem Wasserschlauch lässt sich dies gut nachvollziehen. ▸ 10

Je höher die Geschwindigkeit des austretenden Wassers ist, desto flacher ist die Parabel. Bei sehr geringem Wasserdruck kommen nur einzelnen Tropfen aus dem Schlauch, die dann nahezu in den senkrechten freien Fall übergehen.

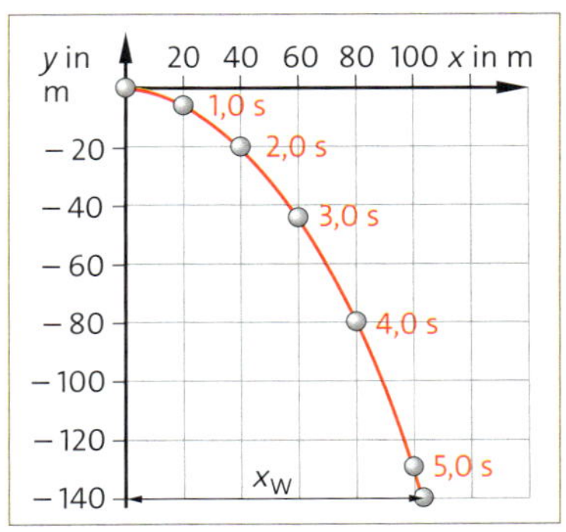

11 Bahnkurve

Die Bahnkurve besteht aus einzelnen Punkten P(x|y). So beschreibt im ▸ Bild 11 der Punkt P(40|–20) den Ort, den der Ball nach zwei Sekunden erreicht hat. Diese Darstellung im Koordinatensystem kennst du aus der Mathematik.

Da es sich hier um eine Funktion handelt, die jedem Zeitpunkt genau einen x- und einen y-Wert zuordnet, heißt es genauer: $P(x(t)|y(t))$.

Mithilfe der Pfeil-Darstellung von Geschwindigkeiten wird nicht nur der Geschwindigkeitsbetrag über die Länge des Pfeils, sondern auch die Richtung dargestellt. Um eine mathematische Darstellung herzuleiten, betrachten wir einen waagrechten Wurf mit der Anfangsgeschwindigkeit von $v_0 = 20\,\frac{\text{m}}{\text{s}}$.

Für die jeweiligen Bewegungsfunktionen gilt:

$\boldsymbol{v_x(t) = v_0}$ (konstante Geschwindigkeit in x-Richtung)
$\boldsymbol{v_y(t) = -g \cdot t}$ (beschleunigte Bewegung mit $a = -g$)

Damit lässt sich zu jedem Zeitpunkt der zugehörige Geschwindigkeitspfeil bestimmten. Der Pfeil setzt sich aus dem Geschwindigkeitspfeil in x-Richtung und y-Richtung zusammen. ▸ 1

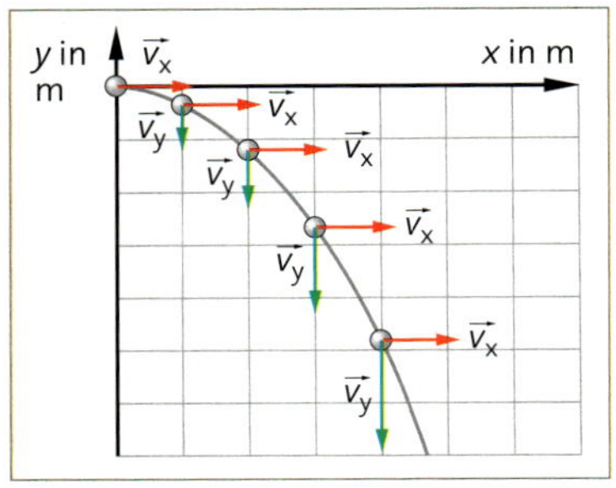

1 Bewegungsfunktion

Im Beispiel gilt dann für den Zeitpunkt $t = 2\,\text{s}$ (vereinfachend wird mit $g = 10\,\frac{\text{m}}{\text{s}^2}$ gerechnet):

$v_x(2\,\text{s}) = 20\,\frac{\text{m}}{\text{s}}$

$v_y(2\,\text{s}) = -10\,\frac{\text{m}}{\text{s}^2} \cdot 2\,\text{s} = -20\,\frac{\text{m}}{\text{s}}$

Konvention: Dies lässt sich mathematisch kürzer schreiben. $\vec{v} = \begin{pmatrix} 20\,\frac{\text{m}}{\text{s}} \\ -20\,\frac{\text{m}}{\text{s}} \end{pmatrix}$

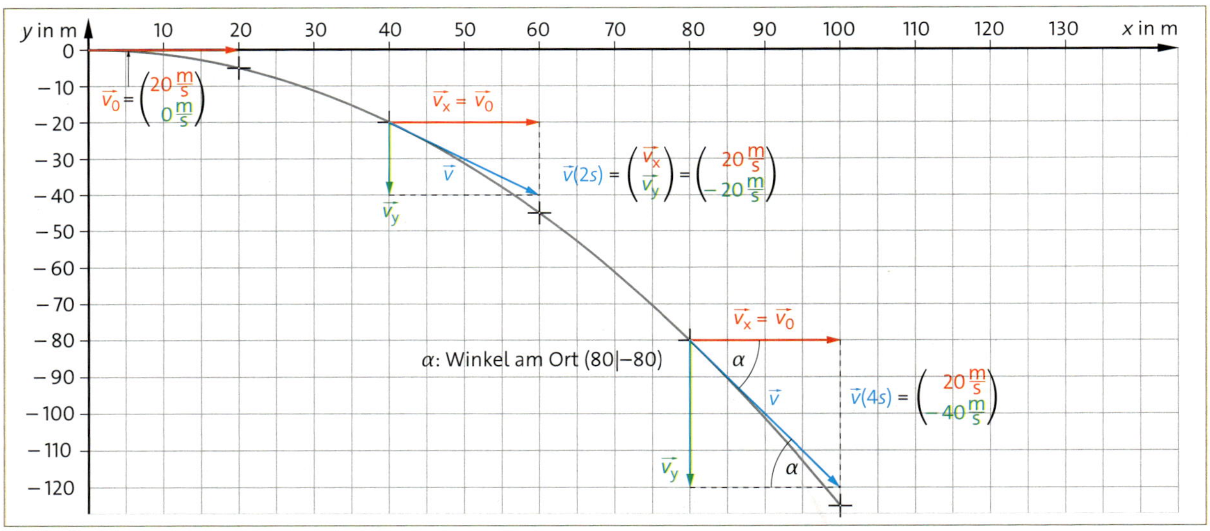

2 Vektordarstellung

Man stellt den Geschwindigkeitspfeil algebraisch in Form eines Vektors dar:

$$\vec{v} = \begin{pmatrix} v_x \\ v_y \end{pmatrix} = \begin{pmatrix} v_0 \\ -g \cdot t \end{pmatrix}.$$

Durch diese Schreibweise wird die Länge des Pfeils in x- und in y-Richtung beschrieben. Der Geschwindigkeitsvektor liegt in dem zugehörigen Punkt tangential zur Bahnkurve. ▸ 2

Anmerkung

In diesem Buch wird ein Punkt der Bahnkurve in der Form $P(x|y)$ und ein *Geschwindigkeitspfeil* in Form des Vektors $\vec{v} = \binom{v_x}{v_y}$ dargestellt. ▸ 3

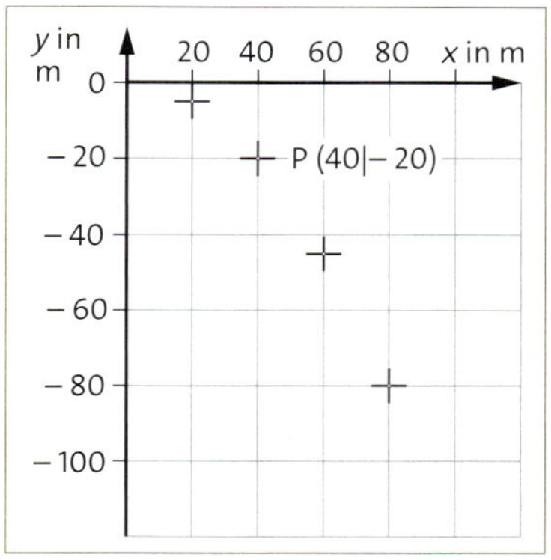

3 Punkte der Bahnkurve

Anhand von ▸ 2 erkennt man, dass nach dem Satz des Pythagoras für den Betrag der Geschwindigkeit zu einem Zeitpunkt gilt:

$v^2 = (v_x)^2 + (v_y)^2$ bzw. $v = \sqrt{(v_x)^2 + (v_y)^2}$.

Mit $v_x = v_0$ und $v_y = -g \cdot t$ folgt $v = \sqrt{(v_0)^2 + (-g \cdot t)^2}$.

Der Körper trifft unter dem Winkel α auf dem Boden auf, der mit dem Winkel übereinstimmt, den die Tangente in diesem Punkt mit dem Boden einschließt. Deshalb gilt:

$$\tan(\alpha) = \frac{v_y}{v_x}$$

Die oben dargestellten Überlegungen sind idealisiert ohne Luftwiderstand angegeben. Dies führt bei Experimenten zu Abweichungen von den theoretisch bestimmten Werten. Weitere Faktoren sind:

- Rotation des Körpers (Die benötigte Rotationsenergie verringert die kinetische Energie.)
- Die Ebene der Bahnkurve ist nicht parallel zur Ebene, in der das Geschehen gefilmt wird.
- Verkantungen oder Verspannungen können bei Versuchsaufbauten zum verzögerten Auslösen des Körpers führen.

Musteraufgabe

In dem James-Bond-Streifen „Der Morgen stirbt nie“ durchbricht James Bond mit seinem Fahrzeug die Begrenzungsmauer auf dem oberen Parkdeck und fliegt über die Straße in eine gegenüberliegende Autovermietungsstation, die im Erdgeschoss liegt. ▸ 4
Anhand von Personen und einzelnen Stockwerken kann man die Breite der Straße auf 20 m und die Höhe des Abflugs auf 25 m abschätzen.

a Berechne die Geschwindigkeit, die für diesen Stunt direkt nach dem Durchbrechen der Mauer notwendig war.

b Gib den Ort des Autos sowie den Geschwindigkeitsvektor nach einer Sekunde Flugzeit an. (Anfangsgeschwindigkeit $v_0 = 9{,}0\ \frac{m}{s}$).

c Berechne die Zeitdauer des Flugs.

d Bestimme den Winkel und die Geschwindigkeit, mit der das Auto in die Scheibe der Vermietungsstation einschlug.

4 Filmsequenz

Lösung

a Legt man den Ursprung des Koordinatensystems als Absprungstelle fest und wählt man die Orientierung der y-Achse nach oben, so muss der Punkt P(20 m|−25 m) auf der Bahnkurve liegen.

$$y(x) = -\frac{1}{2}\frac{g}{v_0^2}\cdot x^2 \qquad | \cdot v_0^2$$

$$v_0^2 \cdot y(x) = -\frac{1}{2} g \cdot x^2 \qquad | : y(x)$$

$$v_0^2 = -\frac{1}{2}\frac{g \cdot x^2}{y}$$

$$v_0 = \sqrt{-\frac{g \cdot x^2}{2 \cdot y}} = \sqrt{-\frac{9{,}81\,\frac{\text{m}}{\text{s}^2} \cdot (20\,\text{m})^2}{2 \cdot (-25\,\text{m})}}$$

$$v_0 = 8{,}9\,\frac{\text{m}}{\text{s}} = 32\,\frac{\text{km}}{\text{h}}$$

(Es lohnt sich nach dem Einsetzen, anhand der Einheiten zu überprüfen, ob man die Gleichung richtig aufgelöst hat.)
Durch die Verwendung der abgeschätzten Werte kann das Ergebnis auch nur sehr ungenau angegeben werden.
So hatte das Auto von James Bond nach dem Durchbrechen der Mauer eine „Abfluggeschwindigkeit" von ca. 30 $\frac{\text{km}}{\text{h}}$.

b $x(1\,\text{s}) = 9{,}0\,\frac{\text{m}}{\text{s}} \cdot 1{,}0\,\text{s} = 9{,}0\,\text{m}$

$y(1\,\text{s}) = -\frac{1}{2} \cdot 9{,}8\,\frac{\text{m}}{\text{s}^2} \cdot (1{,}0\,\text{s})^2 = -4{,}9\,\text{m}$

Der Ort liegt nach einer Sekunde bei P(9,0 m|−4,9 m)
(*Hinweis:* Bei ausgedehnten Objekten wählt man den Schwerpunkt des Körpers für die Angabe des Punktes.)
Für den Geschwindigkeitsvektor gilt:

$$\vec{v} = \begin{pmatrix} v_x \\ v_y \end{pmatrix} = \begin{pmatrix} v_0 \\ -g \cdot t \end{pmatrix} = \begin{pmatrix} 9{,}0\,\frac{\text{m}}{\text{s}} \\ -9{,}8\,\frac{\text{m}}{\text{s}^2} \cdot 1{,}0\,\text{s} \end{pmatrix} = \begin{pmatrix} 9{,}0\,\frac{\text{m}}{\text{s}} \\ -9{,}8\,\frac{\text{m}}{\text{s}} \end{pmatrix}$$

c Zur Berechnung der Zeitdauer ist es unerheblich, ob man die Bewegungsfunktion in x-Richtung oder in y-Richtung verwendet, da die beiden Bewegungen unabhängig voneinander sind.

$$x(t) = 9{,}0\,\frac{\text{m}}{\text{s}} \cdot t$$

$$t = \frac{20\,\text{m}}{9{,}0\,\frac{\text{m}}{\text{s}}} = 2{,}2\,\text{s}$$

d $v = \sqrt{(v_x)^2 + (v_y)^2} = \sqrt{(v_0)^2 + (g \cdot t)^2}$

$$v = \sqrt{\left(9{,}0\,\frac{\text{m}}{\text{s}}\right)^2 + \left(9{,}8\,\frac{\text{m}}{\text{s}^2} \cdot 2{,}2\,\text{s}\right)^2} = 23\,\frac{\text{m}}{\text{s}} = 84\,\frac{\text{km}}{\text{h}}$$

$$\tan(\alpha) = \frac{v_y}{v_x} = \frac{9{,}8\,\frac{\text{m}}{\text{s}^2} \cdot 2{,}2\,\text{s}}{9{,}0\,\frac{\text{m}}{\text{s}}} = 2{,}4$$

$$\alpha = 67\,°$$

Aufgaben und Aufträge

1 Der Wasserstrahl eines Brunnens tritt 80 cm über der Wasseroberfläche aus und trifft in einer horizontalen Entfernung von $x_W = 1{,}3$ m auf. ▸ 1

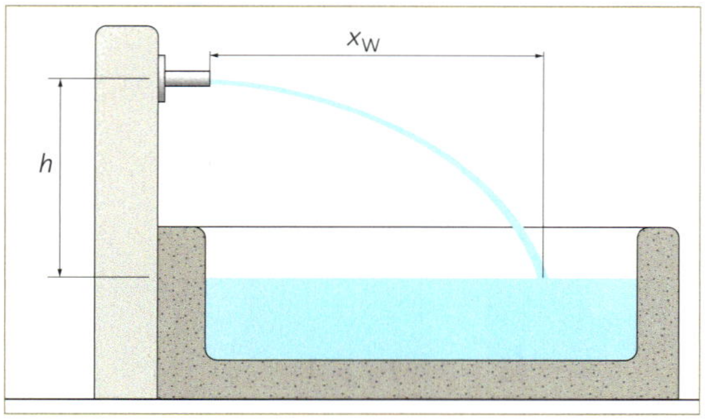

1 Brunnen

a Bestimme die Geschwindigkeit, mit der der Strahl das Brunnenrohr verlässt.

b Skizziere den Geschwindigkeitsvektor beim Auftreffen auf die Wasseroberfläche und berechne den Winkel beim Auftreffen.

2 Während Tom behauptet, dass das Diagramm einen waagrechten Wurf beschreibt, sagt Lisa, dass es den freien Fall darstellt. ▸ 2

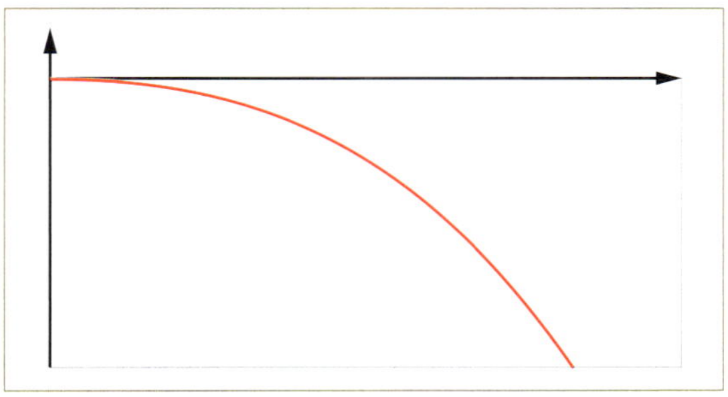

2 Diagramm

Nimm zu den beiden Aussagen Stellung. Ergänze dazu in deinem Heft das Diagramm mithilfe selbst gewählter Anfangsbedingungen.

3 Vor 30 Jahren erfand ein Raketenforscher aus Versehen die berühmteste Wasserpistole der Welt. Das leistungsstärkste Modell schoss 15 m weit. Gerüchten zufolge kommt es bei Schüssen aus nächster Nähe zu Gehirnerschütterungen.

a Berechne die Austrittsgeschwindigkeit des Wassers, wenn die Abschusshöhe 1,5 m beträgt.

b Bei einem Schulfest soll mit dieser Wasserpistole auf Scheiben in 5 m Entfernung geschossen werden. Ein Schütze zielt genau in das Zentrum der Scheibe.
Berechne die Entfernung, mit der der Strahl das Zentrum aufgrund des waagrechten Wurfs verfehlt.

c Bewerte Kauf und Einsatz von derart leistungsstarken Wasserpistolen. Gehe dabei auch auf die Energie eines Wasserstrahls ein, den man aus kurzer Distanz erhält.

4 Entsorgung eines defekten Overhead-Projektors

a Schätze anhand von ▸ Bild 3 die horizontale Abwurfgeschwindigkeit ab. Ermittle auch die Bildrate bei dieser Aufnahme.

3 Entsorgungswurf

b Skizziere in deinem Heft den Geschwindigkeitsvektor für das letzte Einzelbild. Schätze dazu notwendige Größen mithilfe des Bildes ab.

5 Sprung ins Wasser ▸ S. 146, Bilder 1–3

a Vergleiche die folgenden Sprünge ins Wasser. Stelle Gemeinsamkeiten und Unterschiede fest. Erstelle selbst Stroboskopaufnahmen von waagrechten Würfen und werte sie aus.

b Für eine Spiel-Show sollen zwei Kandidaten bei ihrem Sprung vom 10-m-Turm durch mehrere Reifen springen, die ähnlich wie bei ▸ Aktivität 2 –

1 Sprung 1

2 Sprung 2

3 Sprung 3

dem Experiment mit dem Sprung des Autos – aufgehängt sind. Die Reifen sollen dabei einen horizontalen Abstand von je 0,80 m haben.
Berechne, wie viele Reifen der Springer bei einer Anlaufgeschwindigkeit von 30 $\frac{\text{km}}{\text{h}}$ maximal durchqueren kann.
Erläutere das Vorgehen des jeweiligen Springer-Teams, um die Reifen so anzubringen, damit der Springer auch durch die Reifen kommt. Verwende zur Darstellung deiner Überlegungen auch eine geeignete Skizze.

6 Führt folgendes Experiment im Team durch. ▸ 4
Ein Skater (Fahrrad oder Skateboard funktioniert auch) lässt einen Ball fallen, während er sich mit konstanter Geschwindigkeit geradlinig bewegt. Die Bewegung des Balls wird mithilfe einer Videoanalyse ausgewertet. Erste Aussagen lassen sich auch über Stroboskop-Aufnahmen treffen, die mit dem Smartphone erstellt werden.

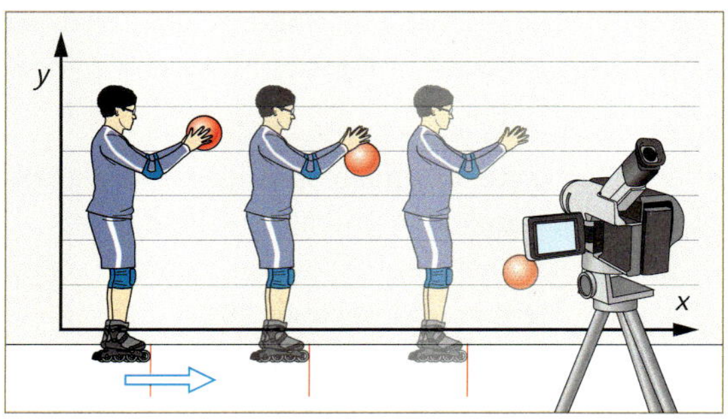

4 Experiment zum waagrechten Wurf

Erstellt ein aussagekräftiges Protokoll dieses Experiments. Geht dabei auch auf Aspekte ein, bei denen das experimentelle Ergebnis von den theoretischen Werten abweicht und sucht zugehörige Gründe.

7 Untersuchung verschiedener Filme
In verschiedenen Filmszenen erkennt man immer wieder den waagrechten Wurf. Besonders in Comics wird die falsche Wiedergabe der physikalischen Gesetze bewusst als Stilmittel eingesetzt. In Action-Filmen nimmt man es dagegen mit der Physik eher unbewusst nicht so genau.

5 Physik im Film

a In dem Streifen „Speed“ springt ein Bus über die Lücke in einer Autobahnbrücke. Erkläre, warum dies nie gelingen kann. ▸ 5

b Untersuche weitere Filmszenen wie z. B. den Bombenabwurf im Film „Pearl Harbour“ oder verschiedene „waagrechte Würfe“ in James-Bond-Streifen auf ihren physikalischen Wahrheitsgehalt.

8 In Schwimmbädern haben große Erlebnisrutschen oft diese Form. ▸ 6

6 Erlebnisrutsche

Die rutschenden Personen verlieren dabei zeitweise den Kontakt zur Rutschbahn.
Der „Rutschende“ ($v = 54\ \frac{\text{km}}{\text{h}}$) soll nach einem horizontalen Teilstück das Gefühl haben, dass er nur wenig oberhalb der Rutsche einen „waagrechten Wurf“ macht.
Konstruiere das folgende Teilstück für eine vertikale Höhe von 10 m. (Achte auf eine nachvollziehbare Zeichnung mit drei Wertepaaren in einem geeigneten Maßstab.) Bestimme die Geschwindigkeit, die die rutschende Person nach diesem Teilstück hat, wenn man die Reibung vernachlässigt.

9 Durch einen Defekt des Navigationssystems kommt das mit 60 $\frac{\text{km}}{\text{h}}$ fahrende Auto von der Straße ab und stürzt ins Wasser. ▸ 7

7 … wenn möglich, bitte wenden!

a Berechne den Höhenunterschied Wasser–Straße, wenn das Auto 15 m vom Ufer entfernt auf das Wasser auftraf.
(*Hinweis:* Eine derart unreflektierte Nutzung der Technik führte tatsächlich bereits zu tragischen Unfällen.)

b Bestimme die Geschwindigkeit, mit der das Fahrzeug auf das Wasser auftraf, wenn man die Reibung vernachlässigt.

c Erläutere weitere Informationen, die du durch die Angabe des Geschwindigkeitsvektors erhältst.

10 Marwa und Leoni vertreiben sich die Zeit an einem See, indem sie flache Steine „hüpfen“ lassen. Je paralleler sie den Stein zur Wasseroberfläche werfen, desto besser hüpft er. Vereinfacht kann man sagen, dass der Stein versinkt, wenn der Betrag des Winkels zwischen Wasseroberfläche und Bewegungsrichtung größer als 20° ist.
Marwa wirft einen Stein in 50 cm Höhe parallel zur Wasseroberfläche. Der Stein trifft nach 5,0 m auf. ▸ 8

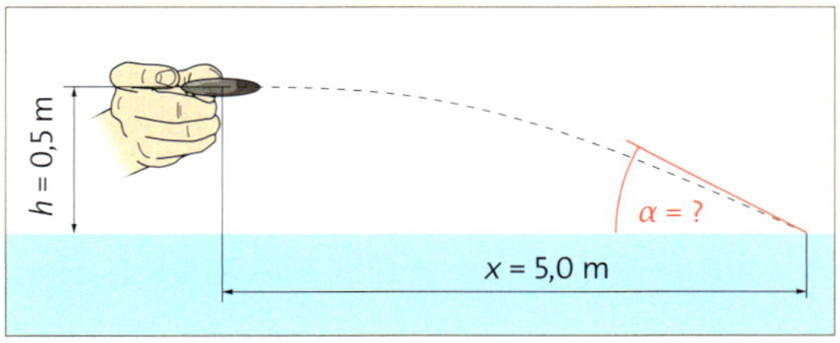

8 Hüpfende Steine

Entscheide durch eine Rechnung, ob der Stein weiter hüpft oder versinkt.

11 Sprünge in der Wüste
Der feine Sand in der Liwa-Wüste lädt zu Wanderungen und sportlichen Aktivitäten ein. Besonderen Spaß machen Sprünge über die Dünenkämme in den weichen Sand. Mithilfe von einzelnen Fotos und Stroboskopaufnahmen wurden verschiedenen Sprünge festgehalten. ▸ 9

9 Sprung in der Wüste

a Skizziere ▸ Bild 9, S. 147 in deinem Heft und zeichne den Geschwindigkeitspfeil sowie den Pfeil, der die momentan einwirkende Kraft anzeigt, ein. (*Tipp:* Die Länge der Pfeile ist hier beliebig.)

b ▸ Bild 1 zeigt die Stroboskopaufnahme eines Sprungs. Übertrage den Sprung in dein Heft. Zeichne ein Koordinatensystem mit zugehöriger Skalierung ein und ordne den jeweiligen Einzelbildern die zugehörigen $(x|y)$-Wertepaare zu. Verwende den Körperschwerpunkt zur Angabe der Ortskoordinate.

1 Stroboskopaufnahme

c Bestimme aus den einzelnen Wertepaaren die Gleichung der Bahnkurve $y(x)$. Bei der Umsetzung kannst du auch ein digitales Unterstützungsprogramm (z. B. Geogebra) nutzen.
Ermittle mithilfe der Gleichung der Bahnkurve die Anfangsgeschwindigkeit v_0 des Springers.

d Trage weiterhin Schritt für Schritt die Geschwindigkeitspfeile sowie die jeweils erkennbare Geschwindigkeitsänderung ein. Verwende zum Einzeichnen jeweils den Körperschwerpunkt.
Erläutere die Ursache für die Geschwindigkeitsänderung.
Gib auch jeweils den Geschwindigkeitsvektor an.

12 ⊕ In ▸ Bild 2 siehst du ein Eichhörnchen während seines spektakulären Flugs zwischen zwei Bäumen.

2 Eichhörnchen

a Übertrage das Bild in dein Heft und zeichne die auftretende Kraft bzw. die auftretenden Kräfte ein.

b Ergänze in deinem Bild die Bahnkurve des Flugs von einem Ast zum anderen. Gehe dabei davon aus, dass das Eichhörnchen auf dem 2,2 m weiten Sprung 50 cm an Höhe verliert.

c Betrachte die Bahnkurve nun zu drei Zeitpunkten: der Zeitpunkt des Absprungs, während des Flugs auf halber horizontaler Strecke (wie im Foto) und während des Auftreffens am anderen Ast. Zeichne zu den jeweiligen Zeitpunkten die Kräfte und die Geschwindigkeitspfeile quantitativ ein. Gib dazu jeweils den Geschwindigkeitsvektor an.

d Während Eichhörnchen nur im Notfall zwischen den Bäumen springen, haben sich Flughunde auf die Bewegung in der Luft spezialisiert. ▸ 3

3 Flughund

Betrachte die unterschiedlichen Körperformen der Tiere während des Flugs und stelle eine Vermutung hinsichtlich der auftretenden Kräfte auf. Erläutere deine Vermutung anhand aussagekräftiger Zeichnungen mit entsprechenden Kraftpfeilen.

e Abenteurer verwenden die Form des Eichhörnchens während des Flugs als Vorlage, um sich mit einem Fluganzug – einem so genannten Wingsuit – von Bergen zu stürzen.
Man nennt die Wissenschaft, die sich auf Vorlagen aus der Natur stützt, *Bionik*. Recherchiere Informationen zum Wingsuit und vergleiche ihn mit der Eichhörnchen-Form. Stelle Hypothesen auf, die einen Zusammenhang zwischen der notwendigen Kraftwirkung während des Flugs und den Eigenschaften des Wingsuits beschreiben.
Bewerte auch den Sicherheitsaspekt für diese Sportart anhand physikalischer Erkenntnisse.

13 Eine Stahlkugel ($m = 100\,\text{g}$) wird in 1,2 m Höhe horizontal mit einer Geschwindigkeit von $5{,}0\,\frac{\text{m}}{\text{s}}$ abgeschossen.

a Berechne die Bewegungsenergie der Kugel unmittelbar nach dem Abschuss und beim Auftreffen auf dem Boden.

b Berechne die Geschwindigkeit der Kugel beim Auftreffen auf dem Boden.

c Berechne die Abschusshöhe der Kugel, damit sie unter einem Winkel von 45° auf dem Boden auftrifft.

14 Ein Ball wird in 1,2 m Höhe horizontal abgeschossen und fällt in 3 m Entfernung auf den Boden. Berechne die Abwurfgeschwindigkeit.

15 Ein Ball wird in 5 m Höhe horizontal mit einer Anfangsgeschwindigkeit von $10\,\frac{\text{m}}{\text{s}}$ geworfen. Konstruiere die Bahn des Balls. Wähle dazu ein geeignetes Koordinatensystem.

16 Eine Kugel rollt mit einer Geschwindigkeit von $2\,\frac{\text{m}}{\text{s}}$ auf einer horizontalen Tischplatte, die sich 0,9 m über dem Boden befindet. Berechne die Entfernung von der Tischplatte, in der die Kugel auftrifft.

17 Die ▸ Bilder 4 und 5 beschreiben die Bewegung einer waagerecht geworfenen Kugel. Die Kugel wird im Ursprung eines Koordinatensystems abgeworfen, dessen x-Achse horizontal und dessen y-Achse vertikal nach oben gerichtet ist. Vergleiche die Diagramme. Nenne die dargestellten physikalischen Größen und beschreibe die Graphen. Gehe auf Ähnlichkeiten und Unterschiede ein.

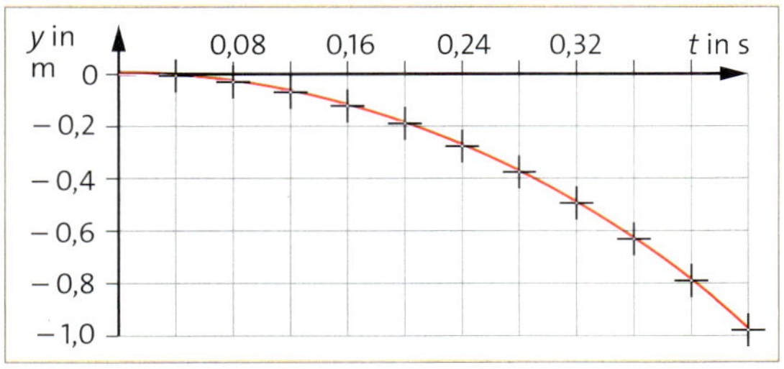

4 Diagramm 1

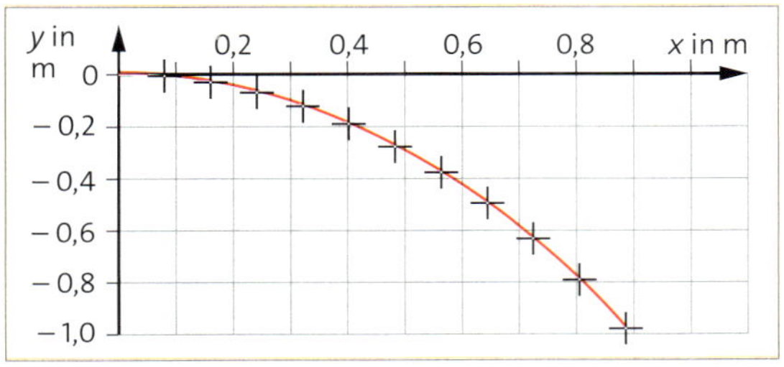

5 Diagramm 2

18 Conrad behauptet, sein ferngesteuerter Geländewagen sei so schnell, dass er Radarfallen in Tempo-30-Zonen auslösen könne. Seine Freunde fordern ihn auf, dies jetzt gleich auf dem Fahrgelände zu beweisen. Allerdings hat keiner eine Uhr dabei. Robert ruft plötzlich: „Mit einem Weitsprung von einem langen Betonquader müsste es klappen."

a Stelle Roberts Idee in einem Bild dar. Nenne die Größen, die gemessen werden müssen.

b Bei einer Abwurfhöhe von 80 cm fliegt der Geländewagen aus voller Fahrt 3,1 m weit (und landet ohne Schaden). Überprüfe mit diesen Angaben Conrads Behauptung.

19 Im Diagramm ist die Bahnkurve eines waagerechten Wurfs eingezeichnet. ▸ 6

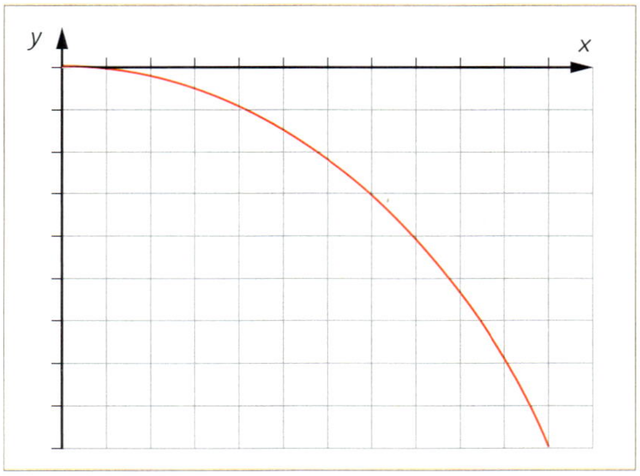

6 Bahnkurve

Beschreibe den Verlauf der Bahnkurven bei doppelter, halber und 1,5-facher Anfangsgeschwindigkeit. Übertrage das Diagramm in dein Heft und zeichne die anderen Bahnkurven ein.

20 Eine Kugel wird von einer Spielzeugpistole mit $v_0 = 5{,}0\,\frac{\text{m}}{\text{s}}$ waagrecht abgeschossen.

a Erstelle für die erste Sekunde der Bewegung eine dreizeilige t-x-y-Tabelle. *Hinweis:* Der Zeitschritt betrage jeweils $\Delta t = 0{,}05$ s.

b Zeichne das x-y-Diagramm der Bewegung und gib die Funktion $y(x)$ an.

21 Max „schanzt" mit dem Rad über eine 1,0 m hohe waagerechte Kante und fliegt 3,3 m weit. Berechne …

a die Absprunggeschwindigkeit.

b die Landegeschwindigkeit.

c die Sprungdauer.

Crashtests sind äußerst wichtig und gleichzeitig teuer. Durch sie wird die Sicherheit in Fahrzeugen gewährleistet und schrittweise immer weiter erhöht. Die Wirkungen der auftretenden Kräfte basieren auf grundlegenden physikalischen Prinzipien wie z. B. den Bewegungsfunktionen, der newtonschen Mechanik und dem Energie- und Impulserhaltungssatz.

Beschreibung mechanischer Vorgänge

Die physikalischen und mathematischen Gesetze ermöglichen es, dass man zunehmend auf computerbasierte Modellierungen und virtuelle Crashszenarien umsteigt.
Die zugehörigen Programme werden mit den grundlegenden physikalischen Formeln und Zusammenhängen gespeist. Nach ausgiebigen Crashversuchen am Computer werden dann immer noch reale Crash-Versuche durchgeführt. Die Übereinstimmung der Ergebnisse ist mittlerweile verblüffend hoch. ▸ 2, 3
Planungen und Analysen von Vorgängen betreffen viele Bereiche des menschlichen Lebens. Kein Zug- oder Flugplan würde ohne die zugrunde liegenden physikalischen Konzepte funktionieren. In der Filmindustrie müssen Stunts dahingehend sorgfältig geplant werden, in allen Sportarten kommen im Profi- und zunehmend auch im Amateursport Analyse-Tools zum Einsatz, die auf diesen Grundlagen basieren. Dazu wird oft eine Vielzahl von Daten angezeigt: zurückgelegte Strecke, Zeit, Höhenprofil, Durchschnitts- und Maximalgeschwindigkeit oder sogar Geschwindigkeitsdiagramme.
Und auch für Zukunftstechnologien – wie dem autonomen Fahren – sind diese Basiskonzepte unerlässlich.

Gerade bei Entscheidungsprozessen sind rationale Argumente, die auf wissenschaftsfundierter Basis stehen, von zentraler Bedeutung und geben wichtige Hilfestellungen. Aber nicht nur in Extremsituationen wie z. B. einem Autounfall oder Crashtest, sondern auch bei alltäglichen Entscheidungen gibt die zugehörige Wissenschaft hilfreiche und bisweilen zentrale Orientierung: Besteht bei einem Überholmanöver ein erhöhtes Risiko? Dabei spielen neben physikalischen und physischen immer auch psychische Faktoren eine wichtige Rolle, die bei Selbsteinschätzungen nicht außer Acht gelassen werden dürfen. ▸ 4

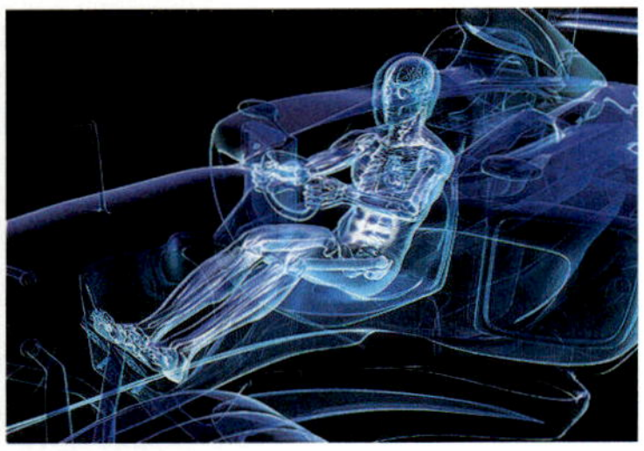

2 Anatomiemodell im Auto

3 Virtueller Crashtest

4 Risikoreiches Überholmanöver

Grundlagen Physikalischer Werkzeugkasten

Verschiedene Aufgaben und Fragestellungen erfordern oft bestimmte Strategien oder die Verwendung zugehöriger Konzepte. Im Folgenden wird eine Übersicht über die bisher gelernten Inhalte des physikalischen Werkzeugkastens in der Mechanik gegeben. Sie soll zielgerichtet helfen, die Aufgaben mit der richtigen Strategie zu bearbeiten.

5 Werkzeugkasten

Newtonsche Gesetze **Trägheitssatz** **Wechselwirkungsgesetz** $F \cdot \Delta v = m \cdot \Delta t$ **bzw.** $F = m \cdot a$	**Bewegungsdiagramme und -funktionen**	**Energieerhaltung** $E_{\text{Zustand1}} = E_{\text{Zustand2}}$ **Arbeit** $W = \Delta E = F \cdot \Delta s$ **Leistung** $P = \frac{W}{\Delta t} = \frac{\Delta E}{\Delta t}$	**Impulserhaltung** $p_{\text{vor}} = p_{\text{nach}}$
Damit sich die Geschwindigkeit (Betrag und/oder Richtung) ändert, muss eine Kraft auf den Körper ausgeübt werden. Stellt sich also eine Frage in Richtung Kraft oder Beschleunigung und damit Geschwindigkeitsänderung, so ist die Lösung in diesem Bereich verortet.	Damit können Ort und Geschwindigkeit einer Bewegung zu jedem Zeitpunkt vorhergesagt oder rekonstruiert werden. Bei beschleunigten Bewegungen ist die resultierende Beschleunigung a wichtig. Das Zusammenspiel mit dem 2. newtonschen Gesetz ist oft notwendig. Für Fragestellungen im Zusammenhang mit der Zeit wird häufig die zugehörige Bewegungsfunktion verwendet.	Dieses Konzept erlaubt in einem abgeschlossenen System den Vergleich von zwei Zuständen – ohne Kenntnis der genauen Vorgänge, die zur Änderung des Zustands führen. Die Reibung wird dabei meist vernachlässigt. Dies zeigt die Grenzen bei der Betrachtung von rein mechanischen Energieformen auf.	Bei Stoßprozessen und Vorgängen, die auch die Richtung der Bewegung des Körpers betreffen, ist der Impuls bzw. der Impulserhaltungssatz entscheidend. Für die Änderung des Impulses spielt die Erweiterung des 2. newtonschen Gesetzes eine Rolle: $F = \frac{\Delta p}{\Delta t}$ Bei unelastischen Stößen wird mechanische Energie in innere Energie umgewandelt. Diese Aufgaben sind dann nur mit dem Impulserhaltungssatz lösbar.
Beispiele			
Um die Geschwindigkeit (Betrag und Richtung) eines Fußballs nach einer Flanke zu ändern, muss man über einen bestimmten Zeitraum auf den Ball einwirken. Im zweidimensionalen Fall erfolgt die Lösung zeichnerisch; eindimensional kann die Lösung auch rechnerisch erfolgen.	Der Flug von London nach München kann in einem *t*-*h*- oder *t*-*v*-Diagramm dargestellt werden. Dabei wird die Flughöhe oder die Geschwindigkeit des Flugzeugs in Abhängigkeit von der Zeit angegeben. Damit weiß man zu jedem Zeitpunkt wie hoch und wie schnell das Flugzeug geflogen ist. Für einzelne Teilbereiche lässt sich dann auch eine Funktion $h(t)$ bzw. $v(t)$ angeben. Zwischenwerte lassen sich dann berechnen.	In der Halfpipe finden ständig Energieumwandlungen statt. Idealisiert bleibt die mechanische Energie erhalten. Aufgrund der teilweisen Umwandlung in innere Energie durch Reibung muss der Skater aber Arbeit verrichten, um die Geschwindigkeit beizubehalten.	Ein Geschoss trifft einen Pendelkörper und bleibt stecken. Über die Auslenkung kann man die Geschwindigkeit bestimmen. Es muss gelten: $m_1 v_1 = (m_1 + m_2)\, v_{\text{nach}}$ Für die Berechnung mithilfe des Impulserhaltungssatzes ist es unerheblich, dass hier ein Teil der mechanischen Energie in innere Energie umgewandelt worden ist.

Musteraufgaben

1 Ein Pkw mit einer Masse $m = 1{,}5\,\text{t}$ und der Länge 5,0 m fährt 20 m hinter einem Lkw der Länge 15,0 m mit der Geschwindigkeit $70\,\frac{\text{km}}{\text{h}}$ her. Nun setzt der Pkw zum Überholen an und beschleunigt mit $a = 2{,}5\,\frac{\text{m}}{\text{s}^2}$. Mit einem Sicherheitsabstand von 20 m schert der Pkw vor dem Lkw wieder ein.

a Bestimme die Überholstrecke rechnerisch und grafisch.

b Erstelle mithilfe der beim Beschleunigungsvorgang auftretenden Kräfte einen Term für die beschleunigende Kraft. Formuliere eine Aussage über die Kraft des Motors, damit eine konstante Beschleunigung realisiert werden kann.

c Untersuche, ob der Pkw bei diesem Überholvorgang die Höchstgeschwindigkeit auf Landstraßen einhält.

d Beurteile die Faustregel für verantwortungsbewusstes Verhalten bei Überholvorgängen: „Die Fahrbahn muss mindestens auf doppelter Überholstrecke einsehbar und frei von Gegenverkehr sein."

1 Überholvorgang

Lösung

gegeben: $m_{\text{Pkw}} = 1{,}5\,\text{t} = 1500\,\text{kg}$

$l_{\text{Pkw}} = 5{,}0\,\text{m};\ l_{\text{Lkw}} = 15{,}0\,\text{m};\ x_{\text{Sicherheitsbastand}} = 20\,\text{m}$

$v_{0,\text{Pkw}} = v_{0,\text{Lkw}} = 70\,\frac{\text{km}}{\text{h}} = 19{,}4\,\frac{\text{m}}{\text{s}}$

$a_{\text{Pkw}} = 2{,}5\,\frac{\text{m}}{\text{s}^2}$

STRATEGIE-TIPP

Problem mit einer Skizze veranschaulichen ► 2

a *gesucht:* x_{Pkw}

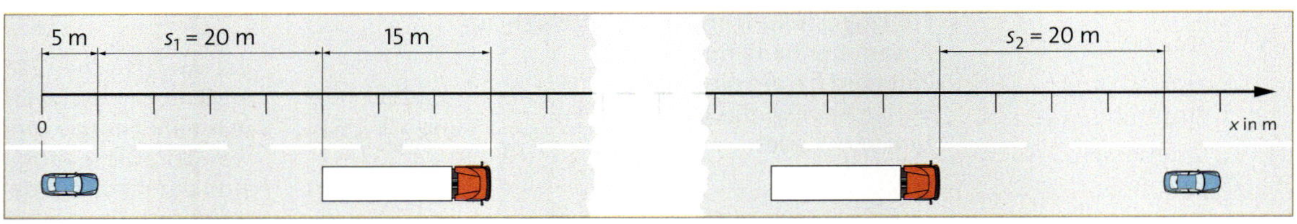

2 Skizze

Damit der Überholvorgang abgeschlossen ist, muss der Pkw folgende längere Strecke zurücklegen:

$$x = l_{\text{Pkw}} + l_{\text{Lkw}} + 2 \cdot x_{\text{Sicherheitsabstand}} = 5{,}0\,\text{m} + 15{,}0\,\text{m} + 40\,\text{m} = 60\,\text{m}$$

Rechnerische Lösung: Der Weg, den der Pkw zurücklegen muss ($x_{\text{Pkw}}(t)$), entspricht dem vom Lkw zurückgelegten Weg ($x_{\text{Lkw}}(t)$) plus der längeren Strecke x.

$$x_{\text{Pkw}}(t) = x_{\text{Lkw}}(t) + x$$

$$\frac{1}{2}\,a_{\text{Pkw}} \cdot t^2 + v_0 \cdot t = v_0 \cdot t + x \qquad | -(v_0 \cdot t)$$

$$\frac{1}{2} \cdot 2{,}5\,\frac{\text{m}}{\text{s}^2} \cdot t^2 = 60\,\text{m}$$

$$t = \sqrt{\frac{2 \cdot 60\,\text{m}}{2{,}5\,\frac{\text{m}}{\text{s}^2}}} = 6{,}9\,\text{s};$$ Damit beträgt die Überholstrecke:

$$x_{\text{Pkw}}(6{,}9\,\text{s}) = \frac{1}{2} \cdot 2{,}5\,\frac{\text{m}}{\text{s}^2} \cdot (6{,}9\,\text{s})^2 + 19{,}4\,\frac{\text{m}}{\text{s}} \cdot 6{,}9\,\text{s} = 194\,\text{m} = 0{,}19\,\text{km}$$

STRATEGIE-TIPP

Stelle dir bei mathematischen Problemen eine vereinfachte mathematische Hilfsgleichung auf

z. B.: $2x^2 + 3x = 3x + 4$

Zeichnerische Lösung (mithilfe von Geogebra):

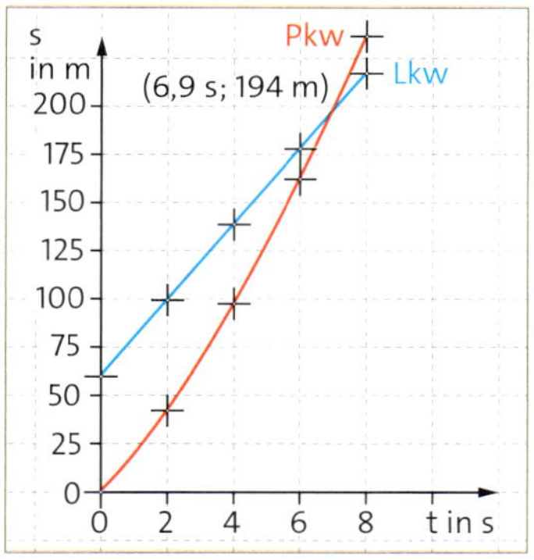

3 Zeichnerische Lösung

Zuerst den Graphen für die Bewegung des Pkw zeichnen. Er muss 60 m mehr zurücklegen, um den Überholvorgang abschließen zu können. Danach wird der Graph für die Bewegung des Lkw gezeichnet.

Der Schnittpunkt beider Graphen zeigt das Ende des Überholvorgangs an.

STRATEGIE-TIPP

Überprüfe zeichnerische Lösungen mit digitalen Hilfsmitteln

b *gesucht:* $F_{\text{Beschl,Pkw}}$

Es gilt: $F_{\text{Beschl,Pkw}} = F_{\text{Motor}} - F_{\text{Reibung}}$

Die Kraft des Motors muss deutlich größer als die beschleunigende Kraft sein, da Reibungswiderstände überwunden werden müssen. Dabei nimmt insbesondere der Luftwiderstand quadratisch mit der Geschwindigkeit zu. Für eine konstante Beschleunigung muss der Motor schrittweise immer mehr Kraft zur Verfügung stellen.

c *gesucht:* v_{Pkw}

$$v_{\text{Pkw}}(t) = a \cdot t + v_0 = 2{,}5\,\frac{\text{m}}{\text{s}^2} \cdot 6{,}9\,\text{s} + 19{,}4\,\frac{\text{m}}{\text{s}} = 37\,\frac{\text{m}}{\text{s}} = 132\,\frac{\text{km}}{\text{h}}$$

Die Geschwindigkeit ist größer als das vorgeschriebene Tempolimit auf Landstraßen von 100 $\frac{\text{km}}{\text{h}}$. Dieser Überholvorgang stellt eine potenziell gefährliche Situation im Straßenverkehr dar und gilt als Ordnungswidrigkeit. Daher ist dieser „fiktive“ Überholvorgang zu unterlassen.

d Es sei ein entgegenkommendes Fahrzeug mit maximal zulässigem Landstraßentempo von 100 $\frac{\text{km}}{\text{h}}$ angenommen.

Dieses Fahrzeug legt in 6,9 s eine Strecke von

$$x(6{,}9\,\text{s}) = \frac{100}{3{,}6}\,\frac{\text{m}}{\text{s}} \cdot 6{,}9\,\text{s} = 192\,\text{m} = 0{,}19\,\text{km} \text{ zurück.}$$

Damit sind Überholstrecke und die Strecke des entgegen kommenden Fahrzeugs annähernd gleich groß. Die gesamte einsehbare Strecke sollte damit ca. 400 m betragen.

Problematischer sieht allerdings die Sachlage aus, wenn sich das Fahrzeug und das zu überholende Fahrzeug vergleichsweise langsam bewegen. Bei einer angenommenen Anfangsgeschwindigkeit von 30 $\frac{\text{km}}{\text{h}}$ und der gleichen Beschleunigung von $a = 2{,}5\,\frac{\text{m}}{\text{s}^2}$ bleibt die Überholzeit gleich. Die Überholstrecke verkürzt sich aber auf 117 m, während die zurückgelegte Strecke des entgegen kommenden Fahrzeugs 197 m beträgt und damit die Faustregel nicht mehr greift.

Gleichzeitig ist aber zu berücksichtigen, dass bei geringeren Geschwindigkeiten die Beschleunigung des Pkw größer ist (geringerer Luftwiderstand).

STRATEGIE-TIPP

Betrachte bei Aufgaben, wo du einen Sachverhalt beurteilen sollst, immer auch extreme Bedingungen.

STRATEGIE-TIPP

Entscheide und agiere im Zweifel immer auf Basis wissenschaftlicher Erkenntnisse und sei entsprechend vorsichtig.

Insgesamt gilt diese Faustregel vor allem bei annähernd gleichen Geschwindigkeiten von überholendem und entgegenkommenden Fahrzeug.
Grundsätzlich gilt, dass nur bei entsprechenden Sicherheitsreserven in Bezug auf die notwendige Überholstrecke überholt werden soll. Eine Fehleinschätzung kann in diesem Zusammenhang tödliche Folgen haben. Daher sind auffordernde Kommentare von Mitfahrern wie „das geht schon …" möglichst zu ignorieren.

2 Filmdreh – Tarzan und Jane ▸ 1
Für eine Neuauflage des Films Tarzan und Jane sitzen die Stuntmänner und -frauen über dem Drehbuch und folgenden Fragen:

a Tarzan ($m = 90\,\text{kg}$) fliegt an einer Liane hängend unter lautem Getöse Jane entgegen. Dabei verliert er 3,0 m an Höhe. Bestimme die Geschwindigkeit, mit der er am untersten Punkt der Bahnkurve ankommt.
(Ersatzergebnis: $v = 8{,}0\,\frac{\text{m}}{\text{s}}$)

b Jane ($m = 50\,\text{kg}$) springt Tarzan entgegen. Dabei erreicht sie eine Geschwindigkeit von $5{,}0\,\frac{\text{km}}{\text{h}}$. Tarzan fängt sie mit seinen starken Armen auf und sie fliegen gemeinsam an der Liane hängend weiter. Berechne ihre gemeinsame Geschwindigkeit.
(Ersatzergebnis: $v = 5{,}0\,\frac{\text{m}}{\text{s}}$)

c Bestimme die beim Zusammenstoß auf Tarzan ausgeübte Kraft. Nimm eine Stoßdauer von 0,4 s an.

d Bei einem weiteren Rendezvous stolpert Jane und sie treffen sich nicht zentral. Im ▸ Bild 2 siehst du die Impulsvektoren von Tarzan und Jane aus der Vogelperspektive. ▸ 2
Übertrage die Zeichnung in dein Heft und konstruiere den Impuls nach dem Treffen. Erläutere dein Ergebnis.

e Tarzan muss sich gegen Verletzungen selbst schützen. Bei Skiabfahrten hingegen ummanteln die Verantwortlichen potenzielle Gefahrenstellen (Liftpfosten, Schneekanonen, …) mit dicken Schaumstoffmatten. Erkläre mithilfe geeigneter physikalischer Formeln die Wirksamkeit dieser Matten.

1 „Ich Tarzan …"

STRATEGIE-TIPP
Ersatzergebnisse oder Zwischenergebnisse deuten darauf hin, dass der Wert in den folgenden Aufgaben gebraucht wird.

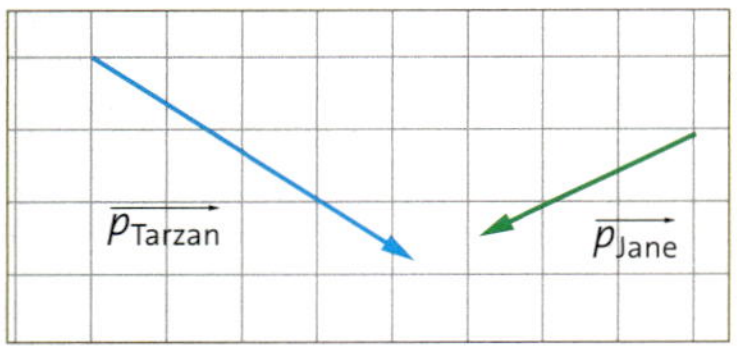

2 Impulsvektoren

Lösung

a *gegeben:* $m_T = 90\,\text{kg};\ \Delta h = 3{,}0\,\text{m}$
gesucht: v_T
Lösung: $E_h = E_{kin}$ (Energieerhaltung)

$$m_T \cdot g \cdot \Delta h = \frac{1}{2}\, m_T \cdot v^2 \qquad |:m_T$$

$$g \cdot \Delta h = \frac{1}{2} \cdot v^2 \qquad |\cdot 2$$

$$v^2 = 2g \cdot \Delta h$$

$$v = \sqrt{2g \cdot \Delta h}$$

$$v = \sqrt{2 \cdot 9{,}81\,\frac{\text{m}}{\text{s}^2} \cdot 3{,}0\,\text{m}}$$

$$v = 7{,}7\,\frac{\text{m}}{\text{s}}$$

b *gegeben:* $m_T = 90\,\text{kg};\ m_J = 50\,\text{kg}$

$v_T = 7{,}7\,\frac{\text{m}}{\text{s}};\ v_J = -5{,}0\,\frac{\text{km}}{\text{h}} = -1{,}4\,\frac{\text{m}}{\text{s}}$

gesucht: v

Lösung: $p_{\text{vor}} = p_{\text{nach}}$ (Impulserhaltung)

$m_T \cdot v_T + m_J \cdot v_J = m_T \cdot v + m_J \cdot v = (m_T + m_J)v$

$m_T \cdot v_T + m_J \cdot v_J = (m_T + m_J)v \qquad |:(m_T + m_J)$

$$v = \frac{m_T \cdot v_T + m_J \cdot v_J}{m_T + m_J} = \frac{90\,\text{kg} \cdot 7{,}7\,\frac{\text{m}}{\text{s}} + 50\,\text{kg} \cdot \left(-1{,}4\,\frac{\text{m}}{\text{s}}\right)}{90\,\text{kg} + 50\,\text{kg}}$$

$v = 4{,}5\,\frac{\text{m}}{\text{s}}$

c *gegeben:* $\Delta t = 0{,}4\,\text{s}$

gesucht: F

Lösung:

$$F = \frac{\Delta p}{\Delta t} = \frac{p_{\text{nach}} - p_{\text{vor}}}{\Delta t}$$

$$F = \frac{90\,\text{kg} \cdot 4{,}5\,\frac{\text{m}}{\text{s}} - 90\,\text{kg} \cdot 7{,}7\,\frac{\text{m}}{\text{s}}}{0{,}4\,\text{s}} = -720\,\text{N} = -0{,}7\,\text{kN}$$

Das negative Vorzeichen der Kraft zeigt an, dass die Kraft entgegen der Bewegungsrichtung gerichtet ist.

d

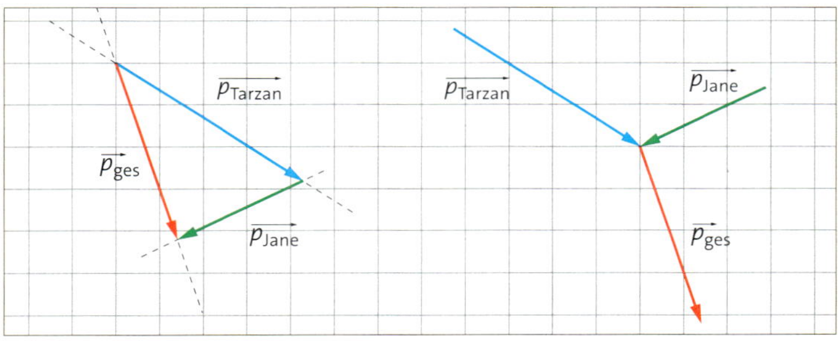

3 Impuls nach dem Treffen

Man erkennt, dass sich die beiden vorwiegend in Richtung von Tarzan weiterbewegen, da dieser wegen seiner größeren Masse und Geschwindigkeit den längeren Impulsvektor hat.

e Anhand des 2. newtonschen Gesetzes in der Form $F \cdot \Delta t = m \cdot \Delta v$ erkennt man, dass sich die einwirkende Kraft nur verringern lässt, wenn man die Zeitdauer der Einwirkung erhöht.

Stuntmänner- und -frauen sind für dies durch geschmeidige Bewegungen trainiert.

Die Wirksamkeit von Matten beruht auch in der längeren Einwirkzeit und elastischen Einwirkart.

Alternativ lässt sich auch über die Bremsarbeit argumentieren. Die kinetische Energie wird über die Bremsarbeit durch die Matten in innere Energie umgewandelt: $\frac{1}{2} m \cdot v^2 = F \cdot s$, wobei s der „Bremsweg" ist.

Man erkennt daran, dass bei einem längeren „Bremsweg" die wirkende Kraft kleiner wird.

STRATEGIE-TIPP

Achte gerade beim Impuls bzw. der Geschwindigkeit auf das Vorzeichen.

STRATEGIE-TIPP

Für die Addition von Pfeilen benötigt man das entsprechende Parallelogramm:

$\vec{p}_{1,\text{vor}} + \vec{p}_{2,\text{vor}} = \vec{p}_{\text{nach}}$

oder

$\vec{v}_{\text{vor}} + \vec{\Delta v} = \vec{v}_{\text{nach}}$

STRATEGIE-TIPP

Bei der Wirksamkeit von Schutzmaßnahmen kann man häufig mit dem 2. newtonschen Gesetz oder mit der Umwandlung der kinetischen Energie in innere Energie argumentieren.

Methode Handlungsleitfaden zur rationalen Reflexion von Entscheidungen

Bei der folgenden Musteraufgabe wird auch die rationale Reflexion einer Entscheidung gefordert. Bei Entscheidungen müssen häufig Argumente gegeneinander abgewogen werden. Hier kann eine Entscheidungstabelle helfen. Wichtig ist es, dass man weiß, woher sich Argumente speisen und welchen Ursprung sie haben. Dabei kann dieser Handlungsleitfaden helfen.

Reflexionspunkt	Beispiel
Sind die Quellen für dieses Argument vertrauenswürdig?	Im Internet gibt es viele Quellen von vermeintlichen Fachleuten. Ein Professoren- oder Doktortitel ist allein noch kein Qualitätsmerkmal. Gleiches gilt für den Grad der Prominenz einer Person – auch Präsidenten können irren. Staatliche Institutionen wie z. B „Robert-Koch-Institut" oder „Max-Planck-Institut für Klimaforschung" können als vertrauenswürdig eingestuft werden.
Wird emotional oder rational argumentiert?	Äußerungen wie „Ich glaube, das geht schon." oder „Ich habe das Gefühl, dass dies nicht stimmt." ist mit größter Skepsis zu begegnen – gerade, wenn es um wissenschaftlich belegbare Fakten geht.
Welchen Einfluss dürfen Freundinnen und Freunde haben?	Soziale Kontakte sind unheimlich wichtig. Und gerade der Freundeskreis spielt eine sehr große Rolle für das eigene Wohlbefinden. Daher fällt es oft sehr schwer, dass man den Wünschen oder Meinungen des Freundeskreises widerspricht. Bei Entscheidungen, die die eigene Gesundheit oder das eigene Leben bzw. das anderer Menschen betreffen, sollten allerdings rationale, wissenschaftlich begründete Entscheidungen immer Vorrang haben. Daher sollte man unbedingt auf riskante Unternehmungen, wie z. B. gefährliche Überholvorgänge, Freeride-Abfahrten auf lawinengefährdeten Hängen, das Fahren unter Alkohol- oder Drogeneinfluss verzichten.
Soll man mehr auf sein Bauchgefühl oder seinen Verstand hören?	Es gibt zweifellos Teilbereiche des menschlichen Lebens in denen emotionale Entscheidungen richtig und wichtig sind. Aber gerade bei Entscheidungen, die die Gesundheit betreffen, sind rationale und wissenschaftlich begründete Entscheidungen emotionalen Argumenten vorzuziehen.
Werden mittel- und langfristige Auswirkungen betrachtet?	UV-Strahlung kann zu bleibenden Hautschäden führen. Ein einzelner Sonnenbrand ist schnell vergessen. Häufige Sonnenbrände können aber langfristig zu Hautkrebs führen.
Es gibt häufig Pro und Kontra-Argumente. Welche Güterabwägung soll ich treffen?	Die Impfdebatte zur Corona-Pandemie zeigte, dass es auch bei wissenschaftlicher Betrachtung keine ausschließlich positive Beurteilung eines Sachverhalts geben kann. So führen Impfgegner Impfschäden oder negative Begleiterscheinungen an, die beim Impfen auftreten können. Hier gilt es, die Vorteile den Nachteilen gegenüberzustellen. Z. B. das Ausmaß (Welcher Prozentsatz hat negative Impfwirkungen?) oder der Schwere der Probleme (möglicher Tod oder allergische Reaktion) oder die Verantwortung gegenüber anderen Menschen ...
Wie kann es sein, dass rational reflektierte Entscheidungen Veränderungen unterliegen können?	Es ist möglich, dass einzelne Argumente aufgrund von neuen Erkenntnissen neu gewichtet werden können (z. B. Kernenergie). Es gehört zum Wesen der Wissenschaft, dass Erkenntnisse kein starres, sondern ein dynamisches Ergebnis von Forschungen sind. So gewann z. B. die Wissenschaft im Verlauf der Corona-Pandemie erst schrittweise ein Bild vom Virus. Entscheidungen mussten parallel dazu angepasst werden. Es gibt gesetzliche Vorgaben wie den Datenschutz oder Persönlichkeitsrechte, die in einer Entscheidungstabelle K. O.-Kriterien darstellen und erst nach einer gesetzlichen Änderung zu einer neuen Bewertung führen (z. B. Verwendung von Dash-Cams).

3 Sky-Shot ▸ 1
In verschiedenen Freizeitparks befindet sich das Fahrgeschäft Sky-Shot. Wie es der Name schon vermuten lässt, werden maximal zwei Passagiere in einem kugelförmigen Stahlgehäuse sitzend in den Himmel geschossen. Nimm für folgende Aufgaben an, dass das Stahlgehäuse mit den beiden Insassen eine Masse von 450 kg hat. Mithilfe eines Beschleunigungs- und Höhenmessers wurde die Fahrt aufgenommen und dokumentiert.

a Bestimme mithilfe des t-h-Diagramms (▸ Bild 3) und der Energieerhaltung die maximale Geschwindigkeit der Kugel. Verwende idealisiert den tiefsten Punkt als Nullpunkt für die Höhenenergie.

b Die nach oben resultierende Beschleunigung setzt sich aus zwei Komponenten a_y und a_z zusammen. Dies hängt mit der Lage des Passagiers in dem Stahlgehäuse zusammen. ▸ 2
Zeige mithilfe der Zeichnung (▸ Bild 2) und der gegebenen t-a-Diagramme (▸ Bilder 4 und 5), dass der Passagier eine maximale Beschleunigung vom 3,5-Fachen der Erdbeschleunigung erfährt.

1 Sky Shot

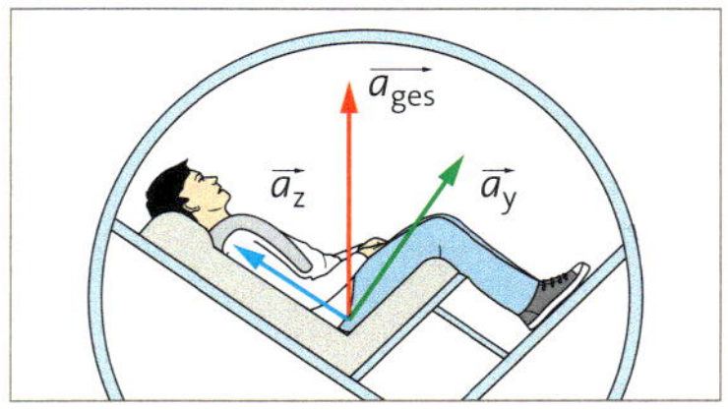

2 Position des Passagiers

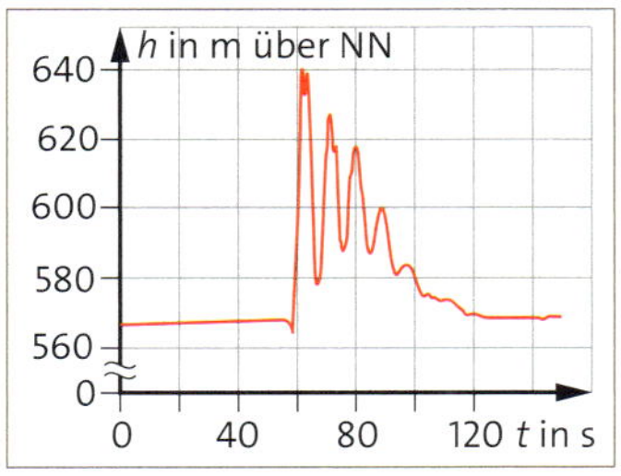

3 t-h-Diagramm

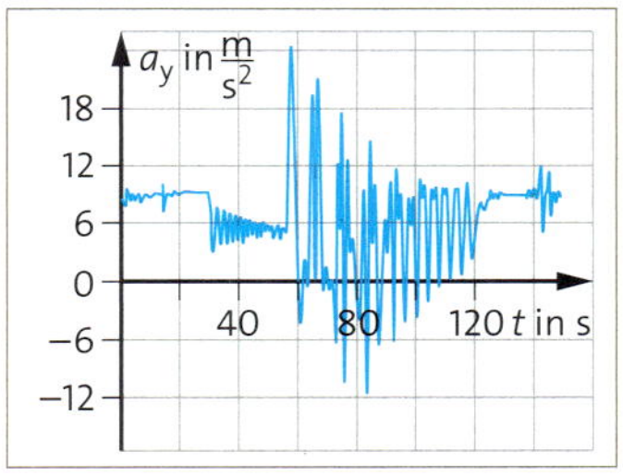

4 t-a_y-Diagramm

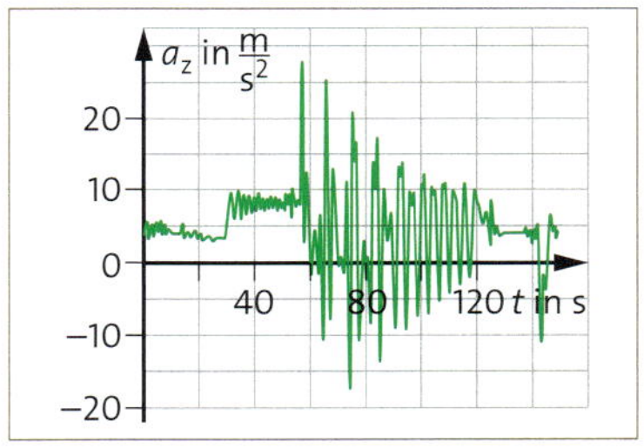

5 t-a_z-Diagramm

c Berechne die Zeit, nach der die in Teilaufgabe a bestimmte Geschwindigkeit erreicht ist. Vergleiche die Ergebnisse aus den Teilaufgaben a und c und nimm dazu Stellung.

d Mithilfe eines Elektromotors werden mehrere Stahlfedern in 25 Sekunden vorgespannt. Das schlagartige Entspannen der Stahlfedern beschleunigt schließlich den Stahlkäfig zusammen mit den Passagieren.
Beschreibe die Energieumwandlungen bis zum höchsten Punkt, den die Kugel dann erreicht. Gib auch die Geschwindigkeit auf halber Steighöhe an, falls der Flug idealisiert ohne Reibung stattfindet.

e Berechne die Leistung des Elektromotors, die dieser mindestens haben muss. Erläutere ferner die Bedeutung des Wortes „mindestens" in diesem Zusammenhang.

f Max fühlt sich nach dem Fahren anderer Fahrgeschäfte nicht gut und ihm ist etwas übel. Er sagt also zu seinen Freunden, dass er dieses Fahrgeschäft auslassen wolle. Sein bester Freund Moritz meint daraufhin: „Komm, sei kein Feigling! Du hast dich schon die ganze Zeit auf dieses Fahrgeschäft gefreut – gemeinsam macht es ja auch mehr Spaß! Außerdem sind wir so weit angereist."
Hilf Max bei seiner Entscheidungsfindung. Verwende dazu das zugehörige Warnschild. ▸ Kasten

Sky Shot

- Mindestalter: 14 Jahre
- Mindestgröße: 140 cm
- Kordeln und Bänder einstecken
- Der Fahrgast wird mit dem mehrfachen seines Körpergewichts belastet. Personen mit Gesundheitsschäden dürfen nicht mitfahren. Dies gilt insbesondere für Personen, die an Wirbelsäulen- oder Bandscheibenschäden oder an Bluthochdruck leiden und deswegen in ärztlicher Behandlung stehen. Das Gleiche gilt für Herzkreislaufpatienten und Schwangere.

Lösung

a Aus dem Diagramm wird der Höhenunterschied Δh ermittelt. Er beträgt: $\Delta h = 640\,\text{m} - 565\,\text{m} = 75\,\text{m}$.
Idealisiert (ohne Reibung) gilt dann: $E_{\text{kin}} = E_{\text{h}}$

$$\frac{1}{2} m \cdot v^2 = m \cdot g \cdot \Delta h \qquad |:m \qquad |\cdot 2$$

$$v = \sqrt{2g \cdot \Delta h} = \sqrt{2 \cdot 9{,}81\,\frac{\text{m}}{\text{s}^2} \cdot 75\,\text{m}} = 38\,\frac{\text{m}}{\text{s}} = 138\,\frac{\text{km}}{\text{h}}$$

b Die gesamte Beschleunigung kann mithilfe des Satzes des Pythagoras berechnet werden:

$$a_{\text{ges}} = \sqrt{(a_y)^2 + (a_z)^2} = \sqrt{\left(24\,\frac{\text{m}}{\text{s}^2}\right)^2 + \left(27{,}5\,\frac{\text{m}}{\text{s}^2}\right)^2}$$

$$a_{\text{ges}} = 36{,}5\,\frac{\text{m}}{\text{s}^2} = 3{,}7 \cdot g$$

c Man geht bei der Berechnung der Geschwindigkeit in Teilaufgabe a davon aus, dass die Geschwindigkeit unmittelbar im tiefsten Punkt erreicht wird und keine Krafteinwirkung nach oben stattfindet. Rechnungen mit der Beschleunigung von $a = 36{,}5\,\frac{\text{m}}{\text{s}^2}$ zeigen allerdings,

dass die Geschwindigkeit nach $t = \frac{v}{a} = \frac{38\,\frac{\text{m}}{\text{s}}}{36{,}5\,\frac{\text{m}}{\text{s}^2}} = 1{,}0\,\text{s}$ erreicht wird.

Dabei wurde ein Weg von $x(1{,}0\,\text{s}) = \frac{1}{2} \cdot 36{,}5\,\frac{\text{m}}{\text{s}^2} \cdot (1{,}0\,\text{s})^2 = 18\,\text{m}$ zurückgelegt. Man müsste daher den Nullpunkt für die Höhenenergie erst an diesem Punkt festlegen.

d Spannenergie wird in kinetische und diese wiederum in Höhenenergie umgewandelt. Verglichen werden die Zustände auf halber und auf maximaler Höhe:

$$m \cdot g \cdot \frac{\Delta h}{2} + \frac{1}{2} m \cdot v^2 = m \cdot g \cdot \Delta h \qquad |:m \qquad |\cdot 2$$

$$g \cdot \Delta h + v^2 = 2g \cdot \Delta h \qquad |-(g \cdot \Delta h)$$

$$v = \sqrt{g \cdot \Delta h} = \sqrt{9{,}81\,\frac{\text{m}}{\text{s}^2} \cdot 75\,\text{m}} = 27\,\frac{\text{m}}{\text{s}} = 98\,\frac{\text{km}}{\text{h}}$$

e $P = \frac{\Delta E}{\Delta t} = m \cdot g \cdot \frac{\Delta h}{\Delta t} = \frac{450\,\text{kg} \cdot 9{,}81\,\frac{\text{m}}{\text{s}^2} \cdot 75\,\text{m}}{25\,\text{s}} = 13\,230\,\text{W} = 13\,\text{kW}$

Die Leistung des Motors muss größer sein, da bislang keine Reibungsverluste berücksichtigt worden sind. Das Wort „mindestens" bezieht sich damit auf einen Wirkungsgrad von 100 %.

f Eine Belastung von $3{,}5 \cdot g$ ist enorm. Daher wird gewöhnlich mit entsprechenden Warnschildern vor derartigen Fahrten gewarnt. Sie wird nur vitalen Menschen ohne körperliche Einschränkungen empfohlen. Dies liegt bei Max nicht vor. Da es durch die zusätzlichen Rotationsbewegungen zu einer weiteren Belastung des Organismus kommt, kann es durchaus zu einem Kreislaufversagen kommen. Eine notärztliche Betreuung kann die Folge sein. Die weiteren Äußerungen von Moritz sind zwar gut gemeint, schätzen aber die Lage falsch ein. Hier wäre folgender Rat besser: „Schade, dass es dieses Mal nicht klappt. In deinem angeschlagenen Zustand bleibst du aber besser unten. Wir holen das aber bestimmt nach."

STRATEGIE-TIPP

Betrachte bei der Energieerhaltung zwei Zustände und überlege, welche Energieformen vorliegen.
Beachte auch den Nullpunkt für die Höhenenergie

STRATEGIE-TIPP

Bei Zeichnungen weist ein rechter Winkel auf den Satz des Pythagoras oder trigonometrische Funktionen hin.

STRATEGIE-TIPP

Bisweilen braucht man bei späteren Aufgaben Informationen aus Angaben, die vorher oder bereits zu Beginn gegeben worden sind.

Aufgaben und Aufträge

1 Bei Bergabfahrten auf Passstraßen kann man mit dem Rennrad Geschwindigkeiten erreichen, die größer sind als die von Autos. Felix braust mit seinem Rennrad mit einer Geschwindigkeit von 60 $\frac{km}{h}$ eine Passstraße hinab. Vor ihm fährt eine Autokolonne mit drei Autos mit der Geschwindigkeit von 50 $\frac{km}{h}$. Zum Überholen muss Felix eine 30 m längere Strecke zurücklegen.

a Bestimme den Überholweg, den Felix braucht.
- durch eine Rechnung
- durch eine grafische Lösung

b Schätze die Länge der mindestens einsehbaren Strecke für diesen Überholvorgang ab.

c Bewerte das Überholen von Autos mit dem Fahrrad auf solchen Passstraßen. Gehe insbesondere auch auf den Sachverhalt der Autokolonne ein. Felix meint zu diesem Gefahrenhinweis, dass man ja die Autos einzeln nacheinander überholen könne.

2 Marco geht regelmäßig ins Fitness-Studio. Bei Fahrten in 30er-Zonen verzichtet er auf den Sicherheitsgurt. Als er von seinem Freund Tobias darauf angesprochen wird, meint er verschmitzt: „Bei derart geringen Geschwindigkeiten kann ich mich selbst bei einem Crash am Lenkrad problemlos abstützen. Ich bin ja trainiert."
Unterstütze Tobias bei seiner Antwort, indem du folgende Werte berechnest:

a Die notwendige Kraft, die Marco (70 kg) zum Abstützen am Lenkrad bräuchte, wenn man für die Zeitdauer des Crashs eine $\frac{1}{10}$ s annimmt.

b Die Höhe, aus der Marco springen müsste, um eine Geschwindigkeit von 30 $\frac{km}{h}$ zu erreichen. Er müsste sich dann aus dieser Höhe mit den Händen „abfangen" können.

3 Um seinen Verfolgern zu entkommen, fährt James Bond mit 50 $\frac{km}{h}$ auf seinen Skiern über eine 800 m senkrecht abfallende Klippe.

a Nachdem er bei seinem Flug 150 m in senkrechter Richtung zurückgelegt hat, öffnet er seinen Fallschirm. Bestimme den genauen Ort, indem du die Absprungstelle als Ursprung festlegst.

b Gib den Geschwindigkeitsvektor und die Geschwindigkeit von James Bond am genauen Ort aus Teilaufgabe a an.

c Nachdem James Bond seinen Fallschirm geöffnet hat, verändert sich seine Bewegung. Beschreibe diese Veränderungen bis zu dem Zeitpunkt, an dem er am Boden ankommt. Gehe dabei auch auf die angreifenden Kräfte und die qualitativen Veränderungen des Geschwindigkeitsvektors ein.

4 Colonel J. P. Stapp untersuchte die Auswirkungen von extremen Beschleunigungen. ▸ 1

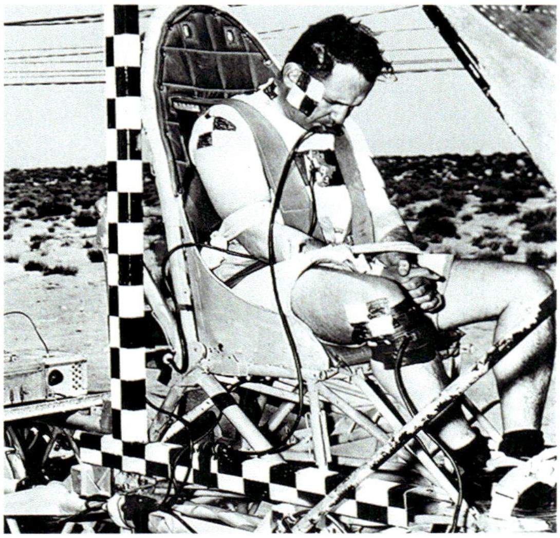

1 Simulation eines Flugzeugscrashs

a Recherchiere die Versuche von Colonel Stapp und bereite sie multimedial auf.

b Das Diagramm in ▸ Bild 2 zeigt die Verzögerungswerte für einen Aufprall mit einer bestimmten Geschwindigkeit v_0. Die Verzögerung soll durch eine 1,0 m lange Knautschzone idealisiert dargestellt werden.

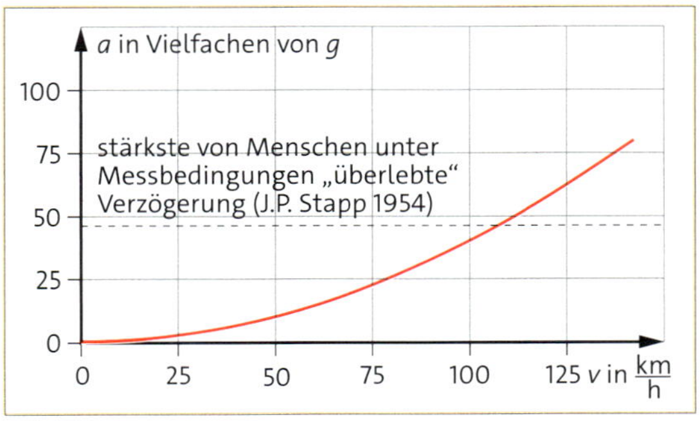

2 *v*-*a*-Diagramm

Überprüfe anhand einzelner Werte diese Darstellung rechnerisch.

c Bei Crashversuchen werden die Beschleunigungswerte anhand von Sensoren bei Dummys gemessen. Erläutere das Diagramm eines Crashversuchs in ▸ Bild 1.

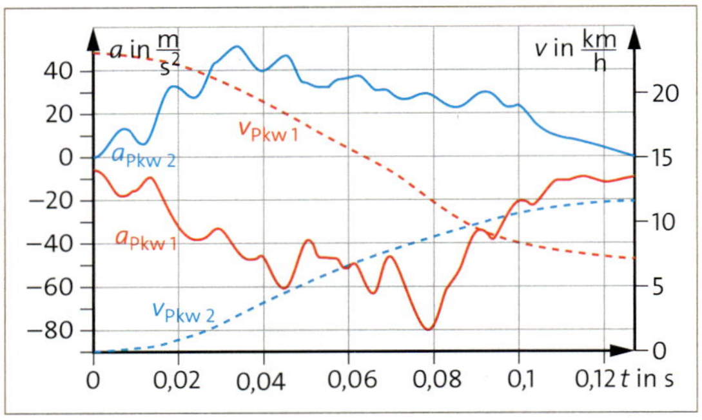

1 Auswertung von Crashtests

5 Im folgenden Zeitungsartikel ist der Sachverhalt physikalisch nicht richtig dargestellt. ▸ 2

AutoNews

Crashgefahr im Herbst

Gewicht in Tonnen bei Tempo 60

5,0 t

3,5 t

Physik im Alltag: Aufprallgewicht von Wildtieren
Schon bei einem Aufprall mit 60 km/h entwickelt ein Wildtier ein Vielfaches seines Eigengewichts an Aufprallenergie. Das bedeutet: Ein Wildhirsch rammt das Auto mit etwa 5 Tonnen, das Wildschwein drückt sich mit 3,5 Tonnen ins Blech.

2 Zeitungsartikel

Schreibe einen Leserbrief, der den Sachverhalt fachwissenschaftlich richtig darstellt und äußere Vermutungen, die hinter den Werten dieser populärwissenschaftlichen Aufmachung stehen.

6 Auf einer Presseinformation der Polizei heißt es: „Geschwindigkeit ist der Killer Nummer 1“. Erläutere diese Aussage anhand des folgenden Diagramms. Ermittle die dabei verwendete Bremsverzögerung. ▸ 3

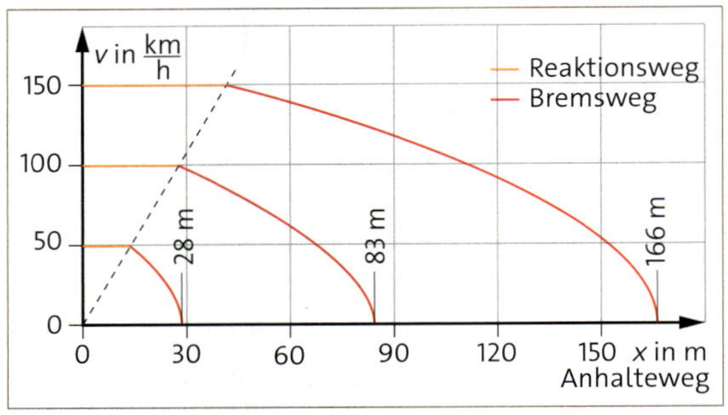

3 Geschwindigkeit und Anhalteweg

7 „Das ist eine furchtbare Idee.“ – so lautete 1973 ein Kommentar zur Einführung der gesetzlichen Gurtpflicht.
Ein Automobilhersteller hat 2020 alle Fahrzeuge mit einer Geschwindigkeitsbegrenzung von 180 $\frac{km}{h}$ abgesichert. In einem nächsten Schritt sollen Innenraumkameras eingesetzt werden, um Fahrten unter Alkohol- oder Drogeneinfluss zu verhindern.
Bewerte die beiden Maßnahmen des Automobilherstellers, indem du eine geeignete Entscheidungstabelle erstellst.

8 Im Sommer kann man – in einem Reifen sitzend – einen mit einer blauen Folie bespannten, 65 m langen Hang hinunterrutschen. Die Folie wird gleichmäßig mit Wasser begossen. ▸ 4

4 Sommerrutsche

a Mithilfe einer Videoanalyse des ersten Streckenabschnitts erkennt man, dass der Rutschende innerhalb von 8,0 m auf seine Endgeschwindigkeit von 25 $\frac{km}{h}$ beschleunigt wird. Bestimme die durchschnittliche Beschleunigung und gib die Bewegungsgleichung $x(t)$ für den ersten Streckenabschnitt an.

b Ab einer bestimmten Strecke wird man nicht mehr schneller. Erkläre diesen Sachverhalt, indem du die Skizze in dein Heft überträgst und die angreifenden Kräfte einzeichnest. ▸ 5

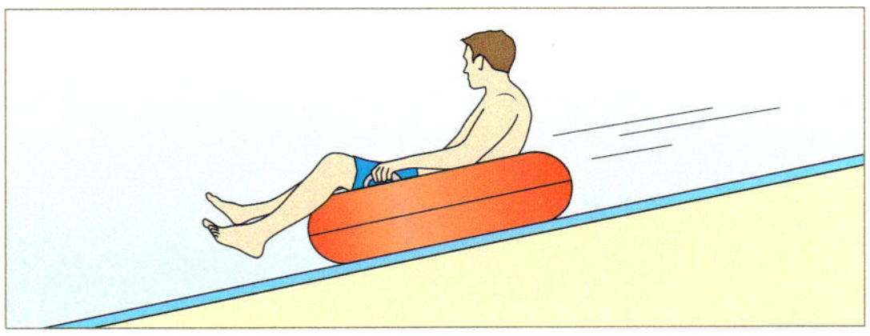

5 Kräfte (1)

Gib die Bewegungsgleichung $x(t)$ für diesen Streckenabschnitt an. Verwende das „Starthäuschen“ als Nullpunkt.

c Erläutere die Rolle, die das Wasser bei diesem Rutschvorgang spielt. Gehe dabei auf die entsprechenden Kräfte ein.

d Ermittle anhand der Stroboskopaufnahme die Geschwindigkeit des Rutschenden. ▸ 6

6 Stroboskopaufnahme

Der Abstand zwischen den jeweiligen Bildern beträgt $\frac{1}{6}$ s. Schätze die notwendige Strecke dazu begründet ab.

e Emilie meint zu Leonie: „In Physik haben wir doch gelernt, dass nach der Energieerhaltung $v = \sqrt{2g \cdot h}$ ist. Wenn ich mir die Höhendifferenz und die tatsächliche Geschwindigkeit anschaue, dann stimmt doch etwas nicht.“ Erläutere den Gedankengang von Emilie und antworte ihr, indem du ihre eine kurze physikalische Erklärung schreibst.

f Am Ende der Bahn hört die wasserbenetzte Fläche auf und die Bahn zeigt aufwärts. Beschreibe den Vorgang des Rutschens aus physikalischer Sicht, indem du auf die Formel $F \cdot \Delta t = m \cdot \Delta v$ eingehst.

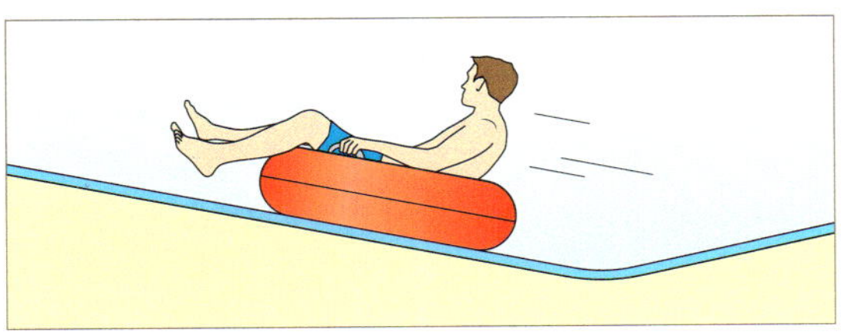

7 Kräfte (2)

Übernimm die Skizze in dein Heft und zeichne für diesen Vorgang die auftretenden Kräfte ein. ▸ 7

g Man wird innerhalb von 8,0 m bis zum Stillstand abgebremst. Gib ohne Rechnung die Bremsbeschleunigung an und begründe deinen Wert.

h Zeichne anhand deiner Ergebnisse ein t-x- und t-v-Diagramm und gehe dabei auf die jeweiligen Phasen der Bewegung ein.

9 An einem Stahlseil kann man über die Ischgler Kitzloch-Schlucht „fliegen“. ▸ 8

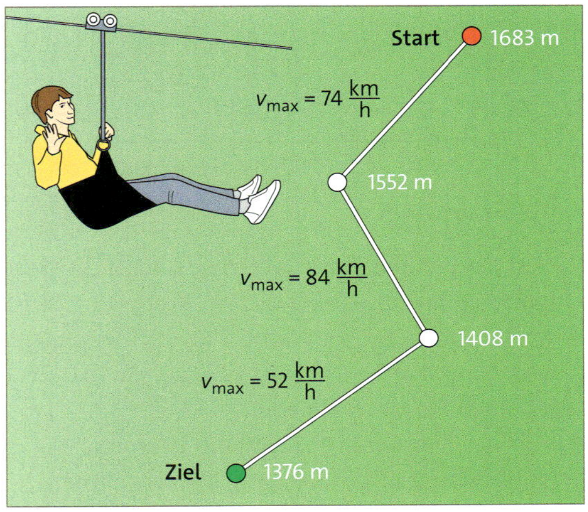

8 Technische Daten

a Beschreibe die Fahrt hinsichtlich der Geschwindigkeit in Worten.

b Mit einer App wurde die Fahrt aufgenommen. ▸ 9

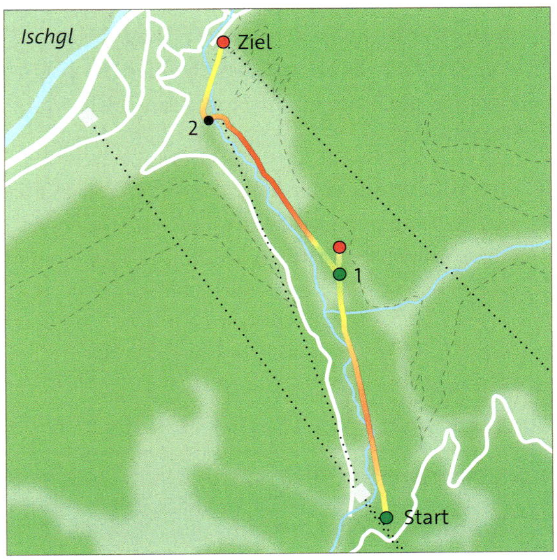

9 Abfahrt in der App

Die Einfärbungen sollen dabei das Tempo (den Betrag der Geschwindigkeit) angeben. Beschreibe die Fahrt anhand der Einfärbungen. Vergleiche die Geschwindigkeitsangaben in den ▸ Bildern 8 und 9, ▸ S. 161. Erläutere die auftretenden Unterschiede.

c In ▸ Bild 1 findest du eine weitere Beschreibung der Fahrt mithilfe einer App.

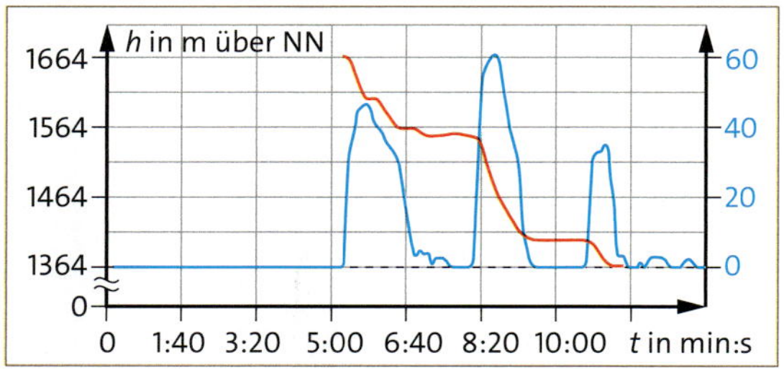

1 *t*-*h*-Diagramm

Auf der rechten Hochwertachse findest du Werte ohne Einheiten. Ordne diesen Werten eine sinnvolle Einheit zu. Vergleiche die Geschwindigkeitswerte mit den Angaben in ▸ Bild 8, ▸ S. 161. Erkläre mögliche Unterschiede.

d Aus der Darstellung in der App kann man für die einzelnen Abschnitte folgende Werte entnehmen: ▸ Tabelle 1
Bestimme für die einzelnen Abschnitte die jeweilige Durchschnittsgeschwindigkeit. Vergleiche wieder mit den Angaben in ▸ Bild 8, ▸ S. 161 und erkläre die beobachteten Unterschiede.

e Zeichne anhand der bislang erhaltenen Informationen ein möglichst genaues *t*-*x*-Diagramm.

f Am Ende der Bahn sind neben einer Bremseinrichtung auch noch Polster angebracht. Erkläre den Sinn dieser Polster aus physikalischer Sicht.

10 ⊕ Die Abfahrt auf einer Sommerrodelbahn in Fuschl wurde mit einer App dokumentiert. Die Daten aus der App wurden farbig über den Verlauf der Bahn gelegt. ▸ 2

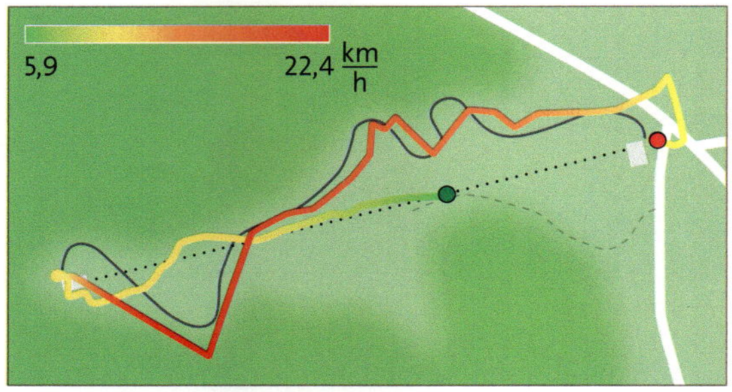

2 Abfahrt auf der Sommerrodelbahn

a Beschreibe die Bewegung mit eigenen Worten, nutze die Daten der App und berücksichtige besonders den Betrag der Geschwindigkeit.

b Die Darstellung in ▸ Bild 2 zeigt, dass die GPS gestützte Darstellung einige Ungenauigkeiten aufweist. Beurteile davon ausgehend die Genauigkeit der angegebenen Geschwindigkeitswerte.

c Eine weitere Darstellung in der App siehst du in ▸ Bild 3.

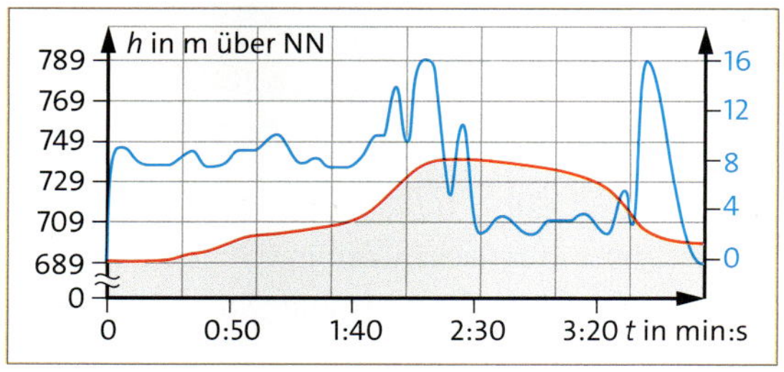

3 *t*-*h*-Diagramm

Man sieht grau unterlegt das Höhenprofil mit den Höhenangaben auf der linken Seite. Betrachte den blauen Graphen und finde die physikalische Größe, die durch ihn angezeigt wird. Ordne der rechten Hochwertachse die richtige Einheit zu. Aufgrund der Ungenauigkeiten, die in Teilaufgabe b dargestellt wurden, gibt es auch hier diverse Unstimmigkeiten. Finde diese und versuche charakteristische Eigenschaften des Graphen aufzuzeigen.

	Beginn	Ende	Streckenbeginn	Streckenende
1. Abschnitt	5:17 min	7:30 min	0,12 km	1,19 km
2. Abschnitt	8:15 min	9:38 min	1,21 km	2,08 km
3. Abschnitt	10:46 min	11:40 min	2,10 km	2,44 km

Tabelle 1

d Übernimm den Bahnverlauf in dein Heft. ▸ 4

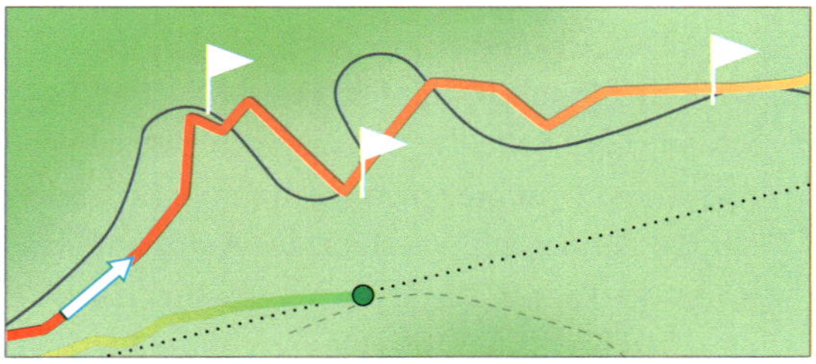

4 Bahnverlauf

Zeichne in den angegebenen Orten die Geschwindigkeitspfeile qualitativ ein. Orientiere dich dabei am vorgegebenen Pfeil.

e Begründe physikalisch den Sicherheitshinweis während der Fahrt. ▸ 5

5 Sicherheitshinweis

Ferdinand hält sich nicht an den Hinweis und fährt mit einer Geschwindigkeit von 20 $\frac{km}{h}$ auf den vorausfahrenden Schlitten von Clara (15 $\frac{km}{h}$) auf. Berechne die Geschwindigkeit der dann zusammen weiterfahrenden Schlitten. Gehe dazu von einer jeweiligen Masse von 150 kg aus.

f Berechne den Betrag der Kraft, die jeweils auf Ferdinand und Clara einwirkt. Verwende eine Zeitdauer von 0,1 s für den Zusammenstoß. Gehe auch auf die Richtung dieser Kraft ein.

g Beurteile das Verhalten von Ferdinand anhand der bislang erhaltenen Informationen.

h Am Ende der Bahn stehen zwei orangefarbene weiche Zylinder. ▸ 6
Beschreibe die Aufgabe dieser Zylinder anhand geeigneter physikalischer Gesetze.

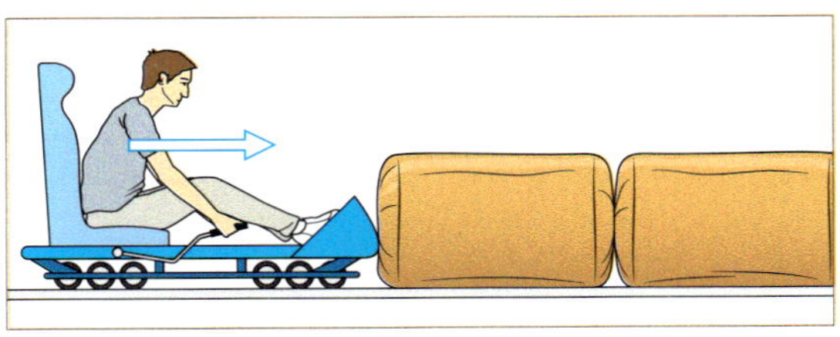

6 Ende der Bahn

11 ⊕ Im Jahr 2003 kam es zu einem aufsehenerregenden Wettrennen zwischen einem Formel-1-Boliden und einem Kampfflugzeug.
Durch die regennasse Fahrbahn hatte das Formel-1-Fahrzeug bis zur Zielflagge in 1200 m Entfernung keine Chance. Dem Pressetext konnte man folgende Daten entnehmen:

Rennen	Strecke	Zeit Flugzeug	Zeit F1-Auto	$v_{max,Auto}$
1	600 m	9,6 s	9,4 s	294 $\frac{km}{h}$
2	1200 m	14,2 s	16,7 s	308 $\frac{km}{h}$
3	900 m	13,0 s	13,2 s	305 $\frac{km}{h}$

Tabelle 2

a Berechne für beide „Fahrzeuge“ die durchschnittliche Beschleunigung. Skizziere beide t-v-Graphen in einem gemeinsamen Diagramm.
Erläutere die wesentlichen Unterschiede und stelle Vermutungen für diesen Sachverhalt auf.

b ⊕ Bestimme anhand der oben genannten und der folgenden Daten die maximal mögliche Startbeschleunigung und beurteile, ob der Formel-1-Wagen auf trockener Fahrbahn das Rennen hätte gewinnen können.
Formel-1-Wagen
Leermasse: 600 kg
Für die Beschleunigung ist neben der Motorleistung die Haftreibungszahl entscheidend, um die Kraft des Motors auf die Straße zu bringen. Für die Haftreibungszahl μ gilt: $\mu = \frac{a}{g}$. Spezielle Rennreifen erreichen bei trockener Fahrbahn $\mu = 1{,}8$.
Kampfflugzeug
Schub: ohne Nachbrenner $2 \cdot 60$ kN, mit Nachbrenner $2 \cdot 90$ kN
Leermasse: 10 995 kg; 23 000 kg maximales Startgewicht

12 In Abu Dhabi steht die schnellste Achterbahn der Welt. Sie wurde so gebaut, dass die Beschleunigungen einer Formel-1-Fahrt nachempfunden werden können.

a Die Beschleunigungsphase erfolgt mit einem Katapult. Im Flyer wird damit geworben, dass man in 4,9 s eine Geschwindigkeit von 240 $\frac{km}{h}$ erreicht. Überprüfe, ob diese Aussage mit der Beschleunigung eines Formel-1-Boliden übereinstimmt.

b Die Fahrt wurde mit einem Beschleunigungssensor aufgenommen. ▸ 1

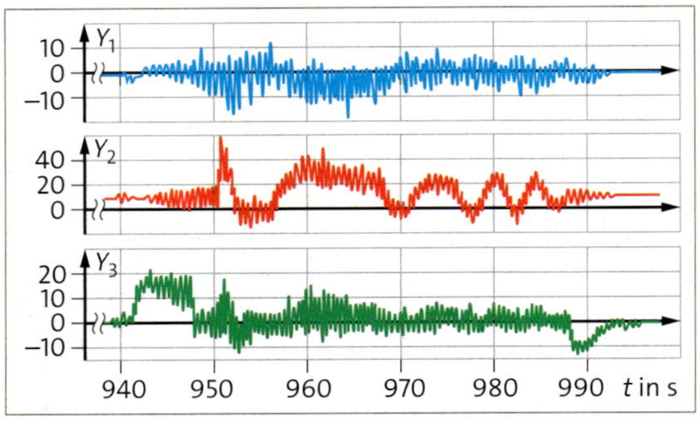

1 Beschleunigungen

Dabei zeigt die Y3-Richtung die Beschleunigung in Längsrichtung der Bahn, Y2 die Beschleunigung in Längsrichtung des menschlichen Körpers und Y1 die Beschleunigung in Querrichtung zur Körperachse an. Überprüfe anhand der gegebenen Daten, ob die Angabe im Flyer stimmt.

c Für die Fahrt im offenen Achterbahnwagen muss man eine Schutzbrille aufsetzen. Erläutere den physikalischen Hintergrund dieser Sicherheitsmaßnahme.

d Der erste Peak im Y2-Diagramm gehört zu einer langgezogenen Linkskurve, die mit sehr hoher Geschwindigkeit – vom Top Hat der Achterbahn kommend – durchfahren wird. Begründe die Notwendigkeit für den langgezogenen Kurvenverlauf.

e Zum Ende der Fahrt wird die Achterbahn stark abgebremst. Entnimm dem Diagramm die entsprechende Bremsverzögerung und vergleiche mit möglichen negativen Beschleunigungen in der Formel 1. Schätze die Geschwindigkeit ab, aus der bis zum Stillstand abgebremst wird.

13 Für gute Stimmung sorgte ein Familienvater als er mit seinem Auto auf einem verschneiten Feldweg fuhr und seine beiden Kinder auf jeweils einem Schlitten hinterher zog. ▸ 2

2 Schlitten am Auto

Laut johlend hoppelten die Kinder auf ihren Schlitten sitzend mit etwa 40 $\frac{km}{h}$ den Feldweg entlang. Der Abstand zum Auto betrug 5,0 m. Bewerte diese Schlittenfahrt mithilfe einer Entscheidungstabelle. Gehe dazu auch auf sicherheitsrelevante Elemente ein. Berechne die Zeit, nach der die Kinder auf das Heck des Autos auffahren, wenn der Fahrer durch ein herausstürmendes Reh plötzlich bremsen muss. Recherchiere die dazu notwendige Bremsbeschleunigung.

14 Bewegung von Gasblasen in Flüssigkeiten

a Untersuche mithilfe einer Videoanalyse das Aufsteigen von Gasblasen in verschiedenen Getränken. *Tipp:* Für die Auswertung ist ein dunkler Hintergrund sowie eine seitliche Beleuchtung vorteilhaft.

b In den ▸ Bildern 3 und 4 sind die Bewegungen zweier unterschiedlicher Gasblasen dargestellt.

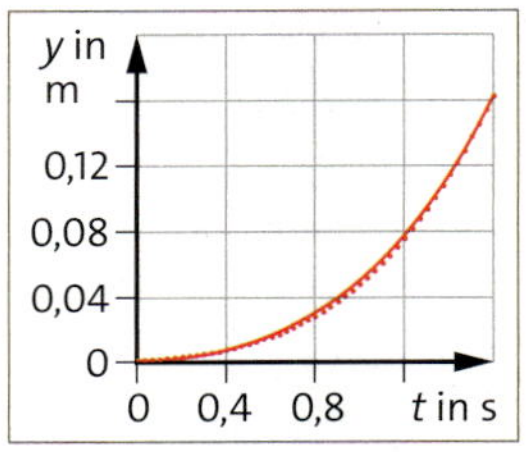

3 *t*-*y*-Diagramm

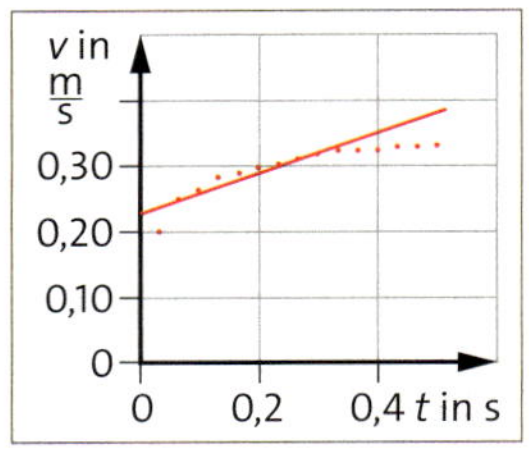

4 *t*-*v*-Diagramm

Dabei sind sowohl die einzelnen Messpunkte zu sehen als auch eine mögliche modellierte Kurve. Beschreibe die jeweilige Bewegung der Gasblase und nimm zu der Modellierung Stellung.

c Ermittle mithilfe eines digitalen Werkzeugs (z. B. Geogebra) die Modellierungsgraphen, die zu deinen Messwerten gehören.

15 Der Frontalzusammenstoß zweier Autoscooter wurde gefilmt und anschließend mittels Videoanalyse ausgewertet. ▸ 5

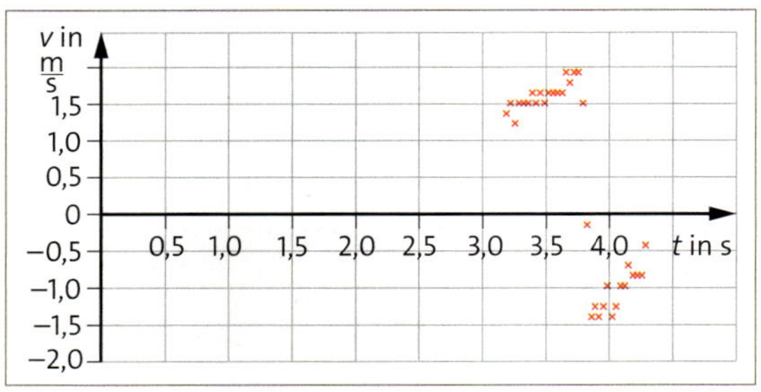

5 *t*-*v*-Diagramm

a Das t-v Diagramm erhielt man bei der Betrachtung des Scheinwerfers des linken Autoscooters. Innerhalb einer Zehntelsekunde wurden drei Messpunkte markiert. Beschreibe die durchgeführte Bewegung.

b Skizziere das zugehörige t-x-Diagramm. Zeichne in dieses Diagramm auch noch die Bewegung des rechten Autoscooters ein.

c Ermittle aus dem gegebenen Diagramm die Beschleunigung des Autoscooters.

d Vergleiche den Beschleunigungswert mit dem Wert, den du erhältst, wenn man das Zusammenstauchen der Gummipolster mit 10 cm abschätzt. Stimmt diese Beschleunigung mit der auf den Schüler wirkenden Beschleunigung überein?

e Schätze ab, ob sich ein Fahrer so am Lenkrad abstützen konnte, dass er nicht nach vorne rutscht.

f Überlege dir einen Versuch, mit dem man überprüfen könnte, ob der Zusammenstoß zweier Fahrzeuge mit gleichem Geschwindigkeitsbetrag dem Zusammenstoß eines Fahrzeugs der doppelten Geschwindigkeit mit einer Mauer entspricht. Nenne die Grenzen, die beim Übertragen des Modells auf die Realität im Straßenverkehr auftreten.

16 Ein frontaler Zusammenstoß wurde durch den zentralen Stoß von zwei Gleitern auf einer Luftkissenbahn nachgestellt.

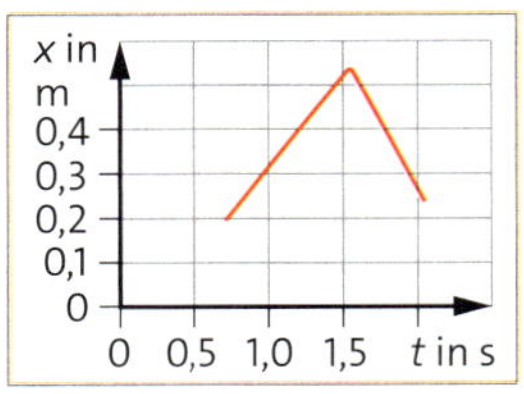

6 t-x-Diagramm Gleiter 1

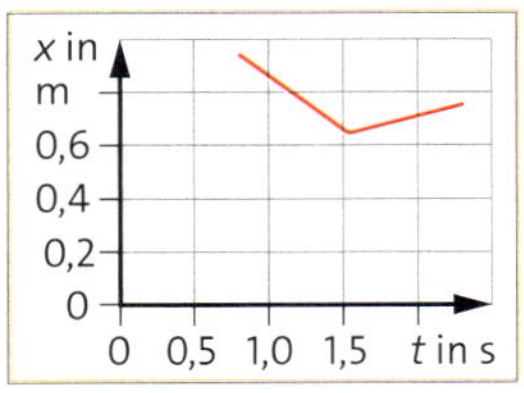

7 t-x-Diagramm Gleiter 2

Die t-x-Diagramme zeigen die Bewegung der beiden Gleiter. ▸ 6, 7
Dabei hatte Gleiter 1 eine Masse von 100 g und Gleiter 2 von 200 g.
Überprüfe anhand der Daten und Diagramme die Gültigkeit des Impulserhaltungssatzes.

17 An einem Heliumballon machte sich ein Schulmaskottchen auf den Weg in die Stratosphäre.

a ⊕ Während der Ballon mit einem Durchmesser von ca. 1,50 m startet, erreichte er kurz vor dem Platzen einen Durchmesser von ca. 8 m. Erkläre das Aufblähen des Ballons.

b Das t-h-Diagramm beschreibt die Bewegung des Schulmaskottchens. Da der Ballon schon etwas älter war, platzte er bereits in einer Höhe von etwas über 23 km. ▸ 8

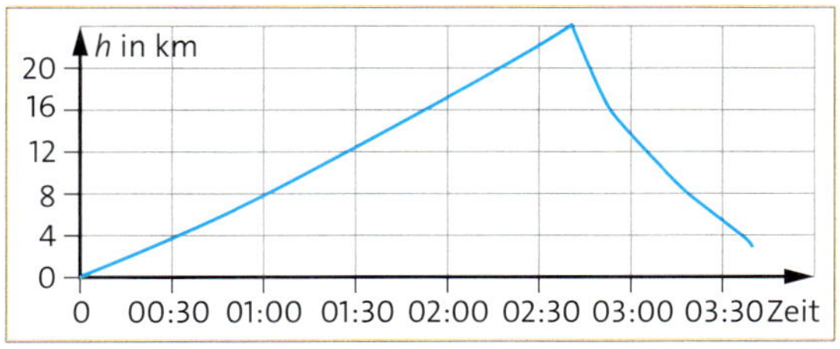

8 t-h-Diagramm

c Unterteile die Bewegung in drei Abschnitte und gib die jeweilige Bewegungsgleichung $h(t)$ an.

d Der freie Fall ist grundsätzlich eine beschleunigte Bewegung. Stelle eine Hypothese auf, dass dies hier nicht der Fall ist und gehe auch auf die zwei Abschnitte des Falls ein.

18 NEWTON und LEIBNIZ stritten sich über die Definition der Kraft, die alles in Bewegung versetzt. Während es für NEWTON Masse mal Beschleunigung war, meinte LEIBNIZ, dass Kraft Masse mal Geschwindigkeit im Quadrat sei. KANT versuchte diese Überlegungen auf innere Lebensvorgänge und lebendige Körper zu übertragen.
Diskutiert die beiden Sichtweisen von NEWTON und LEIBNIZ, versucht auch Gründe für Fehlvorstellungen zu erörtern und geht auch auf den Versuch von KANT ein, diese Definitionen für lebendige Körper zu erweitern. Für die Diskussion eignen sich auch digitale Werkzeuge (z. B. Tweedback), da sie die Diskussion im Chatverlauf dokumentieren.

19 Aus einem Unfallbericht der Polizei ▸ 1, S. 166
Der UB01 befuhr mit Pkw01 die Zinkhüttenstraße in Fahrtrichtung Mellingdorfer Straße mit offenbar stark überhöhter Geschwindigkeit (Bremsspur und Aussage von UZ03). Als die Ampel auf rot umsprang, leitete er eine Gewaltbremsung ein, kam aber erst zum Stehen, als er mit der Front bereits im Kreuzungsbereich stand, wo er vom Pkw02 seitlich erfasst wurde. UB02 hatte trotz guter Reaktionen keine Möglichkeit, den Unfall zu vermeiden. Durch die Wucht des Aufpralls wurden beide Pkw stark beschädigt und Pkw01 wurde gegen einen Laternenpfahl geschleudert. Dabei

wurde die Beifahrertür des Pkw01 eingedrückt und UZ01 schwer verletzt. Der Unfall hätte vermieden werden können, wenn UB01 sich an die vorgeschriebene Geschwindigkeit gehalten hätte. Die Alkoholisierung von UB01 (Blutuntersuchung) sowie die Ablenkung durch laute Musik (Aussage von UZ03) führten zusätzlich zu einer Verlangsamung seiner Reaktion.

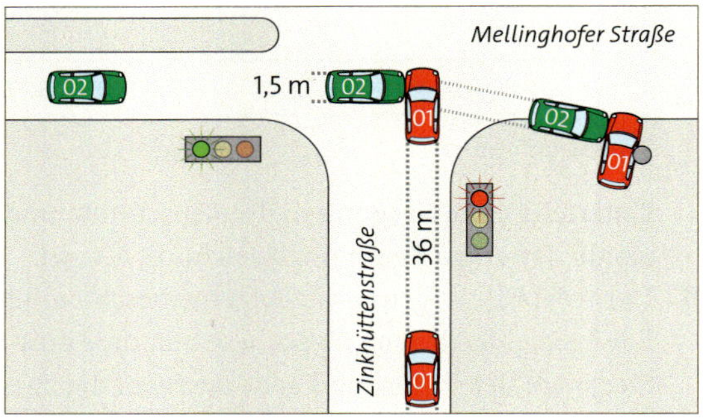

1 Skizze zum Unfallbericht

a Anhand der Bremsspur x kann man auf die Geschwindigkeit v_0 des Fahrers schließen. Zeige, dass dafür die zugehörige Formel gilt: $v^2 - v_0^2 = 2a \cdot x$

b Im Bericht der Polizei steht, dass sich Pkw01 nicht an die vorgegebene Geschwindigkeit gehalten hat. Überprüfe diese Aussage, indem du anhand der gemessenen Bremsspur die Geschwindigkeit des Fahrzeugs ermittelst. Gehe von einer Bremsverzögerung von $a = -7{,}0\ \frac{\text{m}}{\text{s}^2}$ aus.
(Ersatzergebnis: $v_0 = 81\ \frac{\text{km}}{\text{h}}$)

c Für die Reaktionszeit eines nüchternen Fahrers nimmt man durchschnittlich eine Sekunde an. Alkoholeinfluss verdoppelt diese Zeit. Bestimme die Verlängerung des zurückgelegten Reaktionswegs durch Alkoholeinfluss. Verwende dazu die Geschwindigkeit aus Teilaufgabe b.

d Nach Befragung weiterer Zeugen hat die Polizei herausgefunden, dass auch der Fahrer von Pkw02 Alkohol im Blut hatte. 30 Meter vor der Kreuzung hätte er bereits Pkw01 sehen und mit dem Bremsvorgang beginnen können. Nehmen wir an, dass Pkw02 sich genau an die Geschwindigkeitsbegrenzung ($50\ \frac{\text{km}}{\text{h}}$) gehalten hat. Untersuche, ob der Unfall hätte vermieden werden können, wenn der Fahrer nüchtern gewesen wäre.

e Stelle die Bewegungen der beiden Fahrzeuge vom Erkennen der Gefahr bis zum Stillstand in einem gemeinsamen t-x- und einem t-v-Diagramm dar.

f Max will den Impulserhaltungssatz mit den entsprechenden Pfeilen bei diesem Unfall darstellen. Dabei erhält er einen Impulspfeil, der nach dem Unfall nach rechts oben zeigt. Die Fahrzeuge sind aber nach rechts unten gefahren. Stelle die Überlegungen von Max nach und erläutere die hinter diesem Widerspruch stehende Problematik.

g In Städten kommt es immer wieder zu illegalen Autorennen mit verhängnisvollen Unfällen. Beteiligte geben an, dass sie eine hervorragende Reaktionszeit und ihre Fahrzeuge deutlich bessere Bremsen wie gewöhnliche Autos hätten. Beurteile diese Aussagen anhand geeigneter Rechnungen.

20 ⊕ In einem Projekt wurde eine Modell-Crashschlittenbahn gebaut. Dabei können nahezu alle Crash-Szenarien nachgestellt werden. Der verwendete Dummy hat den Namen Mika bekommen. ▸ 2

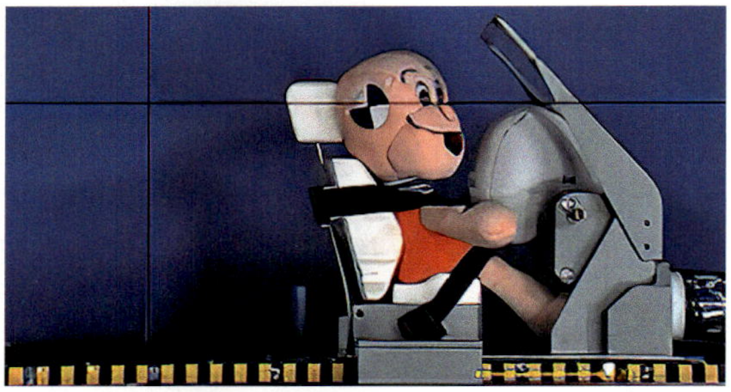

2 Mika auf der Schlittenbahn

20.1 Mika bewegt sich zusammen mit dem Schlitten mit etwa $8\ \frac{\text{m}}{\text{s}}$ auf das Deformationselement zu. Er ist nicht angeschnallt und fliegt daher durch die Windschutzscheibe. Die Bewegung von Mikas Kopf wurde mithilfe der Videoanalyse ausgewertet.
Das t-x-Diagramm in ▸ Bild 3 zeigt die Bewegung von Mikas Kopf. Bei etwa $t = 0{,}034$ s ist der Schlitten zum Stehen gekommen.

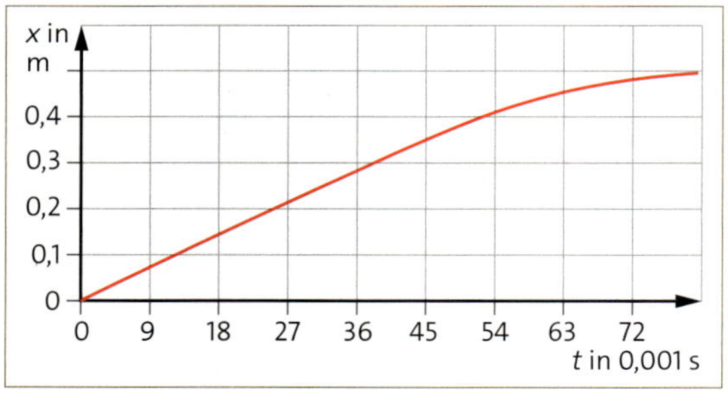

3 t-x-Diagramm

a Beschreibe die Bewegung von Mikas Kopf in Worten. Gehe dabei insbesondere auf den Zeitraum nach 0,034 s ein.

b Skizziere das zugehörige t-v- und t-a-Diagramm.

c ⊕ Mikas Kopf schlägt mit etwa 5 $\frac{m}{s}$ auf der „Motorhaube" auf. Berechne die notwendige Elastizität der Motorhaube, damit der kurzzeitige Beschleunigungswert von $80 \cdot g$ nicht überschritten wird. (Bei dieser Belastung ist mit größten Schädigungen des Gehirns zu rechnen.)

20.2 Mika fährt mit etwa 6 $\frac{m}{s}$ gegen Prallkörper aus Hartgummi. Dabei ist er angegurtet und der Airbag öffnet sich rechtzeitig. Die Bewegung wurde wieder mit einer Videoanalyse ausgewertet. Die Bewegung des Schlittens ergab ein t-v-Diagramm. ▸ 4

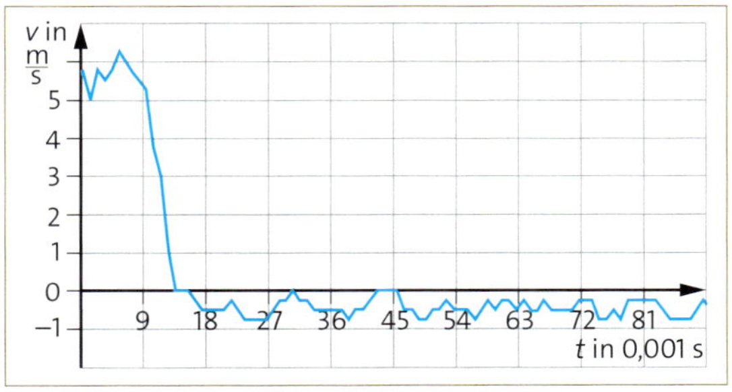

4 *t-v*-Diagramm

a Beschreibe die Bewegung des Wagens in Worten und skizziere das zugehörige t-x-Diagramm.

b Berechne anhand des Diagramms die mittlere Beschleunigung beim Abbremsen.

c Gleichzeitig wurde die Bewegung von Mikas Kopf aufgenommen. Das t-x-Diagramm in ▸ Bild 5 zeigt die Bewegung von Mikas Kopf.
Beschreibe die Bewegung von Mikas Kopf in Worten. Gehe dabei auch auf die jeweilige Funktionsweise der notwendigen Insassenschutzsysteme ein.

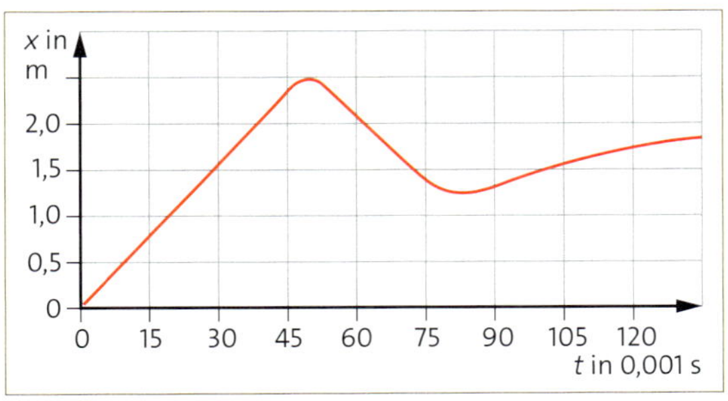

5 *t-x*-Diagramm

d Die Bewegung von Mikas Kopf wird in einem t-v-Diagramm dargestellt. ▸ 6
Berechne – anhand des Diagramms – die mittlere Beschleunigung von Mikas Kopf beim Abbremsen.

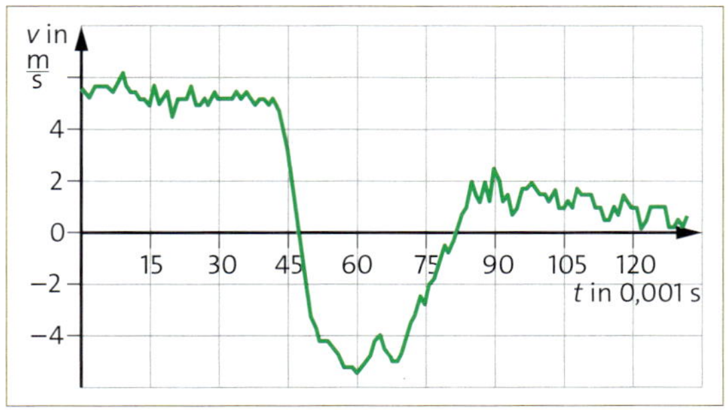

6 *t-v*-Diagramm

e In einem weiteren Versuch wurde das Hartgummiprallelement durch zwei Dosen ausgetauscht. Die Bewegung von Mikas Kopf wurde wieder aufgezeichnet und in einem t-v-Diagramm dargestellt. ▸ 7
Berechne anhand des Diagramms die mittlere Beschleunigung von Mikas Kopf.

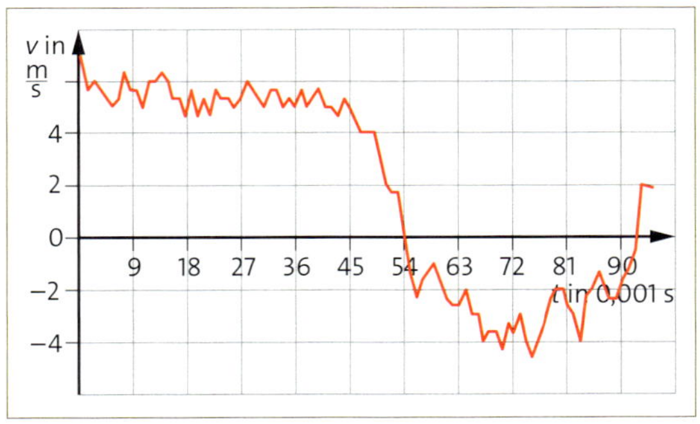

7 *t-v*-Diagramm

f Fasse durch deine Ergebnisse die Elemente modernen Insassenschutzes zusammen und beschreibe mit dem zugehörigen physikalischen Hintergrund die Aufgabe, die jedem einzelnen Schutzelement zukommt. Die moderne Fahrzeugtechnik bietet heute weitere Sicherheitssysteme. Recherchiere nach zwei Systemen und erläutere ihre Funktion.

20.3 Mika fährt angeschnallt in seinem Sitz gegen zwei Dosen als Deformationselement. Seine Fahrt wurde mittels Videoanalyse ausgewertet. Das t-v-Diagramm zeigt einen größeren Abschnitt von seiner Fahrt. ▸ 1, 2, S. 168

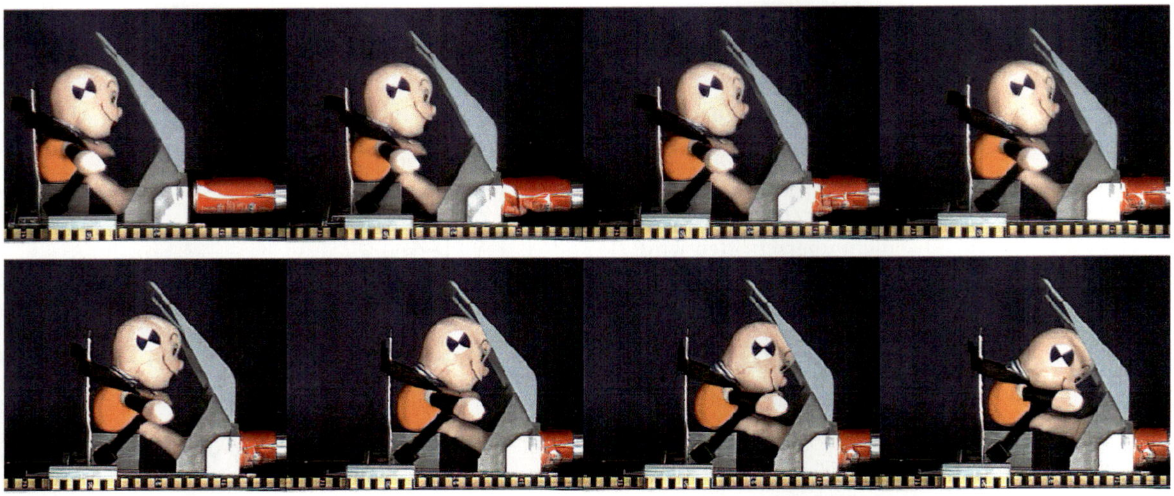

neue A

neue A

1 Crashtest mit Dosen

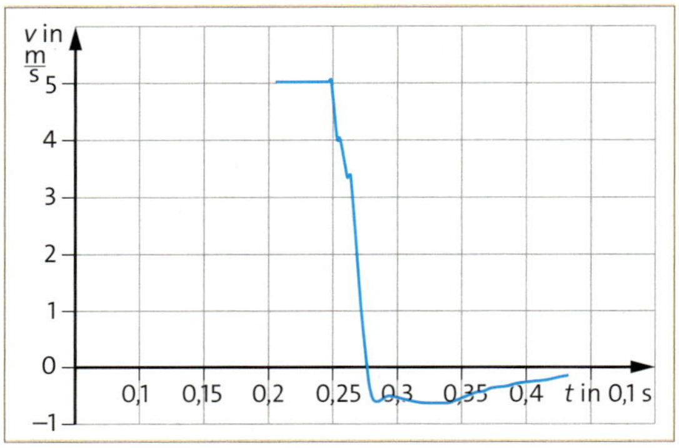

2 *t-v*-Diagramm

a Beschreibe die Bewegung des Schlittens anhand des *t-v*-Diagramms in Worten.

b Ordne einzelne charakteristische Bilder aus der Bildsequenz den passenden Zeitpunkten im *t-v*-Diagramm zu. ▸ 1, 2

c Schätze mithilfe des *t-v*-Diagramms den zeitlichen Abstand Δt für das jeweils darauffolgende Bild ab.

d Skizziere zum *t-v*-Diagramm (▸ 2) die zugehörigen *t-x-* und *t-a*-Diagramme.

e Bestimme den Anteil der Bewegungsenergie, der durch die Knautschzone (Dosen) absorbiert wurde. Entnimm die dazu notwendigen Daten dem Diagramm. ▸ 2

f Beschreibe die Funktion der Knautschzone im Hinblick auf den Insassenschutz. Argumentiere dabei physikalisch fundiert und gehe besonders auf das Diagramm in ▸ Bild 3 ein.
Erläutere das Entwicklungsziel, dass die Ingenieure beim Insassenschutz – aufgrund deiner bisherigen Erkenntnisse – verfolgen und welchem Zielkonflikt sie ausgesetzt sind.

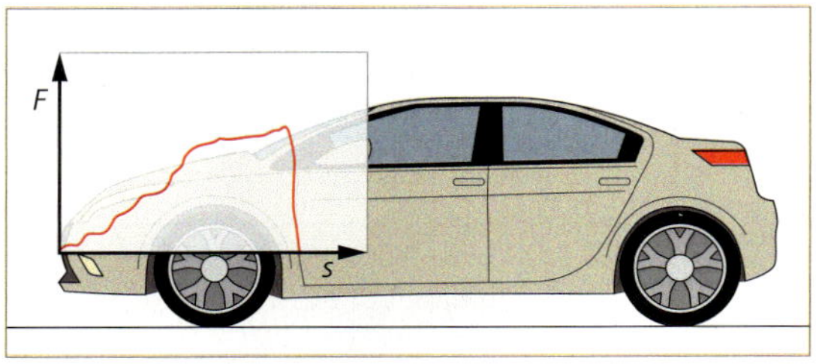

3 Diagramm Knautschzone

21 Was passiert bei einem frontalen Crash?

a Ermittelt mithilfe eines geeigneten Experiments eure Reaktionszeiten. Eine Person benötigt dazu lediglich ein Lineal und eine zweite Person, die ihr dabei assistiert.
Dokumentiert eure Vorgehensweise und das Ergebnis in einem Video.

b Ein Frontalcrash läuft unfassbar schnell ab. Über das Blinzeln des Auges kann man die Zeitdauer gut veranschaulichen. ▸ 4

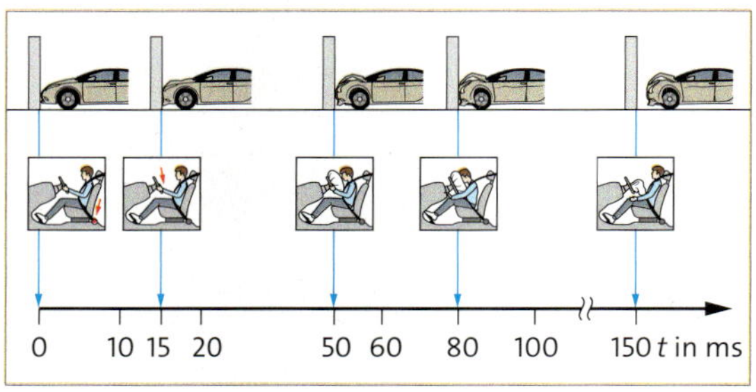

4 Frontalcrash

Recherchiere nach Abläufen aus deinem Alltag (z. B. Schuss beim Elfmeter, Lesen einer Kurznachricht auf deinem Smartphone, …) und stelle diese vergleichend im zeitlichen Ablauf gegenüber.

c Hochgeschwindigkeitsaufnahmen mit der Modell-Crashschlittenbahn wurden ausgewertet und ergaben folgende Einzelbilder. ▸ 5

5 Crash auf der Modellschlittenbahn

Überprüfe, inwiefern diese Modellschlittenbahn die Wirklichkeit richtig abbildet. Erläutere auch die Grenzen beim Übertrag von den Ergebnissen mit dieser Schlittenbahn auf einen realen Crash.

22 Für eine Schulung der Feuerwehr wurde unter anderem gezeigt, welche Energie in einem sich entfaltenden Airbag steckt. Dazu wurde ein 10 kg Sandsack auf ein Lenkrad gelegt und der Airbag gezündet.
Die Bewegung wurde mit Hochgeschwindigkeitsaufnahmen aufgezeichnet. ▸ 6
Die Auswertung dieser Aufnahmen ergab Folgendes: Nach 10 ms lag der Sandsack 10 cm über dem Boden. Nach 46 ms ist er bereits 50 cm über den Boden hoch katapultiert worden und erreichte dabei eine Geschwindigkeit von $13{,}8\ \frac{\text{m}}{\text{s}}$.

a Berechne die durchschnittliche Beschleunigung, die der Sandsack durch das explosionsartige Entfalten des Airbags erhielt.

b Berechne die Höhe, die der Sandsack im Idealfall erreichen würde, wenn er nicht an einem Seil befestigt wäre.

c Berechne die Leistung des Airbags.

d Begründe, dass in Fahrzeugen mit aktivem Beifahrer-Airbag keine rückwärtsgerichteten Kindersitze auf dem Beifahrersitz installiert werden dürfen.

e Bewerte die Tatsache, dass Beifahrer bisweilen ihre Beine auf das Armaturenbrett legen.

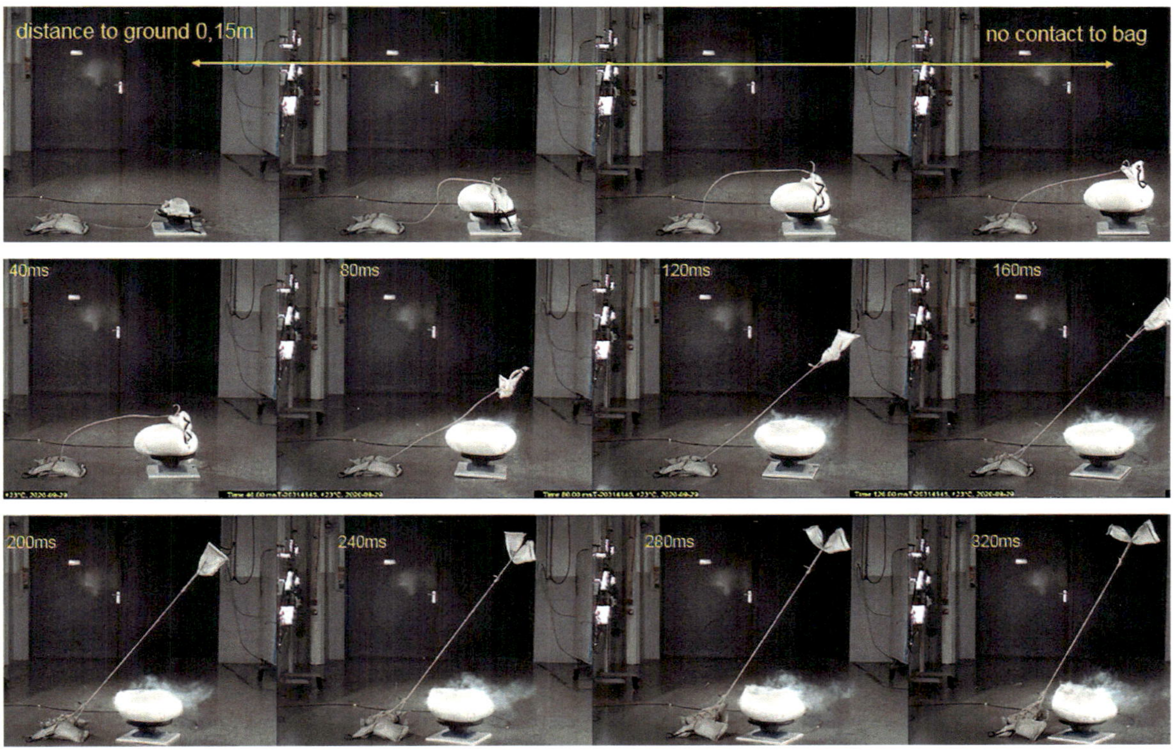

6 Explosion eines Airbags

23 Berlin ist berühmt-berüchtigt für Raser-Unfälle. Hier liefern sich Fahrer auf öffentlichen Straßen in leistungsstarken Autos Wettrennen.
So ist z. B. ein Pkw in einer 30er-Zone von der Straße abgekommen. Die Ermittler haben herausgefunden, dass das Auto zum Unfallzeitpunkt mindestens 70 $\frac{km}{h}$ auf dem Tacho gehabt haben muss – und dies nach einer Vollbremsung aus Tempo 160 $\frac{km}{h}$. ▸ 2

1 Illegales Autorennen

a Berechne die Länge des Bremswegs. Recherchiere dazu die Bremsbeschleunigungen moderner, leistungsstarker Autos.

b Stelle begründete Hypothesen auf, woher die Ermittler wissen konnten, dass das Fahrzeug zum Unfallzeitpunkt eine Geschwindigkeit von 70 $\frac{km}{h}$ gehabt haben muss.

c Mithilfe eines Event Data Recorders (EDR) können Unfallhergänge sehr gut nachvollzogen werden. Die Datenspeicherung beim EDR setzt als Schwellenwert eine Tempoverringerung von 0,8 $\frac{km}{h}$ in weniger als 15 ms voraus, damit ein EDR-Datensatz angelegt wird. Berechne die zugehörige Bremsverzögerung.

d Recherchiere weitere Informationen über die Funktionsweise eines EDRs. Beschreibe damit, wie daraus Unfallhergänge rekonstruiert werden können.

e 2022 sollen diese Blackbox-Recorder in der EU Pflicht werden. Es wurden nun Vorschläge eingebracht, dass man statt der 5 Sekunden Logg-Zeit vor dem Auslösen des Airbags die Daten über den gesamten Zeitraum der Fahrt speichern solle. Bewerte diesen Vorschlag mithilfe einer Entscheidungstabelle.

24 Ab 2022 sind folgende Fahrassistenzsysteme in neuen Pkw Pflicht: Notbremsassistent, Notfallspurhalteassistent, Geschwindigkeitsassistent, Notbremslicht, Unfalldatenspeicher, Müdigkeits- und Aufmerksamkeitswarner, Rückfahrassistent, Reifendrucküberwachung, Vorrichtung zum Einbau einer alkoholempfindlichen Wegfahrsperre.

a Wähle ein Beispiel aus. Recherchiere und beschreibe die Funktionsweise dieses Systems.

b Begründe und bewerte die Notwendigkeit des ausgewählten Assistenzsystems.

c Zeige auch die Grenzen dieses technischen Systems auf.

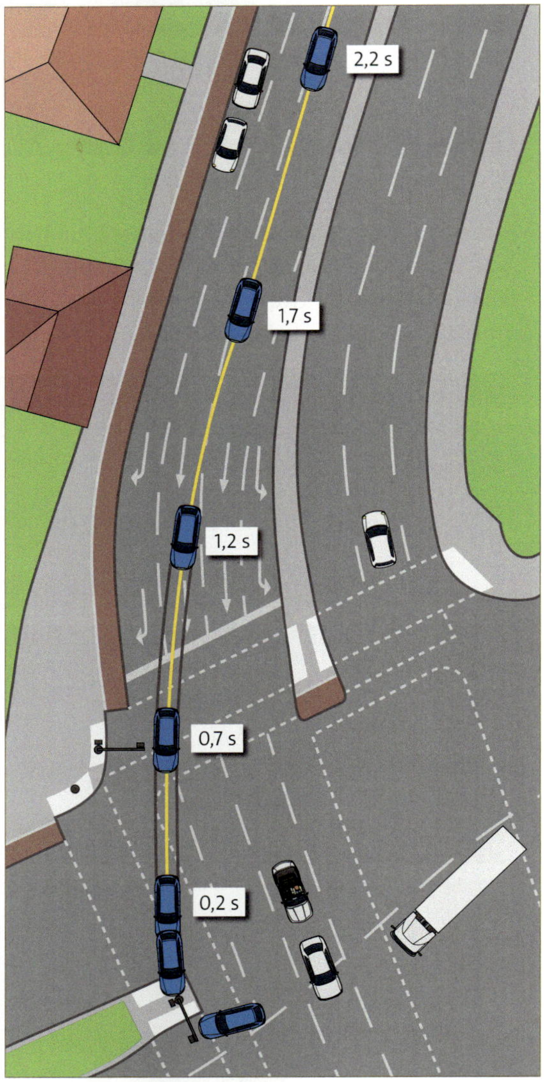

2 Satellitenbilder und Fahrzeugdaten ergeben ein detailliertes Bild des Unfalls.

25 Raketenschlitten auf dem Starnberger See ▸ 3

3 Valier mit seinem Raketenschlitten

Starnberger See (ehemals „Würmsee"): Am Nachmittag des 9. Februar 1929 startete vor begeisterten Zuschauern ein seltsam anzusehender, unbemannter Schlitten *(RAK BOB 2)*. Er war mit 18 Raketen bestückt, die jede eine Schubkraft von etwa 12 kN hatten. Diese beschleunigten ihn auf eine Geschwindigkeit von knapp 400 $\frac{\text{km}}{\text{h}}$. Das war damals ein einsamer Geschwindigkeitsweltrekord. Im Auslauf rammte der Schlitten allerdings einen Bootssteg am Ufer, wobei der Bug des Schlittens schwer beschädigt wurde.
RAK BOB 1 und *RAK BOB 2* hießen die Raketenschlitten, die der gebürtige Bozener Max Valier entwickelt hatte, und mit denen er als Begründer der Raumfahrt Weltruhm erlangte.
Die Horizontalrakete mit dem Namen *RAK BOB 1* (*RAK BOB 2* entstand nach Umbauten aus *RAK BOB 1*.) wurde im Vorfeld der Rekordfahrt auf dem Eibsee getestet. Bereits diese erste Fahrt vor über 1000 Zuschauern war eine Sensation. Von sechs Raketen auf 45 $\frac{\text{km}}{\text{h}}$ beschleunigt, legte der Schlitten eine Strecke von 100 m zurück.
Im Cockpit saß übrigens Valiers Ehefrau Hedwig, was die Sicherheit des Raketenantriebs untermauern sollte.
Max Valier konnte leider seinen Erfolg als „Pionier der Raumfahrt" nicht lange genießen: Zusammen mit Fritz von Opel experimentierte er auch an raketenbetriebenen Straßenfahrzeugen. Gleichzeitig forschte er an neuartigen Treibstoffen für Flugzeuge und Raketenweltraumschiffe. Bei einer Testfahrt mit neuartigen Brennstoffen verunglückte Max Valier am 17. Mai 1930 im Alter von nur 35 Jahren tödlich. Er gilt als erstes Todesopfer der Raumfahrt. *RAK BOB 2* steht heute in der Raumfahrtabteilung des Deutschen Museums in München und erinnert an die Rekordfahrt. ▸ 4

4 RAK BOB 2 im Deutschen Museum

a Entnimm dem Text fachphysikalische und technische Informationen zu *RAK BOB 1* und *RAK BOB 2* und stelle sie in einer Präsentation übersichtlich zusammen.
Gehe bei der Lösung der Aufgaben b und c davon aus, dass sich die Masse des Schlittens nicht ändert.

b Beschreibe die Fahrt von *RAK BOB 1* auf dem Eibsee mithilfe eines geeigneten Diagramms.
Tipp: Ist die Zeit t der Bewegung nicht bekannt, dann eignen sich z. B. Diagramme, die Geschwindigkeit und Ort; Beschleunigung und Geschwindigkeit oder Beschleunigung und Ort beschreiben. Begründe deine Entscheidung für das ausgewählte Diagramm.

c Beschreibe quantitativ die Fahrt von *RAK BOB 2* auf dem Starnberger See, bei der der Geschwindigkeitsrekord von 400 $\frac{\text{km}}{\text{h}}$ erreicht wurde. Nutze alle oben genannten Informationen und zudem den folgenden *Hinweis:* 18 Raketen mit einer Schubkraft von je ca. 12 kN dienten als Antrieb und wurden gleichzeitig gezündet. *RAK BOB 1* verfügte nur über 6 Raketen, die auch nicht gleichzeitig gezündet werden konnten.

d Entwickelt und baut im Team ein geeignetes Modell eines „raketenbetrieben" Schlittens. Selbstverständlich dürfen aus Sicherheitsgründen keine Raketen verwendet werden, sondern diese sind in der Funktion geeignet zu modellieren. Ziel ist es, einen Geschwindigkeitsrekord zu erreichen. Dokumentiert die technischen und fachphysikalischen Überlegungen, die zur Entwicklung eures Systems geführt haben.
Testet – in einem Wettbewerb – die Modelle, haltet hierbei die erreichte maximale Geschwindigkeit in einer geeigneten und nachhaltigen Form fest. (*Tipp:* Videoanalyse)

Überblick

Bewegungsabläufe in Diagrammen Die grundlegenden Informationen über die geradlinige Bewegung eines Körpers lassen sich in einem Zeit-Ort-Diagramm (t-x-Diagramm) und in einem Zeit-Geschwindigkeit-Diagramm (t-v-Diagramm) darstellen. Der Verlauf der Graphen gibt Aufschluss über die Bewegung.

Diagramm	Verlauf das Graphen	Tatsächliche Bewegung
Zeit und Ort 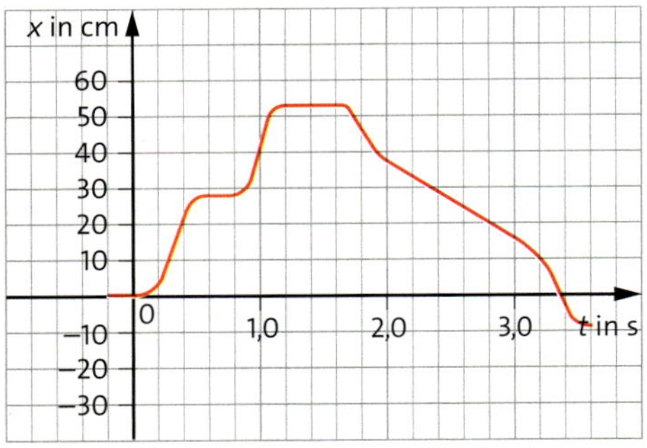	horizontal	Körper bewegt sich nicht.
	geradlinig ansteigend	Körper bewegt sich mit konstanter Geschwindigkeit nach vorn. Je steiler der Graph ansteigt, desto schneller bewegt sich der Körper.
	geradlinig abfallend	Körper bewegt sich mit konstanter Geschwindigkeit zurück.
	immer steiler ansteigend	Körper wird beschleunigt.
	immer flacher ansteigend	Körper wird abgebremst.
Zeit und Geschwindigkeit 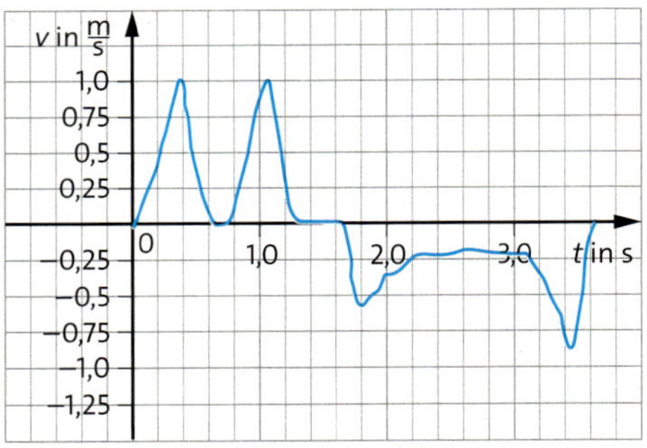	v positiv	Vorwärtsbewegung
	horizontal	Körper bewegt sich mit konstanter Geschwindigkeit.
	geradlinig ansteigend	Körper wird mit konstanter Beschleunigung schneller.
	geradlinig abfallend	Körper wird mit konstanter Beschleunigung abgebremst.
	immer steiler ansteigend	Körper wird schneller, Beschleunigung nimmt zu.
	immer flacher ansteigend	Körper wird schneller, Beschleunigung nimmt ab.
	v negativ	Rückwärtsbewegung

Die Geschwindigkeit zu einem Zeitpunkt entspricht der Steigung des Graphen im t-x-Diagramm zu diesem Zeitpunkt. Bei nichtlinearen Graphen ermittelt man dazu die Steigung der Tangente an dem entsprechenden Punkt des Graphen.
Je steiler der Graph im t-x-Diagramm ist, desto größer ist der Betrag der Geschwindigkeit. Bei fallendem Graphen ist die Geschwindigkeit negativ.
Der zurückgelegte Weg Δx entspricht der Fläche unter dem Graphen im zugehörigen t-v-Diagramm für das entsprechende Zeitintervall Δt.
Liegt der Graph im t-v-Diagramm unterhalb der t-Achse, so bewegt sich der Körper entgegen der positiven x-Achse.

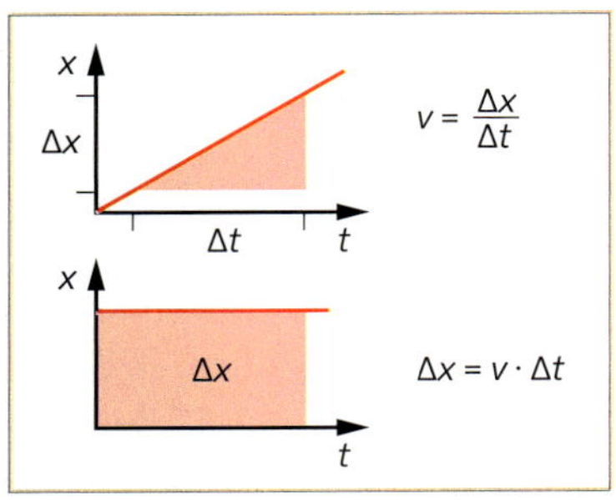

1 Geschwindigkeit und Weg

Bewegungsfunktionen Bewegungsverläufe lassen sich mathematisch durch Zeit-Ort- und Zeit-Geschwindigkeit-Funktionen beschreiben. Die Tabelle zeigt Beispiele, bei denen davon ausgegangen wird, dass sich der bewegte Gegenstand zu Beginn der Beobachtung im Ursprung befindet.

Bewegung mit konstanter Geschwindigkeit v_0		Bewegung mit konstanter Beschleunigung a aus der Ruhe heraus		Freier Fall	
$x(t) = v_0 \cdot t$	$v(t) = v_0$	$x(t) = \frac{1}{2} a \cdot t^2$	$v(t) = a \cdot t$	$h(t) = -\frac{1}{2} g \cdot t^2$	$v(t) = -g \cdot t$
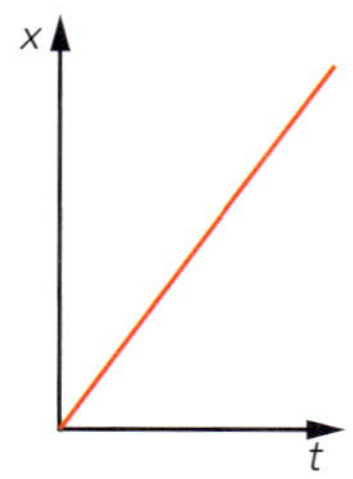	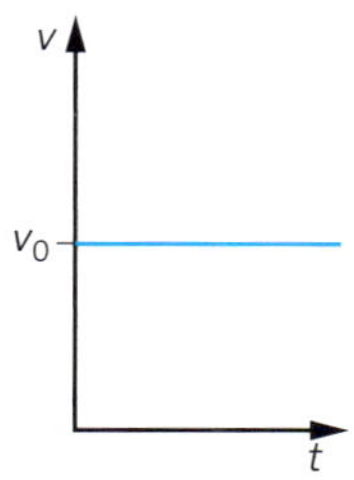	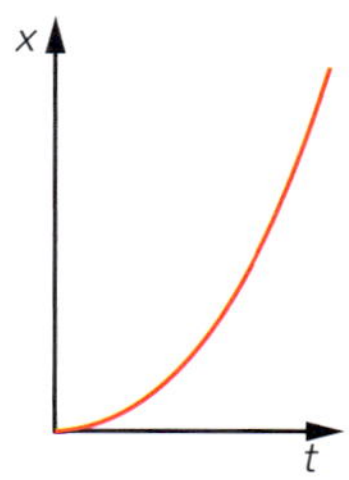	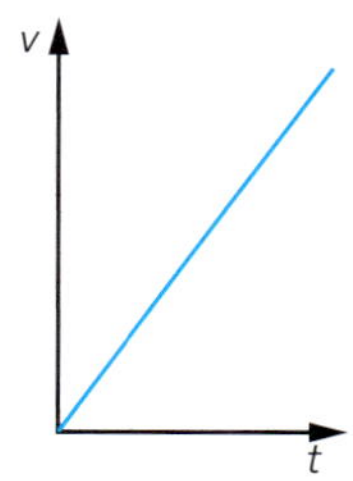	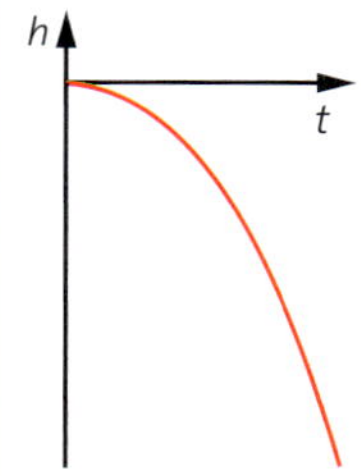	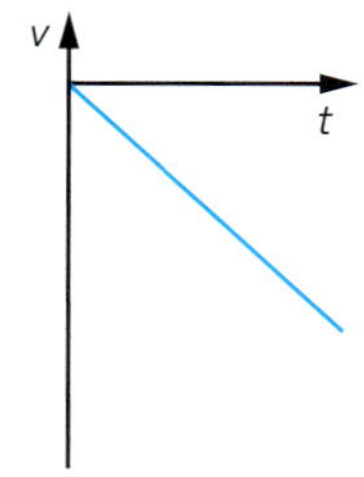

Um die Bewegungsgleichungen zu verallgemeinern, müssen sie erweitert werden. Das gilt für Bewegungen, bei denen der Körper bereits zu Beginn der Beobachtungen eine Anfangsgeschwindigkeit v_0 hat bzw. zum Beobachtungszeitpunkt $t = 0\,\text{s}$ bereits eine Wegstrecke x_0 vom Ursprung entfernt ist.

Information über den Körper am Beginn der Beobachtung ($t = 0\,\text{s}$)	Bewegungsgleichung	Bewegungsdiagramm
Der Körper befindet sich am Ursprung und bewegt sich mit konstanter Geschwindigkeit v_0.	$x(t) = v_0 \cdot t$	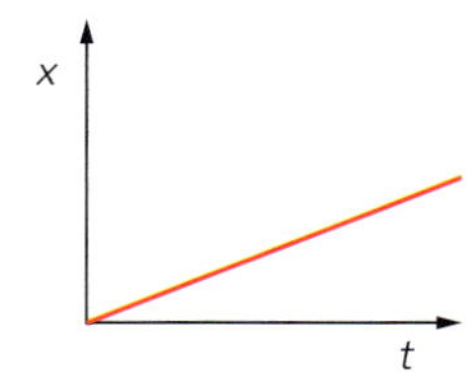
Der Körper befindet sich die Strecke x_0 vom Ursprung entfernt und bewegt sich mit konstanter Geschwindigkeit v_0.	$x(t) = v_0 \cdot t + x_0$	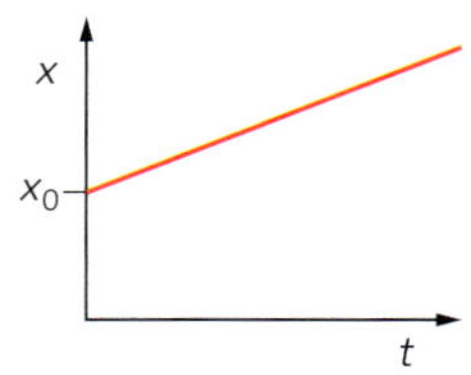
Der Körper bewegt sich mit konstanter Geschwindigkeit v_0.	$v(t) = v_0$	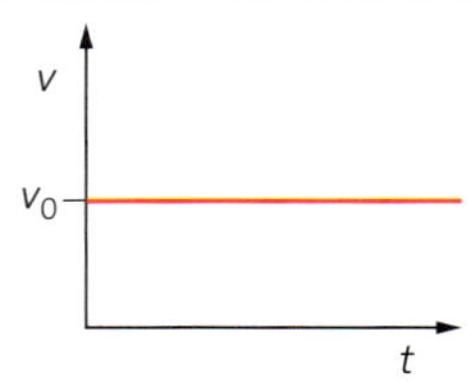

Der **freie Fall** ist ein Sonderfall einer beschleunigten Bewegung. Bei Vernachlässigung des Luftwiderstands beträgt die Beschleunigung auf der Erdoberfläche $g = 9{,}81\,\frac{\text{m}}{\text{s}^2}$.

Information über den Körper am Beginn der Beobachtung ($t = 0\,s$)	**Bewegungsgleichung**	**Bewegungsdiagramm**
Der Körper befindet sich am Ursprung, hat keine Anfangsgeschwindigkeit v_0 und beschleunigt konstant.	$x(t) = \frac{1}{2} a \cdot t^2$	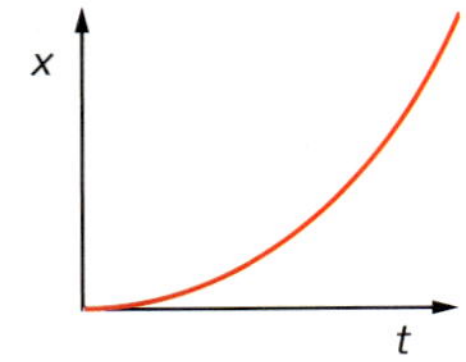
Der Körper befindet sich am Ursprung, hat eine Anfangsgeschwindigkeit v_0 und beschleunigt konstant.	$x(t) = \frac{1}{2} a \cdot t^2 + v_0 \cdot t$	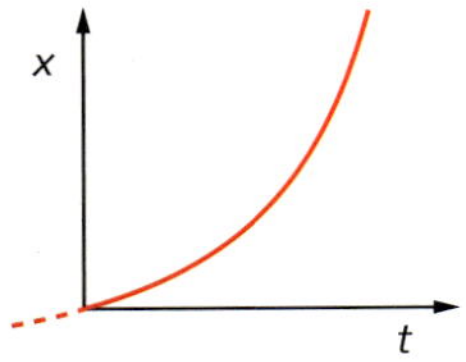
Der Körper befindet sich x_0 vom Ursprung entfernt, hat eine Anfangsgeschwindigkeit v_0 und beschleunigt konstant.	$x(t) = \frac{1}{2} a \cdot t^2 + v_0 \cdot t + x_0$	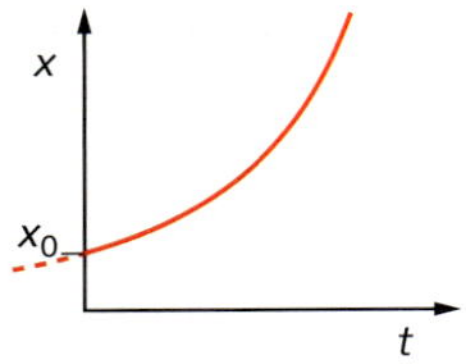
Der Körper befindet sich am Ursprung und hat keine Anfangsgeschwindigkeit v_0.	$v(t) = a \cdot t$	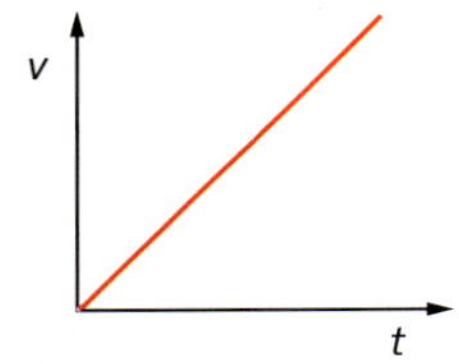
Der Körper befindet sich am Ursprung und hat eine Anfangsgeschwindigkeit v_0. Dabei ist unerheblich, ob sich der Körper x_0 vom Ursprung entfernt befindet.	$v(t) = a \cdot t + v_0$	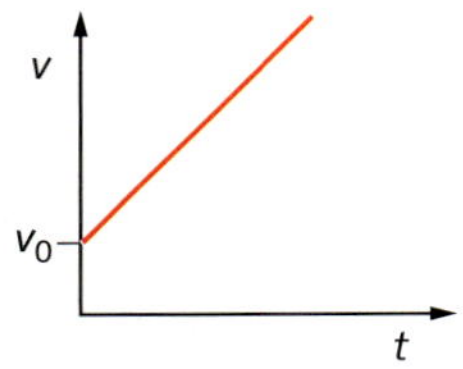

Waagrechter Wurf Der waagrechte Wurf lässt sich mithilfe zweier zu einander senkrechter Teilbewegungen beschreiben.
Ohne Luftwiderstand gilt:
- Von vorn beobachtet man einen freien Fall in negativer y-Richtung.
- Von oben beobachtet man eine Bewegung in x-Richtung mit konstanter Geschwindigkeit.

Die Bahnkurve ist Teil einer Parabel: $y(x) = -\frac{g}{2 \cdot v_0^2} \cdot x^2$.

Sie ist umso weiter geöffnet, je größer die Startgeschwindigkeit v_0 ist. Den Betrag der Bahngeschwindigkeit v erhält man aus den Teilgeschwindigkeiten: $v = \sqrt{v_0^2 + (-g \cdot t)^2}$.

Der Geschwindigkeitspfeil wird als Vektor dargestellt: $\vec{v} = \begin{pmatrix} v_x \\ v_y \end{pmatrix} = \begin{pmatrix} v_0 \\ -g \cdot t \end{pmatrix}$.

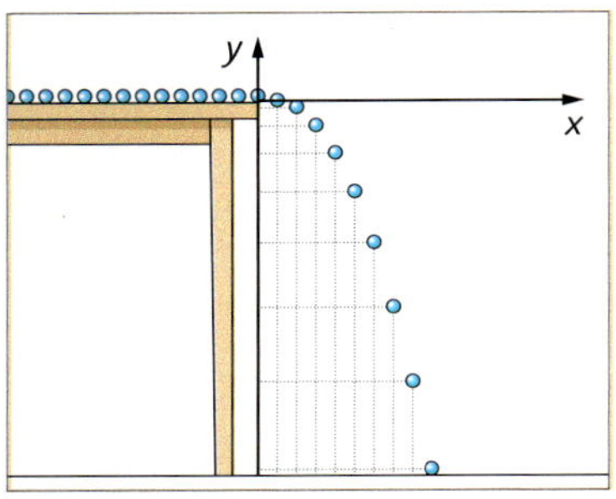

1 Waagrechter Wurf

Testaufgaben zu „Bewegungen und ihre Modellierung"

1 Diagramme lesen ▸ 2

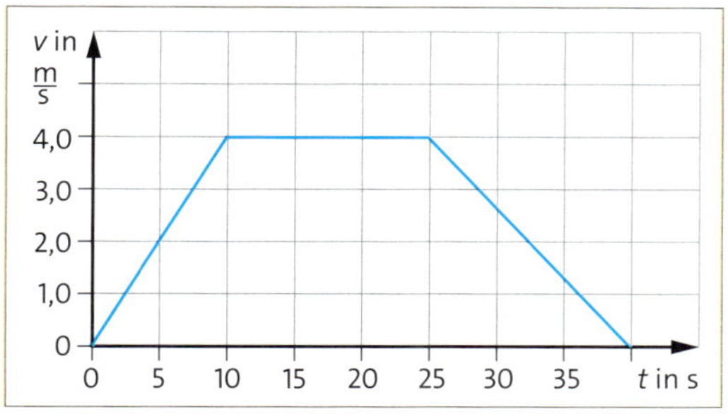

2 *t-v*-Diagramm

a Beschreibe den dargestellten Bewegungsvorgang mit Worten.

b Berechne die insgesamt zurückgelegte Strecke und die Durchschnittsgeschwindigkeit in den einzelnen Abschnitten. *Tipp:* Rechne für die Strecke „abschnittsweise" und setze die Teilstrecken zum Schluss zusammen.

2 Bewegungsanalyse ▸ 3

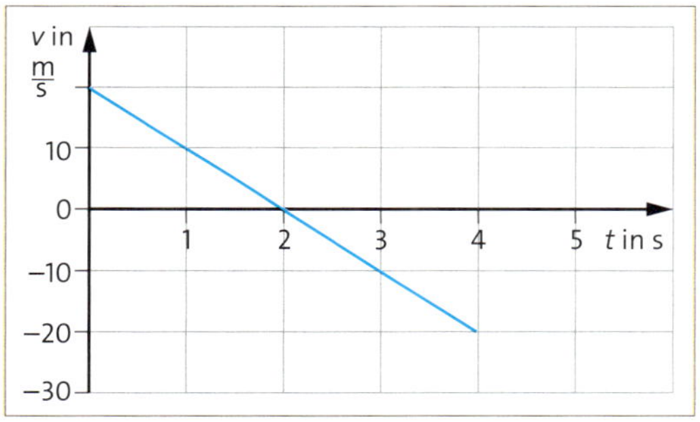

3 *t-v*-Diagramm

a Beschreibe den Bewegungsvorgang.

b Beschreibe ähnliche Bewegungsvorgänge, die in deiner Umwelt auftreten.

c Berechne die Entfernung des Körpers vom Startpunkt nach 4 s.

3 Ein Flugzeug wird beim Starten mit $5{,}0\,\frac{\text{m}}{\text{s}^2}$ beschleunigt, bis es nach 20 s abhebt.

a Berechne die Mindestlänge der Startbahn und die Geschwindigkeit beim Abheben.

b Zeichne das *t-x*- und das *t-v*-Diagramm für den Start bis zum Abheben.

4 Fallschirmspringer landen mit einer Geschwindigkeit von $15\,\frac{\text{km}}{\text{h}}$. Berechne die Höhe, aus der er sich ohne Fallschirm fallen lassen muss, um eine solche Landung zu üben.

5 Bei seinem ersten Sprung vom 10-m-Turm geht Hamir (60 kg) vorsichtig bis zum Rand und lässt sich dann gerade herunterfallen.

a Berechne die Dauer seines Sprungs.

b Berechne die Aufprallgeschwindigkeit.

c Beim zweiten Mal ist er mutiger. Er läuft an und springt mit einer Anfangsgeschwindigkeit $v_0 = 0{,}80\,\frac{\text{m}}{\text{s}}$ waagrecht ab. Ermittle die Sprungdauer und die Aufprallgeschwindigkeit.

6 Motorrad und Auto

a Begründe, dass ein Motorrad bei gleicher Antriebskraft stärker beschleunigt als ein Auto.

b Ein Motorrad beschleunigt in 3,0 s von 0 auf $100\,\frac{\text{km}}{\text{h}}$. Berechne die mittlere Beschleunigung in dieser Zeit und die zurückgelegte Strecke.

7 Die maximale Schubkraft eines 20,0 t schweren Militärflugzeugs beträgt 120 kN, mit Nachbrenner sogar 180 kN. Um abzuheben, muss es eine Geschwindigkeit von mindestens $200\,\frac{\text{km}}{\text{h}}$ erreichen.

a Stelle die Bewegungsfunktionen des Startvorgangs auf: mit und ohne Nachbrenner.

b Zeichne die Graphen der Bewegungsfunktionen aus Teil a (mit und ohne Nachbrenner) jeweils in ein gemeinsames Diagramm.

Aufgabe	Fähigkeit	Hilfe auf Seite ...
1, 2, 3, 7	Zeit-Ort- und Zeit-Geschwindigkeit-Diagramme erstellen und interpretieren.	103, 110 ff.
3, 4, 5, 6, 7	Ausgewählte Darstellungsformen und physikalische Konzepte zur quantitativen Beschreibung von Bewegungen anwenden.	124 ff., 141 ff., 151 ff.

▸ Die Lösungen findest du auf Seite 302.

Check-up

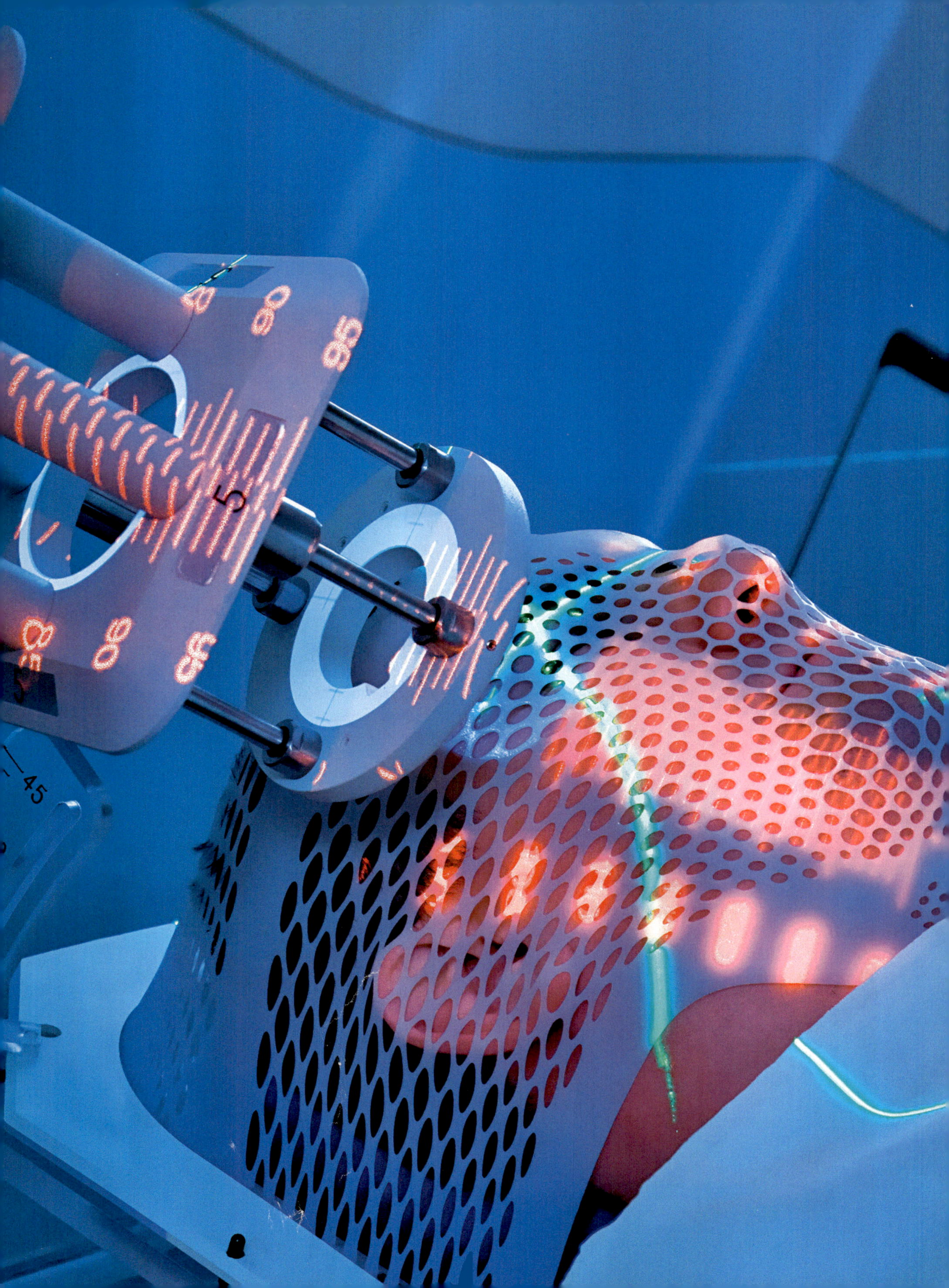

Kernphysik

Bei Diagnostik und Therapie mit radioaktiven Stoffen fallen vergleichsweise geringe Mengen strahlender Abfälle an. Aber auch diese müssen in Zwischen- und Endlagern, vor der Umwelt geschützt, aufbewahrt werden. 95 % des strahlenden Abfalls in Deutschland entstehen jedoch bei der Erzeugung elektrischer Energie in Kernkraftwerken und dem Rückbau dieser Anlagen.

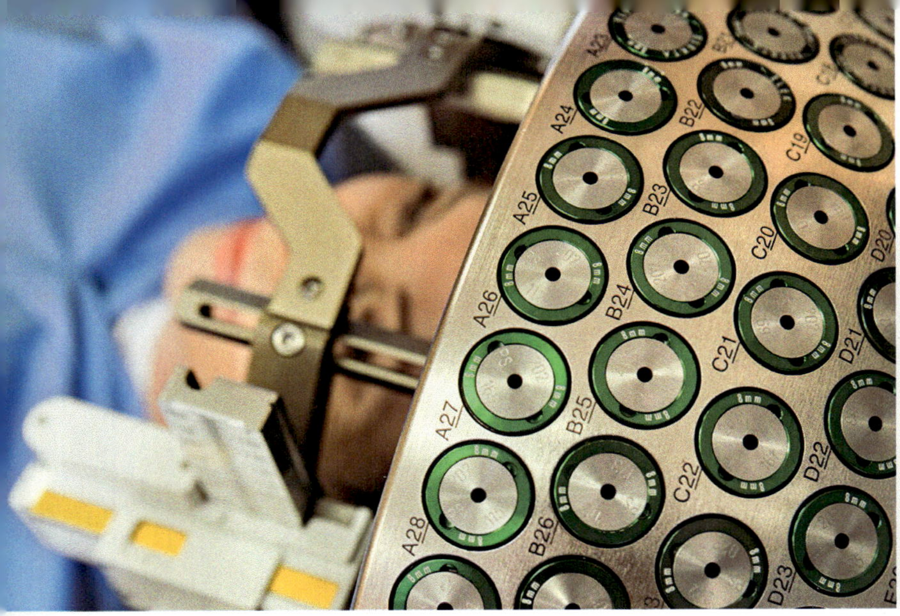

Bei der Behandlung eines Hirntumors trägt die Patientin einen Helm mit zweihundert radioaktiven Quellen, deren Strahlung sich gut bündeln lässt. Das gesunde Gewebe wird bei der besonders schonenden Therapie nur gering bestrahlt, die Energie der Strahlung ist auf den Ort des Tumors fokussiert.

Entdeckung der Radioaktivität

Der französische Physiker Henri Becquerel untersuchte ab 1891 die Phosphoreszenz – das Nachleuchten eines Materials bei Sonnenbestrahlung. Dazu setzte er Mineralien für mehrere Stunden dem Sonnenlicht aus und packte sie anschließend zusammen mit einer Fotoplatte in lichtdichtes Papier. ▸ 2 In seiner Veröffentlichung berichtet er darüber:

„Es kann leicht gezeigt werden, daß die Strahlung, die von diesem Stoff emittiert wird, wenn er dem Sonnenlicht oder diffusem Licht ausgesetzt ist, nicht nur einige Lagen schwarzes Papier, sondern auch Metalle durchdringt, z. B. eine Platte oder dünne Schicht aus Aluminium. Ich möchte aber folgende Tatsache betonen, der ich große Bedeutung beimesse und die gänzlich außerhalb des Kreises jener Erscheinungen liegt, deren Beobachtung zu erwarten ist. Dieselben Kristallplättchen, unter denselben Versuchsbedingungen auf die photographische Platte gelegt, abgeschirmt, aber selber von der Einwirkung äußerer Strahlung geschützt, also in völliger Dunkelheit gehalten, ergeben genau dieselben Wirkungen auf der photographischen Platte."

(*Quelle:* H. Becquerel: Sur les radiations invisibles emises par les corps phosphorescents, 1896)

Ohne die Tragweite seiner Entdeckung zu erahnen, vermutete Becquerel zuerst, dass hier die 1895 von Conrad Röntgen entdeckten, neuen Strahlen die Ursache seien. Erst Marie Curie und ihr Ehemann Pierre erkannten, dass dieser Effekt auf eine andere Art von Strahlung aus den Atomkernen zurückzuführen war. Ihnen gelang es auch als Erste das dafür verantwortliche Element Radium und weitere zu isolieren. ▸ 3, 4

We thus believe that the substance that we have extracted from pitchblende contains a metal never known before, akin to bismuth in its analytic properties. If the existence of this new metal is confirmed, we suggest that it should be called polonium after the name of the country of origin of one of us.

Mit ihren Experimenten begann das Zeitalter der modernen Kernphysik.

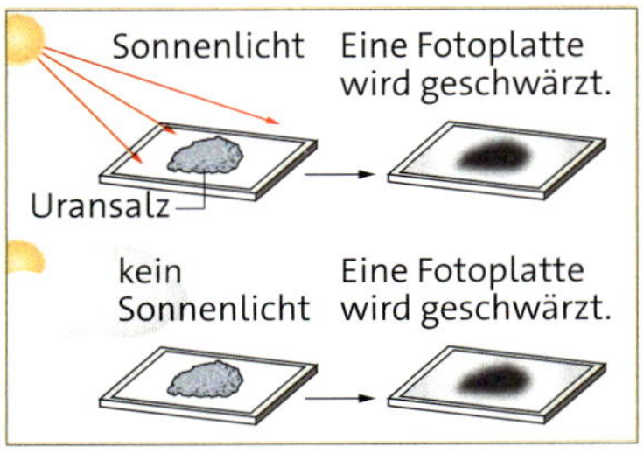

2 Becquerels Versuch

3 M. und. P. Curie

4 Radium sorgt für das Leuchten des Ziffernblatts

Aktivitäten

A Die Entdeckung in Texten

Stelle die wesentlichen Aussagen über das neuartige Phänomen Radioaktivität übersichtlich dar. Recherchiere dazu auch online oder in gedruckten Lexika über die Experimente von Becquerel und des Ehepaars Curie.

1 Henri Becquerel

Mit der Entdeckung der Röntgenstrahlen wurde das Interesse der Physiker verstärkt auf ein Phänomen gelenkt, das anscheinend eng mit dieser Strahlung zusammenhing: Viele von Röntgenstrahlung getroffene Körper fluoreszieren. So leuchtete z. B. die Glaswand einer in Betrieb befindlichen Röntgenröhre in fahlem Licht auf. ▸ 5

Auch Becquerel untersuchte dieses Phänomen. Er verwendete als fluoreszierendes Material eine Uranverbindung und experimentierte auch mit der Phosphoreszenz des Materials.

2 Marie und Pierre Curie

Sie entdeckten, dass auch Thorium und seine Verbindungen die neuartige Strahlung aussendet, unabhängig davon, in welchem Zustand die Thoriumsalze sind. Sie können dabei getrocknet oder feucht, als Pulver oder in Lösung oder Verbindung mit anderen Elementen sein.

1898 prägten sie das erste Mal den Begriff *Radioaktivität* für das Phänomen und den Namen Radium für die neuartige, sehr aktive Substanz, die sich chemisch wie Barium verhielt. Zusammengefasst beschreiben sie ihre Untersuchungsergebnisse in der Arbeit von Marie Curie: Recherches sur les substances radioactives. ▸ 6

Die Alpha-Strahlen sind wenig durchdringende Strahlen, die den Hauptteil der Strahlung ausmachen. Das magnetische Feld wirkt nur gering auf sie, erst in einem starken Feld werden sie ein wenig abgelenkt. Die Beta-Strahlen sind weniger absorbierbar als die vorigen. Sie werden im Magnetfeld wie Elektronenstrahlen, aber umgekehrt wie die Alpha-Strahlen abgelenkt. Die Gamma-Strahlen sind sehr durchdringende Strahlen, die von Magnetfeldern nicht beeinflusst werden.

3 Pierre Curie 1903 über Radium

Wir haben entdeckt, daß Radiumsalze dauernd Wärme entwickeln. Ein Grammatom Radium (225 g) würde stündlich 22 500 Kalorien entwickeln, d. h. größenordnungsmäßig ebensoviel wie die Verbrennung eines Grammatoms Wasserstoff in Sauerstoff ergibt. Eine andauernde Entwicklung solcher Mengen von Wärme kann mit den uns vertrauten chemischen Umwandlungen nicht erklärt werden. Wenn wir den Ursprung der Wärmeentwicklung in einer inneren Umwandlung suchen, muß diese von einer viel tiefergreifenden Natur sein und einer Umwandlung des Radiumatoms zuzuschreiben sein.

(Aus : P. Curie, A. Laborde: Sur le chaleur dégagée spontanément par les sels de radium. Comptes rendus de I'Academie des Sciences, Paris 1903)

Hinweis

Fluoreszenz [lat.], charakteristisches Leuchten bei festen Körpern, Flüssigkeiten oder Gasen bei Bestrahlung mit Licht, Röntgen- oder Elektronenstrahlung. Die Strahlung wird mit gleicher oder geringerer Energie wieder abgegeben, im Ggs. zur Phosphoreszenz ohne Nachleuchten.

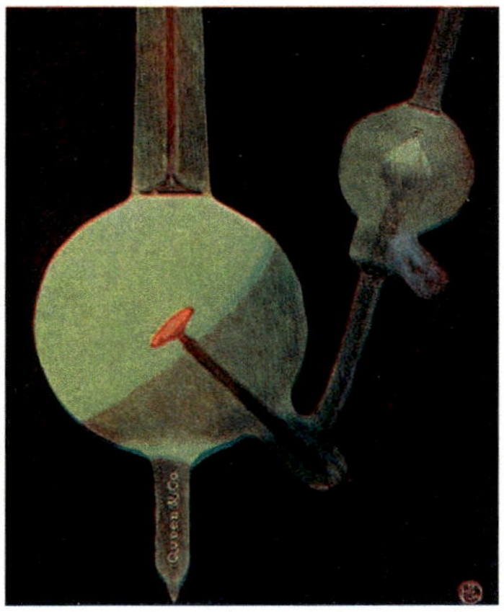

5 Fluoreszenz einer Röntgenröhre

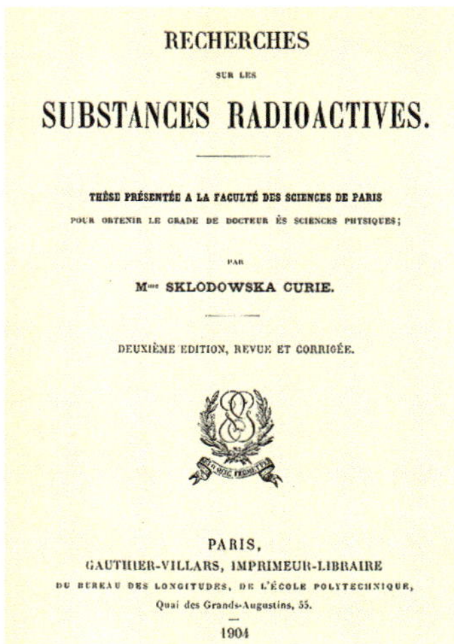

RECHERCHES

SUR LES

SUBSTANCES RADIOACTIVES.

THÈSE PRÉSENTÉE A LA FACULTÉ DES SCIENCES DE PARIS

POUR OBTENIR LE GRADE DE DOCTEUR ÈS SCIENCES PHYSIQUES;

PAR

Mme SKLODOWSKA CURIE.

DEUXIÈME EDITION, REVUE ET CORRIGÉE.

PARIS,

GAUTHIER-VILLARS, IMPRIMEUR-LIBRAIRE

DU BUREAU DES LONGITUDES, DE L'ÉCOLE POLYTECHNIQUE,

Quai des Grands-Augustins, 55.

1904

6 Titel der Veröffentlichung von M. Curie

Aktivitäten

B Die Entdeckung in Experimenten

1 Ionisierende Wirkung

Die ersten Experimente zum Nachweis der radioaktiven Strahlung nutzten ihre ionisierende Wirkung. ▸ 1
Beschreibe das Experiment und erläutere die Entladung des Elektroskops aufgrund der ionisierenden Wirkung auf die umgebende Luft. ▸ 2 und 3

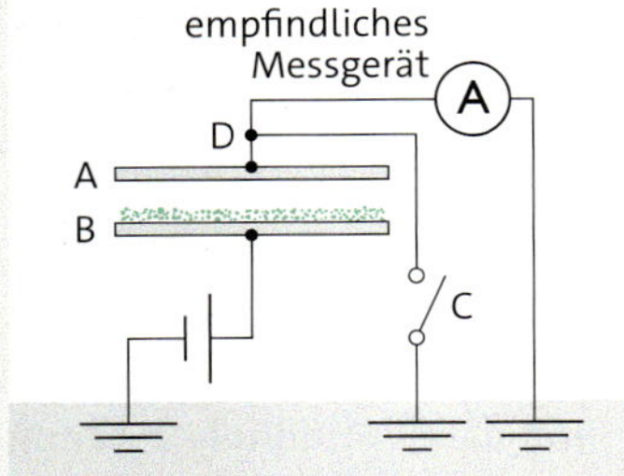

1 Die radioaktive Substanz auf der geladenen Platte B ionisiert die Luft zwischen A und B.

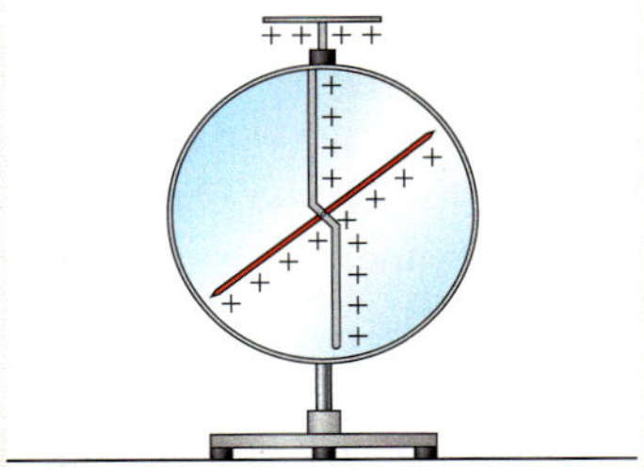

2 Elektroskop positiv geladen

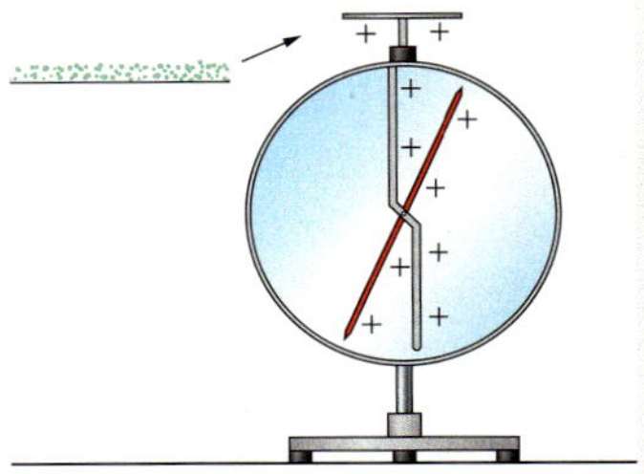

3 Elektroskop entladen bei Annäherung

> **Hinweis**
>
> *Ionisierung:* Elektronen werden aus der Hülle von Atomen (Molekülen) herausgeschlagen. Das zurückbleibende Ion (Molekül) ist dann elektrisch positiv geladen.

2 Reichweite

Ein Strahlungsmessgerät wird in verschiedenen Abständen zu der radioaktiven Probe aufgestellt. In Intervallen von 4 Minuten wird jeweils die eintreffende Strahlung als Zählimpulsanzahl Z registriert.

Zählimpulse Z_0 in 4 min ohne Probe	168	176	180	160	192	184	180	184
Abstand d Probe-Strahlungsmessgerät in cm	5	10	15	20	25	30	35	40
Zählimpulse Z in 1 min mit Probe	1799	486	233	150	118	91	78	71

Tabelle 1 Messwerte

a Skizziere den Aufbau des Experiments in deinem Heft.
b Übertrage die ▸ Tabelle 1, berechne den Mittelwert Z_{Mittel} der Zählimpulse pro Minute ohne Probe in der ersten Zeile und füge eine vierte Zeile an. Begründe, dass du in dieser 4. Zeile die Differenz der effektiven Zählimpulse $Z_{\text{eff}} = Z - Z_{\text{Mittel}}$ eintragen solltest.
c Werte die Tabelle mithilfe eines geeigneten Diagramms aus.
d Die Durchführung des Experiments mit einem anderen Präparat zeigt das Ergebnis in ▸ Tabelle 2. *Hinweis:* Der Mittelwert der Zählimpulse Z_0 ohne Probe kann von oben übernommen werden.

Abstand d Probe-Strahlungsmessgerät in cm	5	10	15	20	25	30
Zählimpulse Z in 4 min mit Probe	1788	956	816	728	672	754

Tabelle 2 Messwerte

Übertrage in gleicher Weise die Tabellenwerte in dein Diagramm. Beachte, dass die gemessene Intensität der Strahlung aufgrund der Geometrie der Anordnung mit $\frac{1}{d^2}$ abnimmt. ▸ 4
Interpretiere dein Diagramm dementsprechend.

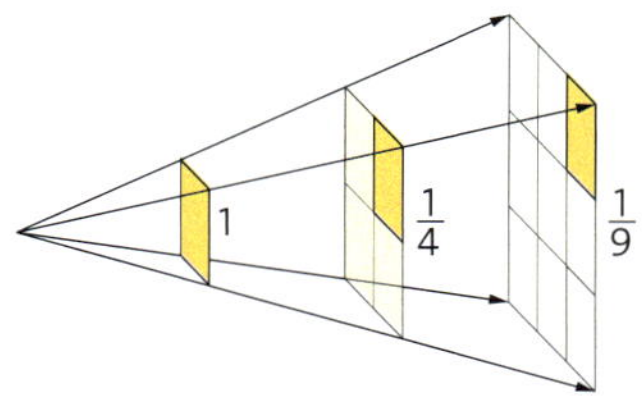

4 Abstandsgeometrie

3 Durchdringung und Absorption

Schon Becquerel entdeckte die durchdringende Eigenschaft der neuen Strahlung. Er schrieb: „Es zeigte sich, dass die Strahlung, die von diesem Stoff emittiert wird, … nicht nur einige Lagen schwarzes Papier, sondern auch Metalle durchdringt, z. B. eine Platte oder dünne Schicht aus Aluminium."
In einem Experiment wird diese Eigenschaft bei verschiedenen Materialien und Materialdicken untersucht.

a Beschreibe den Aufbau des Experiments und seine Durchführung. ▸ 5

b Interpretiere die Diagramme und formuliere eine Regel. ▸ 6, 7

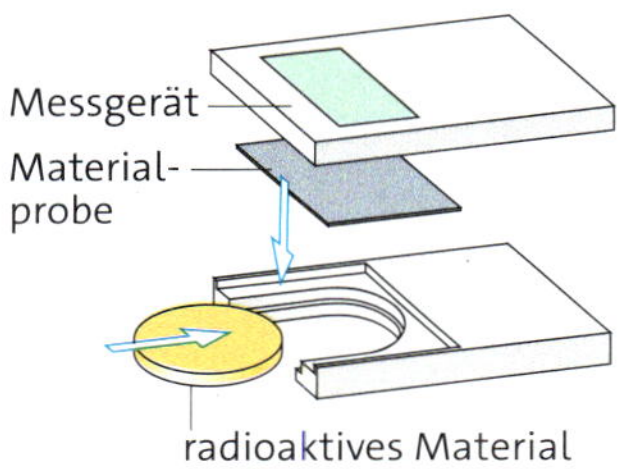

5 Experimentieranordnung

6 Materialdicke-Zählimpulse-Diagramm

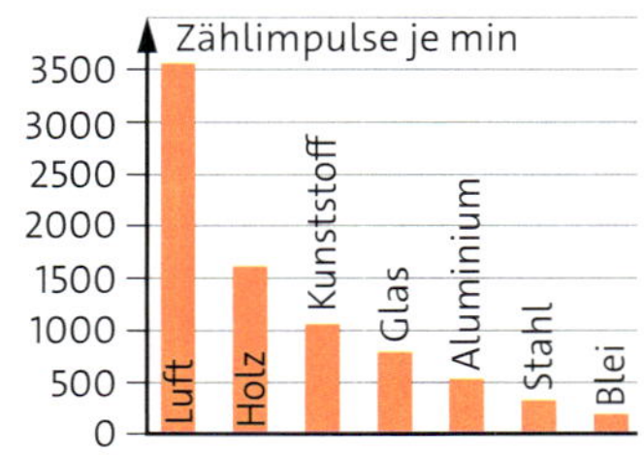

7 Materialart-Zählimpulse-Diagramm bei gleicher Materialdicke

4 Ablenkung der Strahlung in einem Magnetfeld

Um die Natur der Strahlung genauer zu untersuchen, schickten die Curies die Radium-Strahlung durch ein Magnetfeld und beobachteten eine ablenkende Wirkung auf die Strahlung. ▸ 8

a Skizziere und beschreibe die Durchführung eines Experiments, das zu dem abgebildeten Diagramm führen könnte. ▸ 9

b Die Teilchen der Strahlung sind elektrisch geladen. Bestimme das Vorzeichen dieser Ladung und begründe deine Entscheidung.

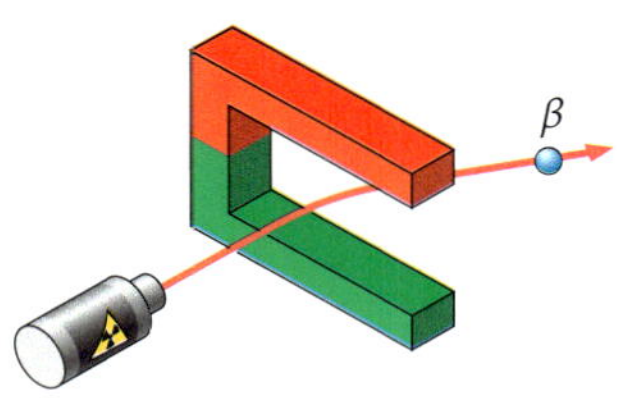

8 Ablenkung von Radium-Strahlung

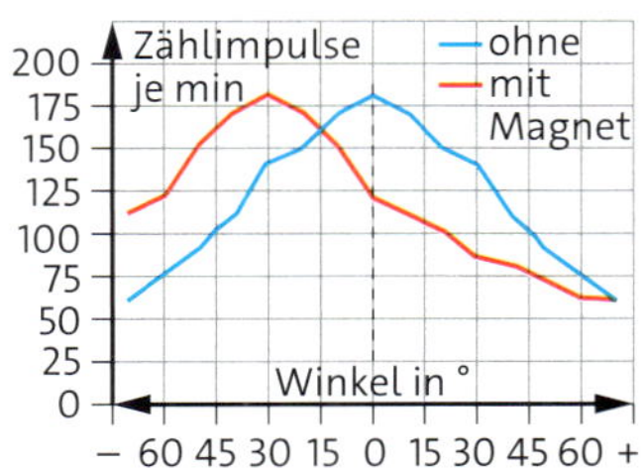

9 Ablenkung β^--Strahlung mit und ohne Magnetfeld (geschöntes Diagramm)

Grundlagen Strahlungsarten

Die Strahlung aus BECQUERELS Uranprobe durchdrang die Papierumhüllung der Probe und des Fotomaterials sowie dünne Metallschichten bei einer Reichweite von wenigen Zentimetern. Abschirmbarkeit bzw. Durchdringungsfähigkeit verschiedener Materialien sind ein Unterscheidungsmerkmal der Strahlenarten. Ein weiterer Unterschied zeigt sich beim Durchqueren elektrischer und magnetischer Felder. Die beobachtete Ablenkung durch die Lorentzkraft zeigt den Teilchencharakter. Es kann damit auf das Vorzeichen und die Energie der Strahlung geschlossen werden. Die Benennung erfolgte entsprechend ihrer zeitlichen Entdeckung und Identifikation als Teilchenstrahlung oder als Photonen. ▸ 1

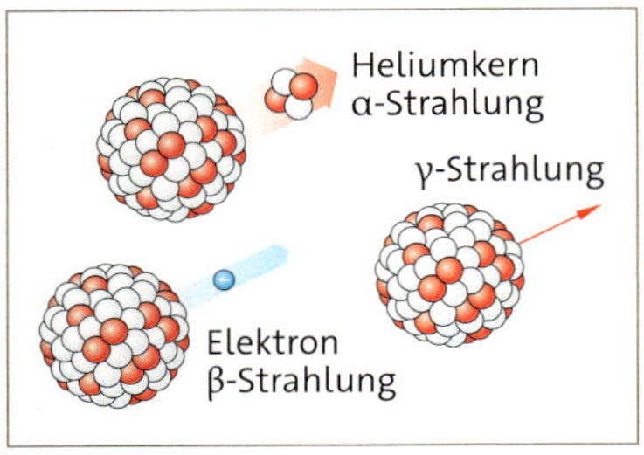

1 Strahlungsarten

Art	Reichweite in Luft	Energie eines Teilchens	Geschwindigkeit	Absorption beispielsweise durch	Ablenkbar wie Ladung	Ionisierende Wirkung
Alpha (α)	unter 10 cm	bis zu 10 MeV	vergleichsweise langsam bis zu 5 % der Lichtgeschwindigkeit	Luft, Papier	positive	hoch
Beta (β)	wenige Meter bis zu 10 m	unterschiedlich von wenigen keV bis zu 10 MeV	von 5 % der Lichtgeschwindigkeit bis nahe an die Lichtgeschwindigkeit	dünne Metallschichten etwa aus Aluminium oder Stahl	negative	schwächer als bei Alphastrahlung
Gamma (γ)	theoretisch unbegrenzt	bis zu 10 MeV	Lichtgeschwindigkeit	Schwermetalle wie Blei in entsprechender Dicke von mehreren cm	ungeladen, keine Ablenkung	sehr schwach

Tabelle 3 Eigenschaften der Strahlungsarten

RUTHERFORD, der auch die Begriffe Alpha- und Beta-Strahlung prägte, gelang 1908 der Nachweis, dass es sich bei der Alpha-Strahlung um zweifach positiv ionisierte Heliumkerne handelt.
Der Charakter der Beta-Strahlung als schnelle, negative geladene Elektronen wurde 1899 von den CURIES bestätigt. Daher wird hierfür genauer die Bezeichnung Beta^{Minus} (β^-) gewählt. In beiden Fällen handelt es sich also um Teilchen-Strahlung.
Die dritte Komponente der Radium-Strahlung, 1900 von PAUL VILLARD entdeckt und als Gamma-Strahlung bezeichnet, besteht – wie Licht – aus Photonen. Sie ist aber noch wesentlich energiereicher als Röntgenstrahlung.

Alpha-Strahlung besteht aus positiv geladenen Heliumkernen.
Beta-Strahlung besteht aus negativ geladenen Elektronen.
Gamma-Strahlung besteht aus energiereichen Photonen und ist Teil des elektromagnetischen Spektrums.
Sie ist – wie Licht – elektrisch ungeladen und wird deshalb im Magnetfeld nicht abgelenkt.

Aus der Technik: Nachweis der Strahlung

Alle Nachweis- und Messgeräte beruhen auf der ionisierenden Wirkung der Strahlung. Die CURIES verwendeten bei der Erforschung der Radioaktivität empfindliche Ladungsmessgeräte, die selbst die geringsten Stromstärken bei der Entladung der Elektroskope messen konnten. Moderne Halbleiter-Detektoren nutzen dieses Prinzip, indem durch die einfallende Strahlung längs ihrer Bahn einzelne Elektronen im Halbleitermaterial freigesetzt werden. Diese bewegen sich zu den Elektroden und bilden damit einen nachweisbaren Stromfluss. Durch eine geeignete Verstärkung sind solche Geräte wesentlich empfindlicher und können selbst kleinste Strahlenquellen wie radioaktives Uran in Gestein und Kalium im Blumendünger detektieren. ▸ 2

Zur Überwachung der zulässigen Strahlenbelastung bei medizinischem Personal werden neben digitalen Aufzeichnungsgeräten oft auch Filmdosimeter eingesetzt. Ein empfindlicher Filmstreifen mit verschiedenen Filterfenstern wird in einer Plakette verpackt an der Kleidung getragen. Eintreffende Strahlung kann den Film während der festgelegten Überwachungszeit belichten. Nach Entwicklung des Films wird aus der Schwärzung der belichteten Stellen auf die aufgenommene Strahlungsmenge geschlossen. ▸ 3 und 4

1 Recherchiere nach Berufen, in denen eine Überwachung auf radioaktive Strahlung stattfindet. Stelle anhand eines Berufsbeispiels Strahlungsart, Herkunft der Strahlung und verwendete Vorsichtsmaßnahmen zusammen.

2 Messgerät in Tschernobyl

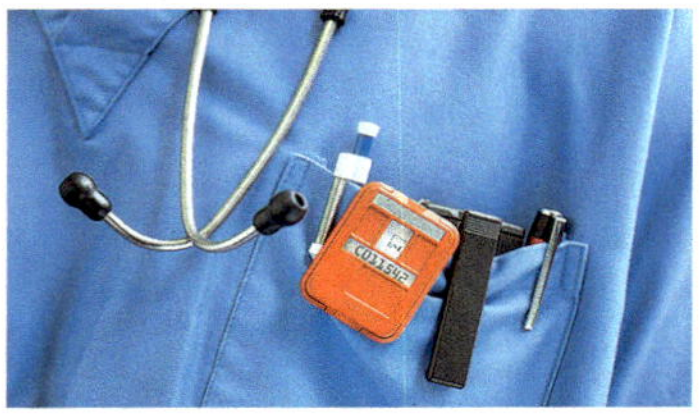

3 Filmdosimeter

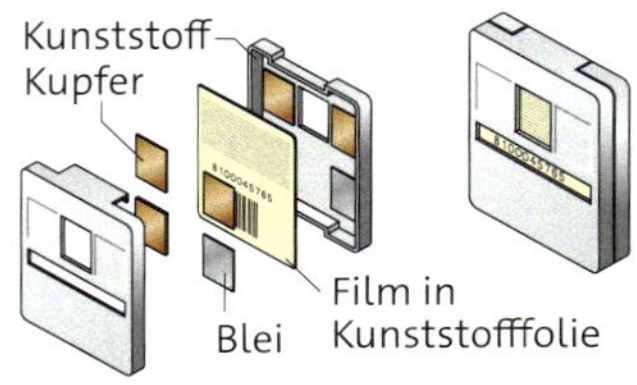

4 Aufbau Filmdosimeter

Aufgaben und Aufträge

1 Skizziere ein Experiment wie in Aktivität 1 auf ▸ S. 180 aber mit einem negativ geladenen Elektroskop. Beschreibe das Experiment.

2 Die Tabelle zeigt die Zählimpulse Z für verschiedene Dicken eines absorbierenden Materials. Die Zählimpulse wurden bereits um die Zählimpulse ohne Präparat verringert.

a Stelle die Messwerte in einem d-Z-Diagramm dar.

b Ermittle mithilfe des Diagramms die notwendige Dicke für eine Absorption von $\frac{1}{4}$; der Hälfte und 90 % der Strahlung.

d in cm	0	0,25	0,50	0,75	1,00	1,25
Zählrate *Z* in 1 s	143	106	78	58	43	32

3 Für ein Experiment soll bei einem unbekannten radioaktiven Strahler nur die Gammastrahlung isoliert genutzt werden. Plane und erläutere einen geeigneten Experimentieraufbau.

4 Begründe die Notwendigkeit des Tragens einer Bleischürze bei einer Röntgenuntersuchung. ▸ 5

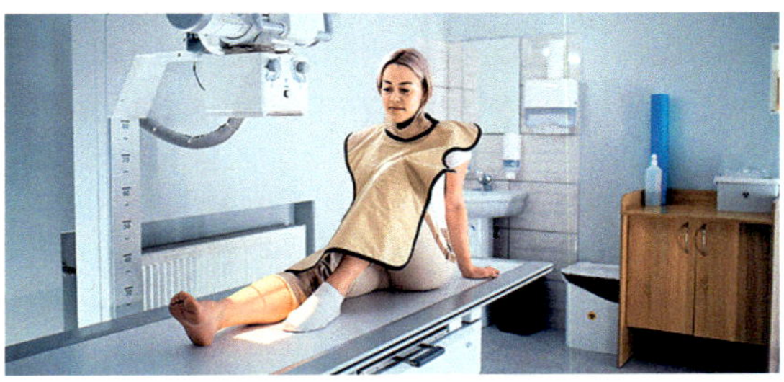

5 Patientin mit Bleischürze

Wie sieht ein Atom aus? Für die Entstehung von Licht hat die Atomphysik ein Modell mit Energiestufen des Atoms entwickelt. Für den Atomkern braucht es neue Modelle, die die Beobachtungen verständlich machen müssen. Soll man sich vielleicht den Atomkern wie eine Brombeere aus kleineren Einzelbeeren zusammengesetzt vorstellen?

Die Notwendigkeit neuer Atommodelle

Ende des 19.Jahrhunderts wurde das Gebäude der Physik als nahezu vollständig erkundet betrachtet. Die damals rund 90 bekannten Elemente mit ihren periodisch wiederkehrenden Eigenschaften passten ganz gut in ein System. Die elektromagnetischen Erscheinungen waren entdeckt und in ihrer Theorie durch MAXWELL und andere Physiker erklärt worden. Wesentliche Neuerungen wurden nicht mehr erwartet.
In diese Zeit platzten die Entdeckungen RÖNTGENS mit seinen durchdringenden Strahlen sowie BECQUERELS und CURIES radioaktive Strahlen, deren Herkunft vorerst unerklärbar blieb. Ab 1909 gelang es ERNEST RUTHERFORD und seinem Team mit ihren Streuexperimenten die innere Struktur der Atome mit Hülle und Kern aufzuklären. Schnell zeigte sich aber, dass die radioaktive Strahlung viel zu viel Energie besaß, als dass sie aus der Atomhülle kommen könnte. Weitere Experimente zeigten, dass die Teilchen der Alpha-Strahlung die gleichen Eigenschaften wie Heliumkerne aufweisen. Damit rückt der Atomkern in den Fokus der Forschung.
Die Entwicklung der Messmethoden sowie die theoretischen Überlegungen zu den Ergebnissen der Experimente machten große Fortschritte. So gelang es bis zu den 1950er Jahren das Entstehen radioaktiver Strahlung gänzlich durch Vorgänge im Atomkern zu erklären.
Parallel dazu wurden die Atommodelle vom Anfang des 20. Jahrhunderts weiterentwickelt. Zu den klassischen Bauteilen – Elektronen und Protonen – kamen zuerst die Neutronen, dann immer exotischere „elementare“ Teilchen hinzu.
Bei den unterschiedlichen Elementen erlaubten der allen gemeinsame Grundaufbau des Atoms und die Unterschiede in den Atomhüllen ihre Einordnung in ein Schema. Galt dies auch für die „Teilchenzoo“ genannte Vielfalt der neuen Teilchen? Wieder stand die Wissenschaft vor dem Problem, Grundbausteine zu finden.

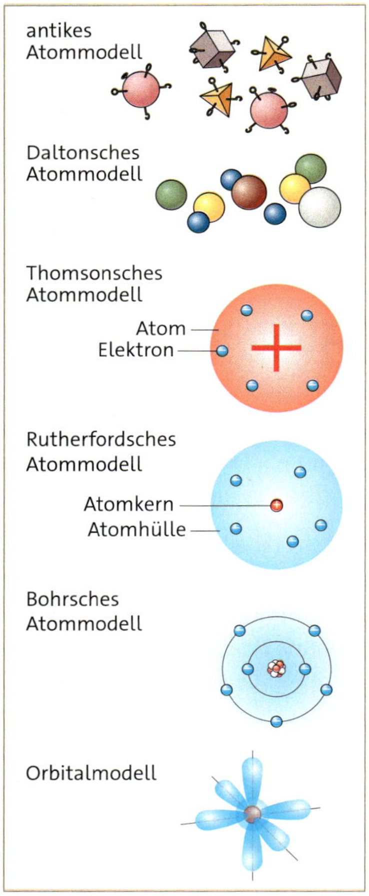

2 Unterschiedliche Atommodelle

Methode Arbeit mit Quellen

Vor der Recherche in Büchern oder dem Internet steht zuerst die Suche nach geeigneten Quellen. Dazu wird meist der online verfügbare Katalog einer Bibliothek oder eine Suchmaschine benutzt.

1 Literatursuche im OPAC

Der **O**nline **P**ublic **A**ccess **C**atalogue ist die Suchmaschine für wissenschaftliche Publikationen auf universitärer Ebene. ▸ 3
Nahezu jede Veröffentlichung findet sich im Bestand einer deutschen Universität, kann von dort bestellt und ausgeliehen werden. Inzwischen ist ein wachsender Anteil der Bestände auch online verfügbar.
Startpunkt ist in der Regel die *Freie Suche* in der bereits möglichst präzise die Suchbegriffe eingegeben werden.
So liefert z. B. der Suchbegriff: Atommodell Rutherford über 20 Bücher und noch mehr Zeitschriftenartikel, in denen auf unterschiedlichem Anforderungsniveau das Rutherfordsche Atommodell erläutert wird.
Wer stattdessen Rutherford im Suchfeld Autor eingibt, wird überrascht sein, wie viele namensgleiche Forschende es dazu gibt. Eine Präzisierung auf Ernest Rutherford liefert sein Standardwerk von 1904. ▸ 4

2 Internet-Suchmaschinen

Die Eingabe des Begriffs in eine Internet-Suchmaschine liefert neben Werbeanzeigen auch Einträge in wikipedia, leifiphysik, oft auch weitere Lernhilfe-Seiten von Studierenden und Videos. Je nach Suchmaschine werden dabei unterschiedliche Fundstellen angeboten.

3 Bewertung der Quelle

Bei der Bewertung der Verlässlichkeit einer Quelle stehen Seiten von staatlichen und internationalen Organisationen wie z. B. Ministerien und Ämter von Bund, Ländern, EU oder UN oder wissenschaftlichen Instituten von Universitäten, von DESY, CERN o. ä. außer Zweifel. Mehr Sorgfalt ist bei Seiten von Privatpersonen oder Vereinen angebracht. Manchmal ist auch aus dem Impressum nicht erkennbar, welche Interessen hinter dem Seiteninhalt stehen.

4 Verwendbarkeit der Quelle

Da du dir mit der Recherche erst neues Wissen zum Thema erwerben willst, kannst du die Richtigkeit deiner Quelle nicht immer sofort beurteilen. Vergleiche daher die inhaltlichen Kernaussagen mit denen anderer verlässlicher Seiten. Stimmen sie überein, vertiefen sie einzelne Aspekte oder widersprechen sie allen anderen Seiten?
Abweichende Einzelmeinungen ohne Belege sind im wissenschaftlichen Zusammenhang selten korrekt. Ist das Niveau der Seite für den schulischen Kontext zu hoch?

5 … und wiki?

Noch ein Wort zum Online-Lexikon wikipedia: Es liefert einen guten thematischen Überblick, ist aber keine zitierfähige, verlässliche Quelle, da die Artikel von Privatpersonen verfasst, kontrolliert und laufend verändert werden.

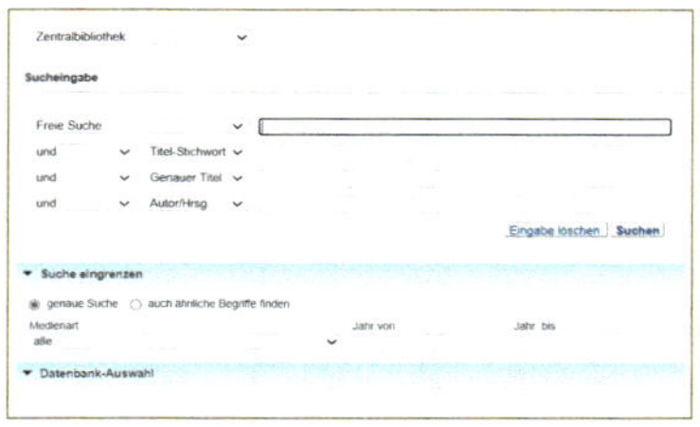

3 OPAC-Suchmaschine

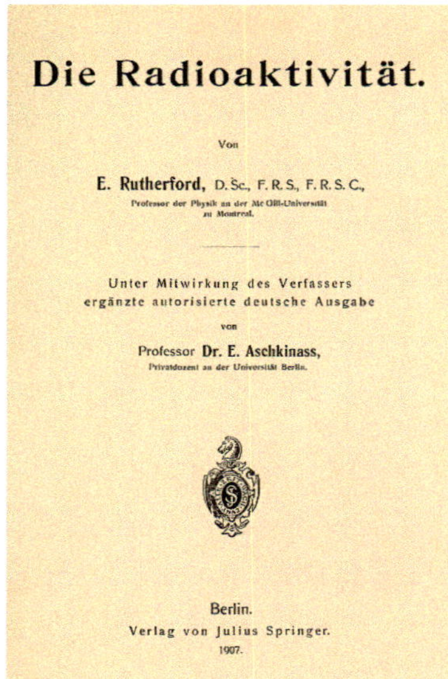
Die Radioaktivität.

Von

E. Rutherford, D. Sc., F. R. S., F. R. S. C.,
Professor der Physik an der Mc Gill-Universität zu Montreal.

Unter Mitwirkung des Verfassers ergänzte autorisierte deutsche Ausgabe

von

Professor Dr. E. Aschkinass,
Privatdozent an der Universität Berlin.

Berlin.
Verlag von Julius Springer.
1907.

4 Titel

Hinweis

Das *Impressum* ist die gesetzlich vorgeschriebene Angabe der presserechtlich für den Inhalt einer Publikation (Print und Digital) Verantwortlichen. Bei gedruckten Werken enthält es Informationen über den Verlag, die Autoren und Herausgeber sowie die Redaktion. Oft werden auch die Druckerei, das Erscheinungsjahr und der Erscheinungsort genannt.

1 Recherche des Begriffs „Entwicklung der Atommodelle“

Eine Literaturrecherche zu diesem Begriff liefert eine Publikationsliste. Recherchiere diese und weitere OPAC-Fundstellen im Netz und bewerte sie nach ihrer Verwendbarkeit für dich. Hier ein Auszug:

(1) Tipler, Paul Allen; Llewellyn, Ralph A.: Moderne Physik 2., verb. und aktualisierte Aufl. 2010
(2) Weißbach, Wolfgang: Werkstoffkunde und Werkstoffprüfung 15., überarb. und erw. Aufl. 2004
(3) Bach, Ewald: Elektrizitätslehre 1. Aufl. 1997
(4) Lindner, Helmut: Grundriß der Atom- und Kernphysik: mit 17 Tab. 13. verb. Aufl. 1979

Hinweis

Mache dich noch einmal mit dem Handlungsleitfaden auf ► S. 156 vertraut und wende, die dort formulierten Leitgedanken hier an.

1 Literatur zur Physik

2 Fundstellen in Internet-Suchmaschinen bewerten

Unterscheide deine Fundstellen nach folgenden Kriterien:
- öffentliche oder private Quelle
- Wissensseite oder Werbung
- schulgerechtes Niveau oder eher universitär
- umgangs- oder fachlicher Sprachgebrauch

Die Qualität einer Internetseite, die z. B. „wir-sind-physik“ oder „hier-irrt-die-physik“ im Titel führt, muss im Einzelfall sorgfältig geprüft werden. So führt aber auch der Titel „Weltmaschine“ auf eine Seite des europäischen Kernforschungszentrums CERN und ist damit wieder vertrauenswürdig.

a Stelle die Kernaussagen zweier Fundstellen zum Thema „Entwicklung der Atommodelle“ heraus und beurteile sie nach möglichen Widersprüchen.

b Reflektiere über deine Auswahl der Internetquellen. Schreibe in Stichpunkten die Aspekte auf, die dich bei der Wahl beeinflusst haben.
Nutze für die Reflexion auch eine Tabelle (Plus/Minus) zur Bewertung der beiden Fundstellen. Betrachte dabei die folgenden Punkte.
- Ist die Quelle vertrauenswürdig?
- Welche Qualität haben Sachinformationen?
- Wird emotional und/oder rational argumentiert?
- Werden Auswirkungen für eine weitere Entwicklung aufgezeigt?
- Werden veränderte (auch abweichende) Sichtweisen besprochen?
- Wie sind Sprache, Schriftbild und Optik der Seiten gestaltet?

3 … zu wiki?

Recherchiere nach Artikeln mit den Stichwörtern „Glaubwürdigkeit wikipedia“ oder „Unabhängigkeit von wikipedia“ bevorzugt in den überregionalen Wochenzeitungen wie „Die Zeit“, „Spiegel“ o. ä.
Stelle die Argumente pro und kontra wikipedia gegenüber.

Grundlagen Atommodelle

Die Erklärungsversuche für das Auftreten der radioaktiven Strahlung zeigten schnell die Grenzen des rutherfordschen Atommodells:
- Die Energie der Strahlung ist zu hoch für Übergänge in Energieniveaus der Atomhülle.
- Mit der Alpha-Strahlung verlässt ein Heliumkern ein schweres Atom, das damit zu einem anderen chemischen Element wird.
- Es gibt eine Diskrepanz zwischen der größeren Masse des Atomkerns und der Masse der Protonen, die aus Ladungsgründen zahlenmäßig notwendig ist.
- Die positiv geladenen Protonen im Kern stoßen sich alle gegenseitig ab.

Bis in die 1930er Jahre waren Atommodelle Modelle für die Atomhülle. Genaue Vorstellungen von der Struktur des Atomkerns entwickelten sich erst mit dem experimentellen Nachweis des Neutrons (1932 durch J. CHADWICK). Als besonders tragfähig erwies sich das Tröpfchenmodell des Atomkerns. Neben Neutronen beschrieb man dort auch Bindungskräfte zwischen den Kernbausteinen. ▸ 2

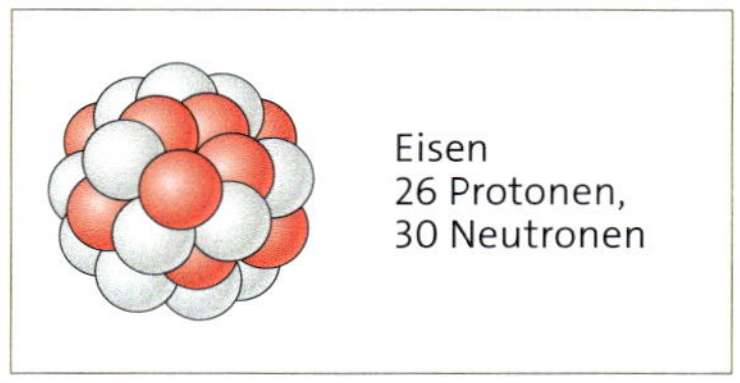

2 Tröpfchenmodell des Atomkerns

Grundlagen Atomkerne

Mit den Bezeichnungen:
- Massenzahl A (Anzahl der Kernbausteine oder Nukleonen)
- Kernladungszahl Z (Anzahl der Protonen)
- Elementensymbol X

lassen sich Atomkerne mit einer Kurzschreibweise darstellen: $^{Z}_{A}\mathrm{X}$. Es ist auch die Schreibweise X-Z, z. B. U-233, gebräuchlich.
Für die Anzahl der Neutronen im Kern erhält man dann: $N = A - Z$.
Die chemischen Eigenschaften der Atome ergeben sich aus der Elektronenanzahl in der Hülle. Im neutralen Atom ist die Anzahl der Elektronen gleich der Anzahl der Protonen und damit gleich der Kernladungszahl. ▸ 3

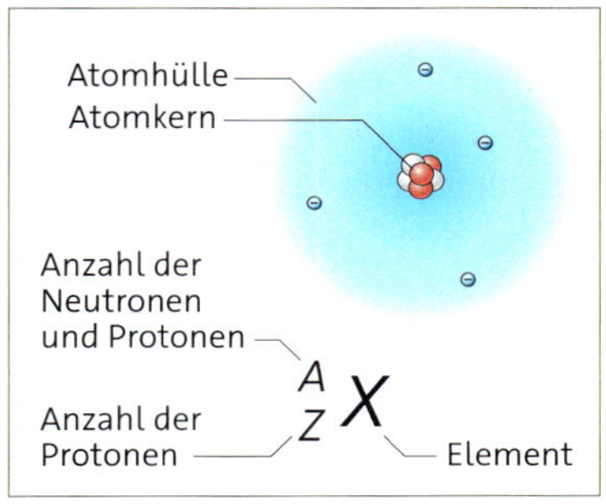

3 Atom und Atomkerne

Die Isotope eines Elements variieren in der Anzahl der Neutronen. So existieren z. B. neben dem normalen Wasserstoff noch ein Wasserstoffisotop mit einem und eines mit zwei Neutronen im Kern. ▸ 4

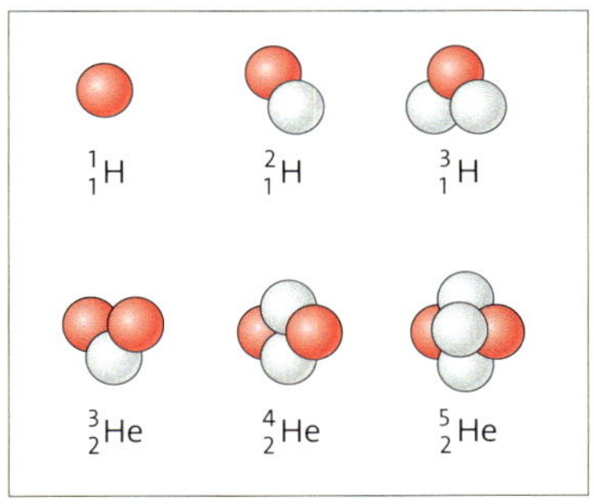

4 Isotope mit chemisch nahezu identischem Verhalten.

Ab den 1950er Jahren wurden bei Experimenten mit hohen Teilchenenergien neben den bekannten Elektronen, Protonen und Neutronen immer weitere, kleinste und neuartige Teilchen entdeckt. 1964 stellte MURRAY GELL-MANN mit der Theorie noch kleinerer Bauteile – den Quarks – ein neues ordnendes System für den Aufbau unserer Materie vor. Die Quarks besitzen mit $-\frac{1}{3}$ und $+\frac{2}{3}$ gedrittelte Ladungen der Elementarladung und kommen in einfacher Form in zwei Zuständen – up und down – vor. Ihre Kombinationen ergeben die bekannten Kernbausteine Proton und Neutron, auch Nukleonen genannt. ▸ 5
Im heute allgemein akzeptierten Standardmodell bilden sechs verschiedene Quarks, die sechs Mitglieder der Elektronenfamilie und insgesamt elf Vertreter weiterer Teilchenfamilien den Grundbaukasten der bekannten Materie.

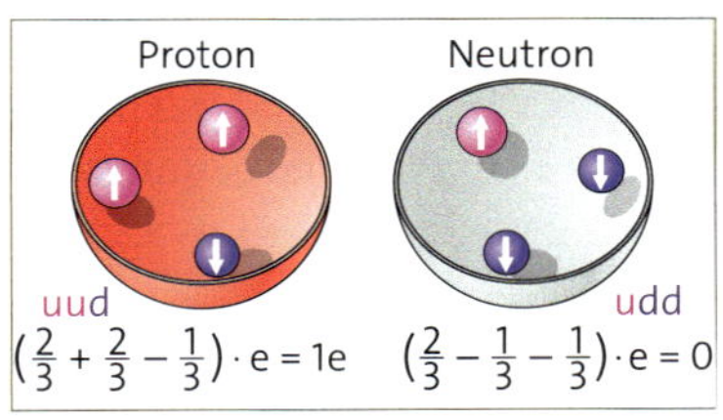

5 Aufbau von Proton und Neutron aus Quarks

Grundlagen Entstehung radioaktiver Strahlung

Im Kernmodell mit Protonen und Neutronen ist die Aussendung radioaktiver Strahlung mit Änderungen im Kern verbunden. Diese werden analog zur Strahlung als radioaktiver α-, β- oder γ-Zerfall bezeichnet.

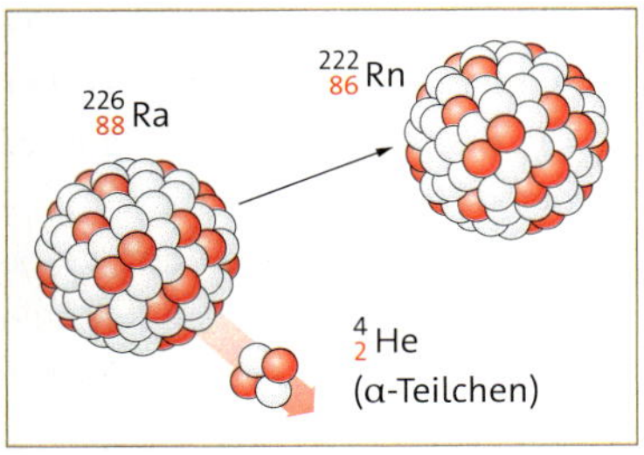

1 α-Zerfall

Entstehung der Alpha-Strahlung: α-Zerfall

Der Atomkern sendet einen Heliumkern (α-Teilchen) aus. Dieses α-Teilchen besteht aus je zwei Protonen und Neutronen. ▸ 1

$$^{A}_{Z}X \rightarrow {}^{A-4}_{Z-2}Q + {}^{4}_{2}He \quad \text{oder} \quad ^{A}_{Z}X \rightarrow {}^{A-4}_{Z-2}Q + {}^{4}_{2}\alpha$$

Die Massenzahl *A* des Kerns vermindert sich damit um 4 Kernbausteine. Die Kernladungszahl *Z*, die das chemische Element festlegt, vermindert sich um 2. Damit hat eine Elementumwandlung stattgefunden.

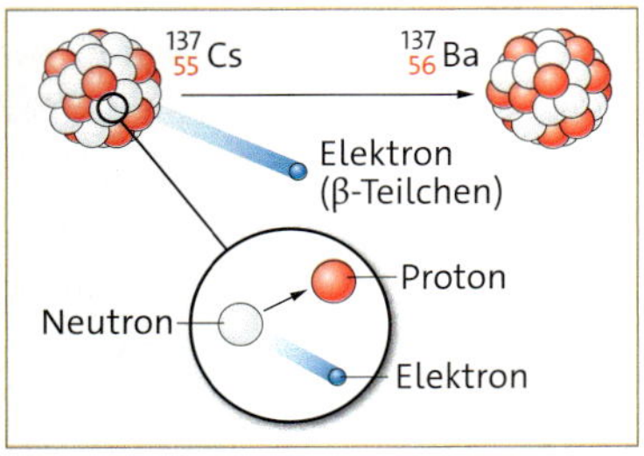

2 β-Zerfall

Entstehung der Beta-Strahlung: β^--Zerfall

Der Atomkern sendet ein Elektron e^- aus. Dieses β-Teilchen ist im Kern durch die Umwandlung eines Neutrons in ein Proton entstanden. ▸ 2
Bei der Umwandlung eines d- in ein u-Quark wird aus einem Neutron ein Proton, der Ladungsausgleich erfolgt durch die Aussendung eines negativ geladenen Teilchens.
In der Symbolschreibweise wird das Elektron e^- aufgrund seiner vergleichsweise sehr geringen Masse und einer negativen Elementarladung durch die Massenzahl 0 und die Kernladungszahl −1 dargestellt.

$$^{A}_{Z}X \rightarrow {}^{A}_{Z+1}Q + {}^{0}_{-1}e \quad \text{oder} \quad ^{A}_{Z}X \rightarrow {}^{A}_{Z+1}Q + {}^{0}_{-1}\beta$$

Die Massenzahl *A* des Kerns ändert sich dabei nicht. Die Kernladungszahl *Z*, die das chemische Element festlegt, erhöht sich aber um 1. Damit hat auch hier eine Elementumwandlung stattgefunden.

HINWEIS

Nicht nur wegen der geringen Masse, sondern auch, weil das Elektron kein Nukleon ist, ist seine Massenzahl null.

Entstehung der Gamma-Strahlung: γ-Zerfall

So wie für die Elektronen in der Atomhülle gibt es auch im Kernmodell für die Kernbausteine verschiedene, diskrete energetisch mögliche Zustände. Während eines α- oder β-Zerfalls geht der Kern in einen energetisch günstigeren Zustand über. Die dabei umgesetzte Energie verlässt den Kern in Form kinetischer Energie der Teilchenstrahlung und hochenergetischer Photonen – der Gamma-Strahlung. ▸ 3
In der Symbolschreibweise kennzeichnet man mit X* den, als angeregt bezeichneten Zustand eines Kerns, bevor er in einen energetisch günstigeren Zustand wechselt.

$$^{A}_{Z}X^* \rightarrow {}^{A}_{Z}X + \gamma$$

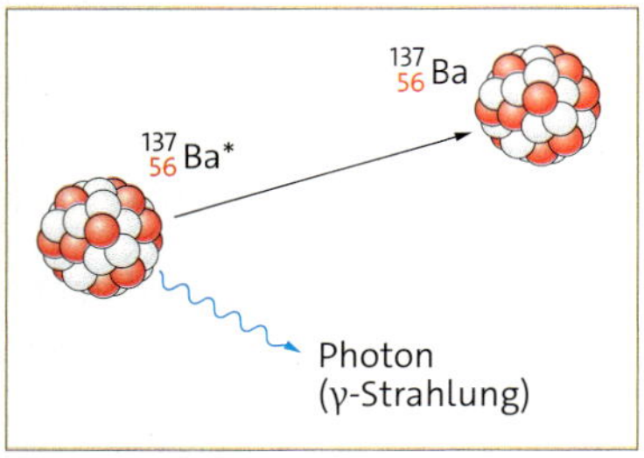

3 γ-Zerfall

Die Massen- und Kernladungszahl des Kerns ändern sich dabei nicht. Das Element bleibt erhalten.

Welche Zerfallsart bei einem radioaktiven Kern nun bevorzugt wird, hängt letztlich von seinem Ausgangs-Energiezustand und den möglichen Endzuständen ab. Wie bei den Elektronen in der Atomhülle wird im Kern der jeweils energetisch günstigste Zustand für die Nukleonen angestrebt.

Aufgaben und Aufträge

1 Ordne die Forscher Becquerel, Curie, Röntgen, Rutherford zusammen mit ihren Entdeckungen und mit anderen wichtigen Ereignissen zeitlich in die Geschichte ein. Entscheide dich dazu für einen Zeitstrahl oder eine Baumstruktur. Nutze – je nach gewählter Struktur – geeignete digitale Präsentationsprogramme.

2 Widerspruch im rutherfordschen Atommodell:
⊕ Die Masse eines Atomkerns stimmt – mit Ausnahme des $^{1}_{1}$H-Atoms – nicht mit der Masse aller Protonen (gegeben durch die Kernladungszahl) überein. Zur Lösung dieses Widerspruchs wurde vorgeschlagen, die fehlende Masse im Kern mit Protonen-Elektronen-Paaren aufzufüllen.

a Erläutere diesen Vorschlag anhand eines Beispielatoms.

b 1927 zeigt W. Heisenberg mit einem mathematischen Modell, dass die Aufenthaltswahrscheinlichkeit eines Elektrons im Kern Null beträgt. Zeige einen Ausweg aus diesem Dilemma auf.

3 Stelle die historische Entwicklung der Kernmodelle in einer Präsentation zusammen. Recherchiere dazu in Bibliothekskatalogen und im Internet zu den Begriffen „Kernmodelle“ und „Elementarteilchen“. Beurteile auch deine Quelle und nutze dazu die Kriterien auf ▸ S. 185.

4 Stelle anhand deiner Kenntnisse aus dem Physik-, Chemie- und Geschichtsunterricht die Entwicklung deiner Vorstellungen vom Wesen und Aufbau eines Atoms dar.
Beschreibe die Veränderungen dieser Vorstellungen im Laufe der letzten Jahre.

5 Atommodelle

a Stelle in einem Erklärvideo die Vorstellungen zum Aufbau eines Atoms z. B. mit größeren roten und kleineren blauen Plastikbausteinen oder kugelförmigen Magneten dar.
Gehe bei Rutherford auch auf die Widersprüche seines Atommodells ein. (s. Aufgabe 2)

b Stelle in gleicher Weise ein Modell der Quarks im Kern mit up und down im Dreierstapel und blau und rot für die Drittelladungen in einer einfachen Form dar.

c Die Vorgänge im Kern bei Aussendung der Alpha-Strahlung lassen sich in diese Weise ebenfalls gut darstellen. ▸ 4

4 Modell zur α-Strahlung

Du kannst dazu auch ein Video aus dem Internet suchen, den Ton ausschalten und selbst einen korrekten Kommentar einsprechen.

d Stelle an einem Beispiel in gleicher Weise die Umwandlungen beim Beta- und Gamma-Zerfall dar.

6 Finde die zugehörigen Isotope im Periodensystem der Elemente: $^{238}_{92}$X; $^{14}_{6}$W; $^{18}_{8}$Z.

7 Im Internet findest du auch Simulationen zum Aufbau von Atomen. (Suche z. B. nach „Build an atom“ oder „PHET“.) Baue damit folgende Atomkerne. Nenne das dazugehörige Isotop und vermerke, wenn es sich um ein stabiles Isotop handelt (z. B. $^{1}_{1}$H stabil).
(N: Anzahl der Neutronen)

a $Z = 5$, $N = 5$

b $Z = 8$, $N = 6$

c $Z = 6$, $N = 13$

d $Z = 10$, $N = 12$

8 Bei der Umwandlung von Atomkernen kann ionisierende Strahlung ausgesandt werden.

a Beschreibe die Veränderungen eines Atomkerns, wenn α-, β- oder γ-Strahlung ausgesandt wird.

b Beschreibe die dabei ausgesandten Teilchen oder Strahlungen.

9 Schreibe die Zerfallsgleichungen für den Alphastrahler $^{222}_{86}$Rn und den Betastrahler $^{3}_{1}$H auf.

Der Ausspruch „Das Ganze ist mehr als die Summe seiner Teile“ wird ARISTOTELES zugeschrieben. Genaue Messungen an Atomkernen zeigen aber, dass hier das Gegenteil gilt: Die einzelnen Bestandteile des Kerns haben zusammen mehr Masse als der gesamte Kern.

Masse und Energie

Mit der Verbesserung der Massenspektrographen gelangen immer präzisere Messungen an den Atomen und ihren vermuteten Bestandteilen. Ab 1919 untersuchte FRANCIS WILLIAM ASTON die Atommassen von mehr als 50 Elementen. Er stellte dabei fest, dass diese alle, mit elementspezifischen Abweichungen, ganzzahlige Vielfache einer kleinsten Masseneinheit sind. Mit der Vermessung der Protonenmasse und der theoretischen Massenbestimmung des Neutrons zeigte sich aber, dass die Massensumme der einzelnen Bestandteile eines Atoms größer ist als die Masse des ganzen Atoms. Dies widerspricht fundamental dem, aus der Chemie bekannten, Erhaltungssatz der Masse, wo er bei allen chemischen Reaktionen gilt.

Das kann am Beispiel des Kuchens verdeutlicht werden: Man würde also hier feststellen, dass der gebackene Kuchen leichter ist als die Summe der Backzutaten. Er ist stabil und wird sich nicht wieder spontan in seine Zutaten zerlegen. Dazu wäre ein gewisser Aufwand nötig, physikalisch gesprochen: Es müsste Energie zugeführt werden, um die Verbindungen der Zutaten wieder zu lösen. Es gilt also:

$E_{\text{Kuchen}} + E_{\text{Zerlegung}} =$ Summe der Energien aller Zutaten

oder umgestellt:

$E_{\text{Kuchen}} =$ Summe der Energien aller Zutaten $- E_{\text{Zerlegung}}$

Damit hat der fertige Kuchen weniger Energie als seine Zutaten. Natürlich kann dieses Beispiel nur die Grundidee vermitteln und außerdem war eingangs von der Masse die Rede, nicht von der Energie.

Aber bereits 1905 konnte ALBERT EINSTEIN die Äquivalenz von Energie und Masse zeigen. Er sprach damit der Masse eine Energie zu und umgekehrt der Energie eines Systems eine messbare Masse. ▸ 2, 3

2 EINSTEINS berühmte Formel

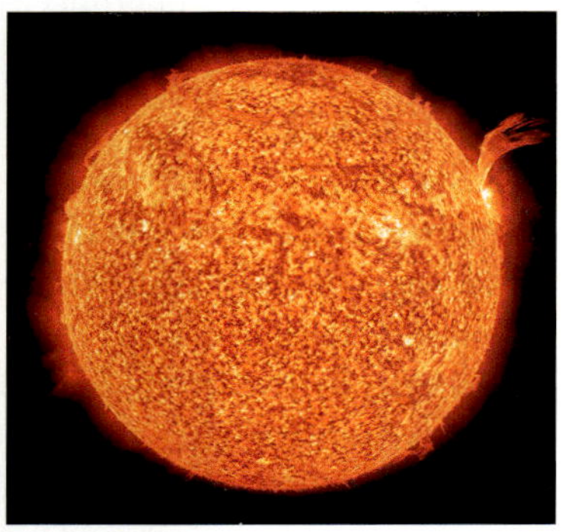

3 Bei den Kernreaktionen in der Sonne werden jede Sekunde 4 Mio. t Materie in Energie umgewandelt.

1 Isotope des Kohlenstoffs

a Recherchiere mithilfe geeigneter Internetquellen die Atommassen einiger Isotope des Kohlenstoffs. Die Angaben werden meist in der atomaren Masseneinheit u aufgeführt. Diese wurde als ein Zwölftel der Masse des normalen Kohlenstoffatoms exakt festgelegt.
Die Zahlenwerte der Atommassen findest du unter den Suchbegriffen: „Periodensystem“ und „Nuklidkarte“ oder auf den Seiten des „National Institute of Standards and Technology“ (NIST) oder dem „Atomic Mass Data Center“ (AMDC).
Verwende am Besten eine Tabellenkalkulation und ergänze in deinem Heft die Tabelle – wie abgebildet – um die Spalten der Protonen- und Neutronenanzahl sowie ihrer Massen. Bilde mit den Werten die Summe als Gesamtmasse und vergleiche sie mit den recherchierten Werten der Atommassen.

Hinweis

Atommassen

Proton
$m_{\text{Proton}} = 1{,}007\,276 \cdot u$

Neutron
$m_{\text{Neutron}} = 1{,}008\,665 \cdot u$

Elektron
$m_{\text{Elektron}} = 0{,}000\,548\,58 \cdot u$

Isotop		Anzahl Protonen	Anzahl Neutronen			Gesamtmasse in u	Atommasse in u	Differenz in u
C	12	6	6	6,043 656	6,051 99	12,098 943 5	12	0,098 943 48
	?	?	?	?	?	?	?	?

Tabelle 1 Atommassen

b Erläutere die Differenz der Werte von Spalte 7 und 8.

c Vergleiche in ähnlicher Weise die Atommassen der am α-Zerfall von $^{226}_{88}\text{Ra}$ beteiligten Atome. ▸ 4

$$^{226}_{88}\text{Ra} \rightarrow {}^{222}_{86}\text{Rn} + {}^{4}_{2}\text{He}$$

Recherchiere zuerst die Atommasse von $^{226}_{88}\text{Ra}$. Dann die Atommassen der Zerfallsprodukte. Bilde die Differenz der beiden Massen.

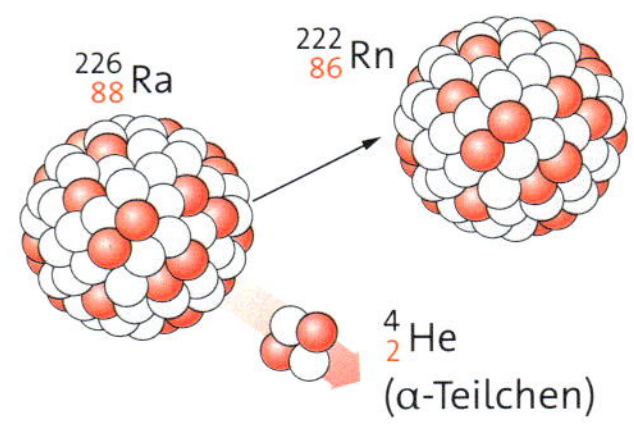

4 Zerfall von Ra-226

2 Einsteins Text zum Masse-Energie-Äquivalent

Fasse die Kernaussagen des Textes in eigenen Worten und in zeitgemäßer Sprache zusammen.

1905 veröffentlicht Albert Einstein (▸ 5) einen kurzen Artikel in den Annalen der Physik Band 323, Nr. 13, 1905, S. 639–643, der nachstehend gekürzt und angepasst wiedergegeben wird.
Gibt ein Körper die Energie E in Form von Strahlung ab, so verkleinert sich seine Masse um E/c^2. Hierbei ist es offenbar unwesentlich, dass die dem Körper entzogene Energie gerade in Energie der Strahlung übergeht, so dass wir zu der allgemeineren Folgerung geführt werden: Die Masse eines Körpers ist ein Maß für dessen Energieinhalt; ändert sich die Energie um E, so ändert sich die Masse in demselben Sinne um E/c^2. Es ist nicht ausgeschlossen, dass bei Körpern, deren Energieinhalt in hohem Maße veränderlich ist (z. B. bei den Radiumsalzen), eine Prüfung der Theorie gelingen wird. Wenn die Theorie den Tatsachen entspricht, so überträgt die Strahlung Trägheit zwischen den emittierenden und absorbierenden Körpern.

5 A. Einstein und M. Curie

Grundlagen Masse und Energie

Im Kuchenvergleich ist die Masse des fertigen Kuchens gleich der Massensumme seiner Zutaten, abzüglich des der Masse äquivalenten Energieaufwands beim Zerlegen.
Beim radioaktiven Zerfall eines Kerns wird Masse in Energie zur Aufhebung der Bindungen im Kern umgewandelt. Dazu muss die sogenannte Bindungsenergie bei der Zerlegung aufgewendet werden.

Der Massendefekt Δm beschreibt den Unterschied zwischen den Massen der Ausgangs- und Endprodukte einer Kernreaktion.
$\Delta m = m_{\text{Ausgang}} - m_{\text{Ende}}$

Im Verhältnis zur Kernmasse liegt Δm im Bereich weniger Promille.

Die Massenangaben erfolgen als Vielfache der atomaren Masseneinheit u mit der Festlegung: $1\,u = \frac{1}{12}$ Masse $^{12}_{6}\text{C} = 1{,}660\,539 \cdot 10^{-27}$ kg.

Der Massendefekt lässt sich also nach der Masse-Energie-Äquivalenz als umgewandelte Bindungsenergie E_B der Kernbausteine (Nukleonen) interpretieren.

Durch die Bindung aneinander senken die Nukleonen ihre Energie um den Betrag von $\Delta E = \Delta m \cdot c^2$ ab.

Umgekehrt muss dieser Energiebetrag bei der Zerlegung des Kerns wieder aufgewendet werden.
Haben bei einer Kernreaktion die möglichen Endprodukte insgesamt eine geringere Masse als die Ausgangsatome, so wird diese Reaktion unter Aussendung von radioaktiver Strahlung erfolgen.
Alle Kernumwandlungen werden damit in gleicher Weise bilanziert.

Musteraufgabe

Berechne den Massendefekt beim α-Zerfall des Uran-233-Isotops. ▸ 1

Lösung

Zerfallsgleichung: $^{233}_{92}\text{U} \rightarrow {}^{229}_{90}\text{Th} + {}^{4}_{2}\text{He}$

gegeben: $m_{\text{U-233}} = 233{,}039\,635\,u$
$m_{\text{Th-229}} = 229{,}031\,762\,u$; $m_{\text{He-4}} = 4{,}002\,603\,u$

gesucht: Δm in u

Lösung: $\Delta m = m_{\text{U-233}} - (m_{\text{Th-229}} + m_{\text{He-4}})$
$\Delta m = 233{,}039\,635\,u - (229{,}031\,762 + 4{,}002\,603)\,u$
$\Delta m = 0{,}005\,270\,u$

Von der gesamten Atommasse des Urans inklusive der Elektronenhülle werden die Atommassen der Zerfallsprodukte Thorium und Helium abgezogen. Der verbleibende positive Restbetrag stellt den Massendefekt der Reaktion dar.
Nach EINSTEINS Masse-Energie-Äquivalent steht dieser Massendefekt auch für die umgesetzte Energie:
$\Delta E = \Delta m \cdot c^2 = 0{,}005\,270 \cdot 1{,}660\,539 \cdot 10^{-27}\,\text{kg} \cdot (3{,}0 \cdot 10^8\,\frac{\text{m}}{\text{s}})^2$
$\Delta E = 7{,}876 \cdot 10^{-13}$ J für den Zerfall eines Uran-233-Isotops.

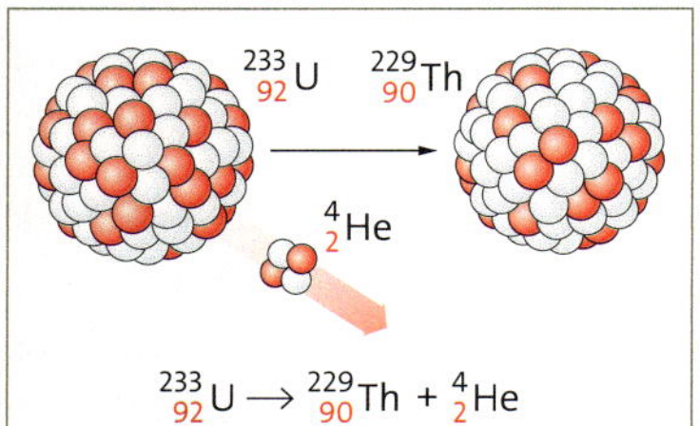

1 Zerfall von U-233

HINWEIS

Um sehr kleine Energiemengen anzugeben, eignet sich das Elektronenvolt (eV) als Energieeinheit.
Es gilt: 1 eV = $1{,}602 \cdot 10^{-19}$ J

Aus der Forschung: Kettenreaktionen

Schwere Urankerne können durch Neutronenbeschuss zur Spaltung in leichtere Kerne angeregt werden. So zerfällt z. B. ein instabiler Uran-235-Kern häufig in zwei Kerne mit Massenzahlen von ca. 140 beim schweren und ca. 90 beim leichteren Kern.
Zusätzlich werden Neutronen frei, die wiederum weitere Kerne spalten können.

Durch die Anlagerung eines Neutrons und der damit verbundenen Änderung in der Anordnung der Kernbausteine zu einem energetisch günstigeren Zustand, kann eine solche Kernreaktion ausgelöst werden.
Bei U-235, U-233 sowie Pu-239 erfolgt dieser Übergang in Form der Kernspaltung. Die dabei freiwerdenden Neutronen haben in der Regel eine hohe kinetische Energie.

Damit eine Kettenreaktion von allein beginnt, muss eine Mindestmasse – die kritische Masse – an Spaltmaterial vorhanden sein. Nur so können die freiwerdenden Neutronen nach Abbremsung durch Stöße auch wieder auf spaltbares Material treffen und neue Kernreaktionen auslösen. Durch gezielte Absorption und Abbremsung der Neutronen kann die Kettenreaktion gesteuert und zur Energieerzeugung in Kernkraftwerken genutzt werden.

Energiebilanz bei der Kernspaltung
Betrachtet man eine mögliche Variante der Kernspaltung von Uran:
$^{1}_{0}n + ^{235}_{92}U \rightarrow ^{140}_{95}Te + ^{94}_{40}Zr + 2\,^{1}_{0}n$
ergibt sich für die Massenbilanz:
Links:

$m_U = 235{,}043\,92 \cdot u$

$m_n = 1{,}008\,665 \cdot u$

$m_U + m_n = 236{,}052\,585 \cdot u$

Rechts:

$m_{Te} = 139{,}90541 \cdot u$

$m_{Zr} = 93{,}906315 \cdot u$

$2\,m_n = 2{,}017330 \cdot u$

$m_{Te} + m_{Zr} + 2\,m_n = 235{,}829\,06 \cdot u$

Massendefekt $\Delta m = 0{,}223\,525 \cdot u$
Das entspricht einer Energie von $\Delta E = 208\text{ MeV} = 3{,}33 \cdot 10^{-11}\text{ J}$

Aufgaben und Aufträge

1 Das Isotop Rn-222 des radioaktiven Edelgases Radon unterliegt einem Alpha-Zerfall.
a Zeige, dass der Massendefekt bei diesem Zerfall bei etwa $0{,}00084 \cdot u$ liegt.
b Rechne mithilfe der einsteinschen Masse-Energie-Äquivalenz diesen Massendefekt in Energie um. Verwende die Einheit eV. (▸ S. 280)
c Begründe mithilfe des Ergebnisses aus Teilaufgabe b, dass der Alpha-Zerfall kein Prozess in der Elektronenhülle sein kann.

2 Die Masse eines Streichholzkopfs (ca. 15 mg) soll vollständig in Energie umgewandelt werden.
a Schätze ab, ob diese Energie zur Erwärmung eines Schwimmbeckens ausreichen würde.
b Vergleiche diesen Energiebetrag mit dem durchschnittlichen jährlichen Energiebedarf eines Haushalts (etwa 3500 kW·h).
Berechne die Masse, die diesem Energiebetrag entspricht.

3 Im Sonneninneren verschmelzen im Verlauf mehrerer Kernprozesse 4 Wasserstoffkerne zu einem Heliumkern. Da in den Tabellenwerken meist nur die Atom- und nicht die Kernmassen angegeben sind, müssen die Elektronen hier vernachlässigt werden.
a Berechne die Energie einer Elektronenmasse im Vergleich zu einer atomaren Masseneinheit.
b Bestimme den Massendefekt bei der Fusion zu einem Heliumkern.
c Berechne die Anzahl der Kernfusionsprozesse, die pro Sekunde in der Sonne ablaufen. Beziehe dich dabei auf die Angabe von ▸ S. 190, Bild 3.
d ⊕ Raumschiffe in Science-Fiction-Filmen besitzen einen Antimaterieantrieb. Hier werden Protonen und ihre Antiteilchen mit gleicher Masse komplett in Energie umgewandelt. Recherchiere nach den Massen und Geschwindigkeiten von Raumschiffen. Schätze deren kinetische Energie ab und bestimme die dafür nötige Antimateriemasse.

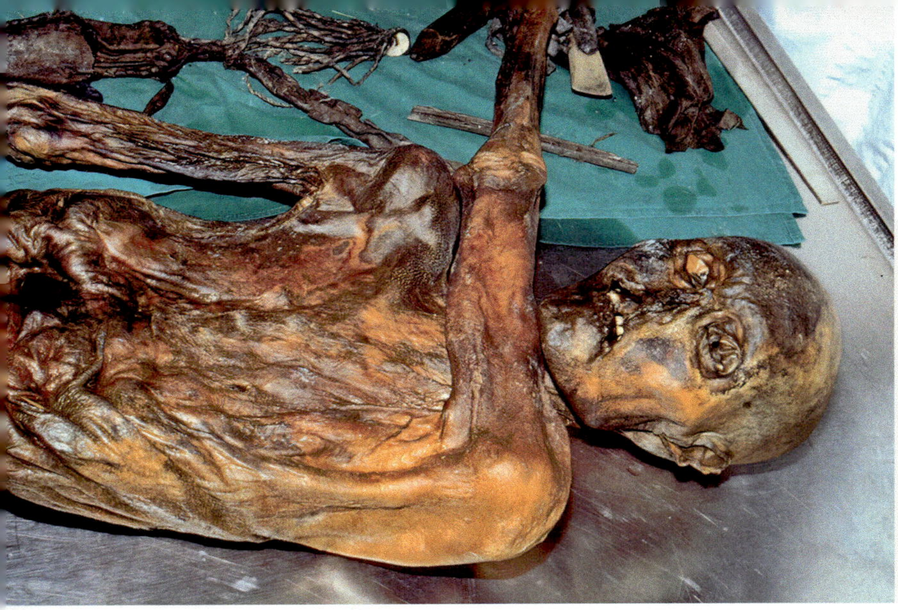

Als am Südtiroler Ötztaler Gletscher 1991 eine mumifizierte Leiche gefunden wurde, waren Herkunft und Alter zunächst unbekannt. Mit der Radiokarbonmethode konnte ihr Alter auf rund 5300 Jahre bestimmt werden. Ein Jäger aus der Steinzeit wurde nach seinem Tod hier unter Schnee und Eis konserviert.

Halbwertszeit

In der Geschichtsforschung ist das Datieren von Funden enorm wichtig, um diese in einen Gesamtzusammenhang einordnen zu können. Bei der Ausgrabung von Gebäuderesten kann aus der typischen Abfolge der Jahresringe von Holzbalken auf das Jahr der Baumfällung geschlossen werden. Hierzu muss das Muster des Fundstücks mit den in Datenbanken gespeicherten Mustern verglichen werden. ▸ 2

Eine andere Methode beruht auf der Bestimmung des Mengenverhältnisses von radioaktiven und normalen Isotopen eines Elements in der Probe. So wird z. B. bei der Radiokarbon-Methode das Mengenverhältnis des radioaktiven Kohlenstoffs im Vergleich zu seinem stabilen Isotop in einer organischen Probe bestimmt. Sie erlaubt eine Datierung von pflanzlichen Stoffen und Skelettresten bis über 10 000 Jahre in die Vergangenheit. Die Anwendung beider Methoden bietet damit auch eine Vergleichbarkeit der Ergebnisse.

Für die Bestimmung längerer geologischer Zeiträume nutzt man radioaktive Zerfälle, so z. B. die Umwandlung von Uran in Blei. Die Umwandlung eines instabilen Elements, hier Uran-238 oder Uran-235, zu stabilen Blei-Isotopen erfolgt nach einer für das jeweilige Element typischen Gesetzmäßigkeit mit bekannten Zwischenschritten. Hier erlaubt die präzise Bestimmung der noch vorhandenen Mengenverhältnisse eine Datierung bis zurück zu den ersten Gesteinen der noch jungen Erde vor vier Milliarden Jahren. Für das einzelne Atom geschieht der Zerfall zufällig, in der Gesamtheit aller Atome eines Materials ist er aber vorhersagbar.

Aber auch in der Gegenwart ist das statistisch bestimmte Verhalten radioaktiver Atome von Interesse. Bei Schilddrüsenuntersuchungen wird das radioaktive Technetium-Isotop Tc-99* verwendet, da es im Organismus wie das chemisch verwandte Jod eingebaut wird. Einen Tag nach der Untersuchung sind bereits 95 % der radioaktiven Substanz zerfallen. ▸ 3

2 Verwitterter Baumstamm

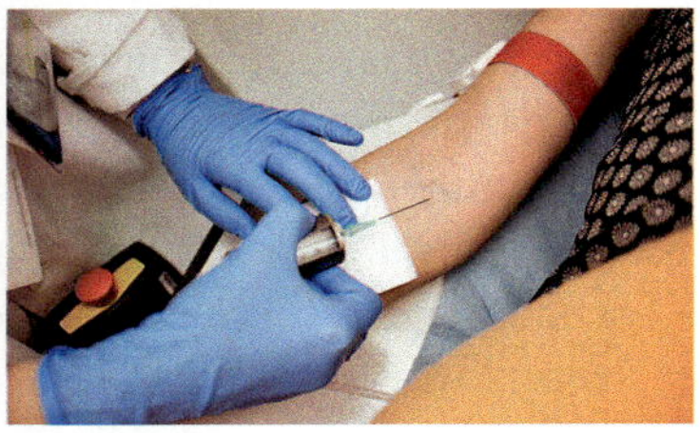

3 Injektion eines radioaktiven Präparats

Aktivitäten

1 alea iacta est – Die Würfel sind gefallen

In Schülergruppen wird jeweils mit einer großen Anzahl von Würfeln ($n > 20$ pro Gruppe) gewürfelt. ▸ 4
Dabei sind folgende Regeln zu beachten:
- Alle Würfel, die die Zahl „6" zeigen, werden entfernt.
- Die restlichen Würfel verbleiben im Bestand und werden erneut geworfen.
- Das wird so lange wiederholt, bis alle Würfel entfernt wurden.
- Bei jeder Runde wird die Anzahl der verbleibenden Würfel notiert. Stellt die Daten in einem Histogramm dar.

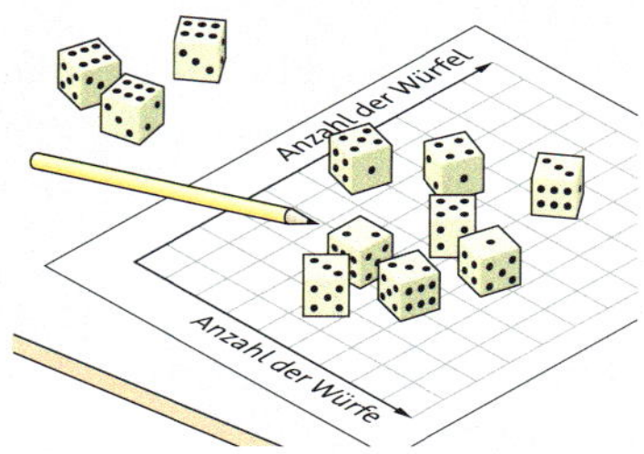

4 Würfel

2 Der etwas anderer Zerfall – Bierschaum

a Recherchiere zu dem Stichwort: Bierschaumzerfall. Plane mit deinen Ergebnissen ein Experiment zur Untersuchung des Bierschaumzerfalls. Beschreibe die Durchführung. ▸ 5

b Registriere am Anfang alle 15 s, nach zwei Minuten in längeren Zeitintervallen die Bier- und die Gesamthöhe.

c Bestimme daraus die reine Schaumhöhe und erstelle mit deinen Daten ein geeignetes Diagramm.

d Kennzeichne Zeitintervalle in denen sich die reine Schaumhöhe halbiert hat.

5 Halbwertszeit von Bierschaum

3 Realexperiment mit Ba*-137

In einem Experiment wurde die radioaktive Strahlung eines Präparats gemessen. ▸ Tabelle 1 enthält die Messwerte, die im Abstand von 30 s über einen Zeitraum von 10 Minuten erhoben wurden.

a Übertrage die Messwerte in ein Zeit-Zählimpulse-Diagramm.

b Markiere Zeitintervalle, in denen die Impulszahl auf die Hälfte des Ausgangswerts abgesunken ist.

c Vergleiche den Graph mit dem Ergebnis aus ▸ Aktivität 1.

d Im Internet findest du auch Simulationen dieses Experiments unter dem Stichwort: „Cs-Ba-Generator". Recherchiere nach einer geeigneten Simulation und führe das Experiment virtuell durch.

t in s	0	30	60	90	120	150	180	210	240	270
Zählimpulse	–	1139	993	877	747	657	582	524	446	405

t in s	300	330	360	390	420	450	480	510	540	570	600
Zählimpulse	368	315	264	222	200	175	151	134	112	107	87

Tabelle 1 Zerfall von Ba*-137 (Messwerte wurden bereits um die Nullrate* bereinigt.)

4 Alternative Auswertung mithilfe der Mathematik

Übernimm die Messwerte der ▸ Tabelle 1 in eine Tabellenkalkulation. Die Abnahme der Zählimpulse erinnert an eine fallende Exponentialfunktion. Überprüfe dies mithilfe der Funktionen Trendlinie einfügen – polynomisch oder exponentiell.

* Zählimpulse bei Abwesenheit des radioaktiven Präparats. Sie kommen durch die ständig vorhandene natürliche oder künstliche Strahlung in der Umgebung zustande.

Grundlagen Die Statistik des Zerfalls

Der spontan und zufällig erfolgende Zerfall eines einzelnen Atoms unterliegt in der Gesamtheit aller Atome eines Präparats einer statistischen Gesetzmäßigkeit. Jeder noch nicht zerfallene Kern hat eine festgelegte Wahrscheinlichkeit, sich in einer vorgegebenen Zeitspanne umzuwandeln. Daher nehmen die Anzahl der noch vorhandenen, ursprünglichen Kerne und somit auch die Zahl der weiteren Zerfälle laufend ab. Der Graph dieser zeitlichen Abnahme wird durch eine fallende Exponentialfunktion bestimmt. ▸ 1

Nach der Halbwertszeit T_{HW} ist die Anzahl der unzerfallenen Kerne auf die Hälfte des Anfangswerts gesunken. Die Anzahl der unzerfallenen Kerne halbiert sich so nach jedem Ablauf von T_{HW} erneut.

Das Zerfallsgesetz $N(t) = N(0) \cdot \left(\frac{1}{2}\right)^{a \cdot t}$ beschreibt dies mathematisch.
Dabei ist $N(0)$ die Anzahl der ursprünglich vorhanden, nicht zerfallenen Kerne und $N(t)$ die momentane Anzahl der nicht zerfallenen Kerne. Die Konstante a mit der Einheit $\frac{1}{s}$ beschreibt die Schnelligkeit des Zerfalls. Der Kehrwert von a gibt die Halbwertszeit T_{HW} der jeweiligen Atome an.
Das Zerfallsgesetz kann somit auch durch den Term:

$N(t) = N(0) \cdot \left(\frac{1}{2}\right)^{\frac{t}{T_{HW}}}$ beschrieben werden.

Mit Kenntnis der Halbwertszeit und der Mengenverhältnisse kann auf die Art des radioaktiven Isotops geschlossen werden.
In der Regel zerfällt jedoch ein Stoff nicht sofort in ein stabiles Endprodukt. Oft erfolgt der Zerfall über mehrere aufeinander folgende Zwischenschritte ebenfalls instabiler Isotope anderer Elemente mit unterschiedlichen Halbwertszeiten. Zur genauen Bestimmung der Bestandteile einer radioaktiven Probe dient die Energiebestimmung der auftretenden Strahlung.

Musteraufgabe

Bestimme die Halbwertszeit für den Zerfall von Ba*-137. Nutze die Messwerttabelle (▸ Tabelle 1, S. 195 und das Diagramm ▸ 1).

Lösung

Aus den Messwerten kann man erkennen, dass etwa alle 150 s die Impulszahl auf die Hälfte abgenommen hat.
Damit hat sich auch die Anzahl der noch unzerfallenen Kerne alle 150 s halbiert.

Das Einsetzen zweier (anderer)Wertepaare in das Zerfallsgesetz ergibt:

$$N(360\,\text{s}) = N(210\,\text{s}) \cdot \left(\frac{1}{2}\right)^{\frac{150\,\text{s}}{T_{HW}}}$$

$$264 = 524 \cdot \left(\frac{1}{2}\right)^{\frac{150\,\text{s}}{T_{HW}}} \quad | :524$$

$$0{,}504 = \left(\frac{1}{2}\right)^{\frac{150\,\text{s}}{T_{HW}}} \quad | \text{ logarithmieren}$$

$$\lg 0{,}504 = \frac{150\,\text{s}}{T_{HW}} \cdot \lg \frac{1}{2} \Rightarrow T_{HW} = 152\,\text{s}$$

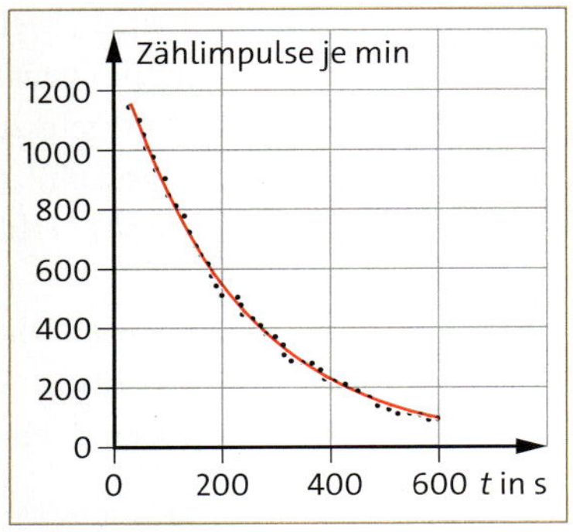

1 Zerfallskurve

Stoff	T_{HW}
U-235	$7{,}0 \cdot 10^8$ Jahre
U-238	$4{,}5 \cdot 10^9$ Jahre
C-14	5570 Jahre
Ra-226	1600 Jahre
Cs-137	30,1 Jahre
H-3	12,3 Jahre
I-131	8,0 Tage
Rn-222	3,8 Tage
Tc-99*	6,0 Stunden
Ba-137*	2,5 Minuten

Tabelle 2 Halbwertszeiten einiger Stoffe

210 s + 150 s	360 s
524 Zerfälle halbiert 262	264 Zerfälle

Tabelle 3

Aus der Forschung: C-14-Methode

1960 erhielt WILLARD F. LIBBY für seine 1949 vorgestellte Radiokarbon-Datierung, die C-14-Methode, den Nobelpreis für Chemie. Energiereiche Höhenstrahlung kann beim Auftreffen auf Atome Neutronen freisetzen, die dann von Stickstoffkernen eingefangen werden. Die so entstehenden C-14-Kerne unterliegen einem Beta-Minus-Zerfall zu Stickstoff. Im Modell gleichen Neubildung und Zerfall von C-14 einander aus und damit bleibt der C-14-Anteil in der Atmosphäre zeitlich konstant. Die C-14-Atome reagieren wie gewöhnliche C-12-Atome mit Sauerstoff zu Kohlenstoffdioxid, das von Pflanzen aufgenommen wird. Über die Nahrungskette gelangt daher das C-14 schließlich in Tier und Mensch. Solange ein Organismus am Leben ist, liegt in ihm also ein konstantes Verhältnis von radioaktivem C-14 und stabilem C-12 vor. Erst mit dem Tod des Organismus erfolgt kein Austausch mit der Biosphäre mehr und der Startpunkt für die Datierung ist gegeben. Misst man die heute in einer Probe vorliegenden Massenverhältnisse von C-14 zu C-12, kann in Zeiträumen bis mehr als 10 Halbwertszeiten zurückgerechnet werden. ▸ 2.

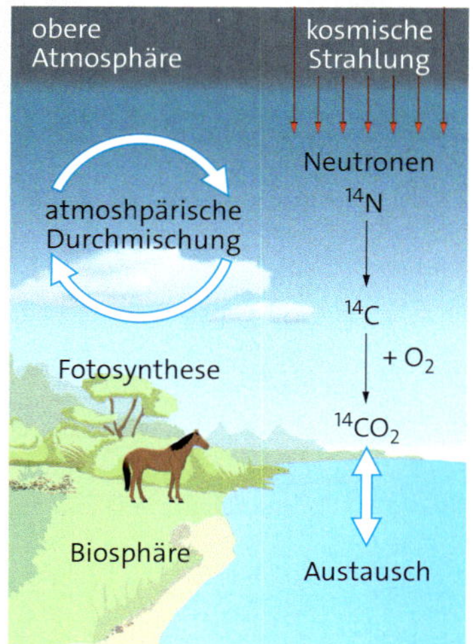

2 Radio-Karbon-Methode

Aufgaben und Aufträge

1 Bei einem Experiment zur Bestimmung der Halbwertszeit eines Präparats wurde alle 30 s die Anzahl *N* der erfolgten Zerfälle registriert.

t in s	30	60	90	120
N	4223	2805	1987	1423
t in s	150	180	210	240
N	1056	745	559	435
t in s	270	300	330	360
N	311	248	228	186

Tabelle 4 Messwerte ohne Nullrate

a Erstelle mithilfe der ▸ Tabelle 4 eine Zerfallskurve und bestimme die Halbwertszeit.
b Entscheide, ob es sich bei diesem Präparat um ein Radon-Isotop handeln kann. Entnimm dazu die Halbwertszeiten einer Internetdatenbank.

2 U-238 zerfällt über eine Reihe von vergleichsweise kurzlebigen Zwischenprodukten zum stabilen Blei-Isotop Pb-206. In einer Erdschicht wurden Mineralien gefunden, bei denen eine genaue Untersuchung des Massenverhältnisses von Pb-206 zu U-238 einen Wert von 0,18 ergab.
a Erläutere die folgenden Ergebnisse.
- Das Zahlenverhältnis der Kerne von Pb-206 zu U-238 hat den Wert 0,208.
- Die ursprüngliche Anzahl der Urankerne betrug das 1,208-fache der heutigen Anzahl.

b Bestimme das Alter der Probe.
c Erläutere die Faktoren, die das Ergebnis verfälschen könnten.
d Für eine Mineralienprobe aus einer anderen Schicht wird ein Alter von 1,3 Milliarden Jahre erwartet. Bestimme das hier vorliegende Massenverhältnis von U-238 zu Pb-206.

3 Bei einer medizinischen Behandlung wird das radioaktive Jodisotop I-131 eingesetzt. Um eine Gefährdung der Außenwelt zu vermeiden, muss ein Patient nach der Behandlung in der Klinik verbleiben, bis die Radioaktivität auf 10 % des Ausgangswerts abgeklungen ist. Berechne diese Zeitspanne. Die Patienten dürfen aber schon vor Ablauf dieser Zeit die Klinik wieder verlassen. Recherchiere nach Gründen für diese Praxis.

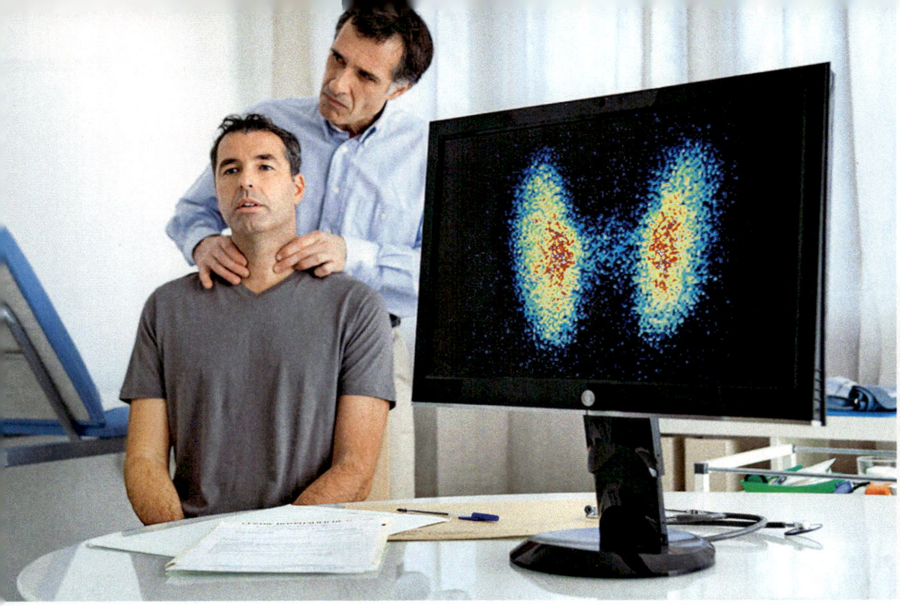

Die Untersuchung der Schilddrüsenaktivität wird üblicherweise mit radioaktivem Technetium durchgeführt. Der Nutzen der diagnostischen Erkenntnis wird hier höher eingeschätzt als der mögliche Nachteil durch die radioaktive Strahlenbelastung.

Biologische Strahlenwirkung

Eine Röntgenuntersuchung beim Zahnarzt, eine Untersuchung des Stoffwechsels mit radioaktiven Substanzen, die Strahlentherapie bei Krebspatienten oder ein Urlaubsflug nach Fernost. Alle diese Aktivitäten – notwendig oder bewusst freiwillig – setzen den menschlichen Körper radioaktiver Strahlung aus. In unserer technisierten Welt ist der Anteil der zivilisatorisch bedingten Strahlenbelastung heute fast so hoch wie der aus natürlichen Quellen. Aber was heißt „Belastung“? ▸ 2–4

Um die Gefahren dieser Einwirkung, wie etwa das Risiko einer möglichen Erkrankung, abzuschätzen, bedarf es einer Vielzahl von Informationen. Die Risikobewertung ist ein persönliches und gesellschaftliches Abwägen von Notwendigkeit und Nutzen, den damit bedingten Folgen und möglichen Schäden der Einwirkung.

Ein Aspekt ist der objektive physikalische Vergleich der Strahlung aus den einzelnen Quellen hinsichtlich Energie, Häufigkeit und Dauer der Einwirkung. Ein anderer Aspekt ist die subjektive Bewertung im Vergleich mit anderen Risiken.

Aber Bewertungen ändern sich aufgrund gesellschaftlicher und wirtschaftlicher Entwicklungen im Laufe der Zeit trotz unveränderter physikalischer Ausgangslage. So hat sich die seit über 50 Jahren anhaltende Diskussion über die Kernenergie, ihren Nutzen oder ihre Gefahren, im Laufe der Zeit verändert. Angesichts der Entsorgungsproblematik und weltweit über 400 Kernkraftwerken bleibt sie aber unverändert aktuell.

Ein weiterer wichtiger Aspekt ist die biologische Wirksamkeit. Dazu erforschen Biologie und Medizin den Einfluss von Strahlung, die über das natürliche Maß hinausgeht, auf die Vorgänge in den einzelnen Zellen und im Gesamtorganismus. Und schließlich sucht man auch die Antwort auf die Frage nach Herkunft und Einfluss der natürlichen Strahlung, die das Leben auf der Erde von Beginn an begleitet hat. ▸ 5

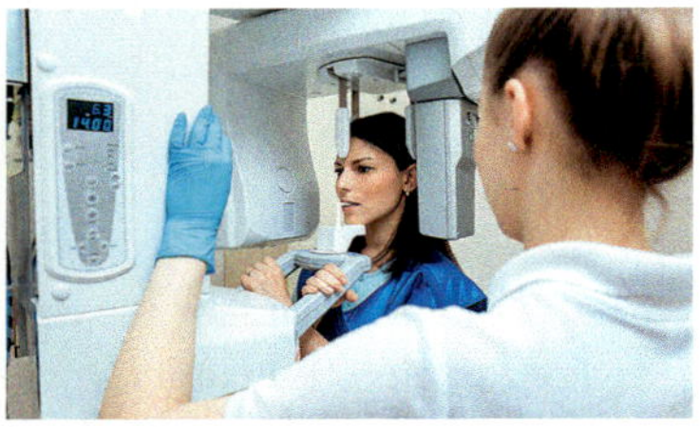

2 Röntgenuntersuchung beim Zahnarzt

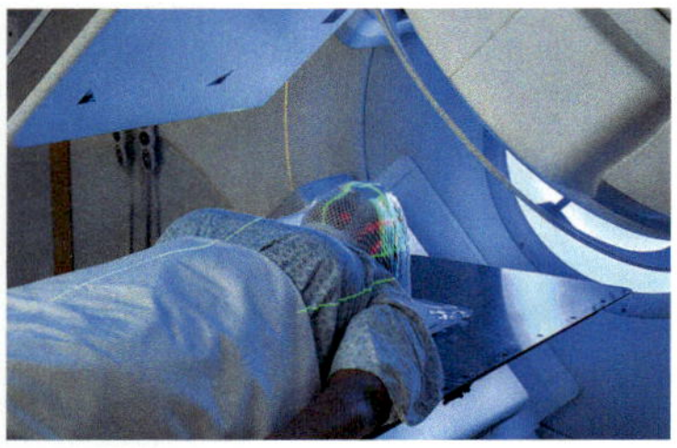

3 Krebstherapie

4 Strahlenbelastung bei Flügen

Aktivitäten

1 Ein Gesetz und mehrere Sichtweisen

a Fasse die Kernaussagen der vier Texte (Pressemeldungen) unter den folgenden Gesichtspunkten kurz zusammen.
- *Fakten:* Was wird ausgesagt, was wird nicht angesprochen?
- *Zielgruppe:* Wer soll mit dem Text angesprochen werden?
- *Autor:* Welcher gesellschaftlichen Gruppe gehören die Autoren an? Die Aussagen der Pressemitteilungen sind sachlich korrekt, aber immer unter dem Blickwinkel der jeweiligen Verfasser ausgewählt. Eine differenzierte Pro- und Kontra-Abwägung ist hier nicht immer zu erwarten. Stelle daher die Interessenlage der jeweiligen Autoren, soweit erkennbar, mit eigenen Worten dar. Lege die Sichtweise dar, die dir eher zusagt und reflektiere deine Entscheidung. (► S.156)

b Recherchiere Texte zum Thema „CO_2-Neutralität von Kernkraftwerken" und kategorisiere sie nach den aufgeführten Kriterien.

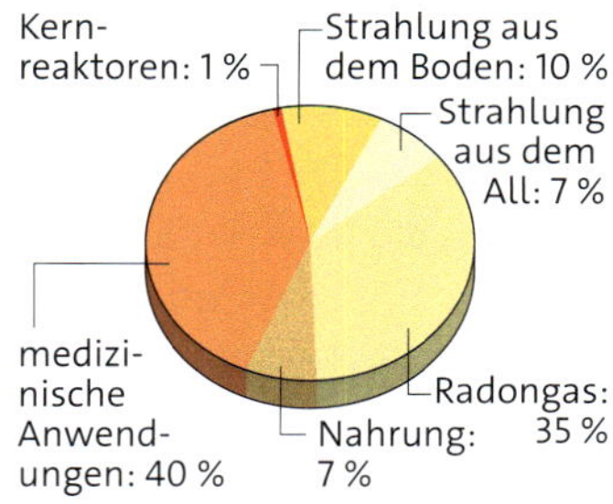

5 Quellen radioaktiver Einwirkung

A Deutschlands Atomkonzerne Eon, RWE, EnBW und Vattenfall haben heute insgesamt knapp 24 Milliarden Euro für die Zwischen- und Endlagerung ihres Atommülls an einen Staatsfonds überwiesen. Alle weiteren Risiken liegen damit nun beim Staat. Dieser Kompromiss geht auf Vorschläge der Atomkommission von 2016 zurück. Die Konzerne müssen allerdings zusätzlich noch für die Stilllegung und den Abriss ihrer Atomkraftwerke bezahlen. Kritiker bemängeln, dass die Summe nicht reichen werde, um die geschätzten Endlagerkosten von bis zu 170 Milliarden Euro zu tragen …
(*Quelle:* B5 Nachrichten vom 03.07.2017; 17:45 Uhr: 08.06.2021)

B Am Montag (03.07.2017) haben die Betreiber der deutschen Kernkraftwerke rund 24,1 Milliarden Euro auf die Fonds-Konten zur Atommüll-Entsorgung eingezahlt. … Falls die tatsächlichen Endlager-Kosten, höher ausfallen sollten, können die Atomkonzerne nicht mehr dafür herangezogen werden. Die Verantwortung für die Durchführung und Finanzierung der Zwischen- und Endlagerung ist mit Eingang der vollständigen Einzahlungen auf den Bund übergegangen. Anfang Juni 2017 hatte das Verfassungsgericht die Brennelementesteuer für Atomkraftwerks-Betreiber für verfassungswidrig erklärt. Passend zur Zahlung in den Atomfonds haben die AKW-Betreiber vom Staat die zu viel gezahlten Steuern plus Zinsen in Milliardenhöhe bereits erhalten.
(*Quelle:* IWR – Internationales Wirtschaftsforum Regenerative Energien vom 05.07.2017, 08:06 Uhr; 08.06.2021)

C Zugleich haben wir unsere Zahlung an den staatlichen Fonds zur Finanzierung der kerntechnischen Entsorgung Anfang Juli 2017 termingerecht geleistet. Wir haben also nicht nur deutlich geringere Schulden, sondern sind seit dem vergangenen Jahr auch frei von sämtlichen finanziellen Zukunftsrisiken …
(*Quelle:* Geschäftsbericht 2017 E.on; 08.06.2021)

2017 einigten sich die beteiligten Energieversorger und die Bundesregierung auf die Finanzierung der Endlagerung radioaktiven Materials aus Kernkraftwerken.

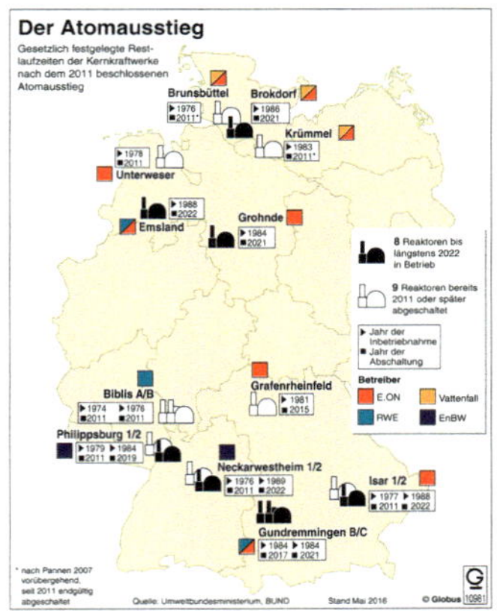

6 Ausstieg aus der Kernenergie

Aktivitäten

D Die finanziellen Lasten für die sichere Verwahrung der radioaktiven Abfälle sind derzeit nicht belastbar zu beziffern. So lange es kein technisch-naturwissenschaftliches Konzept gibt, wie und wo die radioaktiven Abfälle dauerhaft sicher gelagert werden können, können die Kosten der Endlagerung auch nicht abgeschätzt werden. Alle finanziellen Risiken der weiteren Zwischenlagerung, Konditionierung, Transporte zwischen Lagern und Endlagerung konnten gegen Zahlung von pauschal 24,1 Mrd. Euro auf den Staat übertragen werden. Damit knüpft die Atomwirtschaft an die jahrzehntelange Praxis an, die öffentliche Hand für Forschungen, Haftungsrisiken, gescheiterte Projekte und Altlasten der Atomindustrie bezahlen zu lassen. (*Quelle:* Atommüllreport c/o Arbeitsgemeinschaft Schacht KONRAD e.V; 28.09.2020)

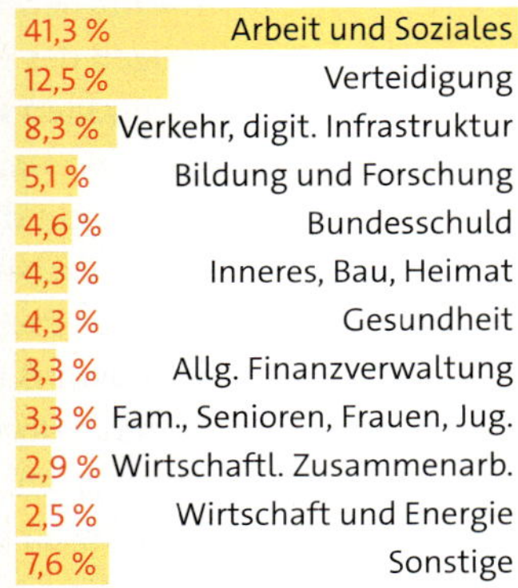

1 Bundeshaushalt (359,9 Mrd. €)

Grundlagen Gefährdung durch Strahlung

Bei der Einordnung der Textpassagen zur Finanzierung der Endlagerkosten ist kein physikalisches Grundwissen erforderlich. Die wirtschaftliche Größenordnung ist schwer vorstellbar, bestenfalls mit den Zahlenwerten aus dem Bundeshaushalt im Jahr 2020. ▸ 1

Sei es die Endlagerung radioaktiven Abfalls, die dabei zu berücksichtigenden Sicherheitsaspekte oder die Belastung durch eine Röntgenaufnahme: Immer müssen die Grundprinzipien des Strahlenschutzes berücksichtigt werden. Hier wird der historische Begriff der radioaktiven Strahlung auf die allgemeinere Definition der ionisierenden Strahlung erweitert. Damit werden Röntgenstrahlung, aber auch Teilchenstrahlung, bestehend aus Ionen oder Neutronen, mit in die Betrachtung aufgenommen.

Die Ionisierung in der durchstrahlten Materie und die dabei vom Gewebe absorbierte Energie sind physikalisch messbar. Dazu muss eine biologische Wirkung auf die lebende Zelle und damit auf den Gesamtorganismus nachgewiesen werden können. Sie hängt von der Teilchenenergie, der Strahlenart und dem Gewebetyp ab. ▸ 4

Der Leitgedanke ist ein Vergleich der Einwirkung mit einer entsprechenden, natürlich auftretenden Strahlung: Die Belastung einer einmaligen Röntgenuntersuchung kann abgeschätzt werden, indem man sie z. B. mit dem einmaligen Verzehr einer Banane, die radioaktives Kalium enthält, der jährlichen Belastung durch die Nahrungsaufnahme oder durch die Spätfolgen des Reaktorunfalls in Tschernobyl vergleicht. ▸ 2

HINWEIS

Trifft ionisierende Strahlung auf lebende Zellen, kann sie durch Ionisationsvorgänge oder andere Veränderungen an Molekülen Schäden in den Zellen und Organismen hervorrufen.

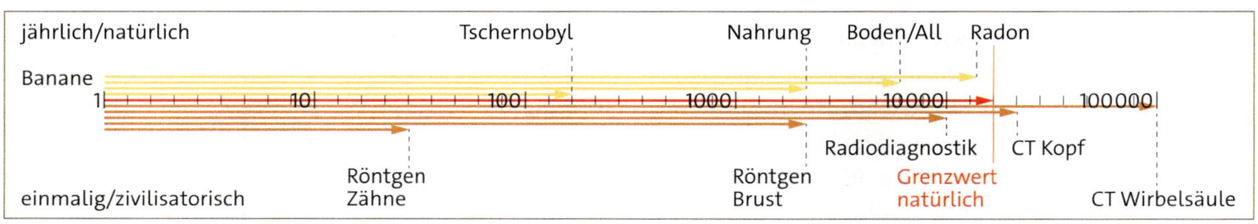

2 Größenordnung der Strahlenbelastung

Grundlagen Biologische Wirkung

Biologische Wirkung Mit der Nahrungsaufnahme oder durch Einatmung können radioaktive Teilchen in den Körper gelangen. Dort finden radioaktive Zerfälle statt. Durch ihre ionisierende Wirkung treten im biologischen Gewebe Veränderungen an Molekülverbindungen auf. Ebenso entstehen freie Radikale, die z. T. toxische Verbindungen bilden. Diese schädigen wichtige Funktionseinheiten wie DNA oder Proteine. ▸ 3
Der Organismus kann solche Schäden bis zu einem gewissen Grad ausgleichen, indem er geschädigte Zellen erkennt und den gesunden Zustand wiederherstellt. Einwirkdauer und Energie der Strahlung, also die Strahlungsleistung sind dabei entscheidend. Eine hohe Strahlungsleistung schädigt innerhalb kurzer Zeit eine Vielzahl von Zellen und überfordert die Reparaturmechanismen des Körpers. Zellen vermehren sich in krankhafter Weise und Krebs entsteht oder Zellen sterben ab. ▸ 4
Verteilt sich die Strahlungsenergie aber über einen längeren Zeitraum, so kann der Organismus die entstehenden Schäden meist besser verarbeiten. Ein gewisses stochastisches Risiko der Erkrankung besteht aber trotzdem.

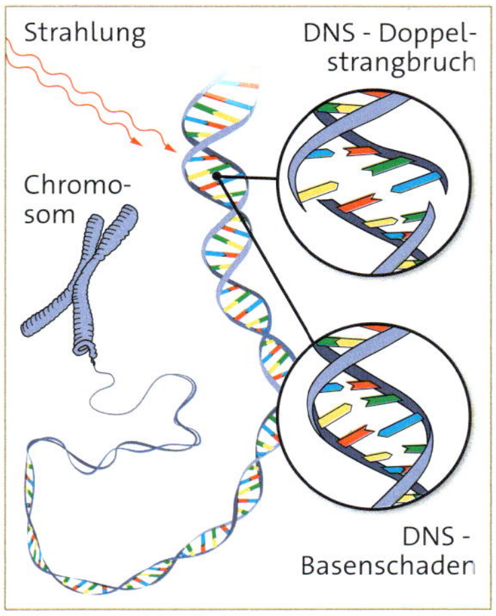

3 Genetische Schäden

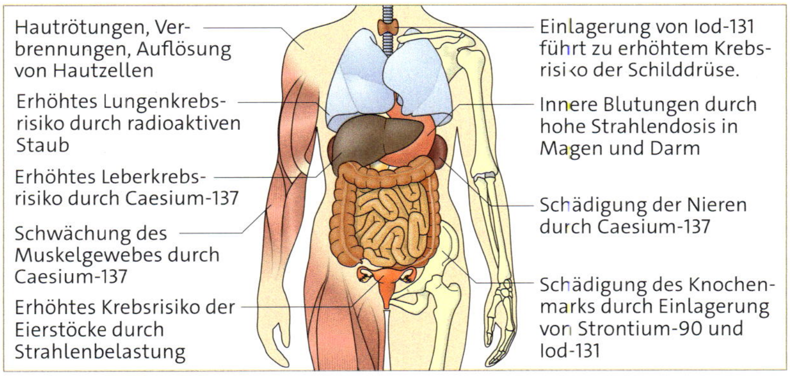

4 Biologische Wirkung radioaktiver Strahlung

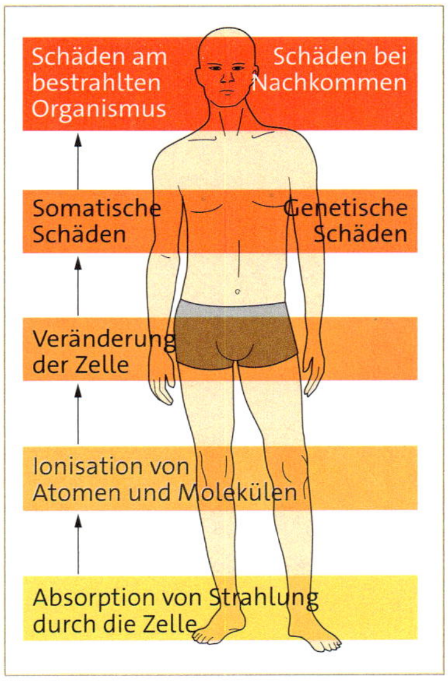

5 Schäden im Gewebe und genetische Schäden

Strahlenschutz Zur Minimierung der Risiken im Umgang mit radioaktiven Stoffen sind die 5-A-Grundregeln des Strahlenschutzes zu beachten.
Abstand erhöhen: Von Vorteil ist hier die begrenzte Reichweite von Alpha- und Beta-Strahlung sowie die $\frac{1}{r^2}$-Abhängigkeit der Strahlungsintensität.
Abschirmung verwenden: Glas (α-), Metallkassetten (β-) und Bleiummantelungen (γ-Strahlung) schirmen zuverlässig einen Großteil der jeweiligen Strahlung ab.
Aufenthaltsdauer minimieren: Die aufgenommene Strahlungsenergie und damit eine mögliche Schädigung hängen direkt von der Einwirkdauer ab.
Aktivität des Präparats verringern: Gleiches gilt für die Aussendung der Strahlung. Mehr Zerfälle, also ein aktiveres Präparat oder eine größere Stoffmenge, haben mehr Strahlung zur Folge.
Aufnahme in den Körper vermeiden: Der Schutz durch Abstand oder Abschirmung ist nicht mehr möglich, wenn sich der radioaktive Strahler im menschlichen Körper befindet. Deshalb ist die Aufnahme von radioaktiven Atomkernen in den Körper zu vermeiden. Nach dem Umgang mit radioaktiven Materialien muss man sich unbedingt die Hände waschen.

Aus der Umwelt: Die Radon-Problematik

Im Erdinneren zerfallen seit Entstehung der Erde radioaktive Uranisotope. Im Laufe der Zerfallskette von U-238 tritt dabei auch das radioaktive Edelgas Radon mit dem Isotop Rn-222 auf. Es steigt aus dem Bodengestein nach oben an die Erdoberfläche. Durch poröse Untergründe oder Fundamentrisse gelangt es in Höhlen oder auch in die Kellerräume unserer Wohngebäude. In Kabelschächten und schlecht abgedichteten Mauerdurchbrüchen dringt das Radon dann in die Wohnräume. Eine gute Belüftung, speziell der Kellerräume schafft hier Abhilfe. ▸1, 2

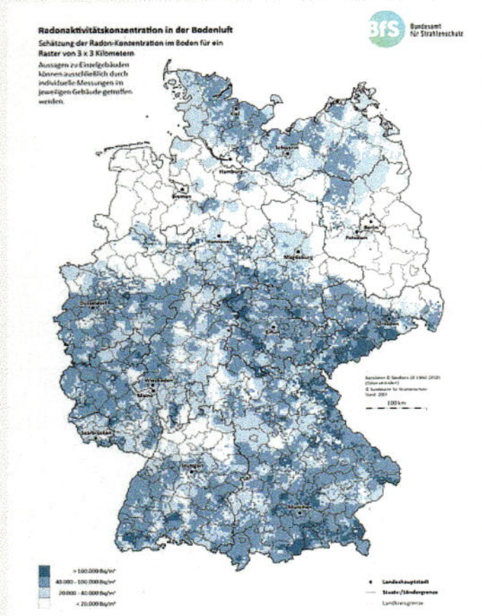

1 Radonbelastung

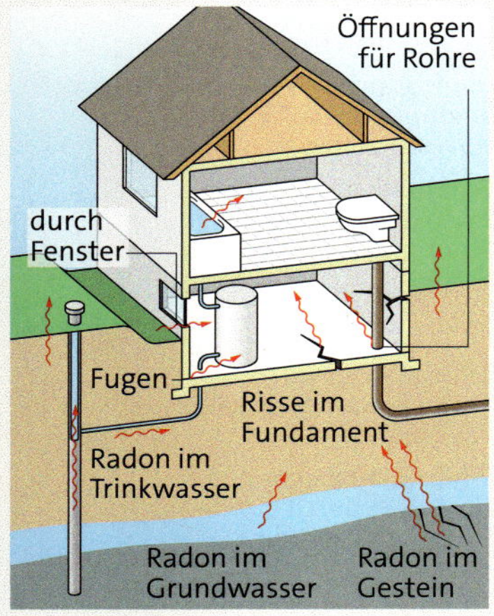

2 Radonbelastung im Haus

Ungeachtet dessen werben Kurorte mit Radonkuren. Dabei ruhen die Kurpatienten für eine Stunde in einer Höhle bei einer im Vergleich zur normalen Umgebung stark erhöhten Radonkonzentration in der Luft.
„Radon und seine radioaktiven Zerfallsprodukte gelangen während der Therapie in Wannenbädern oder Inhalatorien (z. B. in Thermal-Heilstollen) unmittelbar durch die Haut in den Körper des Patienten bzw. werden mit der Luft eingeatmet und entfalten dort ihre Heilwirkung, insbesondere auf das Immunsystem. Wegen der natürlichen Radioaktivität von Radon und seinen radioaktiven Zerfallsprodukten wird von Kritikern der Radon-Therapie in Wannenbädern oder Inhalatorien ein Lungenkrebsrisiko für den Patienten abgeleitet und mit dem Lungenkrebsrisiko durch Radon in Wohnungen mit erhöhter Radon-Konzentration gleichgesetzt.

…

Radon hat zwar bei Uran-Bergarbeitern und lebenslangem Wohnen in Gebäuden mit geologisch bedingtem hohem Radongehalt Lungenkrebs mit einer Wahrscheinlichkeit im Prozentbereich verursacht.

…

Die Strahlendosis einer Radon-Kur im Wannenbad oder in einem Inhalatorium (auch in einem Radon-Thermal-Heilstollen) ist höchstens gleich oder deutlich kleiner als die natürliche Strahlendosis und deren Schwankungsbreite, der jeder Mensch während eines ganzen Jahres ausgesetzt ist.
(*Quelle:* www.radonrevitalbad.de/Heilmittel-Radon/Fuer-Patienten/Patienteninformation-zur-Radontherapie; 22. 06. 2021)

1 Recherchiere unter den Stichworten: „Radon“ „Radonbelastung in Gebäuden“, „Radonkur“ und ähnlichen Begriffen.

a Kategorisiere deine Quellen nach den Kriterien 3 und 4 auf ▸ S. 185.
Verlässlichkeit der Quelle: Hier reichen die Informationen vom Bundesamt für Strahlenschutz über Seiten von ärztlichen oder Fremdenverkehrs-Verbänden bis hin zu privaten Posts.
Überprüfbarkeit: Sind die Aussagen mit deinem Wissen überprüfbar, widersprechen sie den Verlautbarungen von offiziellen Stellen?
Interessenlage: Ist die Interessenlage der Urheber der Seite bekannt oder erkennbar? Ein Fremdenverkehrsverband wird andere Argumente in den Vordergrund stellen als ein öffentliches Forschungsinstitut. Vorsicht ist bei privaten Instituten geboten. Hier sollte Klarheit über die Finanzierung der Forschung bestehen.

b Prüfe die Kernaussagen der jeweiligen Quelle mithilfe deiner Fachkenntnisse auf Plausibilität. Belege deine Beurteilungen entsprechend. Ziehe dabei die Empfehlungen des Bundesamts für Strahlenschutz heran.

Aufgaben und Aufträge

1 Vergleiche eine zivilisatorisch bedingte Quelle der Strahlenbelastung mit einer natürlichen Quelle aus deinem Umfeld. Das kann z. B. die radioaktive Strahlung aus dem Erdboden oder eine zahnärztliche Untersuchung sein.

a Recherchiere und vergleiche die Fakten (Ursachen, Notwendigkeit, Dauer …) der beiden Strahlenbelastungen.

b Erstelle für eine Diskussion eine Liste von Pro- und Kontra-Argumenten zu Themen wie z. B. eigene Betroffenheit, Vermeidbarkeit oder Notwendigkeit dieser Belastungen.

2 Strahlenschutz bei Schulexperimenten

a Begründe anhand der vorgegebenen oder eigenen Messbeispiele (► S. 180 f.) die Abstands und Abschirmungsregel des Strahlenschutzes.

b Begründe in gleicher Weise die Regel zur Aufenthaltsdauer und Aktivität.

c Erstelle eine konkrete Empfehlung für das Arbeiten in einer Schülerübung.

3 Sind unsere Wildschweine belastet?

3 Wildschweine

Immer wieder sind in den Medien Berichte über die Belastung von Pilzen und Waldtieren zu lesen. Hier unter dem griffigen Titel: *Strahlende Sauerei! Die Wildschweine im Süden der Stadt sind radioaktiv belastet. Und zwar so stark, dass rund ein Drittel des geschossenen Wildes nicht mehr zum menschlichen Verzehr geeignet ist und entsorgt werden muss. Dieser Wert ist etwa acht Mal so hoch wie im Vorjahreszeitraum!*
Ein Forstbetriebsleiter, sagt: Die höchste festgestellte Belastung betrug bei einem der dort getöteten Wildschweine ungefähr das Zehnfache des erlaubten Werts von 600 Zerfällen pro kg Fleisch. Im Landkreis Ebersberg wurde die überhöhte Strahlenlast zum Beispiel zeitweise bei 80 Prozent aller geschossenen Wildschweine festgestellt.
(https://www.tz.de/muenchen/stadt/thalkirchen-obersendling-forstenried-fuerstenried-solln-ort43351/strahlende-sauerei-so-radioaktiv-sind-forstenrieds-wildschweine-zr-9748877.html)

a Recherchiere in amtlichen Quellen die Belastung von Wildtieren und Pilzen in deiner Umgebung.

b Schätze anhand deiner persönlichen Ernährungsgewohnheiten die Belastung für dich und deine Familie ab.

c Beurteile anhand der Halbwertszeiten der belastenden radioaktiven Isotope den Zeitraum der Gefährdung.

4 Recherchiere, wenn möglich auch in einem persönlichen Gespräch, über ein Berufsfeld von „strahlenexponierten" Personen. Diese arbeiten etwa mit Röntgengeräten oder radioaktiven Quellen oder sind einer erhöhten natürlichen Strahlenbelastung ausgesetzt (z. B. Bergleute oder Flugpersonal). ► 4

4 Bergarbeiter

Erkundige dich, wie hier die Vorgaben des Strahlenschutzes umgesetzt werden. Erstelle mit deinen Informationen einen Infoflyer „Berufsbild" für ein Unternehmen.

5 Im Rahmen der Strahlenschutzverordnung wird bei den zulässigen Grenzwerten der zivilisatorischen Belastung zwischen Jugendlichen, Erwachsenen und schwangeren Frauen unterschieden. Begründe diese Vorgaben.

Überblick

Aufbau der Atome Alle Stoffe bestehen aus Atomen. Atome bestehen aus Elektronen, Protonen und Neutronen. Die Elektronen bilden die Hülle des Atoms. Protonen und Neutronen bilden den winzigen Atomkern. Die Atomkerne verschiedener chemischer Elemente enthalten eine für das jeweilige Element charakteristische Protonenzahl. Ein neutrales Atom enthält ebenso viele Elektronen wie Protonen. Die Kernbausteine bestehen wiederum aus Quarks. Im vereinfachten Modell treten diese in 2 Zuständen – up und down – mit den gedrittelten Elementarladungen $-\frac{1}{3}$ und $+\frac{2}{3}$ auf.
Die Anzahl der Neutronen (N) kann bei einem Element unterschiedlich sein. Man spricht dann von unterschiedlichen Isotopen desselben Elements.

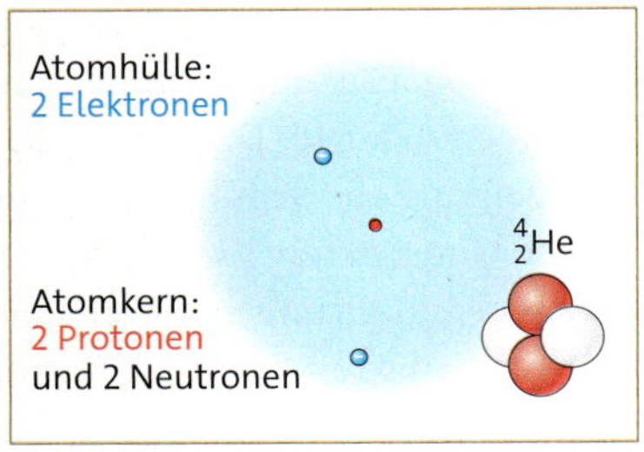

1 Helium in Kern-Hülle-Modell

Radioaktivität Einige Atomkerne sind nicht stabil. Sie wandeln sich spontan in andere Atomkerne um. Dabei senden sie α-, β- oder γ-Strahlung aus. Die ausgesandte Strahlung hat eine ionisierende Wirkung.
Alpha-Strahlung besteht aus positiv geladenen Heliumkernen.
Beta-Strahlung besteht aus negativ geladenen Elektronen. Bei der Umwandlung eines d- in ein u-Quark wird aus einem Neutron ein Proton, der Ladungsausgleich erfolgt durch die Aussendung eines negativ geladenen β-Teilchens.
Gamma-Strahlung besteht aus energiereichen Photonen und ist ein Teil des elektromagnetischen Spektrums. Sie ist – wie Licht – elektrisch ungeladen und wird deshalb im Magnetfeld nicht abgelenkt.

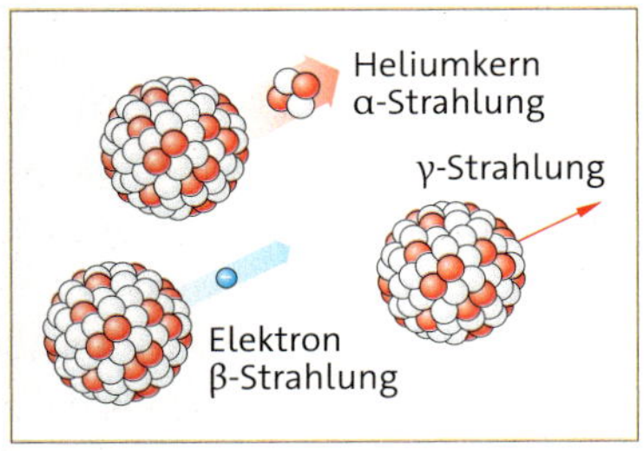

2 Drei Strahlungsarten

Massendefekt Beim radioaktiven Zerfall wird Masse in Energie zur Aufhebung der Bindungen im Kern umgewandelt. Der Massendefekt Δm beschreibt den Unterschied zwischen den Massen der Ausgangs- und der Endprodukte einer Kernreaktion. Der Massendefekt lässt sich nach der Masse-Energie-Äquivalenz als umgewandelte Bindungsenergie der Kernbausteine interpretieren.
Die fehlende Masse wird gemäß $\Delta E = \Delta m \cdot c^2$ als Energie frei.

Halbwertszeit Die Halbwertszeit gibt an, wie lange es durchschnittlich dauert, bis die Hälfte eines radioaktiven Stoffs zerfallen ist.
Für einen einzelnen Atomkern kann man nicht vorhersagen, ob er in einem bestimmten Zeitraum zerfällt. Wie beim Würfeln lässt sich dafür nur eine Wahrscheinlichkeit angeben.

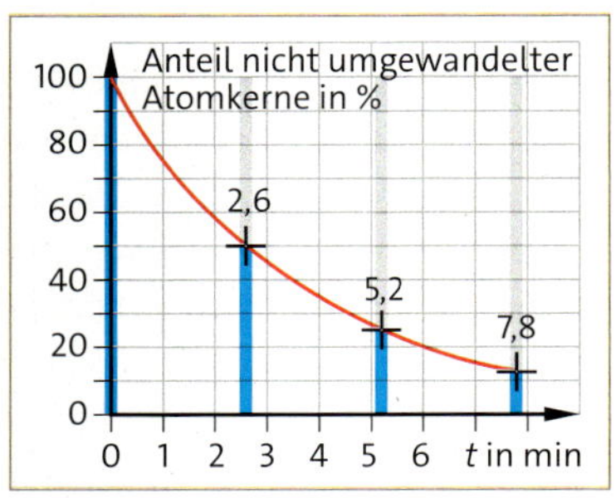

3 Umwandlung von Barium $^{137}_{56}$Ba

Schutz vor radioaktiver Strahlung Ionisierende Strahlung kann Schäden im menschlichen Körper hervorrufen. Um die Strahlenbelastung möglichst gering zu halten, sollte man unbedingt die fünf A des Strahlenschutzes befolgen: Abstand erhöhen, Abschirmung verwenden, Aktivität verringern, Aufenthaltsdauer minimieren und Aufnahme in den Körper vermeiden.

Testaufgaben zu „Kernphysik“

1 Alle Atome, die schwerer als das einfache Wasserstoffatom sind, bestehen aus Protonen, Neutronen und Elektronen.

a Nenne die Ladung der einzelnen Bausteine.

b Vergleiche die Massen der Bausteine.

c Triff eine Aussage über die Anzahl der jeweiligen Bausteine im Atom.

d Beschreibe die Kernumwandlungen von Tritium $^{3}_{1}H$ zu normalem Wasserstoff $^{1}_{1}H$ in einem zweimaligen β-Zerfall unter Berücksichtigung des Quark-Modells.

2 Gib den Namen des chemischen Elements und die Anzahl der jeweiligen Kernbausteine an: $^{1}_{1}H$; $^{2}_{1}H$; $^{4}_{2}He$; $^{16}_{8}O$; $^{56}_{26}Fe$; $^{57}_{26}Fe$; $^{198}_{80}Hg$

3 Erläutere den Begriff *Isotop*.

4 Radioaktivität und ihr Nachweis

a Erläutere den Begriff *Radioaktivität*. Beschreibe die atomaren Umwandlungen und Strahlungen.

b Zum Nachweis der Radioaktivität wird ein Präparat unmittelbar in die Nähe eines geladenen Elektroskops gebracht. Beschreibe eine mögliche Beobachtung. Erkläre die Beobachtung.

c Ist das Präparat mehr als 10 cm vom Elektroskop entfernt oder hält man ein Blatt Papier in den Zwischenraum, so verändert sich die Zeigerstellung des Elektroskops nicht. Erläutere.

d Radioaktivitätsmessungen werden durch die, auch ohne Präparat vorliegende, Strahlung beeinflusst. Beschreibe dein Vorgehen bei Durchführung und Auswertung eines Experiments zur Abschirmung mittels Bleiplatten.

e Ordne α-, β- und γ-Strahlung nach ihrer Durchdringungsfähigkeit durch Materialien.

f Erläutere die Gefährlichkeit von alphastrahlenden Partikeln beim Einbringen in den menschlichen Körper.
Gehe dabei besonders auf die Ionisierungsfähigkeit und die Reichweite ein.

5 Das Radonisotop Rn-223 wandelt sich unter Aussendung von β-Strahlung in Francium um. Stelle die Reaktionsgleichung auf.

6 Formuliere die Zerfallsgleichungen in Worten.

a $^{228}_{90}Th \rightarrow ^{224}_{88}Ra + ^{4}_{2}\alpha$

b $^{14}_{6}C \rightarrow ^{14}_{7}N + ^{0}_{-1}\beta$

c $^{131}_{54}Xe^{*} \rightarrow ^{131}_{54}Xe + \gamma$

7 Stelle die Kerne und Teilchen in sinnvoller Weise zu einer Reaktionsgleichung zusammen.

a $^{0}_{-1}e$; $^{14}_{6}C$; $^{14}_{7}N$

b $^{226}_{88}Ra$; $^{222}_{86}Rn$; $^{4}_{2}He$

c $^{0}_{-1}e$; $^{137}_{56}Ba$; $^{137}_{55}Cs$

8 Erläutere den Begriff *Halbwertszeit*.

9 Fluor-18 ($^{18}_{9}F$) wird als radioaktiver Marker verwendet und hat eine Halbwertszeit von 2,0 h. Bestimme die Masse des radioaktiven Stoffs, die nach 6,0 h noch im Körper ist, wenn ursprünglich 5,0 mg injiziert wurden.

10 Erläutere den Begriff *Massendefekt*.

11 Für Personen, die beruflich häufig mit ionisierender Strahlung zu tun haben, gelten besondere Schutzmaßnahmen. Nenne die wichtigsten Regeln, die dabei einzuhalten sind.

Aufgabe	Fähigkeit	Hilfe auf Seite ...
1, 2, 3, 4, 5, 6, 7, 10	Zerfallsgleichungen zu α-, β- und γ-Zerfällen aufstellen.	188
8, 9	Halbwertszeit radioaktiver Isotope grafisch oder mittels Berechnungen bestimmen.	196
11	Eigene Bewertungen zu einem Thema aus dem Bereich Radioaktivität formulieren.	200 f.

▸ Die Lösungen findest du auf Seite 303.

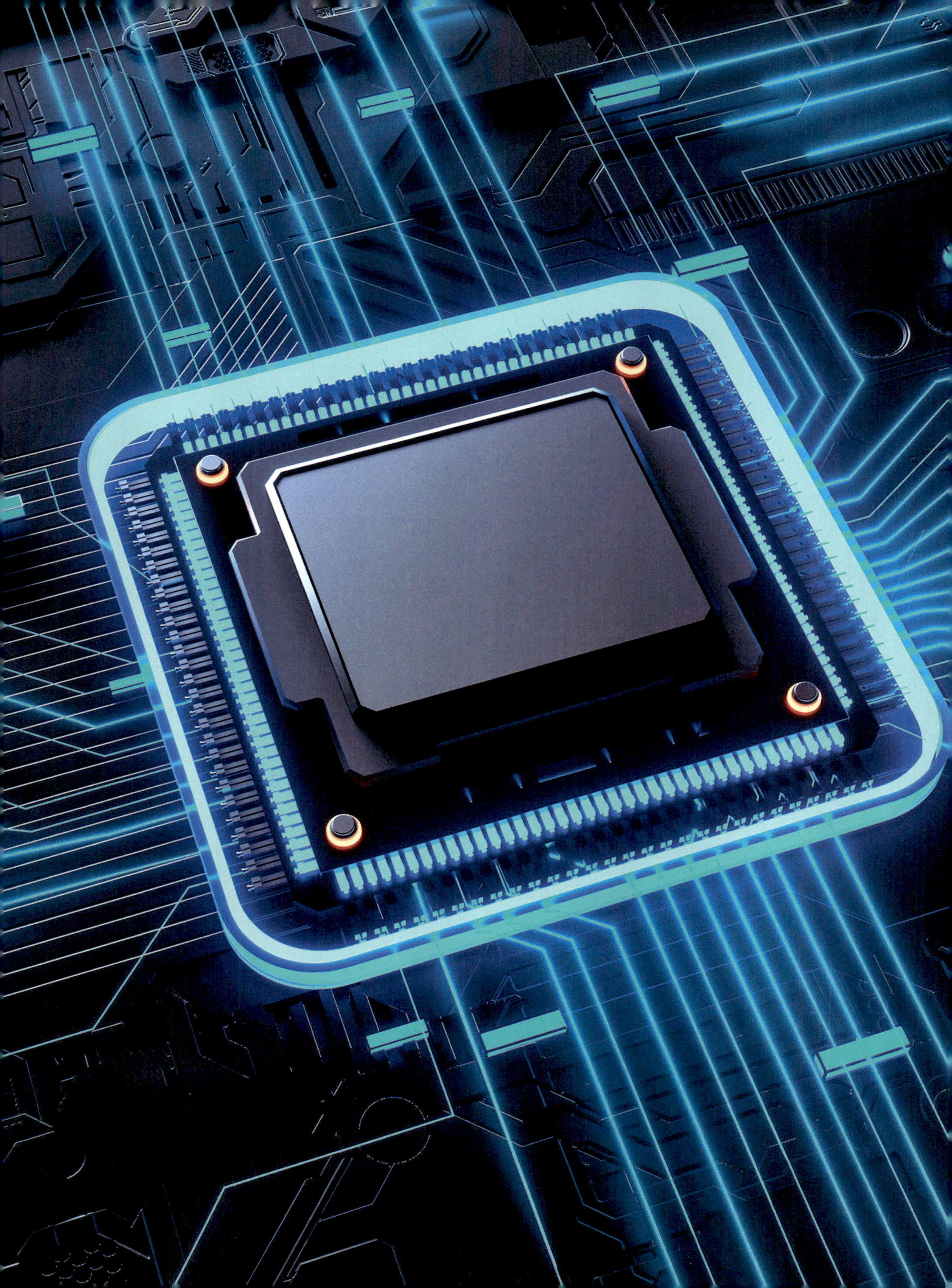

Profilbereich

Ein kleines Gebiet am Golf von San Francisco, der Fläche nach kaum größer als Berlin, beherbergt die größten und bedeutendsten Computerfirmen der Welt. Der Spitzname „Silicon Valley“ stammt aus den 1970er Jahren. Man brachte damit zum Ausdruck, dass das verbindende Element all dieser neuen Technologien der Halbleiter Silicium ist, dessen besondere elektrische Eigenschaften diese Entwicklungen erst ermöglichten. Computerchips, Solarzellen, Flachbildschirme und unzählige andere elektronische Bauteile enthalten als wesentliche Bestandteile kleine Silicium-Kristalle.

Modelleisenbahnen stellen oft eine Welt im Miniaturformat dar. Und wie im richtigen Leben sollen die Züge vor einem Signal langsam abbremsen und danach langsam wieder anfahren. Abruptes Anfahren oder Abbremsen ist dagegen nicht erwünscht.
Für das richtige Brems- und Anfahrverhalten sorgen elektronische Bauelemente, die *Halbleiter* enthalten.

Halbleiter

Elektronische Bauteile können auch Einbrecher „überführen“. Bei manchem Juwelier löst z. B. die (unbefugte) Verdunklung eines Schaukastens den Alarm aus. Als „Wächter“ dient ein Bauteil, das seinen Widerstand mit der Helligkeit ändert. ▸ 2
Um ein elektrisches Gerät, das eine Gleichspannung benötigt, an eine Wechselspannung anschließen zu können, braucht man besondere Halbleiterbauteile: *Dioden*. ▸ 3
Diese setzt man ein, um den Strom „gleichzurichten“. Der elektrische Strom fließt dann nur noch in eine Richtung.
Als Tagesfahrlicht bei Pkws sind spezielle *Leuchtdioden (LED: light emitting diode)* geeignet. Für die gleiche Helligkeit benötigen sie deutlich weniger Energie als Glühlampen. Leuchtdioden haben zudem den Vorteil, dass sie sehr robust sind. ▸ 4, 5

Leucht- und Fotodioden werden auch bei Pulsoximetern eingesetzt. ▸ 6
Pulsoximeter messen nichtinvasiv und damit völlig schmerzfrei die Pulsfrequenz und die partielle Sauerstoffsättigung im Blut. Zum Einsatz kommen diese Geräte vor und während einer Operation. Auch im Leistungssport oder bei Bergsteigern ist eine Sauerstoffkontrolle nötig.

2 Fotowiderstände

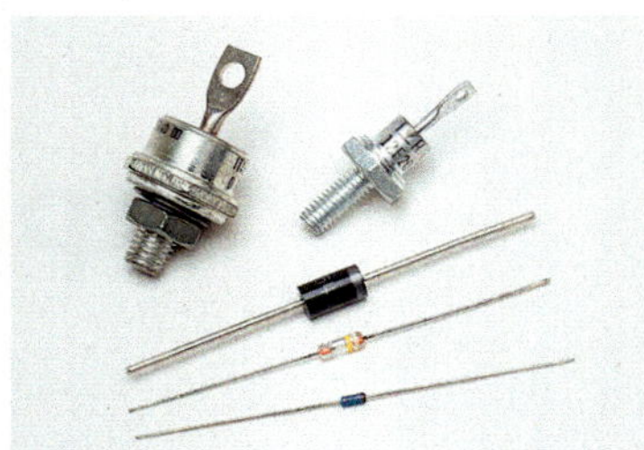

3 Halbleiterdioden

4 Leuchtdioden am Pkw

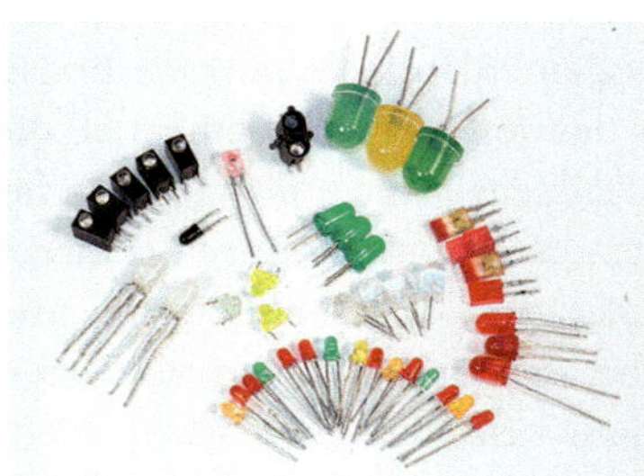

5 Leuchtdioden (LED)

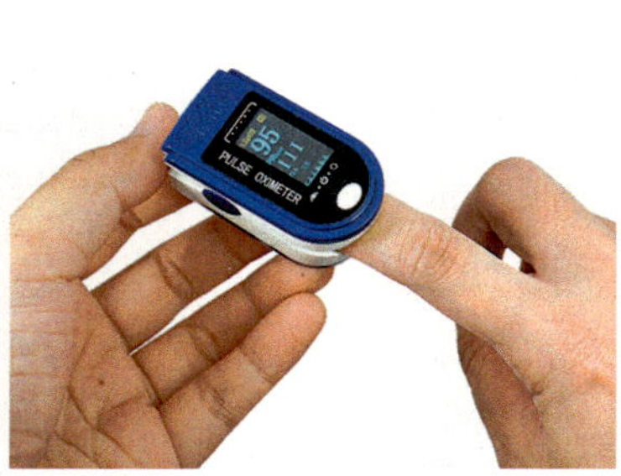

6 Pulsoximeter

Aktivitäten

1 Es gibt nicht nur gute und schlechte Leiter

Unter dem elektrischen Widerstand eines Bauteils versteht man die Eigenschaft, den Elektronenstrom zu hemmen.

a Untersucht den Widerstandswert verschiedener elektrischer Bauteile nach dem Einschalten. ► 7
Tipp: Bei gleicher Spannung ist die Stromstärke ein Maß für den Widerstandswert. Vervollständigt dazu folgenden Satz in euren Heften: Je größer die Stromstärke ist, desto …

b Bleibt der Widerstandswert jeweils gleich groß? Ermittelt das Bauteil, dass den elektrischen Strom am besten und das Bauteil, dass den Strom am schlechtesten leitet.

c Hinter „Bauteil Nummer ③" verbirgt sich ein Kaltleiter-Widerstand (PTC): Nimmt die Temperatur zu, so erhöht sich auch der Widerstand. Erläutere, dass die Bezeichnung „Kaltleiter" gerechtfertigt ist. Plant ein Experiment, das dieser Fragestellung nachgeht und führt es durch. Dokumentiert das Experiment in einem strukturierten Protokoll. ► S. 290

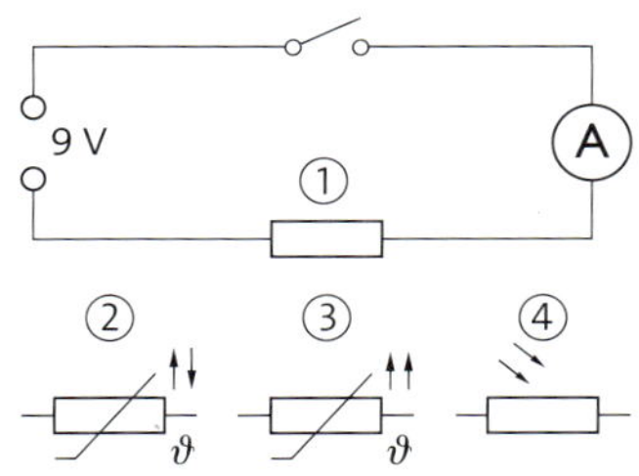

7 Gute und schlechte Leiter

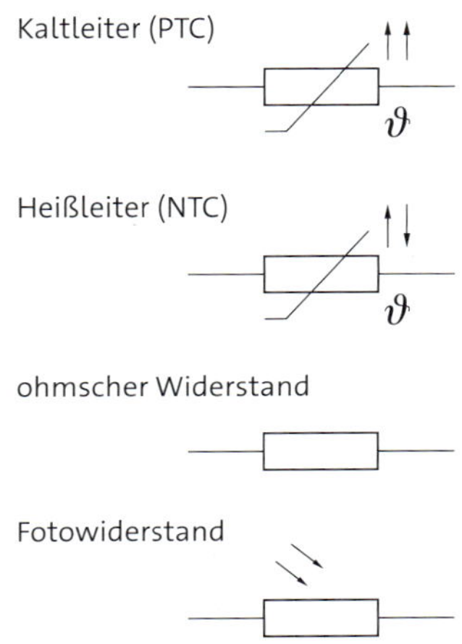

10 Bauteile

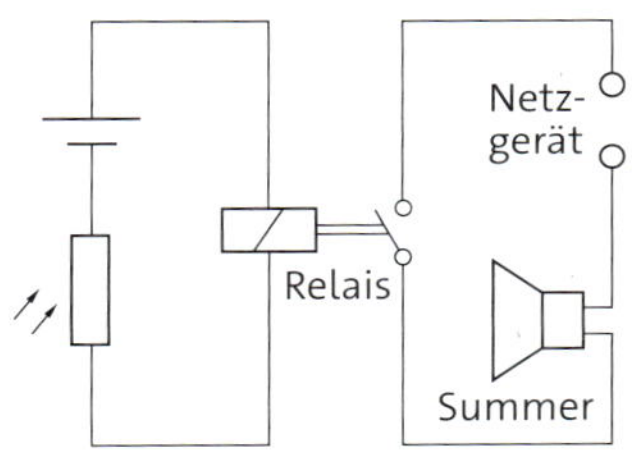

8 Einfache Alarmanlage

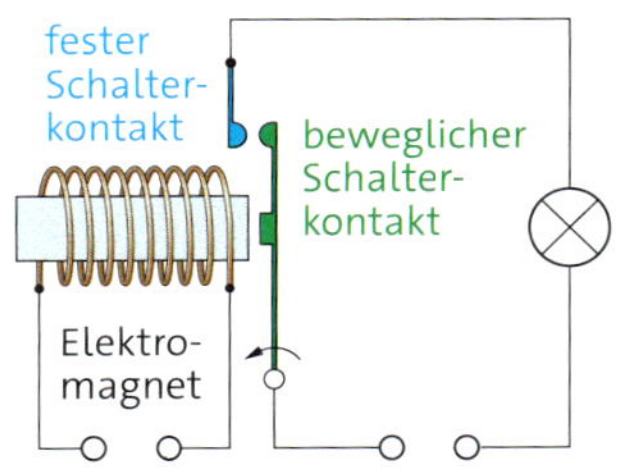

9 Aufbau Relais

2 Eine einfache Alarmanlage

Das „Herzstück" einer einfachen Alarmanlage, die einen mit Taschenlampe „bewaffneten" Einbrecher in der Nacht melden soll, ist ein LDR *(light dependent resistor)*.

a Beschreibe die Funktionsweise dieser Schaltung. ► 8
Hinweis: Das Relais ist ein elektromagnetischer Schalter. Nur bei einem genügend großen Strom in der Spule wird der bewegliche Schalterkontakt angezogen, so dass die rechte Leitung geschlossen wird. ► 9

b Baue die Alarmanlage auf und probiere sie aus.

c Entwickle Möglichkeiten, um diese einfache Alarmanlage zu optimieren.

d Erstelle eine digitale Präsentation, in der zwei verschiedene Möglichkeiten zur Optimierung für deine Mitschülerinnen und Mitschüler aufbereitet und vorstellt werden.

3 Elektronische Wächter

Entwirf und teste Schaltungen für folgende „Wächter".

a Brandmelder – Heißleiter-Widerstand (NTC) und Klingel

b Heizölwarnlampe („Tank leer!") – PTC-Widerstand und Glühlampe

Aktivitäten

4 Eine Einbahnstraße für den elektrischen Strom

Der Widerstandswert eines ohmschen Widerstands ist von äußeren Einflüssen (z. B. Temperatur) weitgehend unabhängig. Es spielt auch keine Rolle, welcher Anschluss mit dem Pluspol der elektrischen Energiequelle verbunden wird und welcher mit dem Minuspol: Es ergibt sich jeweils die gleiche Stromstärke.
Gilt dies auch für eine *Diode*?

a Baut die Diode in verschiedenen „Richtungen“ in den Stromkreis ein. Messt jeweils die Stromstärke bei $U = 4{,}0\,V$ und $U = 6{,}0\,V$. ▸ 1
Vergleicht die Messwerte und formuliert ein Ergebnis.

b Ergänzt in euren Heften die folgende Einbauanleitung: „Damit die Diode in Durchlassrichtung geschaltet ist, muss …“
„Damit die Diode in Sperrrichtung geschaltet ist, muss …“

5 Leuchtdiode

Auch Leuchtdioden wirken im elektrischen Stromkreis wie eine Einbahnstraße. ▸ 2
Mithilfe zweier Leuchtdioden kannst du zeigen, dass die Polung der Spannung, die ein Fahrraddynamo erzeugt, immer wieder wechselt. Entwirf zuerst einen Schaltplan und probiere es dann aus. ▸ 3
Achtung: Die Leuchtdioden müssen durch den Festwiderstand vor zu großer Stromstärke geschützt werden!
Tipp: Falls du keinen Dynamo zur Hand hast, kannst du die Leuchtdioden an eine Spule anschließen.
Tauche dann einen Magneten immer wieder in die Spule ein und ziehe ihn anschließend heraus.

6 Schülerexperiment: Aufnahme der Kennlinie einer Diode

Baut eine Diode in Durchlassrichtung (▸ Aktivität 4) in einen Stromkreis ein. Bestimmt die Stromstärken, die sie bei verschiedenen Spannungen zulässt. ▸ 4
Dokumentiert das Experiment in einem strukturierten Protokoll.
Achtung: Vergesst nicht, den Festwiderstand einzubauen – er soll die Stromstärke so begrenzen, dass die Diode nicht zerstört wird!

a Verändert die Spannung an der Diode und messt jeweils die Stromstärke. Notiert die Werte in einer Tabelle.

b Berechnet für jedes Wertepaar den elektrischen Widerstand, den die Diode bei dieser Einstellung hat. Tragt die Werte ebenfalls in die Tabelle ein.

c Tragt die Wertepaare in ein *U-I*-Diagramm bzw. ein *U-R*-Diagramm ein. Zeichnet jeweils die Messkurve (Ausgleichskurve).
Hinweis: Das *U-I*-Diagramm wird auch als Kennlinie bezeichnet.

d Die Diode lässt erst ab einer bestimmten Schwellenspannung U_s einen größeren Strom zu.
Bestimmt U_s anhand des *U-I*-Diagramms.
Formuliert eine Aussage über den Widerstand der Diode bei Spannungen oberhalb der Schwellenspannung.

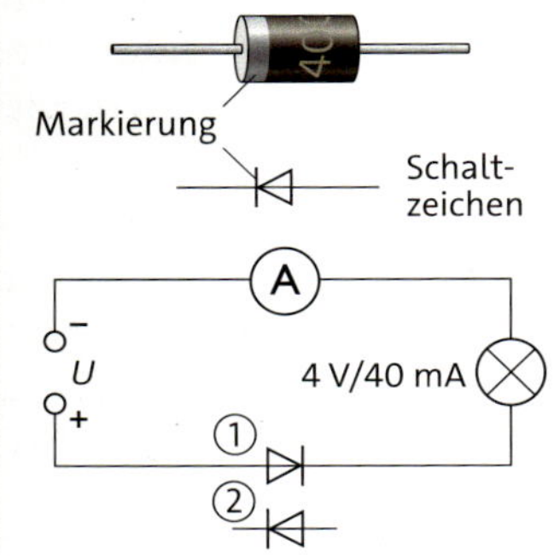

1 Diode im Stromkreis

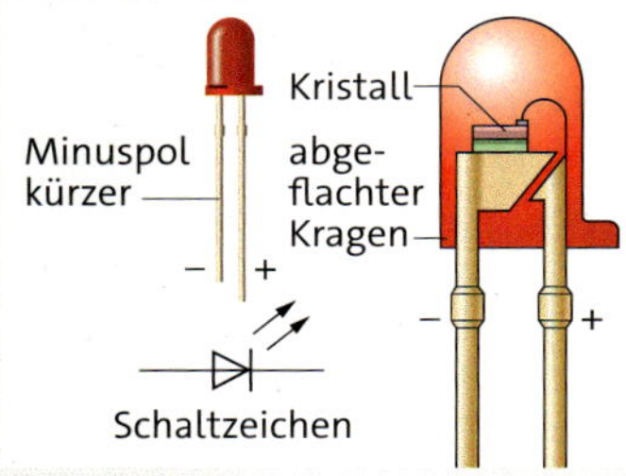

2 Leuchtdiode (LED)

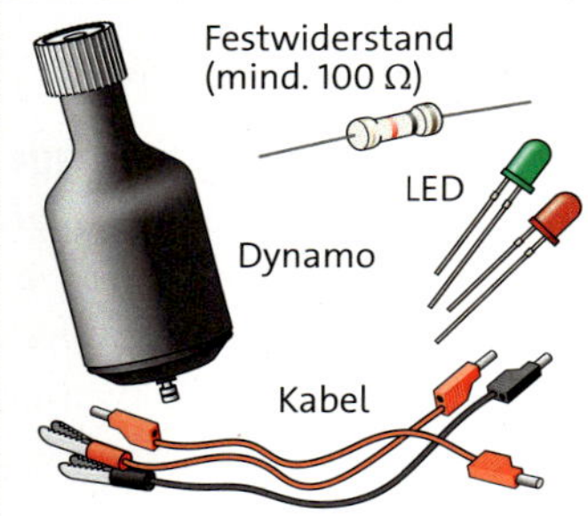

3 Experimentiergeräte

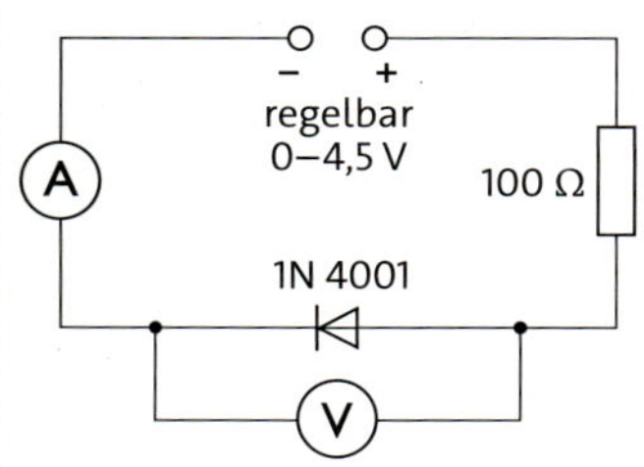

4 Aufnahme der Kennlinie der Diode

Aktivitäten

7 Fotodiode

Mit Fotodioden kann man die Helligkeit messen. Je nach Beleuchtung ändert sich ihr Widerstand bzw. die Spannung zwischen ihren Anschlüssen. ▸5

a *Fotodiode als Spannungserzeuger*

Stellt die Lampe zunächst 5 bis 10 cm entfernt von der Fotodiode auf. Bildet die Glühwendel mit der Sammellinse scharf auf die Fotodiode ab. Erhöht dann die Helligkeit der Lampe, indem ihr die Betriebsspannung in mehreren Schritten von 0 auf 6 V steigert. Messt jeweils die Spannung an der Fotodiode und notiert die Werte in einer Tabelle. ▸6 ①

Stellt die Messwerte in einem Diagramm dar. Beschreibt den Spannungsverlauf an der Fotodiode.

b *Fotodiode als lichtabhängiger Widerstand*

Schließt jetzt die Fotodiode in Sperrrichtung an eine Batterie an. *Achtung:* Die Anschlüsse der Fotodiode dürfen nicht vertauscht werden! ▸6 ②

Beschreibt die Änderung der Stromstärke in diesem Stromkreis, wenn die Spannung an der Lampe wieder von 0 auf 6 V erhöht wird.

5 Fotodiode

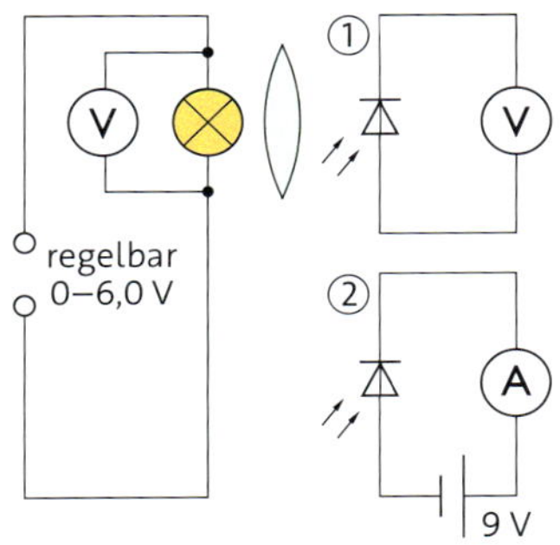

6 Experimente mit Fotodiode

Grundlagen Die „Bandbreite" der Widerstände

Stelle dir einmal ein Haar und einen „Wolkenkratzer" nebeneinander vor: Zwischen der Höhe des Hauses (10^2 m) und der Dicke des Haars (10^{-4} m) liegen sechs Zehnerpotenzen oder „Größenordnungen". Dieser Unterschied ist in der Welt der Widerstände nicht sehr beeindruckend: Zwischen den Widerständen von Kupfer und Keramik liegen 30 „Größenordnungen". ▸7

Der Übergang zwischen den Extremen ist fließend: Er beginnt bei den Metallen als sehr guten Leitern und reicht bis hin zu schlechten Leitern – den Isolatoren. Im mittleren Bereich liegen die Halbleiter, wie z. B. Germanium und Silicium. Sie haben bei Raumtemperatur einen hundert Millionen Mal (10^8-mal) so großen Widerstand wie Metalle. Oder anders formuliert: Metalle leiten bei Raumtemperatur hundert Millionen Mal besser als Halbleiter. Im Vergleich zu Metallen und Isolatoren ist die Leitfähigkeit von Halbleitern jedoch viel stärker von der Temperatur abhängig. Bei sehr tiefen Temperaturen sind Halbleiter Isolatoren, ab 20 °C liegt ihre Leitfähigkeit schon im Bereich schlecht leitender Metalle.

> **Hinweis**
>
> Bei genügend hohen Spannungen können alle Isolatoren elektrisch leitend werden.

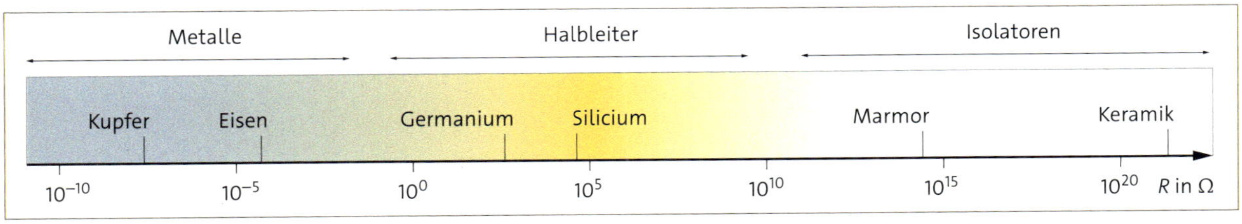

7 Elektrische Widerstände von 1-cm³-Würfeln aus verschiedenen Stoffen bei 20 °C

Grundlagen Halbleiter

Bei elektronischen Schaltungen braucht man oft Bauteile, deren Widerstand stark von äußeren Einflüssen abhängt. Halbleiter erfüllen diese Eigenschaft. Um zu erklären, wie sie „funktionieren", erweitern wir unser Modell vom Leitungsvorgang.

Leiter, Isolator und Halbleiter Unter elektrischem Strom stellen wir uns fließende Elektronen (oder Ionen) vor. Metalle gehören zu den „guten" Leitern. Bei Zimmertemperatur schwingen die Atome so stark hin und her, dass dabei ein Elektron aus der Hülle eines jeden Atoms herausgelöst wird. ▸ 1

Diese Elektronen sind innerhalb des Metalls frei beweglich und strömen beim Anlegen einer Spannung zum Pluspol der elektrischen Energiequelle. In Isolatoren „sitzen" dagegen die Elektronen so fest in den Atomhüllen, dass sie sich nicht lösen können – und ohne freie Ladungsträger gibt es auch keinen Strom.

Auch bei *Halbleitern* können Elektronen aus den Atomhüllen gelöst werden – dazu muss man ihnen aber ordentlich Energie zuführen. Man kann sich das am Beispiel von Silicium so vorstellen: Jedes Siliciumatom besitzt 14 Elektronen, von denen vier relativ locker in der Hülle „sitzen". Man bezeichnet sie auch als *Valenzelektronen.*

Die übrigen 10 Elektronen spielen für die weiteren Überlegungen keine Rolle. Im Siliciumkristall ist jedes Atom von vier direkten Nachbarn umgeben. ▸ 2

Die vier Valenzelektronen eines Atoms bilden mit je einem Valenzelektron der Nachbaratome Elektronenpaare. Jedes Elektronenpaar gehört zu zwei Atomen und bindet sie aneinander: Daher spricht man von Bindungselektronen. Sie sind im Kristall nicht frei beweglich, sodass Silicium bei sehr tiefen Temperaturen ein Isolator ist.

Mit zunehmender Temperatur ändert sich das: Bei Zufuhr von Wärme nehmen einige Atome so viel Energie auf, dass Elektronenpaare aufbrechen. Die „freigerüttelten" Elektronen sind nun im Kristall frei beweglich. ▸ 3

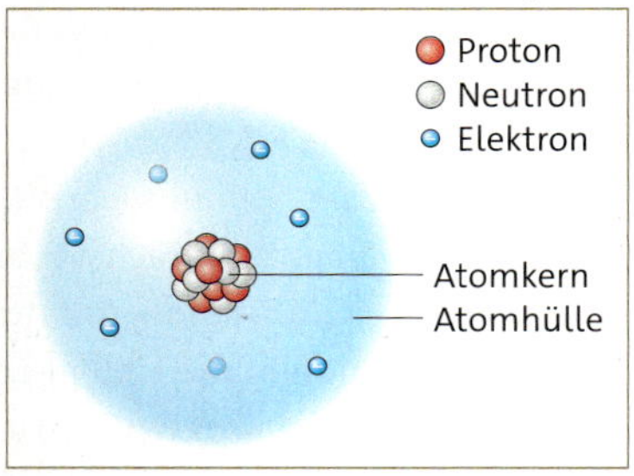

1 Kern-Hülle-Modell eines Atoms

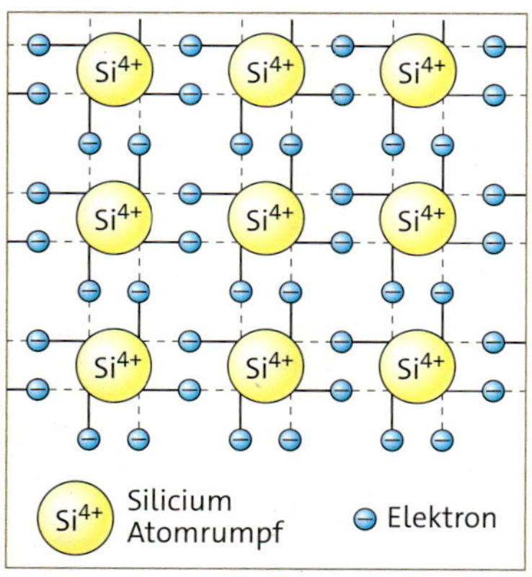

2 Siliciumkristall bei sehr tiefer Temperatur (vereinfachtes Modell)

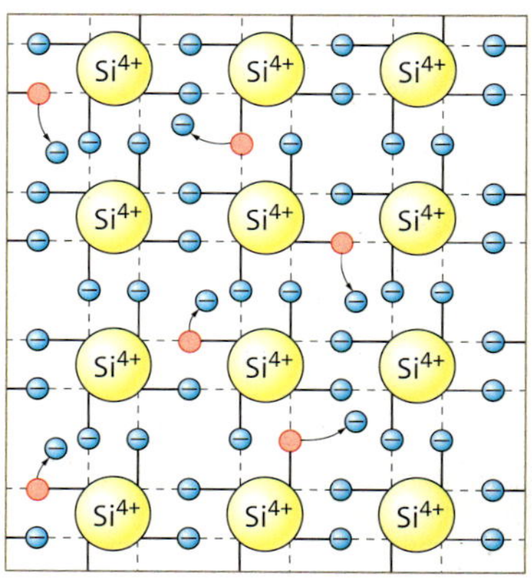

3 Siliciumkristall bei höherer Temperatur

Die Atome, aus deren Hüllen sie kommen, haben jetzt eine positive „Überschussladung": Der positiven Ladung der Atomrümpfe von +4 e (e: Elementarladung) steht jeweils nur noch eine Ladung von −3 e der Valenzelektronen gegenüber. Man bezeichnet die Stelle, wo sich ein Bindungselektron gelöst hat, als Elektronenlücke oder kurz als „Loch".
Wenn ein freies Elektron in die Nähe eines Atoms mit „Loch" kommt, wird es infolge der positiven Überschussladung angezogen und füllt unter Umständen die Elektronenlücke. Dieser Vorgang heißt Rekombination.
Die Zahl der aufgebrochenen Bindungen und damit der frei beweglichen Elektronen steigt mit der Temperatur, da die Atome immer mehr Energie erhalten. Die Leitfähigkeit des Halbleiterkristalls nimmt also mit der Temperatur zu, der Halbleiter ist ein *Heißleiter*. Sein Widerstandswert nimmt entsprechend beim Erwärmen ab („negativer Temperaturkoeffizient", NTC-Widerstand).

Wenn man einem Siliciumkristall Wärme zuführt, lösen sich Bindungselektronen von einigen Siliciumatomen und hinterlassen jeweils ein „Loch". Sie stehen dann als freie Elektronen für einen elektrischen Strom zur Verfügung. Der Widerstandswert des Halbleiters nimmt daher mit steigender Temperatur ab (NTC-Widerstand).

Die Leitfähigkeit von Silicium bei Zimmertemperatur ist allerdings viel niedriger als z. B. bei Kupfer: Bei Kupfer kommt nämlich auf jedes Atom ein frei bewegliches Elektron – bei Silicium ist es nur ein freies Elektron auf rund hundert Milliarden Atome. Auch bei Zufuhr von Licht lassen sich Elektronen „freirütteln". Beim beleuchteten LDR *(light dependent resistor)* ist deshalb die Anzahl der frei beweglichen Elektronen im Kristall größer als im Dunkeln, sodass sein elektrischer Widerstand niedriger ist.

Leitungsvorgang im Halbleiter Legt man eine Spannung an den Siliciumkristall bei Zimmertemperatur, so strömen die frei beweglichen Elektronen zum Pluspol hin. Außerdem kommt es immer wieder vor, dass ein Elektron aus einer Paarbindung gerissen wird und ein „Loch" in der Nähe füllt. Dabei hinterlässt es selbst ein „Loch", in das ein anderes Bindungselektron „springt", das selbst wieder ein „Loch" hinterlässt … ▸ 4

Legt man eine Spannung an den Halbleiter, so bewegen sich die freigesetzten Elektronen auf den Pluspol zu und bilden einen elektrischen Strom.

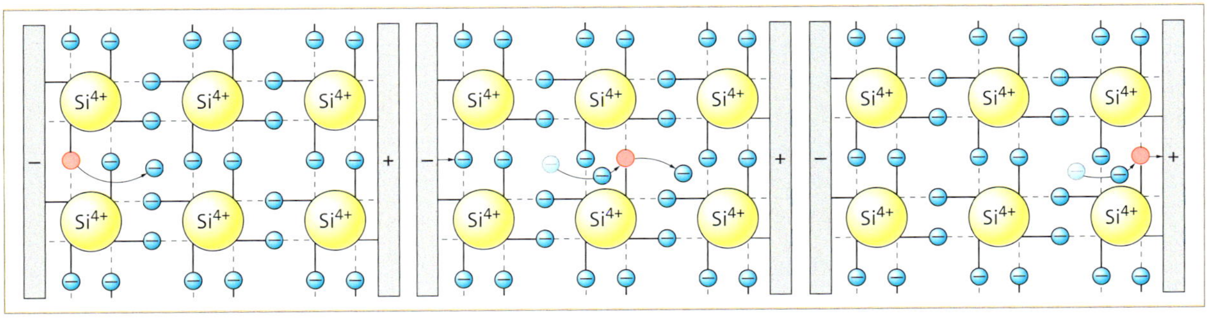

4 Elektronenstrom im Siliciumkristall (bei höherer Temperatur)

Grundlagen Dotierung von Halbleitern

Reine Halbleiter, wie z. B. reines Silicium, leiten bei Zimmertemperatur nur schlecht. Ihre Leitfähigkeit lässt sich jedoch mit einem „Trick“ sehr stark steigern: Man baut einige Fremdatome in das Kristallgitter ein. Dieses „Hineinmogeln“ von Fremdatomen heißt *Dotieren* (lat. *dotare:* ausstatten).

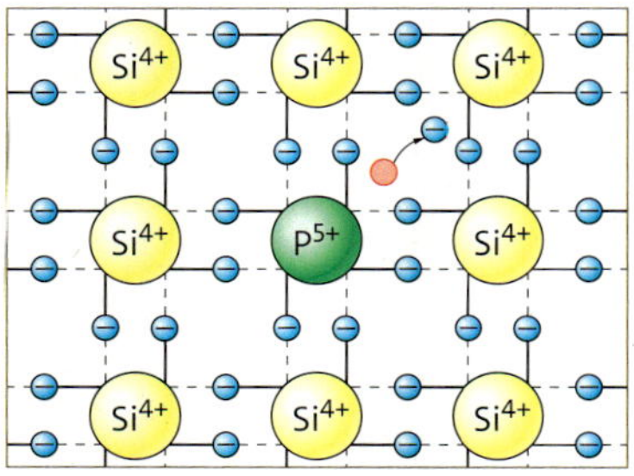

1 Dotierung mit Phosphor (P)

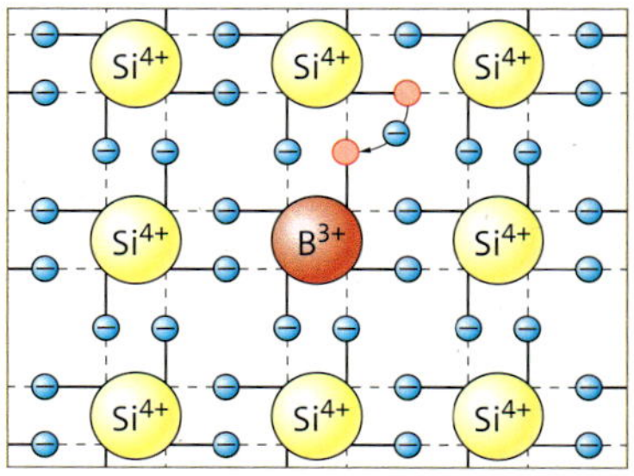

2 Dotierung mit Bor (B)

Zum Dotieren von Silicium verwendet man z. B. Phosphor- oder Arsenatome, sie haben jeweils fünf Valenzelektronen. Von diesen werden vier für die Bindung im Kristallgitter benötigt. Das fünfte bleibt übrig und ist nur recht schwach gebunden. Es wird bei Zufuhr von wenig Energie freigesetzt und steht für die Leitung zur Verfügung. ▸ 1

Jedes Phosphor- oder Arsenatom kann also dem Siliciumkristall ein leicht bewegliches Elektron „schenken“; man nennt sie *Donatoren* (lat. *donare:* schenken). Da die Leitfähigkeit durch (negativ geladene) Elektronen verbessert wird, spricht man von *n-dotierten Halbleitern.*

Auch Atome mit drei Valenzelektronen (z. B. Bor, Aluminium, Gallium, Indium) eignen sich zum Dotieren. ▸ 2

Solche Fremdatome im Siliciumkristall heißen *Akzeptoren* (lat. *accipere:* in Empfang nehmen): Sie können von den Nachbaratomen ein Bindungselektron aufnehmen, um ihre eigene Bindung zu vervollständigen. Auf diese Weise entsteht dann beim Nachbaratom ein Loch, das anziehend auf Bindungselektronen in der Nähe wirkt. Legt man eine Spannung an den dotierten Halbleiter, „hüpft“ eines dieser Bindungselektronen in dieses Loch und hinterlässt selbst ein Loch, in das ein anderes Bindungselektron … Mit Akzeptoren versehene Halbleiter heißen *p-dotiert.*

Die Leitfähigkeit eines Siliciumkristalls kann gezielt erhöht werden, indem man ihn mehr oder weniger stark mit Fremdatomen dotiert.
Bei der n-Dotierung werden im Halbleiter Atome mit jeweils fünf Valenzelektronen (z. B. Phosphor) in das Kristallgitter eingebaut, wodurch die Anzahl an frei beweglichen Elektronen erhöht wird.
Bei der p-Dotierung werden im Halbleiter Atome mit jeweils drei Valenzelektronen (z. B. Bor) in das Kristallgitter eingebaut, wodurch die Anzahl an Löchern erhöht wird.

In der Technik spricht man von normaler Dotierung, wenn auf 1 000 000 Siliciumatome ein Fremdatom kommt. Bei starker Dotierung ist das Verhältnis 10 000 zu 1.

Grundlagen Was geschieht im Innern einer Diode?

Ein Fahrradventil lässt den Luftstrom nur in einer Richtung passieren: aus der Pumpe in den Schlauch. In der anderen Richtung „sperrt“ es. Ähnlich verhält sich – auf den Elektronenstrom übertragen – eine Diode.
Sie besteht im Wesentlichen aus einem Halbleiterkristall, in dem ein p-dotierter Bereich (z. B. p-Silicium) und ein n-dotierter (z. B. n-Silicium) aneinandergrenzen. Man spricht von einem *p-n-Übergang.*

Sperrschicht Am p-n-Übergang „wandern“ zunächst freie Elektronen aus der n-Schicht in die p-Schicht und füllen dort Löcher. ▸ 3
Bald sind in einer ganz schmalen Zone um die Grenzfläche herum keine freien Elektronen und keine Löcher mehr vorhanden. Ohne freie Ladungsträger ist die Zone nichtleitend: Man nennt sie *Sperrschicht.* ▸ 4

Am p-n-Übergang der Diode bildet sich eine nichtleitende Sperrschicht mit sehr großem elektrischem Widerstand.

Die n-Seite der Sperrschicht ist positiv geladen, denn sie enthält die positiv geladenen Donatoren, nicht aber die abgegebenen Elektronen. Die p-dotierte Seite ist negativ – dort sind Elektronen eingefangen worden. Zwischen beiden Seiten herrscht aufgrund des Ladungsunterschieds eine Spannung von 0,7 V. Von der n-Schicht aus können nun keine Elektronen mehr gegen diese Spannung in die p-Schicht springen.

Diode in Durchlassrichtung Die p-Schicht der Diode ist an den Pluspol einer elektrischen Energiequelle angeschlossen, die n-Schicht an den Minuspol. ▸ 5
Die Elektronen im Stromkreis werden dadurch in Richtung auf den Pluspol angetrieben. In der n-Schicht werden freie Elektronen in die Sperrschicht gedrängt. In der p-Schicht „hüpfen“ Bindungselektronen aus der Sperrschicht in Löcher im p-Silicium. Dabei hinterlassen sie neue Löcher. Die Sperrschicht wird schmaler. Bei der *Schwellenspannung* (bei Silicium-Dioden etwa 0,7 V) ist die Spannung zwischen den Schichten ausgeglichen und die Sperrschicht verschwunden – die Diode leitet.

Wenn die Diode in Durchlassrichtung geschaltet ist, leitet sie, falls von außen mindestens die Schwellenspannung angelegt wird.

Diode in Sperrrichtung Die freien Elektronen werden in der n-Schicht durch die angelegte Spannung von der Grenzfläche weggedrängt. In der p-Schicht werden gelöste Bindungselektronen ebenfalls in Richtung auf den Pluspol getrieben. Solange in der Nähe der Sperrschicht noch Löcher vorhanden sind, springen diese Elektronen hinein und füllen sie. Die Folge ist, dass die Sperrschicht breiter wird. Es kommt zu keinem Strom. ▸ 6

Wenn die Diode in Sperrrichtung geschaltet wird, wird die Sperrschicht breiter und ihr Widerstand nimmt zu.

Bei sehr hoher äußerer Spannung in Sperrrichtung bricht die Sperrwirkung allerdings zusammen, die Diode leitet dann auch in dieser Richtung. Je nach Typ der Diode liegt die Durchbruchspannung bei 50 bis 1000 V.

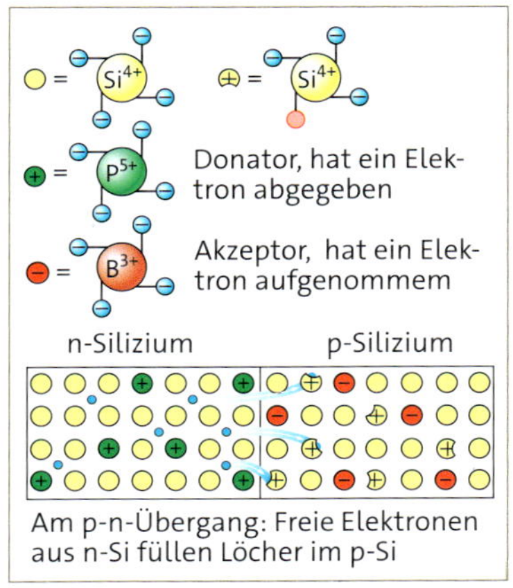

3 Entstehung der Sperrschicht

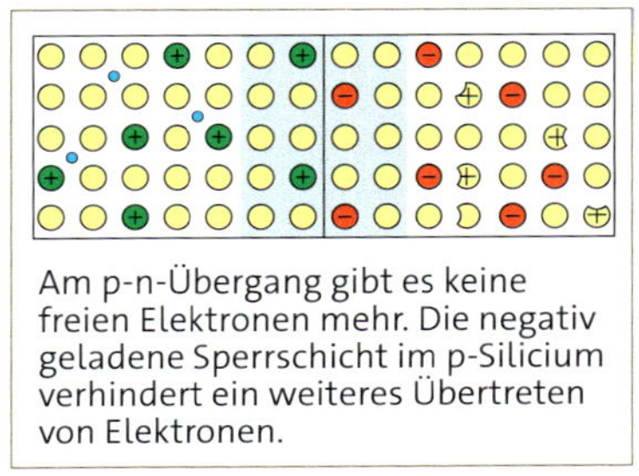

4 Sperrschicht

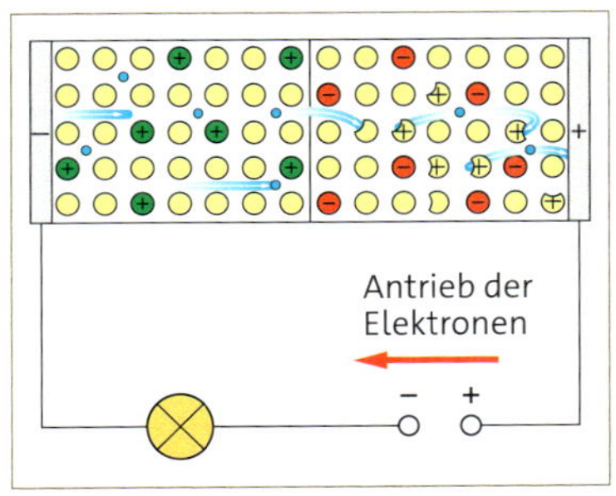

5 Diode in Durchlassrichtung betrieben

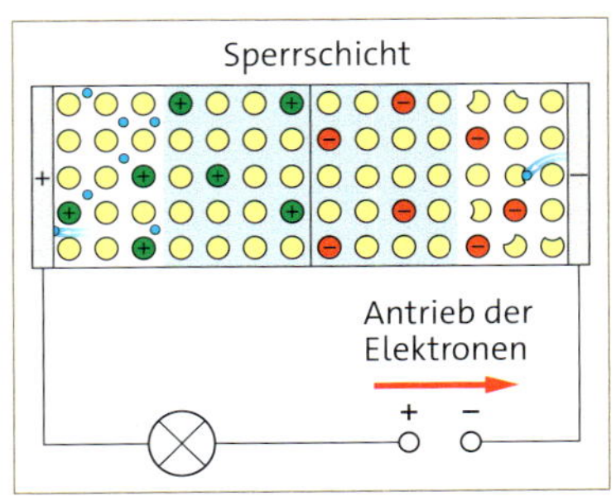

6 Diode in Sperrrichtung

Aus der Technik: Dioden als Energiewandler

In Leuchtdioden und Solarzellen (oder Fotodioden) laufen die gleichen Prozesse ab – nur in verschiedenen Richtungen.

Leuchtdiode Sie wird in Durchlassrichtung in den Stromkreis eingebaut. In der Grenzschicht „fallen" Elektronen aus dem n-Silicium in die Elektronenlücken des p-Siliciums. Dabei wird jeweils eine bestimmte Energieportion in Form von Licht ausgesendet. ►1

Solarzellen Wie bei jeder Diode besteht am p-n-Übergang eine Sperrschicht mit großem Widerstand. Durch eingestrahlte Energieportionen können Elektronen aus ihrer Bindung gelöst werden. Das Licht bewirkt also in der Grenzschicht der Solarzelle eine Ladungstrennung. Solange Licht einströmt, entsteht dadurch in der n-Schicht ein Überschuss an freien Elektronen und in der p-Schicht ein Mangel an Elektronen. Die Sperrschicht wirkt dabei weiterhin als Widerstand. Zwischen den Anschlüssen der beleuchteten Solarzelle besteht also eine „Leerlaufspannung". Sie beträgt etwa 0,5 V. ►2
In einem Solarmodul werden je nach der gewünschten Spannung mehrere Solarzellen in Reihe geschaltet.

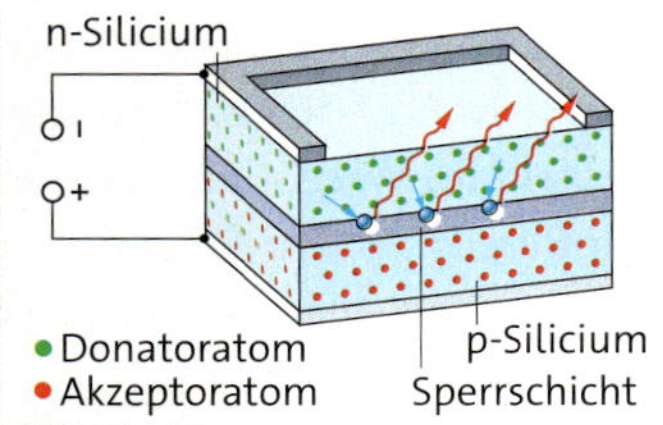

1 Leuchtdiode

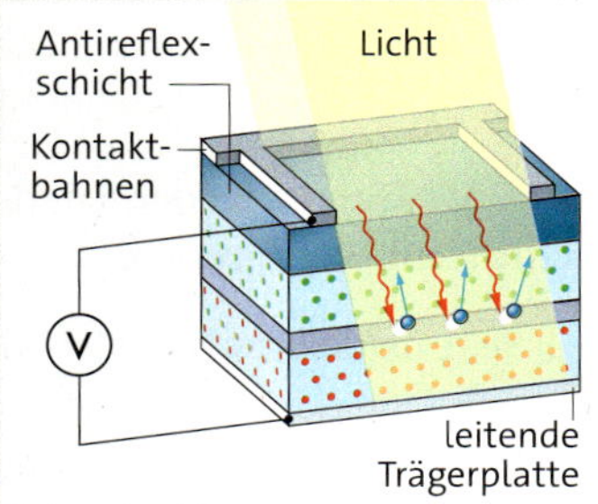

2 Solarzelle

Aus der Technik: Leuchtdioden auf dem Vormarsch

Leuchtdioden sind inzwischen echte Alternativen zu Glüh- und Halogenlampen. Sie haben eine fast unbegrenzte Lebensdauer, benötigen weniger elektrische Energie und beanspruchen kaum Platz.
In jedem Auto leuchten sie am Armaturenbrett rot, grün, orange oder gelb auf und auch in den Scheinwerfern und Bremsleuchten sind sie zu finden. Die Farbe des Lichts wird durch das Halbleitermaterial bestimmt – nicht durch die Kunststoffkappen. Gallium-Phosphid kann z. B. rotes, grünes oder gelbes Licht bewirken, Gallium-Nitrid blaues Licht. Weißes Licht wird durch Mischung aus farbigen Lichtern erzeugt. An weißen Leuchtdioden wurde sehr lange geforscht. Heute gibt es LEDs, deren Licht- bzw. Farbtemperatur sich regeln lässt – von „warmweiß" bis „Tageslicht".
Mit der Leuchtdiode verwandt sind Laserdioden. Man findet sie an den Scannerkassen im Supermarkt, in Laserpointern, beim Zahnarzt und im Beauty-Salon. ►3, 4
Laserdioden erzeugen ein viel stärker gebündeltes, intensiveres Licht als Leuchtdioden. Die große „Lichtstärke" liegt daran, dass Laserdioden am p-n-Übergang stark dotiert sind und mit relativ hohen Stromstärken betrieben werden. Die Wahl des Halbleitermaterials bestimmt die Farbe des abgestrahlten Lichts: Sie liegt typischerweise im roten oder infraroten Bereich; es werden jedoch auch blaue oder ultraviolett leuchtende Laserdioden hergestellt.

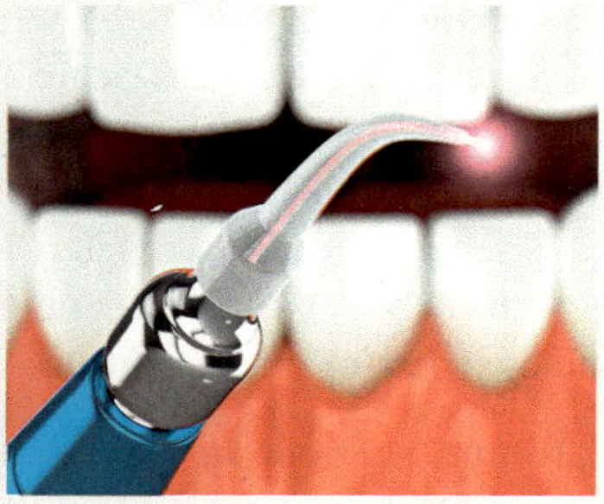

3 Laserdiode beim Zahnarzt

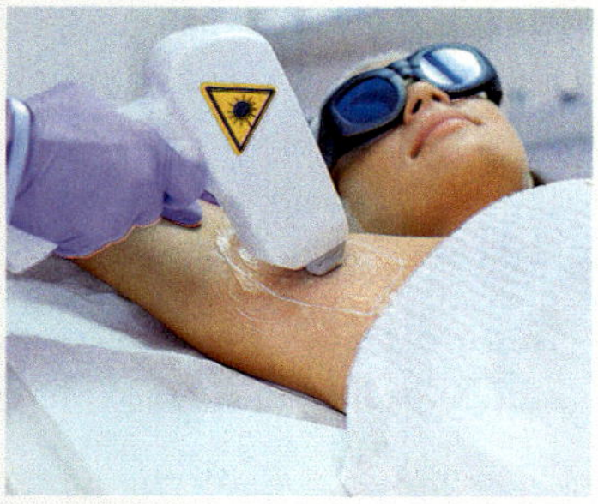

4 Laser zur Epilation

Aufgaben und Aufträge

1 Beschreibe und erläutere mithilfe des erweiterten Modells des Leitungsvorgangs den Zusammenhang zwischen Temperatur und Widerstand bei einem Heißleiter (NTC-Bauelement).

2 Heißleiter Halbleiter

a Erläutere, dass Halbleiter bei hohen Temperaturen besser leiten als bei tiefen.

b Skizziere ein Temperatur-Widerstand-Diagramm für einen Heißleiter. Erkläre damit, dass Heißleiter auch NTC-Widerstände heißen.

c Der Zusammenhang zwischen Temperatur und Widerstand soll für einen Heißleiter genauer bestimmt werden. Plane dafür einen Versuchsaufbau.

3 Eine 3 m lange Schienenstrecke ist über einen NTC-Widerstand an ein Netzgerät (15 V) angeschlossen. ▸ 5

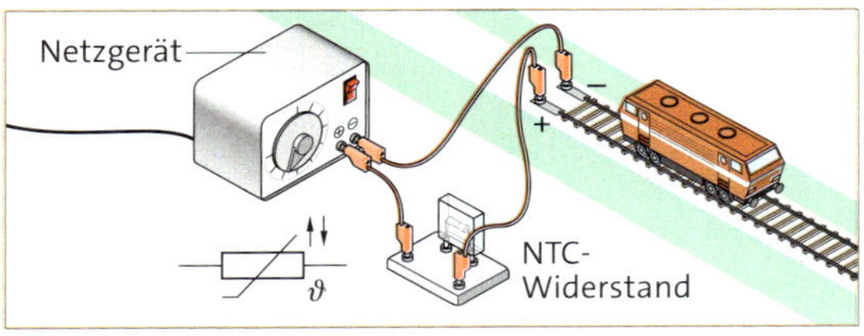

5 Modelleisenbahn

Wird der Trafo eingeschaltet, beschleunigt die Lok allmählich bis zur konstanten Endgeschwindigkeit – fast wie im richtigen Leben. Erläutere die Rolle, die der NTC-Widerstand spielt.

4 Eine Christbaumbeleuchtung (230 V / 30 W) besteht aus einer Kette von 10 in Reihe geschalteten Lämpchen. In jeder einzelnen Lampe ist im unteren, kühlen Teil ein Heißleiter parallel zum Lämpchen geschaltet. Sein Widerstand ist bei normalem Betrieb größer als 10 kΩ. ▸ 6

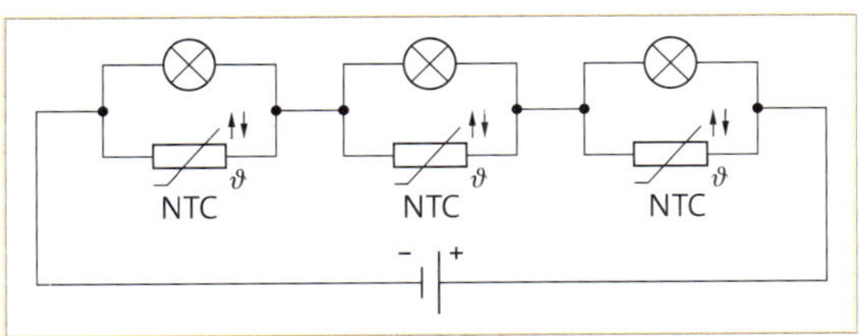

6 Schaltung der Lämpchen

Brennt eine Lampe durch, so gehen alle Lampen kurzfristig aus. Die nicht durchgebrannten Lampen leuchten aber bald darauf mit der ursprünglichen Helligkeit weiter. Formuliere eine geeignete Forschungsfrage, die an dieses Phänomen anknüpft und verwende eine naturwissenschaftliche Methode, um zu einer Lösung zu kommen. Dokumentiere dein Vorgehen.

5 Ein lichtabhängiger Widerstand (LDR) ist bei konstanter Spannung in einer Schaltung verbaut. Die Stromstärke im Stromkreis wird gemessen und dokumentiert. Stelle eine Hypothese über das Verhalten des LDR auf, wenn dieser mit einer Lampe beleuchtet wird. Begründe diese Vermutung mithilfe eines geeigneten Modells.

6 Ein Netzgerät wandelt die Wechselspannung von 230 Volt in ungefährliche Wechsel- und Gleichspannungen um.
▸ Bild 7 stellt das „Innenleben" des Netzgeräts sehr vereinfacht dar.

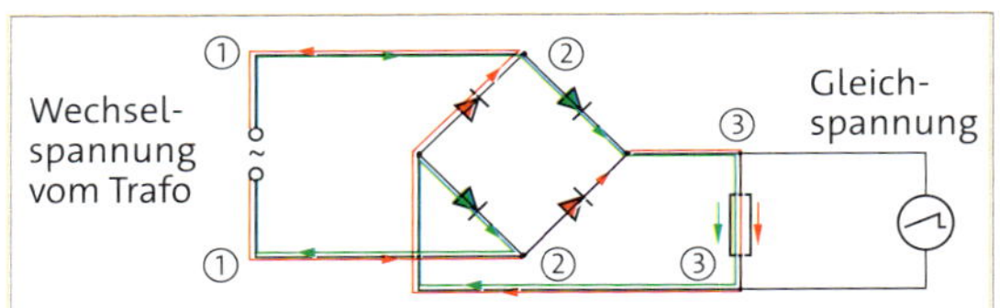

7 Gleichrichterschaltung

a Beschreibe die Aufgabe der vier Dioden.

b Zwischen den jeweiligen Punkten ①, ② und ③ wird die Spannung mit einem Oszilloskop gemessen. Stelle jeweils den zeitlichen Verlauf der Spannung grafisch dar und begründe deine Antworten.

c Überprüfe deine Überlegungen aus Teilaufgabe b im Experiment. *Tipp:* Ein Oszilloskop oder ein computergestütztes Messwerterfassungssystem können den zeitlichen Verlauf der Spannung erfassen, darstellen und speichern.

7 Bernard will in einen Stromkreis eine Leuchtdiode einbauen: Wenn die Blumenerde an den Wurzeln zu trocken ist, soll die LED nicht mehr leuchten.

a Zeichne eine geeignete Schaltskizze.

b Erkläre die Funktionsweise dieser Schaltung auf Modellebene.

Früher konnten die schwachen Funksignale, die die Antenne der Radios zu Hause empfing, nicht verstärkt werden. Um etwas zu hören, brauchte man Kopfhörer. Erst die Erfindung des Transistors machte „hörbare“ kleine Radiogeräte möglich, die man deshalb auch „Transistorradios“ nannte.

Der Feldeffekttransistor

Ein Einbrecher löst beim Beleuchten einer im Dunkeln stehenden Vitrine einen Alarm aus. Die Wassertemperatur in einem Aquarium wird mit einem elektrischen Thermometer gemessen. Das sind nur zwei Beispiele für die vielen Anwendungen von Halbleitersensoren wie LDR oder NTC. Änderungen der Messgröße (z. B. Helligkeit, Temperatur) bewirken dabei eine Widerstandsänderung des Sensors. Die daraus folgenden Stromstärkeänderungen sind allerdings oft so gering, dass sie erst noch „verstärkt“ werden müssen, bevor eine Hupe ertönt, sich die Anzeige eines Messgeräts deutlich verändert oder … Als „Verstärker“ verwendet man meistens ein weiteres Halbleiterbauteil – den *Transistor*. ▸ 3, 4

3 Transistoren auf einer Platine

4 Feldeffekttransistoren (FET)

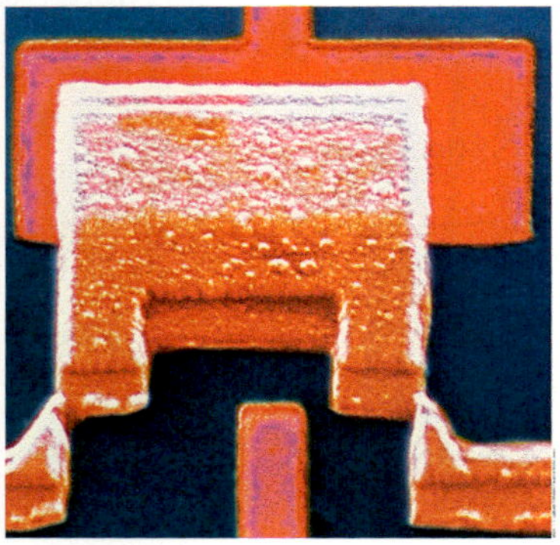

5 Ein-Elektronen-Transistor

6 FET unter dem Lichtmikroskop

Ohne Transistoren als Steuerelemente wäre die moderne Computertechnik undenkbar. Um die Rechnerleistung zu erhöhen, mussten immer mehr Transistorschaltungen auf den Platinen untergebracht werden. So sind immer kleinere Transistoren entwickelt worden – bis hin zum nur noch wenige Nanometer großen „Ein-Elektronen-Transistor“. ▸ 5, 6

Er ist ein Vertreter der *Feldeffekttransistoren*. Sie haben den großen Vorteil, dass ihr Widerstand mithilfe eines elektrischen Felds nahezu ohne Energieaufwand gesteuert werden kann und sich der Computer wegen der geringeren elektrischen Ströme weniger erwärmt.

1 Feldeffekttransistor: Die Grundschaltung

Feldeffekttransistoren (FET) sind Halbleiter-Bauelemente mit drei Anschlüssen: *Gate (G), Source (S)* und *Drain (D)*. ▸ 7
Sie werden – ähnlich wie ein Relais – in zwei Stromkreise eingebaut: in den Steuerkreis und in den Arbeitskreis. ▸ 8
Baut die Grundschaltung selbst auf. Verändert im Steuerkreis die Spannung U_{GS} zwischen Gate und Source. Die Stromstärke I_{DS} zwischen Drain und Source im Arbeitskreis „reagiert" darauf. Beschreibt eure Beobachtungen.

2 Schülerexperiment: Tastverstärker

Untersuche in einem Experiment die Verstärkerwirkung eines Transistors. Protokolliere deine Vorgehensweise und deine Beobachtungen. Schließe Drain und Source eines Feldeffekttransistors an eine 4,5-V-Batterie an. ▸ 9

a Halte einen Finger an den Gate-Kontakt. Tippe nun mit einem Finger der anderen Hand abwechselnd an den Pluspol und an den Minuspol der Batterie. Beobachte dabei die Glühlampe. Beschreibe deine Beobachtungen.

b Nähere dem Gate-Kontakt (Nicht berühren!) einen durch Reiben negativ geladenen Kunststoffstab und entferne den Stab dann wieder. Beschreibe deine Beobachtungen.

3 Schülerexperiment: Feldeffekttransistoren können steuern (1)

Die Spannung zwischen Gate und Source lässt sich auch ohne eigene regelbare elektrische Energiequelle steuern. ▸ 10
Wähle R_1 und R_2 so, dass die Glühlampe schwach leuchtet.

a Verzehnfache beide Widerstände. Beobachte wieder die Glühlampe und beschreibe.

b Entferne R_2 aus der Schaltung. Erläutere jetzt den Einfluss von R_1.

4 Schülerexperiment: Feldeffekttransistoren können steuern (2)

Baue zunächst die Schaltung auf. ▸ 11
Bewege dann einen kräftigen Stabmagneten ruckartig in die Spule hinein und aus der Spule heraus. Beschreibe deine Beobachtungen. Drehe den Magneten um, wiederhole das Experiment und beschreibe die Änderungen.

5 Schülerexperiment: Feldeffekttransistoren können steuern (3)

Baue die Schaltung auf (KS: Kurzschlussstrecke). ▸ 12

a Vergrößere langsam die Spannung U_{GS} zwischen Gate und Source. Ermittle die Spannung, bei der die Glühlampe gerade zu leuchten anfängt. Bestimme die Spannung, bei der sie hell leuchtet. Notiere deine Messwerte.

b Ersetze die Kurzschlussstrecke KS durch Widerstände von 100 kΩ bzw. 1 MΩ.
Ermittle den Einfluss, den die Vergrößerung des Widerstands auf die Messwerte für U_{GS} hat.

7 Feldeffekttransistor (FET)

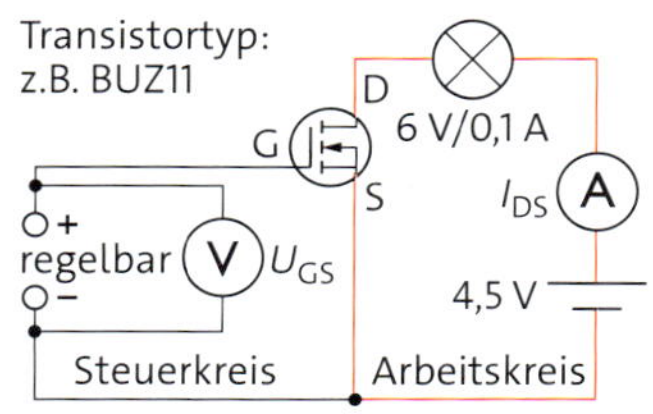

8 Grundschaltung

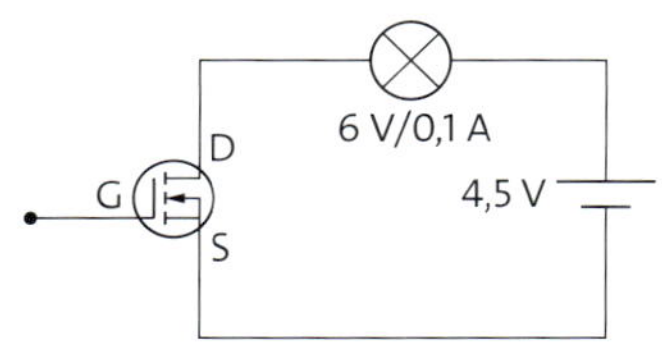

9 Tastverstärker

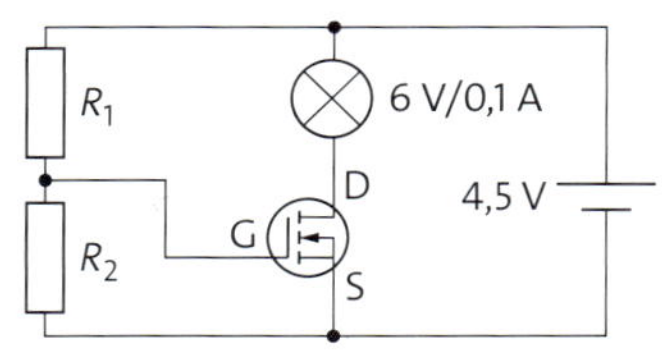

10 Steuern mit dem FET (1)

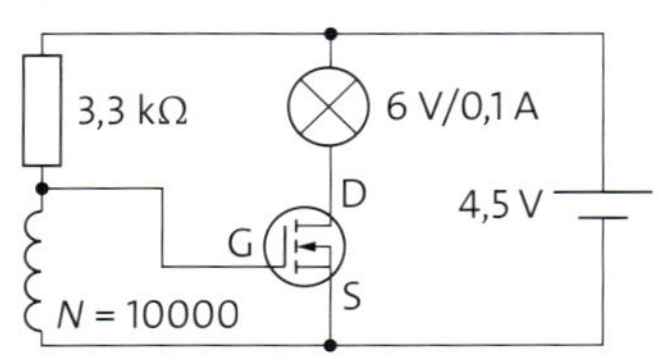

11 Steuern mit dem FET (2)

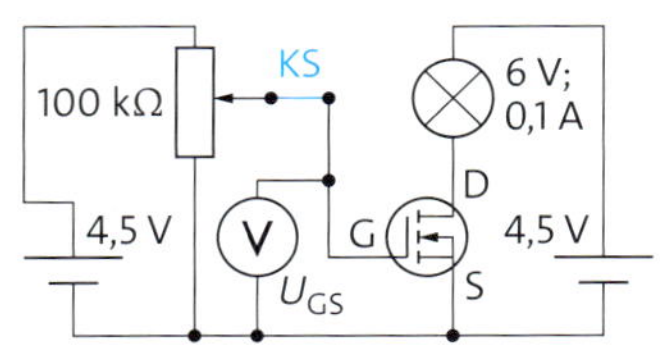

12 Steuern mit dem FET (3)

6 FET – ein besonderer Widerstand

In Computern verwendet man als Widerstandsbauteile häufig Feldeffekttransistoren, die auf den Chips „sitzen" und deren Drain- und Gate-Anschluss kurzgeschlossen sind.

a Nimm die *U-I*-Kennlinie einer solchen Schaltung auf.

b Vergleiche deine *U-I*-Kennlinie mit der eines Festwiderstands.

7 Aus der Trickkiste: der „Zaubergalgen"

An einem Holzgestell hängt eine Glühlampe. ▸ 1
Erst leuchtet sie nicht, aber dann wird sie mit einer Taschenlampe angeschaltet – und durch Anblasen wieder ausgeschaltet. Wie ist das möglich? Das Kästchen am Fuß des Holzgestells enthält die Elektronik und die Energieversorgung. ▸ 2
Unter der Lampe ist eine kleine Öffnung im Kästchen, in der ein LDR angebracht ist. Das Licht der Taschenlampe erhöht seine Leitfähigkeit: Die Glühlampe leuchtet auf. Ihr Licht sorgt dafür, dass der LDR weiterhin gut leitet. Wird die Lampe jetzt angeblasen, weicht sie zur Seite aus: Der LDR erhält etwas weniger Licht und seine Leitfähigkeit nimmt ab. Das 10-kΩ-Potenziometer (ein regelbarer Widerstand mit einem Maximalwert von 10 kΩ) ist so eingestellt, dass die Lampe nun ausgeht. Die Änderungen der Stromstärke, die der LDR infolge der schwankenden Helligkeit verursacht, wären allein zu gering, um die Lampe zu schalten. Deshalb werden sie durch die Transistorschaltung verstärkt. Jetzt bist du an der Reihe: Wenn du Lust hast, deine Freunde oder Eltern mit einem „Trick" zu verblüffen, dann baue doch den „Zaubergalgen" einmal auf.

1 „Zaubergalgen"

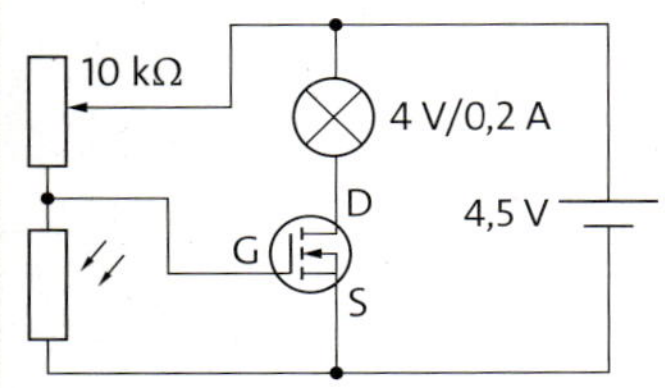

2 Schaltskizze

8 Schubladenwächter

Maria hat den Verdacht, dass sich ihr kleiner Bruder nachts immer wieder an ihrer Schublade mit den Naschsachen zu schaffen macht. Sie hat aber keine Lust, sich nächtelang auf die Lauer zu legen. Ein elektronischer „Wächter" soll diesen Job für sie übernehmen. Entwickle und baue einen Lichtmelder, der akustisch anzeigt, wenn eine Schublade geöffnet wird und Licht hineinfällt.
Tipp: Du kannst dich an dem Schaltplan orientieren (Glühlampe durch Summer ersetzen). ▸ 2

9 Feuchtigkeitsmelder

Untersuche eine Reihe von Fragen zum Trocknen von Wäsche experimentell: Welchen Unterschied macht es bei trockenem Wetter, ob die Außentemperatur 10 °C oder 25 °C beträgt, wenn es friert oder der Wind bläst? Trocknen große Wäschestücke langsamer als kleine? Hat die Art der Aufhängung etwas zu bedeuten? Trocknet Baumwolle schneller als „Funktionswäsche" aus speziellen Kunstfasern? Dafür brauchst du z. B. einen Feuchtigkeitsmelder, der optisch anzeigt, ob das Wäschestück noch feucht ist. Untersuche die Auswirkungen bei dieser Schaltung, wenn man die Größe des regelbaren Widerstands verändert. ▸ 3

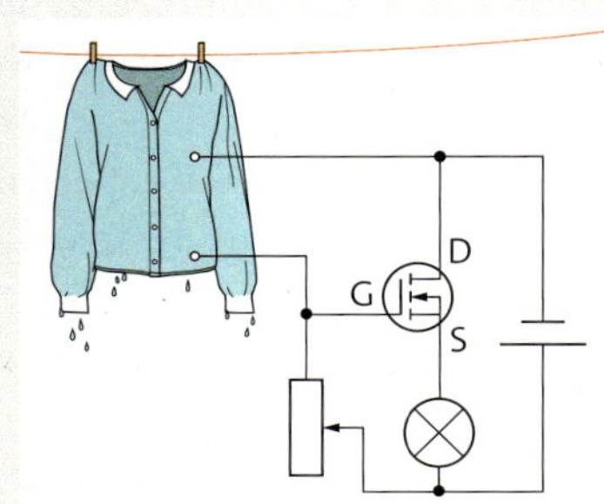

3 Feuchtigkeitsmelder

Grundlagen Der Feldeffekttransistor

Der Elektronenstrom in einem Draht lässt sich mit dem Wasserstrom in einem Schlauch vergleichen. ▸ 4

Den Wasserstrom kann man durch Abschnüren des „Leiters" steuern, warum nicht auch den Elektronenstrom? Diese Idee ist im *Feldeffekttransistor (FET)* umgesetzt. ▸ 5, 6

Feldeffekttransistoren bestehen aus einer p-dotierten und zwei n-dotierten Siliciumschichten. Eine Voraussetzung dafür, dass Elektronen von einer n-dotierten Schicht zur anderen strömen, ist eine Spannung zwischen Source und Drain. Das genügt aber noch nicht: Ohne Spannung U_{GS} zwischen Gate und Source verhindern Sperrschichten an den p-n-Übergängen einen Strom. Eine geeignete Spannung U_{GS} zwischen Gate und p-dotiertem Silicium bewirkt, dass freie Elektronen im p-dotierten Silicium in Richtung Gate fließen. Sie sammeln sich an der Isolierschicht, sodass zwischen den beiden n-dotierten Schichten ein schmaler Kanal mit freien Ladungsträgern entsteht. Durch ihn hindurch fließen nun Elektronen vom Source- zum Drain-Anschluss (der Kanal entspricht also dem Gartenschlauch in unserem Modell). Je größer die Spannung zwischen Gate und Source wird, desto tiefer reicht der Kanal in das p-dotierte Silicium hinein und desto größer wird die Stromstärke I_{DS} (bei gleicher Spannung zwischen Source und Drain).

Kleine Spannungsänderungen zwischen Gate und Source bewirken jetzt große Stromstärkeänderungen im Arbeitskreis. ▸ 7

4 Modell zum Feldeffekttransistor

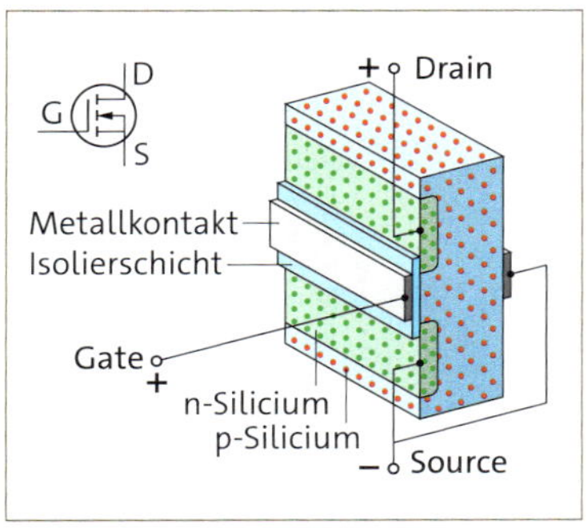

5 Feldeffekttransistor

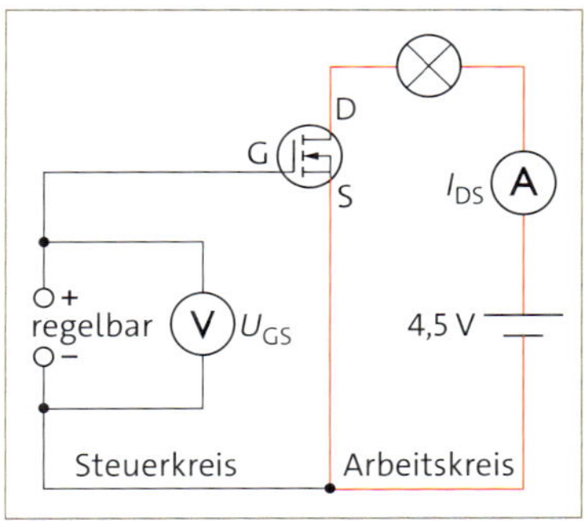

6 Grundschaltung

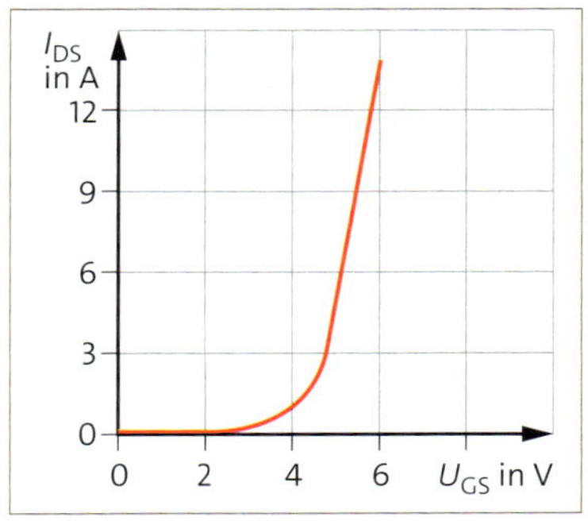

7 *U*-*I*-Kennlinie Feldeffekttransistor

> **Der elektrische Widerstand eines Feldeffekttransistors lässt sich steuern, sodass der Transistor wie ein steuerbares Ventil für den elektrischen Strom funktioniert. Wenn die Spannung zwischen Gate und Source genügend groß ist, wirkt der Feldeffekttransistor als „Verstärker": Kleine Spannungsänderungen im Steuerkreis bewirken große Stromstärkeänderungen im Arbeitskreis.**

Wegen der Isolierschicht unter dem Metallstreifen am Gate fließt trotz der Spannung U_{GS} kein Strom I_{GS} im Steuerkreis. Also wird im Steuerkreis auch keine elektrische Energie umgesetzt:

$\Delta E_{el} = U_{GS} \cdot I_{GS} \cdot \Delta t = 0\,\text{J}$ bzw. $P_{el} = U_{GS} \cdot I_{GS} = 0\,\text{W}$.

Das Steuern der Stromstärke im Arbeitskreis erfolgt leistungslos.

Aus der Geschichte: Vom Transistorradio zur Nanoelektronik

Ende des Jahres 1947 entwickelten die amerikanischen Physiker WALTER BRATTAIN, WILLIAM SHOCKLEY und JOHN BARDEEN den ersten Transistor in den Labors des Telefonkonzerns Bell. Weitgehend unbeachtet blieb, dass nur zwei Monate später die Deutschen HERBERT MATARÉ und HEINRICH WELKER in den Labors von Westinghouse in Paris unabhängig davon einen eigenen Transistor präsentierten, den sie „Transistron" nannten. MATARÉ gründete 1952 in Deutschland eine eigene Transistorenfirma und präsentierte seinen Prototypen eines Transistorradios mit Kopfhörern – ein Jahr vor dem ersten amerikanischen Testgerät. Texas Instruments stellte in den USA ab 1954 Transistoren in großer Stückzahl her. Bald darauf erschien das legendäre Transistorradio TR55 auf dem Markt. Der freie Zugang zu Musik und Information löste eine weitere Revolution aus: den Rock 'n' Roll.

Im Oktober 1958 gelang der nächste große Durchbruch in der Halbleiterwelt: JACK ST. CLAIR KILBY erfand den integrierten Schaltkreis. In der elektronischen Schaltung waren die verschiedenen elektronischen Bauteile wie Widerstand, Kondensator, Diode und Transistor auf einer Halbleiterschicht (Germanium) aufgebaut. ▸ 1
GORDON MOORE, ROBERT NOYCE und ANDY GROVE wollten Mitte der 1960er Jahre die schwerfälligen Magnetspeicher in den riesigen Computern durch kleine Transistoren aus Silicium ersetzen. Am 18. Juli 1968 gründeten sie eine Start-up-Firma: Intel. Ein Jahr nach der Firmengründung entwickelte Ingenieur MARCIAN Ted HOFF den ersten Serienmikrocomputer (Intel 4004) mit 2300 Transistoren und einer Taktfrequenz von rund 0,7 MHz. Ihm sollten viele Computergenerationen folgen: von 8-Bit-Computern bis hin zur 64-Bit-Generation heutiger Modelle, die über eine Milliarde Transistoren enthalten und eine Taktfrequenz von mehr als 5 GHz aufweisen können! Die Transistoren wurden immer kleiner, immer mehr passten auf die Chips. ▸ 2, 3 und 4
GORDON MOORE bemerkte 1965, dass die „Dichte" der Transistoren und damit die Rechenleistung der Computer exponentiell ansteigt. Die Datenmenge, die der jeweils modernste Chip speichern und verarbeiten kann, verdoppelt sich ungefähr alle 24 Monate. Die Presse nannte diese Regelmäßigkeit das *mooresche Gesetz*. ▸ 5

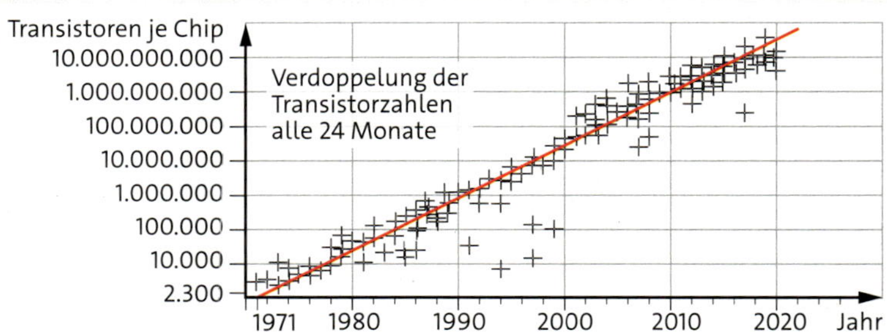

5 Zum mooreschen Gesetz

1 J. KILBY präsentiert seine Erfindung auf einer Wissenschaftsausstellung in Japan (1985).

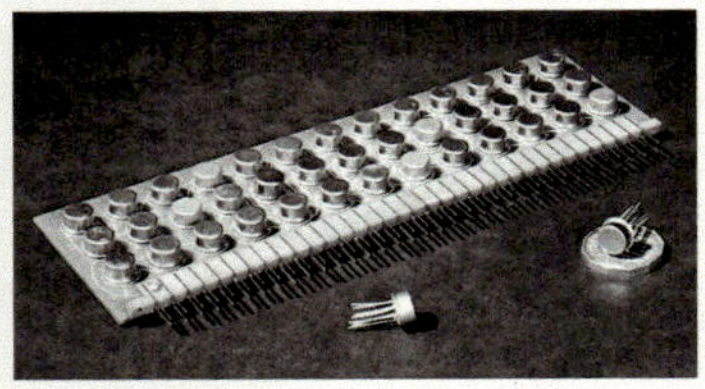

2 Transistoren auf einer Steckplatte

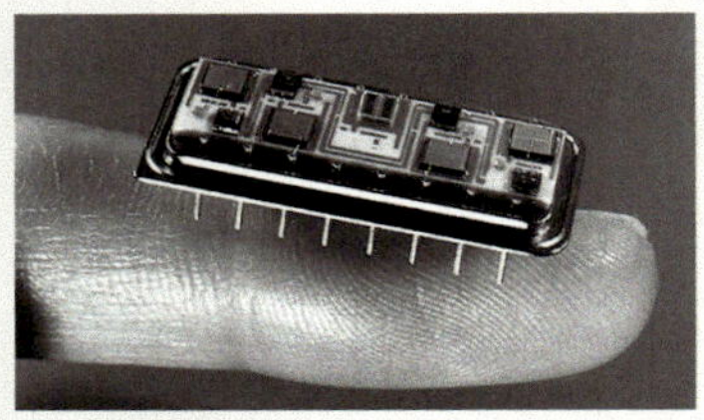

3 Integrierte Schaltung um 1978

4 Mikroprozessor um 1974

Ein Ende der Miniaturisierung ist allerdings zu erwarten, wenn atomare Größenordnungen erreicht werden. So kann z. B. die „Verdrahtung“ auf einem Chip nicht dünner als ein einzelnes Atom werden.
Daher forscht man intensiv an Alternativen für die Herstellung von integrierten Schaltkreisen. Ein Ansatz besteht darin, die Schaltelemente nicht wie bisher durch Bearbeitung des Trägermaterials (z. B. Silicium) zu erstellen. Vielmehr verwendet man Moleküle mit den gewünschten elektrischen Eigenschaften, die auf dem Träger angeordnet und miteinander verbunden werden.
Die Amerikaner ALLEN J. HEEGER, der Neuseeländer ALAN G. MAC DIARMID und der Japaner HIKEKI SHIRAKAWA entdeckten 1976, dass bestimmte organische Moleküle (langkettige Polymere) wie Halbleiter reagieren können. Dafür erhielten sie im Jahr 2000 den Nobelpreis. Weltweit wetteifern Forschungsinstitute und Unternehmen nun darum, diesen Effekt zu nutzen. Kernstück der neuartigen Polymerelektronik ist – ähnlich wie in der Siliciumtechnik – ein Feldeffekttransistor. Allerdings handelt es sich um einen organischen Feldeffekttransistor (OFET). ▸ 6
Er kann komplett aus Polymerkunststoffen aufgebaut werden, sodass die damit hergestellten elektronischen Produkte extrem flach und flexibel sind. Ein weiterer großer Vorteil der Polymerelektronik ist ihr niedriger Herstellungspreis: Anders als bei der Siliciumtechnologie benötigt man weder komplizierte Hochtemperatur- oder Vakuumprozesse noch aufwendige Belichtungs- und Ätztechniken.

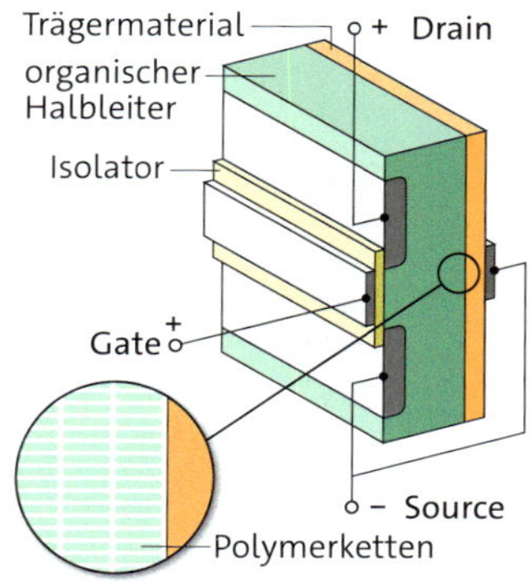

6 Aufbau OFET

Aufgaben und Aufträge

1 „Feldeffekttransistoren können steuern.“
a Erstelle ein kurzes Erklärvideo, das ein Experiment vorstellt, mit dem man die oben aufgeführte Aussage demonstrieren kann. ▸ S. 28 f.
b Bereite eine ansprechende Erklärung auf Modellebene für deine Mitschülerinnen und Mitschüler vor; nutze digitale Medien.

2 „Feldeffekttransistoren können schalten.“
a Erstelle ein kurzes Erklärvideo, das ein Experiment vorstellt, mit dem man die oben aufgeführte Aussage demonstrieren kann. ▸ S. 28 f.
b Bereite eine ansprechende Erklärung auf Modellebene für deine Mitschülerinnen und Mitschüler vor; nutze digitale Medien.

3 Ähnlich wie ein Relais kann man einen Transistor als Schalter verwenden. Nenne die Unterschiede zwischen Relais und Transistor.

4 Einen Motor zum Laufen bringen ▸ 7

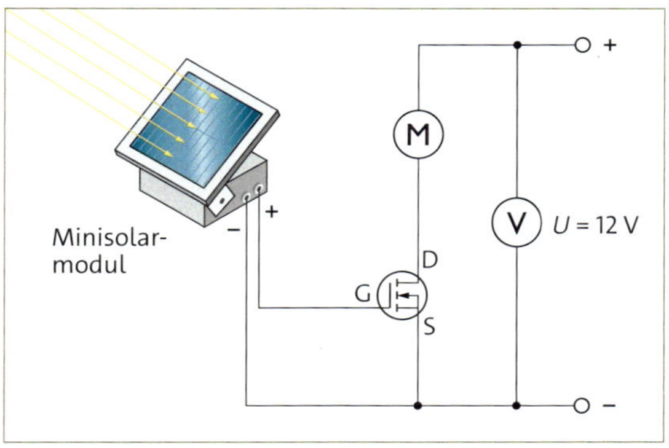

7 Solarmodul – FET – Motor

a Erläutere die Funktionsweise dieser Schaltung für deine Mitschülerinnen und Mitschüler.
b Kläre insbesondere die Arbeitsweise des FET auf Modellebene.

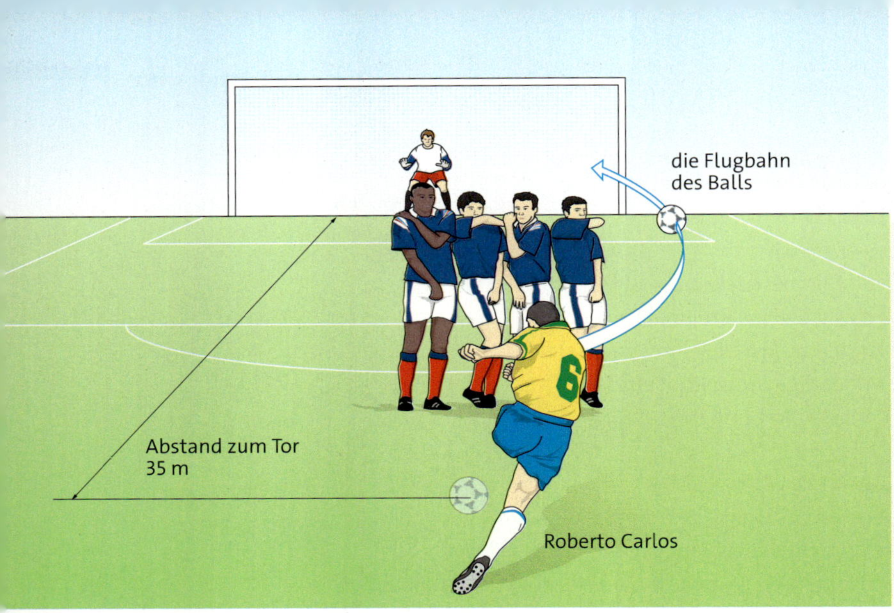

Am 3. Juni 1997 legte sich der brasilianische Nationalspieler Roberto Carlos den Ball zu einem legendären Freistoß gegen die Nationalmannschaft von Frankreich sorgfältig zurecht.
Er achtete darauf, dass das Ventil gegen ihn gerichtet war. Die Entfernung zum Tor betrug 35 m, sein Anlauf 15 m.

Sport und Physik

Auf dem Weg zum Tor schien der Ball weit am Pfosten vorbeizufliegen. Der Torwart Fabien Barthez blieb wie angewurzelt stehen. Mit einer nahezu unglaublichen Flugkurve donnerte der Ball ins rechte Toreck. Als Reporter Roberto Carlos zu seinem Schuss befragten, sagte er: „Ich kann es nicht erklären. Wie kann irgendjemand erklären, wie sich der Ball verhält? Das ist einfach Schicksal." – Nun, eine wissenschaftliche Erklärung würde man an dieser Stelle auch nicht erwarten.
Letztlich gibt es aber eine physikalische Erklärung, die im Wesentlichen auf dem Magnus-Effekt beruht. Den genauen wissenschaftlichen Nachweis für diesen Schuss veröffentlichte 2010 ein französisches Forscherteam im New Journal of Physics. Das exakte Eintreten der Rahmenbedingungen (Abtand, Geschwindigkeit des Balls, Rotation um die eigene Achse, Windverhältnisse) mag Schicksal sein, der weitere Verlauf ist hingegen durch physikalische Gesetze genau vorausgesagt.

In diesem Kapitel kannst du im Team verschiedene Sportarten inklusive der zugehörigen Physik genauer untersuchen. ▸ 2–6
Dabei lohnt es sich stets, den Blick auch auf weitere Themen wie z. B. die gesellschaftliche Relevanz, gesundheitliche Probleme oder ökologische Themen zu richten. Die folgenden beiden Beispiele können dir dazu Orientierung geben.

2 Tennis

3 Arbeit und Energie beim Klettern

4 Stöße beim Billard

5 Sprünge im Reitsport

6 Kugelstoßen

Methode Analyse sportlicher „Höchstleistungen“

A Videoanalyse – einmal anders

In sozialen Netzwerken werden viele Videos gepostet, bei denen man sich unwillkürlich fragt, ob sie Realität oder Fake sind. Dies ist bisweilen nicht ungefährlich, weil manche Aktivitäten zum Nachmachen anregen. Schwerste Verletzungen oder Todesfälle konnten leider schon beobachtet werden.
Ein Video mit „Der längsten Wasserrutsche der Welt 2009“ machte in der Vergangenheit in sozialen Netzen Furore: In den Bergen rutscht ein Mann auf einer wasserbespülten Plastikbahn bergab, fliegt über eine Schanze viele Meter durch die Luft und trifft dann ein aufgestelltes Plantschbecken. Begeistert entsteigt er unverletzt dem Becken.

Zur Analyse dieses Sachverhalts werden im Folgenden verschiedene Aspekte dargestellt. Ihr könnt in Teams arbeiten. Sprecht euch im Vorfeld der Bearbeitung eines Themas immer mit eurer Lehrkraft ab.

Vereinfachende Annahme
Die Schanze führt zu einem waagrechten Wurf. ▸ 7

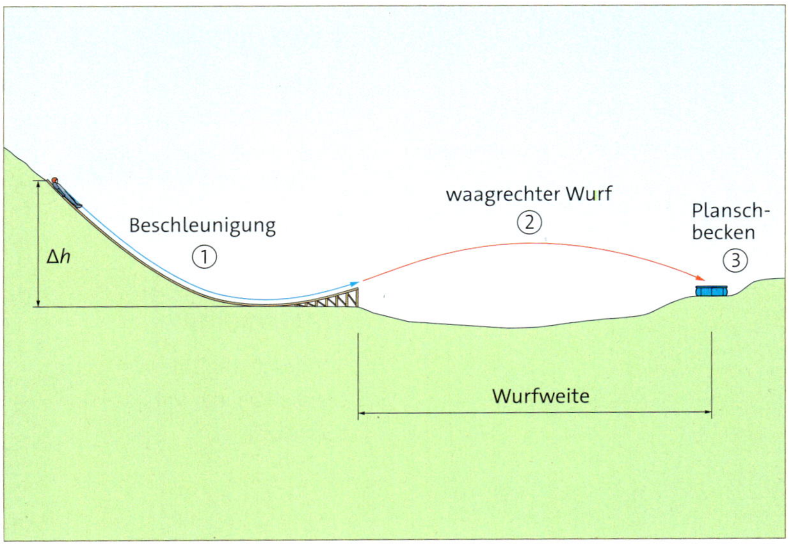

7 Vereinfachter Aufbau der Schanze

STRATEGIE-TIPP
Veranschauliche den Sachverhalt.
Nutze hier auch digitale Werkzeuge.
Tauscht euch in der Klasse aus, wer bereits Erfahrungen mit solchen Programmen hat.

Phase ①: Der Mann beschleunigt aus der Ruhe. Höhenenergie wird in Bewegungsenergie umgewandelt. Die Reibung wird dabei vernachlässigt. Die Höhe der Rutsche wird auf 30 m geschätzt.

$$E_{\mathrm{h}} = E_{\mathrm{kin}}$$

$$m \cdot g \cdot h = \frac{1}{2} m \cdot v^2$$

$$v = \sqrt{2g \cdot h}$$

$$v = \sqrt{2 \cdot 9{,}81\,\frac{\mathrm{m}}{\mathrm{s}^2} \cdot 30\,\mathrm{m}}$$

$$v = 24\,\frac{\mathrm{m}}{\mathrm{s}}$$

STRATEGIE-TIPP
Modelliere und gliedere den Bewegungsablauf
Mache dir dabei immer vereinfachende Annahmen bewusst. Führe darauf basierend erste Rechnungen durch.

Phase ②: Die Flugbahn lässt sich durch einen waagrechten Wurf modellieren. Dabei bleibt die Luftreibung unberücksichtigt. Die Flugdauer wird mit 2,3 s gestoppt. Die Geschwindigkeit beim Eintauchen in das Plantschbecken beträgt dann:

$$v = \sqrt{v_0^2 + (g \cdot t)^2} = \sqrt{\left(24\,\frac{\text{m}}{\text{s}}\right)^2 + \left(9{,}81\,\frac{\text{m}}{\text{s}^2} \cdot 2{,}3\,\text{s}\right)^2} = 33\,\frac{\text{m}}{\text{s}}$$

Es handelt sich aber eher um einen schrägen Wurf, der aufwändigere Ansätze aufweist. Mithilfe des Kapitels zum schrägen Wurf kannst du die Bewegung genauer modellieren. ► S. 230 f.

Phase ③: Abbremsen im Plantschbecken. Hier wird kinetische Energie über Reibungsarbeit in innere Energie umgewandelt. Als Abbremsstrecke kann man die Höhe des Plantschbeckens ($\Delta s = 1$ m) annehmen. Die Masse des Mannes wird mit 75 kg geschätzt.

$$F \cdot \Delta s = \frac{1}{2}\, m \cdot v^2 \qquad | : \Delta s$$

$$F = \frac{m \cdot v^2}{2 \cdot \Delta s} = \frac{75\,\text{kg} \cdot \left(33\,\frac{\text{m}}{\text{s}}\right)^2}{2 \cdot 1{,}0\,\text{m}} = 41\,\text{kN}$$

Kritische Analyse

- Die gestoppte Flugdauer beträgt im Video ca. 2,3 s. Damit wäre der horizontal zurückgelegte Weg nur $x = v_0 \cdot t = 24\,\frac{\text{m}}{\text{s}} \cdot 2{,}3\,\text{s} = 55$ m.
- Dies erscheint etwas wenig.
- Das Plantschbecken muss genau getroffen werden. Würde man das Becken nur um 2 m in *x*-Richtung verschieben, so würde dies eine andere Abfluggeschwindigkeit erfordern.
  (*Tipp:* Digitale Applets wie Geogebra unterstützen bei der Variation von bestimmten Parametern.) ► 1

STRATEGIE-TIPP

Variiere die unterschiedlichen Parameter und untersuche deren Auswirkungen.
Vergleiche das Modell mit der Realität.

STRATEGIE-TIPP

Verwende digitale Werkzeuge, die dich bei der Variation unterstützen.

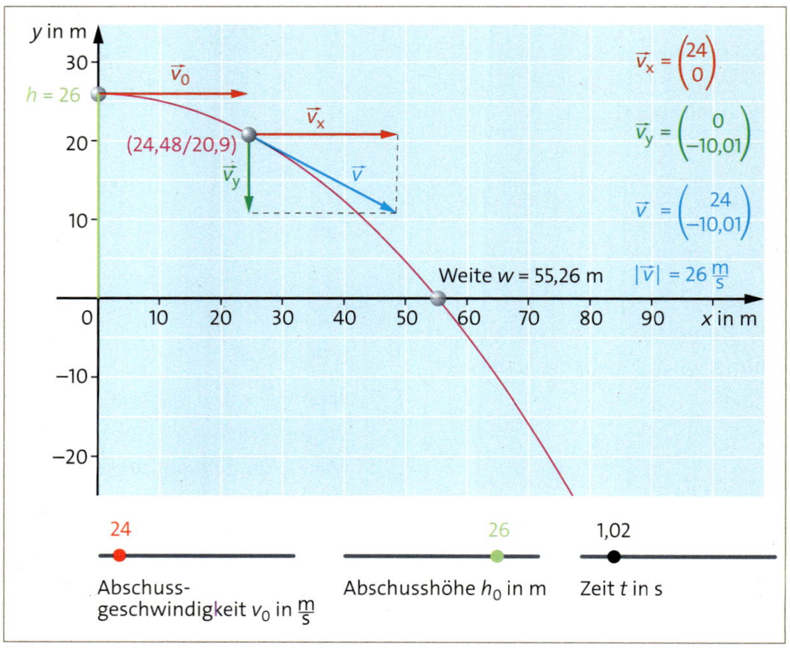

1 Simulation mit Geometriesoftware

Da man die Höhe nicht verändern kann, müsste die Abfluggeschwindigkeit ca. $1\,\frac{m}{s}$ weniger betragen. Dies würde wiederum eine geringere Höhendifferenz von etwa 3 m bei der Beschleunigungsstrecke bedeuten. Diese genauen, notwendigen Veränderungen in den Anfangsbedingungen haben aber Reibungseffekte bislang außer Acht gelassen. Möglicherweise wurden Vorversuche mit dem im Vordergrund liegenden Dummy durchgeführt.

- Zur Untersuchung der Auswirkung von Kräften auf den menschlichen Körper müssen geeignete Informationen recherchiert und gesammelt werden. So findet man z. B. den Wert, dass menschliche Knochen ab 10 kN brechen. Der Bruch eines Knochens hängt allerdings von seinem Querschnitt und weiteren individuellen Eigenschaften ab. Vereinfacht kann man sagen, dass ein Knochen ab $10\,\frac{kN}{cm^2}$ bricht. D. h.: Damit ein Knochen mit einem Radius von 1 cm bricht, muss eine Kraft von

  $10\,\frac{kN}{cm^2} \cdot 3\,cm^2 = 30\,kN$ einwirken.

  Da mit Ausnahme des Oberschenkelknochens alle menschlichen Knochen geringere Durchmesser aufweisen, hätte sich der Protagonist wohl alle Knochen gebrochen.

STRATEGIE-TIPP

Berücksichtige die bei der Modellbildung verwendeten Einschränkungen.

STRATEGIE-TIPP

Recherchiere, um die erhaltenen Werte einordnen zu können.

Experimente

Sie sind das „Salz in der Suppe". Binde nach Möglichkeit immer Experimente in die Aufarbeitung des Themas ein. Der Versuchsaufbau in ▸ Bild 2 könnte eine Möglichkeit darstellen. Videoanalysen oder Stroboskopaufnahmen helfen bei der Auswertung.

STRATEGIE-TIPP

Verwende Experimente zur Erkenntnisgewinnung. Vergleiche dabei mit den theoretisch erhaltenen Werten.

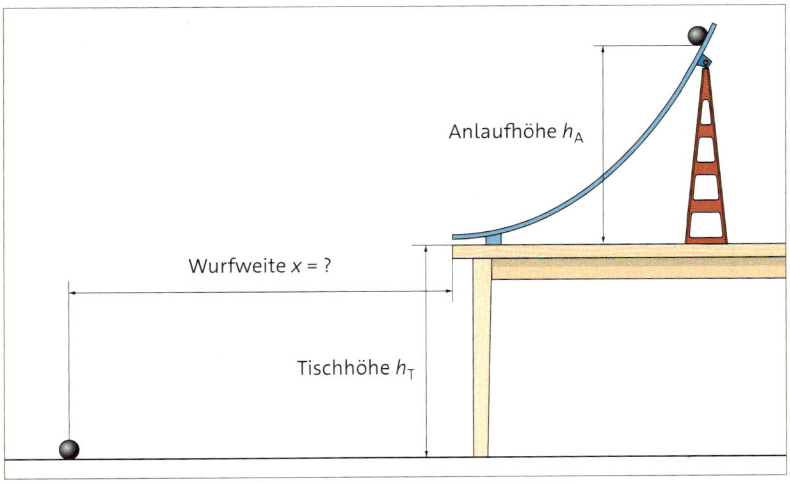

2 Experiment

Zusammenfassung und Ausblick

Das Video wurde in weiten Teilen am Computer nachbearbeitet und entsprechend manipuliert. Die kritische Analyse lieferte dafür stichhaltige Indizien. Das Video ist also ein Fake.

Bei der Analyse dieses Videos sind noch die folgenden Aspekte interessant und können – nach Rücksprache mit deiner Lehrkraft – auch einen weiteren Schwerpunkt darstellen.

KOMMUNIKATION

Gehe kritisch mit Informationen aus den verschiedenen Medien um.
Bei falschen Darstellungen: Verfasse einen Leserbrief oder einen fachlich korrekten Kommentar zu den entsprechenden Medieninhalten.

PRÄSENTATION

Verwende attraktive Medien, um deine Ergebnisse zu präsentieren. Baue dazu eigene Videos mit ein. Dynamische digitale Werkzeuge und Applets wie z. B. Geogebra unterstützen dich.

GESUNDHEIT

Deine Gesundheit ist ein sehr hohes Gut. Gehe achtsam und verantwortungsvoll damit um. Die gesundheitlichen Folgen von unbedachten Handlungen können verheerend sein. Lass dich deshalb nicht von spektakulären Videos zu unreflektiertem Tun motivieren.

B Kilimandscharo – Analyse einer Besteigung

Die letzten Meter auf das Dach Afrikas – den Kilimandscharo …
Mit 5895 m Höhe ist er der größte freistehende Berg der Erde.
Völlig erschöpft, aber überglücklich erleben Bergsteiger den Sonnenaufgang bei −15 °C. ▸ 1, 2
Auf der 5-tägigen Wanderung zum Gipfel legt man eine Strecke von über 40 km zurück, überwindet mehr als 4000 Höhenmeter und durchquert mehrere Vegetationszonen. Die letzte Etappe beginnt man um Mitternacht auf ca. 4700 m Höhe. Startpunkt ist die Kibo-Hütte. Sechs Stunden später steht man dann am Gillmans Point auf 5756 m. Hier gilt der Kilimandscharo bereits als offiziell bestiegen. ▸ 3

1 Kilimandscharo

3 Höhenprofil

2 Sonnenaufgang am Kilimandscharo

Diese besondere Wanderung lässt sich über die Teilgebiete der Physik genauer analysieren. ▸ 4
(Das gilt natürlich auch für andere sportliche Aktivitäten.)

Energie, Arbeit und Leistung: Die Gipfeletappe verlangt den Bergsteigerinnen und Bergsteigern einiges ab. Berechne die effektive körperliche Leistung und vergleiche sie mit anderen Sportarten. Stelle Hypothesen auf, warum Menschen am Ende dieser Etappe trotzdem denken, dass sie an die Grenzen ihrer körperlichen Leistungsfähigkeit gestoßen sind.
Mit Fitness-Trackern kann man verschiedene Parameter bei körperlichen Aktivitäten messen. Diese funktioniert auch mit Apps von Smartphones. Probiere es bei deiner nächsten Aktivität selbst aus. Vielleicht kannst du dabei auch untersuchen, wie sich die Höhe auf die körperliche Leistung auswirkt.

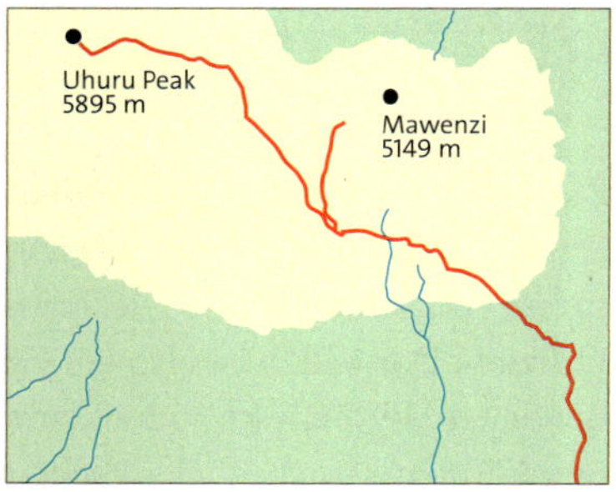

4 Weg zum Gipfel

Druck: Der Luftdruck verändert sich mit der Höhe. Bereite diesen Sachverhalt anschaulich für die Besteigung des Kilimandscharos auf. Erläutere die daraus resultierenden Folgen für den menschlichen Körper.
Ein Bergsteiger will sich am Gipfel das Gesicht mit einer Sonnencreme einschmieren, die er am Eingangstor auf 1800 m das letzte Mal geöffnet hatte. Beschreibe die Beobachtung, die der Bergsteiger machen wird. Stelle weitere Veränderungen dar, die man aufgrund des Höhenunterschieds erkennen kann.

Wärmelehre: Die Temperaturunterschiede können an diesem Berg bis zu 50 °C betragen.
Erläutere am Beispiel einer Thermosflasche oder geeigneter Bekleidung, wie man technisch auf diese Herausforderungen reagiert. Verwende für deine Beschreibungen folgendes Wortgeländer:
- Wärme
- Energietransport
- Wärmeleitung
- Konvektion
- Strahlung
- innere Energie
- Temperatur

Treibhauseffekt und Klimawandel: Das Abtauen der Gletscherflächen auf dem Gipfel des Kilimandscharos ist ein eindrückliches Indiz für den Klimawandel. Stelle die Zusammenhänge für den menschengemachten Klimawandel übersichtlich dar und erläutere, dass das Verschwinden der Gletscherfläche das weitere Abschmelzen zusätzlich beschleunigt. ▸ 5

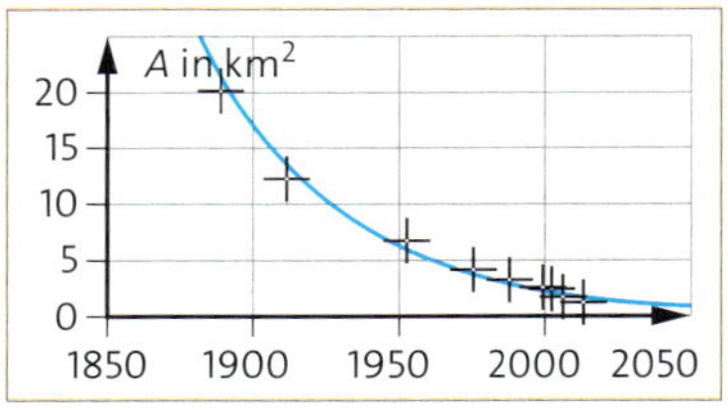

5 Gletscherfläche am Kilimandscharo

Elektrizitätslehre: Die Hütten sind hinsichtlich der Stromversorgung autark. Recherchiere, über diese Energieversorgung und entwickle gegebenenfalls Verbesserungsvorschläge.

Außerfachliche Aspekte: Tansanias Tourismusminister erwägt den Bau einer Seilbahn auf den Kilimandscharo und hat dazu bereits Machbarkeitsstudien in Auftrag gegeben. Hier gibt es ausreichend Gründe für und gegen das Projekt. Das Gleiche gilt bereits für eine „normale" Besteigung des Kilimandscharos. ▸ 6
Erstelle eine Entscheidungstabelle (Befürworter und Gegner) und verwende dazu die folgenden Aspekte. ▸ S. 297 f.
- Die Einnahmen am Kilimandscharo belaufen sich auf ca. 2,5 Mrd. Dollar. 20 000 Bergführer und Träger arbeiten am Kilimandscharo.
- Schätzungen gehen davon aus, dass man mithilfe einer Seilbahn die Anzahl der Gäste um 50 % erhöhen kann.
- Jährlich sterben ca. 40 Menschen am Kilimandscharo aufgrund der Höhenkrankheit.
- Ökologie: Flug mit CO_2-Ausstoß, Müll, …
- Interkulturelle Bildung, globales Lernen
- Soziales Lernen: Hilfsbereitschaft, Rücksichtnahme und Unterstützung
- Gesundheit: Psyche und Physis des eigenen Körpers kennenlernen und ein positives Selbstbild und Selbstkontrolle entwickeln.

6 Gipfel des Kilimandscharo

Grundlagen Schräger Wurf

Viele sportliche Aktivitäten wie z. B. Kugelstoßen, Speerwerfen oder Weitsprung lassen sich durch einen schrägen Wurf beschreiben. Der Geschwindigkeitsvektor der Anfangsgeschwindigkeit $\vec{v_0}$ schließt hier mit der Horizontalen einen Winkel α ein. ▸ 1 , 2
Der waagrechte Wurf ($\alpha = 0°$) und der senkrechte Wurf ($\alpha = 90°$) sind daher Spezialfälle des schrägen Wurfs.

1 Schräger Wurf beim Weitsprung

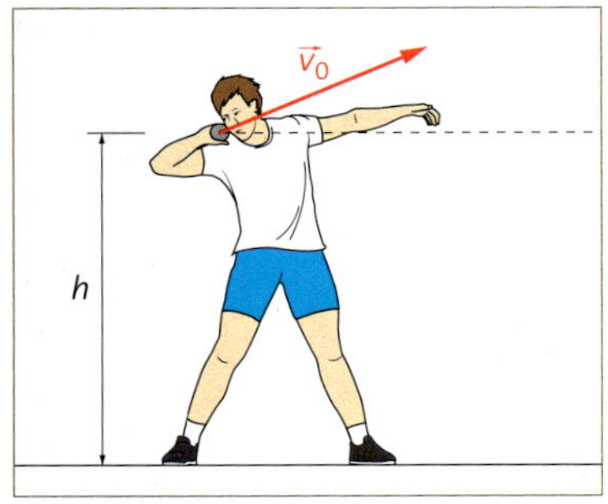

2 Schräger Wurf beim Kugelstoßen

Man kann den schrägen Wurf als Überlagerung einer gleichförmigen horizontalen Bewegung und eines senkrechten Wurfs deuten. Dies lässt sich experimentell gut darstellen: Ein Skateboard-Fahrer wirft einen Ball senkrecht nach oben, während sich das Skateboard mit konstanter Geschwindigkeit in x-Richtung bewegt. ▸ 3
Je nach Perspektive erhält man die gesamte Bewegung oder einzelne Teilaspekte. ▸ 4
x-Richtung: gleichförmige Bewegung
y-Richtung: senkrechter Wurf

3 Überlagerung von Bewegungen

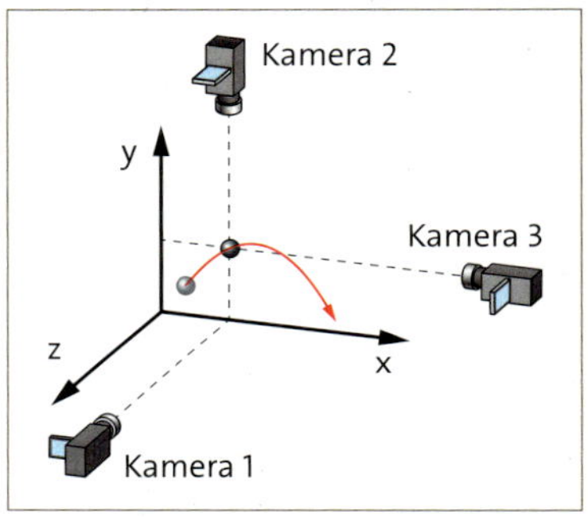

4 Beobachterperspektive

Mathematisch-physikalische Beschreibung des schrägen Wurfs
Anfangsbedingungen: $x_0 = 0$ und $y_0 = h$ ▸ 5

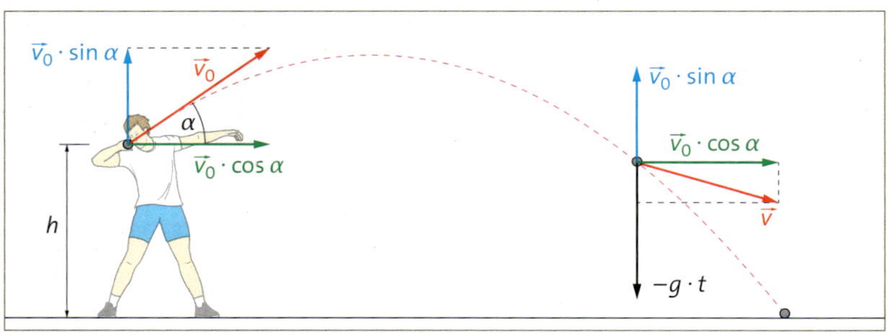

5 Beschreibung des schrägen Wurfs

Die Anfangsgeschwindigkeit $\vec{v_0}$ wird in die beiden Komponenten $\vec{v_x}$ und $\vec{v_y}$ zerlegt. Es gilt:

$$\left.\begin{aligned} v_x &= v_0 \cdot \cos\alpha \\ v_y &= v_0 \cdot \sin\alpha \end{aligned}\right\} \quad \text{kurz: } \vec{v_0} = \begin{pmatrix} v_0 \cdot \cos\alpha \\ v_0 \cdot \sin\alpha \end{pmatrix}$$

Die Bewegungsgleichungen für die einzelnen Komponenten lauten:

$$(1)\, x(t) = v_x \cdot t$$
$$x(t) = (v_0 \cdot \cos\alpha) \cdot t$$

$$(2)\, y(t) = -\frac{1}{2} g \cdot t^2 + v_y \cdot t + h$$
$$y(t) = -\frac{1}{2} g \cdot t^2 + (v_0 \cdot \sin\alpha) \cdot t + h$$

Die Gleichung für die *Bahnkurve* erhält man, indem man die Zeit t aus dem Gleichungssystem der Bewegungsgleichungen eliminiert.

aus (1) $x(t) = (v_0 \cdot \cos\alpha) \cdot t$ folgt:

$$t = \frac{x}{v_0 \cdot \cos\alpha}$$

einsetzen in (2):

$$y(t) = -\frac{1}{2} g \cdot t^2 + (v_0 \cdot \sin\alpha) \cdot t + h$$
$$y = -\frac{1}{2} g \cdot \left(\frac{x}{v_0 \cdot \cos\alpha}\right)^2 + (v_0 \cdot \sin\alpha) \cdot \frac{x}{v_0 \cdot \cos\alpha} + h$$
$$y = -\frac{1}{2} \cdot \frac{g}{v_0^2 \cdot \cos^2\alpha} \cdot x^2 + x \cdot \frac{\sin\alpha}{\cos\alpha} + h$$

Für den Fall $h = 0$ gilt dann:

$$y = -\frac{1}{2} \cdot \frac{g}{v_0^2 \cdot \cos^2\alpha} \cdot x^2 + x \cdot \tan\alpha$$

Der schräge Wurf ist beendet, wenn der Körper wieder auf dem Boden ankommt.
Im Folgenden betrachten wir nur Fälle, bei denen die y-Koordinate auch wieder Null ist.
Daher gilt als Bedingung: $y(t) = h = 0$.
Löst man die Gleichung (2) nach t auf, so erhält man:

$$(2)\, y(t) = -\frac{1}{2} g \cdot t^2 + (v_0 \cdot \sin\alpha) \cdot t + h$$
$$0 = -\frac{1}{2} g \cdot t^2 + (v_0 \cdot \sin\alpha) \cdot t + 0 \qquad \left| + \left(\frac{1}{2} g \cdot t^2\right)\right.$$
$$\frac{1}{2} g \cdot t^2 = (v_0 \cdot \sin\alpha) \cdot t \qquad | : (g \cdot t) \qquad | \cdot 2$$
$$t = \frac{2 \cdot v_0 \cdot \sin\alpha}{g}$$

HINWEIS
Die Gleichung hat ebenfalls die Lösung $t = 0$.

Es gilt: $t = t_w$ (Zeit für den vollständigen Wurf)

$$t_w = \frac{2 \cdot v_0 \cdot \sin\alpha}{g}$$

Damit erhält man durch Einsetzen von t_w in Gleichung (1) den Spezialfall für die Wurfweite x_W:

$$x(t) = (v_0 \cdot \cos\alpha) \cdot t$$
$$x_W = (v_0 \cdot \cos\alpha) \cdot \frac{2 \cdot v_0 \cdot \sin\alpha}{g}$$
$$x_W = \frac{v_0^2}{g} \cdot 2 \cdot \cos\alpha \cdot \sin\alpha$$
$$x_W = \frac{v_0^2 \cdot \sin 2\alpha}{g}$$

Grundlagen Magnus-Effekt

Einmal abgeworfen oder abgeschlagen bewegen sich Bälle auf einer Parabelbahn, deren Form nur von der Anfangsgeschwindigkeit, dem Abwurfwinkel und der Anfangshöhe abhängt. In der Realität treten im Tennis, Tischtennis, Fußball, Billard, … tatsächlich andere Wurf- bzw. Flugbahnen auf. Am Beispiel der Sportart Tennis soll konkret diskutiert werden, wie sich die Flug- oder Wurfbahn ändert, wenn der Ball einen Drall erhält.

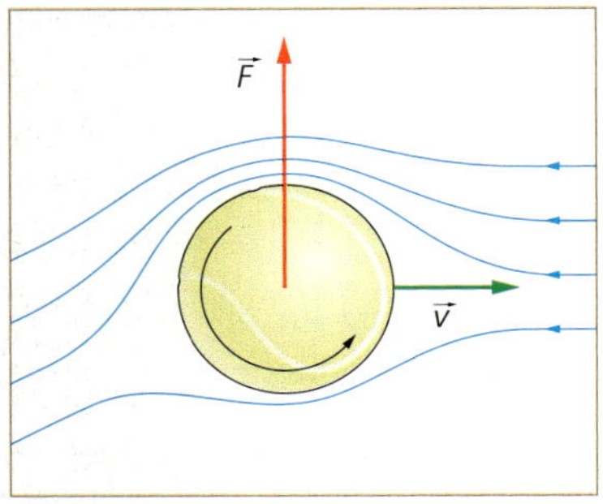

1 Slice ($\vec{v}$: Geschwindigkeit des Balls; $\vec{F}$: Kraft auf den Ball)

Ist sich ein Tennisspieler der grundlegenden physikalischen Gesetzmäßigkeiten bewusst und beherrscht er die Technik, den Ball „passend" in Rotation zu versetzen, kann er die Bahnkurve beeinflussen und Einfluss auf das Spielgeschehen nehmen. Bei Drives, Schlägen ohne Drall bzw. Rotation, bewirkt die umgebende Luft nur ein Abbremsen des Balls. Bei rotierenden Bällen ergeben sich völlig unterschiedliche Flugbahnen. ▸ 3

- Hat der Ball eine Rückwärtsdrehung (Slice), so wirkt eine zusätzliche Kraft nach oben. Bei gleicher Anfangsgeschwindigkeit und gleichem Abflugwinkel wird die Flugbahn des Balls daher verlängert. ▸ 1
- Beim *Topspin* erfährt der Ball einen Vorwärtsdrall um seine horizontale Achse. In Analogie zum Slice wirkt auf den Ball eine zusätzliche Kraft nach unten, die Flugbahn des Balls wird verkürzt. ▸ 2
- Wird der Ball mit seitlichem Drall gespielt, so erhält er eine horizontale Ablenkung. (siehe auch: Bananenflanke im Fußball)

In der Praxis tritt die Rotation nie nur in vertikaler oder nur in horizontaler Richtung auf. Deshalb wird auch bei Slice- und Topspin-Bällen eine geringe Kraft seitlich auf den Tennisball ausgeübt.

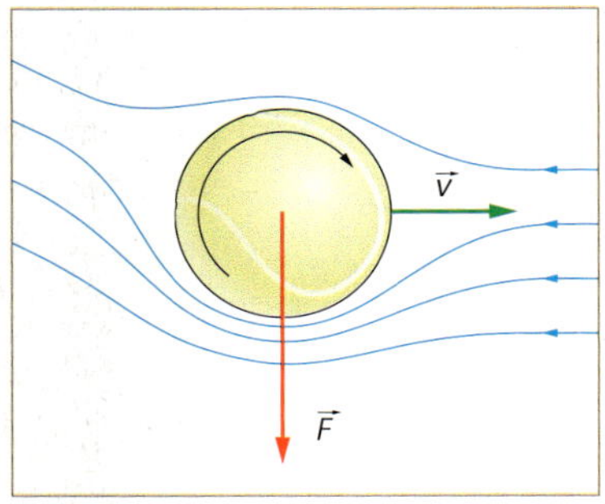

2 Topspin

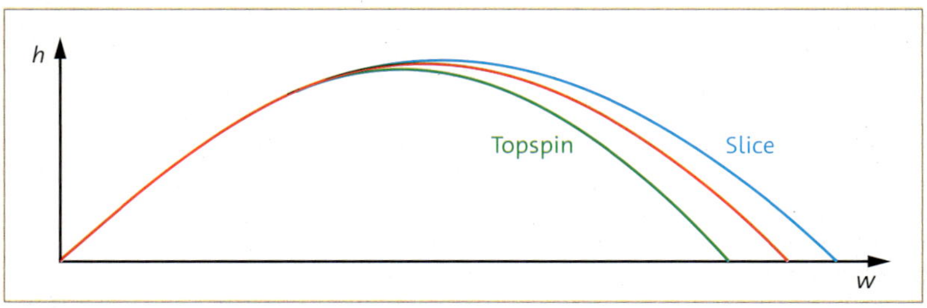

3 Flugbahnen bei Rotation des Balls

Bewegt sich ein Ball rotierend durch die Luft, so wirkt eine Kraft senkrecht zur Bewegungsrichtung. Dieses Phänomen nennt man „Magnus Effekt". Die Kraft wird als „Magnus-Kraft" bezeichnet. ▸ 4

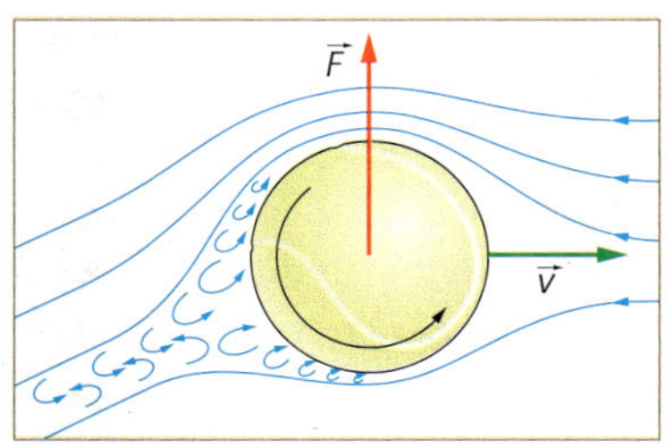

4 Magnus-Effekt

Die Größe des Magnus-Effekts hängt von der Rotationsgeschwindigkeit – beschrieben durch die Zeit für eine vollständige Umdrehung T –, von der Geschwindigkeit des Balls, von der Dichte des Mediums, in dem sich der Ball bewegt und vom Radius des Balls ab. Es gilt:

$$F_{\text{Magnus}} = \pi \cdot r^3 \cdot \rho \cdot \frac{2\pi}{T} \cdot v = \gamma \cdot \frac{1}{T} \cdot v$$

mit $\gamma = 2\pi^2 \cdot r^3 \cdot \rho \approx 0{,}000\,85\,\text{kg}$ für die Bewegung eines Tennisballs in Luft.

Die Kraft, die durch den Magnus-Effekt hervorgerufen wird, hat also einen erheblichen Einfluss auf die Flugbahn des Balls.

Aktivitäten

In den folgenden Aktivitäten werden unterschiedliche Sportarten vorgestellt, die sich mit grundlegenden physikalischen Gesetzmäßigkeiten analysieren lassen. Vielleicht findet ihr noch weitere interessante Projekte oder Aktivitäten, die zu einer spannenden Analyse motivieren. Beispielhaft seien nur folgende „Schlaglichter“ genannt:
- Speerwurf
- Basketball (Trifft man den Korb?)
- genauere Analyse der Wasserrutsche ▸ S. 225 ff.

A Kugelstoßen

Beim Kugelstoßen kann der „Wurf“ als ideal betrachtet werden, da Reibungseffekte praktisch keine Rolle spielen. Typische Werte für Anfangshöhen liegen zwischen 2,2 und 2,4 m. Die Anfangsgeschwindigkeiten betragen etwa 14 bis 15 $\frac{m}{s}$.
Daraus errechnet sich ein optimaler Winkel α von ca. 42°. ▸ 5
Tatsächlich aber stoßen die besten Athletinnen und Athleten unter einem etwas kleineren Winkel ab. Der Grund dafür liegt nicht etwa in mangelnden Physikkenntnissen. Denn in der theoretischen Herleitung der Formeln zur Berechnung der optimalen Wurfweite und des optimalen Winkels steckt die Annahme, dass die Anfangsgeschwindigkeit unabhängig vom Wurfwinkel ist. Jedoch können in der Praxis Kugelstoßerinnen und Kugelstoßer eine größere Geschwindigkeit bei einem geringeren Abwurfwinkel erreichen, abhängig von der verwendeten Technik.
Der Kompromiss zwischen hoher Abwurfgeschwindigkeit und idealem Winkel ergibt für die Kugel Abstoßwinkel zwischen 37° und 40°.

5 Abwurfwinkel beim Kugelstoßen

▸ Tabelle 1 zeigt die Zusammenstellung einiger Daten vom Kugelstoßen der Männer bei den Olympischen Spielen 1972.

Name	v_0 in $\frac{m}{s}$	h in m	α in °
Woods	13,9	2,2	40
Woods	13,7	2,1	35,7
Briesenick	14,0	2,2	39,7
Woods	13,6	2,16	37,7
Feuerbach	13,5	2,1	38,3

Tabelle 1 Kugelstoßen der Männer 1972

Idealisierte physikalische Theorie und Realität beim Kugelstoßen
In der Realität spielt die Wurftechnik eine große Rolle, wie z. B. die so genannte Cartwheel-Technik demonstriert. Bei dieser Technik vollführt eine Athletin bzw. ein Athlet mit der Kugel in der Hand zunächst einen Radschlag. 2008 wurde die Cartwheel-Technik für Wettkämpfe aus Sicherheitsgründen verboten. ▸ 6

6 Cartwheel-Technik

Obwohl die erreichte Weite x_w beim Kugelstoßen hauptsächlich von Abstoßgeschwindigkeit und Wurfwinkel abhängt, spielt auch die Abwurfhöhe h eine Rolle:

$$x_W = \frac{v_0^2}{g} \cdot \cos\alpha \left(\sin\alpha + \sqrt{\sin^2\alpha + \frac{2g \cdot h}{v_0^2}} \right)$$

So bringt ein Größenunterschied von 20 cm ein „Mehr" an Weite von ebenfalls etwa 20 cm.

1 Kugelstoßen im Sportunterricht

Im Sportunterricht wird beim Kugelstoßen die Technik und unabhängig davon die erzielte Wurfweite benotet. Argumentiere gegenüber deiner Sportlehrkraft, dass die Benotung der erzielten Weite nicht fair ist. Beziehe dich hierbei auf physikalische Grundlagen. Arbeite einen konkreten fairen Vorschlag aus, wie die erzielte Wurfweite in eine Benotung eingehen könnte.

2 Wurftechniken

a Recherchiere: Gibt es weitere Wurf- oder Schusstechniken im Sport, die die theoretischen Überlegungen modifizieren?

b Erstelle ein Erklärvideo, das Theorie und Praxis gegenüberstellt.

3 Wurfweite

Ein Kugelstoßer stößt in der „klassischen Wurftechnik" die Kugel mit $10\,\frac{m}{s}$ ab. Schätze die erreichte Wurfweite ab. ▸ 1

1 Wurfweite und Abwurfhöhe

4 Optimaler Abwurfwinkel

Die Gleichung: $\cos(2\alpha_{opt}) = \frac{g \cdot h}{v_0^2 + g \cdot h}$ macht klar, dass der optimale Abwurfwinkel α_{opt} für möglichst große Weiten nicht nur von der Abwurfhöhe, sondern auch von der Anfangsgeschwindigkeit abhängt.

a Interpretiere die Grafik ▸ Bild 2 und vervollständige in deinem Heft den Satz: Je kleiner die Geschwindigkeit, desto … ist bei konstanter Höhe der ideale Wurfwinkel.

b Bei „langsamen" Würfen beträgt der optimale Winkel etwa 32°. Interpretiere die Kurven für große Geschwindigkeiten.

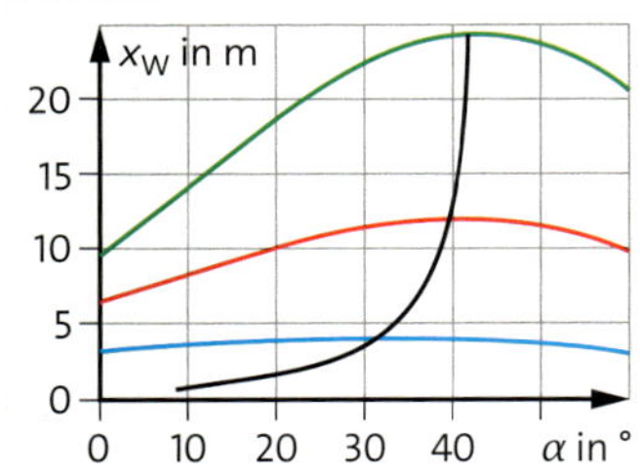

2 Abhängigkeit der Wurfweite vom Anfangswinkel bei einer Anfangshöhe $h = 2$ m und bei verschiedenen Anfangsgeschwindigkeiten. Schwarze Linie: maximale Weiten. Die dazugehörigen optimalen Anfangswinkel ergeben sich aus den Schnittpunkten der Kurven. $v_0 = 5\,\frac{m}{s}$ (blau), $10\,\frac{m}{s}$ (rot), $15\,\frac{m}{s}$ (grün).

5 Luftwiderstand

Bei einem sich nicht drehenden Körper wirkt der Luftwiderstand der Bewegungsrichtung entgegen, reduziert die Fluggeschwindigkeit und damit die Flugweite.
Die Bremsbeschleunigung ist proportional zur Frontfläche A und umgekehrt proportional zur Masse m des Körpers.
Beim Kugelstoßen hat die Kugel einen sehr hohen Wert $\frac{A}{m} = 0{,}0016$. Deshalb kann der Luftwiderstand vernachlässigt werden.
Recherchiert und findet $\frac{A}{m}$ für einen Tischtennisball heraus. Diskutiert, ob man den Luftwiderstand bei der Beschreibung der Bewegung eines Tischtennisballs vernachlässigen kann.

Aktivitäten

B Sprünge

1 Ski-Sprungschanze

Für den Bau von Ski-Sprungschanzen müssen verschiedene Aspekte berücksichtigt werden. ▸ 3

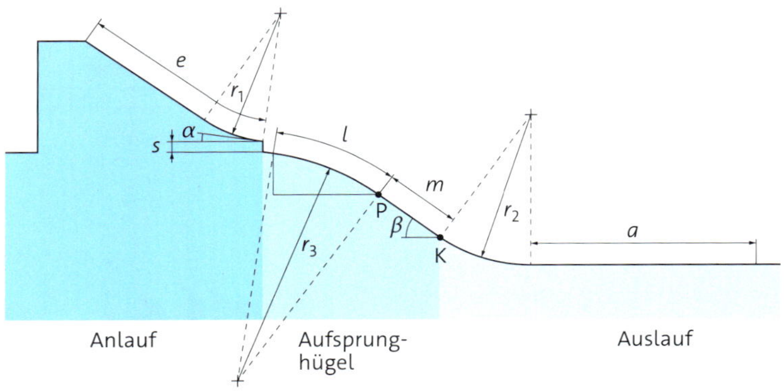

3 Aufbau einer Skisprungschanze

Bei einer neuen Schanze soll der Springer mit mindestens $90\,\frac{\text{km}}{\text{h}}$ abspringen können. Erarbeite davon ausgehend die notwendigen Eigenschaften der Schanze, indem du auch die Bahnkurve für den waagrechten Wurf erstellst. Digitale Werkzeuge helfen dir dabei. Gib die wesentlichen Eigenschaften des Anlaufs und des Aufsprunghügels an. *Tipp:* Der Auftreffwinkel des Springers sollte möglichst mit dem Winkel des Aufsprunghügels übereinstimmen.

2 Waagrechte und schräge „Abschüsse"

Äußerst wagemutige Menschen (Stuntmen) lassen sich mit einem Katapult waagrecht „abschießen".

a Beschreibe die Bahnkurve des Stuntmans und gehe auf die jeweils angreifenden Kräfte ein. Variiere die Abschussgeschwindigkeit und erläutere die entsprechenden Auswirkungen.

b Mithilfe von Wingsuit-Anzügen wird die Bahnkurve entscheidend verändert. Erkläre die physikalischen Hintergründe für die veränderten Bahnkurven.

c Im Zirkus lassen sich Artisten als „menschliche Kanonenkugeln" mit schräg gestellten Kanonen „abfeuern". ▸ 4
Der Rekord für die größte Flugweite liegt bei 60 m. Bestimme daraus die minimal notwendige Anfangsgeschwindigkeit des Artisten. Gib auch die zugehörigen Bedingungen an. Schätze daraus die auf den Artisten wirkende Beschleunigung ab. Recherchiere die notwendigen technischen Daten der „Abschussvorrichtungen".

d Zukünftig soll in einem Gesetzentwurf die Durchführung derartiger Aktivitäten verboten werden. Bewerte dieses Vorhaben mithilfe einer Entscheidungstabelle. Unterscheide dabei fachliche von außerfachlichen Argumenten. ▸ S. 297 f.

4 Menschliche Kanonenkugel

Aktivitäten

3 „Ich weiß, wo du landest."

So lautete der Titel eines Exponats in der Sonderausstellung „Der vermessen(d)e Mensch" (2018) im Technorama in Winterthur. Hier wurde unmittelbar nach dem Absprung eine Vorhersage über den Ort der Landung gemacht. Das geschah über einen Computer, der mit einer Kraftmessplatte verbunden war und die beim Absprung gemessenen Daten auswertete. Nach dem Absprung konnte der Springer die Flugbahn nicht mehr beeinflussen. ▸ 1
Nenne die notwendigen Größen, die die Kraftmessplatte bestimmen muss und erläutere die „Vorhersage" anhand der entsprechenden Formeln.

1 Sprungexperiment

4 Sprung mit dem Fahrrad

Downhill-Profi Johannes Fischbach wollte mit seinem Mountainbike den Weitsprung-Rekord knacken. Er visierte beim Sprung über die große Skischanze in Klingenthal die 80-Meter-Marke an. Den Sprung samt Horror-Crash findest du im Internet.

a Analysiere die Vorkehrungen des Mountainbike-Teams, damit ein solcher Sprung möglichst gut gelingen sollte. ▸ 2

b Bewerte diese Art von Aktivitäten, die natürlich von verschiedenen Firmen gesponsort werden.

2 Sprung mit Mountainbike

5 Hürdenlauf

▸ Bild 3 zeigt , die auf den Schuh des Springers reduzierte, Analyse eines schrägen Sprungs beim 110-m-Hürdenlauf.

a Recherchiere die Höhe der Hürde und erarbeite eine mathematische Darstellung für die Bahnkurve des Sprungs.

b Ermittle anhand des Bilds die Geschwindigkeit des Läufers.

3 Sprung über die Hürde

C Weitsprung

Idealisierte physikalische Theorie und Realität beim Weitsprung
Weitsprung ist idealisiert ein Wurf mit dem eigenen Körper. Die Anfangshöhe des Schwerpunkts beträgt typischerweise etwa 1 m, die Absprunggeschwindigkeit etwa $9\,\frac{\text{m}}{\text{s}}$. Der Luftwiderstand kann vernachlässigt werden. ▸ 4
Theoretisch ergeben sich somit eine Weite von 9,2 m, ein Absprungwinkel von 42° und eine Sprunghöhe von knapp 3,5 m. Insbesondere die Werte für Winkel und Sprunghöhe sind in der Praxis nicht realistisch. Berücksichtigt werden muss unter anderem, dass Sportlerinnen und Sportler die große Absprunggeschwindigkeit nicht bei jedem Winkel realisieren können. An Sportlern gemessene Werte des Absprungwinkels betragen etwa 20°.

4 Weitsprung

1 Bob Beamon 1968

Bei den Olympischen Spielen 1968 in Mexico City ging der Amerikaner Bob Beamon mit seinem Weitsprung über 8,90 m in die Geschichte ein. Er verbesserte den damals gültigen Rekord um 55 cm.

Sein Rekord hielt 23 Jahre, und auch der in Mexico City erzielte Rekord beim 400-m-Lauf hielt 20 Jahre. Als Grund für diese außergewöhnlichen Ergebnisse wird die extreme Höhenlage von 2240 m angeführt: Die Dichte der Luft ist hier um etwa 20 % geringer als auf Meereshöhe. Diskutiert Einflussfaktoren der geringeren Dichte auf die Weite beim Sprung und auf die Zeit für einen 400-m-Lauf.

2 Videoanalyse Weitsprung

Untersucht Weitsprünge von Mitschülerinnen oder Mitschülern mithilfe der Videoanalyse. Versucht dabei, die Weite zu optimieren.

a Ermittelt jeweils die Werte für Absprunggeschwindigkeit, Absprungwinkel und Sprunghöhe.

b Probiert unterschiedliche Körperhaltungen bei der Landung aus und notiert jeweils die erreichte Weite. Bereitet die Ergebnisse nachvollziehbar in Text und Bild auf.

c Untersucht die Veränderung der Werte bei einem Sprung „aus dem Stand".

D Springreiten

In freier Wildbahn springen Pferde selten über Hindernisse. Sie bevorzugen es, um sie herumzulaufen. Im Springsport entscheidet das fehlerfreie Überwinden von mehreren hintereinander zu absolvierenden Hindernissen über Erfolg oder Misserfolg. Ein Pferd kann von sich aus gut die Höhe des Hindernisses und somit einen optimalen Abstand zum Sprung und einen optimalen Absprungwinkel einschätzen. Dennoch kann der Reiter durch gezieltes Training das Pferd durchaus fördern, den Sprung „gut zu nehmen". Aber welche Parameter sind überhaupt wichtig für das Überspringen von Hindernissen?

Größe und Bauart des Hindernisses geben „Höhe" und „Weite" der Kurve vor. Bei einem Hochsprung sollte der Scheitel der Parabel über dem Hindernis liegen, bei einem Weit- oder (symmetrischen) Hoch-Weit-Sprung über der Mitte und bei einer Triplebarre zwischen der zweiten und dritten Stange. ▸ 5
Damit Absprung- und Landephase passen, müssen Reiter und Pferd den korrekten Absprungpunkt – den optimalen Abstand zum Hindernis – und den optimalen Absprungwinkel finden. Beide Größen hängen von der Höhe, die übersprungen werden muss, von der Statur des Pferdes und von der Geschwindigkeit in der Phase des Anreitens ab.

Der Sprung über das Hindernis lässt sich als schräger Wurf des Schwerpunkts (SP) des Pferds modellieren.
Der Schwerpunkt des Pferds liegt dabei in etwa auf $\frac{3}{4}$ der Höhe des Widerrists. Der Absprungpunkt wird in die Koordinate $(0|h_{SP})$ gelegt. ▸ S. 238, Bilder 1 und 2

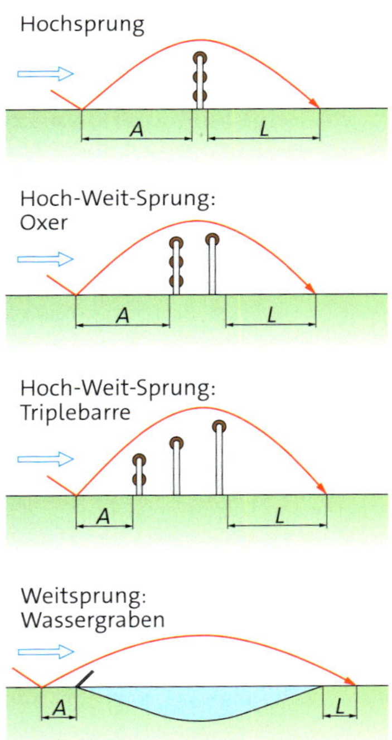

5 Hindernisse und Sprünge

1 Begrifflichkeiten

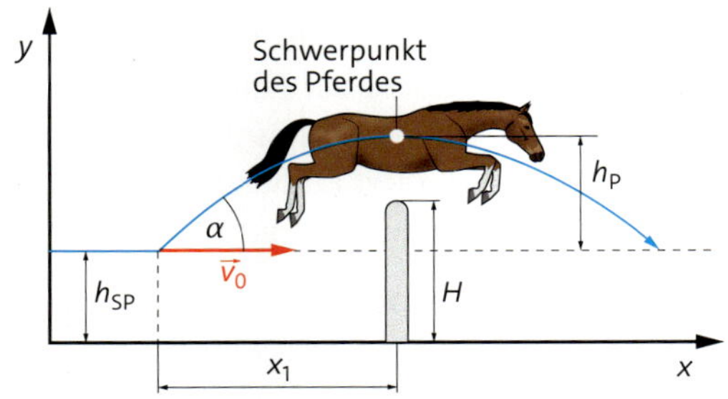

h_{SP} = Höhe des Schwerpunktes
H = Höhe des Hindernisses
h_P = höchster Punkt der Parabel
x_1 = Abstand Absprung-Hindernis
v_0 = Anfangsgeschwindigkeit

2 Sprungkurve

Die Höhe, die übersprungen werden muss, ergibt sich zu:

$$H + h_{SP} - \frac{h_{Bein}}{3} = H + 0{,}75 \cdot h_W - \frac{h_W}{6}$$

(H: Höhe des Hindernisses; h_W: Höhe des Widerrists; h_{Bein}: Länge des Beins = 0,5 · Höhe des Widerrists)
In der Formel wird auch berücksichtigt, dass Pferde typischerweise die Beine um $\frac{1}{3}$ ihrer Beinlänge einwinkeln. ▸ 3

3 Pferd beim Sprung

Optimaler Absprungwinkel α, optimaler Abstand zum Hindernis und Sprungzeit/Flugzeit lassen sich aus den Bewegungsgleichungen zur Beschreibung des schrägen Wurfs ermitteln, wenn die Geschwindigkeit v_0 in der Phase des Anreitens gegeben ist.

$$\sin\alpha = \sqrt{\frac{2g \cdot y}{v_0}};\ y\text{: Höhe, die übersprungen werden muss}$$

$$\text{Abstand} = \frac{v_0^2 \cdot \cos\alpha \cdot \sin\alpha}{g};\ \text{Flugzeit} = \frac{2\,v_0 \cdot \sin\alpha}{g}$$

So lassen sich (z. B. mithilfe eines Tabellenkalkulationsprogramms) aus der Höhe des Hindernisses, der Geschwindigkeit in der Phase des Anreitens und der Widerristhöhe die Beinlänge und die Höhe des Schwerpunkts berechnen. Daraus können dann auch die gesprungene Höhe, die Flugzeit, der optimale Absprungwinkel und der optimale Abstand zum Hindernis ermittelt werden. ▸ 4

B	C	D
Höhe des Hindernisses in m	1,2	2,00
Geschwindigkeit in der Phase des Anreitens in m/s	7	8,30
Widerristhöhe in m	1,4	1,52
Beinlänge in m	=0,5*$C3	0,76
Höhe des Schwerpunkts in m	=0,75*$C3	1,14
gesprungene Höhe in m	=$C1+0,75*$C3-(1/6)*$C3	2,89
Sprungzeit/Flugzeit in s	=$C2*SIN($C11*PI()/180)/9,81	0,77
optimaler Absprungwinkel in Grad	=ARCSIN(WURZEL(2*9,81*$C9)/$C2)*180/PI()	65,05
optimaler Abstand zum Hindernis in m	=$C2*$C2*COS($C11*PI()/180)*SIN($C11*PI()/180)/9,81	2,69

4 Beispiel für einen Sprung über ein Hindernis der Höhe 2 m für ein Pferd mit der Widerristhöhe 1,52 m. Der Sprung wurde mit einer Geschwindigkeit von 8,3 $\frac{m}{s}$ (langsamer Galopp) angeritten.

Aktivitäten

1 Energie beim Sprung

Beim Anreiten des Sprungs „sammelt“ das Pferd kinetische Energie. Ermittle Werte für verschiedene Pferderassen und unterschiedliche Geschwindigkeiten. Recherchiere entsprechende Werte für die Masse eines Pferds und die Geschwindigkeiten beim Anreiten im langsamen Trab, Trab, langsamen Galopp und zügigem Galopp.

5 Sprung mit abgesenktem Kopf

2 Kurz vor dem Sprung

Ein Pferd senkt von sich aus kurz vor dem Sprung Kopf und Hals. Begründe dieses Verhalten aus physikalischer Sicht. ▸ 5

3 Theorie des Sprungs

Ermittle aus den Bewegungsgleichungen für den schrägen Wurf Formeln für den optimalen Absprungwinkel, den optimalen Abstand zum Hindernis und für die Flugzeit über das Hindernis.

4 Simulationen

Übertrage die Ideen aus ▸ 4, S. 238 in ein Tabellenkalkulationsprogramm. Variiere nacheinander die Höhe des Hindernisses, die Widerristhöhe und die Geschwindigkeit in der Anreitphase. Stelle aus deiner Sicht wichtige Kombinationen in einer Präsentation zusammen.

5 Einsteigerklasse

a Beim E-Springen (Einsteigerklasse) beträgt die maximale Sprunghöhe 0,85 m. Ermittle die Geschwindigkeit, die ein Haflingerpferd mindestens beim Anreiten des Sprungs haben muss, um ihn fehlerfrei bewältigen zu können. ▸ 6

b Ein Haflingerpferd bewegt sich mit $7\,\frac{\text{m}}{\text{s}}$ auf einen Sprung mit der Höhe 0,85 m zu. Ermittle den optimalen Absprungwinkel und den optimalen Abstand zum Hindernis.

c Die Höhe des Hindernisses wird nun auf 1,5 m vergrößert. Begründe, dass sich die sportliche Herausforderung für das Pferd nun deutlich erhöht. Diskutiere auch Variationen der Anreitgeschwindigkeit.

6 Einsteigerklasse

6 Videoanalyse Hochsprung Pferd (1)

Recherchiere nach einem Video, in dem ein Pferd ein Hindernis (Hochsprung) überwindet. Achte darauf, dass das Video geeignet ist, um physikalisch relevante Parameter „herauszulesen“. Es soll sich auch für eine Videoanalyse der Bewegung eignen. (Das bedeutet, dass die Ebene der Bewegung des Pferdes parallel zur Ebene der Aufnahme des Videos liegen soll.)

a Ermittle aus dem Video
- die Geschwindigkeit des Pferdes in der Phase des Anreitens.
- den Absprungwinkel.
- den Abstand zum Hindernis beim Absprung.
- die Höhe des Widerrists.

b Überprüfe durch Rechnung (Tabellenkalkulation), ob Winkel und Abstand optimal gewählt wurden.

Aktivitäten

7 Videoanalyse (2)

Das Diagramm zeigt das Ergebnis einer Videoanalyse beim Sprung eines Pferds über ein Hindernis.
Die Messpunkte beschreiben die Positionen des Schwerpunkts des Pferds in Abhängigkeit von der Zeit. ► 1

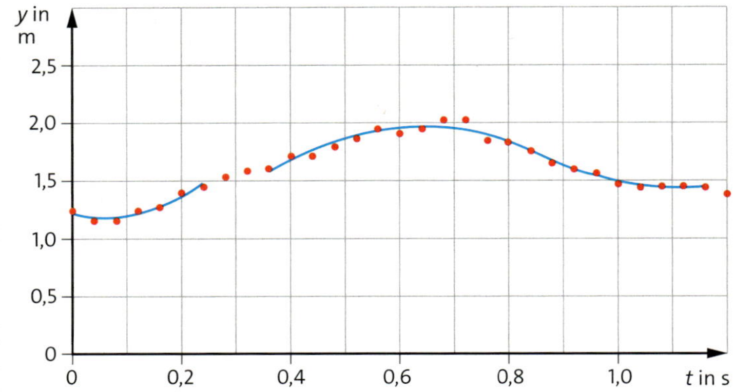

1 *t*-*y*-Diagramm

a Ermittle aus dem Diagramm die Dauer von Absprung, Flugphase und Landephase.

b Die durchgezogenen Linien sind Ausgleichskurven durch die Messpunkte. Mathematische Modelle besagen, dass die Kurven beschrieben werden können durch Funktionen der Form $y = \frac{a}{2} \cdot t^2 + b \cdot t + c$, wobei y den zurückgelegten Weg in vertikaler Richtung beschreibt, t die Zeit. Die Variable a beschreibt die Beschleunigung des Schwerpunkts in vertikaler Richtung.
Gib die Werte für die Beschleunigung in vertikaler Richtung in den drei Phasen des Sprungs an. Bewerte auch mit fachphysikalischen Argumenten, ob diese Werte realistisch sein können.

c Ermittle die Koordinaten des Scheitels der Sprungparabel. Schließe aus dieser Information und aus der Grafik auf die übersprungene Höhe.

8 Faustregel Hochsprung Pferd

In der Reiterwelt gibt es die Faustformel: Wenn man einen Steilsprung (Hochsprung) von 1,20 m überwinden muss, dann sollte ca. 1,20 m vor dem Hindernis abgesprungen werden. Beurteile die Gültigkeit dieser (pauschalen) Aussage aus physikalischer Sicht.

9 Erklärvideo

Erstelle ein Erklärvideo für einen Sprung über ein Hindernis. Das Video soll einen Sprung aus physikalischer Sicht charakterisieren, auf wesentliche Parameter eingehen und sich an Reiterinnen und Reiter ohne spezielle physikalische Vorkenntnisse richten.
Tipp: Du kannst Standbilder eines Videos aus dem Internet in das Erklärvideo einbetten, um die Phasen des Sprungs zu erläutern.

Aktivitäten

10 Doping im Pferdesport

a Lies den folgenden Text. Beurteile aus physikalischer Sicht die Idee, die hinter der Verwendung einer Creme mit Capsaicin steckt. Recherchiere ausführlich, um den Begriff „capsaicinhaltige Creme“ zu klären.

b Bewerte den Einsatz solcher Cremes im Pferdesport.

„Capsaicin ist erstmal nur ein schmerzlinderndes Mittel. Solche Mittel sind bei der Behandlung von Pferden erlaubt. Sie fördern, als Nebeneffekt, auch die Durchblutung. Doch Capsaicin, etwa als Salbe aufgetragen, fällt aus der üblichen Reihe. Denn dieser Stoff fördert nicht bloß stärker als andere Substanzen die Durchblutung, er hat auch viel mehr Wirkungen.

Die Kombination dieser Wirkungen erzeugt einen Dopingeffekt oder jedenfalls einen wettbewerbsverzerrenden Effekt, der nicht gewollt ist. Aber Capsaicin ist auch ein Reizstoff. Wenn er in Form einer Salbe auf die Haut aufgetragen wird, brennt es enorm. Wie heftig dieser Effekt ist, kann jeder an sich selbst testen. Man muss nur eines der beliebten ABC-Pflaster auf die Haut kleben. In diesen Pflastern ist Capsaicin. Auch in Chilischoten findet sich diese Substanz.

Wenn Capsaicin auf die Vorderbeine der Pferde aufgetragen wird, erhöht sich der Schmerz, wenn das Pferd gegen ein Hindernis, also eine Stange, stößt. Das zwingt das Tier dazu, höher zu springen. Und damit hat ein Reiter größere Chancen, fehlerfrei zu bleiben. Fritz Sörgel, Leiter des Instituts für Pharmazeutische Forschung in Nürnberg, ist gerade bei dem letzten Punkt fassungslos. ‚Die Leute haben Zeit, sich alle möglichen Schweinereien zu überlegen. Das hier ist allerdings Missbrauch der Pharmakologie in perverser Perfektion.‘“

(*Quelle:* Frank Bachner: Wie Capsaicin den Schmerz für Pferde erhöht; Potsdamer Neueste Nachrichten; 22. 08. 2008)

E Fußball

1 Elfmeter

Beim Elfmeter wird der Ball mit einer Masse von 450 g durch den Schützen auf 100 $\frac{\text{km}}{\text{h}}$ beschleunigt. Die Kontaktzeit des Schuhs mit dem Ball beträgt 0,01 s. ▸ 2

Der Torwart kann den Ball abwehren, indem er den Ball auf einer Strecke von 30 cm an sich heranzieht. Berechne …

a die kinetische Energie des Fußballs während des Flugs.

b die mechanische Leistung des Schützen.

c die Kraft, die der Torwart beim Fangen des Balls aufbringen muss.

2 Kontakt zum Fußball

2 Ballgeschwindigkeiten

Im Internet findet man Angaben zu Schüssen, die Geschwindigkeiten von über 200 $\frac{\text{km}}{\text{h}}$ erreicht haben sollen. Untersuche die theoretisch mögliche Maximalgeschwindigkeit eines Fußballs. Nutze dazu die folgenden Modelle.

Modell 1: Es wird ein vollkommen elastischer Stoß zwischen zwei Körpern – dem Fuß und dem Ball – betrachtet. ▸ 1
Dabei soll die Masse m_1 die Masse des Fußes sowie eines Teils des Beins und v_1 die Geschwindigkeit des Fußes sein. m_2 und v_2 sind die entsprechenden Größen des Balls vor dem Stoß.
Die Geschwindigkeiten nach dem Stoß seien u_1 bzw. u_2.
Mithilfe des Energie- und Impulserhaltungssatzes kann man folgende Formeln für u_1 und u_2 herleiten. (▸ Kasten auf S. 243)

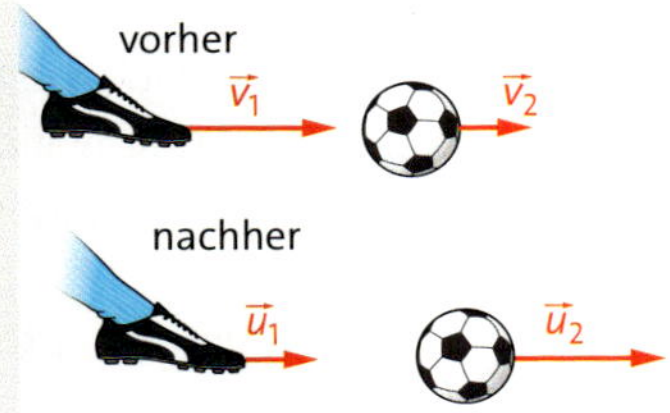

1 Stoß zwischen Fuß und Ball

$$u_1 = \frac{v_1 \cdot (m_1 - m_2) + 2 \cdot m_2 v_2}{m_1 + m_2}$$

$$u_2 = \frac{v_2 \cdot (m_2 - m_1) + 2 \cdot m_1 v_1}{m_1 + m_2}$$

a Zeige, dass folgende Umformung gilt:

$$u_2 = \frac{2 v_1}{1 + \frac{m_2}{m_1}} - \frac{v_2\left(1 - \frac{m_2}{m_1}\right)}{1 + \frac{m_2}{m_1}}$$

b Betrachte zuerst den ruhenden Ball.
Schätze die maximale Geschwindigkeit ab, indem du die weiteren Informationen verwendest.
Untersuchungen haben gezeigt, dass sich die Fußspitze beim Ausholen des Beins mit bis zu $120\,\frac{\text{km}}{\text{h}}$ bewegen kann.
Recherchiere den Massenanteil des Unterschenkels am menschlichen Körper und schätze damit die mögliche Geschwindigkeit des Fußballs ab.

c Vergleiche die Maximalgeschwindigkeiten beim Schuss eines Fußballs und beim Wurf eines Handballs.

d Erkläre anhand einer geeigneten Formel, dass die Geschwindigkeit des Balls größer wird, wenn sich der Ball auf den Schützen zubewegt und er diesen, ohne zu stoppen, trifft.

Modell 2: In der Realität kann der Schuss nicht als vollkommen elastischer Stoß betrachtet werden, weil das Fußgelenk durch die Fußmuskulatur nicht völlig starr gehalten werden kann.
Dies kann durch die Elastizitätszahl e des Stoßes berücksichtigt werden. Beim vollkommen elastischen Stoß wäre $e = 1$. Die im vorherigen Abschnitt hergeleitete Formel lautet modifiziert durch die Elastizitätszahl:

$$u_2 = \frac{(1 + e)\, v_1}{1 + \frac{m_2}{m_1}} - \frac{v_2\left(e - \frac{m_2}{m_1}\right)}{1 + \frac{m_2}{m_1}}$$

e Untersuche, die Auswirkungen einer realistischen Elastizitätszahl von $e = 0{,}5$ auf die Schussgeschwindigkeit. Es gibt Schützen, die für ihre besonders harten Schüsse bekannt sind. Erläutere die Bedeutung dieser Aussage für die Elastizitätszahl e.

Aktivitäten

f Es ist immer wieder beeindruckend, dass gute Fußballspieler lange Pässe mit der Brust oder dem Fuß annehmen, und zwar so, dass der Ball an Ort und Stelle liegen bleibt. Erkläre anhand einer geeigneten Formel die zugehörige Technik, d. h., in welche Richtung sich Brust bzw. Fuß bewegen müssen.
Tipp: betrachte jeweils das Vorzeichen der Geschwindigkeiten.

Z *Zusatzinformation:* Herleitung der Gleichungen für u_1 und u_2

Energieerhaltungssatz:

$$\frac{1}{2}m_1 \cdot v_1^2 + \frac{1}{2}m_2 \cdot v_2^2 = \frac{1}{2}m_1 \cdot u_1^2 + \frac{1}{2}m_2 \cdot u_2^2 \qquad (1)$$

Impulserhaltungssatz:

$$m_1 \cdot v_1 + m_2 \cdot v_2 = m_1 \cdot u_1 + m_2 \cdot u_2 \qquad (2)$$

Aus (1) folgt:

$$\frac{1}{2}m_1 \cdot v_1^2 + \frac{1}{2}m_2 \cdot v_2^2 = \frac{1}{2}m_1 \cdot u_1^2 + \frac{1}{2}m_2 \cdot u_2^2 \qquad | \cdot 2$$

$$m_1 \cdot v_1^2 - m_1 \cdot u_1^2 = m_2 \cdot u_2^2 - m_2 \cdot v_2^2$$

$$m_1 \left(v_1^2 - u_1^2\right) = m_2 \left(u_2^2 - v_2^2\right)$$

$$m_1 (v_1 - u_1) \cdot (v_1 + u_1) = m_2 (u_2 - v_2) \cdot (u_2 + v_2) \qquad (3)$$

Aus (2) folgt:

$$m_1 (v_1 - u_1) = m_2 (u_2 - v_2) \qquad (4)$$

Setzt man Gleichung (4) in Gleichung (3) ein, erhält man:

$$m_2 (u_2 - v_2) \cdot (v_1 + u_1) = m_2 (u_2 - v_2) \cdot (u_2 + v_2) \qquad | : m_2 (u_2 - v_2)$$

$$v_1 + u_1 = u_2 + v_2 \text{ oder } u_2 = u_1 + v_1 - v_2 \qquad (5)$$

Setzt man Gleichung (5) in (4) ein erhält man:

$$m_1 \cdot v_1 - m_1 \cdot u_1 = m_2 \cdot u_2 - m_2 \cdot v_2$$

$$m_1 \cdot v_1 - m_1 \cdot u_1 = m_2 \cdot (u_1 + v_1 - v_2) - m_2 \cdot v_2$$

$$m_1 \cdot v_1 - m_1 \cdot u_1 = m_2 \cdot u_1 + m_2 \cdot v_1 - 2 \cdot m_2 \cdot v_2$$

$$m_1 \cdot v_1 - m_2 \cdot v_1 + 2 \cdot m_2 \cdot v_2 = m_2 \cdot u_1 + m_1 \cdot u_1$$

$$v_1 \cdot (m_1 - m_2) + 2 \cdot m_2 \cdot v_2 = u_1 \cdot (m_2 + m_1)$$

Daraus folgt:

$$u_1 = \frac{v_1 \cdot (m_1 - m_2) + 2 \cdot m_2 v_2}{m_1 + m_2}$$

Analog kann man herleiten:

$$u_2 = \frac{v_2 \cdot (m_2 - m_1) + 2 \cdot m_1 v_1}{m_1 + m_2}$$

3 Kopfbälle

Bei guten Kopfballspielern mit einer herausragenden Sprungkraft hat man den Eindruck, dass sie in der Luft stehen würden. ▸ 1

Bei Sprungtests an der Universität Chichester im Jahr 2011 wurde Cristiano Ronaldo in einer Höhe von 2,63 m gemessen. Bei einer Körpergröße von 1,87 m schwebt der Portugiese also 76 cm über dem Boden. Ronaldo springt genauso hoch wie damals die Basketball-Legende Magic Johnson. Über den Mittelstürmer Dieter Hoeneß meinte sein Spielkollege Norbert Nachtweih in den 1980ern: „Der springt so hoch, wenn der wieder runterkommt, dann liegt auf seiner Glatze Schnee."

a Berechne die Zeit, die Christiano Ronaldo „in der Luft" ist. Verwende die o. g. Daten.

b Schätze rechnerisch die dafür notwendige Sprungkraft sowie die physikalische Leistung für diesen Sprung ab.

c Erläutere anhand des Diagramms in ▸ Bild 2, dass man den Eindruck hat, gute Kopfballspieler scheinen in der Luft zu stehen.

1 Kopfball

4 Bahnkurven vergleichen

Führt einen Schuss mit einem Fußball aus. Versucht dabei unbedingt, eine Rotation des Balls um seine Achse zu vermeiden. Erfasst den Schuss mittels Videoanalyse und dokumentiert die Bahnkurve in einer Grafik. Stellt dieser eine theoretisch ermittelte Bahnkurve gegenüber und diskutiert mögliche Einflussfaktoren beim realen Schuss.

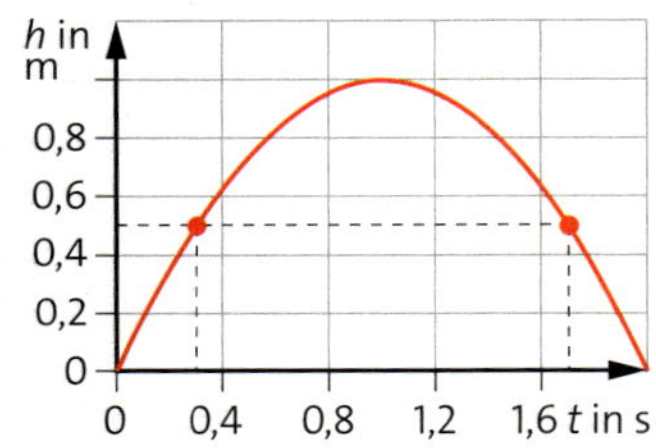

2 t-h-Diagramm beim Kopfball

5 Die Bahnkurve eines Fußballs

Immer wieder werden sehr weite Schüsse zum „Tor des Monats" gewählt. Bisweilen wird der Ball aus der eigenen Spielhälfte über den weit vor dem Tor stehenden Torwart hinweg geschossen.

Idealisiert lässt sich die Bahnkurve als schräger Wurf darstellen. Sobald allerdings der Luftwiderstand berücksichtigt wird, verändert sich der bekannte parabelförmige Verlauf. ▸ 3, 4

a Erläutere den Einfluss der Kräfte und variiere mit digitalen Hilfsmitteln (z. B. Geogebra) verschiedene Parameter, um die maximale Schussweite zu ermitteln.

b Recherchiere den aktuellen Weitschuss-Rekord und versuche die Parameter bei den digitalen Werkzeugen so einzustellen, dass diese Schussweite bestätigt wird.

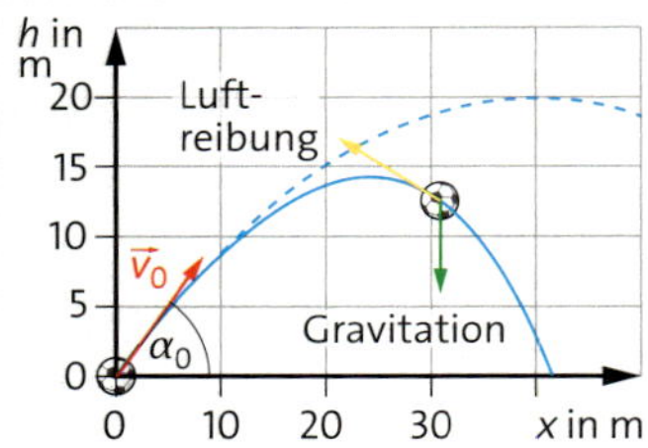

3 Flugbahn eines Balls mit Luftwiderstand

6 Einwurf

a Führt einen Einwurf mit einem Fußball aus. Erfasst den Einwurf mittels Videoanalyse und dokumentiert die Bahnkurve in einer Grafik. Stellt dieser eine theoretisch ermittelte Bahnkurve gegenüber und diskutiert mögliche Einflussfaktoren beim realen Einwurf.

b Verändert verschiedene Parameter (z. B. Geschwindigkeit, Höhe, Technik, Winkel ...). Untersucht wieder mithilfe der Videoanalyse die Bahnkurven und ermittelt die optimalen Abwurfbedingungen.

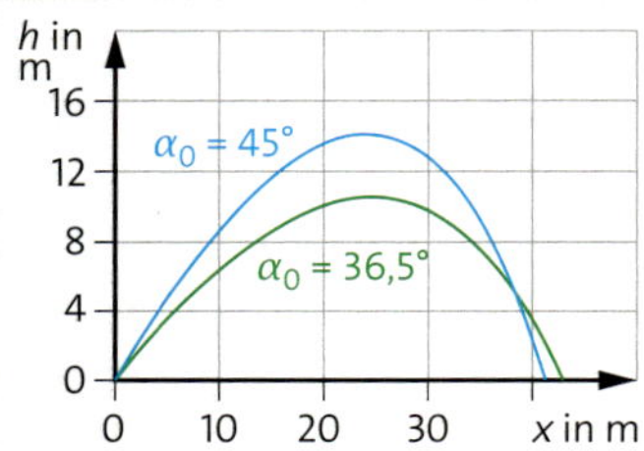

4 Optimaler Abschusswinkel mit Luftwiderstand

Aktivitäten

7 Magnus-Effekt

Während der Spieler den Luftwiderstand nicht beeinflussen kann, gibt es die Möglichkeit, dass er durch geeignetes Anschneiden dem Ball eine Rotation „mitgeben" kann. Durch den Magnus-Effekt kommt es dann zu den bekannten Bananenflanken. Bereits bei 5 Umdrehungen pro Sekunde wird der angeschnittene Ball auf einer Flugweite von 42 m ca. 5 m abgelenkt. Hier rotiert der Ball um die senkrechte Achse. ▸ 5

Bei einer Rotation um die waagrechte Achse, bewirkt die durch den Magnus-Effekt hervorgerufene Kraft eine Ablenkung nach oben oder unten.

Wenn der Ball einen Topspin (Vorwärtsdrall) hat, dann wirkt die Kraft nach unten und verkürzt die Flugweite.

Beim Backspin (Rückwärtsdrall) wirkt die Kraft nach oben und hebt damit den Fußball während des Fluges an. Der blaue Graph zeigt die größere Flughöhe des Balls beim Backspin. ▸ 6

Bereite den Einfluss des Magnus-Effekts auf die jeweiligen Bahnkurven übersichtlich auf. Recherchiere dazu bekannte Tore, versuche durch fußballerisch talentierte Mitschülerinnen und Mitschüler diese Bahnkurven durch Schüsse auf dem Fußballplatz nachzustellen.
Tipp: Mithilfe von Videoaufnahmen können die Schüsse ausgewertet werden. In besonderer Weise unterstützen Drohnenaufnahmen und smarte Fußbälle, die über Sensoren die Rotationsfrequenz übermitteln. ▸ 7, 8

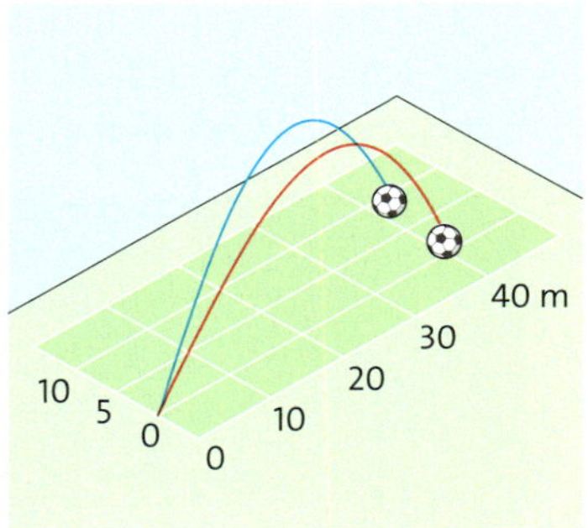

5 Flugbahn mit und ohne Magnus-Effekt

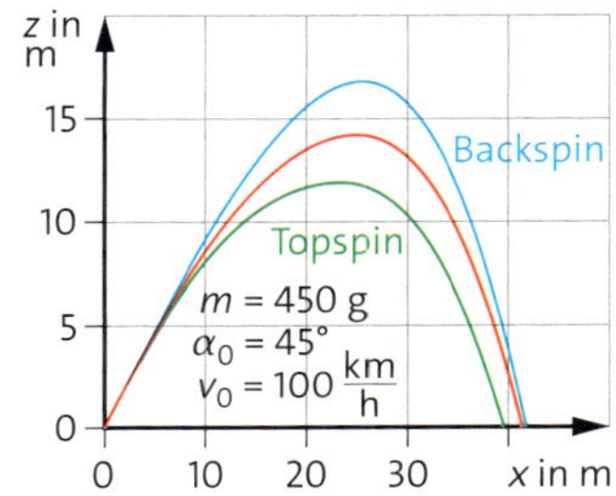

6 Flug eines Balls mit Top- und Backspin

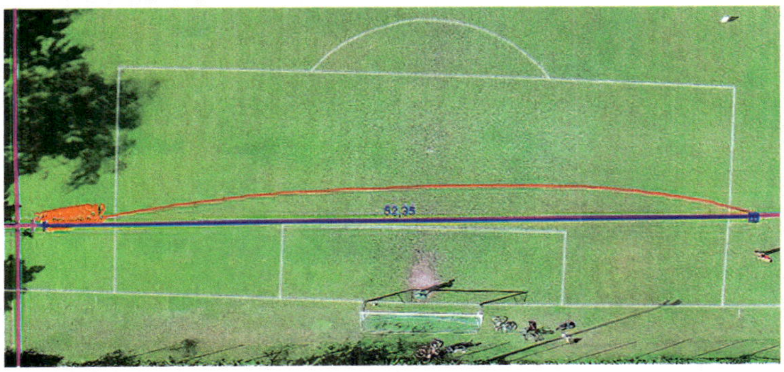

7 Flugbahn in der Draufsicht

8 Bananenflanke

8 Bananenflanke

▸ Bild 9 zeigt die Flugbahn eines Bananenschusses im dreidimensionalen Koordinatensystem.

a Recherchiere den Begriff „Bananenschuss" oder „Bananenflanke" und beschreibe das Verhalten aus physikalischer Sicht.

b Argumentiere, dass es Sinn macht, Bananenflanken schießen zu können.

c Suche Beispiele (Videos) für spielentscheidende Bananenflanken aus der Praxis des (Profi-)Fußballs und charakterisiere diese unter physikalischen Gesichtspunkten.

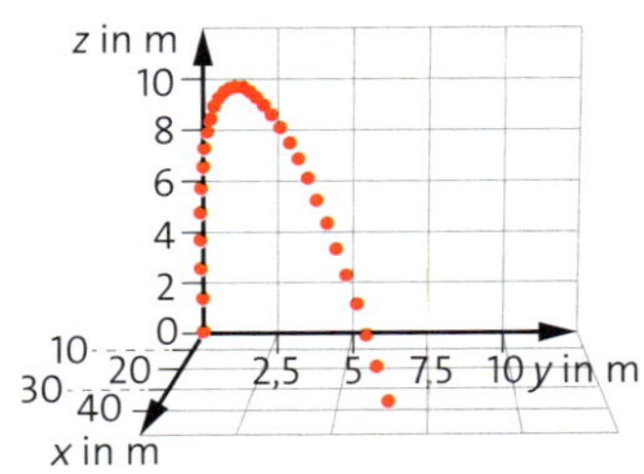

9 Flugbahn

Aktivitäten

9 Stroboskopaufnahmen

Mithilfe von Stroboskopaufnahmen lassen sich Bewegungen gut analysieren. In den ▸ Bildern 1 bis 3 beträgt der zeitliche Abstand zwischen den Einzelbildern $\frac{1}{8}$ s.

1 Bild A

2 Bild B

3 Bild C

a Werte die Bilder vergleichend aus. Bestimme jeweils die Geschwindigkeit vor dem Schuss und danach. Bestimme dazu Richtung und Betrag der Kraft, mit der der Schütze auf den Ball einwirkt.

b Erläutere einschränkende Elemente für die experimentelle Analyse und Auswertung der jeweiligen Bewegungen.

c Führe selbst experimentelle Untersuchungen von Torschüssen und Kopfbällen durch.

10 Kuriose Tore

Manche Tore bleiben jahrzehntelang im Gedächtnis der Fans. Der Elfmeter im WM-Finale in Wembley 1966 gehört dazu – Tor oder nicht Tor? Oder auch das am Beginn des Kapitels dargestellte Tor von Roberto Carlos. ▸ 4, 5

Trage Informationen über derartige Tore zusammen. Präsentiere sie und versuche sie qualitativ physikalisch zu erklären.

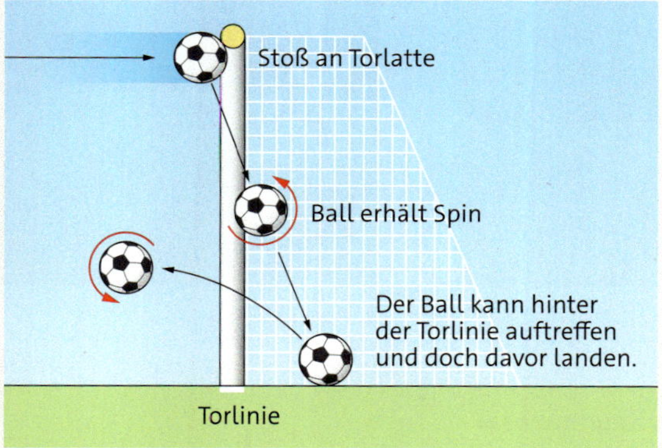

4 Wembley-Tor

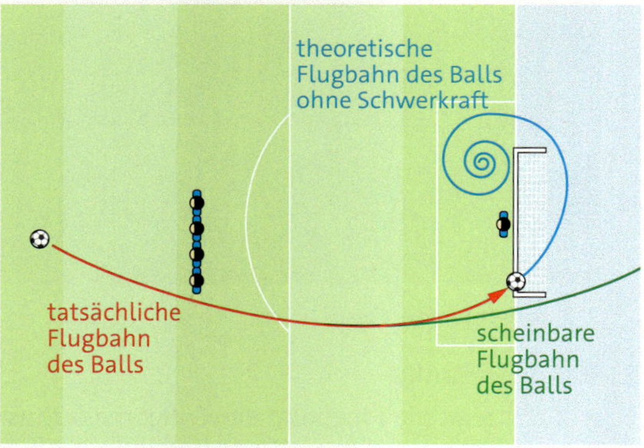

5 Tor Roberto Carlos

11 Sport ist Mord

Der Volksmund neigt manchmal zu Übertreibungen. Es ist jedoch unbestritten, dass die Krankenkassen für die Kosten von Sportverletzungen Millionen Euro ausgeben müssen.

Bewerte den Vorschlag, dass sich der Krankenkassenbeitrag erhöht, wenn man nachweislich in einem Verein Fußball spielt.

Aktivitäten

F Tennis

$263\,\frac{km}{h}$ – Das ist der aktuelle Weltrekord beim Aufschlag im Tennis. Dem Gegenspieler bleibt damit kaum Zeit, um darauf zu reagieren. Die Ausschnitte einer Hochgeschwindigkeitsaufnahme zeigen, dass der Ball darunter auch ganz schön „leidet“ und deformiert wird. ▸ 6

6 Ball und Schläger

1 Reaktionszeit

Berechne die Reaktionszeit, die dem Gegenspieler bleibt, wenn der Ball eine Strecke von 25 m mit der o. g. Geschwindigkeit zurücklegt.

2 Energieumwandlungen

Beschreibe unter Verwendung der Hochgeschwindigkeitsaufnahmen die Energieumwandlungen beim Return. ▸ 7
Verwende dazu ein Energieflussdiagramm.
In der Realität ist dieser Stoß nicht vollkommen elastisch. Erläutere die Auswirkungen auf die beschriebenen Energieumwandlungen.

7 Eine Ballkanone schießt einen Tennisball mit rund $29\,\frac{m}{s}$ gegen eine Wand.

3 Kraft und Arbeit

Ein Tennisball wird gegen eine Kraftmessplatte geschlagen. Mit ihr wird die Kraft während der Einwirkungsdauer gemessen. Dabei wird die Kraft in zwei Komponenten zerlegt: die Normal- und die Querkraft. ▸ 8
Erläutere das Zeit-Kraft-Diagramm, indem du die mittlere Einwirkdauer angibst und die am Ball verrichtete Arbeit abschätzt/berechnest. ▸ 9

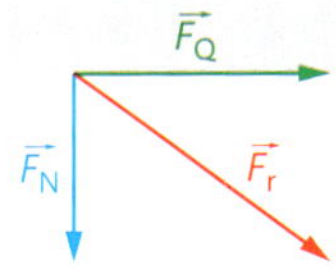

8 Kräftezerlegung

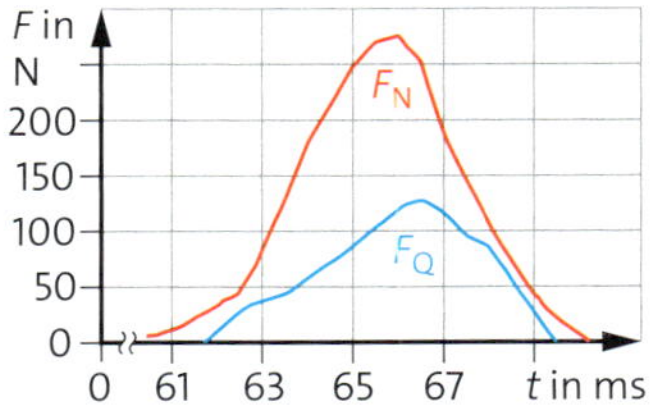

9 Zeit-Kraft-Diagramm

4 Beschleunigungen

Ein Tennisball mit $m = 58\,g$ trifft auf einen ruhenden Tennisschläger und springt dann zurück. Das Diagramm zeigt den zeitlichen Verlauf der Geschwindigkeit. ▸ 10

a Erläutere den Verlauf des Graphen. Teile dazu die Bewegung in geeignete Zeitschritte ein.

b Beschreibe die Energieumwandlungen im zeitlichen Verlauf. Berechne außerdem die kinetische Energie des Balls zu Beginn und am Ende der Bewegung.
Erkläre den Unterschied.

c Für die mittlere Beschleunigung gilt: $a = \frac{\Delta v}{\Delta t}$. Bestimme mit dieser Gleichung und des Diagramms die mittlere Beschleunigung des Tennisballs, wenn er die Geschwindigkeit $0\,\frac{m}{s}$ hat.

d Berechne die mittlere Kraft sowie die Impulsänderung während der Beschleunigung des Tennisballs.

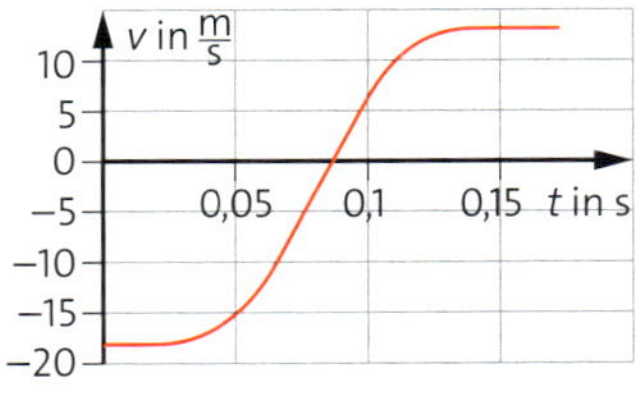

10 t-v-Diagramm

Aktivitäten

5 Impulsänderung

a Die Pfeile im ▸ Bild 1 zeigen die Impulse des Tennisballs in einer Spielsituation. Durch das Einwirken des Schlägers ändert sich der Impuls. Bestimme in deinem Heft zeichnerisch die Richtung der einwirkenden Kraft. Stelle eine Vermutung für den beabsichtigten Schlag auf.

b Wähle eine weitere Spielsituationen aus und stelle sie anhand der zugehörigen Impulsvektoren dar.

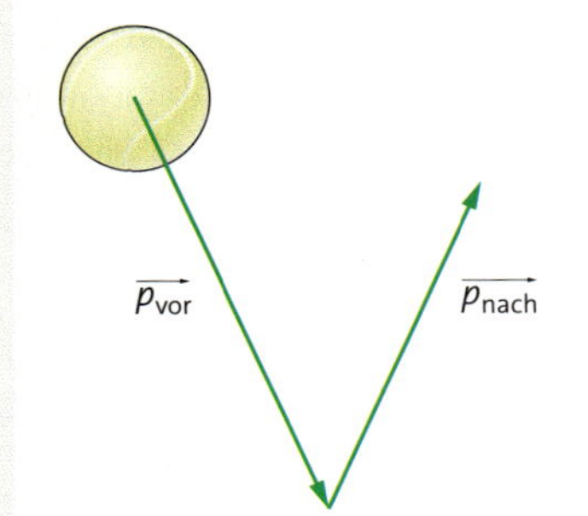

1 Impulsänderung

6 Magnus-Effekt

Mit bestimmten Schlägen kann man den Ball in Eigenrotation versetzten. Diese kann man in eine Rotation um die waagrechte und eine Rotation um die senkrechte Achse zerlegen. Mithilfe des Magnus-Effekts kann man die Auswirkungen erklären.

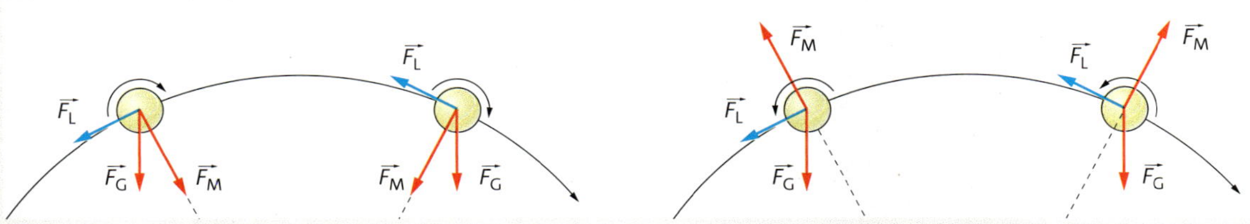

2 Kräfte beim Topspin und beim Slice

a Erläutere anhand der Skizzen in ▸ Bild 2 die Kräfte auf einen mit Topspin (Vorwärtsdrall) geschlagenen Ball sowie einen mit Slice (Rückwärtsdrall) geschlagenen Ball.

b Gib jeweils das spielerische Vorhaben der Tennisspielerin oder des Tennisspielers an, die den Einsatz der jeweiligen Schlagtechnik bedingen.

c Bei einer Rotation um die senkrechte Achse verändert sich die Bahnkurve ebenfalls. Erläutere analog zu den Skizzen in ▸ Bild 2 die Auswirkungen bei der waagrechten Rotation.

d Beschreibe mithilfe der Fotos verschiedene mögliche Flugkurven des Balls. Zerlege dabei die Bewegung in die Achse senkrecht zum Spielfeld und entlang des Spielfeldes. ▸ 3–5
Stelle die zugehörige Bewegung des Tennisballs grafisch dar.

3 Bild A

4 Bild B

5 Bild C

Aktivitäten

7 Magnus-Effekt beim Tennis im Modellexperiment

Untersuche in einem einfachen Experiment qualitativ den Einfluss der Magnus-Kraft auf einen bewegten, rotierenden Tennisball.

a Hänge einen Tennisball frei beweglich auf, so dass er in einer Ebene hin- und herschwingen kann. ▸ 6
Lenke den Tennisball aus und lass ihn los. Beobachte den Vorgang und beschreibe.

b Drehe den Ball nun möglichst stark an und lenke ihn im sich drehenden Zustand aus. Beobachte erneut und erläutere den Unterschied zur Bewegung des nicht angedrehten Balls.

c Variiere die Drehrichtung des Tennisballs. Beschreibe und interpretiere die Bewegung nach einem Auslenken im angedrehten Zustand.

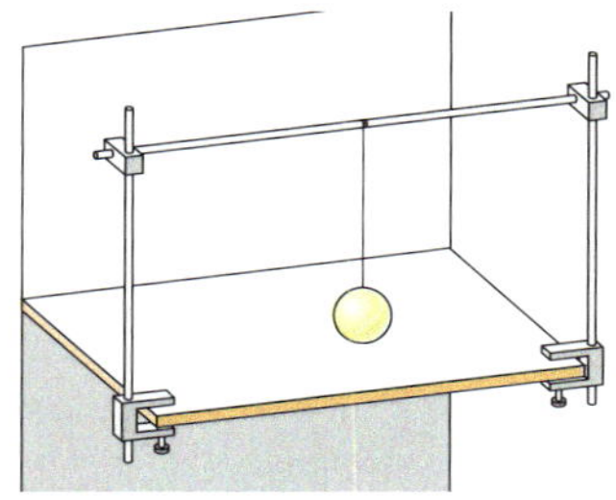

6 Experimentieranordnung

8 Magnus-Kraft und Beschleunigung

Forscherinnen und Forscher haben die Bewegungen des Tennisballs mit einer Hochgeschwindigkeitskamera aufgezeichnet. Aus der Analyse ergeben sich für die Geschwindigkeit des Balles im tiefsten Punkt $v = 0{,}47\,\frac{\text{m}}{\text{s}}$ und für die Rotationsfrequenz $\frac{2\pi}{T} = 78\,\frac{1}{\text{s}}$.

a Ermittle den Betrag der Magnus-Kraft, die unter diesen Bedingungen am Tennisball angreift. ▸ S. 232

b Gemäß $F = m \cdot a$ beschleunigen Kräfte einen Körper.
Schätze den Wert der Beschleunigung des Balls ($m = 0{,}057\,\text{kg}$) aufgrund des Magnus-Effekts ab.

c Bei einem realen Tennisaufschlag werden $v = 25\,\frac{\text{m}}{\text{s}}$ und $\frac{2\pi}{T} = 314\,\frac{1}{\text{s}}$ gemessen.
Ermittle rechnerisch den Betrag der Magnus-Kraft, die am Ball angreift. ▸ S. 232
Berechne die damit einhergehende Beschleunigung des Balls.

d Setze Gewichtskraft und Magnus-Kraft bei einem realen Aufschlag in Relation.
Beurteile, ob der Magnus-Effekt beim Tennisspiel einen entscheidenden Einfluss auf die Bahnkurve hat.

e Diskutiert die Relevanz des Magnus-Effekts beim Tennis im Vergleich zum Kugelstoßen. ▸ 7, 8

7 Kugelstoßen

8 Tennis

Aktivitäten

G Billard

Mit verschiedenen Apps kannst du am Computer oder auf dem Smartphone Billard spielen. Suche dazu eine geeignete kostenlose App für dein digitales Endgerät. Von den jeweiligen Stößen kannst du Bildschirmaufnahmen machen und diese mit einer Videoanalyse-Software auswerten.

1 Bewegungsgleichung

Die angestoßene weiße Kugel rollt über einen längeren Bereich. Über die Videoanalyse erhält man ein Stroboskopbild sowie den Verlauf der Geschwindigkeit der Kugel in Abhängigkeit von der Zeit. ▸ 1, 2
Bestimme anhand des Diagramms die Bewegungsgleichung $v(t)$.

1 Stroboskopaufnahme

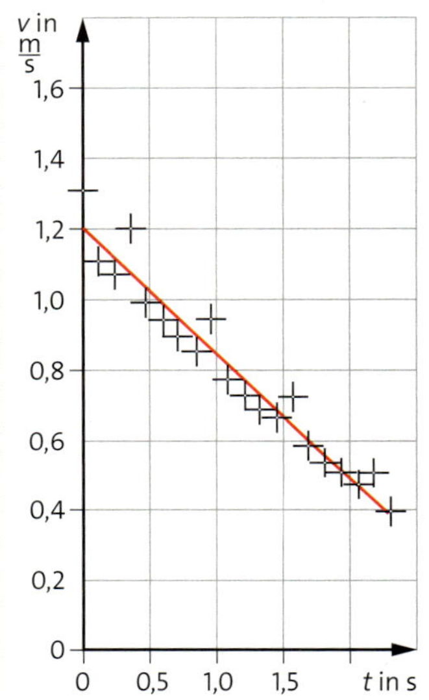

2 *t*-*v*-Diagramm

2 Rollreibung

Die Rollreibungskraft kann mit der Formel $F_R = \mu_R \cdot m \cdot g$ bestimmt werden. Dabei ist μ_R der Rollreibungskoeffizient. Er ist abhängig von der Oberflächenbeschaffenheit der Kugel und des Tisches.
Bestimme mithilfe der Bewegungsgleichung aus Aktivität G1 und den Überlegungen zur einwirkenden Kraft den Rollreibungskoeffizienten.
Überprüfe anhand recherchierter Werte, ob die Programmierung der App als realistisch angenommen werden kann.

3 Zentraler Stoß

Untersuche den zentralen Stoß zweier Kugeln und überprüfe die Gültigkeit des Impulserhaltungssatzes. Vergleiche auch die kinetischen Energien der Kugeln vor und nach dem Stoß. Berechne den prozentualen Anteil an kinetischer Energie, der in innere Energie umgewandelt wird. Stelle eine Hypothese für diese Ursache auf.

3 Schiefer Stoß

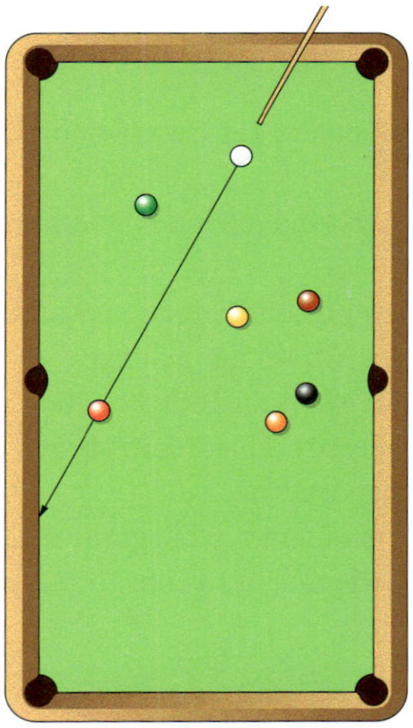

4 Spiel über Bande

4 Schiefer Stoß

Untersuche den schiefen Stoß auf eine ruhende Kugel und überprüfe auch hier wieder die Gültigkeit des Impulserhaltungssatzes. ▸ 3

5 Spiel über Bande

Manchmal muss beim Billard über die Bande gespielt werden. ▸ 4 Unter der Annahme eines geraden Stoßes und minimaler Rotation der Kugel lassen sich Erkenntnisse beim schiefen Stoß gegen die Bande entwickeln, die Ähnlichkeiten mit Gesetzen aus der Optik haben. Stelle eine entsprechende Hypothese auf und überprüfe sie durch verschiedene Versuche.

6 Rück- und Nachläufer

Es bedarf schon einer gewissen Übung, um „Rückläufer“ und „Nachläufer“ beim Billard zu spielen. ▸ 5, 6

a Stelle die beiden Bewegungen der Kugel im Modellexperiment nach. Dokumentiere diese Experimente im Video.

b Diskutiere die Physik der beiden Phänomene. *Tipp:* Reichen Energie- und Impulserhaltung für eine Erklärung?

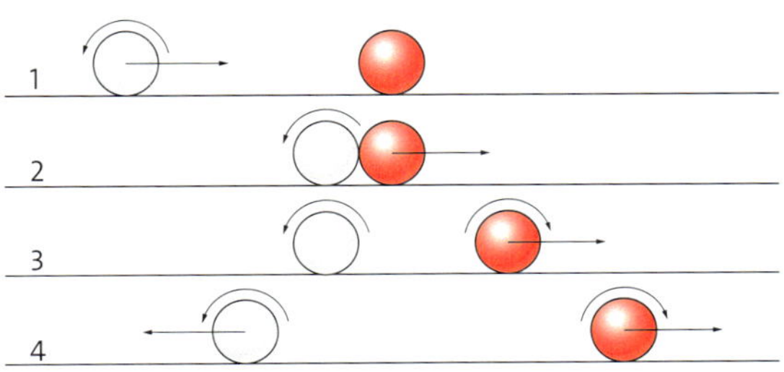

5 Rückläufer

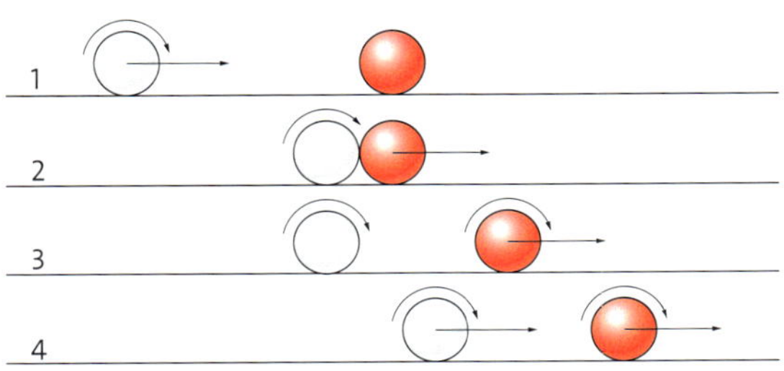

6 Nachläufer

H Rudern

1 Olympiastrecke München

In einem Experiment wurde die Abhängigkeit der Geschwindigkeit von der Anzahl der Schläge ermittelt. ▸ 1

a Beschreibe dein Vorgehen, um die Geschwindigkeit des Boots zu ermitteln.

b Beschreibe anhand des Diagramms den Zusammenhang zwischen der Geschwindigkeit des Boots und der Anzahl der Schläge.

c Bestimme ausgehend von der maximalen Geschwindigkeit die Zeit, die man benötigt, um 2 km auf der Ruderstrecke zurückzulegen. Vergleiche diese Zeit mit der von Profisportlern.

d Stelle die Bewegung aus Teilaufgabe c in einem t-x-Diagramm dar. Zeichne in das Diagramm auch die Bewegung der Profisportler ein.

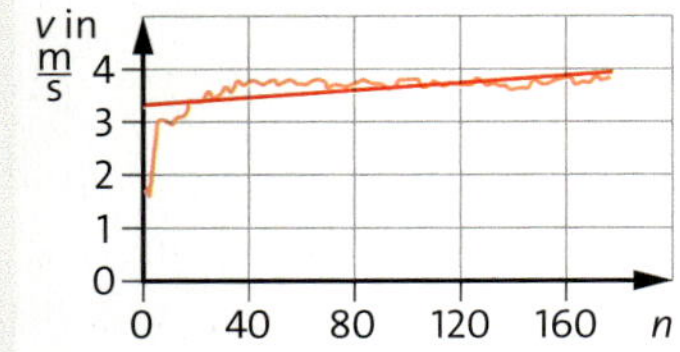

1 Schlagzahl und Geschwindigkeit

2 Leistung und Arbeit

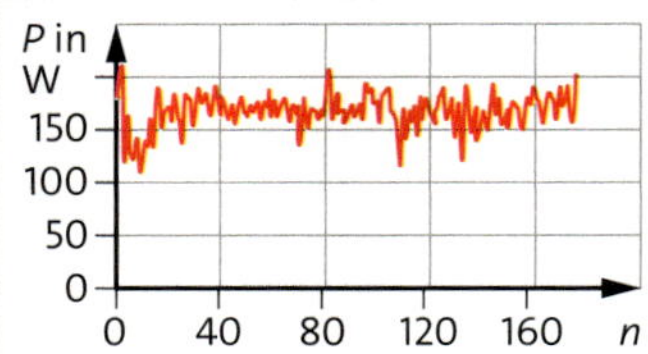

2 Schlagzahl und Leistung

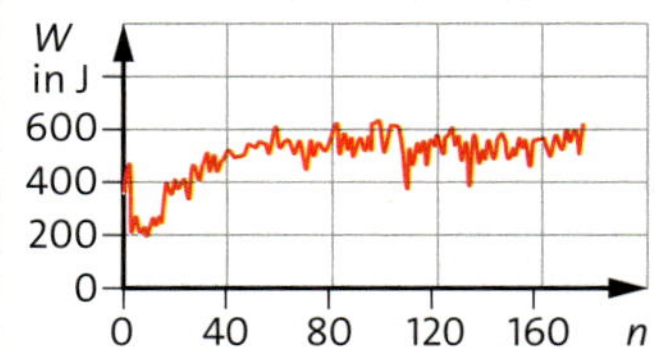

3 Schlagzahl und Arbeit

a Interpretiere die Diagramme. ▸ 2, 3
Gehe dabei auch die Definitionen von Arbeit und Leistung ein.

b Die Geschwindigkeit des Bootes ändert sich im Wesentlichen nicht mehr, obwohl der Sportler ständig Arbeit verrichtet. Erkläre diesen Sachverhalt anhand einer Skizze.

3 Kraft und Vorwärtsbewegung

a Erkläre anhand von ▸ Bild 4 sowie des zugehörigen physikalischen Gesetzes, das Zustandekommen der Vorwärtsbewegung des Bootes.

b Die auf das Wasser übertragene Kraft ändert sich im Laufe eines Schlags. Erkläre diesen Sachverhalt mithilfe von ▸ Bild 5. Recherchiere dazu auch die notwendigen Hebel-Gesetze.

c Die bei einem Schlag verrichtete Arbeit kann man trotz sich ständig ändernder Kraft näherungsweise berechnen. Verwende dazu ▸ Bilder 6 und 7 und erläutere die zugehörigen Überlegungen.

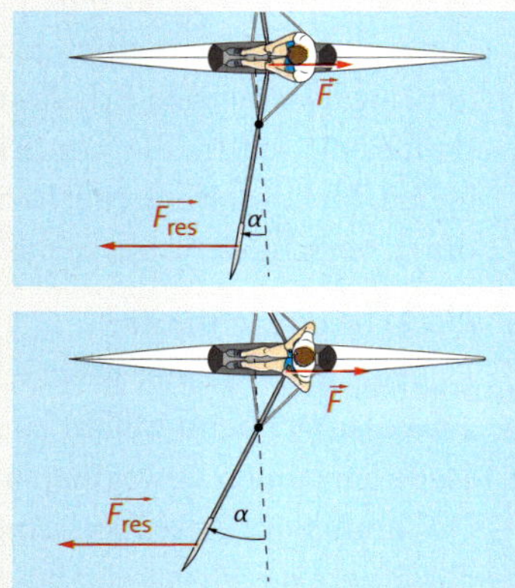

4 Entstehung der Vorwärtsbewegung

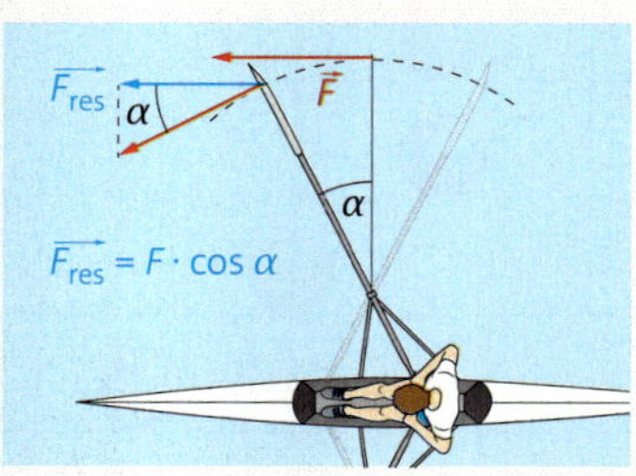

5 Kraft

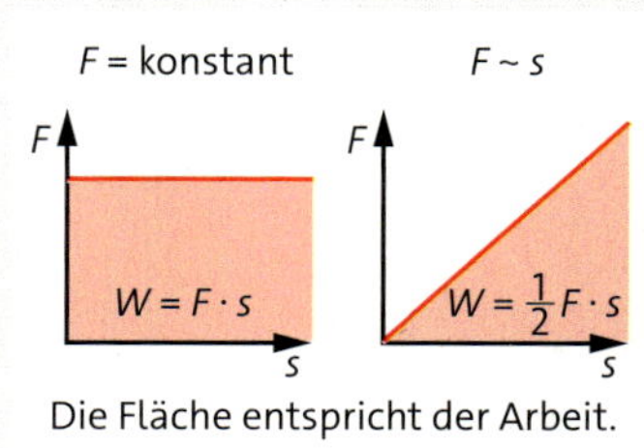

6 Arbeit und Fläche (1)

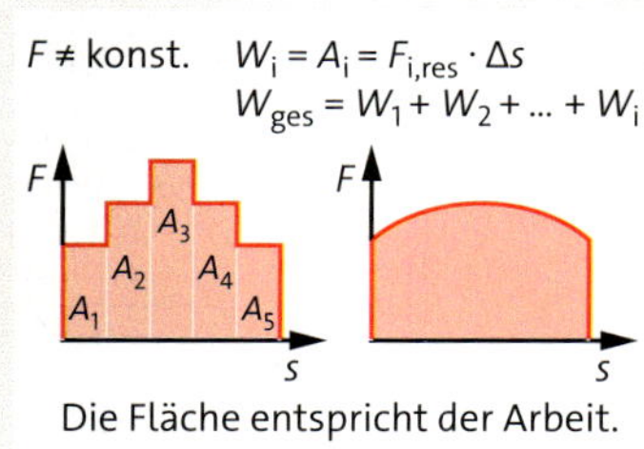

7 Arbeit und Fläche (2)

I Bergsport

Neben landschaftlichen Eindrücken und dem Kennenlernen des eigenen Körpers bieten Touren in den Bergen vielfältige Möglichkeiten für physikalische Betrachtungen.

8 Blick vom Hohen Angelus

1 Bergtour zum Hohen Angelus

Mit einer smarten Uhr wurde eine Bergtour von Sulden (1900 m) auf den Hohen Angelus (3520 m) aufgezeichnet. Der Kalorienverbrauch wurde über die Herzfrequenz ermittelt. ▸ 8–10

a Schätze anhand der gegebenen Daten die durchschnittliche Leistung des Bergsteigers ab. Gehe davon aus, dass er die gesamte Strecke zu Fuß zurückgelegt hat. Finde anhand der Daten Indizien, dass dies nicht ganz stimmt.

b Schätze den Wirkungsgrad des menschlichen Körpers ab. Recherchiere dazu, wie man die gegebene in die benötigte Einheit umrechnet.

c Smarte Uhren liefern unterschiedlichste Daten bei körperlichen Aktivitäten. Recherchiere zu verschiedenen Parametern und zeige, an einer Größe, die Grenzen der Erkenntnisgewinnung mithilfe dieser Daten auf. (z. B. Leistung auf der Basis von modellierten Annahmen, Messung über GPS-Daten).

9 Tourdaten

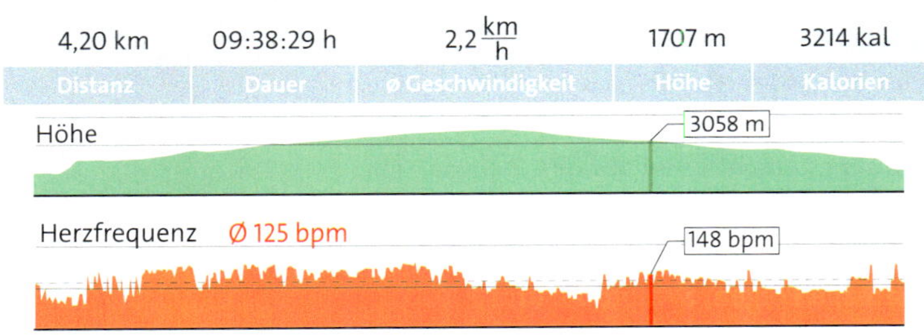

10 Diagramme

2 Klettersteige in Italien

Die Via Ferrata Rino Pisetta am Gardasee und der Tabaretta-Klettersteig gehören zu den schwersten Klettersteigen Italiens. ▸ 11
Der Höhenunterschied ist bei beiden Klettersteigen mit 500 m bzw. 600 m nahezu identisch, dennoch gibt es einen gravierenden Unterschied, den man in vielen Kommentaren im Netz lesen kann: „… die Höhe macht den Tabaretta-Klettersteig ungleich schwieriger."

a Erläutere diese Aussage anhand von physikalischen Aspekten.

b Auf der Payer-Hütte tauschen sich Klettersteiggeher des Tabaretta-Steigs aus: „… auf unsere heutige Leistung können wir sehr stolz sein."
Grenze den hier umgangssprachlich verwendeten Begriff der Leistung von der des physikalischen Begriffes ab.
Berechne die durchschnittliche physikalische Leistung eines Klettersteiggehers, indem du die notwendigen Daten recherchierst.

11 Tabaretta-Klettersteig

Aktivitäten

3 Sauerstoffsättigung

Die Sauerstoffsättigung gibt Auskunft darüber, wie gut der Körper mit Sauerstoff versorgt ist.
Besonders für Bergsteigerinnen und Bergsteiger ist eine Warnung vor zu geringer Sauerstoffsättigung wichtig, da ihnen sonst die *Höhenkrankheit* droht, die durch ein zu geringes Sauerstoffangebot ausgelöst wird.

a Lies den folgenden Text, in dem der Begriff „Sauerstoffsättigung" geklärt wird.
Recherchiere anschließend die Notwendigkeit einer guten Sauerstoffversorgung für den menschlichen Körper.
Die Sauerstoffsättigung gibt an, welcher Anteil des roten Blutfarbstoffs (Hämoglobin) mit Sauerstoff beladen ist. Unter normalen Umständen sind nicht alle Hämoglobin-Teilchen mit Sauerstoff beladen. Die Sauerstoffsättigung gibt an, welcher Anteil des Hämoglobins Sauerstoff transportiert, also den Sauerstoffgehalt im Blut. Da der Sauerstoffgehalt in frisch mit Sauerstoff angereichertem Blut höher ist als in dem sauerstoffarmen Blut, das sich auf dem Rückweg zum Herzen befindet, sind die Werte je nach Messort unterschiedlich. In den großen Arterien liegt die Sauerstoffsättigung bei einem gesunden Menschen bei ca. 97 %, während sie in den Venen nur noch 75 % beträgt. Der restliche Sauerstoff wurde an das Gewebe abgegeben.

b Mit jedem Höhenmeter sinkt der Luftdruck und mit ihm die Konzentration der Sauerstoffmoleküle. Damit sinkt auch die Sauerstoffsättigung im Blut mit der Höhe über dem Meeresspiegel. ▸ 1
Ermittle mithilfe des Diagramms die Sauerstoffsättigung auf der Zugspitze, dem Kitzsteinhorn, dem Kilimandscharo und auf dem Mount Everest.

c Unter der *Höhenkrankheit* versteht man alle Folgen, Symptome und Beschwerden, die aufgrund des in größeren Höhen bestehenden geringen Luftdrucks bzw. der geringeren Konzentration der Sauerstoffmoleküle zustande kommen.
Recherchiere die Folgen, Symptome und Beschwerden die bei einer Tour auf das Kitzsteinhorn (3203 m) auftreten können.

d Recherchiere Maßnahmen und Trainingsmöglichkeiten, um sich professionell auf eine Tour auf den Kilimandscharo vorzubereiten. Suche nach Empfehlungen, um den Aufstieg gesundheitsbewusst zu gestalten. ▸ 2

e Beurteile nachfolgende Aussage vor dem Hintergrund der Kenntnisse über die Höhenabhängigkeit von Luftdruck und Sauerstoffsättigung:
„Beim Höhentraining sorgt die veränderte Belastungssituation mit verringerter Sauerstoffverfügbarkeit für mehr Ausdauer. Und bewirkt, dass Sportler, die darauf ansprechen, im Flachland bessere Leistungen erbringen können." (Quelle: www.fitforlife.ch; Höhentraining für Breitensportler; 18.08.2021)

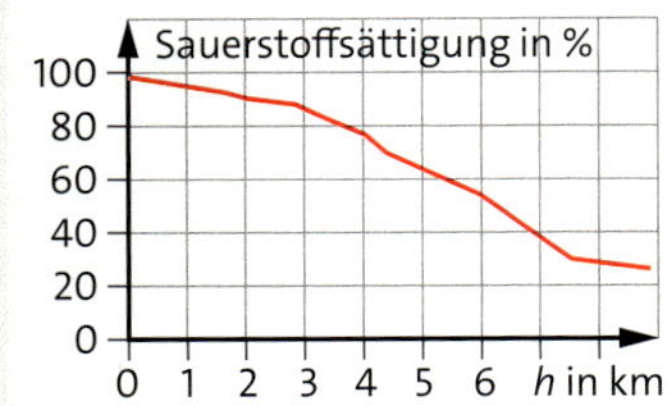

1 Höhe und Sauerstoffsättigung

2 Test eines Notfall-Sauerstoff-Systems

4 Expeditionen und Höhenkrankheit

Für viele Menschen ist die Besteigung eines sehr hohen Berges ein Lebenstraum. Dabei nehmen die Menschen viele Gefahren und Kosten auf sich. So zahlen ausländische Bergsteiger knapp 10 000 Euro für die Genehmigung zum Aufstieg auf den höchsten Berg der Erde, den 8848 m hohen Mount-Everest. Für Nepal, eines der ärmsten Länder der Welt, ist der Himalaya-Tourismus äußerst wichtig. Mehrere 10 000 Euro sind für die Organisation und Führung durch das Expeditionsteam fällig.
Etliche Menschen bezahlen die Reise dann auch mit ihrem Leben. Zu viele Menschen sind zu lange in der Todeszone unterwegs. ▸ 3

3 Stau der Himalaya-Touristen

a Untersuche und analysiere diese Art von Tourismus unter verschiedenen, selbstgewählten Aspekten (▸ S. 228 f.).

b Es muss ja nicht der Mount Everest sein … „Auf den Kilimandscharo kann doch jeder wandern. Auf die Sauerstoffversorgung wird es nicht ankommen, wenn man nur den Willen hat, es zu schaffen.“ Suche Argumente für oder gegen eine Besteigung des Kilimandscharo. Nutze dabei die Seiten 156 und 297 f.

5 Sauerstoffsättigung

Zur Bestimmung der Sauerstoffsättigung im Blut verwendet man Pulsoximeter. ▸ 4

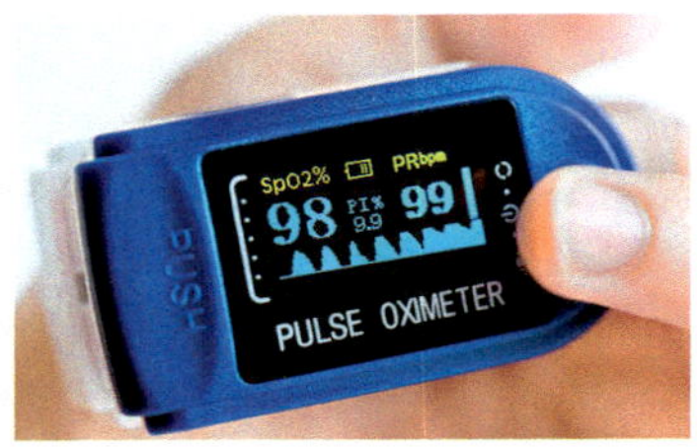

4 Pulsoximeter

a Recherchiere das Messprinzip eines solchen Geräts und beschreibe seine Funktionsweise.

b Eine Gruppe von Bergsteigern misst bei einer mehrtägigen Bergtour jeden Abend mit einem Fingerpulsoximeter die partielle Sauerstoffsättigung. Dabei ergaben sich für die Tage durchschnittliche Werte. ▸ Tabelle 2
Das Diagramm ▸ 1 zeigt die partielle Sauerstoffsättigung für einen typischen Bergsteiger in verschiedenen Höhen über dem Meeresspiegel. Beschreibe anhand der Daten den ungefähren Höhenverlauf der Bergtour.

Tag	Mo	Die	Mi	Do	Fr
Sauerstoffsättigung	94 %	90 %	86 %	78 %	88 %

Tabelle 2 Partielle Sauerstoffsättigung

c Die Genauigkeit der Messergebnisse von vielen Pulsoximetern wird dadurch erreicht, dass die angezeigten Messwerte bereits bei der Geräteentwicklung an die tatsächlich beim Menschen vorliegenden Sauerstoffsättigungswerte, die nach Blutentnahme durch genaue Messmethoden ermittelt wurden, angepasst werden.
Gib einen möglichen Grund dafür an, dass der Anzeige eines Pulsoximeters in Höhen über 5000 m über dem Meeresspiegel – wenn überhaupt – nur eingeschränkt vertraut werden sollte.

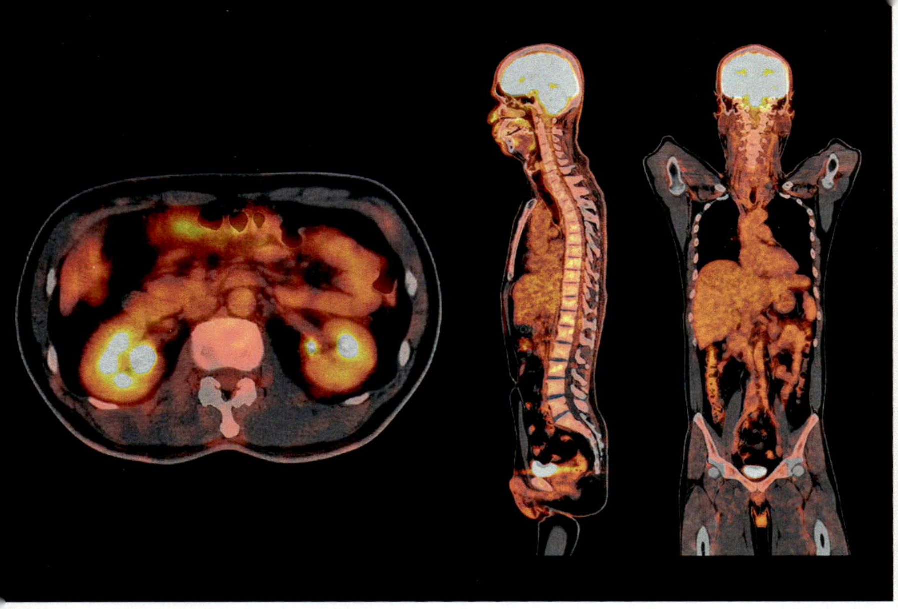

Für die Erkennung von Stoffwechsel- und Krebserkrankungen ist der Einsatz von radioaktiv markierten Substanzen heute Standard. Eine, mit einem Röntgenscan (CT) kombinierte, Positronen-Emissions-Tomographie-Aufnahme (PET) erlaubt die genaue Lokalisierung von Zellwucherungen.

Anwendungen der Radioaktivität

Während viele Organerkrankungen im Röntgenbild nicht sichtbar sind, lassen sich Krebszellen im Organismus bei PET-Untersuchungen gut erkennen. ▸ 2, 3

Bei diesen Untersuchungen werden bevorzugt Traubenzuckermoleküle mit kurzlebigen radioaktiven Isotopen von Kohlenstoff, Fluor oder Sauerstoff „markiert". Das bedeutet, dass bei dieser Synthese chemisch nahezu identische, radioaktive Isotope zur Molekülbildung verwendet werden. Dem Patienten wird dann das Präparat injiziert. Der Körper verwendet diese Moleküle wie die normal aus der Nahrung aufgenommenen Substanzen. Sie werden verstoffwechselt und im Organismus eingebaut.

Die kurzlebigen Isotope werden vor Ort oder in nahegelegenen Laboren hergestellt. Dazu werden die stabilen Ausgangsatome meist mit Protonen beschossen. Die radioaktiven Isotope sind oft Beta-Plus-Strahler, die ein Positron – ein positiv geladenes Teilchen mit der Masse eines Elektrons – aussenden. ▸ Kasten

Im Gewebe trifft aber das Positron nach sehr kurzer Flugstrecke auf ein Elektron. Dabei werden die beiden Massen in die Energie zweier Gammaphotonen umgewandelt. Diese verlassen in entgegengesetzten Richtungen den Körper. Das Detektieren der vielen Zerfälle erlaubt damit eine gute Ortsbestimmung der Tumorzellen. Zur besseren Lokalisierung im Körper werden gleichzeitig Röntgenaufnahmen gemacht. Anhand der Röntgenaufnahme werden Organbereiche mit veränderter Gewebestruktur lokalisiert. Ob es sich hierbei jedoch um einen Tumor oder um vernarbtes Gewebe handelt, ist oft nicht zu erkennen. Durch ihre erhöhte Stoffwechselaktivität reichern sich aber bevorzugt in den Tumorzellen die markierten Traubenzuckermoleküle an. Beide Bildinformationen werden dann im Computer übereinandergelegt. Der Vorteil dieser doppelten Untersuchungsmethode liegt vor allem in einer hohen Ortsauflösung.

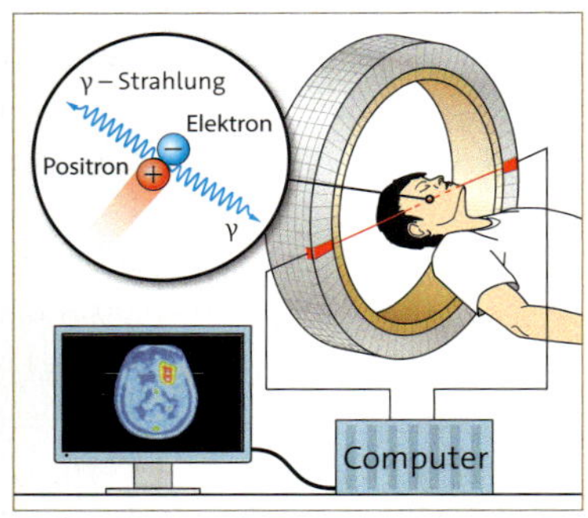

2 Prinzip der PET

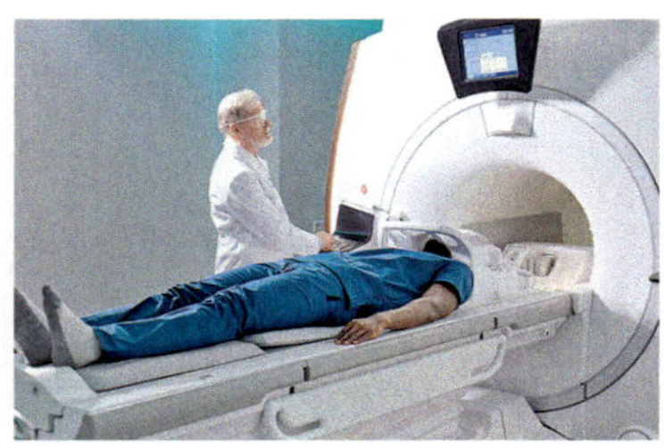

3 PET-Scanner

Synthese: $^{18}_{8}O + ^{1}_{1}p \rightarrow ^{18}_{9}F + ^{1}_{0}n$

Zerfall: $^{18}_{9}F \rightarrow ^{18}_{8}O + ^{0}_{+1}\beta$

Aktivitäten

1 Tumordiagnostik

a Fasse die wesentlichen Aspekte der beiden Untersuchungsmethoden (CT und PET) in einer Gegenüberstellung zusammen.

b Recherchiere zur Strahlenbelastung bei dieser kombinierten Untersuchungsmethode.

c Veranschauliche in einem Video das folgende Alltagsbeispiel. ▸ S. 28 f.

Das Prinzip

Das Prinzip der PET/CT lässt sich recht gut an einem Alltagsbeispiel veranschaulichen: Bei einer Standard-PET/CT-Untersuchung zeigt das PET-Bild die Zellfunktion, also zum Beispiel den erhöhten Traubenzuckerumsatz in bestimmten Zellen. Das CT-Bild funktioniert dabei wie eine präzise darunter gelegte Landkarte oder ein Luftbild des Vermessungsamtes. Im Überlagerungsbild ist klar erkennbar, wo sich der Gewebebereich mit dem erhöhten Traubenzuckerumsatz befindet. ▸ 4–7

Ebenso würde sich ein „Fahrtverlauf" mit einem Luftbild kombinieren lassen. Allerdings übertrifft die PET/CT dieses Luftbild-Beispiel noch deutlich: Während Landkarte oder Luftbild lediglich zweidimensional sind, lässt sich das PET-Ergebnis in einer dreidimensionalen CT-„Landkarte" exakt lokalisieren. Dadurch wird es möglich, zum Beispiel eine Gewebeprobe genau aus dem auffälligen Gewebebereich heraus zu entnehmen.

4 Im Alltagsbeispiel stehen die Positionen der Autos für die Stellen mit hohem Traubenzuckerumsatz im PET-Bild.

5 Die präzise Landkarte steht für das CT-Bild.

6 Im Überlagerungsbild lassen sich genauen Positionen der „Gewebebereiche mit erhöhtem Traubenzuckerumsatz" erkennen.

7 Der Computer berechnet aus PET- und CT- Bild eine dreidimensionale Landkarte.

Aktivitäten

Die Funktionsweise

Die PET ist speziell dafür entwickelt worden, den Stoffwechsel des Körpers bestmöglich abzubilden. Sie kann jedoch weniger gut die Strukturen des Körpers wie etwa das Skelett oder die Organe darstellen.
Die CT funktioniert ganz anders. Röntgenstrahlen werden von außen durch den Körper geschickt und ihre Intensität nach ihrem Weg durch den Körper gemessen. Die unterschiedliche Intensität der Strahlen lässt Rückschlüsse auf die Dichte des Gewebes zu, durch das die Röntgenstrahlen gedrungen sind. Daraus wird ein CT-Bild berechnet, welches alle Gewebestrukturen, alle Knochen, Organe und Hohlräume deutlich zeigt. ▸ 1
In einer PET-Aufnahme erscheinen Regionen mit normalem Stoffwechsel eher „verschwommen". Das kann dazu führen, dass ein Bereich mit erhöhter Aktivität nicht ganz genau lokalisiert werden kann. Die Kombination der PET mit der CT als Verfahren, das die Gewebestrukturen abbildet, löst dieses Problem.
Bei einer PET/CT werden beide Untersuchungen gleichzeitig mit einer Kamera durchgeführt. Die Voraussetzungen (wie Körperlage und physiologische „Tagesform" des Patienten) sind so für beide Aufnahmen exakt gleich. In einer einzigen Untersuchung werden sowohl eine PET- als auch eine CT-Aufnahme gewonnen – schon dies ist ein Mehrwert für Arzt und Patienten.
(*Quelle:* PET/CT Ein kombiniertes Untersuchungsverfahren; Arbeitsausschuss PET der Deutschen Gesellschaft für Nuklearmedizin e.V.)

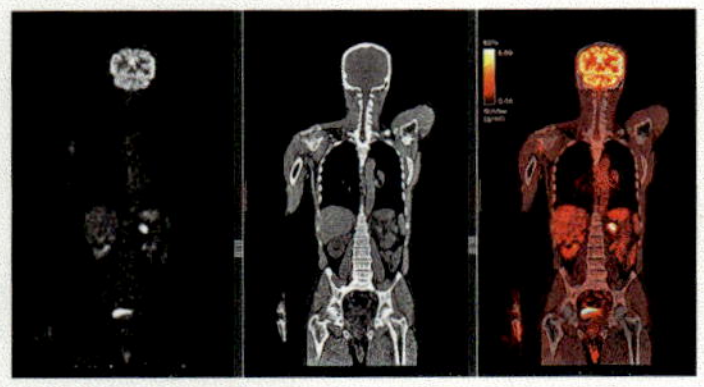

1 PET-; CT-Aufnahme und ihre Kombination

Grundlagen Therapie mit Strahlung

Nach der Lokalisierung eines Tumors wird statt oder auch unterstützend zu einer Operation meist eine Bestrahlung Teil der Therapie sein. Dabei soll das Tumorgewebe gezielt zerstört und das umliegende, gesunde Gewebe aber geschont werden.
Eine klassische Methode ist die Verwendung von Kobalt-60 als Strahlenquelle. Die Strahlung aus mehreren kleinen Einzelquellen überschneidet sich im Tumorgebiet. Alternativ dazu kann auch mit einer beweglichen Quelle abwechselnd aus verschiedenen Richtungen bestrahlt werden. ▸ 2
Durch die Verwendung von Ionenstrahlen kann die Wirkung auf das Zielgebiet begrenzt werden, da diese – wie die Teilchen der Alpha-Strahlung – den Großteil ihrer Energie erst am Ende ihrer Flugbahn an das abbremsende Gewebe abgeben. Die Bestrahlung wird abhängig vom Tumortyp entweder einmalig mit hoher Energie oder aufgeteilt über einen längeren Zeitraum durchgeführt. Bei manchen Behandlungen werden auch kleine Portionen radioaktiver Substanz, sogenannte „Seeds" operativ in das Tumorgewebe eingebracht. Dabei verwendet man Präparate mit kurzer Halbwertszeit z. B. Jod-125 oder Palladium-103.

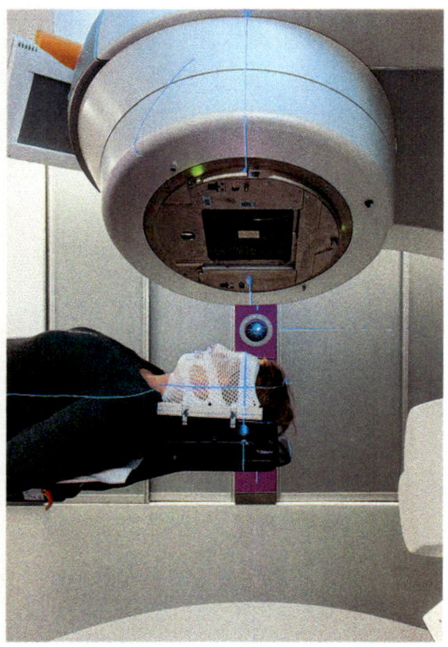

2 Gerät zur Strahlentherapie

Gefahren der Strahlentherapie Schon in der Nobelpreisrede von Pierre und Marie Curie wurde vor den Gefahren des Radiums gewarnt:
„Finally, in the biological sciences the rays of radium and its emanation produce interesting effects which are being studied at present. Radium rays have been used in the treatment of certain diseases (lupus, cancer, nervous diseases). In certain cases their action may become dangerous. If one leaves a wooden or cardboard box containing a small glass ampulla with several centigrams of a radium salt in one's pocket for a few hours, one will feel absolutely nothing. But 15 days afterwards a redness will appear on the epidermis, and then a sore which will be very difficult to heal. A more prolonged action could lead to paralysis and death …"
(*Quelle:* Pierre Curie; Radioactive Substances, Especially Radium; Nobel Lecture, June 6, 1905)

Dessen ungeachtet wurden bald radiumhaltige Substanzen in Kosmetikprodukten und Arzneimitteln verkauft. Trinkkuren mit dem als „ewiger Sonnenschein" beworbenen Radiumwasser „Radithor" führten zu schwerwiegenden Verletzungen und zum Tode der Patienten.

HINWEIS

Ionenstrahlen: Darunter versteht man einen gerichteten Strahl positiver oder negativer Atom- oder Molekül-Ionen. In Ionenquellen werden neutrale Teilchen meist durch Stöße mit schnellen Elektronen ionisiert und zu einem gerichteten Strahl formiert. Unter dem Einfluss elektrischer und magnetischer Felder werden die Ionen dann weitertransportiert.

Aufgaben und Aufträge

1 Tumorzellen kann man durch Strahlung ionisieren, um sie zu zerstören. In der Abbildung ist die Absorption von Röntgenstrahlung (a) und von Ionenstrahlung (b) im Umfeld eines Tumors dargestellt. Die Farbabstufungen von Rot zu Gelb zeigen abnehmende Ionisierungsdichten an. ▸ 3

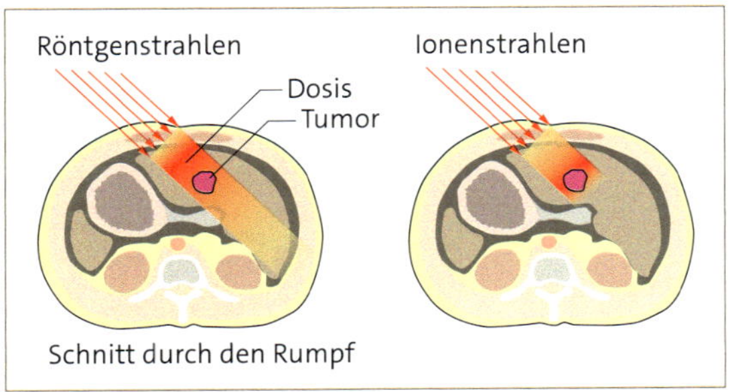

3 Absorption unterschiedlicher Strahlungen

Erläutere die Unterschiede bei der Verwendung von Röntgen- und Ionenstrahlen.

2 Gebündelte Strahlen aus Ionen geben ihre Energie größtenteils erst am Ende ihrer Bahn durch Stöße an das Gewebe ab.
Recherchiere und erläutere die Gründe für die gute Eignung von Kohlenstoff-Ionen bei dieser Therapieform.

3 Das radioaktive Jodisotop I-131 wird trotz seiner Gefährlichkeit in der Diagnostik eingesetzt. I-131 unterliegt mit einer Halbwertszeit von 8,0 Tagen einem β-Zerfall.

a Recherchiere über die Entstehung des radioaktiven Isotops und stelle die Reaktionsgleichung auf.

b Stelle auch die zugehörige Zerfallsgleichung auf.

c Begründe, dass man nur kurzlebige radioaktive Isotope in der medizinischen Diagnostik verwendet.

4 Zu Beginn des 20. Jahrhunderts wurden radiumhaltige Substanzen in „Heilmitteln" und Kosmetika verwendet. Erstelle nach einer Recherche eine Kurzpräsentation über diese Anwendungen. Diskutiere dabei auch den, aus heutiger Sicht, zu sorglosen Umgang mit diesen Substanzen.

5 Erkundige dich in einer radiologischen Praxis oder Abteilung eines Krankenhauses nach einer Patienteninformation zu radiologischen Diagnostiken oder Therapien. Fasse diese Informationen in einem Kurzreferat zusammen. Versuche darin vorkommende Fachbegriffe in einfacher Sprache und mit Beispielen wie z. B. in der ▸ Aktivität 1, S. 257 f. zu erklären.

Die „grüne“ Wiese im Vordergrund symbolisiert die letzte Episode der Kernkraftwerksgeschichte in Deutschland. Nach Stilllegung des AKW Grafenrheinfeld steht nun der Rückbau der Anlage an. Verstrahltes Material muss sicher über Generationen hinweg aus der Umwelt entfernt werden.

Kernkraftwerkstechnik

1960 ging das erste deutsche Versuchs-Kernkraftwerk in Kahl am Main in Betrieb. 60 Jahre später ist es längst – wie weitere Anlagen auch – rückgebaut. ▸ 2

Das Grundprinzip nahezu aller älteren, rein kommerziell genutzten sowie der neueren Reaktoren ist gleichgeblieben: Radioaktive U-235-Kerne werden durch den Einfang abgebremster, langsamer Neutronen in das kurzlebige, instabile Isotop U-236 umgewandelt. Dieses zerfällt sofort wieder in zwei leichtere Kerne mit einem Massenverhältnis von etwa 2 : 3, wie z. B. in einen Barium- und einen Kryptonkern.

Kernreaktion: $^{235}_{92}\mathrm{U} + ^{1}_{0}\mathrm{n} \longrightarrow ^{236}_{92}\mathrm{U}^* \rightarrow ^{144}_{56}\mathrm{Ba} + ^{89}_{36}\mathrm{Kr} + 3\,^{1}_{0}\mathrm{n}$

Dabei werden auch zwei oder drei Neutronen ausgesandt. Diese freiwerdenden Neutronen können nach Abbremsung durch Stöße im Moderator die Kettenreaktion aufrechterhalten. ▸ S. 193

Die bei den Stößen der Neutronen und Spaltkerne abgegebene kinetische Energie, wird als Wärme über einen primären Wasserkreislauf abgeführt. In ihm beträgt die Temperatur 320 °C. Das Wasser wird jedoch unter hohem Druck (über 150 bar) flüssig gehalten.

Die Wärme geht dann auf Sekundärkreisläufe über, in denen Wasser verdampft und schließlich ganz konventionell Turbinen zur Stromerzeugung antreibt. ▸ 3

Durch Neutroneneinfang werden Atomkerne der Bauteile des Reaktors in unmittelbarer Nähe der Kernreaktionen ebenfalls radioaktiv. Am Ende der Betriebszeit, wenn der Anteil des spaltfähigen Materials soweit gesunken ist, dass eine Kettenreaktion nicht mehr aufrechterhalten werden kann, befinden sich neben dem restlichen Kernbrennstoff auch noch die radioaktiven Spaltprodukte in den Brennstäben.

2 Alte Schaltwarte KKW Kahl

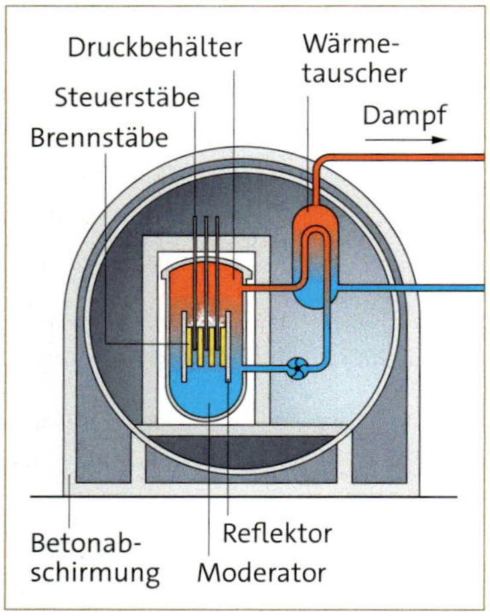

3 Schema eines Kernreaktors

Grundlagen Aufbau eines Spaltreaktors

Brennstäbe In den Brennstäben befindet sich in angereicherter Konzentration (rund 5 %) das spaltbare Material (U-235) in Form von Uranoxid. Die Stäbe umhüllen während der gesamten Betriebsdauer und bis zu einer möglichen Wiederverwertung die einzelnen – Pellets genannten – Uran-Keramik-Bröckchen. Mehrere Brennstäbe bilden ein Brennelement, das im Reaktor verwendet wird. ▸ 4, 5
Nach der – als Abbrand bezeichneten – Spaltung verbleiben in ihnen das nicht mehr für die Kettenreaktion nutzbare U-235 sowie die Spaltprodukte.

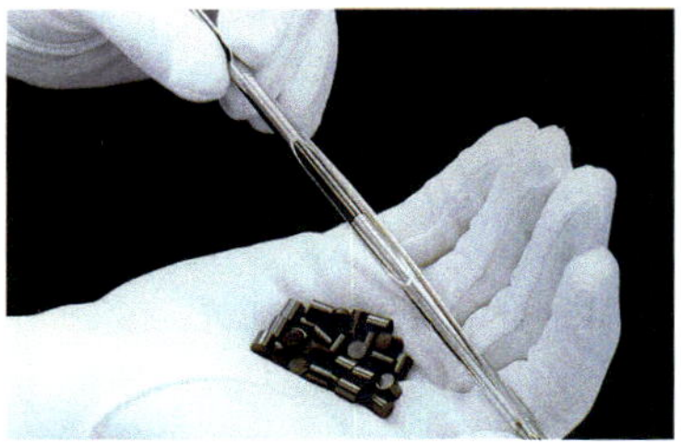

4 Pellets

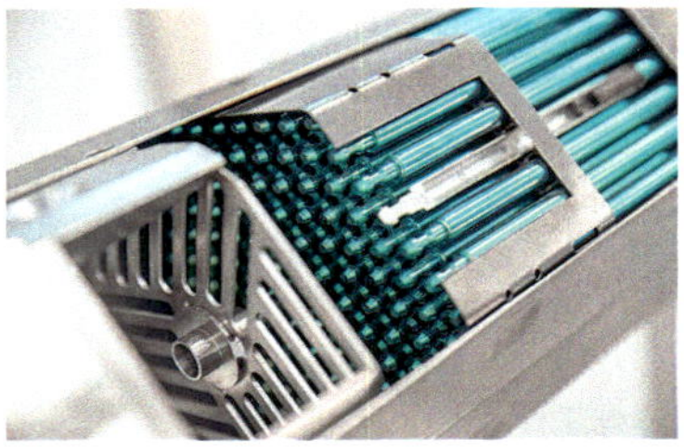

5 Brennelement

Moderator Die bei der Spaltung freigesetzten, schnellen Neutronen müssen durch Stöße stark abgebremst werden. Damit erhöht sich die Wahrscheinlichkeit für weitere Spaltreaktionen. Als Stoßpartner sind hier nur leichte Atomkerne geeignet, die, wenn möglich, kaum oder keine Neutronen einfangen.
Neben Wasser oder schwerem Wasser kann auch Graphit (Kohlenstoff) oder Natrium zum Einsatz kommen. Die Reaktorkatastrophe von Tschernobyl hat aber gezeigt, dass die leichte Brennbarkeit des Kohlenstoffs eine sehr große Gefahr darstellt.

Steuerung Zur Steuerung der Kettenreaktion nimmt man Einfluss auf die Anzahl der reaktionsfähigen Neutronen. Durch das Ein- oder Ausfahren von Regelstäben kann die Kettenreaktion gerade am Laufen gehalten oder notfalls gestoppt werden. Die Regelstäbe bestehen aus Neutronen einfangenden Materialien wie z. B. Bor oder Cadmium.
Im Falle einer Störung fallen die Regelstäbe zwischen die Brennstäbe und bringen die Kettenreaktion so zum Erliegen.
Auch die Temperatur des Reaktionsraums beeinflusst die Kettenreaktion: Eine Erhöhung der Temperatur hat eine Ausdehnung des Materials zur Folge, es sinkt die Dichte des Materials und damit die Reaktionswahrscheinlichkeit für die Spaltung.

HINWEIS

Schweres Wasser ist chemisch betrachtet Wasser mit der Summenformel D_2O.
Es unterscheidet sich von normalem H_2O dadurch, dass die normalen Wasserstoffatome durch Isotope des Wasserstoffs (Deuterium Symbol D) ersetzt sind. Normaler Wasserstoff hat nur ein Proton im Atomkern, Deuterium ein Proton und ein Neutron.

Kühlmittel Um die kinetische Energie der Spaltprodukte abführen und nutzen zu können, werden – je nach Reaktortyp – normales oder schweres Wasser, flüssiges Natrium oder Gase eingesetzt. Auch hier dürfen die verwendeten Materialien die Neutronen nicht absorbieren, da sich sonst die Neutronenbilanz für die Kettenreaktion verschlechtert.

Entsorgung Nicht mehr zur Spaltung nutzbares U-235 verbleibt neben den Spaltprodukten in den Brennstäben. Diese können dann nach einer Zwischenlagerung in französischen und britischen Wiederaufbereitungsanlagen mechanisch und chemisch zerlegt werden. Das noch spaltbare Uran kann für neue Brennstäbe wiederverwendet werden.
Der hochradioaktive Rest wird wie die radioaktiven Bauteile des Rückbaus zur Endlagerung zurück nach Deutschland transportiert. ▸ 6
Die Realisierung einer tragfähigen Endlagerung über Tausende von Jahren hinweg ist das ungelöste Problem der Bereitstellung von Energie durch Spaltreaktoren.

6 Castor-Transport

Aktivitäten

1 Reaktortypen

Recherchiere über den Einsatz der verschiedenen, kommerziell genutzten Reaktortypen. Benutze dazu Fachbücher und Internetquellen. Du kannst auch Informationsmaterial der Betreiberfirmen oder Industrieverbände nutzen.
Erstelle eine Präsentation oder ein Schaubild unter Einbeziehung der folgenden Aspekte:
- Besonderheiten der jeweiligen Bauweise (Moderator, Kühlmittel, Steuerung …) ▸ 1
- Sicherheit (mögliche Unfallszenarien)
- Herstellung und Entsorgung des spaltbaren Materials
- möglicher oder bereits erfolgter Rückbau

1 Ein Reaktor wird mit Brennelementen beladen.

2 Textanalyse 1

a Fasse die Kernaussagen der folgenden Texte in Argumentationsketten zusammen.
b Nimm zu den Kernaussagen aus physikalischer Sicht Stellung.
c Erstelle eine Pro/Kontra Mindmap zur Nutzung der Kernenergie.

A Kernenergie und Kerntechnik 2014

Kernenergie stabilisiert das Stromnetz.
Im Stromnetz muss immer so viel Strom verfügbar sein, wie von Industrie, Gewerbe und Privathaushalten verbraucht wird. Kernkraftwerke können durch ihre Regelbarkeit eine schwankende Produktion der erneuerbaren Energien zügig ausgleichen und so die Balance zwischen Energieerzeugung und -verbrauch herstellen.
Damit sorgen Kernkraftwerke für ein stabiles Netz und eine sichere Stromversorgung. Kernenergie ist umweltfreundlich. Neben Wasserkraft fallen auch bei der Stromerzeugung aus Kernenergie praktisch keine Treibhausgasemissionen an.
Daher hilft die Kernkraft, das Ziel der Bundesregierung, die Treibhausgasemissionen in Deutschland bis 2020 um 40 Prozent gegenüber 1990 zu senken, zu erreichen. ▸ 2

2 Kernkraftwerk

Kernenergie ist volkswirtschaftlich vorteilhaft.
Die Stromerzeugung aus Kernenergie ist häufig preisgünstiger als aus anderen Energiequellen.
Dabei wurde die kommerzielle Stromerzeugung aus Kernenergie zu keinem Zeitpunkt staatlich finanziell gefördert. Angesichts der aktuellen Preissituation an den Strommärkten in Europa ist der wirtschaftliche Betrieb von neuen Kraftwerken nahezu überall herausfordernd. Dies gilt für die in der Regel nicht in den Markt eingebundenen erneuerbaren Energien, genauso wie für Gas-, Kohle- und Kernkraftwerke.
Um diesem Umstand entgegenzuwirken, sorgt beispielsweise die britische Regierung in Zusammenhang mit dem Neubau von Kernkraftwerken für gleiche Marktbedingungen unter den Energieträgern.

Aktivitäten

Kernenergie bietet Versorgungssicherheit
Strom kann in großem Umfang nicht gespeichert werden, er muss in dem Moment erzeugt werden, in dem er gebraucht wird. Versorgungssicherheit ist daher eine schwierige Aufgabe. Denn der Beitrag der erneuerbaren Energien schwankt im Gegensatz zur Kernenergie. Eine künftige Herausforderung ist es deshalb, Technologien zur Zwischenspeicherung von erneuerbaren Energien zu finden. Denn bis heute gilt: Bläst kein Wind, scheint keine Sonne, müssen konventionelle Quellen den Bedarf abdecken.

(*Quelle:* Kernenergie und Kerntechnik in Deutschland und weltweit; Deutsches Atomforum e.V., Robert-Koch-Platz 4 10115 Berlin, Dezember 2014)

B … und die veränderte Sichtweise 2020

„Die deutschen Kernkraftwerke sind wieder Ziel von Protesten – dieses Mal aber pro Atomkraft. Dabei haben die Betreiber überhaupt kein Interesse daran."

… Tatsächlich könnten in Deutschland insgesamt 50 Millionen Tonnen CO_2 eingespart werden, wenn die verbliebenen sechs Kraftwerke noch bis 2040 am Netz blieben. Das entspräche fast sieben Prozent der Gesamtemissionen des Landes. Für Nuklearia-Gründer Klute ist das Problem mit dem radioaktiven Atommüll dabei ganz klar „das kleinere Übel". „Natürlich gibt es da auch noch andere Herausforderungen. Die Kernkraftbetreiber haben Ausstiegstermine geplant, das Personal ist darauf ausgerichtet, genauso wie der Brennelementeinsatz, und natürlich müssten die Kraftwerke modernisiert werden.

Das Problem: Die Unternehmen selbst sehen das ganz anders – auch wenn viele Mitarbeiter in den AKWs die Argumentation der Befürworter natürlich noch teilen. „Die Argumente des Nuklearia-Vereins sind nicht neu", sagt Guido Knott, Vorsitzender der Geschäftsführung von Preussen Elektra, der Atomsparte von Eon. ▸ 3

3 Zeichen der Pro-Atomkraft-Bewegung

Dass Kernkraftwerke einen wichtigen Beitrag zum Klimaschutz leisten, sei seit Langem bekannt und 2010 auch für die zwischenzeitliche Verlängerung der Laufzeiten herangezogen worden. Aus bekannten Gründen habe sich die Politik wenig später anders entschieden und ein schnelles Ende der Kernenergie beschlossen.

„Wir akzeptieren diese politische Entscheidung, die von einer breiten Mehrheit getragen wurde", hält Knott deshalb heute fest. Sein Unternehmen habe sich schon lange auf den Rückbau seiner Flotte eingestellt. Zwei Anlagen seien bereits fast vollständig rückgebaut, in anderen Anlagen liefen die Arbeiten auf Hochtouren, und die drei noch laufenden Anlagen würden seit Jahren ganz konkret auf den Rückbau vorbereitet. … ▸ 4

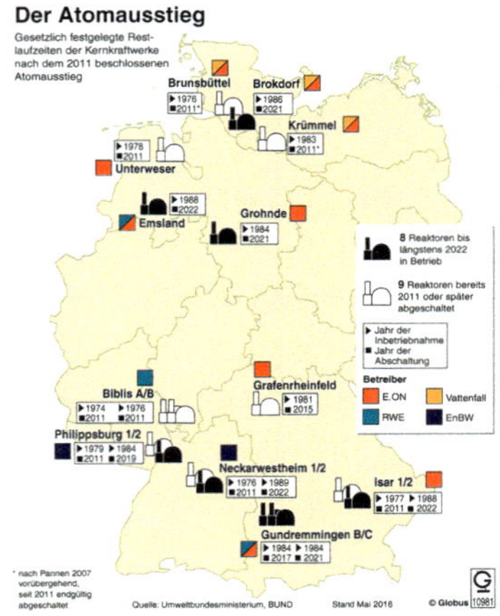

4 Atomkraftwerke in Deutschland

(*Quelle:* Atomkraft für Klimaschutz, Handelsblatt 30. 9. 2020) https://www.handelsblatt.com/unternehmen/energie/energiewirtschaft-atomkraft-fuer-klimaschutz-energiekonzerne-sind-von-neuen-pro-akw-demos-genervt/26224130.html?ticket=ST-696937-FRNjLb2RE1puhtMshMdY-ap6

Aktivitäten

3 Textanalyse 2

a Fasse die Aussagen der Texte in Argumentationsketten zusammen.
b Nimm zu den Kernaussagen aus physikalischer Sicht Stellung.
c Erstelle unter Berücksichtigung der Argumente des zweiten Textes eine Pro/Kontra Mindmap zur Verwendung von Uran als Brennstoff.

A Rohstoff Uran

Uran ist der Rohstoff für den Betrieb der Kernkraftwerke. Es kommt in der Erdkruste und in den Ozeanen in riesigen Mengen vor. Jeder Mensch enthält Spuren von Uran, ebenso wie unsere Umwelt. Seit Urzeiten leben wir mit Uran und Radioaktivität. ▸ 1–3

1 Mineral mit Uran

2 Aufbereitetes Uranerz

3 Angereichertes Uran

Uran ist sehr energiedicht. Deshalb benötigt ein 1000-Megawatt-Kernkraftwerk pro Jahr nur rund 20 Tonnen (1 Kubikmeter) angereichertes Uran, um rund 8,5 Milliarden Kilowattstunden Strom zu produzieren. Diese Menge Uran hätte vom Volumen her leicht in einem Mittelklassekombi Platz. Um 20 Tonnen angereichertes Uran zu erzeugen werden etwa 200 Tonnen Natururan benötigt. … Deshalb genügen nur drei bis vier Pellets, um eine vierköpfige Familie ein Jahr lang mit Strom zu versorgen. …

Anders als Erdöl kommt abbauwürdiges Uran in zahlreichen Ländern vor. Die gegenwärtig größten Förderländer Kasachstan, Kanada und Australien erzeugten im Jahr 2016 zusammen drei Viertel der weltweiten Produktion. … Aus Minen gefördertes Uran deckte im Jahr 2017 gut 90 Prozent des weltweiten Bedarfs von rund 60 000 Tonnen. Nach dem Ende des Kalten Krieges wurden die militärischen Uranvorräte der beiden größten Atommächte Russland und USA abgebaut. Dabei wurde waffenfähiges Material sehr stark verdünnt (abgereichert), sodass es nur noch als Brennstoff für Kernkraftwerke verwendet werden kann. Mit dieser Weiterverwertung wertvoller Rohstoffe unterstützen Kernkraftwerke die Abrüstung.

Im Bergbau fällt Uran oft als Nebenprodukt bei der Gewinnung anderer Rohstoffe wie Kupfer, Silber, Gold oder Vanadium an. Im Jahr 2017 wurden vier Prozent des Urans so gefördert. Der Hälfte des Urans wird im Unter- oder Obertagebau erschlossen, der Rest meist durch sogenannte In-situ-Laugung gewonnen. Dabei löst man mittels einer durch Bohrlöcher gepumpten Flüssigkeit das Uran aus dem umgebenden Gestein heraus.
Alle Uranminen stehen unter nationaler behördlicher Aufsicht und sind entsprechend zertifiziert. ▸ 4
Sie verpflichten sich damit, Mensch und Umwelt vor schädlichen Einflüssen zu schützen und die Naturlandschaft nach Ende des Minenbetriebs wiederherzustellen. Auch die meisten Kernkraftwerke sind gemäß ISO 14001 zertifiziert. Damit verpflichten sie sich unter anderem, bei ihren Lieferanten auf die Umweltverträglichkeit zu achten.

4 Uranmine in Namibia

Beim Uranbergbau entstehen die bei jedem Erzabbau üblichen Erzrückstände. Zusätzlich fällt Strahlung aus den natürlichen Tochterprodukten von Uran (wie Thorium, Radium und Radon) an. Deshalb wird mit den Abfällen sehr umsichtig umgegangen.
Die Abfallgesteine werden sortiert, die größeren Stücke entweder in Haufen gelagert oder zurück in die Mine gebracht. Der Schlamm aus der Verarbeitung wird in Becken gepumpt, die mit Wasser bedeckt sind, um allfällige Strahlung abzuschirmen. Bei der Stilllegung werden diese Becken mit Lehm und Erde aufgefüllt, sodass die Strahlung an der Oberfläche wieder auf das natürliche Umgebungsniveau sinkt.

Quelle: kernenergie.ch eine Informationsdienstleistung von swissnuclear © 2018) https://www.kernenergie.ch/de/rohstoff-uran-_content---1--1085.html

B Urangewinnung – Risiken für Mensch und Umwelt

Der Bergbau gehört zu den umweltzerstörendsten industriellen Tätigkeiten überhaupt: Riesige Abbaugebiete und Abraumhalden verschandeln während und nach der Förderung ganze Landschaften. ▸ 5
Mit Chemikalien und Salzen vermischte Erzreste müssen in Deponien mit vielen Millionen Tonnen Umfang abgelagert werden.
Häufig gelangen schwermetall-, chemikalien- und salzbeladene Sickerwässer ins Grundwasser und machen großräumig jede Trinkwassergewinnung über lange Zeiten unmöglich. Bei auch heute noch entstehenden Dammbrüchen wälzen sich gelegentlich Millionen Kubikmeter Erzschlamm talwärts und verwandeln Bäche und Flüsse über lange Jahre in giftige und unbrauchbare Abwasserkanäle.

5 Uranmine

Beim Uranabbau entstehen zusätzliche Belastungen, die die genannten Probleme verschärfen: Radon und radioaktiv belasteter Staub verursachen Strahlenbelastungen in der Umgebung. Durch einen häufig extrem niedrigen Urangehalt (etwa 0,03 Prozent Urananteil im Erz) entstehen immense Mengen an Bergbaurückständen …
Das Uran, Grundlage für die Herstellung des Kernbrennstoffs, wurde bis Anfang der 1990er Jahre in Deutschland gefördert. Es wird heute noch weltweit abgebaut. Aus den Erfahrungen mit der Sanierung der ehemaligen Uranabbaugebiete in Ostdeutschland wissen wir heute, dass eine Aufhäufung von vielen Millionen Tonnen Abraum ohne ein vernünftiges Abfallkonzept ebenso viele Millionen nachträglicher Kosten für das Aufräumen nach sich zieht.

Insbesondere in Schwellen- und Entwicklungsländern verursachen der Abbau und die Aufbereitung des Erzes noch heute Umweltschäden immensen Ausmaßes. Der Grund sind häufig unzureichende Projektplanungen, bei denen Umweltfaktoren keine oder eine deutlich untergeordnete Rolle spielen. Die Liste der Umweltprobleme und Gesundheitsrisiken dabei ist lang: radioaktive Belastung von Grundwasser und Umgebungsluft, die ganze Gebiete dauerhaft unbetretbar machen. Radioaktiv belastetes Erdreich, Schlämme oder andere Materialien, die häufig in Deponien und Abraumhalden nicht ausreichend eingeschlossen sind …

Quelle: Öko-Institut e.V. Freiburg 2021; https://www.oeko.de/forschung-beratung/themen/radioaktive-abfaelle-und-strahlenschutz/urangewinnung

Aktivitäten

4 Energiedichte von Uran

Befürworter der Stromerzeugung mit Kernenergietechnik – wie etwa in der Schweiz – führen auch die hohe Energiedichte von Uran im Vergleich zu anderen Energieträgern an. ▸ 1

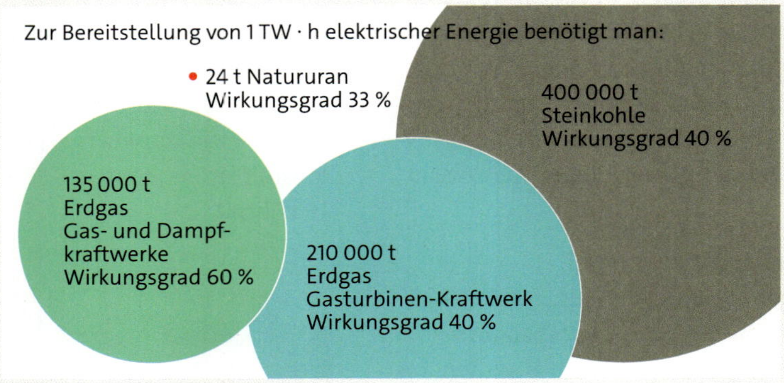

1 Energiedichten im Vergleich

Demnach wären zur Erzeugung von 25 TW·h elektrischer Energie aus den fünf schweizer Kernkraftwerken entweder 220 Quadratkilometer Solarpaneele, das entspricht einem 700 m breiten Streifen auf der Strecke von Genf bis zum Bodensee, oder 5500 topmoderne Windkraftanlagen mit je 2,0 MW Leistung und 4,5 GW·h Jahresproduktion in optimaler Lage nötig.

a Überprüfe nach Recherchen zur Energiedichte der angegebenen Energieträger und dem Wirkungsgrad von Kraftwerken die angeführten Vergleichsgrößen.

b Vergleiche diese Zahlenangaben mit den Werten aus Bayern hinsichtlich der Stromerzeugung aus Kernenergie und erneuerbaren Energien. ▸ 2

c Beurteile dahingehend die Machbarkeit eines Ausstiegs aus der Kernenergie für die Schweiz.

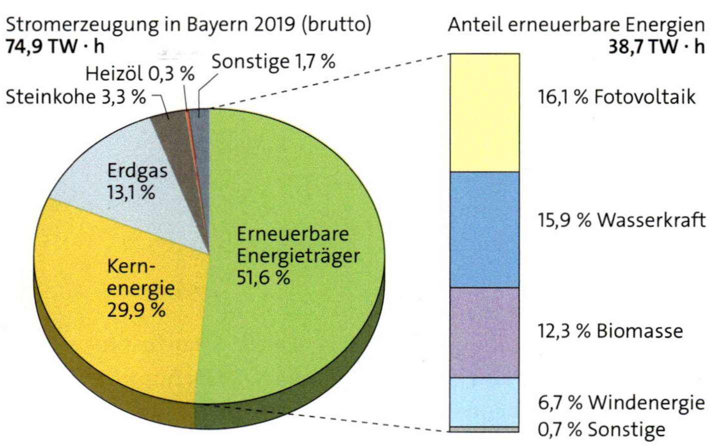

2 Struktur der Bruttostromerzeugung in Bayern 2019

Grundlagen Kraftwerkstechnik

Kraftwerkstypen Bauartbedingt lassen sich mehrere Spaltreaktortypen unterscheiden. Die bevorzugte Bauart stellen Leichtwasserreaktoren in Druck- oder Siedewasserausführung dar. ▸ 3, 4
Sie benötigen angereichertes Uran-235. Schwerwasserreaktoren operieren mit dem im Gewinnungsprozess teuren schweren Wasser als Moderator und Kühlmittel, können aber mit Uran in natürlicher Konzentration arbeiten.
In Hochtemperaturreaktoren wird in der Regel Graphit als Moderator, Helium oder leichtes Wasser als Kühlmittel verwendet.

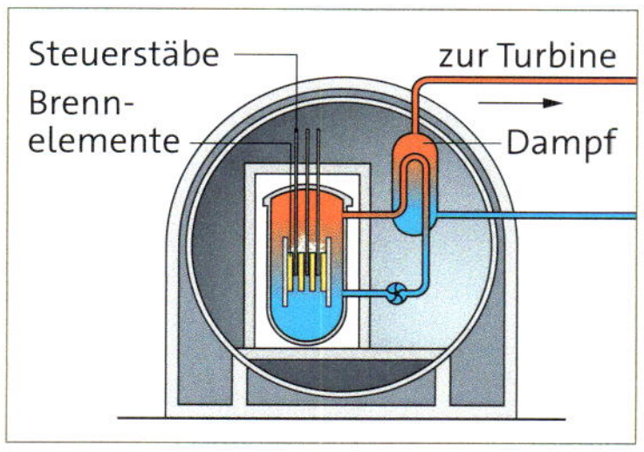

3 Druckwasser-Reaktor

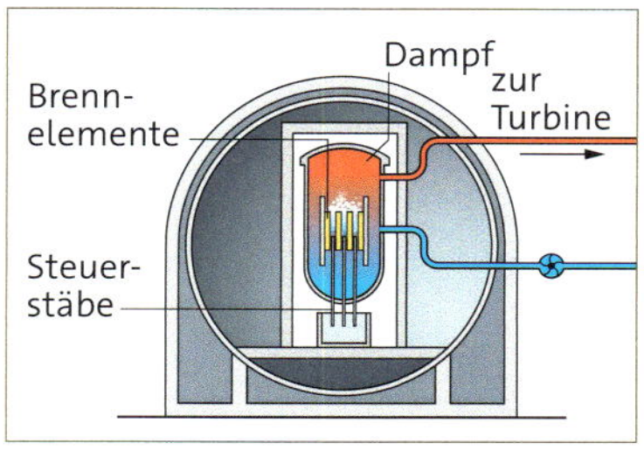

4 Siedewasser-Reaktor

Herstellung des Brennstoffs Nach der Gewinnung von Uranerzen in Bergwerken muss das Uran vom Abraumgestein getrennt und chemisch aufbereitet werden. Für die Anreicherung des U-235 wird großtechnisch in Zentrifugen oder Diffusionsapparaten der geringe Massenunterschied zum U-238 ausgenutzt. Erst danach kann die eigentliche Fertigung der Brennstoffelemente erfolgen.

Brutreaktor In abgebrannten Brennelementen ist, neben dem nahezu unverändertem hohen U-238-Anteil, noch knapp 1 % spaltbares Material vorhanden. Dieses kann aufwändig extrahiert und erneut verwendet werden. Außerdem entsteht durch Neutroneneinfang spaltbares Plutonium (Pu-239).

$$^{238}_{92}\mathrm{U} + ^{1}_{0}\mathrm{n} \rightarrow ^{239}_{92}\mathrm{U}^{*} \rightarrow ^{239}_{93}\mathrm{Np}^{*} + ^{0}_{-1}\beta$$

$$^{239}_{93}\mathrm{Np}^{*} \rightarrow ^{239}_{94}\mathrm{Pu} + ^{0}_{-1}\beta$$

In einem Brutreaktor wird der Neutroneneinfang des U-238 zu Pu-239 durch eine spezielle Bauweise gezielt genutzt. Damit entsteht einerseits mehr spaltbares Material, sodass weniger Uran gefördert werden muss, anderseits bedeutet dies aber den Einstieg in die politisch kontrovers diskutierte Plutoniumwirtschaft. Plutonium ist bevorzugtes Ausgangsmaterial für Atomwaffen. Mehrere Staaten betreiben daher Brutreaktoren zu militärischen Zwecken.

Kernfusion Um großtechnisch aus der Kernfusion Energie zu gewinnen, müssen Verhältnisse wie im Inneren eines Sternes auf der Erde realisiert werden. ▸ 5
Drei wesentliche Bedingungen sind zu erfüllen:
- Die Temperatur muss sehr hoch sein, damit die Reaktionspartner vollständig ionisiert vorliegen.
- Es müssen genügend viele Teilchen vorhanden sein, um eine hinreichende Reaktionswahrscheinlichkeit zu gewährleisten.
- Die Reaktionen müssen über eine längere Zeit aufrechterhalten werden.

In einem vereinfachten Prozess, wie er in der Sonne stattfinden kann, verschmelzen in der Summe 4 Wasserstoffkerne zu einem Heliumkern. Pro Prozess wird dabei die Massendifferenz in 26 MeV Energie umgesetzt. Der plakative Vergleich der Fusionsbefürworter lautet daher:
1 g Wasserstoff liefert so viel Energie wie 11 t Kohle.

5 Fusions-Reaktor-Modell

HINWEIS
$1\,\mathrm{eV} = 1{,}602 \cdot 10^{-19}\,\mathrm{J}$

Aus der Geschichte: Robert Oppenheimer und das Manhattan-Project

Seit 1938 war klar, dass bei der Spaltung von Atomkernen viel Energie frei wird. Einige prominente Physiker, darunter ALBERT EINSTEIN, warnten 1939 den amerikanischen Präsidenten Franklin D. Roosevelt vor der Gefahr einer Atombombe: Im nationalsozialistischen Deutschland würde bereits an der Entwicklung von Kernwaffen gearbeitet.
Die Reaktion des Präsidenten war zunächst verhalten. Nachdem aber Deutschland 1940 die amerikanischen Verbündeten in Europa angriff, war absehbar, dass auch die USA in den Krieg hineingezogen würden. Zwei Monate vor dem japanischen Überfall auf Pearl Harbor 1941 beschloss Roosevelt den Bau der Atombombe.

Nach einer Bestandsaufnahme der einzelnen Programme stellten sich zwei Schwerpunkte heraus: die Herstellung geeigneter Mengen an spaltbarem Material und die Entwicklung eines geeigneten Verfahrens zum Zünden der Kettenreaktion in der Bombe. Beide Fragen, die wissenschaftliche und die technische, mussten parallel bearbeitet werden. Im März 1943 richteten sich die ersten Wissenschaftler in Los Alamos (New Mexico) ein. Es wurden vier Abteilungen geschaffen, zu denen auch eine Arbeitsgruppe „Theoretische Physik" gehörte: Bei diesem Projekt handelte es sich nicht einfach um eine Anwendung physikalischen Wissens, sondern zur Entwicklung der Bombe waren auch noch grundlegende Fragen der Physik zu klären.

Spaltbares Material Einerseits war U-235 als Spaltmaterial geeignet, dessen Anteil im natürlichen Uran auf mindestens 7% angereichert werden musste. Seine kritische Masse würde etwa 15 kg betragen. Zur Gewinnung von U-235 wurden zwei Verfahren eingesetzt: Die elektromagnetische Trennung arbeitet ähnlich wie ein Massenspektrograph; die Diffusionstrennung nutzt aus, dass Teilchen unterschiedlicher Masse mit ungleichen Geschwindigkeiten durch eine poröse Trennwand diffundieren.
Als zweites Material kam Pu-239 in Betracht, seine kritische Masse würde 5 kg betragen. Die Gewinnung könnte einfacher sein als die des Uranisotops. Durch Kettenreaktionen in einem eigens dazu errichteten Kernreaktor in Hanford (Washington) sollte das Plutonium „erbrütet" werden. Über den Spaltmechanismus war jedoch noch wenig bekannt.
In den USA entstanden an verschiedenen Orten industrielle Anlagen, die auf der Basis der unterschiedlichen Verfahren parallel an der Gewinnung des spaltbaren Materials arbeiteten. Sehr früh stellte sich heraus, dass ohne einen entsprechenden Mantel um das Spaltmaterial weniger als 1% des Urans vollständig gespalten würde. Durch die schnelle Ausdehnung des Materials würde die Kettenreaktion gestoppt. Deswegen sollte die Bombe mit einem Mantel aus etwa 1 t natürlichem Uran umgeben werden.

Zündung der Reaktion Die ersten Überlegungen gingen davon aus, unterkritische Massen mittels eines umgebauten Geschützes zusammenzuschießen. Sehr bald war aber klar, dass die Vereinigungszeit zu lang ist, sodass die Spaltungsreaktion schon vor dem kompletten Zusammenschuss beginnt. Es wurden deshalb auch andere Möglichkeiten einer plötzlichen Vereinigung untersucht, und auch über die Verwendung eines Initiators (Ra + Be oder Po + Be) als Neutronenquelle nachgedacht.
Parallel dazu entstand die Idee einer Implosionstechnik: Die bei einer Implosion erzeugten Stoßwellen sollten das Material synchron kugelsymmetrisch zusammenpressen. Dazu waren aber noch theoretische Fragestellungen der dazugehörigen Hydrodynamik zu beantworten. Dies erforderte wiederum sehr umfangreiche numerische Berechnungen, für die JOHN VON NEUMANN zunächst gemeinsam mit IBM eine geeignete Rechentechnik entwickeln musste.

Rolle Oppenheimers Gleich nach Roosevelts Beschluss zum Bau der Bombe war an der Universität Chicago eine Gruppe zur Bearbeitung theoretischer Fragen zusammengestellt worden, zu deren führendem Kopf ROBERT OPPENHEIMER wurde. Wesentlich für den Erfolg des Projekts war sein Führungsstil: Er verstand es, die Diskussionen effizient zu leiten und immer wieder neu zu entfachen.
EDWARD TELLER erinnerte sich 1983: „Während der Kriegsjahre wusste Oppie im Detail, was sich in jedem einzelnen Laboratorium abspielte. Er war von

unglaublich rascher Auffassungsgabe bei der Analyse menschlicher wie technischer Probleme. ... Er verstand, zu organisieren, zu schmeicheln, den Leuten ihren Willen zu lassen, zu beschwichtigen – eben wirksame Führung auszuüben, ohne sich diesen Anschein zu geben. Er war ein Muster an Hingabe, ein Held, der nie das Menschliche vergaß. Ihn zu enttäuschen, hatte irgendwie den Beigeschmack des Im-Unrecht-Seins gehabt ... Der erstaunliche Erfolg von Los Alamos erwuchs aus der Brillanz, der Begeisterung und dem Charisma von Oppenheimers Führung."

Am 16. Juli 1945 fand der erste Test – genannt „Trinity" – etwa 240 km südlich von Los Alamos statt. Die Nervosität unter allen Beteiligten war groß, nicht zuletzt wegen der unsicheren Wettersituation. Der Gouverneur von New Mexico wurde kurz vorher gewarnt, dass er evtl. gezwungen sein konnte, den Notstand auszurufen. Um 5:29 Uhr wurde die Bombe gezündet. Die Wirkung war für alle Beobachter überwältigend und erschreckend. Der Leiter des Trinity-Versuchs, Kenneth Bainbridge, sagte darüber: „Keiner, der ihn gesehen hat, konnte ihn vergessen; eine widerliche und Ehrfurcht gebietende Vorführung." ▸1

1 Trinity-Test

Parallel zum Test waren die Vorbereitungen für den Abwurf zweier Bomben auf Japan in Gang gesetzt worden. Vier Stunden nach dem gelungenen Test stach das Schiff mit den Montageteilen von *Little Boy* in See, um sie zum Bomberstützpunkt Tinian zu bringen. Am 6. August wurde diese Bombe über Hiroshima abgeworfen und am 9. August *Fat Man* über Nagasaki. ▸2

2 Hiroshima nach dem Atombombenabwurf

Oppenheimer war danach verbittert und verzweifelt. Er stellte fest, in Los Alamos „haben die Physiker die Sünde kennengelernt. Und diese Erfahrung können Sie nicht mehr loswerden." Bei einem Empfang im Weißen Haus soll er ausgerufen haben: „Mister President, an meinen Händen klebt Blut."
In einem Vortrag vor amerikanischen Beamten und Militärs stellte er 1947 die Frage: „Werden wir die Kraft, Einsicht, Weisheit und Selbstzucht aufbringen, um die atomaren Bemühungen der gesamten Welt in geordnete Bahnen zu lenken?" Dies zeigt die Zerrissenheit eines Mannes, der seine Tätigkeit in Los Alamos nie infrage gestellt hatte und zum Helden der Vereinigten Staaten stilisiert worden war. Zu seinem 50. Geburtstag im Jahr 1954 schließlich fand sich Oppenheimer auf der Anklagebank des McCarthy-Ausschusses für unamerican activities wieder, weil er die weitere atomare Rüstung, insbesondere den Bau der Wasserstoffbombe, strikt ablehnte.

1 Auch in Deutschland gab es während des Zweiten Weltkriegs Anstrengungen zum Bau der Atombombe.
a Recherchiere über die Reaktionen, der am deutschen Atombombenprojekt beteiligten Physiker, auf die Nachricht des Abwurfs der amerikanischen Bomben. Stelle zwei Ergebnisse ausführlich vor.
b Stelle dar, in welcher Form die beteiligten Wissenschaftler nach Abwurf der amerikanischen Atombomben ihre Verantwortung wahrnahmen.
c Berichte über Albert Einsteins Rolle im amerikanischen Atombombenprojekt.
2 Nimm Stellung zu der Aussage: „Am 6. August 1945 hat die Wissenschaft ihre Unschuld verloren."

In vielen Freizeitparks stehen sogenannte Freifalltürme.
An einem hohen Turm bewegt sich eine Kabine mit den Passagieren nach oben. An der Spitze angelangt, stürzt die Kabine im freien Fall zurück, bis der Fahrgastträger am Fuß des Turms durch eine Bremsvorrichtung abgefangen wird.

Magnete in der Fahrzeugtechnik

Im Vergleich zum höchsten Freifallturm der Welt haben die meisten Türme jedoch nur Miniaturausmaße: Mit ca. 127 m Falltiefe ist der Zumanjaro – Drop of Doom genannte Freifallturm im amerikanischen Vergnügungspark Six Flags Great Adventure der höchste der Welt. ▸ 2, 3
Viele dieser Türme – vor allem die auf deutschen Volksfesten – sind übrigens keine echten Freifalltürme, da die Kabine nie frei fällt, sondern aus Sicherheitsgründen immer über Stahlseile mit dem Turm verbunden bleibt. Korrekt ist deshalb der weniger gebräuchliche Begriff *Vertikalfahrt*.

Die Besucherinnen und Besucher von Freizeitparks sind in jedem Fall fasziniert von Freifalltürmen oder Fahrgeschäften, die Vertikalfahrten anbieten. Aber auch aus naturwissenschaftlich-technischer Sicht sind diese Anlagen unglaublich spannend, und sie motivieren, „den Dingen auf den Grund zu gehen“:

- Welche Technologie ermöglicht es, die Kabine mit den Passagieren zuverlässig und „sanft“ zu bremsen?
- Wie lange dauert der freie Fall an?
- Welche Geschwindigkeiten werden im Verlauf des Falls erreicht?

In einem Werbeflyer kann man lesen, dass „Magnetbremsen“ den freien Fall der Gondel zuverlässig und sanft bremsen. Bei der Bremsvorrichtung kommt eine gut durchdachte Anordnung von starken Permanentmagneten, die an der Gondel angebracht sind, zum Einsatz.

Um die Technologie zu verstehen, die es ermöglicht, die Kabine bei einem Freifallturm, wie im Flyer beschrieben, zu bremsen, hilft es, geeignete Modelle zu entwickeln und an ihnen über die Realität zu forschen.
Die Erfassung und Beschreibung der Bewegung der Kabine ist hier unmittelbar mit Technologie der „Magnetbremsen“ verknüpft. Sie bestätigt, dass diese Technologie das Gewünschte leistet.

2 Zumanjaro – Drop of Doom

3 Kabinen

Aktivitäten

1 Modell eines Freifallturms

Plant ein Modellexperiment, das Aufbau und Funktionsweise einer „Magnetbremse“ für einen Freifallturm demonstriert. Führt das Experiment durch und bereitet Aufbau, Funktionsweise und Durchführung für eure Mitschülerinnen und Mitschüler digital, z. B. mithilfe von Präsentationsfolien und Erklärvideos, auf. ► S. 28 f.
Diskutiert auch die Vorteile des Einsatzes von Wirbelstrombremsen beim Fallturm im Vergleich zu Bremsen, die auf Reibung basieren.

Tipp: Der Vorabversuch unterstützt euch bei der Planung des Experiments.

Vorabversuch
Untersucht zunächst das Prinzip einer „Wirbelstrombremse“, indem ihr einen starken, zylindrischen Magneten (Neodym-Magnet) frei durch
- ein Plexiglasrohr
- ein Kupferrohr
- ein geschlitztes Kupferrohr

fallen lasst.

2 Dauer des freien Falls

Kira wollte als Forscherin unterwegs sein und ist in die Gondel eines Freifallturms eingestiegen. Mithilfe eines Beschleunigungssensors ermittelte sie die Beschleunigung während der Bewegung. Der zeitliche Abstand zwischen zwei Messungen beträgt 0,1 s. Zuhause hat Kira die gespeicherten Werte in einem Diagramm dargestellt. ► 4

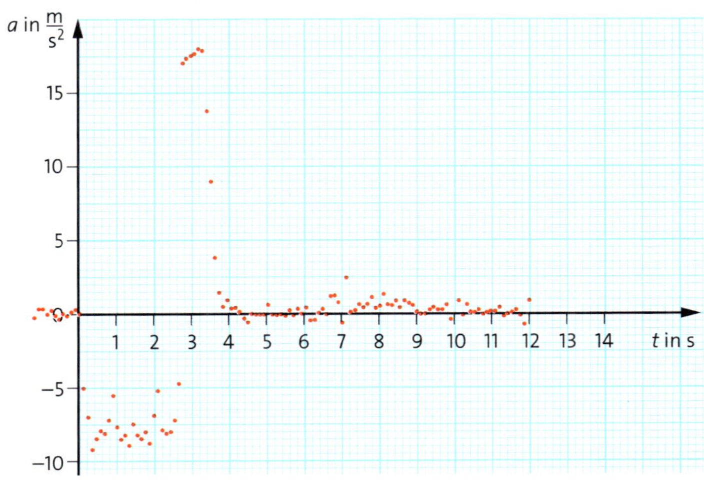

4 *t*-*a*-Diagramm

a Ermittle aus dem Diagramm die Dauer des freien Falls.

b Es ist bekannt, dass bei diesem Turm „Magnetbremsen“ zum Einsatz kommen. Beurteile, ob auf den Einsatz dieser Technologie geschlossen werden kann. ► 4

Aktivitäten

c Im Mittel ergibt sich für den freien Fall eine Beschleunigung von $-7{,}6\,\frac{\text{m}}{\text{s}^2}$. Für den wirklichen freien Fall hätte man aber eine Beschleunigung von $-9{,}81\,\frac{\text{m}}{\text{s}^2}$ erwartet. Diskutiere mögliche Ursachen für die Abweichung zwischen den beiden Werten.

d ⊕ Ermittle die Geschwindigkeiten, die im Verlauf des Falls erreicht werden.
Kira kennt den Zusammenhang zwischen Beschleunigung und Geschwindigkeit: $v(t) = a \cdot t + v_0$. Streng genommen handelt es sich aber bei den vom Sensor ausgegebenen Daten um Momentanbeschleunigungen $a(t)$, also um Werte, die, je nach Anzahl der Messungen pro Sekunde, zu einem bestimmten Zeitpunkt t abgerufen werden.
Zur Ermittlung der Geschwindigkeit aus der Beschleunigung verwendet Kira ein numerisches Verfahren – das *Ganzschrittverfahren*. Dabei wird vereinfachend die Momentanbeschleunigung mit einer als konstant angesehenen Intervallbeschleunigung gleichgesetzt. Das zeitliche Intervall wird so klein gewählt, dass man die Intervallbeschleunigung als konstant ansehen kann. Ihr Vorgehen bei Anwendung des Ganzschrittverfahrens sieht also so aus:
$v_0 = v(0) = a_0 \cdot \Delta t_0 + v_{\text{Anfang}}$; Dabei sind $\Delta t_0 = 0$ und $v_{\text{Anfang}} = 0$.
$v_1 = v(1) = a_1 \cdot \Delta t_1 + v_0$
$v_2 = v(2) = a_2 \cdot \Delta t_2 + v_1 \ldots$
$v_n = v(n) = a_n \cdot \Delta t_n + v_{n-1}$
Nutze das Verfahren, um aus dem t-a-Diagramm ein t-v-Diagramm zu erstellen.

e Kira erhält den Graphen im ▸ Bild 1 für den Zusammenhang zwischen Zeit und Geschwindigkeit. Beschreibe in Worten den Geschwindigkeitsverlauf im Laufe des Falls der Gondel. Gib auch einen Wert für die Endgeschwindigkeit der Gondel an.
Recherchiere im Internet über die vom Betreiber des Fahrgeschäfts in Bottrop angegebenen Werte für Fallzeit und maximale Geschwindigkeit und beurteile dahingehend die „Güte" von Kiras Messungen und deiner bzw. Kiras Auswertung.

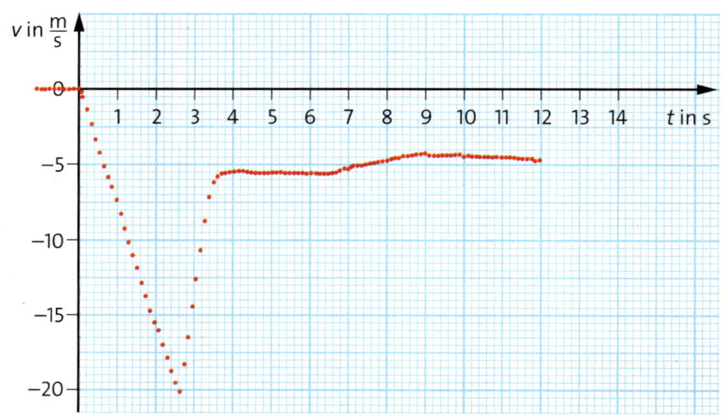

1 *t-v-*Diagramm

Der Linearmotor

Ein *Linearmotor* stellt eine besondere Bauform des Elektromotors dar. Im Gegensatz zum herkömmlichen Elektromotor ergibt sich der Antrieb hier nicht über eine Rotationsbewegung, sondern direkt durch einen Schub entlang einer geradlinigen oder gekurvten Bahn. Linearmotoren werden häufig zur Positionierung von Maschinen eingesetzt, in Magnetschwebebahnen sorgen sie für den Vortrieb.

3 Modell eines Linearmotors

a Baue das Funktionsmodell eines Linearmotors: Eine Batterie und Neodym-Magnete modellieren den Wagen, eine Spule steht für die Fahrbahn. *Tipp:* Bringe auf jeder Seite der Batterie je 1 oder 2 Neodym-Magnete an. Verwende für die Spule blanken oder versilberten Kupferdraht mit einem Durchmesser von etwa 0,5 mm. ▸ 2

b Stelle im Modell den „Vortrieb" durch einen Linearmotor dar.

c Optimiere das Funktionsmodell. Betrachte dazu u. a. die Anzahl der Magnete, die Orientierung der Magnete (Polung) relativ zueinander und die Orientierung der Batterie.

d Untersuche, durch welche Maßnahmen sich die Bewegungsrichtung des Wagens verändern lässt.

e Erläutere die Richtung, in die sich der „Wagen" bewegen wird. ▸ 3

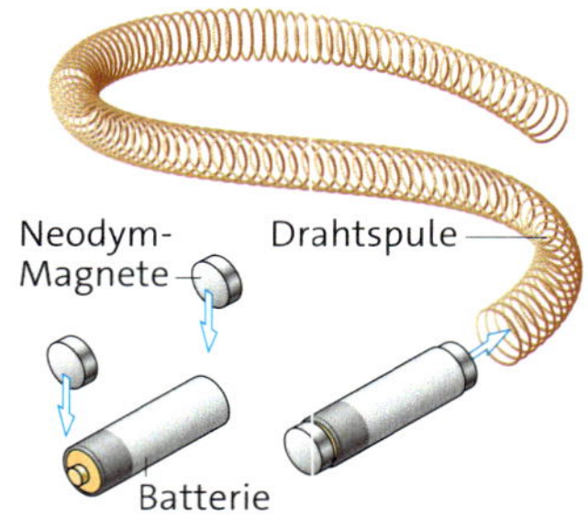

2 Funktionsmodell

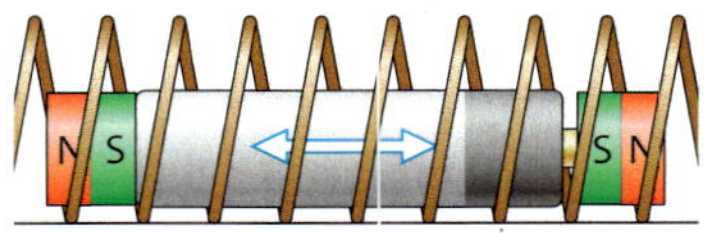

3 Wagen in der Fahrbahn

4 Vom Modell zur Realität

Das Funktionsmodell des Linearmotors basiert darauf, dass in der Spule ein „wanderndes" Magnetfeld auftritt, das sich automatisch mit dem anzutreibenden Gegenstand mitbewegt. In der Realität wird das bewegte Magnetfeld anders umgesetzt.

a Lies den folgenden Text. Beschreibe die Funktionsweise eines realen Linearmotors.

b Nenne mögliche Gründe dafür, dass man in der Realität nicht wie im Funktionsmodell vorgeht.

Ist doch klar: Motoren erzeugen Kreisbewegungen. Treibt ein Motor ein Fließband oder eine Zahnradschiene an, so wird aus der Kreisbewegung eine „Geradeausbewegung". Allerdings kann eine solche Bewegung auch direkt erzeugt werden – mit einem Linearmotor. Ein interessantes Beispiel für einen Linearmotor ist der „launched coaster". Das ist eine Achterbahn, bei der die Wagen nicht zuerst einen Berg hochgezogen, sondern auf gerader Strecke beschleunigt werden.

Eine Achterbahn in Deutschland bringt so die 10 Tonnen schweren Wagen auf 60 Metern innerhalb von 2,5 s auf 100 Stundenkilometer. Das schafft selbst der schnellste Porsche nicht. Wie funktioniert das? Unter den Wagen befinden sich Permanentmagnete, die von einem wandernden Magnetfeld mitgezogen werden. ▸ 4
Das wandernde Magnetfeld wird in den so genannten „Langstatoren" erzeugt. Die Langstatoren selbst bewegen sich natürlich nicht, sondern sind fest an den Schienen angebracht.

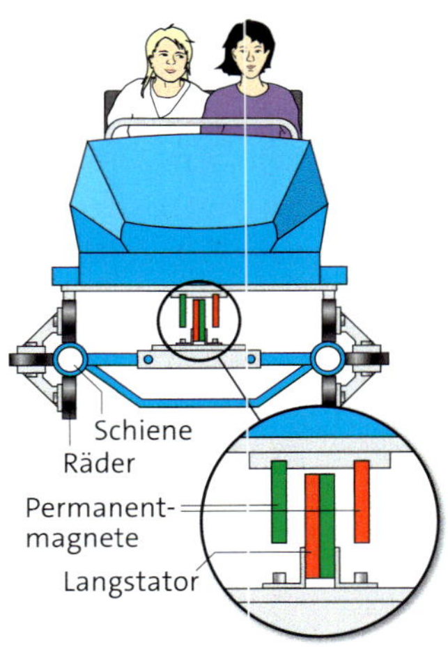

4 Aufbau der Achterbahn

In den Langstatoren befinden sich in einer Reihe hintereinander mehrere Elektromagnete, die einzeln angesteuert werden können.
Jeder Elektromagnet wechselt ständig seine magnetische Polung. Benachbarte Elektromagnete tun dieses zeitversetzt, so dass es so aussieht, als bewegen sich abwechselnd Nord- und Südpol am Langstator entlang. Genau in dem Abstand, in dem die Pole am Langstator entlangwandern, sind die Permanentmagnete mit passenden Polen am Fahrzeug angebracht. Sie folgen den wandernden Magnetpolen. ▸ 1

Ist das wandernde Magnetfeld zu schnell, kommen die Wagen nicht hinterher. Ist es zu langsam, bremst es die Wagen. Das Tempo des wandernden Magnetfelds muss immer genau auf das Tempo der Wagen abgestimmt werden, mit ihnen synchron sein.
Daher spricht man auch vom synchronen Linearmotor. Natürlich wird der Linearmotor nicht nur in Vergnügungsparks genutzt. Er findet sich auch in vielen industriellen Fertigungsmaschinen, wo Objekte präzise hin- und herbewegt werden müssen.
Seine Vorteile sind große Beschleunigungen, hohe Positionsgenauigkeit sowie eine weitgehende Verschleißfreiheit.

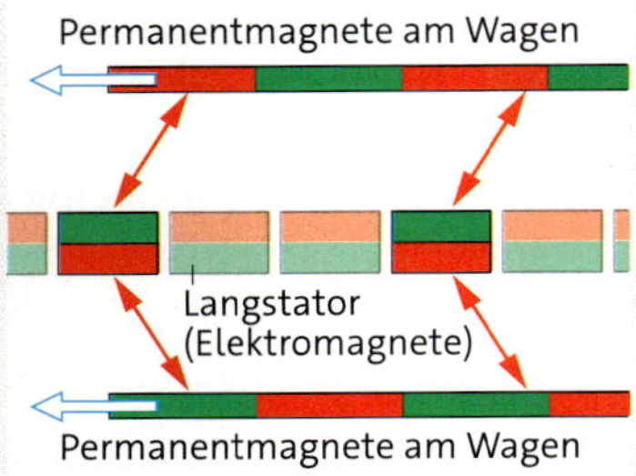

1 Polarität der Magnete

5 Magnetschwebebahn

Linearmotoren sorgen in Magnetschwebebahnen für den An- bzw. Vortrieb. ▸ 2

a Recherchiere und notiere charakteristische technischen Daten dieses Fahrzeugtyps.

b Informiere dich, wo aktuell Magnetschwebebahnen eingesetzt werden.

c Die Magnetschwebebahn einer bayerischen Firmengruppe soll im Großraum München den öffentlichen Nahverkehr ergänzen. Recherchiere und bewerte aus technischen und wirtschaftlichen Gründen diese Idee.

2 Magnetschwebebahn in Shanghai

6 Hyperloop

In Lathen, Niedersachsen, befand sich einst die Teststrecke für den Transrapid – eine Magnetschwebebahn für den Hochgeschwindigkeitsverkehr. Am 22. September 2006 ereignete sich ein schwerer Unfall, bei dem 23 Menschen einer Besuchergruppe starben. Als Konsequenz daraus ist die Teststrecke seit 2011 nicht mehr in Betrieb. Heute sind Hyperloop-Systeme Gegenstand der aktuellen Forschung: Sie funktionieren wie eine Rohrpost mit Magnetschwebetechnik. ▸ 3, 4

Durch die Senkung von Luftwiderstand und den Wegfall der Rollreibung erreicht der Zug Überschallgeschwindigkeit.

a Recherchiere nach den wesentlichen Eigenschaften (Aufbau und Funktionseise) von Magnetschwebebahn und Hyperloop. Vergleiche beide Systeme. Nenne Gemeinsamkeiten und Unterschiede.

b Beschreibe bei beiden Systemen die Aufgabe der Magnete im Gesamtsystem „Fahrzeug".

3 Konzept zur Trasse

4 Konzept zum Bahnhof

Aktivitäten

7 Magnetische Schalter

Bei einem Schalter steht das An- und Ausschalten eines elektrischen Stroms im Vordergrund, unmittelbar oder mittelbar als Folge einer Betätigung. Dabei muss ein Schalter nicht zwingend mechanisch betätigt werden, auch wenn mechanische Schalter vermutlich die bekanntesten Vertreter der Baugruppe „Schalter“ sind. ▸ 5
Reed-Schalter basieren auf einer magnetischen Wirkung, *Bimetallschalter* auf einer Wärmewirkung.
Reed-Schalter bestehen aus zwei sich überlappenden Metallzungen, die in einem Glasröhrchen eingeschmolzen sind. Zwischen den Metallzungen ist ein schmaler Spalt. ▸ 6
Unter dem Einfluss eines richtig ausgerichteten und ausreichend starken Magnetfelds richten sich die Zungen parallel zu den Magnetfeldlinien aus und berühren einander. Dadurch wird der Kontakt geschlossen.
Außerhalb des Magnetfeldes öffnet der Kontakt wieder.

a Plane ein Experiment zur Demonstration der Funktionsweise eines magnetischen Schalters (am Beispiel eines Reed-Schalters).

b Dokumentiere die Planung sowie eine anschließende Durchführung selbstständig. Die Dokumentation soll für Personen aufbereitet sein, die Kenntnisse von magnetischen Phänomenen besitzen, aber bislang keine Idee von Aufbau und Funktionsweise eines magnetischen Schalters haben. Anregungen findest du in der Skizze sowie in den Fotos. ▸ 7–9

5 Mechanischer Kippschalter

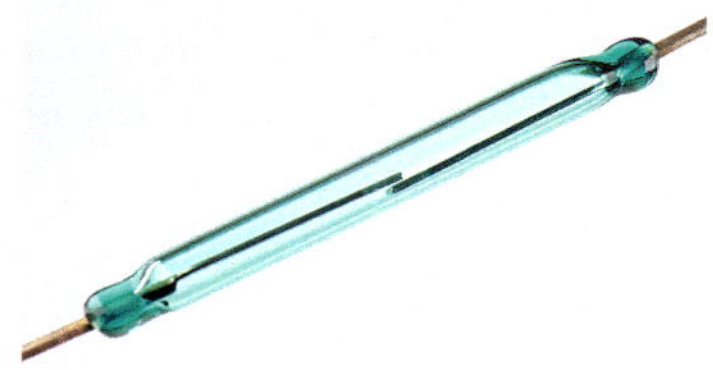

6 Reed-Schalter

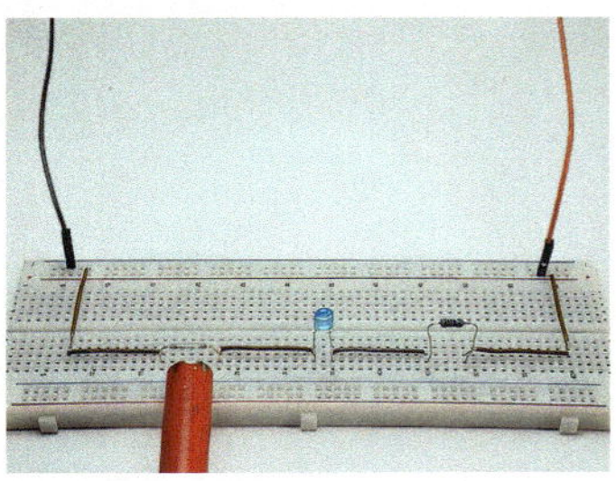

7 Reed-Schalter (Aus)

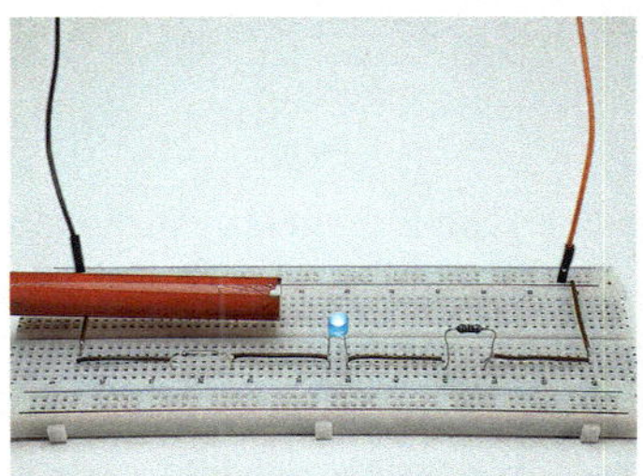

8 Reed-Schalter (Ein)

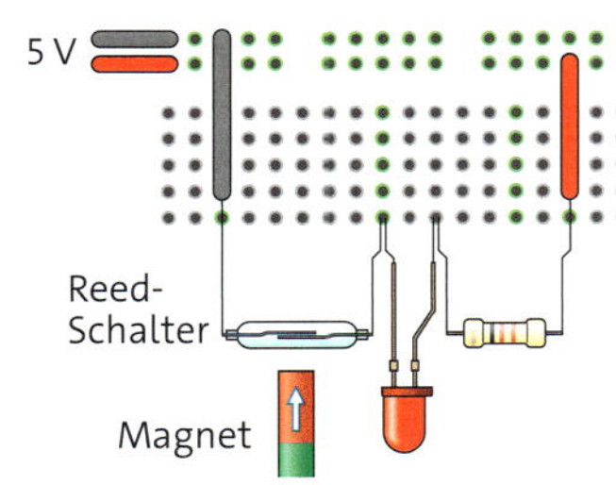

9 Schaltskizze

c Recherchiere und stelle ausführlich und übersichtlich Vor- und Nachteile mechanischer und magnetische Schalter zusammen. Leite daraus auch Einsatzgebiete für magnetische Schalter in der Fahrzeugtechnik ab.

8 Magnetische Sensoren –

Generell erfasst ein Sensorelement physikalische oder chemische Größen und erzeugt ein eindeutiges, meist elektrisch auswertbares Signal für die weitere Verarbeitung. In vielen Fällen sind Sensoren mit elektronischen Schaltungen zur Auswertung und Weiterverarbeitung gekoppelt. Für die Wandlung der Eingangsgröße in eine elektrische Größe werden jeweils geeignete physikalische oder chemische Effekte genutzt.

In der Fahrzeugtechnik ist die Drehzahlmessung wichtig und wird oft durch einen *Inkrementalgeber* realisiert: In definierten Abständen sind Markierungen auf einer Welle angebracht. In ▸ Bild 1 dargestellt als die Zähne eines Zahnrads. Diese werden von einem ortsfesten Sensor, der nicht rotiert, erfasst. So werden durch die Drehung der Welle Pulse erzeugt, aus deren zeitlicher Abfolge die Drehzahl bestimmt werden kann. Abhängig von der Art der Markierungen können unterschiedliche physikalische Effekte (z. B. induktive oder optische) zur Drehzahlmessung genutzt werden.

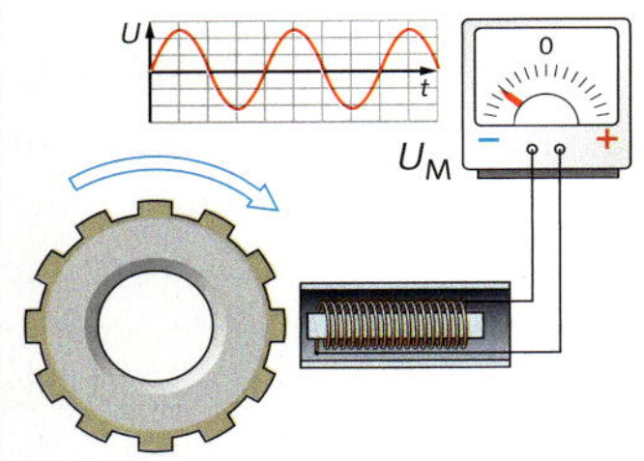

1 Prinzip eines Inkrementalgebers

a Recherchiert nach Aufbau und Funktionsweise eines Inkremental-Drehzahlsensors, der eine magnetische Wirkung als Grundlage verwendet. Dokumentiert die Ergebnisse eurer Recherche.

b Vergleicht die Drehzahlmessung mit einem magnetischen Sensor mit einem Sensor, der ein anderes physikalisches Prinzip nutzt. Diskutiert im Team die Vorteile eines magnetischen Sensors. Fokussiert euch dabei auf physikalische Argumente.

c Ein Automobilhersteller hat eine *„Radlöseerkennung“* entwickelt: „Beim Radwechsel von Sommer auf Winter oder von Winter auf Sommer wird das Nachziehen der Räder nach z. B. 50 km nicht immer eingehalten. Wenn sich die Schrauben nicht richtig gesetzt hatten, kann es u. U. zu einem Lösen der Radmuttern mit – im schlimmsten Fall – bösen Folgen kommen. Um dies auszuschließen gibt es nun die Radlöseerkennung bzw. Radlösewarnung!“
Entwickelt eine physikalische Fragestellung im Zusammenhang mit dieser Mitteilung und plant ein Modellexperiment zur Untersuchung dieser Fragestellung.

9 Sensoren im Antiblockier-System

Induktive Drehzahlsensoren überwachen die Drehgeschwindigkeit von Rädern und werden z. B. in Antiblockier-Systemen (ABS) eingesetzt. Das ABS bemerkt, wenn beim Bremsen Räder blockieren und sich dadurch das Fahrzeug (Automobile, Motorrädern und moderne E-Bikes) nicht mehr steuern lässt. Im Sensor selbst entsteht – obwohl sich weder die Spule noch der Dauermagnet bewegen – für jedes Zahnrad, dass sich an ihm vorbeibewegt ein Spannungsimpuls. ▸ 2

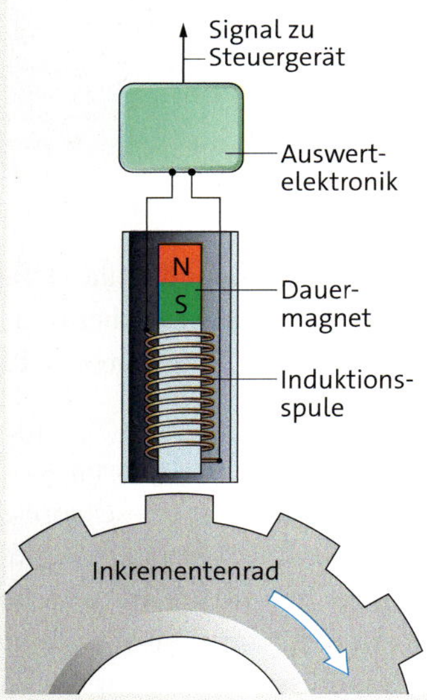

2 Drehzahlmessung im Antiblockier-System

a Zeichne in deinem Heft zwei Skizzen. Eine Skizze in der ein Zinken des Zahnrads sich direkt unter dem Sensor befindet und eine Skizze, in der sich eine Lücke des Zahnrads unter dem Sensor befindet. Ergänze in beiden Skizzen das Magnetfeld. Gehe davon aus, dass das Zahnrad aus Eisen besteht. Erkläre mithilfe dieser Skizzen, wie es zu den Spannungsimpulsen kommt.

b Gib die Größen an, die ein Antiblockier-System außer den Informationen „Zinken da“ „Lücke da“ noch benötigt, um die Geschwindigkeit zu berechnen, mit der sich ein Reifen über die Straße bewegt.

c Beschreibe die Veränderungen des Messsignals mit der Drehgeschwindigkeit des Zahnrads. Erkläre damit, ob der Sensor für geringe Drehgeschwindigkeiten geeignet ist.

Anhang

Grundwissen Physik

Modelle Ein Modell ist ein vereinfachtes Abbild der Wirklichkeit. Mit dem Modell werden bestimmte Aspekte von Erscheinungen erklärt, veranschaulicht oder getestet. Das Modell kann ein Gegenstand sein oder eine gedankliche Vorstellung. Ein Modell ist weder richtig noch falsch. Man muss beurteilen, inwieweit das Modell für den betrachteten physikalischen Aspekt des Phänomens geeignet ist. ▸ 3

Permanentmagnete Ein Magnet zieht Gegenstände an, die Eisen oder Nickel enthalten. Auch das Schwermetall Kobalt und einige künstlich hergestellte Verbindungen gehören zu den magnetisch wirkenden Stoffen.
Die Stellen stärkster Wirkung eines Magneten nennt man Pole. Der Pol, der bei freier Aufhängung ohne Beeinflussung nach Norden zeigt, wird Nordpol genannt, der andere Südpol.
Beim Zusammenbringen der gleichnamigen Pole zweier Magnete stoßen sich diese ab, ihre verschiedenen Pole ziehen sich an. ▸ 4

In der Modellvorstellung ist ein Magnet oder allgemein ein magnetisierbarer Körper aus kleinen Elementarmagneten zusammengesetzt. ▸ 3
Körper aus Eisen lassen sich mithilfe von Magneten magnetisieren. Sie werden selbst zu Magneten. Werden Magnete stark erschüttert oder erhitzt, verlieren sie ihre magnetische Wirkung.

Experiment und Protokoll In der Physik führt man Experimente durch, um Informationen zu gewinnen oder physikalische Aussagen zu überprüfen. Experimente werden protokolliert.
Im Protokoll werden folgende Punkte dokumentiert:
- Zielsetzung/Fragestellung
- Material/Aufbau
- Durchführung
- Messwerte/Beobachtungen
- Auswertung/Deutung

Bei Experimenten ist es wichtig, …
- Messungenauigkeiten zu reduzieren, z. B. durch sorgfältige Arbeitsweise, die Wahl geeigneter Messgeräte und präzises Ablesen der Messwerte.
- die Genauigkeit der Messwerte zu beurteilen.

Dichte Sie ist eine Materialeigenschaft eines Stoffs. ▸ 5
Die Dichte ρ eines Stoffs ist der Quotient aus der Masse m und dem Volumen V.
Dichte $= \frac{\text{Masse}}{\text{Volumen}}$ bzw. $\rho = \frac{m}{V}$.
Gebräuchliche Einheiten der Dichte sind $1\,\frac{\text{kg}}{\text{m}^3}$, $1\,\frac{\text{kg}}{\text{dm}^3}$ und $1\,\frac{\text{g}}{\text{cm}^3}$.

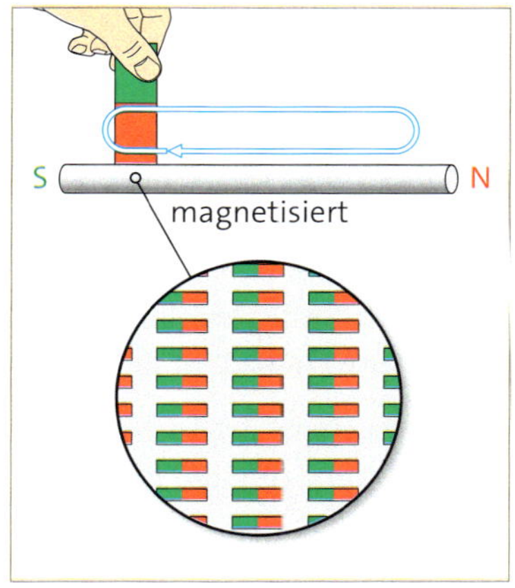

3 Modell Elementarmagnete

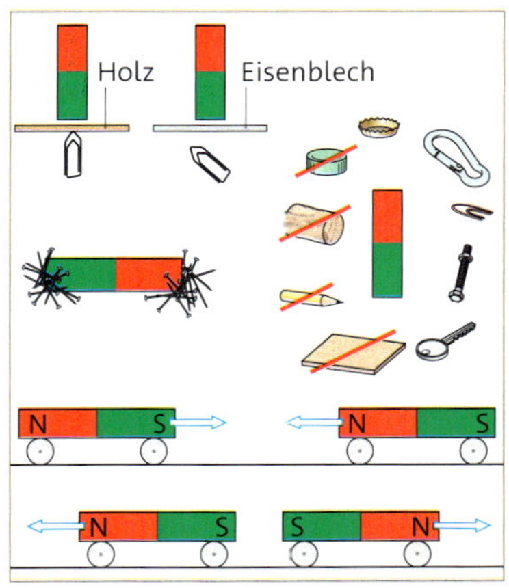

4 Eigenschaften der Permanentmagnete

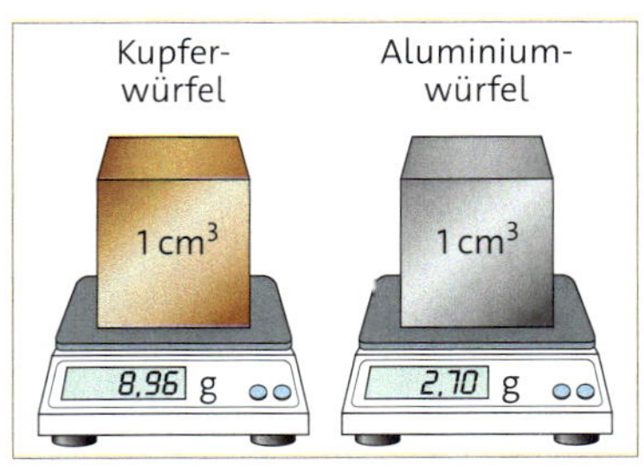

5 Dichte ist eine materialspezifische Größe

Lichtausbreitung Lichtquellen senden Licht aus, das sich geradlinig im Raum ausbreitet. Wir können nur sehen, wenn Licht in unser Auge fällt. Nicht selbst leuchtende Körper sehen wir, wenn sie beleuchtet werden und Licht in unsere Augen gestreut wird.
Auch Lichtbündel können wir nur sehen, wenn das Licht z. B. an Rauch- oder Nebelteilchen gestreut wird. ▸ 1

Von jeder Lichtquelle gehen Lichtbündel aus. Um Beobachtungen zu beschreiben und zu erklären, verwenden wir ein Modell.
Nur im Modell werden Lichtstrahlen gezeichnet.

1 Streuung des Sonnenlichts

Farben von Gegenständen Körper, die mit weißem Licht beleuchtet werden, absorbieren einen Teil des einfallenden weißen Lichts und reflektieren den Rest. Der absorbierte Teil fehlt im Licht, das vom Körper gestreut wird. Deshalb ist der Körper nicht mehr weiß, sondern farbig. ▸ 2

Die Farbe ergibt sich meist aus der Farbmischung der reflektierten Farben. Nur bei Rot, Grün und Blau kann der Farbeindruck durch Reflexion einer einzigen Farbe entstehen. Im Allgemeinen ist es immer eine Mischung von mehreren Farben.

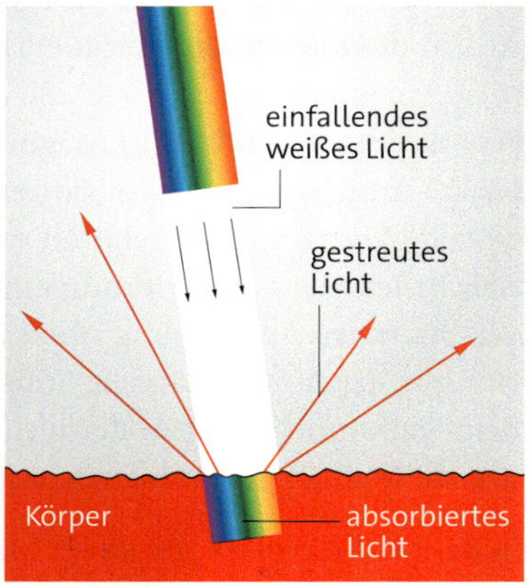

2 Farbigkeit von Körpern

Schatten Da sich das Licht geradlinig ausbreitet, entsteht hinter einem beleuchteten, lichtundurchlässigen Gegenstand ein Schattenraum, in den das Licht nicht eindringen kann. Auf einem Schirm entsteht ein Schattenbild des Gegenstands. ▸ 3

Bei einer sehr kleinen Lichtquelle ist das Schattenbild scharf begrenzt. Bei zwei sehr kleinen Lichtquellen entsteht ein Kernschatten, an den Halbschatten angrenzen.

Bei einer ausgedehnten Lichtquelle entsteht ein Kernschatten und Übergangsschatten.

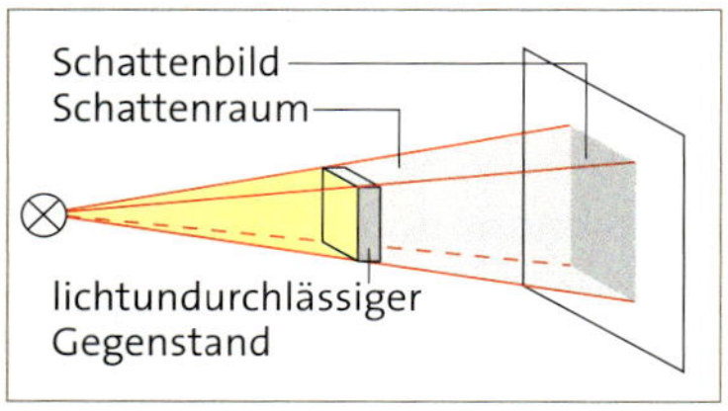

3 Schatten

Mondphasen Sie entstehen dadurch, dass wir von der Erde aus zu verschiedenen Zeiten unterschiedlich große Teile der von der Sonne beleuchteten Hälfte der Mondoberfläche sehen.

Finsternisse Eine Sonnenfinsternis entsteht dadurch, dass der Schatten des Mondes auf die Erdoberfläche trifft. Eine Mondfinsternis entsteht, wenn der Mond in den Schattenbereich der Erde eintritt. ▸ 4, 5

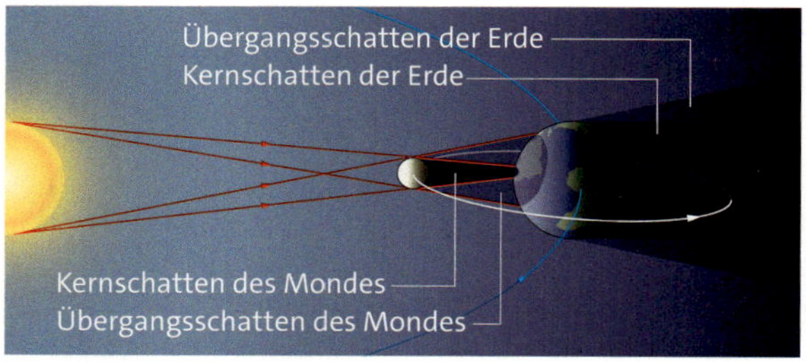

4 Sonnenfinsternis

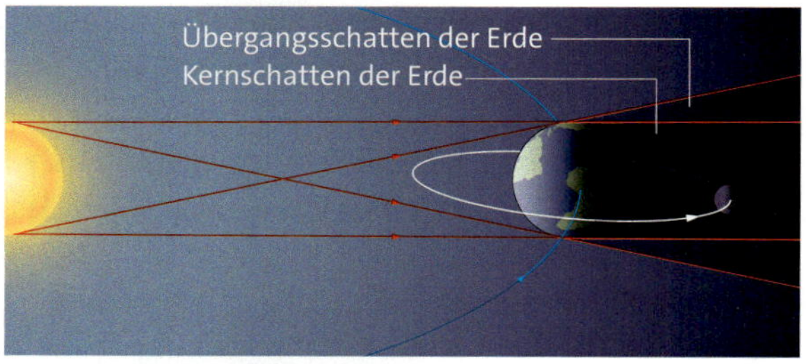

5 Mondfinsternis

Reflexion und Spiegelbild Spiegel und andere glatte Oberflächen reflektieren die Lichtstrahlen gerichtet. Der Einfallswinkel α ist so groß wie der Reflexionswinkel β: $\alpha = \beta$. Einfallender Lichtstrahl, Einfallslot und reflektierter Lichtstrahl liegen in ein und derselben Ebene. ▸ 6
Das Spiegelbild ist ein Scheinbild (virtuelles Bild). Das Licht scheint von einem (nichtexistierenden) Gegenstand hinter dem Spiegel zu kommen. Das Spiegelbild sowie den Verlauf der Lichtstrahlen erhält man konstruktiv über die Achsenspiegelung mit der Spiegelkante als Achse.

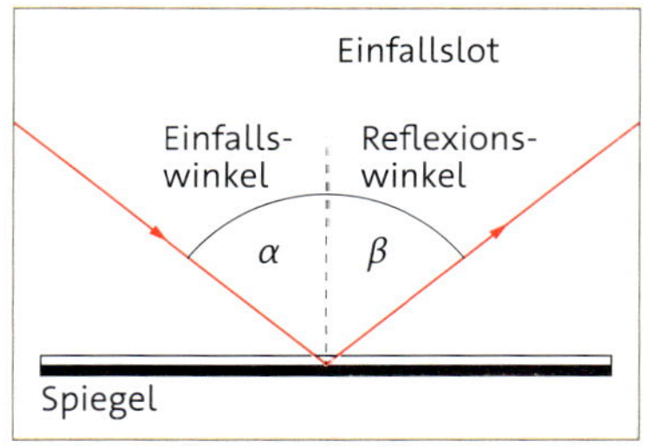

6 Reflexionsgesetz

Brechung Wenn Licht schräg durch eine Grenzfläche zwischen zwei lichtdurchlässigen Körpern hindurchgeht, wird es aus seiner ursprünglichen Richtung abgelenkt. Die Ablenkung geschieht bei optisch dichteren Körpern zum Lot hin. Der Brechungswinkel β ist dann kleiner als der Einfallswinkel α.
Beim Übergang von einem optisch dichteren in einen optisch dünneren Stoff (z. B. von Wasser in Luft) wird das Licht von einem bestimmen Einfallswinkel an vollständig reflektiert (Totalreflexion). Diesen Winkel nennt man Grenzwinkel der Totalreflexion. ▸ 7, 8

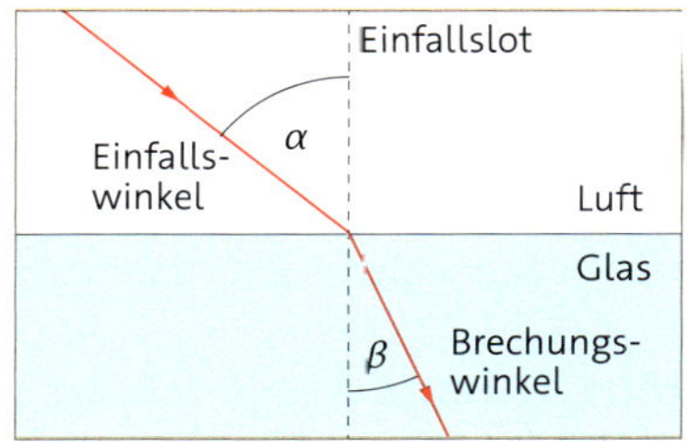

7 Glas ist optisch dichter als Luft

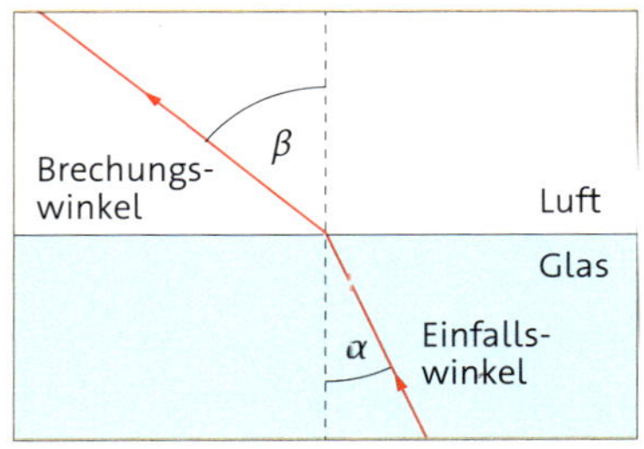

8 Luft ist optisch dünner als Glas

Sammellinsen Licht wird an der Vorder- und Rückseite einer Sammellinse gebrochen. Dabei werden Lichtbündel mit parallelen Randstrahlen so abgelenkt, dass sie modellhaft in einem Punkt hinter der Linse zusammenlaufen, dem Brennpunkt. ▸ 9
Durch Brechung werden an Sammellinsen Lichtbündel von Gegenstandspunkten zu Bildpunkten vereint.
Das Bild steht auf dem Kopf und ist seitenverkehrt.
Je näher der Gegenstand an die Sammellinse heranrückt, desto weiter entfernt sich sein Bild von der Sammellinse und desto größer wird es.
Befindet sich der Gegenstand in der Brennweite, entsteht ein virtuelles Bild. Die Lichtbündel von Gegenstandspunkten vereinen sich dann nicht mehr zu Bildpunkten. Blickt man durch die Linse in Richtung Gegenstand, sieht man ein aufrechtes und vergrößertes Bild des Gegenstands.

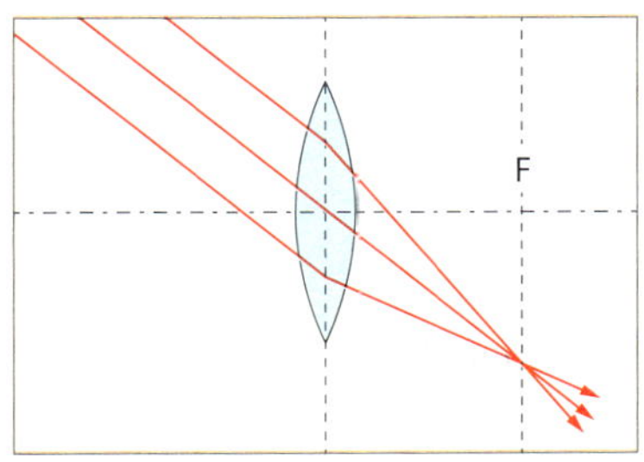

9 Sammellinse

Auge und Fehlsichtigkeit Beim Auge wirken Hornhaut, Augenlinse und Glaskörper wie eine Sammellinse, die auf der Netzhaut ein Bild erzeugt. Um verschieden weit entfernte Gegenstände abzubilden, verformt der Ringmuskel die Augenlinse und verändert so ihre Brennweite. ▸ 10, 11
Bei Fehlsichtigkeit ist der Augapfel länger oder kürzer als bei Normalsichtigkeit, so dass auf der Netzhaut nur unscharfe Abbildungen ferner (Kurzsichtigkeit) oder naher (Weitsichtigkeit) Gegenstände entstehen.

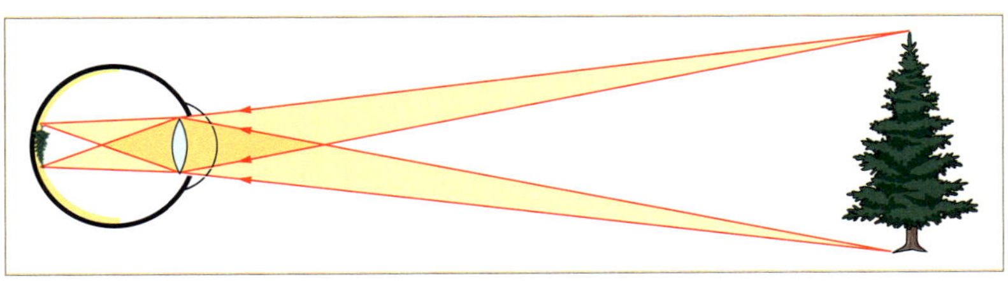

10 Auge und weit entfernter Gegenstand

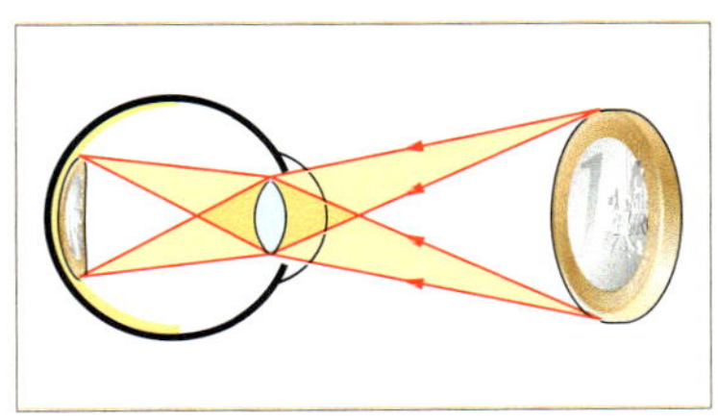

11 Auge und naher Gegenstand

Photonen Licht und fast jede andere Art von Strahlungsenergie besteht aus vielen einzelnen, kleinen Energieportionen, die man Photonen nennt. Photonen bewegen sich mit Lichtgeschwindigkeit. Die Energie der Photonen ist je nach Farbe des Lichts unterschiedlich groß. Sie ist am violetten Rand des Spektrums am größten und am roten Rand am geringsten.

Die Energie der Atomhülle kann sich nur um bestimmte, diskrete Energiewerte ändern, nämlich um die Differenz zwischen zwei Energieniveaus. Diese Energieportionen können in Form von Photonen abgegeben oder aufgenommen werden. ▸ 1

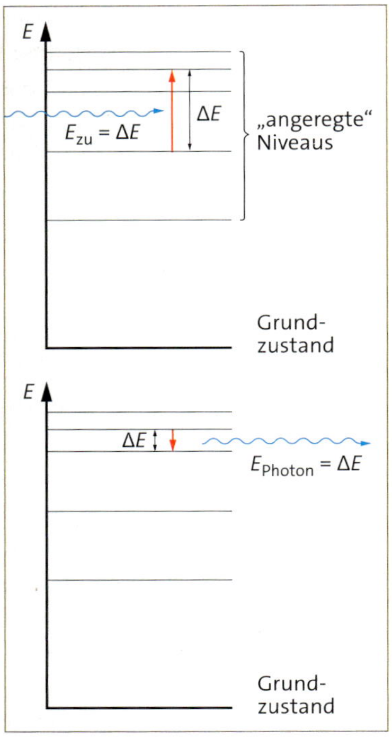

1 Energien der Atomhülle

Infrarotstrahlung Jeder Gegenstand sendet eine unsichtbare Strahlung aus, sie wird Infrarotstrahlung (IR-Strahlung) genannt. Auch diese Strahlung transportiert Energie. Photonen der infraroten Strahlung besitzen weniger Energie als Photonen im sichtbaren Bereich.

Ultraviolettstrahlung Die Sonne, Halogen- und Quecksilberdampflampen senden neben sichtbarem Licht auch noch die unsichtbare ultraviolette Strahlung (UV-Strahlung) aus. Photonen der ultravioletten Strahlung besitzen größere Energien als Photonen im sichtbaren Bereich.

Wird ein Photon der ultravioletten Strahlung z. B. von einer Hautzelle aufgenommen, so wird dieser Zelle eine große Menge an Energie zugeführt. Das kann dazu führen, dass diese Zelle geschädigt wird.

Spektren Es gibt zwei unterschiedliche Arten von Spektren. ▸ 2a, b
Kontinuierliche Spektren – Die Farben im Spektrum gehen ineinander über. Diese Art Spektrum wird erzeugt, wenn man das Licht von glühenden Körpern (Glühdraht, Sonne, Kerze, …) zerlegt.
Untersucht man das Licht, das leuchtende Gase (z. B. Quecksilber- oder Natriumdampflampen) aussenden, beobachtet man *Linienspektren* (diskrete Spektren). Das Linienspektrum einer Atomsorte ist einzigartig wie der Fingerabdruck einer Person, man spricht deswegen von charakteristischen Spektren. Werden Stoffe gemischt, enthält das Spektrum der Mischung alle Linien der Ausgangsstoffe.
Wenn ein Gas mit weißem Licht durchstrahlt wird, treten im Spektrum des durchgelassenen Lichts dunkle Absorptionslinien auf. ▸ 2c

2a Kontinuierliches Spektrum

2b Linienspektrum

2c Absorptionsspektrum

Absorptionsdiagramm der Erdatmosphäre Die Erdatmosphäre enthält verschiedene Gase (z. B. Sauerstoff, Stickstoff, Kohlenstoffdioxid, Ozon, Methan, Wasserdampf). Diese Gase absorbieren Photonen der einfallenden Strahlung in Abhängigkeit von der Photonenenergie und den Energieniveaus der entsprechenden Gasatome. Das hat Auswirkungen auf den Energiehaushalt und die Temperaturen auf der Erde.

Bereiche, in denen Photonen von den Gasen in der Atmosphäre kaum oder nicht absorbiert werden, nennt man atmosphärische Fenster. So ist die Atmosphäre für Photonen des sichtbaren Lichts und Teile der infraroten Strahlung fast durchsichtig.

Hinweis

Um die Energie eines Photons anzugeben, eignet sich eine winzige Energieeinheit – das Elektronenvolt (eV).
Es gilt: $1\,\text{eV} = 1{,}602 \cdot 10^{-19}\,\text{J}$

Kontaktelektrizität – geladene Körper Durch Reiben oder allgemein durch intensiven gegenseitigen Kontakt und ein anschließendes Lösen kann man ein Paar von Körpern in einen veränderten Zustand versetzen: Sie sind dann elektrisch positiv oder elektrisch negativ geladen.

Zwei positiv geladene Körper stoßen einander ab, das gleiche gilt für zwei negativ geladene Körper. Ein positiv und ein negativ geladener Körper ziehen sich gegenseitig an. ▸ 3

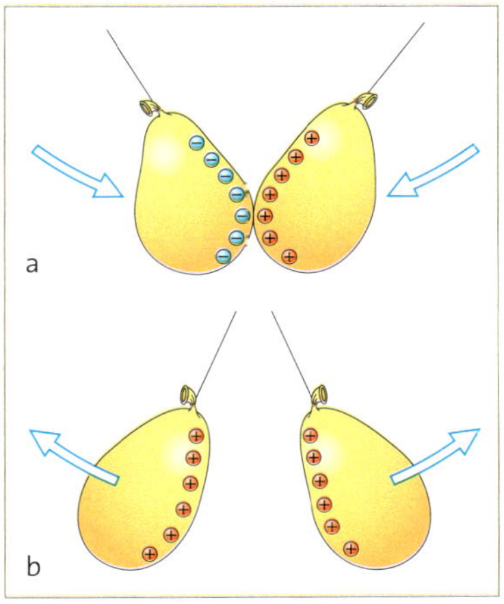

3 Anziehung und Abstoßung

Kern-Hülle-Modell des Atoms Das Kern-Hülle-Modell des Atoms verschafft eine Vorstellung vom Aufbau eines Atoms. In dieser Modellvorstellung haben Atome einen positiv geladenen Kern und negativ geladene Teilchen in der Atomhülle. Die negativ geladenen Teilchen in der Hülle heißen Elektronen. ▸ 4

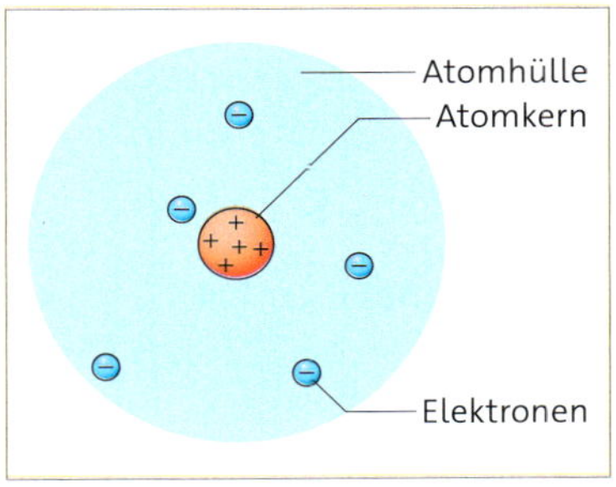

4 Kern-Hülle-Modell

Das Aufladen zweier Körper, die sich intensiv berühren, geschieht in dieser Modellvorstellung folgendermaßen: Der eine Körper gibt Elektronen ab, er ist anschließend positiv geladen. Der andere Körper nimmt zusätzliche Elektronen auf, er ist dann elektrisch negativ geladen.

Elektrischer Strom Bei einem Ladungsausgleich wird elektrische Ladung bewegt. Es fließt kurzzeitig ein elektrischer Strom. Ein kontinuierlicher elektrischer Strom fließt z. B. dann, wenn frei bewegliche Elektronen von Batterien oder Netzgeräten angetrieben in den Leitungsdrähten dauerhaft herumgeschoben werden.

Ein solcher elektrischer Strom kann allerdings nur in einem geschlossenen Stromkreis fließen.

Wärme- und Leuchtwirkung des elektrischen Stroms Das Fließen des elektrischen Stroms kann man nicht sehen, aber u. a. an seiner Leucht- und Wärmewirkung erkennen.

Magnetische Wirkung des elektrischen Stroms Ein stromdurchflossener Leiter lenkt eine Kompassnadel ab. Wird die Stromrichtung umgekehrt, so richtet sich die Nadel umgekehrt aus.
Die magnetische Wirkung eines einzelnen Leiterstücks ist aber sehr gering. Verstärken kann man sie durch:
- Aufwickeln eines langen Leiters zu einer Spule
- Erhöhung der Stärke des elektrischen Stroms im Leiter
- Einbringen eines Eisenkerns in die Spule

Eine stromdurchflossene Spule ist ein Elektromagnet mit einem Nord- und Südpol.

Einfache Schaltungen In einer UND-Schaltung sind zwei Schalter nacheinander in Reihe geschaltet. Zum Betrieb des Stromkreises müssen beide Schalter geschlossen sein ▸ 5
In einer ODER-Schaltung schließt jeder einzelne Schalter in einer Verzweigung den Stromkreis. ▸ 6

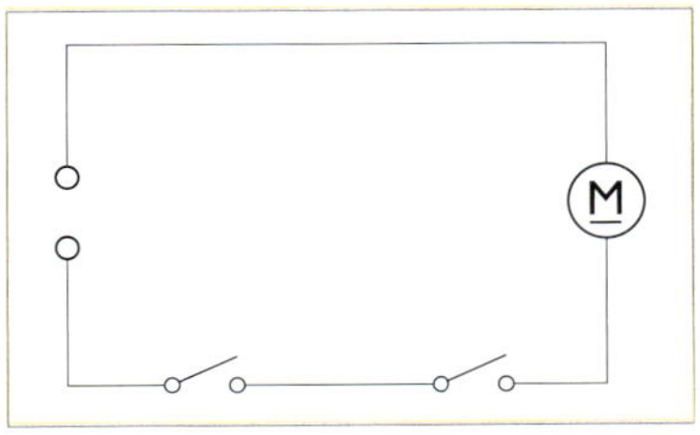

5 UND-Schaltung

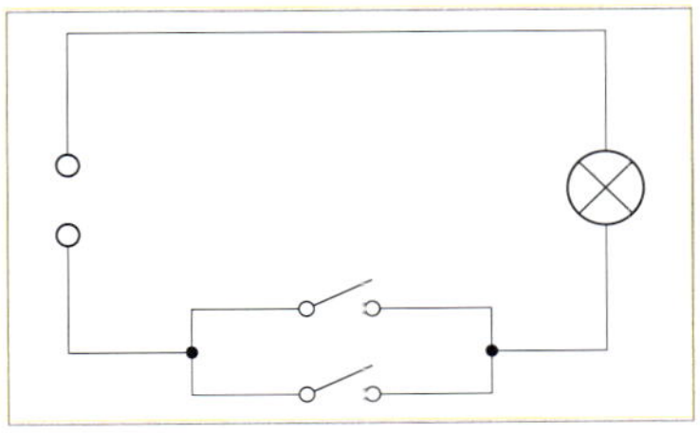

6 ODER-Schaltung

Wasserkreis-Modell Stromkreise können mit einem Wasserkreislauf modelliert werden. Der Wasserfluss wird im Modell durch unterschiedlich hoch gelegene Wasserbecken angetrieben. Der Höhenunterschied entspricht der elektrischen Spannung im Stromkreis. Die Stromstärke entspricht der Wassermenge, die pro Zeiteinheit durch den geschlossenen Wasserkreis fließt. ► 1

Elektrische Ladung und Strom Immer wenn elektrische Ladung transportiert wird, spricht man von einem elektrischen Strom. ► 2
Die elektrische Stromstärke gibt an, welche Ladungsmenge pro Sekunde durch den Leiterquerschnitt im Stromkreis fließt.
Ihre Einheit ist Ampere (1 A).

Es gilt: $I = \frac{\Delta Q}{\Delta t}$.

Die elektrische Ladung Q wird in Coulomb (C) angegeben.
1 Coulomb entspricht der Ladung von $6{,}2415 \cdot 10^{18}$ Elektronen.

Die Richtung des elektrischen Stroms wurde, im Gegensatz zur Bewegungsrichtung der Elektronen, vom Plus-Pol der Elektrizitätsquelle zum Minus-Pol festgelegt. ► 2

Elementarladung Die elektrische Ladung von Elektronen (negativ) oder Protonen (positiv) ist die kleinste, in der Natur vorkommende Ladungsmenge.
Sie wird als Elementarladung e bezeichnet. ($e = 1{,}602 \cdot 10^{-19}\,\text{C}$)

Elektrische Spannung Die Spannung der Elektrizitätsquelle ist im Stromkreis der Antrieb für den Ladungstransport. In der Elektrizitätsquelle steht dafür Energie in elektrischer Form zur Verfügung. ► 3, 4

Die elektrische Spannung wird in Anlehnung an den Begriff der potenziellen Energie der Mechanik als elektrische Potenzialdifferenz bezeichnet. Jeder Stelle im Stromkreis wird damit ein Potenzial zugesprochen. Es beschreibt dort die Energie der transportierten Ladung.
Der Minuspol der Elektrizitätsquelle wird dabei meist als Nullniveau festgelegt, vergleichbar mit dem Erdgeschossniveau in einem Gebäude oder dem Normalnull (N. N.) des Meeresspiegels.

Die elektrische Spannung gibt an wie viel elektrische Energie pro transportierter Ladung als Antrieb für den Stromkreis zur Verfügung steht.

Es gilt: $U = \frac{E_{el}}{Q}$.

Sie hat die Einheit Volt, $1\,\text{V} = 1\,\frac{\text{J}}{\text{C}}$.

Elektrischer Widerstand Der Widerstand R eines Bauteils gibt an, welche Spannung U angelegt werden muss, um eine bestimmte Stromstärke I zu erzielen. Je kleiner die Spannung ist, die man benötigt, damit eine bestimmte Stromstärke fließt, desto kleiner ist der bauartabhängige Widerstand des Bauteils.

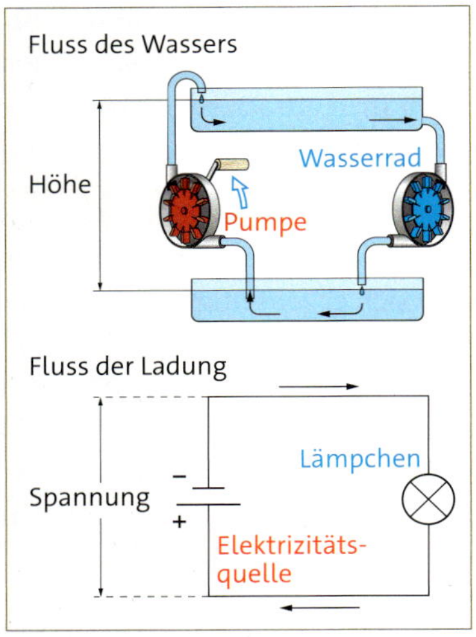

1 Modell

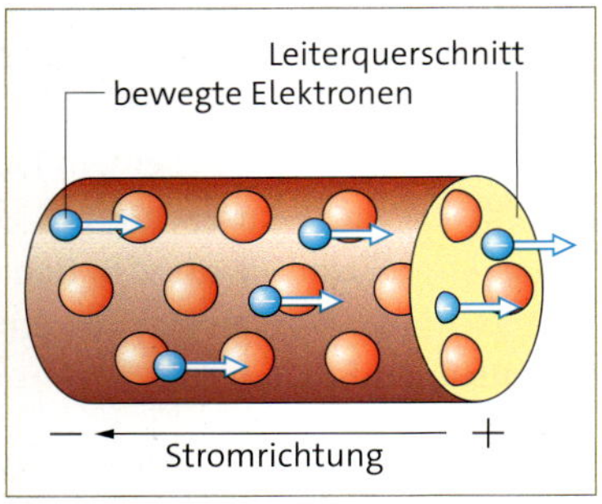

2 Elektrischer Strom

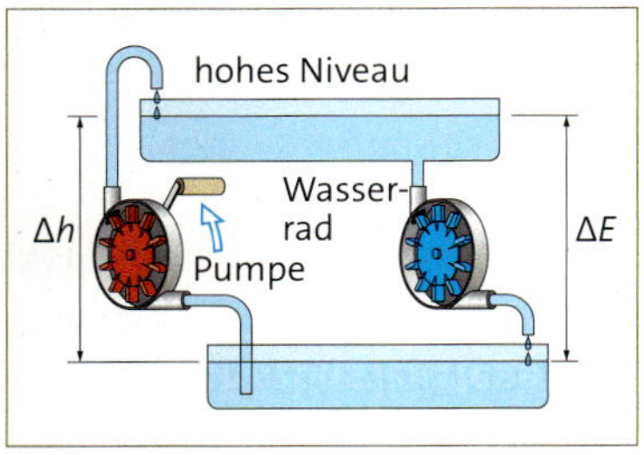

3 Stromkreismodell

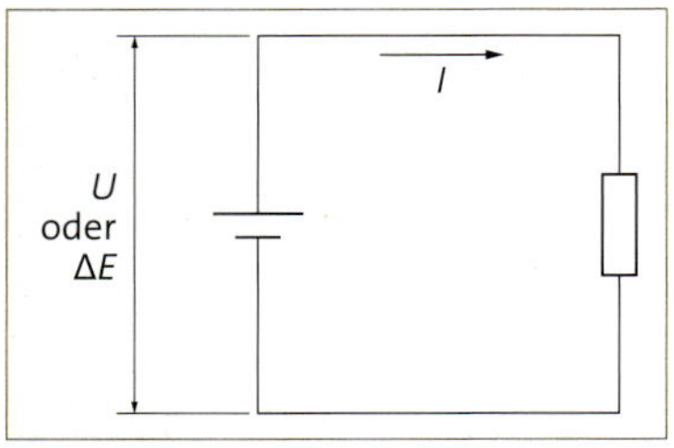

4 Potenzialdifferenz

Der Widerstand ist damit definiert als der Wert des Quotienten aus angelegter Spannung U und auftretender Stromstärke I.

Es gilt: $R = \frac{U}{I}$.

Die Einheit des Widerstands ist Ohm ($1\,\Omega$).

Es gilt: $1\,\Omega = \frac{1\,\text{V}}{1\,\text{A}}$.

Kennlinie Die mit einer ausgleichenden Linie verbundenen Messwertpunkte im U-I-Diagramm werden als Kennlinie des elektrischen Bauteils bezeichnet.

Ohmscher Widerstand Ein elektrisches Bauteil mit konstantem Widerstand wird als ohmscher Widerstand bezeichnet. Seine Kennlinie im U-I-Diagramm ist eine Gerade durch den Ursprung. ▸ 5

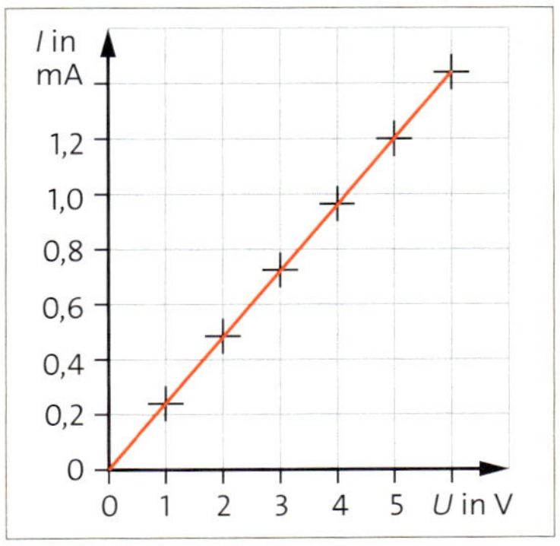

5 Kennlinie ohmscher Widerstand

Reihenschaltung In einer Reihenschaltung ist die Stromstärke an allen Punkten gleich groß. In Reihenschaltungen ergibt die Summe der Teilspannungen an den Bauelementen die Gesamtspannung der Elektrizitätsquelle.

Es gilt: $I = I_1 = I_2$ und $U_{\text{Ges}} = U_1 + U_2$

Parallelschaltung In Parallelschaltungen ergibt die Summe der Teilstromstärken in den Verzweigungen die Gesamtstromstärke vor bzw. nach der Verzweigung.
In der Parallelschaltung ist die Spannung an jedem Bauelement genauso groß wie die Spannung an der Elektrizitätsquelle.

Es gilt: $I_{\text{Ges}} = I_1 + I_2$ und $U = U_1 = U_2$

Elektrische Energie Die elektrische Energie E_{el}, die in einem Stromkreis umgesetzt wird, ist abhängig von der angelegten Spannung U, der Stromstärke I und der Zeit t, in der das elektrische Gerät betrieben wird.
Es gilt: $E_{\text{el}} = U \cdot Q = U \cdot I \cdot t$.
Ihre Einheit ist 1 Joule (1 J).

Elektrische Leistung Die elektrische Leistung gibt an, wie schnell eine Energieänderung erfolgt.

Es gilt: $P = \frac{\Delta E_{\text{el}}}{\Delta t} = U \cdot I$.

Die Einheit der Leistung ist Watt, $1\,\text{W} = 1\,\frac{\text{J}}{\text{s}} = 1\,\text{V} \cdot \text{A}$.

Wirkungsgrad Der Wirkungsgrad η (sprich: Eta) eines Geräts oder einer Maschine beschreibt das Verhältnis von genutzter zu aufgewendeter Leistung oder Energie beim Betrieb des Geräts. ▸ 6

Es gilt: $\eta = \frac{P_{\text{Nutz}}}{P_{\text{Aufwand}}} = \frac{E_{\text{Nutz}}}{E_{\text{Aufwand}}}$.

Wirkungsgrade werden oft in Prozent angegeben.

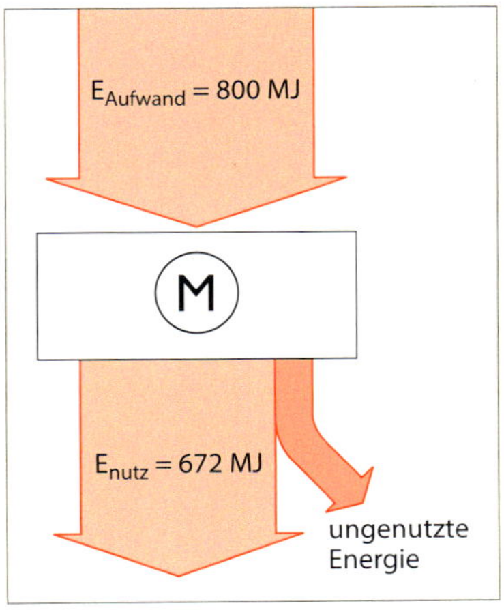

6 Wirkungsgrad

Geschwindigkeit Die Geschwindigkeit $\vec{v}$ gibt an, wie schnell und in welche Richtung sich der Aufenthaltsort eines Körpers ändert.

Für den Betrag der Geschwindigkeit gilt $v = \frac{\Delta x}{\Delta t} = \frac{x_2 - x_1}{t_2 - t_1}$.

Die Grundeinheit der Geschwindigkeit ist m/s. Die Geschwindigkeit, mit der sich ein Körper momentan bewegt, wird durch einen Geschwindigkeitspfeil dargestellt.
Seine Länge gibt den Betrag der Geschwindigkeit an. Die Pfeilspitze weist in Richtung der Bewegung. ▸ 1

$1\,\frac{\text{m}}{\text{s}} = 3{,}6\,\frac{\text{km}}{\text{h}}$

$1\,\frac{\text{km}}{\text{h}} = \frac{1}{3{,}6}\,\frac{\text{m}}{\text{s}}$

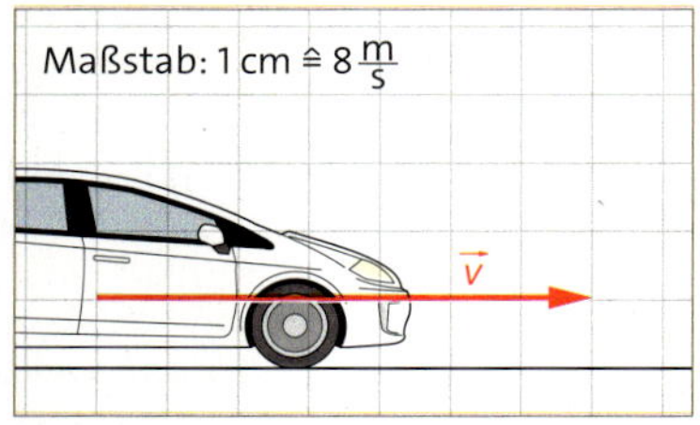

1 Geschwindigkeit

Geschwindigkeitsänderung Durch Einwirkung von außen wird die Geschwindigkeit eines beweglichen Körpers geändert. Die Geschwindigkeit kann sich in Betrag und Richtung ändern. Die Geschwindigkeitsänderung $\Delta\vec{v}$ weist in Richtung der Einwirkung.

Pfeiladdition Wird eine Geschwindigkeit $\vec{v_1}$ durch eine Einwirkung um $\Delta\vec{v}$ geändert, lässt sich die neue Geschwindigkeit $\vec{v_2}$ konstruieren, indem $\Delta\vec{v}$ an die Spitze von $\vec{v_1}$ angetragen wird. ▸ 2

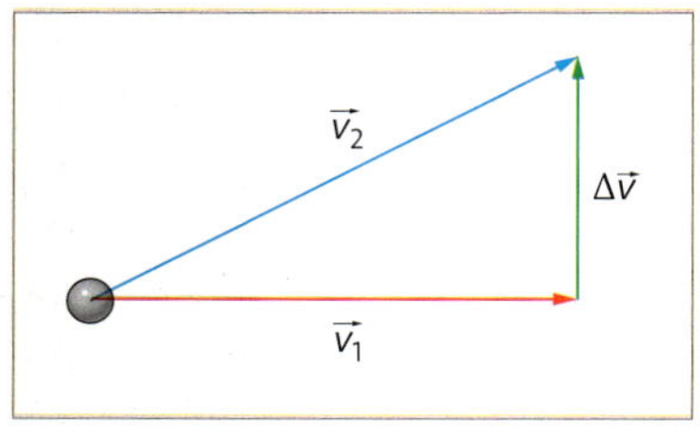

2 Pfeiladdition

Trägheit Gleiche Einwirkungen auf verschiedene Körper führen zu unterschiedlichen Geschwindigkeitsänderungen. Schwerere Körper sind gegenüber einer Geschwindigkeitsänderung träger.
Die Masse m gibt an, wie träge ein Körper ist. Ihre Grundeinheit ist das Kilogramm (kg).

Kraft Die Kraft $\vec{F}$ gibt an, wie stark und in welche Richtung auf einen Körper eingewirkt wird. Sie wird in Newton (N) gemessen.

Beschleunigung Die Beschleunigung $a = \Delta v / \Delta t$ gibt an, wie schnell sich die Geschwindigkeit v ändert. Man spricht von Beschleunigung, wenn ein Körper schneller oder langsamer wird oder er seine Richtung ändert. Die Einheit der Beschleunigung ist m/s^2.

Grundgleichung der Mechanik – das 2. Newtonsche Gesetz

Die Grundgleichung beschreibt einen Ursache-Wirkungs-Zusammenhang: auf der einen Seite der Gleichung die Einwirkung mit einer Kraft, auf der anderen Seite die Auswirkung mit der Änderung des Bewegungszustands.
Die Grundgleichung lässt sich unterschiedlich darstellen.

- Einwirkung über eine Zeitdauer: $F \cdot \Delta t = m \cdot \Delta v$
  Wirkt ein Körper K_1 auf einen Körper K_2 mit einer Kraft F über eine Zeit Δt ein, so bewirkt dies eine Geschwindigkeitsänderung Δv des Körpers K_2. Die Geschwindigkeitsänderung hängt von der Masse m des Körpers K_2 ab. Kraft und Geschwindigkeitsänderung weisen in die gleiche Richtung.
- momentane Einwirkung: $F = m \cdot a$
  Wenn ein Körper K_1 mit einer Kraft F auf einen Körper K_2 der Masse m einwirkt, verursacht dies eine Beschleunigung a des Körpers K_2.

Es gilt:
- je größer F, desto größer Δv $(F \sim \Delta v)$
- je größer Δt, desto größer Δv $(\Delta t \sim \Delta v)$
- je größer m, desto kleiner Δv $m \sim \left(\frac{1}{\Delta v}\right)$
- je größer Δt, desto kleiner F $\left(\Delta t \sim \frac{1}{F}\right)$

Alle anderen Größen bleiben jeweils unverändert.

Gewichtskraft Auf der Erde werden alle Körper mit der Gewichtskraft $F_G = m \cdot g$ in Richtung Erdmittelpunkt gezogen. Ob ein Körper fallengelassen wird oder ob er schräg fliegt, er erfährt stets eine Geschwindigkeitsänderung senkrecht nach unten.
Die Fallbeschleunigung ist für alle Körper gleich und beträgt in Mitteleuropa $g = 9{,}81\ \text{m/s}^2$. Fällt ein Körper ohne Luftwiderstand, nennt man die Bewegung **freier Fall**.

Masse und Gewichtskraft Beides sind verschiedene physikalische Größen. Die Gewichtskraft gibt die Stärke und Richtung der Einwirkung an, mit der die Erde den Körper anzieht. Die Gewichtskraft auf dem Mond ist kleiner.
Die Masse ist eine Eigenschaft des Körpers. Sie gibt an, wie träge ein Körper gegenüber einer Geschwindigkeitsänderung ist. Sie ist überall gleich groß und hat keine Richtung. ▸ 3

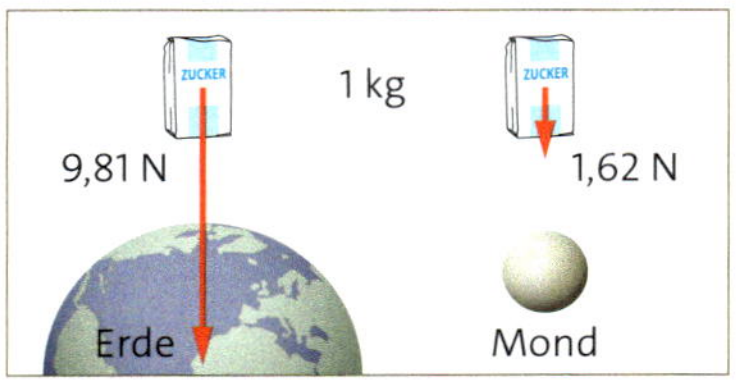

3 Masse und Gewichtskraft

Kräfteaddition Wirken mehrere Körper auf einen Körper ein, ergibt sich eine einzige Auswirkung. Alle Kräfte lassen sich mittels Pfeiladdition durch eine resultierende Kraft $\vec{F_r}$ ersetzen, die zur selben Geschwindigkeitsänderung führt. ▸ 4 In der Umkehrung ergibt sich eine Kräftezerlegung. ▸ 5
Der Körper wird in Richtung von $\vec{F_r}$ beschleunigt. Aus $\vec{F_r}$ lässt sich mit dem 2. newtonschen Gesetz die Geschwindigkeitsänderung berechnen, die der Körper aufgrund sämtlicher Einwirkungen erfährt.

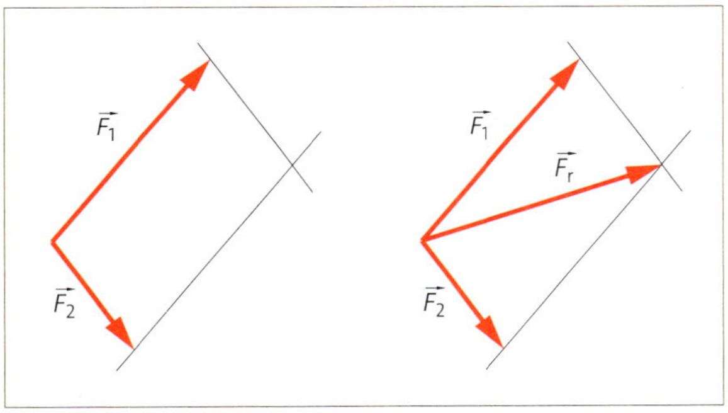

4 Kräfteaddition

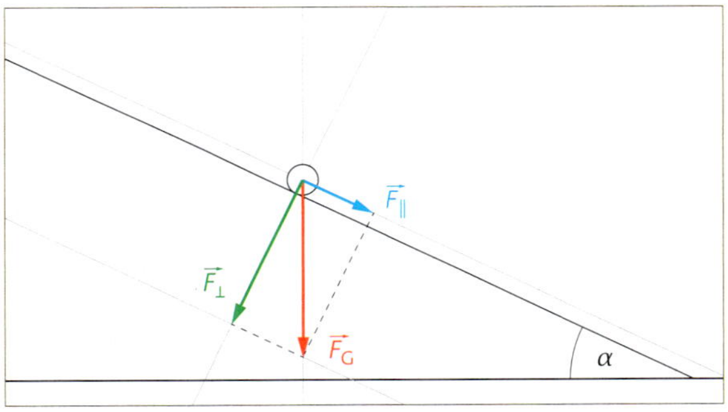

5 Kräftezerlegung an der schiefen Ebene

Kräftegleichgewicht und Trägheitssatz Ergibt die Pfeiladdition der Kräfte sämtlicher Einwirkungen null, herrscht ein Kräftegleichgewicht. Die Einwirkungen kompensieren sich und der Bewegungszustand ändert sich nicht.
Solange keine Kraft auf einen Körper ausgeübt wird oder alle Kräfte sich im Gleichgewicht befinden, bleibt der Körper in Ruhe oder bewegt sich mit konstanter Geschwindigkeit geradlinig weiter (1. Newtonsches Gesetz).

Kraft und Verformung Wird ein Körper verformt, wird auf ihn eine Kraft ausgeübt. Bei einer elastischen Verformung ist der Quotient aus Kraft und Dehnung konstant, d. h., Kraft und Dehnung sind proportional zueinander. Der elastische Bereich wird auch als hookescher Bereich bezeichnet.

Energie Die Energie E ist eine physikalische Größe, mit der sich unterschiedliche Zustände eines Systems vergleichen und messen lassen.

Die Einheit ist Joule (1 J). $1\,\text{J} = 1\,\text{N} \cdot \text{m} = 1\,\frac{\text{kg} \cdot \text{m}^2}{\text{s}^2}$.

Energieerhaltung Energie ist eine Erhaltungsgröße. In einem System bleibt die Gesamtenergie E zu jeder Zeit gleich, wenn das System nicht von außen beeinflusst wird. Die Gesamtenergie kann aber auf unterschiedliche Energieformen verteilt sein. ▸ 1
Energie lässt sich von einer Form in eine andere umwandeln.
Energie lässt sich weder erzeugen noch vernichten. Energie kann lediglich umverteilt bzw. in andere Formen umgewandelt werden. Mit Energie kann man bilanzieren.

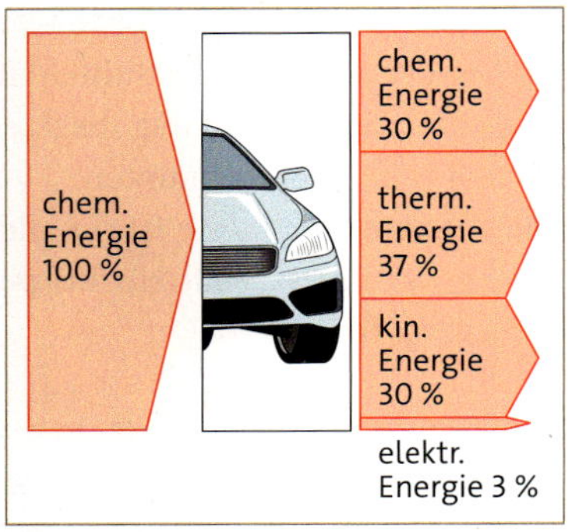

1 Energieerhaltung

Höhenenergie Dem System Körper–Erde wird eine Energie zugeordnet. Befindet sich der Körper in einer Höhe über einem Bezugsniveau, wird diese Energie als Höhenenergie E_h bezeichnet. Sie nimmt proportional mit der Höhe h zu. Bei fester Höhe ist sie auch proportional zur Masse m des Körpers. ▸ 2
Es gilt: $E_h = m \cdot g \cdot h$.

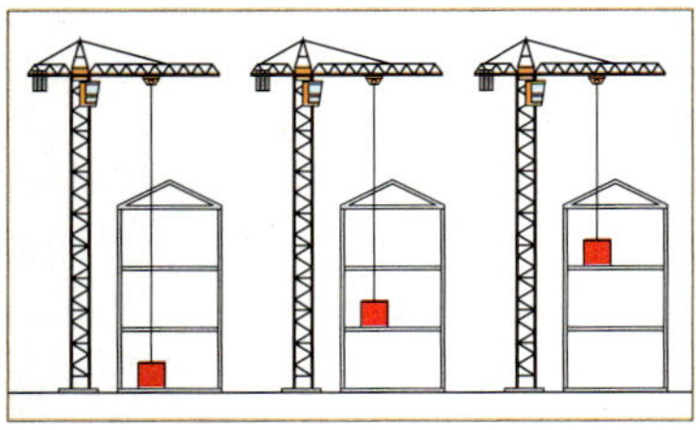

2 Höhenenergie

Kinetische Energie Ein Körper bewegt sich mit einer Geschwindigkeit. Er besitzt dann kinetische Energie E_{kin}.
Sie ist proportional zur Masse m hängt aber quadratisch von der Geschwindigkeit v des Körpers ab.

Es gilt: $E_{kin} = \frac{1}{2}\, m \cdot v^2$.

Innere Energie Durch Reibung wird ein Körper erwärmt. Mechanische Energie wird dabei in innere Energie umgewandelt. Sie zählt als Energie in einer Energiebilanz mit.

Energieänderung Wird von außen mit einer Kraft F entlang einer Strecke Δs auf den Körper eingewirkt, ändert sich die Energie E.
Es gilt: $\Delta E = F \cdot \Delta s$, falls F = konstant und $F \,||\, \Delta s$.
Man spricht auch davon, dass mechanische Arbeit am Körper verrichtet wird. Die Energieänderung ΔE wird dann gleichbedeutend als Arbeit W bezeichnet.
Wird ein Wagen abgebremst, wird dem System Energie entzogen. Kraft und Strecke sind dabei entgegengesetzt gerichtet. Für $W = \Delta E$ ergibt sich dann ein negatives Vorzeichen.

Leistung Die Leistung P beschreibt, wie schnell Energie einem System zugeführt bzw. entnommen oder innerhalb eines Systems umgewandelt wird. Sie gibt an, wie schnell eine Energieänderung ΔE erfolgt.

Es gilt: $P = \frac{\Delta E}{\Delta t} = \frac{W}{\Delta t}$.

Die Leistung wird in Watt (1 W) gemessen. $1\,\text{W} = 1\,\frac{\text{J}}{\text{s}} = 1\,\frac{\text{N} \cdot \text{m}}{\text{s}}$.

Teilchenmodell Man bezeichnet die Vorstellung, dass Festkörper, Flüssigkeiten und Gase aus winzig kleinen Teilchen bestehen, die miteinander wechselwirken, als Teilchenmodell.
Die Teilchen vollführen ständig zufällige, kleine Zitterbewegungen, bei denen sie auch aneinanderstoßen. Die Tatsache, dass sich die Teilchen bewegen, bedeutet, dass jedes Teilchen zu jedem beliebigen Zeitpunkt eine bestimmte kinetische Energie besitzt. ▸ 3

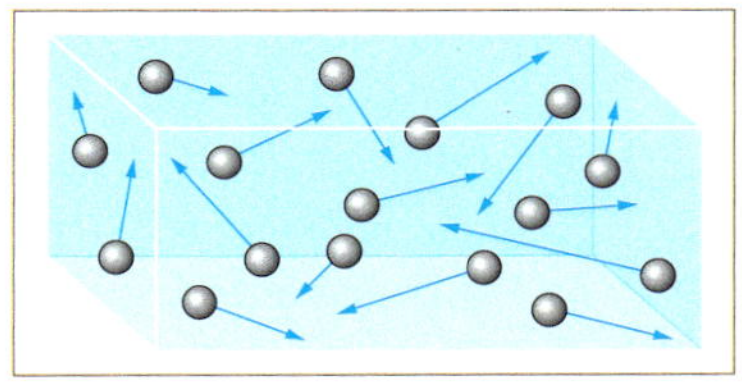

3 Teilchen in einem Gas mit unterschiedlichen Geschwindigkeiten und kinetischen Energien

Teilchenbewegung und Temperatur Die Temperatur ist ein Maß für die mittlere kinetische Energie der Teilchen. Der Zustand, in dem die mittlere kinetische Energie aller Teilchen eines Systems null ist, markiert den absoluten Temperaturnullpunkt. Dieser liegt bei −273,15 °C.

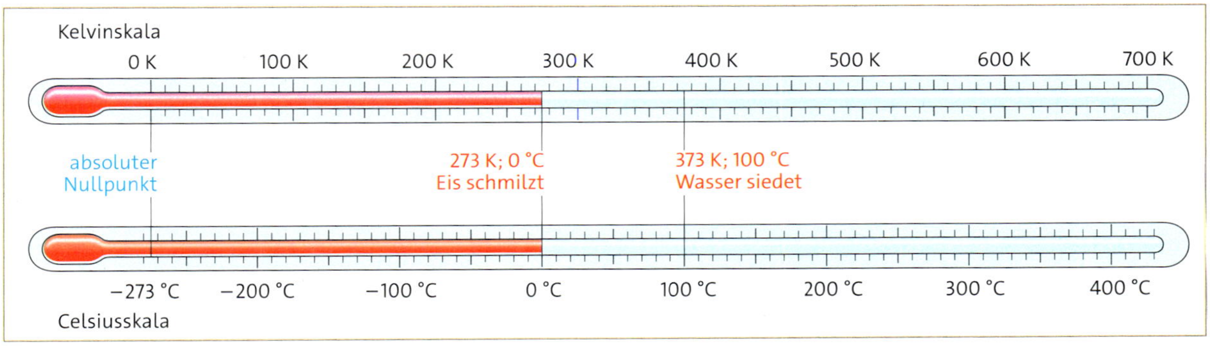

4 Kelvin- und Celsius-Skala

Kelvin-Skala Sie beginnt bei der tiefst möglichen Temperatur von 0 Kelvin (0 K). Sie ist um 273,15 Grad gegenüber der Celsius-Skala verschoben. Die Kelvin-Temperaturskala besitzt die gleiche Schrittweite wie die Celsiusskala, d. h., die Erhöhung einer Temperatur um 1 °C entspricht der Erhöhung um 1 K. ▸ 4

Innere Energie Im Teilchenmodell wird die innere Energie eines Körpers als Summe der potenziellen und der kinetischen Energien der Teilchen eines Systems bezeichnet: $E_i = E_{pot} + E_{kin}$.
Die kinetische Energie der Teilchen ist diejenige Energie, die mit den zufälligen Zitterbewegungen der Teilchen verknüpft ist.
Die potenzielle Energie der Teilchen ist diejenige Energie, die mit den Wechselwirkungen der Teilchen untereinander verknüpft ist.

Aggregatzustandsänderungen Bei allen Stoffen kann Energiezufuhr oder -abgabe zur Änderung des Aggregatzustandes führen. ▸ 5
Bei der Umwandlung zwischen Aggregatzuständen ändert sich die innere Energie. Dabei wird beim Wechsel des Aggregatzustands nur die potenzielle Energie verändert. Dies entspricht im Teilchenmodell einer Änderung der Stärke der Bindungen zwischen den Teilchen.
Da ein Stoff beim Schmelzen/Sieden Energie aufnimmt, muss er sie folglich beim Erstarren/Kondensieren wieder abgeben. Im Aggregatzustand eines Stoffs kann somit Energie gespeichert werden.

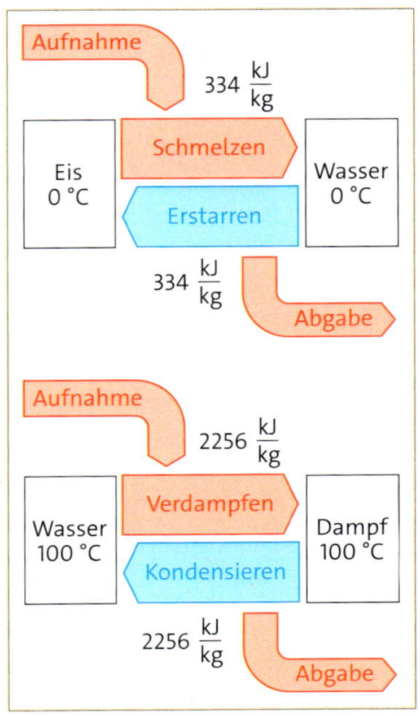

5 Aggregatzustandsänderungen

Druck in Gasen Der Druck ist ein Maß für den Zustand des „Gepresstseins“ eines Gases. Dabei beziehen sich diese Aussagen über den Zustand des Gases immer auf ein bestimmtes Gasvolumen.

Druck im Teilchenmodell Die Teilchen können sich frei und ungeordnet bewegen. Oft stoßen zwei Teilchen aufeinander, dann ändern sie ihre Bewegungsrichtung. Als Folge dieser gegenseitigen Stöße entsteht eine Art „Gedränge“. Befindet sich ein Gas in einem Gefäß, so stoßen die Teilchen auch gegen die Wände. Von dort prallen sie zurück und bewegen sich mit geänderter Bewegungsrichtung weiter, bis sie wieder gegen ein anderes Teilchen oder gegen eine Wand stoßen.

Druckänderung Möglichkeiten, den Druck eines Gases zu verändern:
- Man verringert oder erhöht das Volumen, das einer festen Gasmenge bei konstanter Temperatur zur Verfügung steht.
- Man erhöht oder erniedrigt die Gasmenge in einem festen Volumen bei konstant gehaltener Temperatur.
- Man erhöht oder erniedrigt die Temperatur des Gases. Die Menge des Gases und das Volumen werden dabei konstant gehalten.

Druckunterschiede Der Druckunterschied ist ein Antrieb für den Luftstrom bzw. für einen Strom der realen Gasteilchen.

Energie und Temperaturerhöhung Die Energiemenge ΔE, die zur Erwärmung eines Stoffes notwendig ist, hängt von der Masse m, der Erhöhung der Temperatur ΔT sowie der spezifischen Wärmekapazität c ab.
Es gilt: $\Delta E = c \cdot m \cdot \Delta T$.

Innere Energie, Arbeit und Wärme Die innere Energie eines Gegenstands oder Systems kann sich bei Energieübertragung in Form von Arbeit (mechanisch übertragene Energie) oder Wärme (thermisch übertragene Energie) ändern. Tritt keine andere Energieumwandlung auf, gilt nach dem Grundsatz der Energieerhaltung:
Änderung der inneren Energie = Wärme + Arbeit

Thermischer Energietransport Innere Energie kann in Form von Wärme grundsätzlich durch Wärmeleitung, Konvektion und Wärmestrahlung von einem Körper mit hoher Temperatur zu einem Körper mit niedrigerer Temperatur transportiert werden. ▸ 1

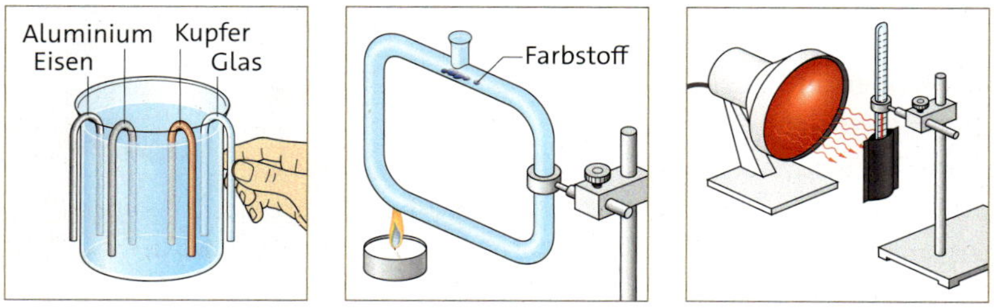

1 Thermischer Energietransport

Strahlungsgleichgewicht Die Erde als Ganzes strahlt genauso viel Energie ins Weltall hinaus, wie sie von dort empfängt. Sie ist im Strahlungsgleichgewicht. Wird das Strahlungsgleichgewicht so gestört, dass die Erde weniger Energie abstrahlen kann als sie aufnimmt, kommt es zu einer Temperaturerhöhung auf der Erdoberfläche. ▸ 2

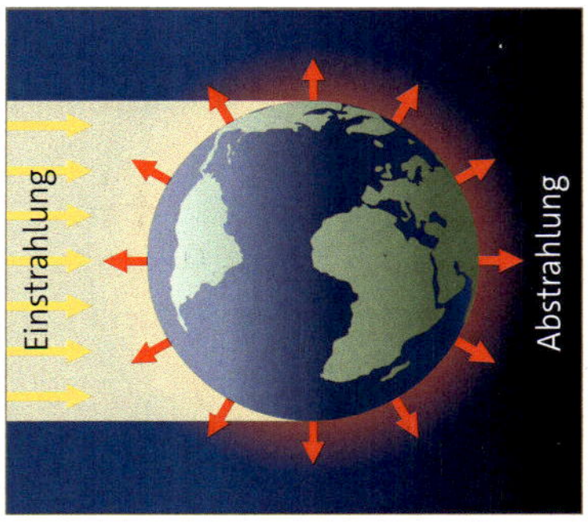

2 Erde im Strahlungsgleichgewicht

Natürlicher Treibhauseffekt Die Atmosphäre absorbiert einen großen Teil der Infrarotstrahlung der Erdoberfläche. Die aufgeheizte Atmosphäre strahlt Energie nicht nur ins Weltall hinaus, sondern auch zum Boden zurück. Die Temperatur der Erdoberfläche steigt dadurch so lange an, bis sie auch diese zusätzliche Energie vollständig abstrahlt. ▸ 3
Durch den natürlichen Treibhauseffekt steigt die mittlere Erdtemperatur von −18 °C auf ca. +15 °C. Den Treibhauseffekt der Atmosphäre verursachen vor allem Wasserdampf, Kohlenstoffdioxid (CO_2) und Methan.

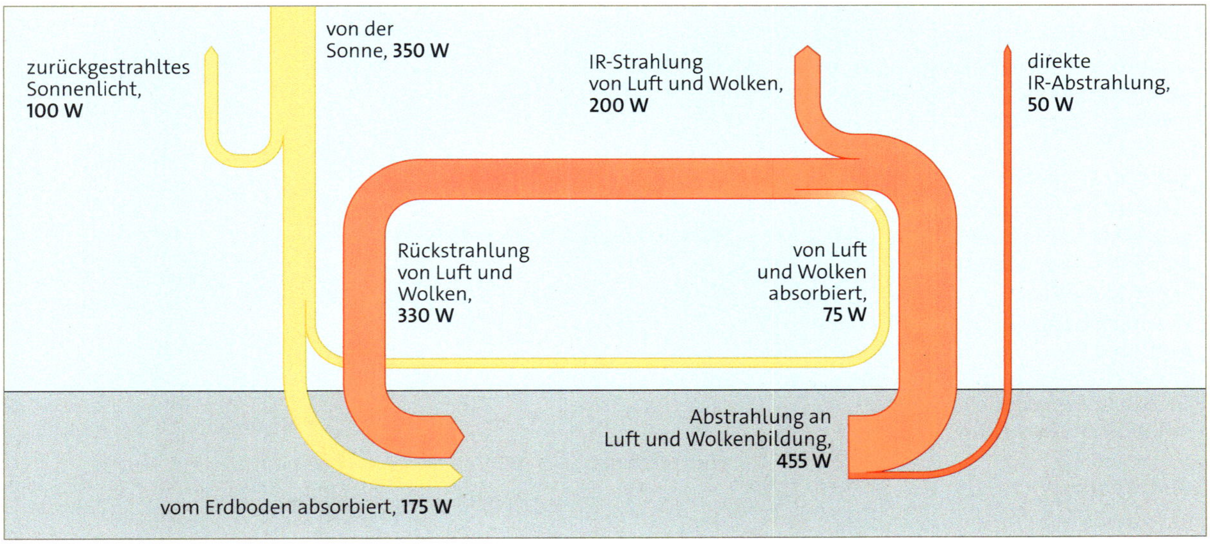

3 Natürlicher Treibhauseffekt

Anthropogener Treibhauseffekt Durch Energiewirtschaft, Industrie, Verkehr und Landwirtschaft wird die Konzentration von Treibhausgasen wie Kohlenstoffdioxid, Methan und Lachgas in der Atmosphäre erhöht. Dies verursacht einen menschengemachten Treibhauseffekt, den anthropogenen Treibhauseffekt. Der anthropogene Treibhauseffekt bewirkt unmittelbar eine globale Erwärmung. ▸ 4–6

4–6 Ursachen des anthropogenen Treibhauseffekts

Methode Ein Protokoll anfertigen

Beim Experimentieren wird ein Protokoll angefertigt. Schriftlich wird festgehalten, …
- was war das Ziel des Experiments?
- wie sah der Aufbau des Experiments aus?
- wie wurde das Experiment durchgeführt?
- welche Ergebnisse hat das Experiment geliefert?
- wie lassen sich die Ergebnisse darstellen bzw. deuten?

Anhand des Protokolls kann man mit anderen Forscherinnen und Forschern die Ergebnisse diskutieren. Das Experiment kann dann erneut durchgeführt werden, und man kann die Ergebnisse der Experimente immer wieder miteinander vergleichen.

1 Elektroskop

Musterprotokoll Nachweis elektrischer Ladung mit einem Elektroskop

Zielsetzung/Fragestellung Notiere, worum es bei dem Versuch geht, welches Ziel mit dem Experiment verfolgt wird.	Protokoll 17.3.2019 Claudia M. Klasse 7a Zielsetzung: Mit einem Elektroskop soll die elektrische Ladung eines Plastik- und Glasstabs nachgewiesen werden.
Material/Aufbau Skizziere den Versuchsaufbau. Es geht nicht darum, den Aufbau wie auf einem Foto darzustellen. Eine Skizze genügt. Wichtig ist, dass der Aufbau für andere Forscherinnen und Forscher verständlich dargestellt ist. Spezielle Gerätschaften werden in der Skizze mit Worten beschriftet.	Material/Aufbau: Elektroskop, Papier, Plastik- oder Glasstab 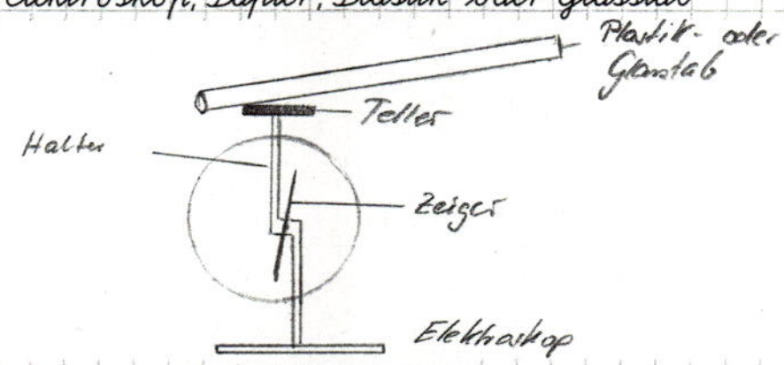
Durchführung Beschreibe mit Worten wesentliche Schritte der Versuchsdurchführung.	Durchführung: - Ein Stab aus Plastik oder Glas wird an einem Ende an zerknülltem Papier gerieben. - Mit dem geriebenen Ende berührt man den Teller des Elektroskops. - Danach berührt man mit der Hand das Elektroskop.
Beobachtungen/Messwerte Notiere hier alle während des Experiments gemachten Beobachtungen. *Beachte:* Eine Erklärung oder Deutung der Beobachtungen erfolgt an dieser Stelle noch nicht.	Beobachtungen: - Berührt man mit dem geriebenen Ende des Stabs das Elektroskop, so schlägt der Zeiger aus. - Berührt man mit der Hand den Teller des Elektroskops, so geht der Zeigerausschlag zurück.
Auswertung/Deutung Hier werden die Beobachtungen gedeutet. Versuche mit ihrer Hilfe, eine Antwort auf die Fragestellung zu finden. Mathematische Methoden, Vorkenntnisse und Modelle können dir dabei helfen.	Auswertung: Durch Reiben kann man Körper elektrisch aufladen. Berührt der geladene Stab das Elektroskop, verteilt sich die Ladung auf Halter und Zeiger. Gleich geladene Körper stoßen sich ab, der Zeiger schlägt aus. Berührt die Hand das Elektroskop, wird es entladen. Mit dem Elektroskop kann man elektrische Ladung nachweisen.

Methode Von der Aktivität zur Präsentation

Damit die Präsentation eurer Ergebnisse ein Erfolg wird, gibt es hier noch ein paar Tipps: Macht euch schon während des Experiments oder der Aufgaben Gedanken darüber, wie ihr den Sachverhalt interessant vermitteln könnt. Fotos des Aufbaus oder ein kurzes, selbstgedrehtes Video des Experiments sagen oft mehr aus als lange Vorträge. ▸ 2

2 Präsentation

Die *Präsentation* selbst gliedert sich in …
- eine zum Thema hinführende *Einleitung* und Vorstellung der Zielsetzung.
- einen *Hauptteil* mit der Darstellung des Experiments, der Beobachtungen, Messungen und Ergebnisse in geeigneter Form.
- einen *Schluss*, der wieder auf die Einleitung Bezug nehmen kann oder auch einen Ausblick gibt.

Als *Einstieg* kann der persönliche Bezug zu einem kalten Wintertag hergestellt oder ein aktuelles Ereignis gewählt werden. Ein Videoausschnitt einer Expedition in kalte Gegenden oder ein Beispiel aus der Natur soll eure Schülergruppe oder Klasse neugierig machen. ▸ 3
Unter Einbeziehung des Publikums könnt ihr jetzt schon Vorschläge für eine funktionelle Winterkleidung sammeln. ▸ 4
Dabei sollte auch die Zielsetzung eurer Präsentation deutlich formuliert sein. Bei einer 15-minütigen Präsentation habt ihr für die Einleitung maximal drei Minuten Zeit.

3 Einstieg unter Einbeziehung der Natur

4 Mind-Map

Der *Hauptteil* orientiert sich in der Regel am Ablauf des Experiments. Nur werdet ihr es weder in allen Einzelheiten erklären noch alle Messungen vollständig vorführen können. Eine exemplarische Beschränkung auf die wesentlichen Aspekte und eine fundierte Begründung dieser Aussagen ist hier besser als zu viele Einzelinformationen.
Der Versuchsaufbau und die Durchführung kann am Beispiel zweier Isolationsmaterialien, etwa trockener und nasser Wolle, die sich stark in ihrer Wirkung unterscheiden, demonstriert werden. ▸ 5
Die protokollierten Messergebnisse werden anschaulich in einem Diagramm zusammengefasst und von euch erläutert.
Damit werden auch eure Folgerungen zur Lösung der Problemstellung begründet. Auf die schon erwähnten Ansprüche an Winterkleidung sollte unter Beachtung der Zeit von 10 Minuten, nochmals eingegangen werden.
Natürlich hängt die inhaltliche Ausgestaltung der Präsentation von eurer eigenen Zielsetzung ab, je nachdem ob der Fokus mehr auf die Bekleidung oder ihr Vorbild in der Natur gelegt wird. Bei einem Einstieg mit den Pinguinen sind Experimente mit Federn als Isoliermaterial sinnvoll.
Damit könnte dann eine Diskussion über Daunenbekleidung mit ihren ökologischen und tierschützerischen Gesichtspunkten einhergehen.

5 Experiment

Im kurz gehaltenen *Schlussteil* wird der Spannungsbogen der in der Einleitung begonnen und im Hauptteil fortgeführt wurde beendet.
Ein Rückbezug zur Zielsetzung, ein Ausblick auf weitere Experimente oder das Aufzeigen offener Fragen schließen die Präsentation gut ab.

6 Daunenjacke

Methode Messgenauigkeit beurteilen

Damit die aus Messungen gewonnenen Werte aussagekräftig sind, muss die Messung so präzise wie irgend möglich durchgeführt werden. Messungenauigkeiten lassen sich durch sorgfältige Arbeitsweise reduzieren, jedoch nicht vollständig beseitigen.

Reduzieren von Messungenauigkeiten
Zur Reduzierung von Messungenauigkeiten ist es notwendig, mögliche **Fehlerquellen** zu erkennen und bei der Durchführung der Messung möglichst gering zu halten.
Die Messgenauigkeit hängt vom **Messinstrument**, der **Messmethode** und der **Präzision der Durchführung** ab.

Beispiel: Volumenbestimmung einer Flüssigkeit mithilfe eines Messzylinders

- Werte einer Skala liest man immer so ab, dass man senkrecht auf die Skala blickt. Damit vermeidet man **Ablesefehler** durch einen falschen Blickwinkel (Parallaxenfehler). ▸ 1, 2
- Zur Volumenbestimmung wählt man die **Größe des Messzylinders** so, dass dieser möglichst weit gefüllt ist.
- Auffanggefäße für überlaufendes Wasser müssen trocken sein. Körper werden sehr vorsichtig in Überlaufgefäße gegeben und gegebenenfalls langsam mit einer Spitze untergetaucht.
- Die Messgenauigkeit kann man verbessern, indem man Messungen mehrfach durchführt und dann den **Mittelwert der Messwerte** bildet. Der Mittelwert weicht weniger vom tatsächlichen Wert ab, als die einzelnen Messungen.

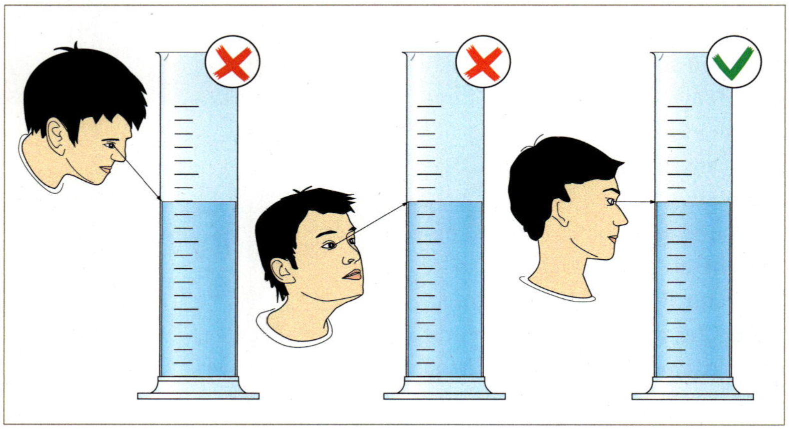

1 Richtiges Ablesen ohne Parallaxenfehler

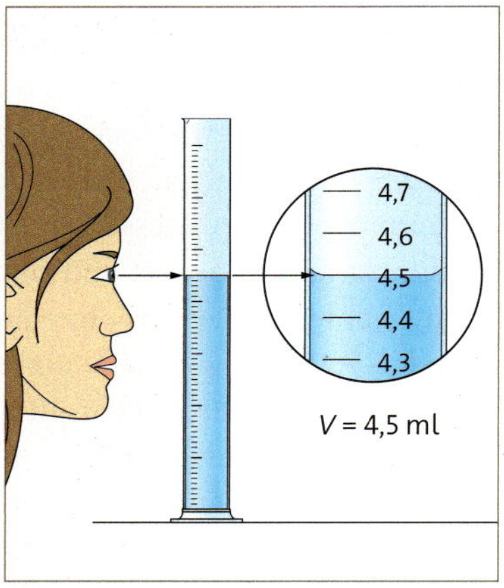

2 Richtiges Ablesen am tiefsten Punkt der Wasseroberfläche

Messungenauigkeiten lassen sich bei Experimenten durch eine präzise Durchführung reduzieren.
- Beobachte die Anzeige des Messgeräts eine Weile und lies erst dann den angezeigten Wert so genau wie möglich ab.
- Überlege bei jedem Arbeitsschritt, wo Messungenauigkeiten entstehen könnten und versuche diese zu vermeiden.

Beurteilen der Messwerte

Zur Beurteilung der Messwerte und der daraus gewonnenen Aussagen ist es wichtig zu wissen, wie groß die Messungenauigkeiten sind.

- Beim Ablesen von Werten an einer **Skala** muss man überlegen, wie genau man ablesen kann. ▸ 3, Tabelle 1
- Liegen die Striche der Skala eng beisammen, kann die Ungenauigkeit einen halben oder ganzen Abstand der Striche betragen. Liegen die Striche weiter auseinander, kann die Ungenauigkeit kleiner sein.
- Darüber hinaus ist zu beachten, ob die Anzeige schwankt oder exakt gleichbleibt.
- Bei Messgeräten ist die Genauigkeit der Anzeige im Datenblatt angegeben und kann weniger genau sein, als ein digital angezeigter Wert.
- Wird aus mehreren Messwerten ein weiterer Wert berechnet, kann man dazu jeweils den **minimalen und maximalen Wert** berechnen.
- Messwerte gibt man nur mit so vielen Ziffern an, wie durch die Messung auch belegt, also sicher sind. Diese Ziffern nennt man gültige Ziffern.

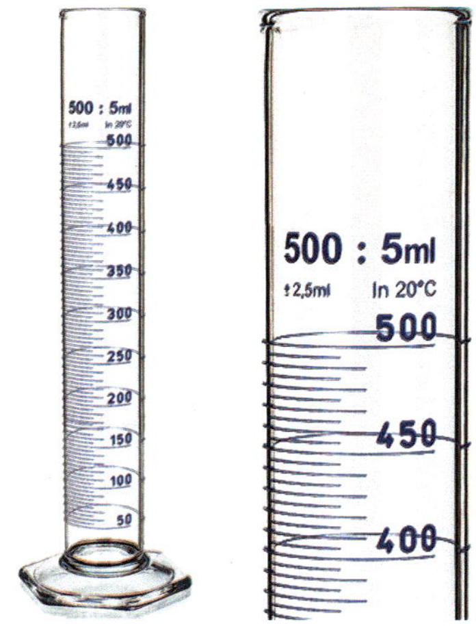

3 Skala eines Messzylinders mit Angabe der Messgenauigkeit

Inhalt ml	Teilung ml	Fehlergrenze ±ml
5	0,1	0,05
10	0,2	0,1
25	0,5	0,25
50	1	0,5
100	1	0,5
500	5	2,5
1000	10	5

Tabelle 1 Fehlergrenzen bei unterschiedlichen Messzylindern

Darstellung der Messgenauigkeit

Bei Messungen ist die Angabe der Genauigkeit, mit der gemessen werden konnte, wichtig. Dies kann durch die Angabe eines Fehlerbereichs geschehen.

Beispiel: Beim Schülerexperiment „Dichtebestimmung" ist die Bestimmung der Masse mit einer Abweichung von 0,1 g nach unten bzw. oben möglich. Daher gibt man die Masse mit 119,7 g ± 0,1 g an. Die wirkliche Masse liegt zwischen 119,6 g und 119,8 g. Das Volumen kann mit einer Abweichung von 0,5 ml nach unten bzw. oben angegeben werden. Das wirkliche Volumen liegt zwischen 14,7 ml und 15,7 ml.
Damit lassen sich die minimale und maximale Dichte berechnen.
Da die Darstellung des Fehlerbereichs aufwendig ist, gibt man Messwerte bzw. aus Messwerten berechnete Werte durch die Zahl der gültigen Ziffern an. Der Rundungsbereich der Zahl entspricht dem Fehlerbereich.

Beispiele:

1 Im Schülerexperiment erhält man, dass für den Körper 1 …

a die Masse zwischen 119,6 g und 119,8 g liegt. Gib einen Wert für die Masse an.
Lösung: $m = 120\,\text{g}$

b die Dichte zwischen $7{,}62\,\frac{\text{g}}{\text{ml}}$ und $8{,}15\,\frac{\text{g}}{\text{ml}}$ liegt. Gib einen Wert für die Dichte an.

Lösung: $\rho = 8\,\frac{\text{g}}{\text{ml}}$

2 Das Volumen wird mit unterschiedlichen Genauigkeiten angegeben. Gib die Werte an, zwischen denen der wirkliche Wert liegt.

a $V = 82\,\text{ml}$
Lösung: zwischen 81,5 ml und 82,5 ml

b $V = 82{,}0\,\text{ml}$
Lösung: Zwischen 81,95 ml und 82,05 ml

Methode Genauigkeit experimenteller Werte

Das Messen von Spannungen und Stromstärken mithilfe eines (digitalen) Multimeters gehört auch zu den Tätigkeiten von Physikerinnen und Physikern. Mithilfe dieser Messwerte lassen sich dann weitere physikalische Größen wie z. B. der elektrische Widerstand berechnen. Die Ergebnisse können anschließend diskutiert und interpretiert werden. ▸ 1

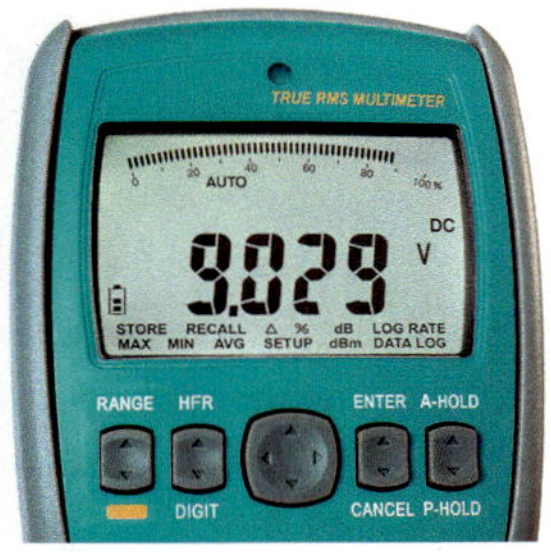

1 Anzeige am digitalen Multimeter

Mit einer Anzeige von vielen Ziffern im Display „gaukeln“ uns besonders digitale Multimeter eine unglaubliche Genauigkeit vor. Deshalb muss man sich kritisch mit den Messwerten auseinandersetzen und die Genauigkeit der Messwerte hinterfragen.

Beispiel:

Bereich	Auflösung*	Genauigkeit
200 mV	100 µV	± 0,5 %
2000 mV	1 mV	
20 V	10 mV	± 0,8 %
200 V	100 mV	
300 V	1 V	± 1,0 %

Tabelle 2 Angaben zum Messgerät bei Spannungsmessung

Bereich	Auflösung*	Genauigkeit
200 µA	100 nA	
2000 µA	1 µA	± 1,0 %
20 mA	10 µA	
200 mA	100 µA	± 1,2 %
10 A	10 mA	± 2,0 %

Tabelle 3 Angaben zum Messgerät bei Stromstärkemessung

*Auflösung: Kleinste Differenz zweier Messwerte, die das Messgerät eindeutig unterscheidet.

In einem einfachen Stromkreis mit einer Flachbatterie als Elektrizitätsquelle und einem passenden Lämpchen wird die Spannung an den Anschlüssen des Lämpchens mit einem digitalen Multimeter ermittelt. ▸ 2

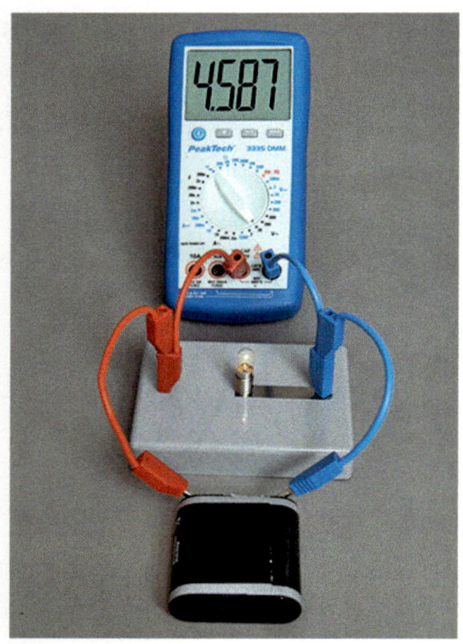

2 Spannungsmessung

Das Messgerät zeigt einen Wert von 4,587 V an. Dem Wert kann man trauen, denn eine Flachbatterie trägt die Aufschrift 4,5 V.
Die technischen Daten, die bei jedem Messgerät im Handbuch stehen, liefern Informationen zur Genauigkeit des angezeigten Wertes. ▸ Tabellen 2 und 3

Genauigkeit: ± 0,8 % (vom Messwert), d. h. der reale Wert kann also um ± 0,8 % von dem, im Display angezeigten, gemessenen Wert abweichen.

0,8 % von 4,587 V sind 0,037 V. Der reale Wert für die Spannung kann also um ± 0,037 V vom Messwert 4,587 V abweichen.
Dafür schreibt man kurz: $U = 4{,}587\ \text{V} \pm 0{,}037\ \text{V}$.
Damit liegt der reale Wert der Spannung zwischen minimal 4,550 V und maximal 4,624 V.

Gibt man den Messwert dann mit zwei gültigen Ziffern an, erhält man für die gemessene Spannung $U = 4{,}6\ \text{V}$.

Ähnlich verhält es sich bei der Messung der Stromstärke. Wird hier z. B. ein Wert von 124,1 mA im Display angezeigt, schreibt man für den Messwert: $I = 124{,}1\ \text{mA} \pm 1{,}5\ \text{mA}$.
D. h., die reale Stromstärke liegt zwischen 122,6 mA und 125,6 mA.

Methode Grafische Auswertung von Messreihen

Beispiel: In einem elektrischen Stromkreis mit einer Glühlampe wurde der Zusammenhang zwischen angelegter Spannung U und daraus resultierender Stromstärke I untersucht.
Die Messwerte für U und I wurden in einer Tabelle erfasst.

Glühlampe 12 V

U in V	0	0,98	2,07	3,04	4,10	4,95	6,00	7,03	8,01	8,95	10,00
I in A	0	0,09	0,13	0,17	0,21	0,24	0,27	0,29	0,30	0,31	0,32

Viel aussagekräftiger als die Wertetabelle ist die grafische Darstellung der Messwerte in einem Diagramm.

1 Anlegen des Koordinatensystems

Zeichne ein rechtwinkliges Koordinatensystem. Die waagerechte Achse gehört zur ersten Tabellenzeile (Spannung U), die senkrechte Achse zur zweiten (Stromstärke I). Lege die Einheiten der Achsen fest. Achte darauf, dass das Koordinatensystem groß genug bzw. nicht zu groß wird, alle Messwerte sollten erkennbar sein und Platz finden.
Schreibe die physikalischen Größen mit ihren Einheiten an die Pfeilspitzen am Ende der Achsen. ▸ 3

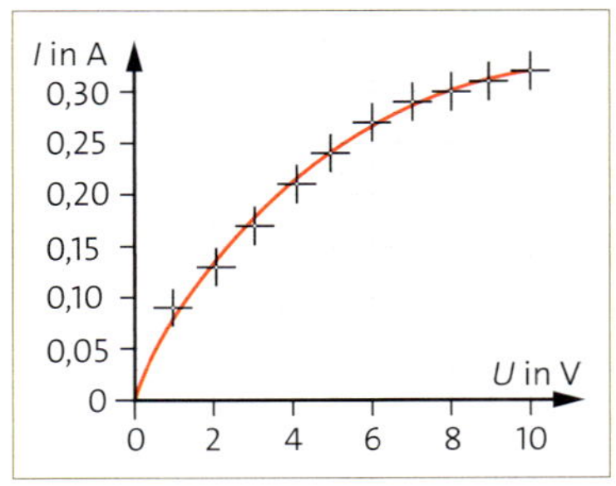

3 Koordinatensystem und Messwerte

2 Eintragen der Messwerte

Trage jedes Messwertepaar als kleines Kreuz (mit Bleistift) in das Diagramm ein.

3 Zeichnen des Graphen

Zeichne eine „glatte" Linie (ohne „Knick") so ein, dass die Abstände zu den Kreuzen möglichst klein sind und die Kreuze „gleichmäßig" oberhalb und unterhalb der Linie liegen. Diese ausgleichende Linie bezeichnen wir als *Graphen* oder Messkurve. ▸ 4
Tipp: Beginne mit einer dünnen Bleistiftlinie. Wenn sie „glatt" genug ist, verstärkst du sie.

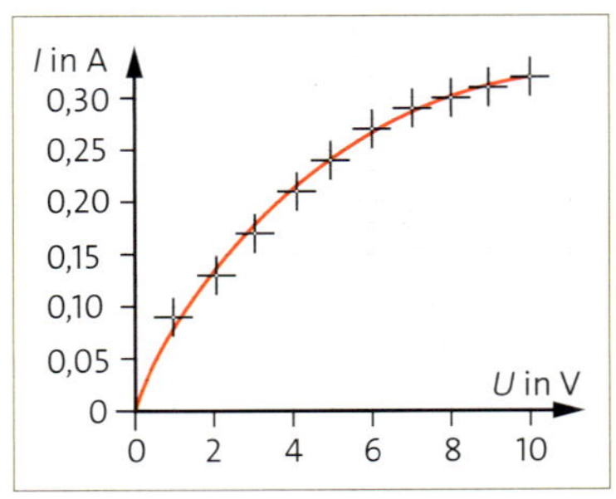

4 Graph

4 Messfehler berücksichtigen

Es ist normal, dass die Kreuze ein wenig neben dem Graphen liegen. Ursache sind oft Ungenauigkeiten beim Messen oder Zeichnen. Manchmal liegt ein Kreuz weit neben dem Graphen. Überprüfe, ob der Messwert falsch eingetragen oder beim Messen ein Fehler passiert ist. Vielleicht musst du die Messung wiederholen.

5 Diagramm auswerten

Dem Graphen „sieht man an", wie Spannung und Stromstärke zusammenhängen. Sein Ansteigen zeigt, dass mit zunehmender Spannung auch die Stromstärke zunimmt: Je größer die Spannung, desto größer die Stromstärke.
Aus dem Graphen kann man Zwischenwerte ablesen, die man nicht gemessen hat. So liest man für $U = 2{,}5$ V als Stromstärke $I = 0{,}15$ A ab oder für $U = 4{,}75$ V als Stromstärke $I = 0{,}23$ A. ▸ 5

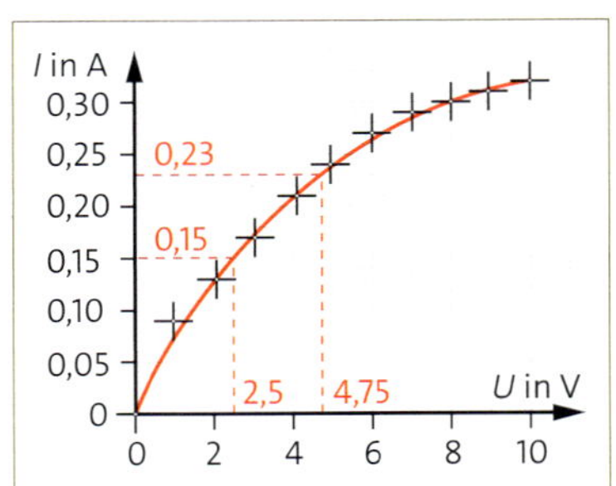

5 U-I-Diagramm (Kennlinie)

Methode Tabellenkalkulation und Ausgleichsgeraden

Wissenschaftlerinnen und Wissenschaftler nutzen zur Veranschaulichung ihrer Ergebnisse oft Diagramme. Hier bietet es sich an, Tabellenkalkulationsprogramme zu verwenden. Dadurch wird die Untersuchung der Daten vereinfacht.
Oft wird zur Analyse von Messdaten eine Ausgleichsgerade erstellt.

Hierfür müssen die Daten zunächst in einer Tabelle erfasst und in einem Diagramm dargestellt werden. Dazu werden die Daten in der Tabelle markiert. Für das Diagramm wählt man die Option „Diagramm erstellen“ oder „Einfügen – Diagramm“. ▸ 1

Feder 1

F in N	*s* in cm
0	0
0,5	0,4
1	0,77
1,5	1,22
2	1,7
2,5	2,2
3	2,55
3,5	3
4	3,2
4,5	3,6
5	4,1

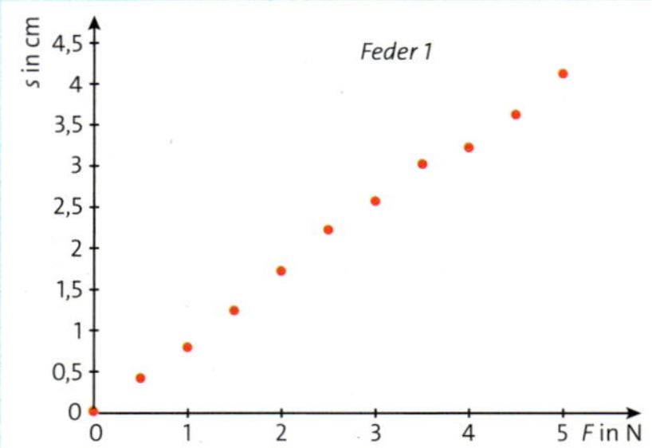

1 Tabelle und Diagramm

Hinweis

In manchen Fällen kann es sinnvoll sein, im Programm die Option auszuwählen, dass die Ausgleichsgerade durch den Ursprung des Koordinatensystems verlaufen soll.

Danach kann durch Auswahl der Datenpunkte im Diagramm mit der Option „Trendlinie hinzufügen“ die Ausgleichsgerade berechnet werden. Diese Gerade wird so berechnet, dass die Punkte möglichst wenig von der Ausgleichsgeraden abweichen. ▸ 2

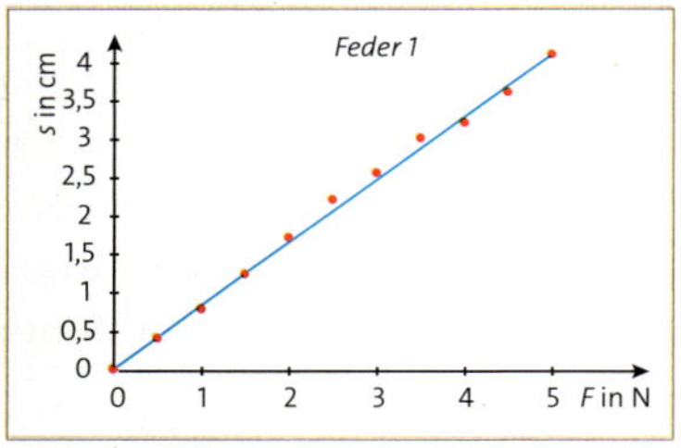

2 Ausgleichsgerade

Soll sich die Trendlinie nur auf einen Teil der Datenpunkte beziehen, bietet es sich an, diesen Teil als eigenständigen Datenbereich in das Diagramm aufzunehmen und für diesen dann die Ausgleichsgerade berechnen zu lassen. ▸ 3

Feder 2

F in N	*s* in cm
0	0
0,5	0,4
1	0,77
1,5	1,22
2	1,7
2,5	2,2
3	3
3,5	6,9
4	12
4,5	15
5	25

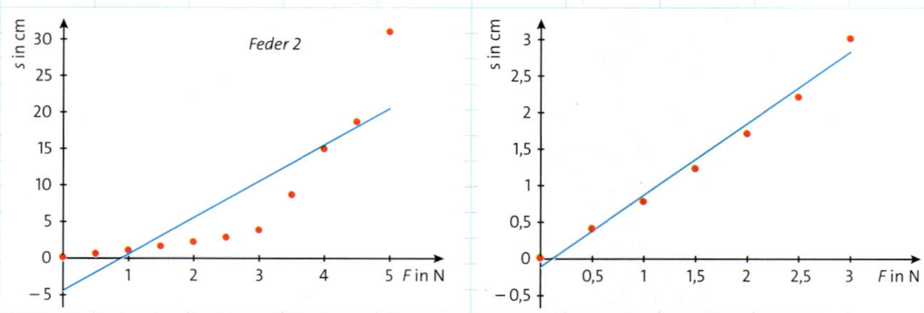

3 Auswahl eines Datenbereichs mit Ausgleichsgerade

Methode Entscheidungstabelle

Auf Test- und Vergleichsportalen werden Produkte miteinander verglichen. Dort wird jedes Produkt hinsichtlich verschiedener Eigenschaften bewertet. Aus den Einzelbewertungen ergibt sich ein Gesamturteil, wobei besondere Eigenschaften auch stärker berücksichtigt werden.

Diese Methode lässt sich auch auf andere Entscheidungssituationen übertragen. Eine Entscheidungstabelle ist dabei hilfreich. ▸ Tabelle 4

Beispiel: Manche Radfahrerinnen und Radfahrer tragen Helme, andere nicht. Soll man denn nun beim Radfahren einen Helm tragen? Auch hier liegt eine individuelle Entscheidung vor.

Kriterien	Wichtigkeitsfaktor	Mit Helm fahren		Ohne Helm fahren	
physikalisch – Knautschzone – windschnittig	wichtig: 2	☺☺☺	$2 \cdot 3 = 6$	☺	$2 \cdot 1 = 2$
medizinisch – Kopfverletzungen – tödliche Unfälle	sehr wichtig: 3	☺☺☺	$3 \cdot 3 = 9$		$3 \cdot 0 = 0$
ökonomisch – Anschaffungskosten	unwichtig: 1	☺	$1 \cdot 1 = 1$	☺☺	$1 \cdot 2 = 2$
Coolness – Aussehen – Reaktion der Freunde	wichtig: 2	☺	$2 \cdot 1 = 2$	☺☺☺	$2 \cdot 3 = 6$
Summe Smileys			18		10

Tabelle 4 Entscheidungstabelle

Eine solche Tabelle kann euch bei der Entscheidungsfindung helfen und unterstützen. Die Schritte werden am Beispiel verdeutlicht.

1. Schritt

Schreibe in die **Spalten** alle Alternativen bzw. Möglichkeiten, zwischen denen zu entscheiden ist.

sfaktor	Mit Helm fahren		Ohne Helm fahren	

4 Beispiel zum Schritt 1

2. Schritt

Suche Eigenschaften dieser Alternativen bzw. Argumente für diese Möglichkeiten. Fasse sie nach Kriterien zusammen. Liste sie in den **Zeilen** auf. Die Kriterien sollen möglichst unabhängig voneinander sein.

Kriterien	Wi
physikalisch – Knautschzone – windschnittig	
medizinisch – Kopfverletzungen – tödliche Unfälle	

5 Beispiel zum Schritt 2

3. Schritt

Vergib **Smileys** oder Punkte je nachdem, wie stark das Kriterium in der Alternative ausgeprägt ist bzw. die Argumente auf die Möglichkeiten zutreffen.

Mit Helm fahren		Ohne Helm	
☺☺☺		☺	
☺☺☺			

1 Beispiel zum Schritt 3

4. Schritt

Gewichte die Kriterien mit einem **Wichtigkeitsfaktor** je nachdem, wie bedeutsam und wichtig sie für die Entscheidung sind. Multipliziere die Anzahl der Smileys oder Punkte mit dem Faktor.

Wichtigkeitsfaktor	Mit Helm fahren		Ohne Helm fahren	
wichtig: 2	☺☺☺	$2 \cdot 3 = 6$	☺	$2 \cdot 1 = 2$
sehr wichtig: 3	☺☺☺	$3 \cdot 3 = 9$		$3 \cdot 0 = 0$

2 Beispiel zum Schritt 4

5. Schritt

Die resultierende **Summe** kann die Entscheidung unterstützen. Nimm Stellung zu den Ergebnissen und entscheide verantwortlich.

Kriterien	Wichtigkeitsfaktor	Mit Helm fahren		Ohne Helm fahren	
physikalisch – Knautschzone – windschnittig	wichtig: 2	☺☺☺	$2 \cdot 3 = 6$	☺	$2 \cdot 1 = 2$
Coolness – Aussehen – Reaktion der Freunde	wichtig: 2	☺	$2 \cdot 1 = 2$	☺☺☺	$2 \cdot 3 = 6$
Summe Smileys			18		10

3 Beispiel zum Schritt 5

Wer entscheidet, trägt immer persönlich Verantwortung für die Folgen der Entscheidung. Darum sollen Entscheidungsprozesse auch vernünftig erfolgen. Die Entscheidungstabelle ist eine Methode, die eine größere Klarheit in den Entscheidungen schafft. Entscheidungsprozesse werden dadurch strukturierter und transparenter. Die Argumente und Bewertungen sind für andere nachvollziehbar und jeder oder jede kann dazu Stellung nehmen. Intuitive Entscheidungen „aus dem Bauch heraus“ lassen sich mit rationalen Argumenten ergänzen und überprüfen. Hat man zuerst eine Entscheidungstabelle erstellt, ist es umgekehrt sinnvoll, das Ergebnis nochmals aus einem Gesamteindruck heraus einzuschätzen. Stimmen vernünftige und intuitive Einschätzungen und Bewertungen überein, sind Entscheidungen tragfähiger.

Methode Stromstärke und Spannung messen

Digitale Multimeter (DMM) – sind kleine, tragbare Geräte, die zur Messung mehrerer physikalischer Größen verwendet werden können.

Bevor sie in den Stromkreis eingebaut werden können, muss man sie erst für die Messung vorbereiten. Stromstärkemessgeräte baut man einfach in den Stromkreis ein, in dem der zu messende Strom fließt. D. h. man öffnet den Stromkreis an einer beliebigen Stelle. Dann schließt man die Lücke, indem man einen Anschluss des Messgeräts mit dem einen Ende der Lücke und den anderen Anschluss des DMM mit dem anderen Ende der Lücke verbindet. ▸ 4

Ein Stromstärkemessgerät misst den durchfließenden Strom – es wird in Reihe zu den Bauelementen geschaltet.
Ein Spannungsmessgerät misst die Potenzialdifferenz (Spannung) zwischen zwei beliebigen Punkten im Stromkreis. Das Messgerät muss dazu parallel zu diesen beiden Punkten geschaltet werden.
Meist misst man die Spannung parallel zur Elektrizitätsquelle oder parallel zum Bauelement. ▸ 5

Die richtige Einstellung am Multimeter finden
Jedes Multimeter kann nur in einem bestimmten Messbereich arbeiten oder hat einige einstellbare Bereiche. Der gewählte Bereich muss unbedingt zum Stromkreis passen, der getestet werden soll. Zum Beispiel dürfen keine 200 A durch ein 20-A-Messgerät fließen.

Die richtige Funktion am Multimeter einstellen
Zur Messung muss zuerst geprüft werden, ob Gleich- oder Wechselspannung anliegt. Mit einer Batterie als Elektrizitätsquelle fließt beispielsweise immer Gleichstrom. Folglich wird auch das Messgerät auf Gleichstrom bzw. Gleichspannung eingestellt. ▸ 6

Den Messbereich am Multimeter wählen
Man muss sicherstellen, dass die Sicherung des Messgerätes nicht durchbrennt. Dazu wählt man mit dem Drehregler immer die Einstellung mit der höchsten Stromstärke oder Spannung aus.
Erst wenn der gemessene Wert unterhalb der Grenze des nächstkleineren Messbereiches liegt, kann man den Messbereich zu kleineren Stromstärken oder Spannungen hin verändern.

Die Messleitung in die richtigen Anschlussbuchsen stecken
Die Anschlussstecker werden – hier zur Messung der Stromstärke – in die Buchsen „COM" und „mA" (für Stromstärken unter 2 A) bzw. „COM" und 20 A (für Stromstärken zwischen 20 A und 2 A) gesteckt. ▸ 6
Beim Einbau in den Stromkreis wird die COM-Buchse mit dem Minuspol und die A-Buchse mit dem Pluspol der Elektrizitätsquelle verbunden.

Lasst vor der Inbetriebnahme (dem Schließen des Stromkreises) eure Schaltung und die Einstellungen am Messgerät von eurer Lehrerin oder eurem Lehrer kontrollieren.
Erst jetzt wird das Messgerät eingeschaltet.

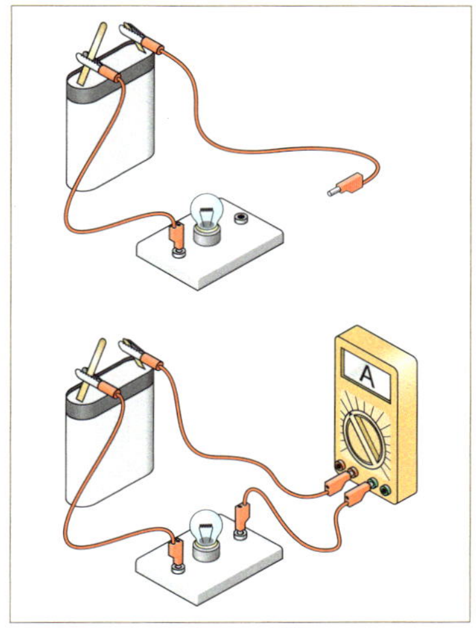

4 Einbau eines Messgeräts für die Stromstärke in den Stromkreis

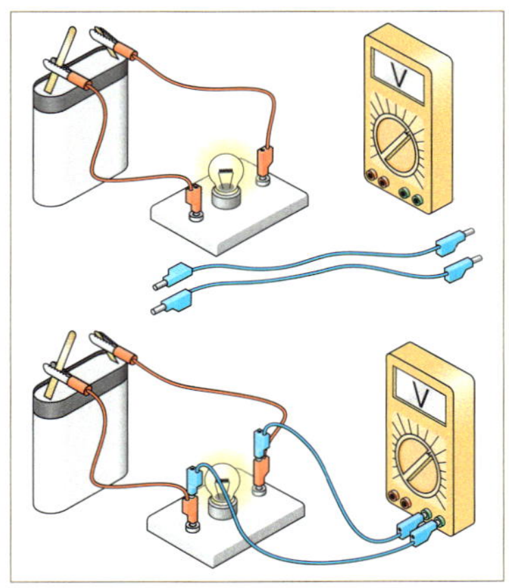

5 Einbau eines Messgeräts zur Spannungsmessung

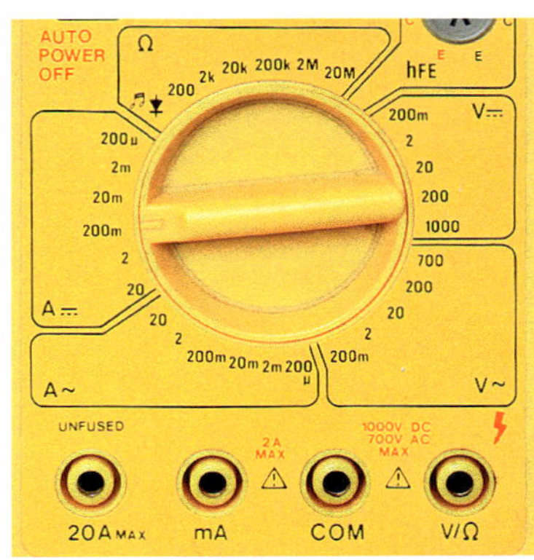

6 Messbereiche und Anschlussbuchsen

Lösungen der Testaufgaben

Elektromagnetismus (S. 65)

1

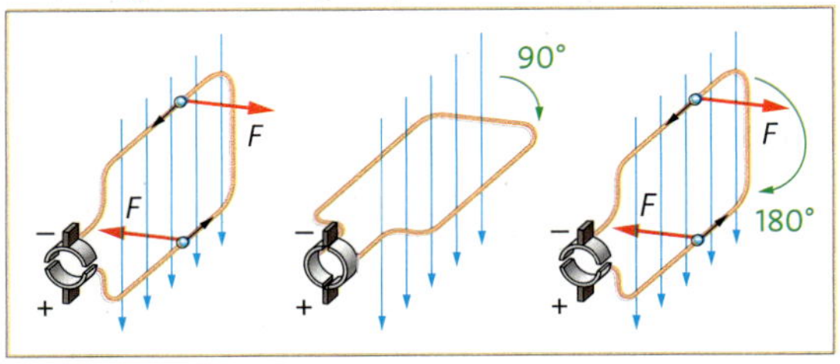

a *Position 1:* Der obere Drahtabschnitt bewegt sich nach rechts und der untere Drahtabschnitt nach links. Oben: Die Stromrichtung verläuft von hinten nach vorn durch den Draht (Richtung des Daumens). Die Magnetfeldlinien zeigen vom magnetischen Nord- zum Südpol, also von oben nach unten (Richtung des Zeigefingers). Der Mittelfinger zeigt dann nach links: In diese Richtung wird das obere Drahtstück bewegt. Unten: Die Stromrichtung verläuft von vorn nach hinten durch den Draht (Richtung des Daumens). Die Magnetfeldlinien zeigen vom magnetischen Nord- zum Südpol, also von oben nach unten (Richtung des Zeigefingers). Der Mittelfinger zeigt dann nach links: In diese Richtung wird das untere Drahtstück bewegt. Die Leiterschleife wird also oben nach rechts und unten nach links bewegt. Dadurch dreht sie sich im Uhrzeigersinn.

b *Position 2:* Die Kräfte haben die gleichen Richtungen wie in der Position 1. Sie sind also senkrecht zur momentanen Bewegung gerichtet und treiben die Spule nicht an. Infolge der Trägheit dreht sich die Leiterschleife (Spule) dennoch weiter.

c *Position 3:* Entgegen der Bewegung wirken nun Kräfte am oberen Drahtstück nach links und am unteren Abschnitt nach rechts. Dadurch wird die Leiterschleife abgebremst.

d Man müsste die Stromrichtung in der Position 2 umpolen. Dann würde die Leiterschleife auf dem Weg zur Position 3 weiter angetrieben werden. In der Position 3 würde dieselbe Situation wie in Position 1 vorliegen, sodass sich die Leiterschleife noch weiterdreht und somit die Bewegung erneut stattfindet. Damit sich die Spule dauerhaft weiterdreht, muss die Polarität der Spannungsquelle (die Richtung des Stromflusses) ständig im richtigen Rhythmus geändert werden. Dafür sorgt in der Praxis der Polwender (Kommutator).

2 Eine Spannung wird in den Bildern a, c, d und e induziert. In allen diesen Fällen ändert sich das Magnetfeld, dass die Spule durchdringt.
Bild a: Die Spule wird vergrößert. Es ändert sich die Größe der Fläche, die vom Magnetfeld durchdrungen wird.
Bild c: Durch die Bewegung des Magneten verändert sich die Stärke des Magnetfelds, das die Spule durchdringt.
Bild d: Die Spule wird in einem Magnetfeld bewegt, dass keine konstante Stärke aufweist (inhomogenes Magnetfeld). Dadurch verändert sich die Stärke des Magnetfelds, das die Spule durchdringt.
Bild e: Der Stromkreis wird geschlossen. Durch den Stromfluss baut sich das Magnetfeld des Elektromagneten auf. Es ändert sich dabei die Stärke des Magnetfelds, das die Spule durchdringt.

3 a

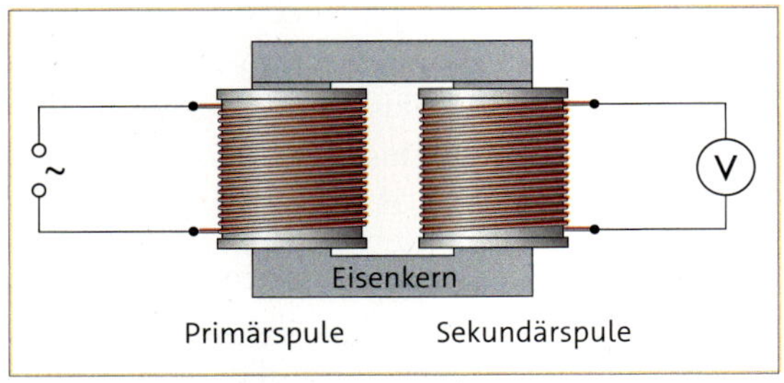

Wenn an die Primärspule des Transformators eine Wechselspannung U_P angelegt wird, fließt in ihr ein Wechselstrom I_P. Er erzeugt in der Spule ein magnetisches Wechselfeld, das vom geschlossenen Eisenkern verstärkt und durch die Sekundärspule hindurchgeführt wird. Das magnetische Wechselfeld ruft zwischen den Anschlüssen der Sekundärspule eine Induktionsspannung U_S hervor.
Beim unbelasteten Transformator liegt an der Spule mit größerer Windungszahl auch die größere Spannung. Die Spannungen an den Spulen stehen im gleichen Verhältnis wie ihre Windungszahlen.

b *gegeben:* $U_P = 230\,\text{V}$, $U_S = 4{,}5\,\text{V}$
$N_P = 500$

gesucht: N_S

Lösung: $\frac{U_P}{U_S} = \frac{N_P}{N_s} \quad | \cdot N_S \quad | \cdot \frac{U_S}{U_P}$

$$N_S = \frac{U_S}{U_P} \cdot N_P$$

$$N_S = \frac{4{,}5\,\text{V}}{230\,\text{V}} \cdot 500$$

$$N_S = 9{,}78 \approx 10$$

4 Die Argumentationskette beginnt mit der …
Ursache: Der Magnet wird kreisförmig über der Aluminiumplatte bewegt.
Und endet mit der …
Wirkung: Die Aluminiumplatte bewegt (dreht) sich auf der Wasseroberfläche.

Der Magnet wird kreisförmig über der Aluminiumplatte bewegt.

↓ inhomogenes Magnetfeld

Die Magnetfeldstärke, die die Platte durchdringt, ändert sich

↓ Induktionsgesetz

An der Platte entsteht eine Induktionsspannung.

↓ Der Ring ist ein elektrischer Leiter.

Es fließt ein Induktionsstrom, der seiner Ursache (Bewegung des Magneten) entgegenwirkt.

↓ Magnetische Wirkung des elektrischen Stroms

Es entsteht ein Magnetfeld, dessen Nordpol in Richtung des Permanentmagneten gerichtet ist.

↓ Ungleichnamige Pole ziehen sich an.

Der Magnet wird abgebremst. Da die Aluminiumplatte aber beweglich gelagert ist. Bewegt sie sich mit dem Magneten mit

Das Wasser verringert die Reibung zwischen Platte und Unterlage. Ohne Wasser könnte sich die Scheibe nicht mitbewegen.

Impuls (S. 95)

1 **a** Im Pendel werden die Impulse und kinetischen Energien ausgetauscht. Sie bleiben erhalten. Nach dem Stoß bewegen sich die 3 linken Kugeln weiter nach links und erreichen die ursprüngliche Ausgangshöhe der 3 rechten Kugeln. Die beiden rechten Kugeln bewegen sich nach rechts und erreichen die Ausgangshöhe der beiden linken Kugeln.
b Die Höhen zeigen als Maß der Höhenenergie, dass die kinetischen Energien jeweils getauscht wurden und somit erhalten bleiben. Da die kinetischen Energien der 3 Kugeln vor und nach dem Stoß gleich sind, bewegen sich die Kugeln auch mit gleicher Geschwindigkeit. Die Richtung bleibt erhalten und die Massen sind gleich. Folglich bleibt auch der Impuls erhalten. Das gleiche Argument gilt auch für den Zweierpack. Die Impulse wechseln nur die Kugeln. *Beachte:* Die Geschwindigkeiten des Zweierpacks und des Dreierpacks können verschieden sein, je nachdem, wie unterschiedlich stark beide Packs ausgelenkt wurden.

2 **a** Vor dem Durchbrennen sind die Einzelimpulse null und damit ist auch der Gesamtimpuls null. Die Energie des Gesamtsystems ist als magnetische Energie gespeichert. Nach dem Durchbrennen stoßen sich beide Magnete gegenseitig weg. Die Energie wird auf beide Wagen aufgeteilt und in kinetische Energie umgewandelt. Der Gesamtimpuls bleibt null. Jeder Wagen besitzt den gleich großen Impuls, aber in entgegengesetzte Richtung weisend.
b Zwei Personen stoßen sich auf Glatteis gegenseitig ab. Explosionen: Eine Flasche zerbirst aufgrund des Überdrucks in Teile; eine Silvesterrakete aufgrund chemischer Reaktionen.

3 **a** Beim vollkommen elastischen Stoß bleibt die kinetische Energie erhalten. Da sich vor und nach dem Stoß nur der Ball bewegt, behält er seine kinetische Energie bei. Das bedeutet, dass der Betrag der Geschwindigkeit vor und nach dem Stoß gleich ist.
Der Ball prallt zurück. Folglich ist die Richtung der Geschwindigkeit nach dem Stoß der vor dem Stoß entgegengesetzt: $\overrightarrow{v_{\text{nach}}} = -\overrightarrow{v_{\text{vor}}}$
b Für den Impuls des Balls gilt:
$\overrightarrow{p_{\text{Ball,nach}}} = -\overrightarrow{p_{\text{Ball,vor}}}$
Der Impuls der Wand vor dem Stoß ist null: $\overrightarrow{p_{\text{Wand,vor}}} = 0$
Impulserhaltungssatz:
$\overrightarrow{p_{\text{vor}}} = \overrightarrow{p_{\text{nach}}}$
$\overrightarrow{p_{\text{Ball,vor}}} = \overrightarrow{p_{\text{Ball,nach}}} + \overrightarrow{p_{\text{Wand,nach}}}$
$\overrightarrow{p_{\text{Ball,vor}}} = -\overrightarrow{p_{\text{Ball,vor}}} + \overrightarrow{p_{\text{Wand,nach}}}$
$\overrightarrow{p_{\text{Wand,nach}}} = 2 \cdot \overrightarrow{p_{\text{Ball,vor}}}$
c Da die Masse der Wand (verbunden mit der Erde) sehr groß ist, ist die Geschwindigkeit so klein, dass sie nicht wahrgenommen wird.

4 **a** unelastischer Stoß
$$m_1 \cdot v_{1,\text{vor}} + m_2 \cdot v_{2,\text{vor}} = (m_1 + m_2) \cdot v_{\text{nach}}$$
$$1100\,\text{kg} \cdot 0 + 2500\,\text{kg} \cdot 15\,\frac{\text{m}}{\text{s}} = (1100\,\text{kg} + 2500\,\text{kg}) \cdot v_{\text{nach}}$$
$$v_{\text{nach}} = \frac{2500\,\text{kg} \cdot 15\,\frac{\text{m}}{\text{s}}}{(1100\,\text{kg} + 2500\,\text{kg})}$$
$$v_{\text{nach}} = 10{,}4\,\frac{\text{m}}{\text{s}} = 38\,\frac{\text{km}}{\text{h}}$$
b 2. newtonsches Gesetz
$$\Delta t \cdot F = m \cdot \Delta v$$
$$F = \frac{m \cdot \Delta v}{\Delta t}$$
$$F_{\text{Pkw-Fahrer}} = \frac{80\,\text{kg} \cdot 10{,}4\,\frac{\text{m}}{\text{s}}}{0{,}14\,\text{s}} = 6{,}0\,\text{kN}$$
Die beschleunigende Kraft ist nach vorn gerichtet.
$$F_{\text{Lkw-Fahrer}} = \frac{80\,\text{kg} \cdot \left(15\,\frac{\text{m}}{\text{s}} - 10{,}4\,\frac{\text{m}}{\text{s}}\right)}{0{,}14\,\text{s}} = 2{,}6\,\text{kN}$$
Die bremsende Kraft ist nach hinten gerichtet.
Für den Pkw-Fahrer ist der Zusammenstoß gefährlicher, da die Kraft mehr als doppelt so groß ist als beim Lkw-Fahrer. Zudem werden die Halswirbel nach hinten überstreckt, da der Kopf sich wegen seiner Trägheit relativ zum Wagen nach hinten bewegt.
c Beide Wagen fahren nach dem Unfall mit
$$v_{\text{nach}} = \frac{1100\,\text{kg} \cdot 15\,\frac{\text{m}}{\text{s}}}{(1100\,\text{kg} + 2500\,\text{kg})} = 4{,}6\,\frac{\text{m}}{\text{s}} = 17\,\frac{\text{km}}{\text{h}}$$
deutlich langsamer weiter. Beide Fahrer erleben aber jeweils die gleiche Geschwindigkeitsänderung wie in dem Fall, in dem der Lieferwagen auf den Pkw auffährt. Somit sind die Beträge der Kräfte jeweils unverändert, aber diesmal weist die Kraft in entgegengesetzte Richtung. Die jeweilige Stärke der Auswirkung auf die Fahrer bleibt in beiden Unfallvarianten gleich. Die Halswirbel werden aber in die andere Richtung überdehnt.

5 **a** Die Wechselwirkung zwischen Holzklotz und Gummigeschoss kann eher als vollkommen elastischer Stoß beschrie-

ben werden, da das Geschoss wahrscheinlich abprallt. Die Metallkugel dringt dagegen in das Holz ein – ein unelastischer Stoß.

b Die Impulsänderung beim elastischen Stoß des Gummigeschosses ist doppelt so groß, wie bei der Metallkugel. Damit ist die Kraft auf das Gummigeschoss auch doppelt so groß und die Wechselwirkungskraft auf den Klotz ebenso. Folglich wird der Klotz durch das Gummigeschoss eher umgeworfen.

Den größeren Teil der kinetischen Energie behält das Gummigeschoss, während sie beim Metallgeschoss zum Eindringen und Zerstören umgewandelt wird und damit der Klotz eher beschädigt wird.

c Die Gummikugel gibt viel Impuls, aber wenig Energie an den Klotz ab; das Metallgeschoss dagegen sehr viel mehr Energie, aber weniger Impuls. Die Stoßarten unterscheiden sich in den Impulsänderungen und Energieumwandlungen.

Bewegungen und ihre Modellierung (S. 175)

1 **a** Über eine Zeit von 10 s wird der Körper gleichmäßig beschleunigt, bis er eine Geschwindigkeit von $4{,}0\,\frac{\text{m}}{\text{s}}$ erreicht hat. Dann behält er diese Geschwindigkeit für 15 s bei. Anschließend wird der Körper innerhalb von 15 s bis zum Stillstand abgebremst.

b *Variante A:*

Die Durchschnittsgeschwindigkeit wird mit der Gleichung:

$v_D = \frac{1}{2}\,(v_{\text{Anfang}} + v_{\text{End}})$ berechnet.

In der Beschleunigungsphase beträgt $v_D = 2{,}0\,\frac{\text{m}}{\text{s}}$.

Danach bewegt sich der Körper 15 s mit der konstanten Geschwindigkeit $v = 4{,}0\,\frac{\text{m}}{\text{s}}$.

Die Durchschnittsgeschwindigkeit in der Bremsphase beträgt wieder $v_D = 2{,}0\,\frac{\text{m}}{\text{s}}$.

Der zurückgelegte Weg wird mit der Gleichung $\Delta x = v_D \cdot \Delta t$ berechnet.

In der Beschleunigungsphase legt der Körper die Strecke $\Delta x_1 = v_D \cdot \Delta t_1 = 2{,}0\,\frac{\text{m}}{\text{s}} \cdot 10\,\text{s} = 20\,\text{m}$ zurück.

Im zweiten Abschnitt wird der Weg $\Delta x_2 = v_D \cdot \Delta t_2 = 4{,}0\,\frac{\text{m}}{\text{s}} \cdot 15\,\text{s} = 60\,\text{m}$ zurückgelegt.

In der Bremsphase legt der Körper die Strecke $\Delta x_3 = v_D \cdot \Delta t_3 = 2{,}0\,\frac{\text{m}}{\text{s}} \cdot 15\,\text{s} = 30\,\text{m}$ zurück.

Damit ergibt sich eine Gesamtstrecke von:

$\Delta x_{\text{ges}} = 20\,\text{m} + 60\,\text{m} + 30\,\text{m} = 110\,\text{m} = 0{,}11\,\text{km}$.

Variante B:

Die zurückgelegte Strecke ergibt sich aus der Fläche unter dem Graphen im *t*-*v*-Diagramm. Wir unterteilen sie in ein Dreieck (Beschleunigungsphase), ein Rechteck (konstante Geschwindigkeit) und ein weiteres Dreieck (Abbremsen):

$\Delta x_1 = \frac{1}{2} \cdot 4{,}0\,\frac{\text{m}}{\text{s}} \cdot 10\,\text{s} = 20\,\text{m}$

$\Delta x_2 = \frac{1}{2} \cdot 4{,}0\,\frac{\text{m}}{\text{s}} \cdot 15\,\text{s} = 60\,\text{m}$

$\Delta x_3 = \frac{1}{2} \cdot 4{,}0\,\frac{\text{m}}{\text{s}} \cdot 10\,\text{s} = 30\,\text{m}$

$\Delta x_{\text{ges}} = 20\,\text{m} + 60\,\text{m} + 30\,\text{m} = 110\,\text{m} = 0{,}11\,\text{km}$.

Oder man verwendet direkt die „Trapezformel“:

$\Delta x_{\text{ges}} = \frac{1}{2} \cdot (40\,\text{s} + 15\,\text{s}) \cdot 4{,}0\,\frac{\text{m}}{\text{s}} = 110\,\text{m} = 0{,}11\,\text{km}$.

2 **a** Die Geschwindigkeit trägt zu Beginn ein positives Vorzeichen. Die Steigung des Graphen im *t*-*v*-Diagramm ist konstant und negativ: Der Körper wird entgegen seiner anfänglichen Bewegungsrichtung konstant beschleunigt. Dadurch wird er zunächst langsamer, kommt zur Ruhe und bewegt sich schließlich gleichmäßig beschleunigt zurück (negative Geschwindigkeitswerte).

b Das Geschwindigkeitsdiagramm kann z. B. einen senkrechten Wurf nach oben darstellen.

c Der Ball befindet sich nach 4 s wieder am Startpunkt:

$v_D = \frac{1}{2} \cdot (v_{\text{Anfang}} + v_{\text{Ende}})$;

$v_D = \frac{1}{2} \cdot (20\,\frac{\text{m}}{\text{s}} - 20\,\frac{\text{m}}{\text{s}}) = 0\,\frac{\text{m}}{\text{s}}$

$\Delta x = v_D \cdot \Delta t = 0\,\text{m}$

3 **a** Ort nach 20 s:

$x(t) = \frac{1}{2} \cdot a \cdot t^2$

$x(20\,\text{s}) = \frac{1}{2} \cdot 5\,\frac{\text{m}}{\text{s}^2} \cdot (20\,\text{s})^2 = 1000\,\text{m}$

Die Startbahn muss mindestens 1 km lang gewesen sein. (Aus Sicherheitsgründen ist sie deutlich länger.)

Geschwindigkeit nach 20 s:

$v(t) = a \cdot t$

$v(20\,\text{s}) = 5\,\frac{\text{m}}{\text{s}^2} \cdot 20\,\text{s} = 100\,\frac{\text{m}}{\text{s}} = 360\,\frac{\text{km}}{\text{h}}$

b Bewegungsdiagramme

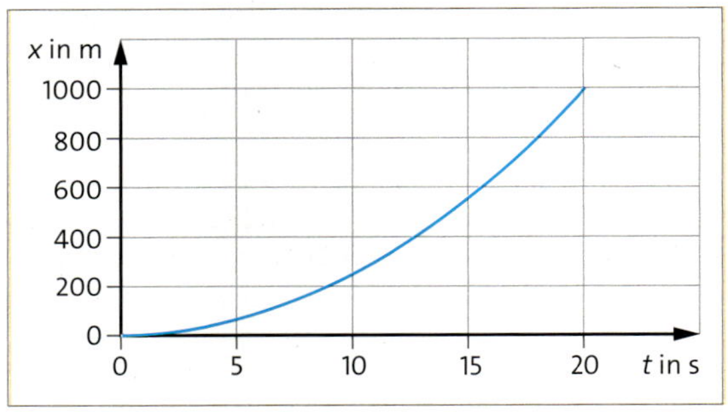

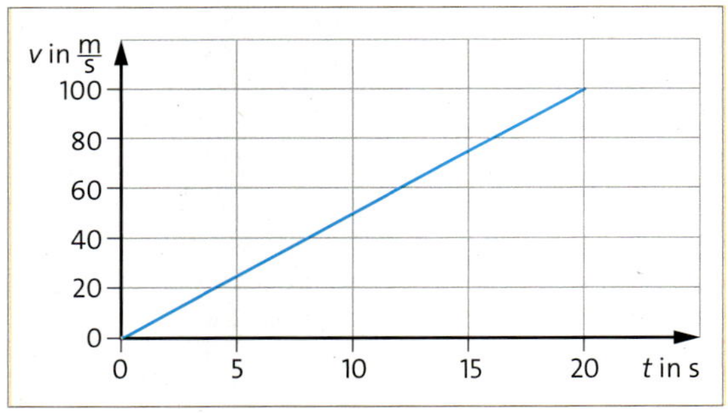

4 Der Springer fällt frei: $x(t) = \frac{1}{2} \cdot g \cdot t^2$ und $v(t) = g \cdot t$

Gesucht ist die Falltiefe, für die gilt: $v(t) = 15\,\frac{\text{km}}{\text{h}} = 4{,}17\,\frac{\text{m}}{\text{s}}$.

Diese Geschwindigkeit erreicht der Springer nach folgender Zeit:

$$t = \frac{4{,}17\,\frac{\text{m}}{\text{s}}}{g} = \frac{4{,}17\,\frac{\text{m}}{\text{s}}}{9{,}81\,\frac{\text{m}}{\text{s}^2}} = 0{,}425\,\text{s}.$$

Falltiefe nach dieser Zeit:

$$x(0{,}425\,\text{s}) = \frac{1}{2} \cdot 9{,}81\,\frac{\text{m}}{\text{s}^2} \cdot (0{,}425\,\text{s})^2 = 0{,}88\,\text{m}$$

5 **a** Hamir fällt frei: $x(t) = \frac{1}{2} \cdot g \cdot t^2$.

Fallzeit bei einer Falltiefe von $x = 10{,}0\,\text{m}$:

$t^2 = 2 \cdot \frac{x}{g}$

$$t=\sqrt{\frac{2\cdot x}{g}}=\sqrt{\frac{2\cdot 10{,}0\,\mathrm{m}}{9{,}81\,\frac{\mathrm{m}}{\mathrm{s}^2}}}=1{,}43\,\mathrm{s}$$

b *Lösung ohne Energieerhaltungssatz:*

$v(t)=g\cdot t$

$v(1{,}43\,\mathrm{s})=9{,}81\,\frac{\mathrm{m}}{\mathrm{s}^2}\cdot 1{,}43\,\mathrm{s}=14{,}0\,\frac{\mathrm{m}}{\mathrm{s}}$

Lösung mit Energieerhaltungssatz:

Die Lageenergie beim Absprung ist genauso groß wie die kinetische Energie beim Aufprall: $E_{\mathrm{H}}=E_{\mathrm{kin}}$

$$m\cdot g\cdot h=\frac{1}{2}\cdot m\cdot v^2$$

$$v^2=2\cdot g\cdot h$$

$$v=\sqrt{2\cdot g\cdot h}$$

$$v=\sqrt{2\cdot 9{,}81\,\frac{\mathrm{m}}{\mathrm{s}^2}\cdot 10\,\mathrm{m}}=14{,}0\,\frac{\mathrm{m}}{\mathrm{s}}$$

c Hamirs Bewegung ist ein waagrechter Wurf:
Bei einem waagrechten Wurf finden gleichzeitig zwei Bewegungen statt. In x-Richtung eine gleichförmige Bewegung mit der Anfangsgeschwindigkeit v_0 und in y-Richtung ein freier Fall. Beide Bewegungen beeinflussen sich gegenseitig nicht. Deshalb ergibt sich für die Bewegung in y-Richtung der gleiche Lösungsansatz wie bei Teilaufgabe b. Die Lösungen stimmen dann selbstverständlich auch überein.

Exakte Lösung: Die Geschwindigkeit in x-Richtung bleibt auch konstant und trägt zur Aufprallgeschwindigkeit bei. Der Aufprall erfolgt in einem Winkel ungleich 90°.

$$v=\sqrt{v_x^2+v_y^2}=14{,}0\,\frac{\mathrm{m}}{\mathrm{s}}$$

$$\tan\alpha=\frac{v_y}{v_x}$$

6 **a** Das Motorrad hat eine kleinere Masse als das Auto. Nach dem newtonschen Bewegungsgesetz $F=m\cdot a$ ist bei konstanter Kraft die Beschleunigung umso größer, je kleiner die zu beschleunigende Masse ist.

b Mittlere Beschleunigung: $a=\frac{\Delta v}{\Delta t}$

$$a=\frac{27{,}8\,\frac{\mathrm{m}}{\mathrm{s}}-0\,\frac{\mathrm{m}}{\mathrm{s}}}{3{,}0\,\mathrm{s}}=9{,}3\,\frac{\mathrm{m}}{\mathrm{s}^2}$$

Zurückgelegte Strecke: $s(t)=\frac{1}{2}\,a\cdot t^2$

$$s(3{,}0\,\mathrm{s})=\frac{1}{2}\cdot 9{,}3\,\frac{\mathrm{m}}{\mathrm{s}^2}\cdot 9{,}0\,\mathrm{s}^2\approx 42\,\mathrm{m}$$

7 **a** Mit Nachbrenner:

$$a=\frac{F}{m}=\frac{180\cdot 10^3}{200\cdot 10^2}\,\frac{\mathrm{m}}{\mathrm{s}^2}=9{,}00\,\frac{\mathrm{m}}{\mathrm{s}^2}$$

Bewegungsfunktionen:

$$x(t)=\frac{1}{2}\,a\cdot t^2=4{,}50\,\frac{\mathrm{m}}{\mathrm{s}^2}\cdot t^2$$

$$v(t)=a\cdot t=9{,}00\,\frac{\mathrm{m}}{\mathrm{s}^2}\cdot t$$

Ohne Nachbrenner:

$$a=\frac{F}{m}=\frac{120\cdot 10^3}{200\cdot 10^2}\,\frac{\mathrm{m}}{\mathrm{s}^2}=6{,}00\,\frac{\mathrm{m}}{\mathrm{s}^2}$$

Bewegungsfunktionen:

$$x(t)=\frac{1}{2}\,a\cdot t^2=3{,}00\,\frac{\mathrm{m}}{\mathrm{s}^2}\cdot t^2$$

$$v(t)=a\cdot t=6{,}00\,\frac{\mathrm{m}}{\mathrm{s}^2}\cdot t$$

b

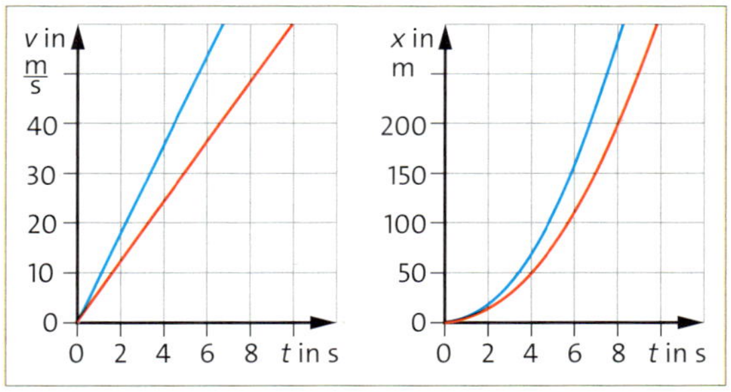

Kernphysik (S. 205)

1 **a** Proton: Ladung e^+; Elektron: Ladung e^-; Neutron: ungeladen

b Proton und Neutron sind etwa gleich schwer und etwa 2000-mal schwerer als das Elektron.

c Neutrales Atom: Anzahl der Protonen = Anzahl der Elektronen in der Hülle. Die Anzahl der Neutronen ist meist gleich oder größer als die Anzahl der Protonen.

d Bei einem Beta-Zerfall wird ein d- in ein u-Quark umgewandelt. Aus einem Neutron ($^1_0\mathrm{n}$) wird ein Proton ($^1_1\mathrm{p}$ bzw. $^1_1\mathrm{H}$). Der Ladungsausgleich erfolgt durch die Aussendung eines negativ geladenen Teilchens.

$^3_1\mathrm{H}\rightarrow{}^2_1\mathrm{H}+{}^{0}_{-1}\beta+{}^1_1\mathrm{H}$

$^2_1\mathrm{H}\rightarrow{}^1_1\mathrm{H}+{}^{0}_{-1}\beta+{}^1_1\mathrm{H}$

2

Symbol	Element	Anzahl	
		Protonen	Neutronen
$^1_1\mathrm{H}$	Wasserstoff	1	0
$^2_1\mathrm{H}$	Deuterium	1	1
$^4_2\mathrm{He}$	Helium	2	2
$^{16}_{8}\mathrm{O}$	Sauerstoff	8	8
$^{56}_{26}\mathrm{Fe}$	Eisen	26	30
$^{57}_{26}\mathrm{Fe}$	Eisen	26	31
$^{198}_{80}\mathrm{Hg}$	Quecksilber	80	118

3 Atomkerne mit gleicher Anzahl von Protonen, aber unterschiedlicher Anzahl von Neutronen werden als Isotope bezeichnet.

4 **a** Radioaktivität beschreibt die Eigenschaft von instabilen Atomen, sich umzuwandeln.
α-Zerfall: Aus dem Atomkern entweicht ein Heliumkern (2 Protonen und 2 Neutronen). Die Massenzahl nimmt um 4 ab, die Kernladungszahl um 2. Der zerfallene Kern sendet Teilchenstrahlung (He-Kern bzw. Alpha-Teilchen) aus.
β-Zerfall: Im Atomkern wandelt sich ein Neutron in ein Proton und ein Elektron um, das den Atomkern verlässt. Die Kernladungszahlzahl erhöht sich um 1. Der zerfallene

Kern sendet Teilchenstrahlung (Elektron bzw. Beta-Teilchen) aus.
γ-Zerfall: Übergang von einem höheren in ein niedrigeres Energieniveau der Protonen- und Neutronenanordnung im Kern. Aus dem Kern entweicht ein Photon (Gamma-Strahlung).
b Die Anzeige geht zurück, da die Strahlung ionisiert. Ionisierung bedeutet: Elektronen werden aus der Hülle von Atomen beziehungsweise Molekülen herausgelöst. Das zurückbleibende Ion oder Molekül ist dann elektrisch positiv geladen
c Die α-Strahlung wird durch die Luft bzw. das Papier herausgefiltert. Da sie von den drei Strahlungsarten die größte Ionisierungsfähigkeit hat, wird das Elektroskop nicht entladen.
d Auch ohne zusätzliche radioaktive Präparate gibt es an jedem Ort der Erde eine natürliche Strahlenbelastung (Nulleffekt). Er wird in Abwesenheit des zu untersuchenden Präparats bestimmt und bei den anschließenden Messungen von den Messwerten abgezogen.
e α-Strahlung dringt fast gar nicht durch Materialien, auch nicht von außen in den menschlichen Körper.
β-Strahlung wird von wenigen Millimetern Aluminium absorbiert; dringt in die oberen Hautschichten.
γ-Strahlung wird beim Durchgang nur geschwächt, kommt auch durch Blei und Beton. Je dicker die Materialschicht, desto mehr Strahlung wird absorbiert.
f Alpha-Strahlung etwa wird trotz der hohen Energie nach kurzer Reichweite selbst von Luft absorbiert. Das bedeutet aber, dass viele Wechselwirkungen mit der durchstrahlten Materie, also eine große Zahl von Ionisierungen, stattfinden. Besonders gefährlich ist daher das Einatmen von alphastrahlenden Partikeln in die Lunge.

5 $^{223}_{86}\mathrm{Rn} \rightarrow {}^{223}_{87}\mathrm{Fr} + {}^{0}_{-1}\beta$

6 **a** Thorium-228 zerfällt unter Aussendung von Alphastrahlung in Radium-224.
b Kohlenstoff-14 zerfällt unter Aussendung von Betastrahlung in Stickstoff-14.
c Ein angeregtes Xenon-131 sendet beim radioaktiven Zerfall Gammastrahlung aus.

7 **a** $^{14}_{6}\mathrm{C} \rightarrow {}^{14}_{7}\mathrm{N} + {}^{0}_{-1}\mathrm{e}$
b $^{226}_{88}\mathrm{Ra} \rightarrow {}^{222}_{86}\mathrm{Rn} + {}^{4}_{2}\mathrm{He}$
c $^{137}_{55}\mathrm{Cs} \rightarrow {}^{137}_{56}\mathrm{Ba} + {}^{0}_{-1}\mathrm{e}$

8 Die Halbwertszeit ist die Zeit, in der sich die Anzahl der Atomkerne eines radioaktiven Nuklids halbiert.

9

Zeit	Masse
0 h	5,0 mg
2 h	2,5 mg
4 h	1,25 mg
6 h	0,625 mg

10 Einsteins Formel $E = m \cdot c^2$ beschreibt die Äquivalenz von Energie und Masse. Bei Kernumwandlungen tritt ein Massendefekt auf. Die fehlende Masse wird als innere oder kinetische Energie umgesetzt. Der Massendefekt wird bestimmt über den Vergleich der Massensummen aller Kernbausteine eines Atomkerns und der Masse des Atomkerns selbst.

11
- Abstand halten bzw. erhöhen
- Abschirmung verwenden
- Aktivität verringern
- Aufenthaltsdauer minimieren
- Aufnahme in den Körper vermeiden

Texte der QR-Codes (S. 25/26)

Sicherheitshinweis

Die hohen Stromstärken bei einem möglichen Kurzschluss können einen Akku durch Überhitzung zerstören. Batterien weisen eine geringere Kurzschlussstromstärke auf. Sehr starke Magnete aus Neodym lassen sich nur schwer wieder von eisen- oder nickelhaltigen Metallen lösen.

Hilfestellung 1

Ist die Rotor-Spule austariert?

Es ist wichtig, dass die aufgehängte Spule austariert ist, d.h., sie darf nicht nach unten durchhängen. Testet das, indem ihr die Spule etwa eine Viertel Drehung auslenkt. Im Idealfall bleibt die Spule in dieser Stellung stehen. Dreht sie sich aber in die ursprüngliche Position zurück, dann liegt der Schwerpunkt der Rotor-Spule nicht auf der Spulenachse. Es muss nachkorrigiert werden.

Hilfestellung 2

Hat der Rotor Kontakt?

Durch die Rotor-Spule muss ein elektrischer Strom fließen. Überprüft, ob ausreichend Kontakt zwischen Batterie und Lager bzw. zwischen Lager und Rotor-Spule besteht. Denkt daran, dass der Spulendraht von einer Isolierung oder einem Lack umgeben ist.

Ihr könnt den Stromfluss prüfen, indem ihr die Position der Spule verändert. Ist alles in Ordnung, kann man eine geringe Kraftwirkung auf die Spule spüren.

Hilfestellung 3

Dreht sich der Rotor nur bis zu einer bestimmten Stelle?

Bei dieser Stellung spricht man vom „Totpunkt“. Die Spule dreht sich genau in die Position, in der ihr Magnetpol zu dem Pol des Dauermagneten passt. Hat der Dauermagnet auf der Oberseite einen Nordpol, dann wird sich die Spule solange drehen, bis ihr Südpol zum Dauermagneten zeigt.

Wahrscheinlich habt ihr dann beide Spulenenden vollständig (rundherum) abisoliert.

Lösung des Problems: Dreht den Rotor vorsichtig gegen den Widerstand weiter. Und zwar solange, bis er wieder von allein beginnt, sich ein Stück zu drehen. In diesem Bereich, in dem ihr einen Widerstand spürt, muss die Stromversorgung abgeschaltet werden. Das erreicht man, indem ihr den Spulendraht mit Nagellack wieder isoliert. Überlegt zuerst genau (Skizze hilft) wo der Draht isoliert werden muss.

Wirkungsgrad

Zur Effizienzabschätzung von Umwandlungsprozessen wird das Verhältnis von nutzbarer zu aufgewendeter Leistung betrachtet. Der Zweck der Umwandlung bestimmt in diesem Zusammenhang, was als nutzbar bezeichnet wird. Die aufgewendete Leistung steht am Anfang des Umwandlungsvorgangs. Im Haushalt entspricht dieser Wert der am elektrischen Gerät angegebenen Leistung.

Der Wirkungsgrad η eines Geräts oder einer Maschine beschreibt das Verhältnis von genutzter zu aufgewendeter Leistung beim Betrieb des Geräts.

Die Berechnung erfolgt durch den Quotienten von Nutzleistung zu aufgewendeter Leistung und wird als Prozentsatz angegeben.

Der Wirkungsgrad kann auch über das Verhältnis der Energien bestimmt werden.

1 Sicherheitshinweis

2 Hinweis 1

3 Hinweis 2

4 Hinweis 3

5 Tipp: Wirkungsgrad

Register

G

H

I

K

L

M

N

O

U

V

W

Z

Bildnachweis

Fotos:

Titel: Shutterstock.com/Art of Life, Cornelsen/Eyes-Open, Berlin

akg-images: Fred Kraus: S. 260/2, H. Armstrong Roberts/ClassicStock: S. 218/o. M., IMAGNO/Votava: S. 194/o. l., Science Photo Library/Library of Congress, Rare Book and Special Collections Division: S. 179/6, Science Source: S. 14/3, Ulrich Mattner: S. 59/2
Bardo Diehl: S. 77/4, S. 79, S. 80, S. 84, S. 123/u. M.
bpk/adoc-photos: S. 178/3
Bridgeman Images: Granger, Image created by the National Geophysical Data Center, c. 1991.: S. 12/3, SZ Photo/Scherl: S. 171/3, The Stapleton Collection: S. 100/6
Bundesamt für Strahlenschutz: S. 202/1,
CERN: 1972–2021, bearbeitet von MEGA14: S. 23/9
Claus Schmalhofer: S. 103/12, S. 190/o. l.
Copyright by the Massachusetts Institute of Technology Published by the Charles Stark Draper Laboratory of the Massachusetts Institute of Technology. Printed in Cambridge, Massachusetts, U. S. A., 1971: S. 128,
Cornelsen/Oliver Meibert: S. 10/3
Cornelsen/Christo Libuda: S. 11/6, S. 294/2
Cornelsen/Eyes-Open, Berlin: S. 2/o. l.
Cornelsen/Fotostudio Mahler: S. 141/7
Cornelsen/Inhouse: Quelle Daten: APOLLO/SATURN V POSTFLIGHT TRAJECTORY AS-505, JULY 17, 1969, The Boeing Company, Aerospacegroup, Southeast Division, https://history.nasa.gov/afj/ap10fj/pdf/as-505-postflight-trajectory.pdf: S. 98/3; OPAC-Suchmaschine: S. 185/3; "Die Radioaktivität", E. Rutherford, Verlag Julius Springer, Berlin 1907: S. 185/4; S. 290/M.
Cornelsen/Jochim Lichtenberger: S. 123/u. r.
Cornelsen/Markus Gaa: S. 291/5
Cornelsen/Peter Sander: S. 101/9–14, S. 110/1, S. 111/l., S. 112/l., S. 117/6–11, S. 119/6, S. 121/3–5, S. 123/u. l., S. 137, S. 140/2 + 3 + 6, S. 145/3, S. 146/1–3, S. 147/9, S. 148/1, S. 160/4, S. 161/6S. 166/2, S. 168/1, S. 169, S. 230/3, S. 236/2, S. 245/7 + 8, S. 246/1–3, S. 248/3–5
Cornelsen/Volker Döring: S. 78/3, S. 86/o. l., S. 299/6, S. 195/5
dpa Picture-Alliance: ASSOCIATED PRESS/AP Content: S. 222/1, dpa-infografik GmbH: S. 103/10, S. 199/6, S. 263/4, dpaweb/EPA/epa Eddie Cheng: S. 190/2, Phanie: S. 194/3, ZB/Zentralbild/Frank Baumgart: S. 116/4
Dr. Angela Fösel: S. 106/1–3, S. 275/7 + 8, S. 290/1
EUROfusion, Culham Centre for Fusion Energy, UK Atomic Energy Authority: S. 267/5
GNS Gesellschaft für Nuklear-Service mbH: S. 261/6
Godo Kurten: S. 236/3
Hans-Otto Carmesin: S. 18/3
Imago Sportfotodienst GmbH: AFLOSPORT: S. 249/8, Becker & Bredel: S. 32/2, Christian Ditsch: S. 263/3, Ikon Images: S. 150/2, LuboIvank: S. 228/1, MiS: S. 157/1, Nature Picture Library: S. 135/9, United Archives International: S. 159/1, YAY Images: S. 36/6
interfoto e.k.: Granger, NYC: S. 14/2, Robert Harding/Tim Graham: S. 38/3, Science & Society/Science Museum: S. 52/1 r., S. 222/4, TopFoto: S. 269/2, UNDERWOOD ARCHIVES: S. 218/o. l.
LHC tunnel sector 3–4 © 2009-2022 CERN, Views of the LHC tunnel sector 3–4. - CERN Document Server - lizenziert unter CC-BY-SA-4.0 Creative Commons — Attribution-ShareAlike 4.0 International — CC BY-SA 4.0: S. 18/4
lookphotos/robertharding: S. 255/3
mauritius images: artpartner: 150/3, Oleksandr Ryzhkov/Alamy: S. 183/2, alamy stock photo/BrazilPhotos: S. 262/1, Cavan Images: S. 254/2, CBW: S. 269/1, David J. Green – electrical: S. 208/3 + S. 275/6, EThamPhoto: S. 8, Evgenii Parilov: S. 261/5, History and Art Collection: S. 191/5, Keystone Press: S. 222/3, Lakeview Images: S. 50/4, Maurice Savage: S. 171/4, Paul Hennessy: S. 235/4, Piccillo Photography: S. 233/5, PitK: S. 270/2, Reading Room 2020: S. 179/5, RioPatuca: S. 91/1, The History Collection: S. 24/2, Zoonar GmbH: S. 236/4, Alamy/PjrStudio: S. 50/1, BSIP: S. 24/o. l., Cavan Images: S. 86/2 bis 4, Hans Blossey: S. 257/4, Herbert Kehrer: S. 260/o. l., imageBroker/action press/Erich Fend: S. 278/1, Kurt Paulus: S. 183/3, Martin Braito: S. 253/11, Memento: S. 21/4, Patrick Frischknecht: S. 138/o. l., Pitopia: S. 224/2, Science Source: S. 247/7, STOCK4B: S. 36/7, TopFoto: S. 222/2
STOCK4B: S. 36/7, TopFoto: S. 222/2
Nadine Sosniok/hallobloggi.de: S. 100/5
NASA: GSFC, Goddard: S. 190/3, JPL-Caltech: S. 22/2, JSC: S. 18/o. l., S. 98/2, METI/AIST/Japan Space Systems, and U. S./Japan ASTER Science Team: S. 38/2 u. r.
NTL Austria: S. 42/2
Panther Media GmbH/Wavebreakmedia ltd: S. 249/7
Red Bull Stratos: S. 120/o. l.
RWTH Aachen University; www.phyphox.org: S. 11/8
Sciencephotolibrary: A. Sternberg/FERRANTI ELECTRONICS: S. 218/6, Claus Lunau: S. 50/6, Gustoimages: S. 230/1, his illustration is from 'Physique Populaire' (Emile Desbeaux, 1891).": S. 78/2, SAM OGDEN: S. 68/o. l., SHEILA TERRY: S. 60/1 l., TON KINSBERGEN: S. 218/3, US DEPARTMENT OF ENERGY: S. 261/4, VOLKER STEGER: S. 218/5, ZEPHYR: S. 32/3
Shutterstock.com: Alex Coan: S. 184/o. l., Alexander Konradi: S. 208/2, AlexLMX: S. 60/1 r., Egoreichenkov Evgenii: S. 4/r., Fotangel: S. 52/3, fotosparrow: S. 10/o. l., Fouad A. Saad: S. 10/2, FrameStockFootages: S. 183/5, GeptaYs: S. 238/1, gloverk: S. 293/, guteksk7: S. 170/1, Hein Nouwens: S. 52/1 l., hkeita: S. 247/7, Ingus Kruklitis: S. 229/6, Jane Rix: S. 160/Elefant, Jim Noetzel: S. 239/6, Kniazeff: S. 234/1, Lynn Yeh: S. 91/2, marekuliasz: S. 291/4, Mark Medcalf: S. 4/l., Mark_Kostich: S. 176, mkarco: S. 85/3, Monkey Business Images: S. 291/2, mwennerwald: S. 14/o. l., NadyGinzburg: S. 289/5, Natata: S. 47/, Nemanja Cosovic: S. 147/7, NosorogUA: S. 3/l.,

Oliver Hion: S. 178/4, Oxlock: S. 207, Per-Boge: S. 107/6, PongMoji: S. 148/2, Rasto SK: S. 134/4, Remi VACHER: S. 228/2, RHJPhtotoandilustration: S. 264/2 + 3, Rocchas: S. 160/Nashorn, Rudmer Zwerver: S. 148/3, Salienko Evgenii: S. 96, sandrexim: S. 208/5, Sashkin: S. 9, Scharfsinn: S. 32/4, Sinesp: S. 138/4, springsky: S. 258/1, VectoRaith: S. 186, Vera Larina: S. 93/3, Vlad Kochelaevskiy: S. 67/u. M., wavebreak-media: S. 224/6, Werner Spiess: S. 253/8, WildMedia: S. 160/Hirsch+Wildschwein, xavier gallego morell: S. 78/o. l., Zigmunds Dizgalvis: S. 141/10, zuzana caprnkova: S. 291/6
Siemens AG: S. 274/2
Stefan Burzin: S. 189
stock.adobe.com: Halyna: S. 151, 12ee12: S. 147/6, agnormark: S. 203/4, Aleksandra Gigowska: S. 216/3, Alexia Khruscheva: S. 97, Andreas P: S. 224/3, Andrey Armiagov: S. 238/3, auremar: S. 244/1, by-studio: S. 275/5, CatMason: S. 3/r., claudia Otte: S. 289/4, designua: S. 280/2, Destina: S. 50/3, elnariz: S. 92/1, ERIK BERGIN PHOTOS: S. 264/4, ErsErg: S. 50/2, euthymia: S. 6/o. r., evgenii_v: S. 38/o.l., eyetronic: S. 262/2, F8studio: S. 134/2, Harry: S. 208/6, HENADZY: S. 208/4, henryn0580: S. 54/3, Herr Loeffler: S. 24/4, hykoe: S. 150/4, industrieblick: S. 152/1, Jacob Lund: S. 104/1, janvier: S. 70/, JM Fotografie: S. 68/3, johnmerlin: S. 24/6 + S. 48/2, Kirill Gorlov: S. 36/5, Konstanze Gruber: S. 194/2, KPixMining: S. 294/1, Leander Nardin/Stocksy: S. 138/2, Maksym Yemelyanov: S. 177, malp: S. 274/3, Marco2811: S. 270/o. l., Mark Kostich: S. 198/3, markus thoenen: S. 54/2, markus_marb: S. 81/4, memyjo: S. 32/o. l., mitifoto: S. 58, Monkey Business: S. 178/o. l., Naeblys: S. 274/4, Natali: S. 68/2, nikodash: S. 216/4, Olga Yastremska, New Africa, Africa Studio: S. 54/o. l., olgagorovenko: S. 36/8, panosk18: S. 270/3, pattilabelle: S. 66, Pavel Bolotov: S. 67/M., Petra Eckerl: S. 5, Photobeads: S. 29/3, Piotr: S. 24/3, pixfly: S. 241, refresh(PIX): S. 289/6, Renate Promitzer: S. 61/4, RFBSIP: S. 198/o. l., RHJ: S. 264/1, Robert Poorten: S. 258/2, Roman: S. 256/3, RomanR: S. 224/4, romaset: S. 198/2, rparys: S. 24/5, samunella: S. 256/o. l., Serenkonata: S. 255/4, Silvano Rebai: S. 103/11, Silver: S. 291/3, SobrevolandPatagonia: S. 265/5, Steve Mann: S. 208/o. l., sunset man: S. 203/3, T. Michel: S. 6/o. l. + M. r., S. 11/M. l., Thaweesak: S. 53/4, /ThomasLENNE: S. 134/1, Tobboo: S. 136/3, Tommy Windecker: S. 150/o. l., tsuneomp: S. 134/3, tunedin: S. 198/4, vectorpocket: S. 154/1, Vitaly Krivosheev: S. 130/1, WenPhoto: S. 206, Wirestock: S. 224/5, WoGi: S. 6/Piktogramme l., Валерий Моисеев: S. 50/5, Елизавета Мяловская/Liza Myalovskaya: S. 239/5
Swiss Science Center Technorama: S. 236/1
Ursula Marquart: S. 25/9+10, S. 26/2

Illustrationen:

Cornelsen/Eyes-Open, Berlin: Cover/I + IV, S. 1, S. 2 o. l.
Cornelsen/Rainer Götze: S. 10/4, S. 11/5 + 7, S. 12/1 + 2 + 4, S. 13, S. 15–17, S. 18/2, S. 19–20, S. 21/5–7, S. 22/1 + 3–5, S. 23/6–8, S. 25/8, S. 26/1, S. 27–28, S. 29/4, S. 31, S. 32–35, S. 36/1–4, S. 37, S. 38/2, S. 39–41, S. 42/1 + 3 + 4, S. 43–46, S. 48/1 + 3, S. 49, S. 51, S. 52/2, S. 53/5 + 6, S. 54/4, S. 55–56, S. 60/2 + 3, S. 62–65, S. 68/4, S. 69, S. 71–76, S. 77/3, S. 81/2 + 3, S. 82, S. 85/2, S. 87–90, S. 92/2, S. 93/4, S. 94, S. 98/o. l. + 4, S. 99, S. 100/1–4 + 7, S. 101/8, S. 102, S. 103/13, S. 104/2, S. 105, S. 106/4 + 5, S. 108–109, S. 110/2–4, S. 111/M., S. 112/M., S. 113–115, S. 116/1–3 + 5, S. 117/12 + 13, S. 118, S. 119/5 + 7 + 8, S. 120/2, S. 121–122, S. 123/M. l. – r., S. 123/o., S. 124–127, S. 129, S. 130/2, S. 131–133, S. 134/Grafiken, S. 135/10–11, S. 136/1 + 2, S. 138/3, S. 139, S. 140/1 + 4 + 5, S. 141/8 + 9 + 11, S. 142/142–143, S. 145/1 + 2, S. 146/4 + 5, S. 147/8, S. 149, S. 152/2 + 3, S. 153, S. 154/2, S. 155, S. 157/2–5, S. 159/2, S. 160/1 + 3, S. 161/5 + 7–9, S. 162–165, S. 166/1 + 3, S. 167, S. 168/2–4, S. 170/2, S. 172–175, S. 178/2, S. 180–182, S. 183/4, S. 184/2, S. 187–188, S. 191–192, S. 195/4, S. 196–197, S. 199–201, S. 202/2, S. 204, S. 209–215, S. 216/1 + 2, S. 217, S. 219–221, S. 222/5, S. 223, S. 224/o. l., S. 225–227, S. 228/3 + 4, S. 229/5, S. 230/2 + 4 + 5, S. 232, S. 233/6, S. 234/2, S. 235/3, S. 237, S. 238/2 + 4, S. 240, S. 242, S. 244/2–4, S. 245/5 + 6 + 9, S. 246/4 + 5, S. 247/8–10, S. 248/1 + 2, S. 249/6, S. 250–252, S. 253/9 + 10, S. 254/1, S. 256/2, S. 257/5–7, S. 259, S. 260/3, S. 266, S. 267/3 + 4, S. 271–273, S. 274/1, S. 275/9, S. 276 + 277, S. 278/2–5, S. 279, S. 280/1, S. 281–288, S. 289/2 + 3, S. 292, S. 295 + 296, S. 299/4 + 5, S. 300, S. 302 + 303

Textnachweis

Albert Einstein, „Ist die Trägheit eines Körpers von seinem Energieinhalt abhängig?“ aus: Annalen der Physik Band 323, Nr. 13, 1905, S. 639–643: S. 191

André-Marie Ampère, Annalen der Physik und Chemie, Band 103, Herausgeber J. C. Poggendorff, Leipzig 1833, Verlag von Johann Ambrosius Barth: S. 51

Atommüllreport c/o Arbeitsgemeinschaft Schacht KONRAD e.V; 28. 09. 2020, atommuellreport.de: Kosten: S. 200

August Bebel, Die Frau und der Sozialismus, Verlag der Volksbuchhandlung, 1879: S. 30/o. r

B5 Nachrichten vom 03. 07. 2017; 18 : 36 Uhr, Text auf der Website, Dirk Vilsmeier; Atomkonzerne kaufen sich von Risiken der Endlagerung frei | BR24: S. 199/o. M.

Frank Bachner: Wie Capsaicin den Schmerz für Pferde erhöht; Potsdamer Neueste Nachrichten; 22. 08. 2008, https://www.pnn.de/sport/ueberregional/doping-im-reitsport-wie-capsaicin-den-schmerz-fuer-pferde-erhoeht/22504272.html: S. 241

Geschäftsbericht 2017 E.on; 08. 06. 2021; S: 4; Geschäftsbericht 2017 (eon.com) (deeplink); Geschäftsbericht Archiv – E.ON SE (eon.com): S. 199/u. M.

H. C. Ørsted „Experiments on the Effect of a Current of Electricity on the Magnetic Needle“. Veröffentlicht auf Latein in: Thomson's „Annals of Philosophy“, Vol. 16, 1820, S. 273–276, S. 275.; Übersetzung Claus Schmalhofer: S. 14

Henry Becquerel, Sur les radiations invisibles emises par les corps phosphorescents, Paris Gauthier-Villars 1896, Übersetzung: Prof. Lothar Meyer, Duden Learnattack GmbH-www.learnattack.de: S. 178

https://programm.ard.de/TV/wdrfernsehen/wie-der-strom-in-dieeifel-kam/eid_281119648297900; 01. 06. 2021: S. 58

Hüseyin Ince: S. 203

IWR – Internationales Wirtschaftsforum Regenerative Energien vom 05. 07. 2017, 08 : 06 Uhr; Text auf der Website: EnBW, Eon, RWE und Vattenfall überweisen Milliarden in den Atommüll-Fonds (iwr.de): S. 199/M.

Jürgen Flauger, Kathrin Witsch: Atomkraft für Klimaschutz, Handelsblatt 30. 9. 2020, https://www.handelsblatt.com/unternehmen/energie/energiewirtschaft-atomkraft-fuer-klimaschutz-energiekonzerne-sind-von-neuen-pro-akw-demos-genervt/26224130.html .: S. 263

Kernenergie und Kerntechnik in Deutschland und weltweit; Deutsches Atomforum e.V., Robert-Koch-Platz 4 10115 Berlin, Dezember 2014, 043kernenergie_kerntechnik2014.pdf (kernfragen.org), S. 7 + S. 8.: S. 262

kernenergie.ch eine Informationsdienstleistung von swissnuclear © 2018) https://www.kernenergie.ch/de/rohstoff-uran-_content---1--1085.html: S. 264

M. Sklodowska Curie, Sur le chaleur dégagée spontanément par les sels de radium. Comptes rendus de l'Academie des Sciences, t. CXXXVI, p. 673, 1903, Übersetzung: Prof. Lothar Meyer; Prof. Klaus Jupe, Duden Learnattack GmbH -: S. 179/M.

Marie Curie & Walter Kaufmann, Untersuchungen über die radioaktiven Substanzen, Druck und Verlag von Friedrich Vieweg und Sohn 1904: S. 179/u.M.

Öko-Institut e.V. Freiburg 2021; https://www.oeko.de/forschung-beratung/themen/radioaktive-abfaelle-und-strahlenschutz/urangewinnung: S. 265

PET/CT Ein kombiniertes Untersuchungsverfahren; Arbeitsausschuss PET der Deutschen Gesellschaft für Nuklearmedizin e.V.: S. 257

Pierre Curie; Radioactive Substances, Especially Radium; Nobel Lecture, June 6, 1905, S. 78; Pierre Curie – Nobel Lecture (nobelprize.org): S. 259

Radonbad Menzenschwand GmbH & Co. KG: S. 202

T. Herzig, Energieverbund: Elektrischer Strom für Stadt und Land, Landesmuseum für Technik und Arbeit in Mannheim; 1995: S. 30/o. l.

www.fitforlife.ch; Höhentraining für Breitensportler; 18. 08. 2021; Die Formen des Höhentrainings – FIT for LIFE: S. 254

www.leifiphysik.de/elektrizitaetslehre/elektromagnetische-induktion/ausblick/induktionsherd; 01. 06. 2021: S. 52